中国科学院科学出版基金资助出版

当代杰出青年科学文库

大型水生植物对藻类的化感作用

吴振斌 等 著

科学出版社
北京

内 容 简 介

本书是作者近20年来在大型水生植物对藻类化感作用方面系统研究的专著，其主体部分是作者及其研究团队依托国内外重点项目所进行的研究成果总结。内容涉及国内外化学生态学的最新进展。

本书分为9章。第一章综述化感作用的定义、发展概况及其在不同生态系统中的研究与应用；第二章介绍不同体系水生植物对藻类的化感抑制效应；第三章介绍水生植物提取物及分泌的化感物质抑藻作用；第四章阐述水生植物及其化感物质对藻类生长的抑制作用机理；第五章介绍水生植物化感抑藻可能的作用模式；第六章分析影响水生植物化感作用的主要因素；第七章介绍水生植物化感物质分离鉴定常用的方法和马来眼子菜等沉水植物化感物质的分离鉴定实例；第八章介绍生态毒理学方法在化感抑藻研究中的应用；第九章展望水生植物化感抑藻作用研究中有待突破的问题。

本书的读者对象为水生态、化学生态学、水污染生态修复、环境科学、环境工程等领域的科研工作者和大专院校学生，对从事水污染治理和生态工程等方面的从业人员也具有重要的参考和借鉴意义。

图书在版编目(CIP)数据

大型水生植物对藻类的化感作用/吴振斌等著. —北京：科学出版社，2016. 1
（当代杰出青年科学文库）

ISBN 978-7-03-043458-6

Ⅰ.①大… Ⅱ.①吴… Ⅲ.①水生植物－植物生物化学－作用－藻类－研究 Ⅳ.①Q949.2

中国版本图书馆CIP数据核字（2015）第037331号

责任编辑：韩学哲 贺窑青 / 责任校对：郑金红
责任印制：赵 博 / 封面设计：陈 敬

科学出版社出版
北京东黄城根北街16号
邮政编码：100717
http://www.sciencep.com
涿州市般润文化传播有限公司印刷
科学出版社发行 各地新华书店经销
*
2016年1月第 一 版 开本：720×1 000 1/16
2025年1月第四次印刷 印张：25 1/4
字数：486 000

定价：198.00元

（如有印装质量问题，我社负责调换）

Allelopathy of Aquatic Macrophytes on Phytoplankton

by

Wu Zhenbin et al.

Science Press
Beijing

《大型水生植物对藻类的化感作用》

作者名单

吴振斌　张甬元　刘碧云　高云霓　陈芝兰
王　静　朱俊英　鲁志营　王红强　王亚芬
葛芳杰　张丽萍　吴晓辉　周巧红　贺　锋
张胜花　孙雪梅　胡陈艳　姚　远　张兵之
邓　平　何　燕　徐　栋　邱东茹等

序

水体富营养化是当前世界许多国家面临的重大环境问题之一。我国湖泊、水库、河流等水体富营养化日益严重，蓝藻水华频繁暴发。水华不仅影响水生生态系统功能和水环境的人文景观，而且还会通过给水系统危害公众身体健康。防治水体富营养化、控制藻类水华暴发已成为水环境研究的热点问题。

从生物多样性而言，一个健康的淡水生态系统中不仅有浮游植物、大型水生植物，还有浮游动物、底栖生物、微生物等类群，并且这些生物之间能通过各种复杂关系维持各类群的相对平衡，这正是大自然的神秘和奥妙之所在。作为水生态系统的重要组成部分的大型水生植物和藻类，均为水生态系统中的原初生产者。两者在光照和营养等资源上存在着互相竞争关系，沉水植物与藻类之间的竞争表现得更为强烈。水生植物通过释放化感物质来抑制藻类生长被认为是其获得竞争优势并保持水体清澈的重要机制之一。由于社会经济快速发展和人类对淡水湖泊不合理利用致使我国大量淡水水体自然生物多样性受到破坏，藻类水华频繁爆发。在此背景下，研究水生植物化感作用调控藻类群落结构变化具有非常重要的理论和实践意义，研究结果不仅可以为水生植物生态修复富营养化湖泊提供有效技术支持，而且为开发新型、高效、安全的抑藻剂和新工艺提供新的思路。

该书著者从“七五”期间就开始关注水生植物与藻类之间的消长关系，并开展了系列研究，包括化感抑藻作用水生植物的筛选、化感物质的分离鉴定、水生植物对藻类化感作用机理、影响水生植物对藻类作用因素分析等，研究结果指导了“十五”和“十一五”国家水专项课题中水生植物控制藻类的工程应用。该书全面、系统阐述和总结了其团队在该领域20余年的研究成果。从自然水体中水生植物与藻类消长关系及富营养化水体水生植物修复后藻类种群和群落结构变化等方面研究入手，通过水生植物与藻类共培养实验、水生植物种植水对藻类生长抑制实验等，分别阐述了水生植物对藻类的化感作用，并通过多种现代分析技术手段验证了水生植物能分泌化感物质进入周围环境抑制藻类生长，鉴定出了主要的抑藻化感物质；从不同研究尺度揭示了水生植物对藻类的作用机理。

该书旁征博引，以翔实的数据和图表为佐证，全面、系统地阐述了水生植物对藻类的化感作用，是一部不可多得的水生植物化感方面的研究专著。该书的出版对进一步充分利用水生植物对藻类化感抑制效应控制藻类水华，阐明水生植物与藻类之间的种间关系，开发水华藻类生物控制新技术具有重要意义。

该书的出版将为水生生态学、植物化学生态学、水体污染修复等研究提供科研资料，也为当前的富营养化水体水华防治和控制提供借鉴及参考。可以作为水污染治理、生态工程等方面从业人员，以及水生态、化学生态学、水污染修复、环境科学、环境工程等相关学科领域科研工作者和大专院校学生的参考书。

中国工程院院士
国际欧亚科学院院士　金鉴明

2015年初

前　言

20 世纪 80 年代以后，随着我国人口增长、经济快速发展，以及工业化、城市化进程加速，大量氮、磷等营养物质进入水体，水体污染加重。我国众多湖泊，包括多个大型湖泊，如滇池、太湖等均面临着不同程度的富营养化问题，水体富营养化导致藻类等水生生物异常增殖、大规模蓝藻水华频发，危及水体生态系统及居民用水安全，给国民经济和社会发展带来不可估量的损失。因此，如何有效控制水体富营养化，防治水华暴发已经成为目前环境领域的研究热点和前沿，也是城市水生态保护与修复不可回避的重要问题之一。

大型水生植物（简称为水生植物）和藻类是水生态系统的重要组成部分，均为原初生产者。两者为了光和营养在水生态系统中存在互相竞争关系，研究表明，水生植物可以通过释放化感物质来抑制藻类生长，借此使水生植物自身在种间竞争中取得优势地位。因此，越来越多的学者开始关注水生植物对藻类作用的相关研究，以期将水生植物及其释放化感物质的抑藻效应应用于水体生态修复，为防治湖泊富营养化导致的水华提供新的思路和方法。由于水生植物产生的化感物质属于次生代谢物质，具有在自然条件下易降解，在生态系统中不会积累的特点，因此利用水生植物及其产生的次生代谢物质（化感物质）控制水华藻类，具有重要的生态安全意义。研究水生植物对藻类的化感作用，揭示生态系统生物间化学生态作用机理不仅是基础研究的需要，更对富营养化水体的生态修复具有重要的实践指导意义。

中国科学院水生生物研究所从“七五”期间就开始关注水生植物与藻类之间此消彼长的关系，特别是关注沉水植物对藻类的生长抑制作用，并开展了一系列相关研究，包括化感抑藻作用水生植物的筛选、化感物质分离方法的建立及化感物质的分离鉴定、水生植物对藻类化感抑制的作用机理、影响水生植物对藻类化感作用的因素等方面。在“十五”和“十一五”国家水专项项目实施期间，利用沉水植物对藻类生长的化感抑制效应，成功控制了示范区的蓝藻水华，透明度明显提高，水体由浑浊的藻绿色转变成清澈透明。本书全面总结了中国科学院水生生物研究所净化与恢复生态学研究组在该领域 20 余年的研究成果和工作积累，包括 5 名硕士生、10 名博士生、5 名博士后的研究工作。这些成果汇成此书，抛砖引玉，以期为我国今后在此领域的基础理论研究和技术开发提供借鉴。

本书分为 9 章。第一章概述化感作用的定义、发展概况及其在不同生态系统中的研究与应用，简要介绍我国常见的水生植物，论述水生植物化感作用研究的意义及应用前景；第二章介绍通过大量野外观察和实验室实验证实的多种水生植物，尤其是沉水植物对藻类的化感抑制效应；第三章介绍已知化感物质的主要类型，水生植物浸提物的抑藻活性及通过浸提从植物体内分离鉴定到的化感物质，水生植物分泌物的抑藻活性及从植物分泌物中检测到的化感物质和不同类别化感物质的抑藻活性等；第四章阐述水生植物及其化感物质对藻类光合作用的影响、氧化胁迫作用及水生植物化感抑藻可能的生理、生化作用机制；第五章从联合作用和持续作用两个方面探讨水生植物化感抑藻可能的作用模式；第六章介绍影响水生植物化感作用的主要因素，如氮磷营养、光照等；第七章从植物样品采集、提取、分离和鉴定等步骤系统介绍常用的水生植物化感物质分离鉴定方法，并以两种眼子菜科沉水植物为例，介绍水生植物体内化感物质的分离鉴定；第八章主要介绍藻种培养、常用的抑藻测试方法，以及生态毒理学中的生物标志物在化感抑藻机制研究中的应用；第九章展望今后在水生植物化感抑藻作用研究中有待突破的问题。

本书各章节的作者分别为第一章吴振斌、刘碧云等；第二章刘碧云、张甬元、高云霓、吴晓辉、姚远、张兵之、邓平、吴振斌等；第三章高云霓、王亚芬、胡陈艳、刘碧云、吴振斌等；第四章吴振斌、刘碧云、王静、朱俊英、鲁志营、孙雪梅、陈芝兰、张甬元等；第五章高云霓、朱俊英、葛芳杰、张甬元、吴振斌等；第六章刘碧云、葛芳杰、高云霓、吴振斌等；第七章吴振斌、王红强、张胜花、张丽萍、胡陈艳、张甬元等；第八章陈芝兰、高云霓、王静、鲁志营、葛芳杰、朱俊英、吴振斌等；第九章吴振斌、张甬元、刘碧云、周巧红、贺锋、邱东茹等；附表王亚芬、吴振斌等。本书内容引用了本研究组已出站博士后、毕业博士、硕士的相关研究结果，如刘碧云、高云霓、王静、朱俊英、陈芝兰、鲁志营、王红强、张胜花、吴晓辉、张兵之、邓平、胡陈艳、葛芳杰、孙雪梅、姚远、陈辉蓉等。书中的部分图表由葛芳杰、陈芝兰等制作，照片由高云霓、李柱、吴娟、魏华、左进城等提供，文献由孙雪梅、何燕、王艳云等整理。本书由刘碧云博士协助统稿，王德铭、刘保元、邓家齐等老先生对本书成稿给出了宝贵的修改意见和建议，在此一并表示感谢！

水生植物对藻类的化感作用仍然属于一个新兴研究领域，本书是基于本研究团队 20 多年来在水生植物对藻类化感作用研究工作的总结，并结合国内外相关研究资料整理总结而成，难免仍有疏漏和不足，希望能得到广大读者的建议和指正，并在此对所引用资料的作者表示感谢。

著 者

2015 年 2 月

目　录

序

前言

第一章　绪论……1

1.1　化感作用概述……1

1.1.1　化感作用的定义及发展概况……1

1.1.2　化感作用的条件及有关理论假说……3

1.1.3　不同生态系统中的化感作用……3

1.2　中国淡水水体常见水生植物……5

1.3　水生植物化感作用研究的意义及应用前景……8

第二章　水生植物的化感抑藻效应……10

2.1　自然水体中水生植物的化感抑藻现象……10

2.2　共培养系统中水生植物的化感抑藻效应……19

2.2.1　小二仙草科沉水植物的化感抑藻效应……21

2.2.2　金鱼藻科沉水植物的化感抑藻效应……22

2.2.3　眼子菜科沉水植物的化感抑藻效应……22

2.2.4　水鳖科沉水植物的化感抑藻效应……32

2.2.5　其他生活型水生植物的化感抑藻效应……36

2.3　水生植物种植水的化感抑藻效应……36

2.3.1　眼子菜科沉水植物种植水的抑藻效应……37

2.3.2　水鳖科沉水植物种植水的抑藻效应……38

2.3.3　金鱼藻科沉水植物种植水的抑藻效应……40

2.3.4　其他生活型水生植物种植水的抑藻效应……40

第三章　水生植物的化感物质……44

3.1　常见化感物质及其结构……44

3.1.1　酚类……45

3.1.2　萜类……48

3.1.3　脂肪酸和酯类……49

3.1.4　杂环类……50

3.2　水生植物提取物的抑藻活性……51

3.3　水生植物体内分离的化感物质……56

3.3.1　沉水植物……57

3.3.2 挺水植物……63
3.3.3 漂浮和浮叶植物……64
3.4 水生植物分泌物的抑藻活性……64
3.5 水生植物分泌物中检测到的化感物质……69
3.6 化感物质的抑藻活性……76
3.6.1 酚酸类化感物质……76
3.6.2 脂肪酸类化感物质……79
3.6.3 其他类化感物质……80
第四章 水生植物化感抑藻机理……81
4.1 化感物质对光合系统的影响……81
4.1.1 对光合放氧的影响……81
4.1.2 对光合色素的影响……83
4.1.3 对藻类叶绿素荧光参数的影响……88
4.1.4 对光合电子传递链的影响……93
4.2 化感物质对藻类的氧化胁迫……95
4.2.1 藻类 ROS 的产生、清除及抗氧化系统……96
4.2.2 藻类的抗氧化酶对化感物质的响应……100
4.2.3 化感物质诱导藻细胞 ROS 产生……105
4.2.4 化感物质诱导 ROS 产生导致藻细胞 DNA 的损伤……114
4.2.5 ROS 导致藻类膜的脂质过氧化……118
4.3 化感物质触发藻类细胞程序性死亡……120
4.3.1 多细胞生物细胞凋亡的特征……121
4.3.2 浮游藻类死亡的形式……122
4.3.3 浮游藻类的 PCD……124
4.3.4 化感物质作用下浮游藻类的 PCD……131
4.3.5 藻类 PCD 的生态学意义……139
4.4 化感物质对藻类其他生理、生化过程的影响……140
4.4.1 对细胞膜及形态结构的影响……140
4.4.2 对营养元素吸收及氮、磷代谢的影响……143
4.4.3 对酯酶的影响……146
4.4.4 对呼吸作用的影响……148
4.4.5 对蛋白质的影响……150
第五章 水生植物化感抑藻作用模式……153
5.1 化感物质的联合作用……153
5.1.1 研究方法……153
5.1.2 研究现状……161

5.2 化感物质的持续作用……184
5.2.1 多次暴露与一次暴露化感物质抑藻效果的比较……184
5.2.2 化感物质低剂量持续多次暴露对铜绿微囊藻生长的抑制作用……187
第六章 影响水生植物化感作用效果的因素……198
6.1 藻类种类和数量……198
6.2 水生植物种类和状态……203
6.3 化感物质的浓度……204
6.4 微生物……204
6.5 营养水平……205
6.6 光照和温度……212
6.7 pH……214
第七章 水生植物化感物质分离鉴定……217
7.1 植物样品的采集及预处理……217
7.2 植物体内化感物质提取方法……218
7.2.1 已知化感物质的提取方法……219
7.2.2 未知化感物质的提取方法……220
7.3 水生植物种植水中化感物质的提取……221
7.3.1 液液萃取……222
7.3.2 固相萃取……222
7.4 水生植物化感物质的主要分离方法……223
7.4.1 柱色谱法……224
7.4.2 制备薄层色谱……225
7.4.3 高效液相色谱……226
7.4.4 一般分离方法……228
7.5 水生植物化感物质的鉴定方法……228
7.5.1 质谱法……228
7.5.2 核磁共振谱……230
7.6 水生植物化感物质分离鉴定实例……231
7.6.1 有机溶剂粗提物的制备……231
7.6.2 粗提物的初步极性分段……232
7.6.3 抑藻活性物质系统分离及其结构鉴定……234
7.6.4 抑藻活性组分的极性分段及 GC/MS 剖析……266
第八章 生态毒理学方法在化感抑藻作用研究中的应用……280
8.1 藻种培养及化感抑藻效果测试方法……281
8.1.1 藻类生长表征……281
8.1.2 藻种培养……282

8.1.3 常规抑藻效果测试方法 …… 294
8.2 藻细胞光合色素 …… 298
8.2.1 叶绿素含量的测定 …… 298
8.2.2 光合色素的定性定量分析 …… 299
8.3 藻细胞光合作用速率和呼吸作用速率 …… 300
8.3.1 光能转化率的检测 …… 301
8.3.2 光合速率和呼吸速率的检测 …… 303
8.3.3 光合作用电子传递链功能的检测 …… 304
8.4 藻细胞可溶性蛋白质 …… 306
8.4.1 可溶性蛋白质的定量分析 …… 306
8.4.2 可溶性蛋白质的分离鉴定 …… 307
8.4.3 同工酶的测定 …… 308
8.4.4 蛋白质组的检测 …… 309
8.5 藻细胞活力 …… 310
8.5.1 酯酶活性的检测 …… 310
8.5.2 琥珀脱氢酶活性的检测 …… 311
8.5.3 硝酸还原酶活性的检测 …… 312
8.5.4 抗氧化酶酶活的检测 …… 313
8.6 细胞内 ROS 水平的检测 …… 315
8.7 藻细胞 DNA 损伤 …… 316
8.7.1 细胞培养物 DNA 双链断裂的检测 …… 316
8.7.2 DNA 梯度性断裂的检测 …… 317
8.7.3 单细胞 DNA 损伤的检测 …… 318
8.7.4 DNA 片段化的原位检测 …… 319
8.8 藻细胞膜损伤 …… 320
8.8.1 细胞膜脂质过氧化的检测 …… 320
8.8.2 荧光法测定细胞膜的损伤 …… 321
8.9 藻细胞程序性死亡 …… 322
8.9.1 细胞程序性死亡形态的观察 …… 322
8.9.2 caspase-3 酶活性的检测 …… 324
8.9.3 磷脂外翻的检测 …… 325
8.9.4 其他参数的检测 …… 326

第九章 展望 …… 327

参考文献 …… 330

附表 已报道水生植物各类型的化感物质一览表 …… 365

附件 …… 382

第一章　绪　　论

1.1　化感作用概述

1.1.1　化感作用的定义及发展概况

化感作用的概念首先由德国科学家 Molish 于 1937 年提出，其英文 allelopathy 源于希腊语 allelon（相互）和 pathos（损害、妨碍），用来描述植物（含微生物）之间生物化学物质的相互作用。Rice（1974）在 *Allelopathy* 一书第一版中将化感作用定义为植物（含微生物）通过释放化学物质到环境中而产生的对其他植物直接的或间接的有害作用。这一定义首次阐明化感作用的本质是植物通过向体外释放化学物质而影响邻近植物。Rice（1984）在 *Allelopathy* 一书第二版中进一步将促进作用和自毒作用也补充到化感作用的定义中。1996 年国际化感作用学会（International Allelopathy Society）将化感作用定义为由植物、藻类、细菌和真菌产生的次生代谢产物影响农业和生物系统物种生长和发展的任何过程。Whittaker 和 Feeny（1971）将植物产生并释放到环境中表现出化感效应的次生代谢产物（secondary metabolite）称为 allelochemic，后来统称为 allelochemical，即化感物质。根据化学结构和性质的不同，化感物质可以分为酚类、类萜类、酮类、醇类、醌类、生物碱和酯类等近 20 个类别（Rice，1984）。不同类别的化感物质在植物体内都有其独特的代谢途径，并在植物提高自身保护和生存竞争能力、协调与环境关系中充当重要角色。

虽然化感作用的定义在 20 世纪 30 年代才首次提出，但是人类对化感现象的观察却有较长的历史。早在公元前 3 世纪，就有植物间存在化学物质相互作用的记载（Jelenic，1987）。中国古代著名医学家李时珍（1518～1593 年）在《本草纲目》一书中举例说明了一些植物体内所含物质对生物，尤其是对人类具有有害和有益双重性质，并指出植物产生的物质会受到它们生活环境的影响。1832 年，瑞士植物学家 De Candolle 认为农业中的土壤导致的作物病害问题可能是由农作物的分泌物导致的（Rice，1984）。1881 年，Hoy 和 Stickney 报道黑胡桃树对附近植物生长有不利影响。Schreiner 和 Reed（1907，1908）发现土壤中一些抑制作物生长的有机酸是由植物根系释放的。这一阶段的化感作用研究主要集中在对化感作用现象的观察和描述上。

20 世纪 60 年代关于化感作用的研究有了一些进展，这与 Muller 和 Rice 的研究工作分不开。随着化感作用研究的深入，化感作用也被应用于植物生态学领域以阐明植物相互干扰的机制，如植物优势种、群落演替和顶级植被形成（Muller，1969）等。美国加利福尼亚州荆棘矮丛林植物鼠尾草（*Salvia leucophylla*）是当地常见的一种植物，该植物能够产生单萜类化感物质，如α-蒎烯、β-蒎烯、桉树脑、樟脑等抑制周围其他草本植物的生长，从而确保了自身在该区域成为优势群落（Muller，1966）。在以后的研究中，Muller 和他的学生还发现其他丛林灌木，如一种蔷薇属灌木小下田菊（*Adenostoma fasciculatum*）（McPherson and Muller，1969）和格兰乔杜鹃（*Arctostaphylos glandulosa*）（Chou and Muller，1972）有同样的效应。

20 世纪 70 年代以后，随着化学，特别是有机化学和生物学（包括植物生理学、生态学、微生物学、土壤学、农学、园艺学、遗传学等）等不同学科的共同参与和合作研究，化感作用研究进展显著。1974 年，Rice 的专著 *Allelopathy* 第一版问世。与此同时，对化感作用研究也存在一些质疑。当时一位具影响力的生态学家 Harper（1975）针对这本专著及化感作用研究发表了如下论述：要找出实例证明化感作用的存在是特别困难的，从逻辑上说不可能不发生，但事实上可能几乎无法绝对证明。这些质疑也从侧面说明化感作用研究存在的困难。

近年来，随着现代分析技术的进步、生物技术的发展及其在化感作用研究中的运用使该领域的研究更为深入。化感作用研究已经不再是单纯的现象描述和表观实验，气相色谱、高效液相色谱、质谱、核磁共振等大型分离和检测仪器的应用及联用使植物产生的化感物质越来越多地被提取、分离和鉴定。同时，因分子生物学和毒理学研究的发展，化感作用机制的研究也取得了很大的进展。供体植物对受体植物的化感作用机制主要是影响受体植物细胞的分裂增殖、细胞及细胞器膜的完整性和渗透性，影响受体植物对营养元素的吸收、自身激素的调节，影响受体植物的呼吸作用、光合作用、一些关键酶的功能和活性及蛋白质合成和基因表达等，从而对植物的生长产生抑制作用。

另外，该领域研究者之间的交流也日益频繁，从 20 世纪 80 年代开始，每隔 3～5 年都会举办一次国际学术会议并出版论文集。1994 年在印度成立了国际化感学会，并出版了专业杂志 *Allelopathy Journal*。该学会召集了全世界大部分的化感作用研究者，每 3 年召开一次国际会议，已经成为化感研究领域的重要交流平台。到目前为止，国际化感学会已分别于 1996 年在西班牙、1999 年在加拿大、2002 年在日本、2005 年在澳大利亚、2008 年在美国和 2012 年在中国召开了 6 届世界植物化感大会，很大程度上推动了化感作用研究工作的开展。在化感作用的方式、途径和机制，化感物质的提取、分离和鉴定等方面的研究也有较大的进展。随着对化感作用在生态系统中功效认识的不断深入，化感作用也成为近年来生态学和环境科学研究的热点之一。

1.1.2　化感作用的条件及有关理论假说

虽然自然界的生物之间存在着各种制约关系，但不是所有的制约关系都可以解释为化感作用。一个完整的化感作用应该满足以下条件：①表观上存在一种植物抑制另一种植物的现象；②存在抑制作用的植物必须能产生化学物质；③这些化学物质要能以一定的方式从植物体释放到周围环境中；④释放的化学物质在环境中必须达到一定的浓度；⑤这些化学物质能够作用于受体生物；⑥所观察到的抑制效应不是由于其他物理或生物因素，尤其是竞争和捕食导致的（Willis，1985）。目前的化感作用研究发现，植物的根、茎、叶、花、果、种子中均能释放出化感物质，其存在部位影响其释放方式，常见的释放方式有自身分泌、雨雾淋溶、挥发和残体分解 4 种途径（何池全和赵魁义，1999）。

化感物质是供体植物在一定条件下的产物，也是植物体产生的次生代谢物，其形成受植物体遗传特性和环境条件双重因素决定。不同植物及同一植物的不同品种、同一品种的不同生育期及不同器官形成化感物质的数量及其种类均有所不同；光照、温度、周围的生物分布等外界环境条件的变化均会引起植物化感物质组成和含量的变化，目前这种诱导作用的机制仍存在很大的争议，一些假说试图从不同侧面解释次生代谢物的产生，如碳素/营养平衡（carbon/nutrient balance）假说（Chase et al.，1991；Bryant et al.，1983）、生长/分化平衡（growth/differentiation balance）假说（Wareing and Phillips，1981；Loomis，1932）、最佳防御（optimum defense）假说（Bazzaz et al.，1987；Chapin and Arnold，1987）、资源获得（resource availability）假说（Chapin and Arnold，1987；Coley et al.，1985）等。

4 种假说各有长处，从不同角度阐述了植物体内次生代谢物质的产生原因。植物生长在自然界中，会遇到各种各样的环境变化，而不同的变化可能适用不同的假说来解释。

1.1.3　不同生态系统中的化感作用

在植物的化感作用研究中，陆地生态系统的植物化感作用研究开展较早，化感作用与植物对光、水分、养分和空间的竞争共同构成植物间以及与其他生物间的相互作用。陆生植物化感作用在指导农林业的可持续发展方面已凸显其巨大的应用价值。在农业生态系统中，化感作用已被用于农作物增产及植物害虫和杂草的控制。植物产生的化感物质被直接用于除草和杀虫，或为新型除草剂、杀虫剂的研制提供化学结构等相关信息。捷利康公司（Zeneca）根据一种植物次生代谢产物纤精酮的活性作用原理，研发了一种称为环庚草醚的除草剂（Cinch®），可有效防除水稻田中大多数禾本科杂草，如稗、鸭舌草、异型莎草等（Lee et al.，1997）。植物体内广泛存在的化感物质壬酸被用于草坪杂草管理（Bradley and

Hagood，2002；Irzyk et al.，1997；Pline et al.，2000)。化感作用在作物轮作、残体覆盖、培育新型抗虫害农作物、控制土壤病害、改良土壤肥力和性状以及解决自毒作用导致的再植问题等方面也有广泛的应用（Gliessman，1983；Duke and Lydon，1988；Weston，1996；Olofsdotter，1998；Anaya，1999；Birkett et al.，2001)。森林生态系统中的化感作用研究也取得了丰硕成果，并广泛用于混交林的树种间作优化等以预防林木病虫害，提高林产品产量和质量（陶燕铎等，1992；Reigosa and González，2006；王洁，2006)。

相对于陆地生态系统，水生态系统的复杂性使水生植物的化感作用研究较为滞后。事实上，水生态系统物种的数量远比陆地生态系统庞大，除了各类水生植物外，还包含细菌、真菌、藻类、水生动物和珊瑚（海洋）等水生生物，它们之间也存在着各种各样的关系，而化感作用是其中一个重要的方面，特别是水生植物的化感作用。水生植物的生活方式和生长形式不同（有的生活在水面以下，有的生活在水面以上），因而在光照、营养及生存空间等方面存在激烈竞争，化感作用作为一种有效的竞争策略在水生植物之间广泛存在。水生植物的化感作用包括水生植物间的化感作用、水生植物对水生动物的化感作用、水生植物对浮游植物的化感作用等，这些相互关系对水生态系统中水生生物群落的组成和分布起着非常重要的作用。其中，水生植物对浮游植物化感作用的研究随着水体富营养化程度加剧备受关注。

浮游植物是一个生态学概念，通常情况下是指浮游藻类，即在水中浮游生活的进行光合作用的原核和真核微生物，包括蓝藻门（Cyanophyta)、绿藻门（Chlorophyta)、硅藻门（Bacillariophyta)、金藻门（Chrysophyta)、黄藻门（Xanthophyta)、甲藻门（Pyrrophyta)、隐藻门（Cryptophyta）和裸藻门（Euglenophyta）8门。其中，大多数为单细胞生物。值得说明的是，在传统植物学和藻类学中分类名为蓝藻门的原核生物，近年来将其划归于原核生物界的蓝光合菌门，这一门的浮游藻类也称为蓝细菌。在许多浅水湖泊中，水生植物群落附近的浮游藻类数量均明显低于远离植物群落的敞水区，其中除了营养和光照竞争等方面的影响外，水生植物对藻类的化感作用也是一个重要方面，而水生植物抑藻化感物质的提取、化感抑藻作用模式及作用机理的研究已取得了很大的进展。许多水生植物都具有化感抑藻活性，化感作用被认为在调控浮游藻类种群的分布上发挥着作用，并可能成为控制藻华的一个重要方式（Keating，1977)。20世纪80年代以后，水体富营养化日益严重并导致蓝藻水华暴发。一定盖度的水生植物，特别是沉水植物存在时水体呈清水态以及水生植物消退导致藻类滋生的现象使对水生植物与藻类关系的研究日益受到关注，其中水生植物对藻类的化感作用是其重要的研究内容之一。

化感作用作为生态系统生物之间的重要作用模式，在水生态系统与陆地生态系统作用方面有其共性。但是由于水生植物与陆生植物所处环境的差异，水生植物与陆生植物化感作用在特征、作用方式等方面存在着差别。陆生植物主要通过植物的根部向土壤释放化感物质而影响周围生物的发芽、生长发育等生理过程，或产生自毒作用。水生植物特别是沉水植物由于生活于水面以下，在长期进化过程中形成了其自身特异的生理结构特征，如水生植物叶片结构更为疏松，沉水植物叶片没有气孔、角质层较薄等（Hutchinson，1975），使其产生的化感物质更容易被释放进入水体，并能迅速得以稀释和迁移，因而自毒作用较少。但有些挺水植物，如石菖蒲等（何池全和叶居新，1999）也会通过根系分泌化感物质，产生自毒作用，影响自身种子发芽。水生态系统中水生植物的根系分布于沉积物中，因而更容易处于厌氧状态，但大多数水生植物能在其根区周围产生小的好氧根区，尽管这些好氧微区较小（大约 1mm），但是能明显改变根区的氧化还原电位，进而影响化感活性物质在沉积物中的转移（Christensen et al.，1994; Flessa，1994; Sorrell and Armstrong，1994; Brix and Sorrell，1996; Wigand et al.，1997; Jackson and Armstrong，1999）。水生态系统的水生植物生活于水体环境中相比陆生植物可以通过空气传播化感物质而言，水体环境中的化感物质在水介质（水作为化感物质传递的载体）中的传播更为复杂。因此，水生态环境的特殊性和复杂性决定了水生植物化感作用研究在方法和技术上面临更大的挑战。

1.2 中国淡水水体常见水生植物

水生植物一般是指生长在水中或至少是生长在由于水分充足而周期性缺氧基质上的任何大型植物（包括水生植物或水生大型藻类），尤其是生长在湿地和其他水生生境中的植物（FICWD，1989），根据其生活型，可以分为挺水植物、浮叶植物、漂浮植物和沉水植物 4 类（Wetzel，1983）。挺水植物是指一类根、根状茎生长在水体底泥中，茎、叶挺出水面的水生植物。常分布于 0～1.5m 的浅水处，其中有的种类生长于潮湿的岸边。这类植物在空气中的部分具有陆生植物的特征，生长在水中的部分（根或地下茎）具有水生植物的特征，如芦苇、菖蒲等。浮叶植物是指叶片漂浮于水面，而根部扎生于泥中的水生植物，如王莲、睡莲、芡实和莼菜等。漂浮植物与浮叶植物相比，整个植物体悬浮于水面，根沉于水中但不接触底质，如满江红、浮萍和凤眼莲等。沉水植物是水生态系统的重要组成部分，其根或根状茎生于水体底泥中，茎、叶全部沉没于水中，仅在开花时花露出水面，如马来眼子菜、金鱼藻、苦草等。在同一水体中，各生活型水生植物的分布呈一定规律，自沿岸带向深水区呈连续分布态，依次为挺水植物—浮叶植物—漂浮植物—沉水植物（刘建康，1999）。对挺水植物而言，它们分布于水陆过渡地带，气生茎和挺水叶的形态及生理结构与陆生植物表现出很多相似的生态适应特征；对浮叶植物和漂浮植物来说，只有部分结构浮出水面，其营养体不离开水环境；沉水植物是典型的水生植物，其生活完全依赖于水体环境。

作为水生态系统的重要组成部分，水生植物在整个水生态系统的建构、平衡、维持、恢复等过程中发挥着不可替代的作用。水生植物是水生态系统主要的初级生产者，是水生态系统中生物食物和能量的供给者，对生态系统物质和能量的循环及传递起调控作用；水生植物及其群落构成的生境，能够为水生生物提供食物，有效增加空间生态位，为水生动物提供饵料、栖息和繁殖场所，是水体生物多样性赖以维持的基础；水生植物可直接吸收底泥中的营养物质，改变根际底泥的生物化学性质，降低水流速率等动力扰动，促进悬浮颗粒物沉降，抑制底质营养、重金属和有机污染物质的释放，从而稳定水体底质环境；水生植物还可以通过过滤沉淀、吸收富集等方式提高水体透明度，吸收营养盐、富集重金属、转化和降解有机物，实现净水清水的功能；水生植物释放化感物质抑制藻类的生长，是其维持水体清澈透明状态的重要因素之一。

中国水系众多，大到江河湖库，小到池塘溪泽，都有水生植物生长其中。据1990年出版的《中国水生杂草》一书记载，中国水生植物（包括水网、水绵、轮藻、苔藓、蕨类、双子叶植物和单子叶植物）共计61科155属437种。其中在中国水体中分布最为广泛的水生植物是眼子菜科、禾本科、金鱼藻科、小二仙草科、蓼科、莎草科、泽泻科、浮萍科；其次是茨藻科、水鳖科、睡莲科、千屈菜科、伞形科、狸藻科、菊科和雨久花科。在中国不同地域、不同类型的淡水湖泊中，水生植物的分布具有各自特点及与环境相适应的时空规律。

太湖是一个以饮用水水源、灌溉和蓄洪为主的多功能大型浅水湖泊，据调查资料显示，20世纪60年代以前，太湖湖区水生高等植物繁茂（伍献文等，1962），主要以马来眼子菜（*Potamogeton malaianus*）为主，占湖面面积的90%；80年代为微齿眼子菜（*Potamogeton maackianus*）和菰（*Zizania latifolia*），分别占42.9%和22%。1991年对太湖水生植物的调查表明，东太湖总计有水生植物61种，隶属29科45属，挺水植物主要有菰及少量的芦苇（*Phragmites australis*）、蓼科植物和野慈姑，菰为优势种。组成东太湖沉水植物植被的优势种主要为苦草（*Vallisneria natans*）和马来眼子菜，次优势种为轮叶黑藻（*Hydrilla verticillata*）、聚草和小眼子菜（*Potamogeton pusillus*）（鲍建平等，1999）。2002年的调查显示，东太湖水生植物有33科54属75种，其中沉水植物17种，占总种数的22.7%；浮叶植物12种，占总种数的16%；漂浮植物9种，占总种数的12%；挺水植物和湿生植物37种，占总种数的49.3%。伊乐藻（*Elodea nuttallii*）、金鱼藻（*Ceratophyllum demersum*）、菹草（*Potamogeton crispus*）、荇菜（*Nymphoides peltatum*）、微齿眼子菜和苦草为东太湖的主要优势种类，分布于大部分湖区，芦苇、菰、竹叶眼子菜、轮叶黑藻、野菱（*Trapa incisa* var. *quadricaudata*）和空心莲子草（*Alternanthera philoxeroides*）为亚优势种，分布在部分湖区（谷孝鸿等，2005）。

20世纪50年代前，巢湖水质良好、生物多样性丰富，水生植物的覆盖面积达到10%～20%。随着区域经济和社会的快速发展，人为活动对巢湖的干扰加重，巢湖水质日趋恶化，生物多样性下降。70年代，巢湖水生维管束植物只有42属

50 种、浮游藻类只有 71 属 196 种。如今种类、数量急剧下降，至 2007 年水生植物的覆盖面积仅有 1%左右（谢平，2009）。

2003 年对鄱阳湖平原湖泊的调查结果显示，有挺水植被群丛 6 个，浮水与沉水植被群丛分别为 11 个和 14 个，其中分布面积最大的沉水群丛为密齿苦草群丛、菹草群丛、竹叶眼子菜+穗花狐尾藻群丛、野菱+双角菱群丛（彭映辉等，2003）。洞庭湖三个主要湖区东湖、大通湖和南湖各分布有水生植物 29 科 43 属 61 种、26 科 39 属 56 种和 20 科 27 属 32 种，其分别隶属于 29 科 43 属、26 科 39 属和 20 科 27 属，以莎草科、禾本科种数最多，多度等级最大的是沉水植物中的密齿苦草和菹草，以及浮叶植物中的野菱、浮萍和紫萍（简永兴等，2002）。广东省最大的湖泊-星湖子湖-仙女湖共分布有 18 科 23 属 24 种水生植物，分属于 4 种生活型和 8 个植物群丛，其中苦草群丛占水生植被生物量的 70%以上，密齿苦草为绝对优势种（陈学年和郭玉娟，2005）。杭州西溪国家湿地公园水生植物资源较为丰富，共有 38 科 100 种，优势种主要为挺水植物，如芦苇、芦荻（*Arundo donax*）、再力花（*Thalia dealbata*）、茭白、旱伞草（*Cyperus alternifolius*）、慈姑、菖蒲（*Acorus calamus*）等（徐利平和刘慧春，2008）。

武汉东湖为中国最大的城中湖，东湖水生植物群落在 1960～1993 年呈现有规律的演替，即微齿眼子菜阶段→微齿眼子菜+大茨藻+金鱼藻+狐尾藻阶段→微齿眼子菜消失阶段→大茨藻阶段→大茨藻+狐尾藻+苦草阶段。2003 年的调查显示，水生维管束植物共计 20 科 25 属 33 种，其中大部分为挺水植物（吴振斌等，2003）。2007 年对东湖进行的调查发现，挺水植物 6 种，占植物总种数的 33.3%，包括莲、芦苇、菰、水烛、牛鞭草、李氏禾；漂浮植物 3 种，占植物总种数的 11.1%，包括凤眼莲、喜旱莲子草和水鳖；浮叶植物 3 种，占植物总种数的 16.7%，包括细果野菱、水皮莲和荇菜；沉水植物 6 种，占植物总种数的 33.3%，包括金鱼藻、穗花狐尾藻、菹草、竹叶眼子菜、刺苦草和苦草等。水生植被分布面积约占水域面积的 0.42%。湖北省其他五大湖泊斧头湖、洪湖、梁子湖、长湖和西凉湖分别有水生植物 61 种、94 种、87 种、92 种和 77 种，菰、野菱+双角菱、密齿苦草和菹草群丛在五大湖泊中均有分布（彭映辉等，2004）。2001 年对梁子湖的水生植物调查表明，该水体分布有挺水植物、浮叶植物和沉水植物，共 12 个群丛，其中挺水植物只有菰群丛，浮叶植物群落 5 个，包括四角菱、四角菱+金鱼藻、荇菜、荇菜+金鱼藻、莲群丛，沉水植物群落 6 个，即微齿眼子菜、穗花狐尾藻+微齿眼子菜丛、穗花狐尾藻+竹叶眼子菜丛、金鱼藻、菹草和苦草群丛（葛继稳等，2004）。

20 世纪五六十年代，素有“高原明珠”之称的滇池水生植被覆盖面积占到全湖总面积的 90%，海菜花和轮藻等清水物种占优势，其他沉水植物，如菹草、马来眼子菜和苦草等也有大量分布。到了 20 世纪末，由于人为活动引起的严重富营养化导致水生植物群落结构迅速退化，水生植被覆盖面积只占到全湖总面积的 1.8%，沉水植物几乎绝迹，主要水生植物种类均为耐污种，如凤眼莲和喜旱莲子草等（余国营等，2000）。

1.3 水生植物化感作用研究的意义及应用前景

近十几年来，随着中国人口增长、经济快速发展以及工业化、城市化进程加速，大量氮、磷等营养物质进入水体，水体污染加重，富营养化程度加快。现阶段中国处于不同富营养状态的湖泊超过85%，水体富营养化导致藻类等水生生物异常增殖，很多湖泊由草型湖泊向藻型湖泊转化，湖泊生态系统破坏，而且有些藻类产生的藻毒素还会危及水生态系统安全及人类身体健康，严重制约了区域经济发展和社会进步。因此，如何修复富营养化水体，防治蓝藻水华暴发已经成为目前环境领域的研究热点和前沿，也是城市水生态保护与修复不能回避的重要问题之一。

目前已有的控藻技术主要分为物理清除、化学方法杀藻和生物控藻（过龙根，2006）。物理清除主要包括机械或人工打捞、黏土絮凝等方法，适用于对藻华的应急性清除，但是工作量大、成本高，还面临对收集的藻体进行进一步处置的问题，不适于大面积水华的根除。化学方法杀藻主要是向水华发生水域施入一定量化学药剂，如液氯、次氯酸钠等氧化型杀藻剂和硫酸铜等非氧化型杀藻剂来杀死藻体。该类方法操作方便，见效快，但化学药剂的大量使用不可避免地会对环境造成二次污染，在杀藻的同时也对水体中其他生物造成危害，因而破坏生态平衡。生物控藻技术是通过生物（如调整水生食物链、利用营养与捕食关系及生物间的相互作用等）对藻类的控制达到减少或消除水华的目的，主要有以下几种方法：①水生植被恢复/重建。该方法主要是利用生物间对光照、营养等资源的竞争来削弱水华藻对光照和营养的利用率，从而达到降低藻类生物量的目的，如一些富营养化严重的湖泊通过恢复沉水植物等方式提高了水体透明度（吴振斌等，2011）。②生物操纵方法，包括经典生物操纵法和非经典生物操纵法。经典生物操纵法是指通过控制肉食性鱼的方法，促进食藻浮游动物的增长，特别是枝角类种群的发展，从而达到降低藻类生物量目的。非经典生物操纵法是依靠提高大型滤食性鱼类的密度来控制藻类。例如，直接放养滤食性鱼类白鲢、鳙等直接摄食藻类，如武汉东湖通过放养鲢鱼和鳙鱼来削减蓝藻水华（刘建康和谢平，1999）。③微生物控藻。该技术主要是向水体投加有效微生物群、溶藻细菌、藻类病毒等微生物来控制藻类的暴发，同时改善污染水体水质。如有的水体中通过投加微生物菌剂，使藻华絮凝或藻细胞裂解来达到消除藻华的目的（余莉萍等，2004；晋利等，2010）。上述几种主要方法中，经典操纵方法由于涉及整个食物链，受到的影响因素太多，控制难度较大，制约了其实际应用。对于微生物控藻，因抑藻微生物种群投入水体后，其在与土著微生物竞争过程中很难形成优势种群而发挥作用，且由于生态系统安全性因素，目前缺乏大规模实际应用案例。水生植被恢复/重建因为可操作性较强，控藻效果明显，在富营养化水体生态修复中得到了更多的应用。除此之外，应用水生植物对藻类的化感抑制作用及其产生的化感抑藻物质来控制藻类的生长繁殖，已成为一种兼具生物、化学和生态特性的全新控藻思路，引起了众多学者的关注。

水生植物化感抑藻技术是利用水生植物及其产生的次生代谢物质（化感物质）对藻类的生长进行控制的技术。由于水生植物本身是水生态系统中的重要组成部分，其分泌的化感物质具有在自然条件下易降解且在生态系统中不会积累的特点，因此将水生植物及其化感物质应用于藻类控制具有良好的应用前景，主要包括以下几个方面。

（1）不同水生植物组合及重建用于富营养化水体修复。不同种类水生植物分泌的化感物质不同，同一种类水生植物不同品种间的化感特性也存在差别。利用不同水生植物化感作用对藻类抑制作用的特异性，通过植物品种的筛选、改良、开发及不同品种的组合，有效调控水体中的藻类群落结构，净化水体水质。对水生植被重建和富营养化水体修复具有重要的实践意义。

（2）为人工合成抑藻剂的开发提供依据。由于目前人工合成的抑藻剂可能在环境中积累并通过物质转移进入食物链，对环境中的其他生物造成危害。因此利用化感物质的活性化学结构特征开发新一代生态安全型抑藻剂引起了人们浓厚的兴趣（周凯等，2004；Wang et al.，2008）。植物对目标生物的化感作用是通过释放化感物质来实现的，对这些化感物质功能和作用机制的研究，确定抑藻剂开发的活性结构，以具有活性的化感物质为先导化合物不仅可以更快、更经济地发现活性更优的类似物，而且因其易分解、在环境中不易累积、选择性强、宜于施用等特性会受到更多关注。Rice 指出，化感物质有可能取代化学农药，或至少使化学农药用量大大减少。陆生植物该方面的研究已取得了一些可喜的进展，如美国、日本等国家正在利用化感物质开发除草剂，目前世界上已发现上百种具除草活性的天然化合物，有些已被开发为除草剂而推广应用（王宏生，2007；Duke et al.，2002）。水生态系统中利用化感作用机制，通过人工合成抑藻剂对富营养化水体治理也具有重要的潜在应用价值。虽然化感物质作为新型抑藻剂先导物的发现及高效抑藻剂的开发需要相当长的研究历程，但是在水体富营养化备受全球关注的今天，它必将具有广阔的应用前景。

（作者：吴振斌、刘碧云等）

第二章　水生植物的化感抑藻效应

水生植物对藻类的化感作用现象早在 20 世纪初就已发现，大量野外调查和实验室实验发现，许多水生植物，尤其是沉水植物，如狐尾藻、金鱼藻、轮藻、眼子菜科和水鳖科植物对藻类具有显著的化感作用。

2.1　自然水体中水生植物的化感抑藻现象

水生植物对藻类的化感抑制作用源于早期自然环境中植物与藻类之间数量消长现象的观察（Jelenic，1987）。Schreiter（1928）4 年的观察结果均显示，同一个池塘环境中加拿大伊乐藻（*Elodea canadensis*）大量生长时期浮游藻类密度很低，而没有水生植物生长的区域藻类生物量明显提高。Hasler 和 Jones（1949）发现，在消除池塘间营养、光照等外界条件差异的情况下，在种植加拿大伊乐藻和叶状眼子菜（*Potamogeton foliatus*）的池塘中浮游藻类密度均显著低于没有水草的池塘。还有研究表明，自然水体中伊乐藻和篦齿眼子菜等水生植物表面附着藻的生物量也相对较少（Blindow，1987；Van Donk and Gulati，1995），推测导致这种现象的可能原因是水生植物释放了抑制藻类生长的化学物质。早期多位研究者的观察还发现，大量轮藻（大型藻类，本书将其纳入大型水生植物）生长的水体特别清澈，浮游藻类和附着藻都很少（Steemann-Nielsen，1973；Blindow，1987；Blindow and Hootsmans，1991）。在已经发生水华的小池塘中引入普生轮藻（*Chara vulgaris*）后水体中藻类水华受到明显抑制（Crawford，1979），表明轮藻可能产生化感抑藻物质（Anthoni et al.，1980，1987；Wium-Andersen et al.，1982）。但是也有研究发现，一些湖泊中尽管有轮藻生长，其水体中叶绿素 a 含量与没有轮藻生长的湖泊差异不明显，这可能与湖泊中的轮藻盖度有关（Forsberg et al.，1990）。Mjelde 和 Faafeng（1997）认为，在轮藻盖度低于 40%时，其释放的化感物质可能不足以达到抑制藻类生长的效应。

随后的研究发现，自然水体中的水生植物，尤其是沉水植物，不仅对浮游藻类或附植藻类数量有明显影响，还影响藻类的组成。Jasser（1995）在研究沉水植物金鱼藻对浮游藻类群落的影响时，调研了采集实验所用植物和藻类的湖泊，位于波兰东北部 Ros 湖的浮游藻类群落结构。该湖面积 1888km^2、平均水深 8.1m，浮游藻类的优势种为蓝藻，主要包括颤藻属（*Oscillatoria*）、束丝藻属（*Aphanizomenon*）和微囊藻属（*Microcystis*），占总浮游藻类生物量的 75%。剩下的 25%由直链藻属（*Melosira*）、脆杆藻属（*Fragilaria*）、菱形藻属（*Nitzschia*）、针杆藻属（*Synedra*）和小环藻属（*Cyclotella*）等硅藻（9%），小球藻属（*Chlorella*）和衣藻属（*Chlamydomonas*）等绿藻（8%），以及甲藻等其他藻类（8%）组成。在此基础上，Jasser 将不同生物量的金鱼藻与含有上述藻类的湖水共培养 10 天，发现对照组和金鱼藻处理组中藻类种群、数量和生物量上均存在显著差异。对照组中蓝藻群落的优势种主要为湖泊颤藻（*Oscillatoria limnetica*）、鞘丝藻（*Lyngbya vacuolifera*）和水华束丝藻（*Aphanizomenon flos-aquae*）。金鱼藻处理组中颤藻的数量比对照组的低 1%。鞘丝藻只出现在低生物量组，其数量仅为对照组的 4%。水华束丝藻只在生物量高的金鱼藻处理组中发现［图 2.1（a）］。金鱼藻处理组中藻类总生物量显著低于对照组的，尤其在低生物量金鱼藻组中藻类总生物量只有对照组的 50%。其中两个处理组的蓝藻生物量只有 0.07mg/L 和 0.05mg/L，而对照组中高达 4.80mg/L；蓝藻占总浮游藻类生物量的比例要比对照组低 95%和 98%。绿藻生物量则出现增加趋势，在高生物量金鱼藻组中，绿藻生物量增加了 10 倍，两个金鱼藻处理组中绿藻对总浮游藻类生物量的贡献率为 76%和 86%，显著高于对照组。绿藻的优势种为小单细胞类（小于 20μm）：小球藻属（*Chlorella*）、衣藻属（*Chlamydomonas*）、四刺藻属（*Treubaria*）、栅藻属（*Scenedesmus*）和丝状（大于 50μm）的鞘藻属（*Oedogonium*）和转板藻属（*Mougeotia*）。硅藻的生物量和贡献率在处理组和对照组中没有明显区别，以甲藻为主的其他藻类的生物量和贡献率，处理组比对照组低［图 2.1（b）］。有金鱼藻存在的处理组中，微型藻对总浮游藻类生物量的贡献率要比对照组高近 5 倍，不同生物量的金鱼藻处理组间差别不显著［图 2.1（c）］。

Mjelde 和 Faafeng（1997）研究了挪威境内不同纬度和营养水平的 24 个小型浅水湖泊中水生植物与藻类之间的关系，发现这些湖泊春季、夏季浮游藻类生物量的变化主要与沉水植物盖度有关，与营养状态（特别是磷含量）没有明显关系。在沉水植物盖度比较大、磷营养含量很高（有的达到 798μg/L）的湖泊中，春季湖泊浮游藻类生物量表现出较高水平，但是随着沉水植物的生长，在初夏时期，浮游藻类的生物量急剧降低。而在沉水植物盖度比较低的湖泊中，春季和夏季浮游藻类生物量都会保持较高水平。图 2.2 显示了 1988 年、1992 年和 1993 年 4～9 月调查的 6 个湖泊的浮游藻类生物量随植物生长季节的变化趋势。其中，平均深度分别为 1.9m 和 1.3m 的 Hellesjøvatn 湖和 Østensjøvatn 湖沉水植物盖度较低，只有钝叶眼子菜（*Potamogeton obtusifolius*）零星分布，这两个湖泊浮游藻类生物量较高，蓝藻是两个湖泊的优势藻，在每年的 7 月和 8 月浮游藻类的生物量达到最大值。而位于挪威北部的 Lille Gleinsvatn 湖沉水植物盖度较低，但是一定量的金鱼藻、西伯利亚狐尾藻（*Myriophyllum sibiricum*）和浮叶眼子菜形成了密集的群体，使该湖的浮游藻类生物量相对较低，但浮游藻类季节变化趋势与前两个湖泊相似［图 2.2（a）］。平均深度分别为 0.4m、1.3m 和 0.5m 的 Søylandsvatn 湖、Smokkevatn

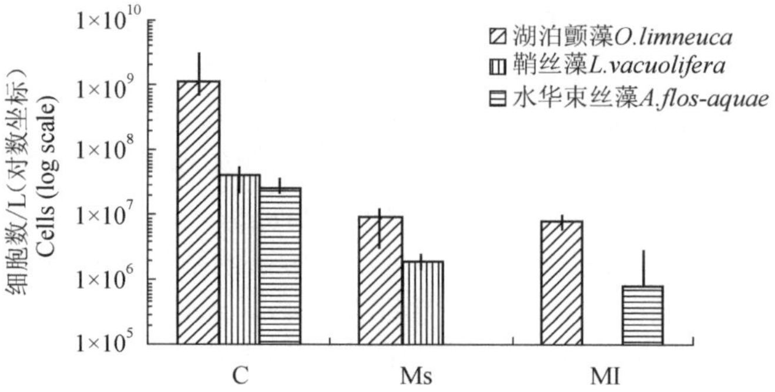

蓝藻优势种的数量
The number of dominant cyanobacterian species

(a)

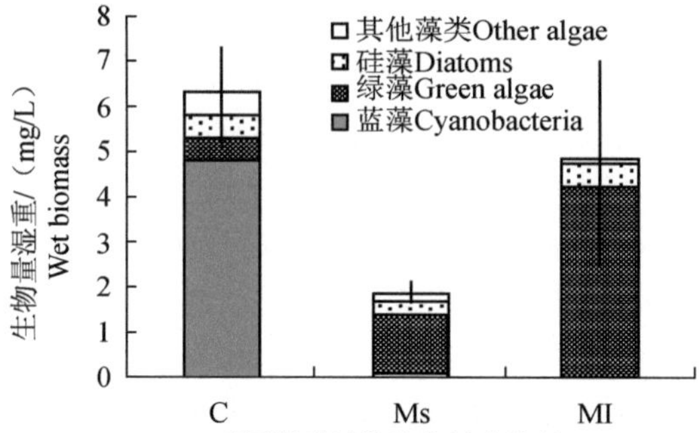

不同类群浮游植物的生物量
The biomass of phytoplankton taxa

(b)

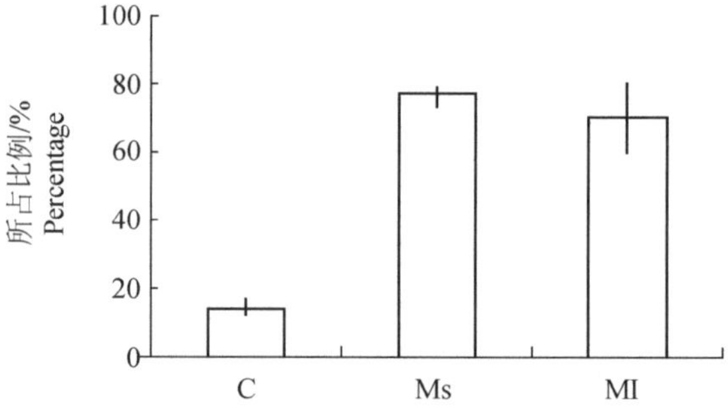

微型藻对总浮游植物生物量贡献的百分比
The percentage contrbution of nanoplankton to total phytoplankton biomass

(c)

图 2.1 在野外实验中低生物量(Ms)、高生物量沉水植物组(Ml)和对照组中(C)对蓝藻优势种的数量(a)、不同类群浮游藻类的生物量(b)和微型藻对总浮游藻类生物量贡献的百分比(c)(改自 Jasser，1995)

Fig. 2.1 The number of dominant cyanobacterian species(a), the biomass of phytoplankton taxa (b)and the percentage contribution of nanoplankton to total phytoplankton biomass (c),in the control (C)and in the presence of small (Ms)and large (Ml)macrophyte biomass in the field experiment (Modified from Jasser, 1995)

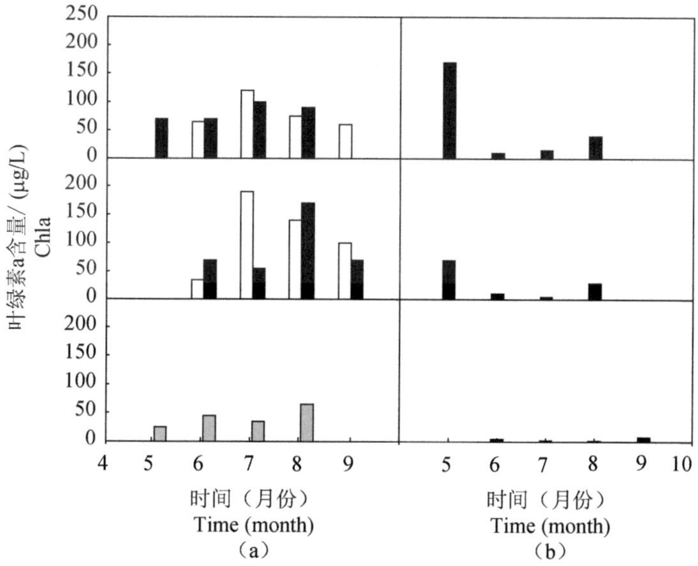

图 2.2　不同磷含量和沉水植物盖度浅水湖泊中叶绿素 a 含量的季节变化。（a）低盖度沉水植物湖泊（上格：Østensjøvatn 湖，总磷 246μg/L，平均深度 1.9m；中间格：Hellesjøvatn 湖，总磷 168μg/L，平均深度 1.3m；下格：Lille Gleinsvatn 湖，总磷 75μg/L）；（b）高盖度沉水植物湖泊（上格 Søylandsvatn 湖，总磷 798μg/L，平均深度 0.4m；中间格：Smokkevatn 湖，总磷 113μg/L，平均深度 1.3m；下格：Altervatn 湖，总磷 31μg/L，平均深度 0.5m）。白柱．1988 年；黑柱．1992 年。灰柱．1993 年（引自 Mjelde and Faafeng,1997）

Fig. 2.2　Seasonal variation in chlorophyll a concentration in the shallow lakes with different TP contents and macrophyte cover. (a)with low macrophyte cover(top panel: Østensjøvatn, TP 246μg/L, mean depth 1.9m; middle panel: Hellesjøvatn, TP 168μg/L, mean depth 1.3m; bottom panel: Lille Gleinsvatn,TP 75μg/L); (b)high macrophyte cover(top panel: Søylandsvatn, TP 798μg/L, mean depth 0.4m; middle panel: Smokkevatn, TP 113μg/L, mean depth 1.3m; bottom panel: Altervatn, TP 31μg/L, mean depth 0.5m .White bars. 1988; black bars. 1992; stippled bars. 1993 (Cited from Mjelde and Faafeng, 1997)

湖和位于挪威北部的 Altervatn 湖在沉水植物生长季节植物密集，盖度分别为 100%、74%和 100%。Søylandsvatn 湖中金鱼藻和龙须眼子菜占绝对优势。而在 Smokkevatn 湖和 Altervatn 湖均以金鱼藻占绝对优势。Søylandsvatn 湖中叶绿素 a 含量在春季最高，至少达到 160μg/L，早春冠盘藻（*Stephanodiscus hantzschii*）占绝对优势，但是在沉水植物生长的其他季节，藻类叶绿素的含量明显降低（8.3～37μg/L），且几乎没有蓝藻存在。Smokkevatn 湖夏季浮游藻类的变化趋势与 Søylandsvatn 湖相类似，在春季，隐藻与硅藻占优势，而蓝藻在 8 月表现出明显优势。Altervatn 湖中的浮游藻类生物量一年四季维持较低水平，但发展趋势与以上两个湖泊类似［图 2.2（b）］。该研究还表明，即使在高磷含量的湖泊中（总磷含量超过 30μg/L），只要金鱼藻生物量处于较高水平，浮游藻类的密度就较低，湖泊水体保持清澈状态，同时，金鱼藻生长区附着藻生物量也较少（Van Donk and

Gulati, 1995），说明自然水体中金鱼藻对浮游藻类和附着藻类均有很强的抑制作用。

Gross 等（2003b）在调查德国南部浅水湖泊中水生植物上的附着藻时发现，附着藻生物量与各湖水质理化指标间无显著相关性，只与附着植物种类有关，其中伊乐藻植物上附着藻最低，这可能与伊乐藻较强的化感作用有关。

Norlin 等（2005）在 2001 年和 2002 年夏天调查了加拿大阿尔伯塔北部区域的 24 个浅水湖泊，并构建了沉水植物盖度与叶绿素 a 含量高低状态之间关系的概念模型（图 2.3）。这 24 个湖泊营养浓度范围处于中营养到超富营养，按叶绿素 a 含量将这些湖泊分为两类：低叶绿素湖泊（叶绿素 a 含量<15μg/L）和高叶绿素 a 湖泊（叶绿素 a 含量>20μg/L）。该研究发现，影响湖泊叶绿素 a 高低的最重要因子是沉水植物盖度，沉水植物盖度超过 25%的湖泊叶绿素 a 含量都偏低，表明湖泊中沉水植物可能对浮游藻类有很强的抑制作用。

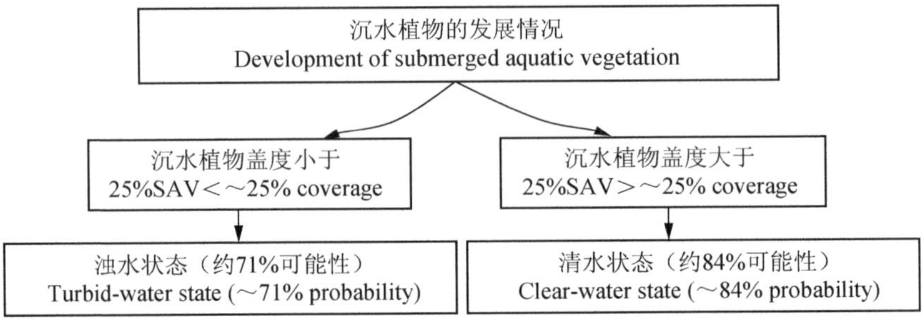

图 2.3　浅水湖泊中沉水植物盖度与叶绿素 a 含量高低状态之间关系的概念模型（改自 Norlin，2005）

Fig. 2.3　Conceptual model of the coverage of submerged macrophyte associated with low- versus high-chlorophyll a states in shallowlake(Modified from Norlin, 2005)

Moreno（2011）在 2006～2007 年对美国佛罗里达州希尔斯堡郡西北面城区和郊区中 34 个湖泊中沉水植物丰度与水体营养状况之间的关系进行了研究，沉水植物（SAV）丰度由其所占湖泊体积百分比（PVI）表示。这些湖泊基于沉水植物丰度大小分为两组，分别为 PVI<20 组和 PVI>20 组。对两组湖泊中叶绿素 a 含量的比较显示：PVI<20 组的湖泊中叶绿素 a 平均含量为 11μg/L，PVI>20 组的湖泊中叶绿素 a 的平均含量为 4μg/L。*t* 检验和单因素方差检验的结果表明，在 95%置信区间内，两组湖泊中叶绿素 a 的平均含量存在显著差异，这一结果与其他文献中报道的增加湖泊中沉水植物丰度能降低湖水中浮游藻类的叶绿素 a 含量及总磷量一致。

中国也有学者研究了水生植物与浮游藻类之间的变化关系。“十五”期间，中国科学院水生生物研究所主持的国家 863 计划项目“武汉市汉阳地区水环境质量改善技术与综合示范”，研究了武汉月湖和莲花湖等小型富营养浅水湖泊中水生植被恢复对浮游藻类的影响。结果表明，2005 年春季和夏季月湖恢复的主要沉水植物优势种为菹草和伊乐藻，也有一些金鱼藻和轮叶黑藻，3 月其总盖度达 15%，到 5 月就扩展到 45%，几乎全湖都有分布（表 2.1）。此期间相应的浮游藻类共检测出 65 种，分属 7 门 45 属。其中种类最多的是绿藻，再依次是硅藻、蓝藻、裸藻、隐藻、甲藻，金藻也出现过一次。从数量来看，2004 年 12 月及 2005 年 1 月和 3 月以隐藻为主［图 2.4（a)］，2005 年 2 月以硅藻、隐藻和绿藻为主，4 月和 5 月以硅藻和绿藻为主，蓝藻数量也有所增加，但都是一些个体较小的种类，如微小平列藻（*Merismopedia tenussisma*），形成水华的一些优势种并未出现。从生物量来看，蓝藻在月湖浮游藻类生物量中所占的比例更低［图 2.4（b)］，除 2004 年 12 月和 2005 年 1 月分别占 3.32%和 7.45%外，其他几个月都非常低。绿藻占月湖浮游藻类生物量的比例也不高，12 月、2 月、4 月、5 月这 4 个月所占比例分别为 6.02%、6.70%、17.42%和 11.34%，其他两个月非常少。隐藻在月湖浮游藻类生物量中占较大的比例，12 月、1 月和 3 月以隐藻为主，4 月以隐藻和硅藻为主，5 月隐藻、裸藻和硅藻三门占绝对优势，2 月硅藻生物量比例最高（邓平，2007）。调查期间月湖叶绿素 a 含量均值为 8.58μg/L，显著低于沉水植物种植前月湖的叶绿素 a 含量（164.5μg/L）（马剑敏，2005）。

表 2.1　武汉月湖水生植被特征

Table 2.1　Characters of aquatic macrophytes in Lake Yuehu, Wuhan

时间（年.月.日） Time	盖度/% Coverage	生物量/t Biomass	优势种 Dominant species	其他种类 Other species
2005.3.27	15	160	菹草	伊乐藻、金鱼藻
2005.5.14	45	810.4	伊乐藻	菹草、金鱼藻、轮叶黑藻

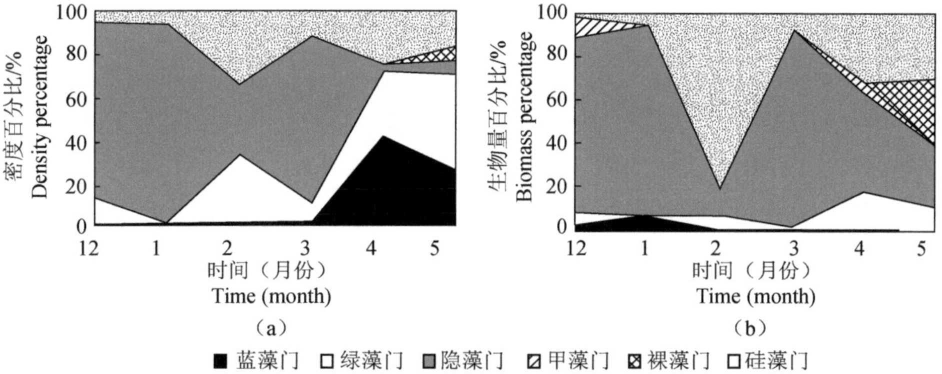

图 2.4　2004～2005 年月湖浮游藻类密度和生物量变化

Fig. 2.4　Changes of phytoplankton density and biomass in Lake Yuehu during 2004～2005

随着月湖水生植被的自然演替，月湖的水生植被分布出现了不同的格局，总体上可以分为沉水植被集中分布区、浮叶植物集中分布区和没有水生植物生长的区域。高云霓在 2005 年 8 月至 2006 年 3 月分别调查了浮游藻类在三个不同区域中的分布情况。样点分布如图 2.5 所示。其中，2 号样点位于无沉水植物生长区域、5 号样点位于荷花生长区、6 号样点位于沉水植物生长区。调查期间沉水植物区植物盖度一直高于 85%，沉水植物种类以伊乐藻为主，还伴生有一些金鱼藻和轮叶黑藻。研究结果表明，水生植物生长区域藻类数量和生物量都明显低于无植物的敞水区。由于植被恢复前后月湖水体营养水平变化不明显，总氮浓度分别为 4.83mg/L 和 3.71mg/L，总磷浓度分别为 0.45mg/L 和 0.53mg/L，整个调查期间各样点无机氮和总磷的浓度都明显高于富营养化湖泊的标准，所以藻类不会因营养导致生长受到抑制。沉水植物对藻类的化感作用可能是月湖藻类生物量降低、藻类群落结构变化的主要原因。

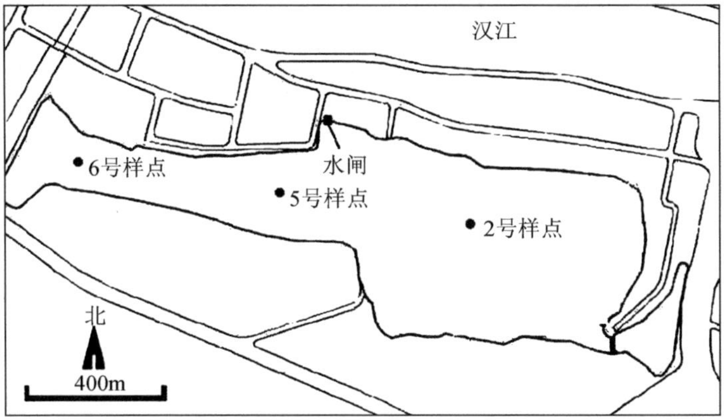

图 2.5　武汉月湖监测样点示意图

Fig. 2.5　Sketch map of sample distribution in Lake Yuehu, Wuhan

同样的现象也在另一个富营养化浅水城市湖泊——武汉莲花湖中观察到（马剑敏，2007）。莲花湖位于武汉三镇中心的莲花湖公园内，面积 8.5 万平方米，分为大莲花湖、小莲花湖两部分，其中小莲花湖约 2.1 万平方米，与大莲花湖通过一个约 1m 宽的涵洞相连（图 2.6）。治理前小莲花湖与大莲花湖一样每年均暴发严重水华。2003 年 6 月到 2005 年 5 月通过生态调控和科学恢复，在小莲花湖重建了以伊乐藻为优势种的沉水植物群落，2004 年和 2005 年春季的沉水植被盖度分别达到 98%和 95%。而毗邻的大莲花湖未实施植被重建工程，与小莲花湖的联系也被截断。从植被重建过程中水质监测数据可以看出，相对于大莲花湖，植被恢复后小莲花湖的氮、磷浓度有降低，但仍处于较高的水平，其中总氮浓度平均值为 2.69mg/L、总磷浓度平均值为 0.13mg/L。然而，在重建水生植被的两年多时间里，小莲花湖没有暴发过水华，而大莲花湖常年有水华发生。根据叶绿素 a 的常年监测数据可以看出，两湖的藻类生物量存在显著差异。如图 2.7 所示，大、小莲花湖在监测期间叶绿素 a 含量的平均值分别为 212.8μg/L 和 49.7μg/L，两者差异极显著（P<0.01）。2004 年以后，小莲花湖的叶绿素 a 含量一直保持在较低的水平，说明

在小莲花湖重建的水生植物群落能显著抑制浮游藻类的生长，控制水华的暴发。

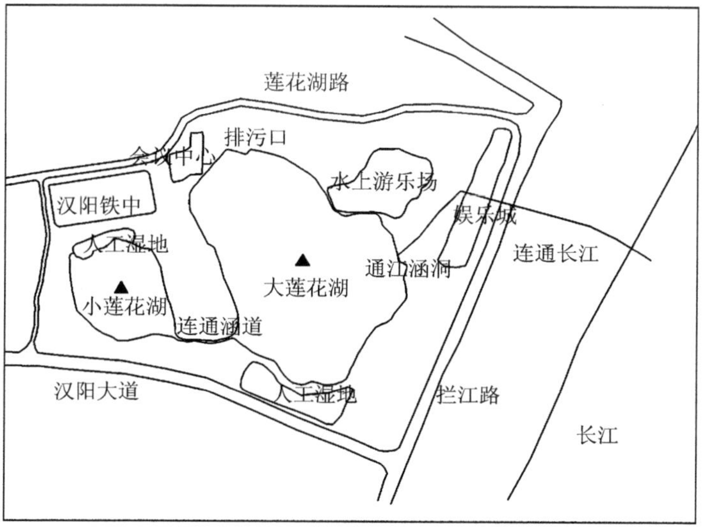

图 2.6　武汉莲花湖采样点示意图

Fig. 2.6　The sketch map for sampling in Lake Lianhuahu, Wuhan

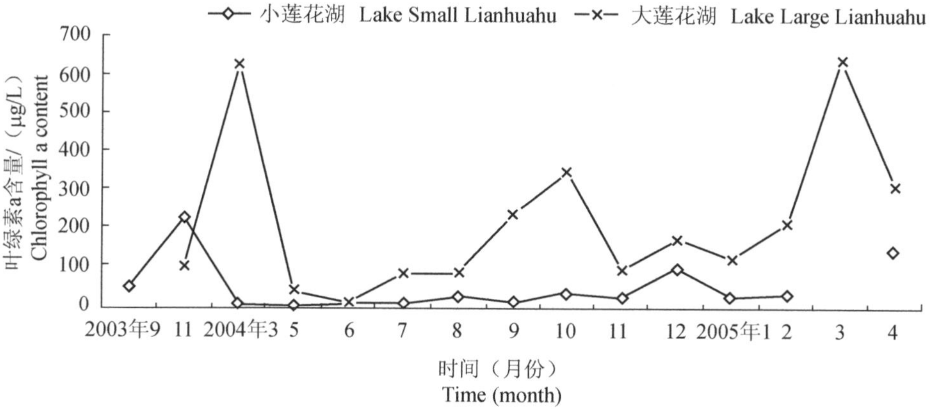

图 2.7　2003～2005 年大、小莲花湖叶绿素 a 含量的变化

Fig. 2.7　Monthly changes of chlorophyll a content in Lake Lianhuahu in 2003～2005

围隔模拟实验也证明，水生植物能影响周围藻类的组成及生物量大小。邱东茹等（1998）通过围隔实验研究了不同生活型水生植物对藻类群落结构的影响。1992 年夏季在水体富营养化比较严重的武汉东湖水果湖区建成了 4 个围隔，每个围隔的面积约为 800m^2，每个围隔的光照条件和营养条件一致，均能满足植物的正常生长。其中，Ⅰ号围隔是以大茨藻（*Najas marina*）为主的沉水植物，Ⅱ号围隔是以浮萍（*Lemna minor*）为主的漂浮植物，Ⅲ号围隔是以凤眼莲为主的浮叶植物，Ⅳ号未栽水草围隔作为对照。另外，在围隔外设立一个大湖对照采样点（Ⅴ）。

如图 2.8 所示，Ⅰ号围隔和Ⅱ号围隔叶绿素 a 含量从 6～10 月一直保持很低的水平，均显著低于Ⅳ号围隔对照和Ⅴ号大湖对照。两个围隔中藻类现存量一直较低，优势藻类为隐藻（*Cryptomonas* sp.）、蓝隐藻（*Chroomonas acuta*）、衣藻（*Chlamydonas* sp.）和脆杆藻（*Fragilaria* sp.）等，且均未检出微囊藻。由于Ⅲ号围隔的凤眼莲在前期没能大面积发展，从 6 月中旬开始该围隔中就出现了微囊藻水华，7 月水华继续加重，叶绿素 a 含量达到峰值。后期随着凤眼莲的正常生长，其植株覆盖面积扩大到水面的 1/3 时，Ⅲ号围隔的水华逐渐消退，并于 8 月中旬消失，叶绿素 a 的含量也显著降低。对照的Ⅳ号围隔中微囊藻水华一直持续到 9 月上旬，大湖对照点（Ⅴ）尽管未形成水华，但湖水中有固氮鱼腥藻（*Anabaena azotica*）、螺旋藻（*Spirulina* sp.）等丝状蓝藻及少量微囊藻存在，叶绿素 a 含量也显著高于各围隔中叶绿素 a 的含量。由此可见，在排除营养及光照竞争的条件下，水生植物能明显抑制藻类生长。

2006 年春季和夏季，高云霓等在月湖同步开展了原位围隔实验，围隔面积为 $25m^2$。2006 年春季在其中的部分围隔内分别种植了伊乐藻和菹草，从 2006 年 3 月底到 6 月初每半个月调查一次各围隔的植物盖度、藻类种类和数量及各项理化指标。图 2.9 显示了植物盖度达到 80%以上的围隔及对照围隔（植物盖度低于 5%）中浮游藻类数量的分布情况。在实验期间，伊乐藻和菹草植物占优势的围隔，藻类数量显著低于无植物生长的围隔，尤其是分属于蓝藻门和绿藻门的藻类数量在不同围隔间差异明显（$P<0.05$）。相关分析的结果显示，藻类数量分布与无机氮和总磷等营养物质的浓度间无显著差异（$P>0.05$），且营养盐浓度均高于富营养化水体标准，藻类生长不会有营养限制问题。这进一步说明水生植物是影响藻类数量的主要因素。

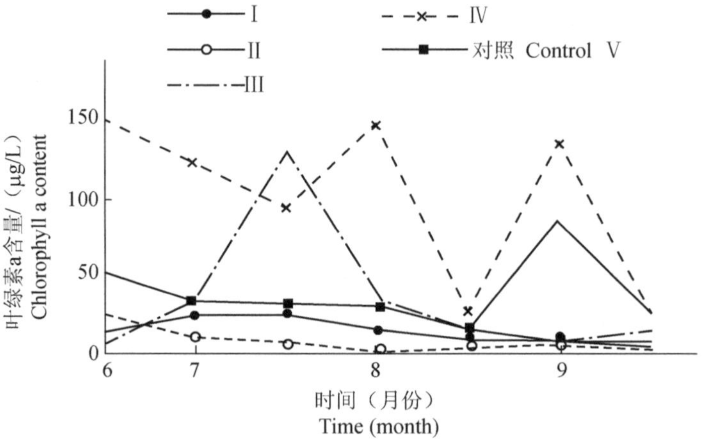

图 2.8 1994 年 6～10 月各围隔及大湖对照水体叶绿素 a 含量的变化

Fig. 2.8 Variation of chlorophyll a content of water bodies in various enclosures and the adjacent sampling plot just outside the enclosures from June to October in 1994

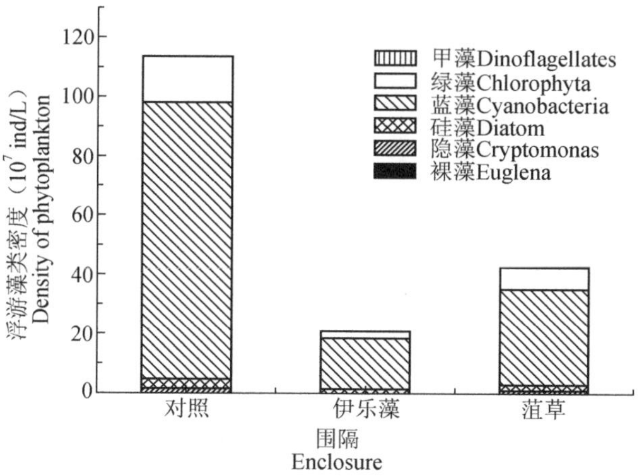

图 2.9　不同植物围隔中浮游藻类密度（未发表数据）

Fig. 2.9　Phytoplankton density in different enclosures dominated by different submerged macrophytes (unpublished data)

Dai 等（2012）在 1m×1m×1m 的小型生态系统中模拟研究不同盖度下金鱼藻对东湖湖水的修复效果时发现，4 个月的实验时间内，无植物对照池中叶绿素 a 含量均值为 37.51μg/L，显著高于有金鱼藻种植的水池。当金鱼藻盖度分别为 20%、33%和 50%时，叶绿素 a 含量分别为 7.63μg/L、8.43μg/L 和 5.36μg/L，与对照相比分别降低了 79.65%、77.53%和 85.71%。尽管模拟系统在种植金鱼藻后氮、磷等营养物质的浓度也有不同程度地降低，但即使在盖度 50%的情况下，水体中总磷浓度（0.12mg/L）和总氮浓度（1.09mg/L）的水平仍不会限制藻类生长。2004～2008 年五里湖生态恢复围隔实验（Chen et al.，2009）也显示，水生植被恢复初期（2004 年），围隔内以蓝藻门中微囊藻、束丝藻和颤藻等为优势种的藻类生物总量显著高于围隔外；2004 年以后，围隔内蓝藻占优势的阶段少于 2004 年。2005 年 8～9 月，藻类优势种为绿藻门的盘星藻，2005 年 12 月至 2008 年 3 月，除每年 7 月和 8 月外，都以隐藻和硅藻为主。尽管在水生植物恢复初期营养盐浓度已有显著下降，但并没有有效抑制藻类生物量的快速上升。而在水生植物恢复后期，藻类群落结构发生的改变，应该有包括水生植物化感作用在内的一些作用因素。

2.2　共培养系统中水生植物的化感抑藻效应

除了对自然水体草-藻演替的观察以及中试和小试规模野外试验的开展外，实验室可控条件下研究水生植物对藻类的化感作用也是不可缺少的。一方面，自然条件下水生植物除了可以通过释放化感物质来抑制藻类的生长外，还可以通过营养、光照等其他生物、非生物因素来影响水生植物与藻类的消长与演替。另一方面，自然条件下水生植物对藻类的化感作用本身也受到各种不可控制的环境因素的影响，从而不利于客观评价水生植物的化感抑藻效果。从 20 世纪下半叶开始，实验室条件下水生植物对藻类化感作用的研究报道显著增多。其中采用的主要研究方法之一就是共培养法，即在实验室内将水生植物和藻类进行共培养，期间观察和测定水生植物对藻类的生长抑制效应，该方法既能较好地模拟自然系统的真实状况，又可以排除其他生物因子和非生物因子的影响，因此被广泛用于研究不同水生植物对藻类的化感效应。

草-藻共培养的方式主要有两种：一种是植物与藻类完全在同一个系统内混合培养，如图 2.10 所示，植物与藻细胞直接接触（Nakai et al.，1999；吴晓辉，2005）；另一种是植物与藻类在同一个系统内，但通过透析膜（或袋）隔开培养，如图 2.11 所示。后一种共培养条件下只有营养物质和植物释放到培养液中的化学物质可以通过透析膜进行交换（Jasser et al.，1995；Körner and Nicklisch，2002；Hilt et al.，2006）。在排除营养、光照等可能构成竞争影响因素的情况下，通过与对照（培养体系中只有藻类没有植物）的藻类生长情况进行比较，评价水生植物对藻类的化感作用。这两种共培养方式相比，完全共培养能较好模拟自然水体中水生植物与藻类的共生状态，透析共培养则可以完全排除遮光等其他因素的干扰。

图 2.10　完全共培养的实验装置

Fig. 2.10　Experiment device of coexistence system

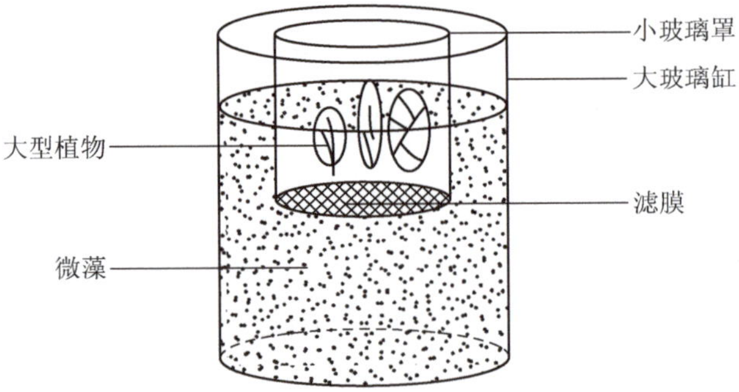

图 2.11　透析共培养的装置图（改自 Jin and Dong, 2003）

Fig. 2.11　Schematic picture of the dialysis co-culture system (Modified from Jin and Dong, 2003)

目前研究表明，一些挺水植物、漂浮植物、浮叶植物及沉水植物都会对藻类产生不同程度的化感作用，相比其他生活型水生植物，沉水植物与藻类在水体中的生态位更为接近，除了存在营养上的竞争外，沉水植物还需要争取到足够的光照，因此化感作用被认为是帮助沉水植物获得竞争优势的有效机制之一。从已有的研究来看，常见的小二仙草科、金鱼藻科、眼子菜科和水鳖科的多种沉水植物都具有明显的化感抑藻效应。另外，一些挺水植物和浮叶植物也表现出化感抑藻效应。

2.2.1 小二仙草科沉水植物的化感抑藻效应

小二仙草科的植物为草木或亚灌木，有 6 属，约 120 种，分布于热带和温带地区，主产大洋洲，中国有狐尾藻属（*Myriophyllum*）和小儿仙草属（*Haloragis*）两属分布，其中狐尾藻属是生长在淡水水域中的沉水植物，该属中的许多种已被证明具有很强的化感抑藻效应，尤其是穗花狐尾藻（*Myriophyllum spicatum*）（图 2.12）。在对穗花狐尾藻化感抑藻效应的研究中发现，相比于硅藻和绿藻等其他门的藻类，穗花狐尾藻对蓝藻的抑制作用最强，包括抑制铜绿微囊藻（*Microcystis aeruginosa*）、水华鱼腥藻（*Anabaena flos-aquae*）、纤细席藻（*Phormidium tenue*）、阿氏浮丝藻（*Planktothrix agardhii*）和湖丝藻（*Limnothrix redekei*）等多种蓝藻的生长，且生长抑制效果与穗花狐尾藻的生物量有关（Nakai et al.，1999；Körner and. Nicklisch., 2002）。轮叶狐尾藻（*Myriophyllum verticillatum*）对蓝藻门湖丝藻和硅藻门极小冠盘藻（*Stephanodiscus minutulus*）的抑制作用也显著高于对绿藻门被甲栅藻（*Scenedesmus armatus*）的抑制作用（Hilt et al., 2006）。狐尾藻属沉水植物对藻类化感作用的差异性证明水生植物化感作用对目标生物作用的特异性和选择性。穗花狐尾藻分泌的化感物质中对蓝藻铜绿微囊藻有抑制活性的主要是 5 种酚酸物质［焦性没食子酸（PA）、鞣花酸（EA）、五倍子酸（GA）、儿茶酸（CAT）、没食子单宁（EUG）］和 3 种脂肪酸类（顺-6-十八碳烯酸、壬酸、反-9-十八碳烯酸）（Nakai et al., 2012），并且 Nakai 等（2012）还测定了共培养系统中穗花狐尾藻对 3 种脂肪酸的释放速率。结合 Masushima 等（2008）报道的 5 种酚酸的释放速率，Nakai 等（2012）以它们的释放速率为基础，向藻培养系统中添加这 8 种物质，模拟水生植物的释放过程，然后与草-藻共培养系统进行比较，发现混合培养系统的 EC_{50} 值是共培养系统的 1.9 倍。这一结果表明，草藻共培养系统中，对藻类抑制的贡献中化感效应占 53%，这是首次在实验室条件下，通过单纯模拟水生植物对化感物质的释放过程来定性研究化感效应在水生植物对藻类抑制中的贡献率这一问题。

图 2.12　穗花狐尾藻（高云霓 摄）

Fig2.12　*Myriophyllum spicatum*（photoed by Gao Yunni）

2.2.2　金鱼藻科沉水植物的化感抑藻效应

金鱼藻科沉水植物仅有金鱼藻属，约 7 种，分布于全世界。其中对常见于沟渠、浅水湖泊的金鱼藻（*Ceratophyllum demersum*）（图 2.13）化感抑藻效应研究较多。

图 2.13　金鱼藻（李柱 摄）

Fig2.13　*Ceratophyllum demersum*　（photoed by Li Zhu）

金鱼藻对蓝藻门的铜绿微囊藻、水华鱼腥藻、阿氏浮丝藻和湖丝藻，绿藻门的普通小球藻（*Chlorella vulgaris*）、斜生栅藻（*Scenedesmus obliquus*）和被甲栅藻，以及硅藻门的极小冠盘藻等的生长均有不同程度的化感抑制作用（袁峻峰和章宗涉，1993；Körner and Nicklisch，2002；李小路等，2008）。金鱼藻与铜绿微囊藻的共培养实验表明，金鱼藻对铜绿微囊藻有明显的抑制作用，暴露 96h 后藻细胞完全死亡；排除营养和光的竞争影响，认为抑制作用主要是由化感作用引起的。

2.2.3　眼子菜科沉水植物的化感抑藻效应

眼子菜科沉水植物有 2 属，其中眼子菜属有 100 多种，分布于世界各地。黄丝草（*Potamogeton maackianus*）（又名微齿眼子菜）（图 2.14）、马来眼子菜（*Potamogeton malaianus*）（又称为竹叶眼子菜）（图 2.15）和菹草（*Potamogeton crispus*）（又名扎草、虾藻）（图 2.16）均是眼子菜属常见的多年生沉水草本植物。这些植物都表现出特异的化感抑藻活性。

图 2.14　黄丝草（吴娟 摄）

Fig 2.14　*Potamogeton maackianus*（photoed by Wu Juan）

图 2.15　马来眼子菜（魏华 摄）

Fig 2.15　*Potamogeton malaianus*（photoed by Wei Hua）

图 2.16　菹草（吴娟 摄）

Fig 2.16　*Potamogeton crispus*（photoed by Wu Juan）

吴晓辉（2005）分别研究了共培养系统中黄丝草、马来眼子菜和菹草三种眼子菜科沉水植物对不同初始密度斜生栅藻和铜绿微囊藻的化感作用。15±5g/8L FW 的黄丝草对初始密度为 10^5ind/L、10^6ind/L、10^7ind/L 的斜生栅藻（图 2.17）和初始密度为 10^6ind/L、10^7ind/L 的铜绿微囊藻（图 2.18）有明显的抑制作用。当藻类初始密度低于或超出此浓度范围时，黄丝草不能产生明显的化感抑藻作用，张胜花（2007）的研究结果也证实马来眼子菜、菹草对铜绿微囊藻及斜生栅藻具有较强的化感抑制作用。如图 2.19、图 2.20 所示，15±5g/8L FW 的马来眼子菜对初始密度为 10^7ind/L、10^8ind/L 的斜生栅藻和 10^8ind/L 的铜绿微囊藻有明显的抑制作用，而对 10^4ind/L 的斜生栅藻和 10^5ind/L、10^9ind/L 的铜绿微囊藻没有明显的生长抑制；15±5g/8L FW 的菹草对初始密度为 10^5ind/L 的斜生栅藻的生长抑制效应也不明显，但对较高初始密度（10^6ind/L、10^7ind/L）的斜生栅藻及初始密度为 10^5ind/L、10^6ind/L 的铜绿微囊藻有明显的抑制作用（图 2.21、图 2.22）。同样的共培养系统中，邓平（2007）的研究也发现马来眼子菜和菹草不仅对斜生栅藻和铜绿微囊藻具有显著的化感作用，同时还可通过化感作用抑制汉氏菱形藻（*Nitzschia hantzschiana*）的生长，在连续 7 天的共培养体系中，分别与马来眼子菜、菹草共培养的汉氏菱形藻细胞数显著低于对照组（图 2.23、图 2.24）。

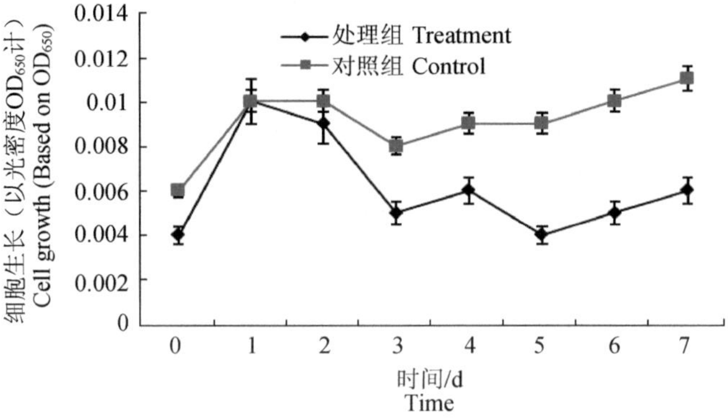

（a）

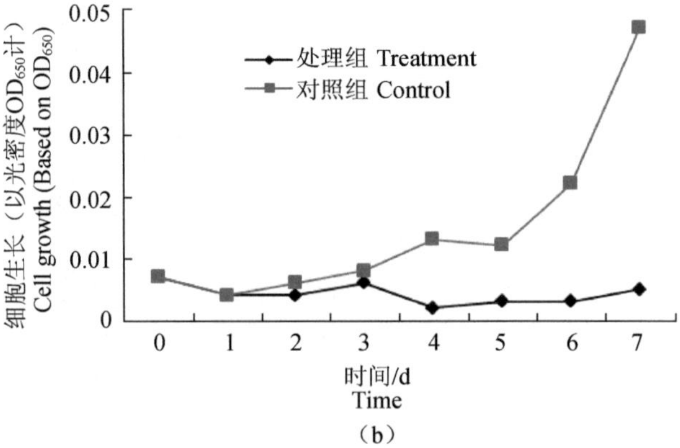

（b）

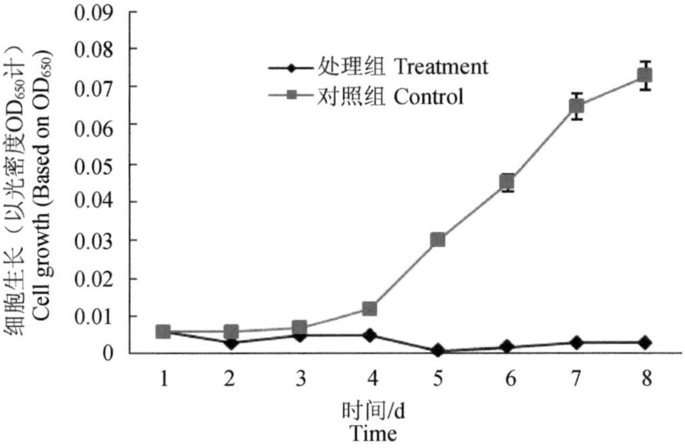

（c）

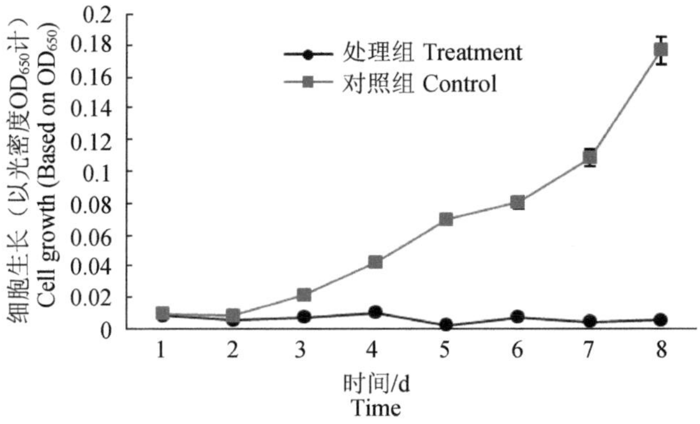

（d）

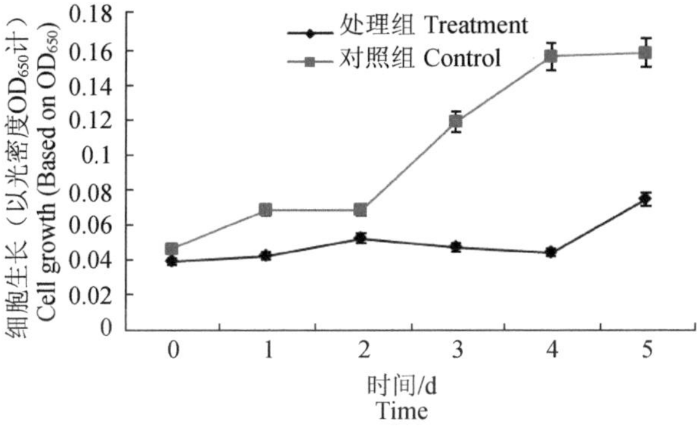

（e）

图 2.17　共培养系统中黄丝草对不同初始密度斜生栅藻生长的影响。（a）、（b）、（c）、（d）、（e）分别表示斜生栅藻的初始密度为 10^4ind/L、10^5ind/L、10^6ind/L、10^7ind/L、10^8ind/L

Fig. 2.17　The effects of *P.maackianus* on *S. obliquus* at different initial density in the co-culture system. (a), (b), (c), (d), (e) means algal initial density 10^4ind/L, 10^5ind/L, 10^6ind/L, 10^7ind/L, 10^8ind/L respectively

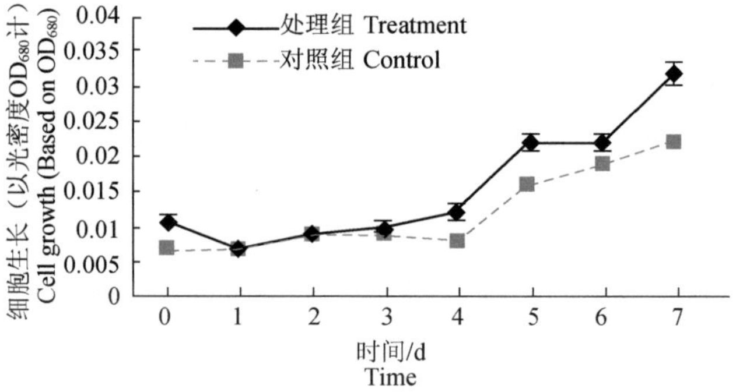

处理组 Treatment
对照组 Control
细胞生长（以光密度OD680计）
Cell growth (Based on OD680)
0.04
0.035
0.03
0.025
0.02
0.015
0.01
0.005
0
0
1
2
3
4
5
6
7
时间/d
Time

（a）

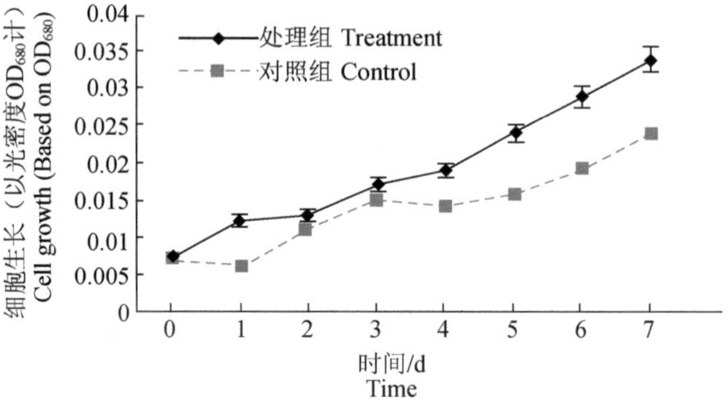

处理组 Treatment
对照组 Control
细胞生长（以光密度OD680计）
Cell growth (Based on OD680)
0.04
0.035
0.03
0.025
0.02
0.015
0.01
0.005
0
0
1
2
3
4
5
6
7
时间/d
Time

（b）

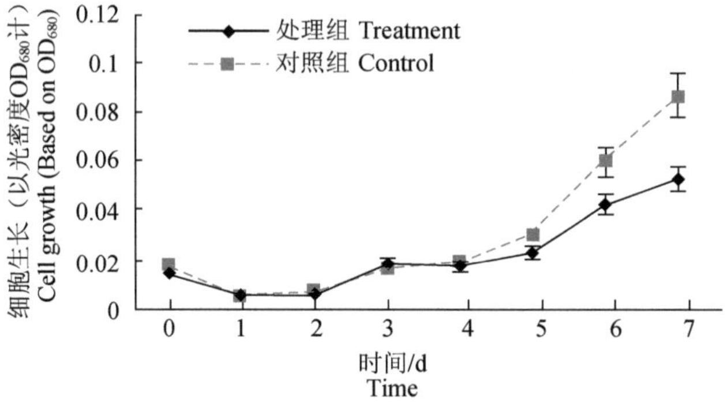

处理组 Treatment
对照组 Control
细胞生长（以光密度OD680计）
Cell growth (Based on OD680)
0.12
0.1
0.08
0.06
0.04
0.02
0
0
1
2
3
4
5
6
7
时间/d
Time

（c）

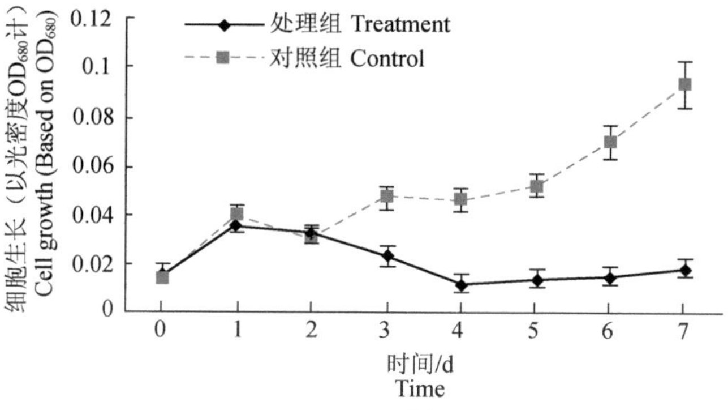

（d）

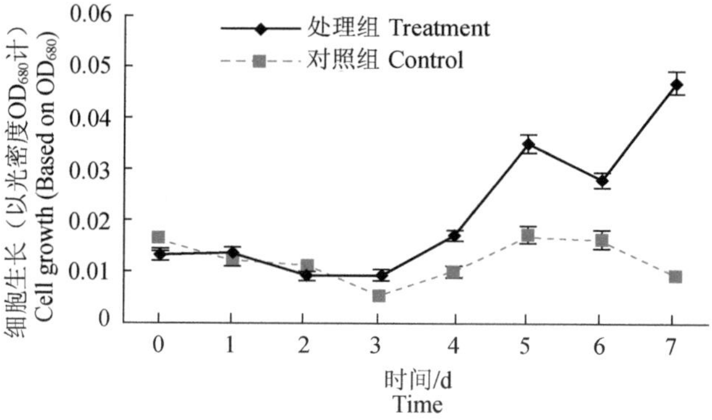

（e）

图 2.18　共培养系统中黄丝草对不同初始密度铜绿微囊藻生长的影响。（a）、（b）、（c）、（d）、（e）分别表示铜绿微囊藻的初始密度为 10^4ind/L、10^5ind/L、10^6ind/L、10^7ind/L、10^8ind/L

Fig.2.18　The effects of *P.maackianus* on growth of *M.aeruginosa* at different initial density. (a), (b), (c), (d), (e) means algal initial density 10^4ind/L, 10^5ind/L, 10^6ind/L, 10^7ind/L, 10^8ind/L respectively

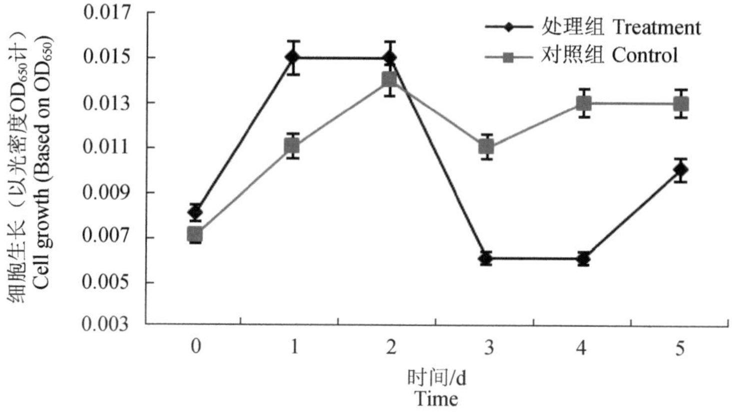

（a）

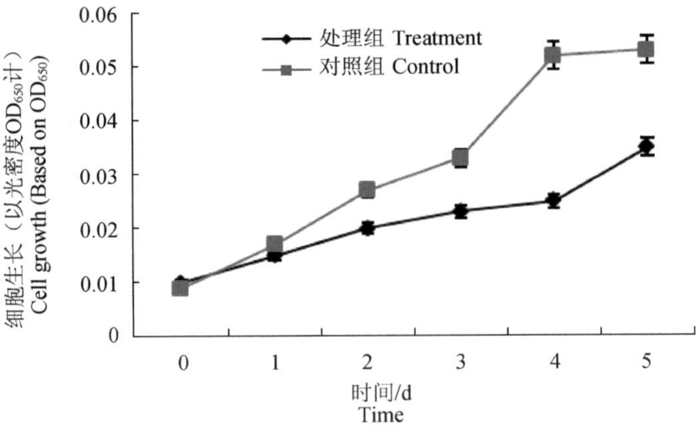

（b）

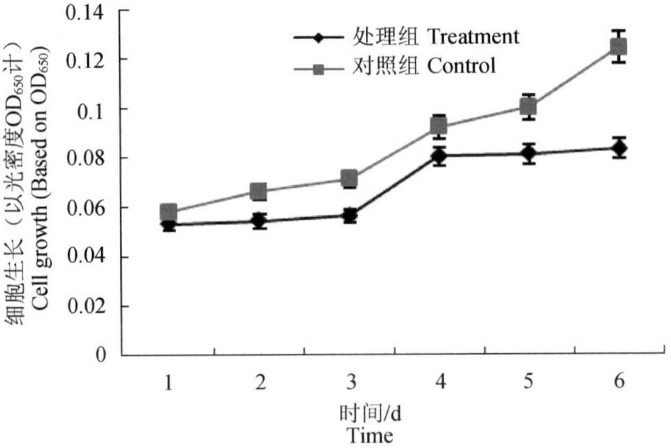

（c）

图 2.19 马来眼子菜对不同初始密度斜生栅藻生长的影响。（a）、（b）、（c）分别表示斜生栅藻的初始密度为 10^4ind/L、10^7ind/L、10^8ind/L

Fig. 2.19 The effects of *P. malaianus* on growth of *S. obliquus* at different initial density. (a), (b), (c) means algal initial density 10^4ind/L, 10^7ind/L, 10^8ind/L respectively

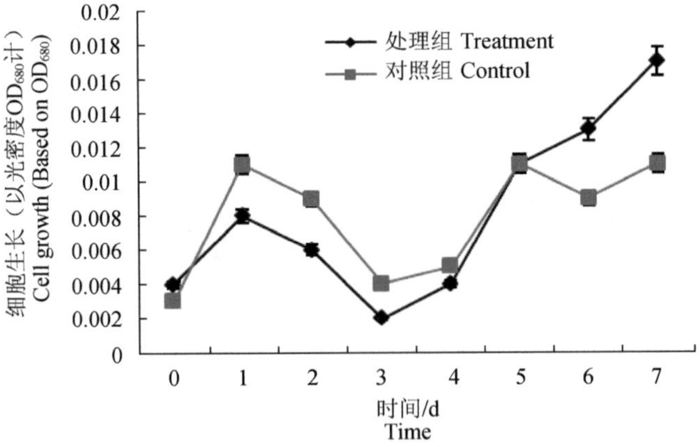

（a）

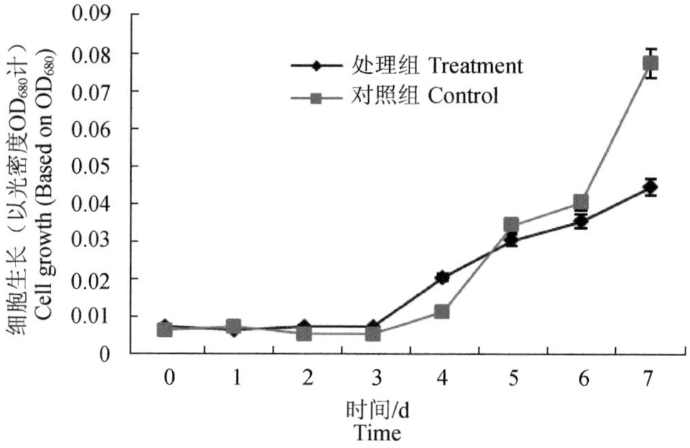

（b）

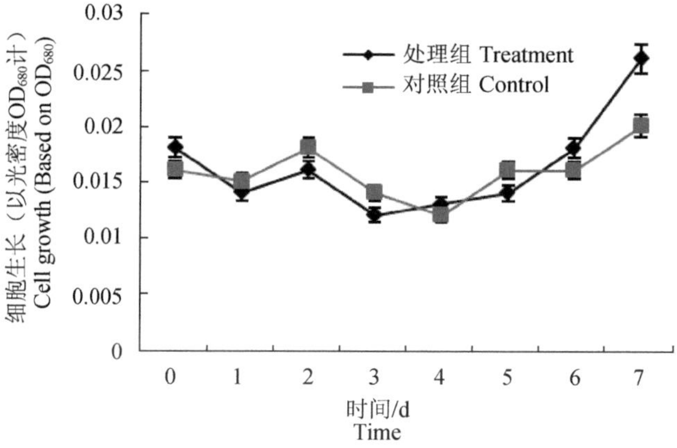

（c）

图 2.20　马来眼子菜对不同初始密度铜绿微囊藻生长的影响。（a）、（b）、（c）分别表示铜绿微囊藻的初始密度为 10^5ind/L、10^8ind/L、10^9ind/L

Fig. 2.20　The effects of *P.malaianus* on growth of *M.aeruginosa* at different initial density. (a), (b), (c) means algal initial density 10^5ind/L, 10^8ind/L, 10^9ind/L respectively

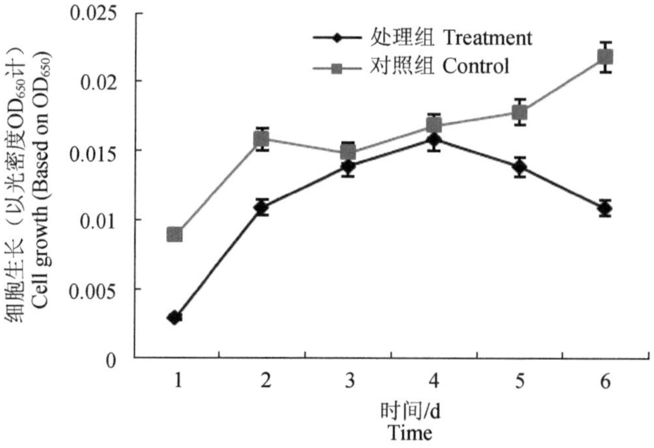

（a）

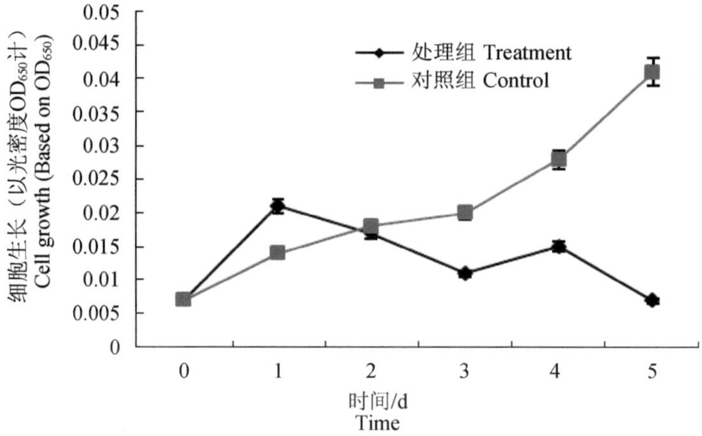

（b）

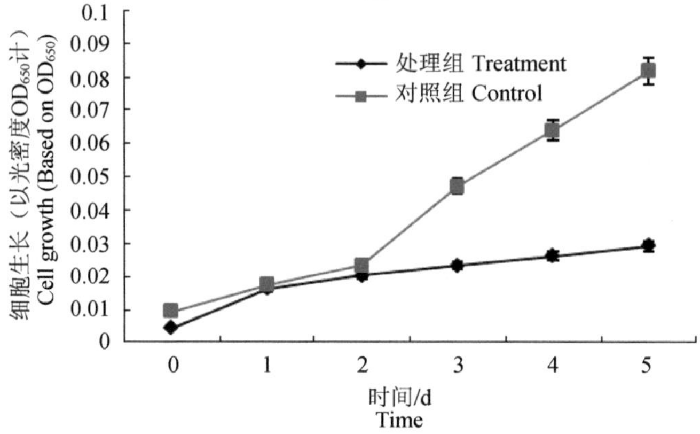

（c）

图 2.21　蒩草对不同初始密度斜生栅藻生长的影响。（a）、（b）、（c）分别表示斜生栅藻的初始密度为 10^5ind/L、10^6ind/L、10^7ind/L

Fig. 2.21　The effects of *P.crispus* on growth of *S. obliquus* at different initial density. (a), (b), (c) means algal initial density 10^5ind/L, 10^6ind/L, 10^7ind/L respectively

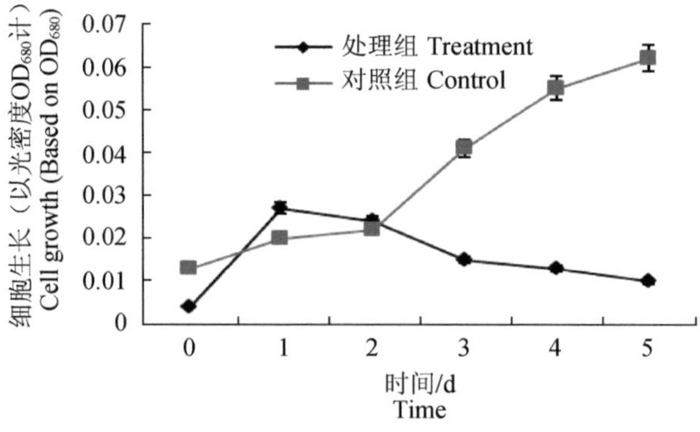

（a）

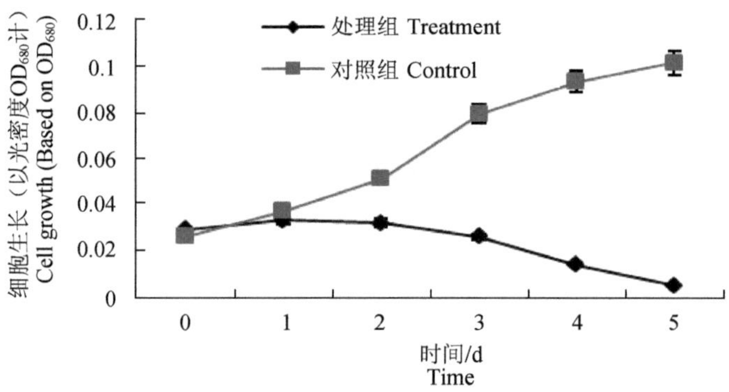

（b）

图 2.22　菹草对不同初始密度铜绿微囊藻生长的影响。(a)、(b) 分别表示铜绿微囊藻的初始密度为 10^5ind/L 和 10^6ind/L

Fig. 2.22　The effects of *P. crispus* on growth of *M.aeruginosa* at different initial density. (a), (b) means algal initial density 10^5ind/L and 10^6ind/L respectively

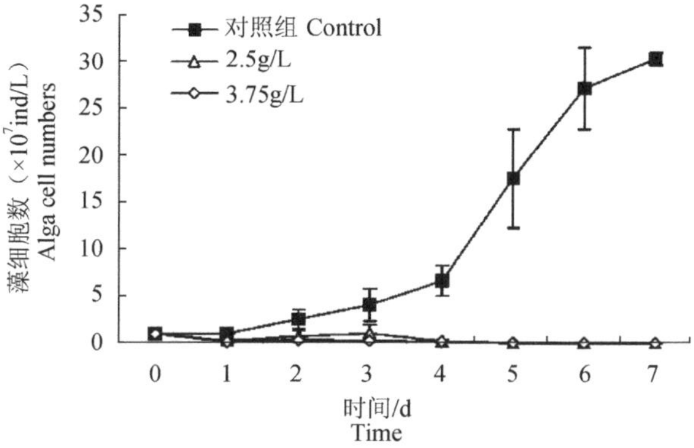

图 2.23　共培养系统中马来眼子菜对初始密度为 1×10^7ind/L 的汉氏菱形藻生长的影响

Fig. 2.23　The effects of *P. malaianus* on *N. hantzschiana* at initial density of 10^7ind/L in the co-culture system

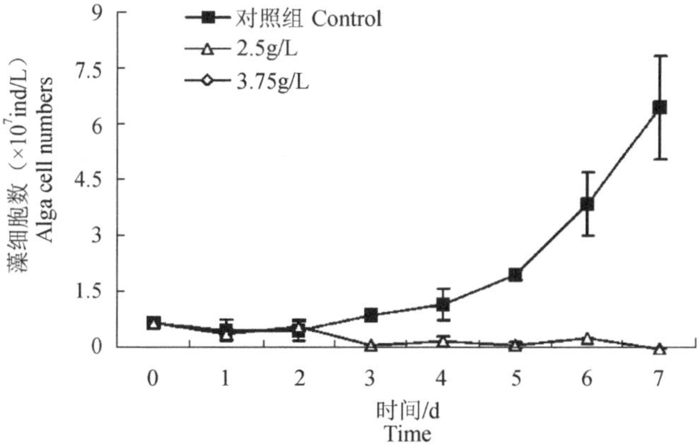

图 2.24　共培养系统中菹草对初始密度为 1×10^7ind/L 汉氏菱形藻生长的影响

Fig. 2.24　The effects of *P. crispus* on *N. hantzschiana* at initial density of 10^7ind/L in the co-culture system

2.2.4 水鳖科沉水植物的化感抑藻效应

水鳖科沉水植物有 18 属，其中的茨藻（图 2.25）、伊乐藻（图 2.26）、黑藻（图 2.27）等属的多种沉水植物均具有化感抑藻效应。

图 2.25　小茨藻（左进城 摄）

Fig2.25　*Najas minor*（photoed by Zuo Jincheng）

图 2.26　伊乐藻（杨立华 摄）

Fig2.26　*Elodea nuttallii*（photoed by Yang Lihua）

图 2.27　轮叶黑藻（左进城 摄）

Fig2.27　*Hydrilla verticillata*（photoed by Zuo Jincheng）

Mulderij 等（2006）通过野外和实验室共培养实验证实水卫士可以通过释放化感物质来抑制浮游藻类的生长。黑藻对铜绿微囊藻也表现出明显的抑制作用（王立新等，2004）。邓平（2007）对小茨藻化感作用的研究结果显示，小茨藻明显抑制了两种不同初始密度斜生栅藻的生长，处理组和对照组中斜生栅藻生长曲线的增长趋势差异明显，对于低初始密度的斜生栅藻［图 2.28（a）］，从实验开始至第 9 天，对照组表现为增长的趋势；2.5g/L 和 3.75g/L 的小茨藻处理组在实验开始到第 3 天细胞数减少，第 4 天表现出增长的趋势，但增长速率远低于对照组；小茨藻对高初始密度斜生栅藻的作用与低初始密度斜生栅藻的作用效应一致［图 2.28（b）］，对照组一直呈快速增长，两种不同初始密度的斜生栅藻在实验结束时处理组中的细胞数都明显低于对照组中的细胞数。2.5g/L 和 3.75g/L 的小茨藻对低起始密度斜生栅藻的抑制率分别为 67.92%和 80.79%，对高起始密度斜生栅藻的抑制率分别为 74.28%和 83.18%。

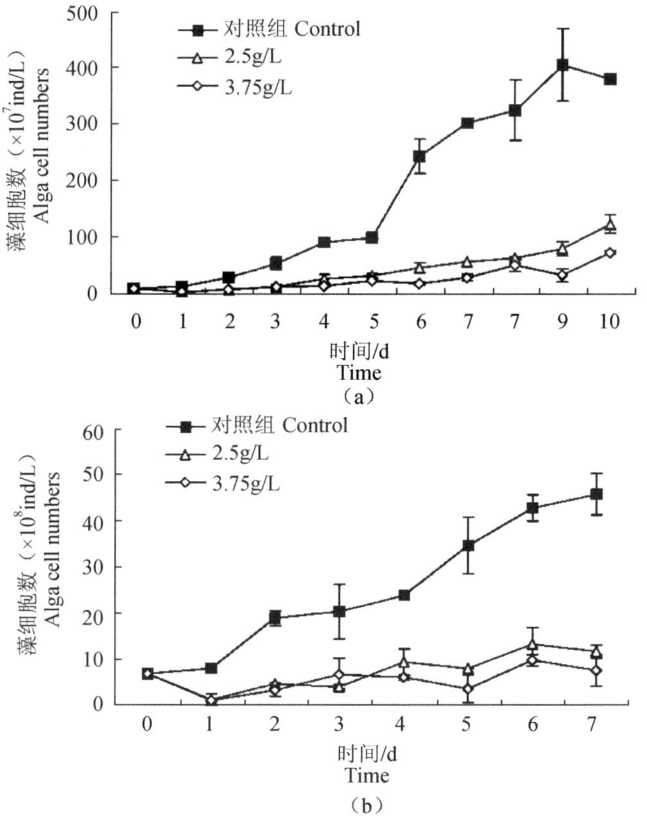

图 2.28　共培养系统中小茨藻对不同初始密度斜生栅藻细胞数的影响。（a）、（b）分别表示斜生栅藻的初始密度为 7×10^7ind/L 和 7×10^8ind/L

Fig. 2.28　Change of *S. obliquus* cell number when coexisting with *N. minor*. (a), (b) means algal initial density 7×10^7ind/L and 7×10^8ind/L respectively

小茨藻与汉氏菱形藻共培养能影响汉氏菱形藻的生长（图 2.29），不同初始密度的汉氏菱形藻对小茨藻的生长响应稍有差异。对低初始密度的汉氏菱形藻，从共培养实验开始，处理组的汉氏菱形藻细胞数在第 1 天就减少到较低的值，对照组的细胞数却表现为增长的趋势；而对高初始密度的汉氏菱形藻，对照组与处理组的细胞数都表现为增长的趋势，但处理组细胞数的增长要低于对照组。2.5g/L 和 3.75g/L 的小茨藻对高初始密度汉氏菱形藻第 7 天的抑制率分别为 52.01%和 70.42%。同样，共培养条件下小茨藻能影响铜绿微囊藻的生长，两种不同初始密度的铜绿微囊藻在第 3 天光密度值下降至极低，且藻体颜色变黄，表现为死亡（图 2.30）。对初始值为 10^7ind/L 的铜绿微囊藻，处理组在培养的初期增长速率比对照略快，第 3 天藻细胞死亡。生物量为 0.5g/L 和 1g/L 的小茨藻明显抑制了低密度铜绿微囊藻的生长。对初始值为 10^8ind/L 的铜绿微囊藻，所选择的三种生物量的小茨藻都表现出了对其较强的生长抑制效应。

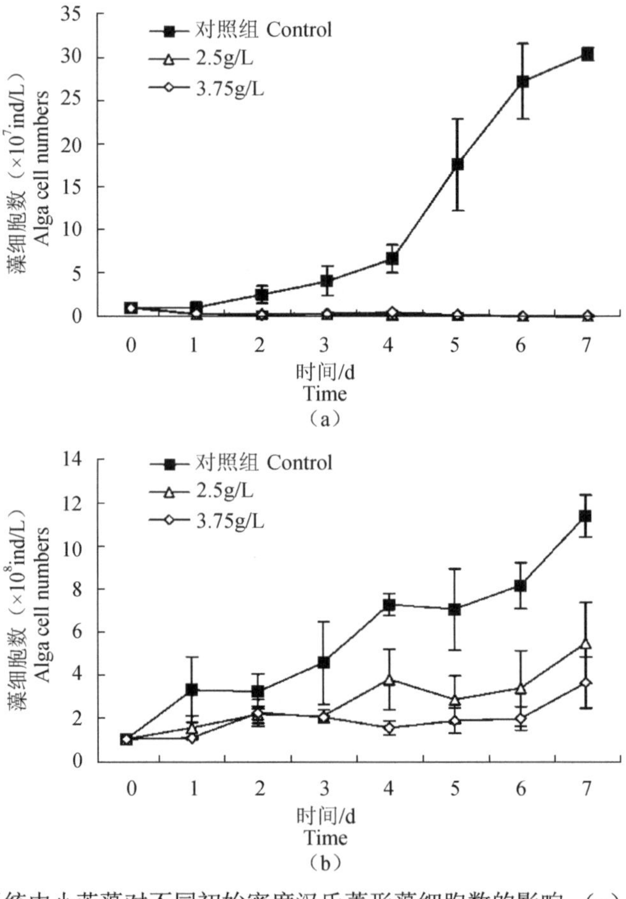

图 2.29　共培养系统中小茨藻对不同初始密度汉氏菱形藻细胞数的影响。(a)、(b) 分别表示汉氏菱形藻的初始密度为 1×10^7ind/L 和 1×10^8ind/L

Fig. 2.29　Change of *N. hantzschiana* cell number when coexisting with *N. minor*. (a), (b) means algal initial density 1×10^7ind/L and 1×10^8ind/L respectively

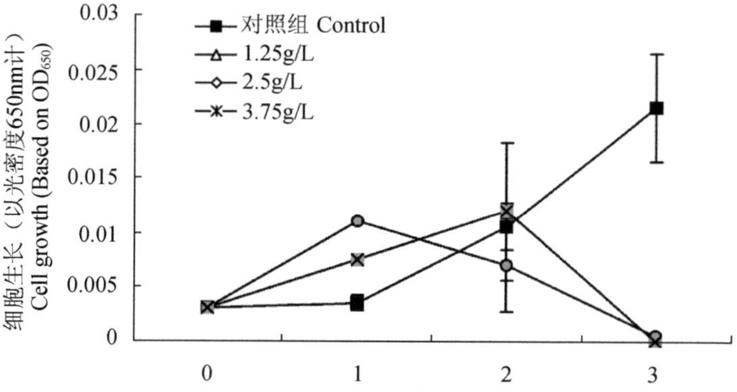

（a）

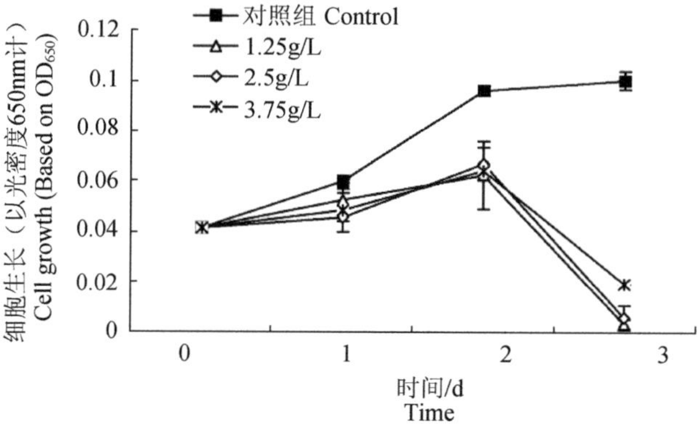

（b）

图 2.30　共培养系统中小茨藻对不同初始密度铜绿微囊藻细胞数的影响。（a）、（b）分别表示铜绿微囊藻的初始密度为 $1×10^7$ind/L 和 $1×10^8$ind/L

Fig. 2.30　Change of *M. aeruginosa* cell number when coexisting with *N. minor*. (a), (b) means algal initial density $1×10^7$ind/L and $1×10^8$ind/L respectively

张兵之（2007）通过共培养实验观察了伊乐藻对铜绿微囊藻的化感作用，结果如图 2.31 所示，随着添加到共培养体系中伊乐藻总量的增加，对铜绿微囊藻的抑制作用逐渐增强。

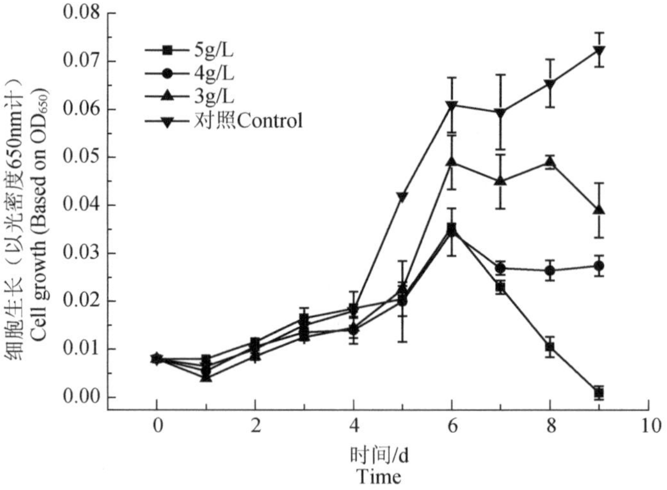

图 2.31　共培养系统中伊乐藻对铜绿微囊藻的抑制作用

Fig. 2.31　Inhibition effect of *E.nuttallii* on growth of *M.aeruginosa* in coexistence system

2.2.5　其他生活型水生植物的化感抑藻效应

采用共培养系统研究挺水植物和浮叶植物对藻类化感作用的报道相对较少。张维昊等（2006）采用两厢培养池研究了挺水植物菖蒲（*Acorus calamus*）对铜绿微囊藻的化感抑制作用。结果表明，在排除藻菌作用和营养竞争的前提下，共培养条件下的菖蒲可抑制铜绿微囊藻的生长，使藻液光密度（OD_{680}）降低。同时，该实验还发现，抑制效应取决于菖蒲和微囊藻之间的相对生物量。实验条件下，100g 菖蒲在初始藻液光密度为 0.2 时有最强的抑藻效应，当菖蒲的根茎受损时，菖蒲对铜绿微囊藻则没有表现出抑藻效应。漂浮植物凤眼莲（*Eichhirnia crassipes*）对栅藻的生长也具有明显的化感抑制作用。在培养栅藻的玻璃缸中植入凤眼莲，栅藻的生长代谢在第 6 天受到显著抑制，并随着时间的延长影响程度增加（唐萍等，1999，2000）。

2.3　水生植物种植水的化感抑藻效应

水是水生态系统中化感作用的媒介，水生植物产生的化感物质通过释放到水环境中对目标藻类产生作用。因此用种植水进行抑藻实验是验证植物是否分泌化感物质到水环境中的有效方法。主要步骤是先选择合适的植物培养液培养植物，培养后的种植水过滤，补充藻类生长所需营养，接种受试藻种，一定条件下培养并定期测定藻类生长参数。宝月欣二等（1960）较早报道了黑藻、苦草和金银莲花三种水草种植水对小球藻的抑制作用，并发现种植水加热后抑藻作用降低。

植物种植水的抑藻作用源于植物将化感物质分泌到周围环境中。Nakai（1999）通过对穗花狐尾藻种植水组分按照极性和分子质量进行分馏，发现只有分子质量低于 1000Da 的水溶性馏分才表现出对铜绿微囊藻的抑制效果。

2.3.1 眼子菜科沉水植物种植水的抑藻效应

对眼子菜科沉水植物种植水的化感抑藻效应研究较多。陈坚等（1994）采用不同处理的马来眼子菜种植水培养藻类的研究结果表明，马来眼子菜能分泌抑藻物质到培养液中并产生抑藻效应，同时证明马来眼子菜的根系对抑藻物质的分泌影响不明显。张胜花（2007）进一步研究了不同质量体积比的马来眼子菜种植水对铜绿微囊藻（初始密度为 1×10^6ind/mL）的抑制作用。如图 2.32 所示，100%马来眼子菜种植水处理组与对照组差异显著（$P<0.05$）。100%马来眼子菜种植水对铜绿微囊藻生长的抑制率从第 3 天的 62%到第 6 天的 89%；50%马来眼子菜种植水对铜绿微囊藻生长的抑制率从第 3 天的 16%到第 6 天的 91%，第 6 天铜绿微囊藻已基本处于一个较低的浓度，但对照组藻类生长旺盛。由此表明，马来眼子菜种植水在实验室内可以有效抑制初始密度为 1×10^6ind/mL 铜绿微囊藻的生长；20g/L FW 密度培养的黄丝草种植水同样对铜绿微囊藻生长有明显的抑制效应。如图 2.33 所示，黄丝草种植水处理的第 2 天即表现出对铜绿微囊藻生长的抑制，处理后的第 4～8 天，对照组中铜绿微囊藻的生长明显高于处理组，第 5 天抑制率达到 52%。结果表明，黄丝草能分泌化感物质到种植水中影响铜绿微囊藻的生长。

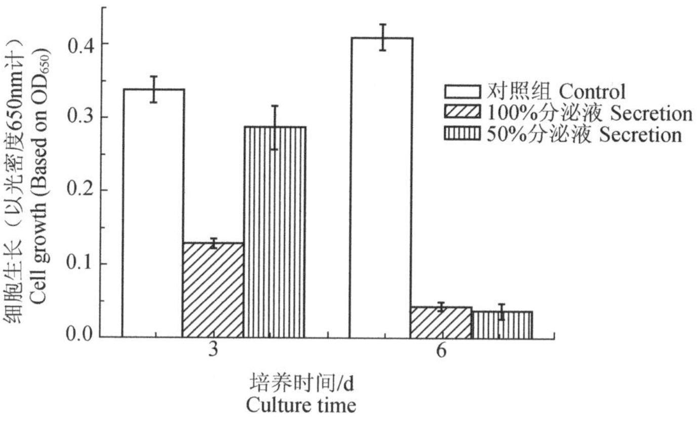

图 2.32　马来眼子菜种植水对铜绿微囊藻的化感作用

Fig. 2.32　The allelopathic effects of *P. malaianus* culture solution on the growth of *M. aeruginosa*

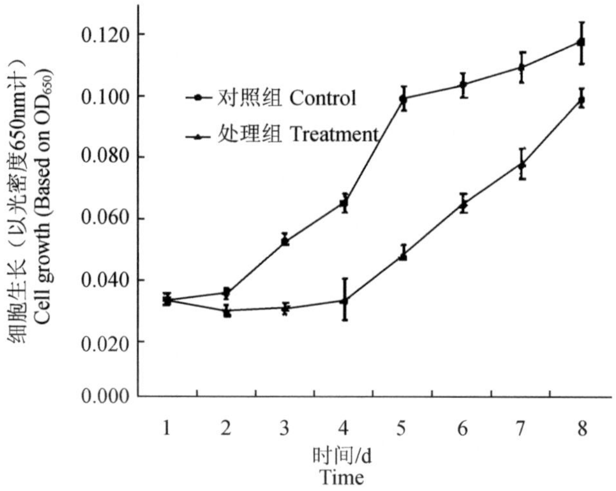

图 2.33　黄丝草种植水对铜绿微囊藻生长的影响

Fig. 2.33　Effect of *P. maackianus* culture water on growth of *M. aeruginosa*

鲜啟鸣等（2005）通过种植水实验发现黄丝草（微齿眼子菜）具有较强的抑藻作用，通过连续添加黄丝草的种植水到藻类培养液中发现抑藻作用明显加强。陈德辉等（2004）应用修正的逻辑斯谛（Logistic）方程和 Lotka-Volterra 种群竞争模型来计算篦齿眼子菜种植水对藻类的化感作用参数。结果表明，种植水抽滤液对斜生栅藻生物量和生长率都有一定的促进作用。而种植水抽滤液浓度对微囊藻的生物量效应、生长率或化感作用的参数都存在明显的线性负相关，并且化感作用系数值约高一个数量级。

2.3.2　水鳖科沉水植物种植水的抑藻效应

常见水鳖科沉水植物水卫士、小茨藻、伊乐藻、黑藻、苦草等的种植水对浮游藻类也表现出化感效应（Mulderij，2005）。顾林娣等（1994）发现，随着苦草生物量或种植水浓度的增加，苦草种植水对羊角月牙藻（*Selenastrum capricornutum*）和斜生栅藻的抑制作用增强。王立新等（2006）发现，黑藻种植水对铜绿微囊藻的生长有明显抑制作用。邓平等（2007）发现，小茨藻种植水对斜生栅藻和汉氏菱形藻的生长没有明显的抑制作用，相反对后者的生长有明显的促进作用，而对铜绿微囊藻的生长则表现出明显的抑制作用。如图 2.34 所示，两种种植密度（5g/L FW 和 7.5g/L FW）的小茨藻种植水对不同初始密度（1×10^7ind/L 和 1×10^8ind/L）铜绿微囊藻的生长均表现出较强抑制，但是不同初始密度铜绿微囊藻的响应不同，较低初始密度的条件下，7.5g/L FW 种植密度的种植水处理 2 天后，铜绿微囊藻生长表现出下降趋势，而 5g /L FW 种植密度的种植水处理 3 天后，铜绿微囊藻生长才表现出下降趋势，第 6 天后两个处理的藻密度达到一致。而较高初始密度的铜绿微囊藻，两种种植密度的种植水处理在前 5 天促进了其生长；5 天后高密度种植水处理组的铜绿微囊藻生长表现出明显下降趋势，而低密度种植水处理组的铜绿微囊藻生长也低于对照，但是仍随时间缓慢增长。这些研究结果表明，水生植物种植水的抑藻活性既与植物的种植密度有关，也与处理藻类的初始密度有关。

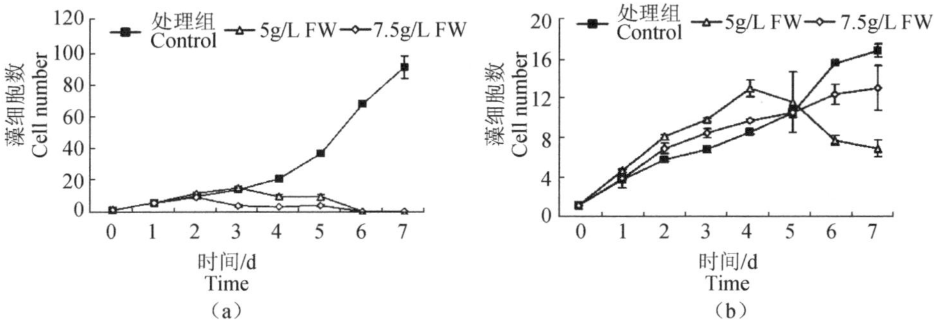

图 2.34 小茨藻种植水对不同初始密度铜绿微囊藻生长的影响。(a)、(b) 分别表示铜绿微囊藻的初始密度为 1×10^7ind/L 和 1×10^8ind/L

Fig.2.34 Effect of *N. minor* culture water on growth of *M. aeruginosa* at different initial density. (a), (b) means algal initial density 1×10^7ind/L and 1×10^8ind/L respectively

张兵之（2007）的研究发现，5g/L FW 的伊乐藻种植水处理铜绿微囊藻后，在处理的前 11 天，对照组和处理组的生长趋势一致，但是 11 天后两组中藻液光密度值差异明显加大，表明伊乐藻种植水对铜绿微囊藻具有明显的生长抑制（图 2.35）。研究表明，添加了水卫士种植水后斜生栅藻的生长停滞期及生物量翻倍时间都延长，栅藻平均颗粒量（MPV）显著增加，斜生栅藻形成更多群体（Mulderij，2005）。

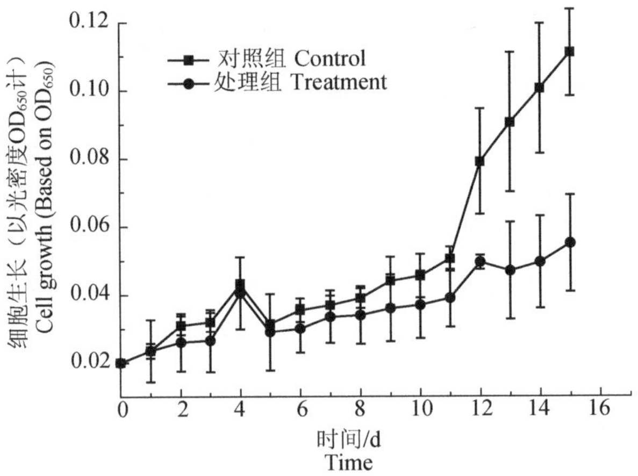

图 2.35　伊乐藻种植水对铜绿微囊藻生长的影响

Fig. 2.35　The influences of culture water of *E.nuttallii* on *M. aeruginosa*

2.3.3　金鱼藻科沉水植物种植水的抑藻效应

袁峻峰和章宗涉（1993）用培养过金鱼藻的培养液直接培养藻类，藻类的生长明显受到抑制。鲜啟明等（2005）的研究表明，金鱼藻种植水能够抑制铜绿微囊藻生长，为了模拟水生植物化感物质低浓度连续释放效应，他们还研究了金鱼藻种植水连续添加抑藻模式。结果表明，种植水的连续添加能明显提高金鱼藻的抑藻效应，并且证明了金鱼藻与微齿眼子菜共培养种植水的连续添加抑藻效应比单一金鱼藻种植水连续添加的抑藻效应更强，表明两种沉水植物释放的化感物质对铜绿微囊藻生长具有协同效应。高温处理金鱼藻种植水后，金鱼藻种植水的抑藻效应明显降低，表明沉水植物分泌的化感物质是热不稳定性的生物活性物质。在金鱼藻种植水抑藻实验中还发现，没有稀释的种植水对铜绿微囊藻的生长抑制明显高于稀释的种植水（鲜啟鸣等，2005；钱志萍等，2006）。张庭廷等（2007）比较研究了金鱼藻种植水、种植水连续添加及共培养等条件下对蛋白核小球藻、斜生栅藻等的化感效应，证明金鱼藻种植水能明显抑制两种绿藻生长，种植水连续添加模式抑藻与实验藻-金鱼藻共培养模式抑藻效应没有明显差异，但是连续添加模式抑藻效应高于一次性添加模式，也从侧面证明了抑藻化感物质是通过连续不断释放而作用于目标藻类的。

2.3.4　其他生活型水生植物种植水的抑藻效应

挺水植物和浮叶植物分泌物对藻类的化感作用也有一些研究。孙文浩等（1988，1990）的研究发现，无论是否存在根际微生物，凤眼莲种植水均显示出明显的抑藻效应。石菖蒲种植水及提取的分泌物均能抑制藻类的生长（何池全和赵魁义，1999）。丁慧君等（2007）分别取菖蒲种植水培养不同初始密度的水华鱼腥藻和不同生长期的小球藻，检测其对两种藻的抑制作用，自然光照条件下，菖蒲对几种藻类均有化感抑制作用，其中对水华鱼腥藻和小球藻的抑制率分别达 100% 和 91.2%。荇菜的种植水对集胞藻的光密度指标表现出了显著的化感抑制作用，第 7 天时抑制率达到了 87.2%，表现出的抑制作用强于穗花狐尾藻、黑藻、金边富贵竹和苦草（吴程等，2008）。

从 20 世纪 90 年代至今，通过野外研究和实验室共培养实验及种植水实验方法先后筛选出具有化感活性的水生植物近 50 种（表 2.2），其中大部分为沉水植物种类。但是，由于各研究的体系、浓度水平等没有统一的标准，难以评价和比较不同体系的研究结果。因此，后期研究有必要建立一套水生植物对藻类化感效应的评估标准和体系，同时加强不同测试体系的联合。

表 2.2　具有化感作用的水生植物及其作用的目标藻类

Table 2.2　Allelopathic submerged macrophyte and their target phytoplankton

作者 Author	水生植物种类 Species of aquatic macrophytes	受抑制藻类 Phytoplankton inhibited	研究体系 Experimental scale
Hasler 和 Jones（1949）	加拿大伊乐藻（*E .Canadensis*）、 叶状眼子菜（*P. foliosus*）、 加拿大韭菜（*A.canadensis*）	蓝藻（*Cyanobacteria*）、 小球藻（*Chlorella* spp.）	F/E
宝月欣二（1960）	黑藻（*H. verticillata*）、 苦草（*V. spiralls*）	小球藻（*Chlorella*）	L
Kogan（1972）	金鱼藻（*C. demersum*）	栅藻（*Scenedesmus* sp.）、 小球藻（*Chlorella* sp.）	F/L
Rice（1984）	碎片菱形藻（*N. frustulum*）	普通小球藻（*C. vulgaris*）	
Van Aller（1985）	荸荠（*E.micricarpa*）	水华鱼腥藻（*A. aquae*）、 弱细颤藻（*O. tenuis*）、 纤细裸藻（*E.gracilis*）	L/E
VanViessen（1985）	金鱼藻（*C. demersum*）	满江红鱼腥藻（*A.azollae*）	L
Elakovich（1987）	莼菜（*B.chreberi*）	蛋白核小球藻（*C.pyrenoidosa*）	L
Weaks（1988）	穗花狐尾藻（*M. spicatum*）	羊角月牙藻（*S. capricornutum*）	
Blindow（1991）	轮藻（*C. globularis*）	斜生栅藻（*S. communis*）、 狭形纤维藻（*A.bibraianus*）	
俞子文等（1992）	水花生（*A.aphiloxeroides*）、 水浮莲（*P. tratiotes*）、 紫萍（*S. polyrhiza*）、 满江红（*A. imbricata*）、 西洋菜（*N.officinale*）	雷氏衣藻（*C. reinhardtii*）	
孙文浩等（1993）	凤眼莲（*E. crassipes*）	蛋白核小球藻（*C.pyrenoidosa*）、 斜生栅藻（*S. communis*）、 雷氏衣藻（*C. reinhardtii*）、 满江红鱼腥藻（*A.azollae*）	L
袁峻峰等（1993）	金鱼藻（*C. demersum*）	普通小球藻（*C. vulgaris*）、 斜生栅藻（*S. obliquus*）	L/E

续表

作者 Author	水生植物种类 Species of aquatic macrophytes	受抑制藻类 Phytoplankton inhibited	研究体系 Experimental scale
Jasser（1995）	金鱼藻（*C. demersum*）、 穗花狐尾藻（*M. spicatum*）	栅藻（*Scenedesmus* sp.）、 小球藻（*Chlorella* sp.）	L/E
Gross 等（1996）	穗花狐尾藻（*M. spicatum*）	丝状蓝藻（*Filamentous cyanobacteria*）、 绿藻（*Chlorophytes* spp.）、 硅藻（*Diatoms* spp.）	E
何池全（1999）	石菖蒲（*A. gramineus*）	蓝藻（*Cyanobacteria* sp.）、 绿藻（*Chlorophytes* sp.）、 硅藻（*Diatoms* sp.）	L
Nakai 等（1999）	水蕴草（*E. densa*）、 水盾草（*C. carolintana*）、 狐尾藻（*Myriophyllum* spp.）、 金鱼藻（*C. demersum*）、 尖叶眼子菜（*P. oxyphyllus*）、 菹草（*P. crispus*）、 石龙尾（*L.siliflora*）	铜绿微囊藻（*M. aeruginosa*）、 水华束丝藻（*A. flosaquae*）、 纤细席藻（*P. tenue*）	F/E
Nakai 等（2001）	穗花狐尾藻（*M.spicatum*）	铜绿微囊藻（*M.aeruginosa*）	E
Körner 和 Nicklisch（2002）	金鱼藻（*C.demersum*）、 穗花狐尾藻（*M. spicatum*）	铜绿微囊藻（*M.aeruginosa*）、 颤藻（*Oscillatoria* sp.）、 束丝藻（*Aphanizomenon* sp.）、 极小冠盘藻（*S.cusminutulus*）、 羊角月牙藻（*S.capricornutum*）	L/E
Gross 等（2003a）	五刺金鱼藻（*C.oryzetorum*）、 大茨藻（*N. marina*）	多变鱼腥藻（*A.variabilis*）、 细长聚球藻（*S. elongatus*）	L
马为民等（2003）	金鱼藻（*C.demersum*）、 水毛茛（*B. bungei*）	铜绿微囊藻（*M. aeruginosa*）	L
Berger 等（2003）	轮藻（*C. spera*）	蓝藻（*Cyanobacteria*）	L/E
王立新（2006）	黑藻（*H. verticillata*）	铜绿微囊藻（*M. aeruginosa*）	L
陈德辉等（2004）	篦齿眼子菜（*P. pectinatus*）	斜生栅藻（*S. obliquus*）、 铜绿微囊藻（*M. aeruginosa*）	L
Berger 等（2004）	轮藻（*Characeae* spp.）	蓝藻（*Cyanobacteria*）	L/E
Nakai 等（2005）	穗花狐尾藻（*M. spicatum*）	球状蓝藻（*Globular cyanobacteria*）、 纤维蓝藻（*Fibrous cyanobacteria*）	L/E
鲜啟鸣等（2005）	金鱼藻（*C. demersum*）、 微齿眼子菜（*P. maackianus*）	铜绿微囊藻（*M. aeruginosa*）	L
Mulderij 等（2005，2006）	水剑叶（*S. aloides*）	铜绿微囊藻（*M. aeruginosa*）、 斜生栅藻（*S. obliquus*）、 湖沼微绿球藻（*N.Limnetica*）	F/L/E

续表

作者 Author	水生植物种类 Species of aquatic macrophytes	受抑制藻类 Phytoplankton inhibited	研究体系 Experimental scale
Hilt 等（2006）	穗花狐尾藻（*M.verticillatum*）	极小冠盘藻（*S.mnutulus*）、 湖丝藻（*L. redekei*）	F/L
王卫红等（2007）	川曼藻（*R. ritima*）	蛋白核小球藻（*C. pyrenoidosa*）	L
邓平（2007）	小茨藻（*N. minor*）、 马来眼子菜（*P. malaianus*）、 菹草（*P. crispus*）	斜生栅藻（*S. obliquus*）	L
吴程等（2008）	粉绿狐尾藻（*M. aquaticum*）、 水葫芦（*E. crassipes*）、 水浮莲（*P. tratiotes*）、 金边富贵竹（*D.Sanderiana*）、 荇菜（*V. phaeoides*）、 金鱼藻（*C. demersum*）、 穗花狐尾藻（*M.verticillatum*）、 黑藻（*H. verticillata*）、 苦草（*V. spiralls*）	集胞藻（*Synechocystis* sp.）	L
Bauer 等（2009）	穗花狐尾藻（*M. verticillatum*）	多变鱼腥藻（*A.variabilis*）	E
Mulderij（2009）	水剑叶（*S. aloides*）	丝状藻（*Filamentous algae*）	F
Zhu 等（2010）	穗花狐尾藻（*M. verticillatum*）	铜绿微囊藻（*M. aeruginosa*）、 羊角月牙藻（*S. capricornutum*）	L/E
Wu 等（2011）	周丛生物（Periphyton biofilms）	铜绿微囊藻（*M. aeruginosa*）	F/L/E

注：F. 野外研究系统；L. 实验室共培养系统；E. 水生植物提取液或纯化的化感物质研究系统

（作者：刘碧云、张甬元、高云霓、吴晓辉、姚远、张兵之、邓平、吴振斌等）

第三章　水生植物的化感物质

化感物质是指由植物体产生并能分泌到体外对邻近植物产生化感作用的次生代谢产物，是化感作用的物质基础（Whittaker and Feeny，1971；Chou and Waller，1983）。植物的化感物质必须是从植物体内分离得到，且能被证明可以由植物体分泌到周围环境中，对目标生物具有化感活性的物质（Willis，1985）。在研究过程中一般先采用不同的溶剂和浸提方法从植物体内提取抑藻活性物质，然后检测这些物质是否分泌到水环境中，浸提过程中的各组分以及最终分离纯化鉴定到的各种化合物的抑藻效果均通过抑藻测试进行评估。随着现代分析技术的进步，物质的分离纯化和分析鉴定技术日臻完善，水生植物潜在的化感物质被不断地提取分离和鉴定出来，各类型化感物质的抑藻作用也得到了较为广泛的研究。

3.1　常见化感物质及其结构

在水生植物中，许多结构类别的化合物都具有化感作用。至今所分离的化感物质几乎都是植物的次生代谢物质。根据它们的生物合成途径（图 3.1），Rice（1984）将化感物质分为 14 类：①水溶性有机酸、链醇、脂肪醛和酮；②简单的不饱和内酯；③长链脂肪酸和多炔；④苯醌、萘醌、蒽醌和复合苯醌；⑤简单酚、苯甲醛、苯甲酸及其衍生物；⑥肉桂酸及其衍生物；⑦香豆素类；⑧黄酮类；⑨丹宁；⑩萜类和甾类化合物；⑪氨基酸和多肽；⑫生物碱和氰醇；⑬硫化物和介子油苷；⑭嘌呤和核苷。其中，最常见的是酚类和类萜化合物。目前，关于陆生植物的化感物质研究较多且涉及面广，它们已被证明是植物体之间以及植物与环境之间沟通的重要信息物质，如植物的自毒物质（王强等，2007）、农作物的天然除草剂（柏连阳和罗宽，2000）以及植物对植食性生物的拒食剂（Konarev et al.，2009）等，而关于水生植物的化感物质研究相对较少。在本质上，水生植物与陆生植物产生的化感物质结构没有根本性差异，可互为借鉴，以全面了解化感物质，更好地开展对水生植物的抑藻效应及分离纯化的研究。本节按照植物化感物质的化学结构类型将其分为酚类、类萜类、脂肪酸和酯类、杂环类及其他（胺类、菲类、芘类、烯类等），并列出各类已鉴定的化学物质分子结构式和植物来源，重点关注水生植物分泌的具有抑藻活性的化感物质（附表）。

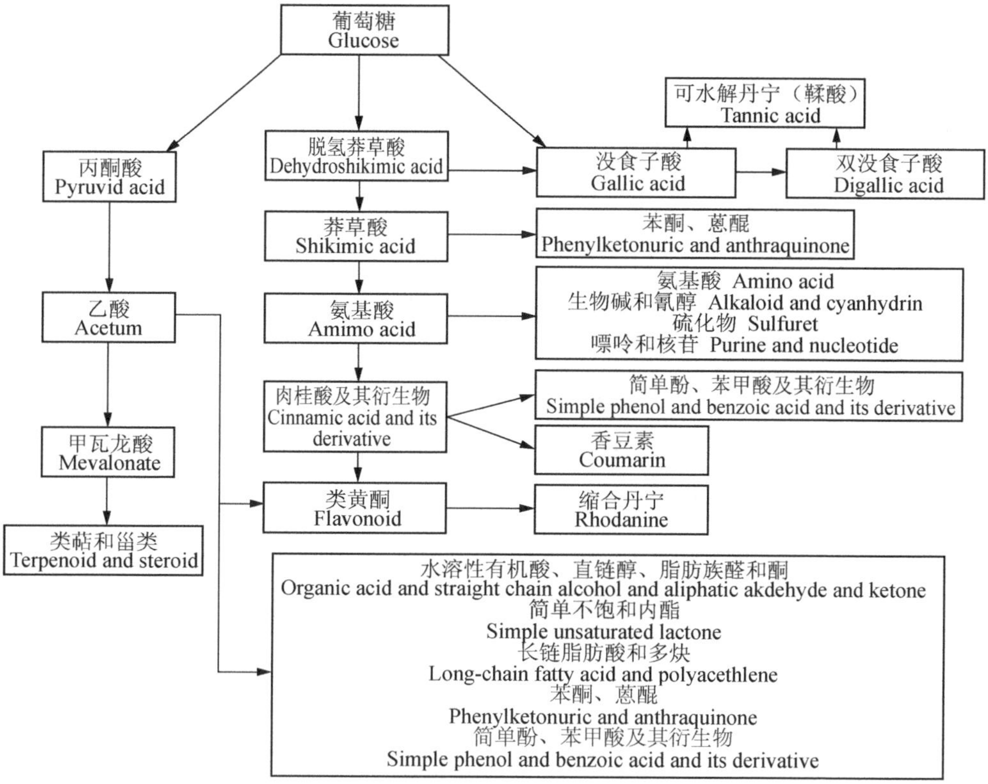

图 3.1 植物化感物质主要生物合成途径（引自 Rice，1984）

Fig. 3.1 Major biosynthetic pathways of plant allelochemicals (From Rice, 1984)

3.1.1 酚类

酚类物质是生态系统中最重要也是最为常见的一类植物化感物质，是分子结构中至少含有一个羟基直接连接在苯环上的芳基化合物。按结构的不同，酚类可分为简单苯酚类、羟基苯甲酸和肉桂酸衍生物、香豆素类、黄酮类、醌类和丹宁六大类（Zeng et al.，2008）。酚类化合物从简单的苯酚到复杂的多酚，分子质量跨度很大。例如，一些多酚相对分子质量为 2000 左右，而一些缩合单宁相对分子质量可达到 30 000。而且酚类化感物质的数量比所有其他类型化感物质的总量还多（孔垂华和胡飞，2001）。酚类化感物质一方面由于分子结构中至少有一个苯羟基，在生物体中容易与糖配体结合形成糖苷分子；另一方面由于苯羟基与碱或金属离子容易形成盐，从而增加酚类化感物质的水溶性，使它们很容易在自然条件下被雨雾淋溶和土壤吸收（Inderjit et al.，1999）。

植物酚类物质主要通过莽草酸途径和乙酸-丙二酸途径代谢产生。莽草酸途径能形成芳香族氨基酸，从苯丙氨酸和酪氨酸衍生成肉桂酸，从莽草酸、5-脱氢莽草酸或奎尼酸产生苯基羧酸，还可从 *p*-羟基苯丙酮酸形成 *p*-苯醌。乙酸-丙二酸途径是 1 分子酰基 CoA 与 3 分子丙二酰 CoA 结合，脱羧，合成一个多酮酸。多酮酸经环化作用，再经 1, 6-碳的酰化作用，形成间苯三酚衍生物，形成黄酮衍生物（Shin et al.，2000；Olofsdotter，2001）。

苯酚衍生物经常被报道具有化感作用。例如，从狐尾藻属植物中分离得到的焦硧酸（也称为焦性没食子酸、焦酚）、鞣花酸、没食子酸及水解丹宁成分等，从腐烂的芦苇中得到的丁香酸、芥子酸、咖啡酸等，以及从燕麦、小麦、高粱和玉米的残茬中分离到的肉桂酸、阿魏酸、咖啡酸、绿原酸等（孙文浩和余叔文，1992；Nakai et al.，2000，2006；图 3.2）。

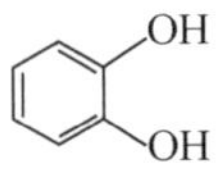

儿茶酚
Catechol

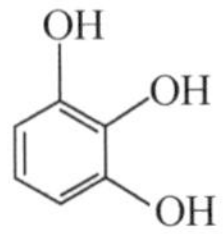

焦硧酸
Pyrogallic acid

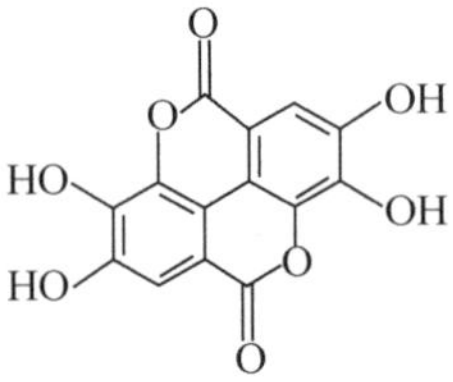

鞣花酸
Ellagic acid

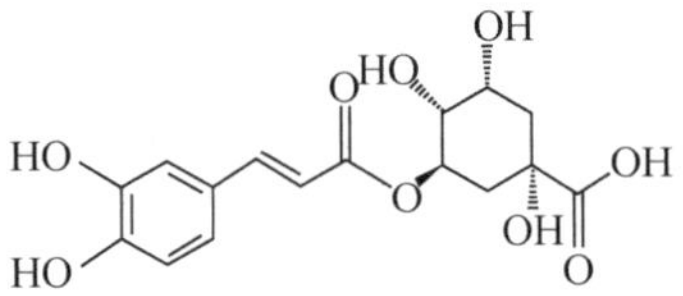

绿原酸
Chlorogenic acid

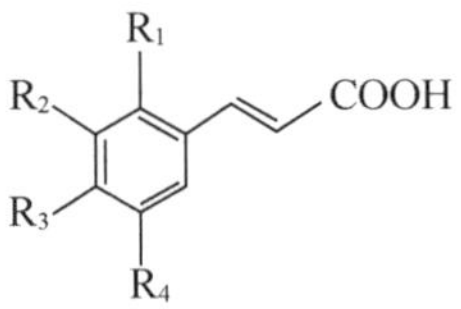

R_1	R_2	R_3	R_4	
H	H	H	H	肉桂酸 Cinnamic acid
OH	H	H	H	邻香豆酸 *o*-Coumaric acid
H	H	OH	H	对香豆酸 *p*-Coumaric acid
H	OH	OH	H	咖啡酸 Caffeic acid
H	OCH_3	OH	H	阿魏酸 Ferulic acid
H	OCH_3	OH	OCH_3	芥子酸 Sinapic acid

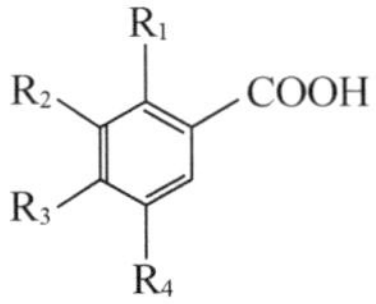

R_1	R_2	R_3	R_4	
H	H	H	H	苯甲酸 Benzoic acid
OH	H	H	H	水杨酸 Salicylic acid
H	OH	OH	H	原儿茶酸 Protocatechuic acid
H	OH	OH	OH	没食子酸 Gallic acid
H	OCH_3	OH	H	香草酸 Vanillic acid
H	OCH_3	OH	OCH_3	丁香酸 Syringic acid

图 3.2　具有化感作用的简单酚类、羟基苯甲酸和肉桂酸衍生物

Fig. 3.2　Simple phenols, benzoic and cinnamic acid derivatives with allelopathic potential

醌类化合物在结构上与简单的酚类物质类似（图 3.3）。其中，胡桃醌是第一个被发现具有化感作用的醌类化合物，其以氢化胡桃醌（氢醌）的苷的形式主要存在于胡桃科植物胡桃未成熟的外果皮（青皮）、叶和根中（Gries，1943；郝飞等，2012）。高粱醌是从高粱根部分泌并经氧化的苯醌类化感物质，被证明有极高的化感抑制活性（Chang et al.，1986）。

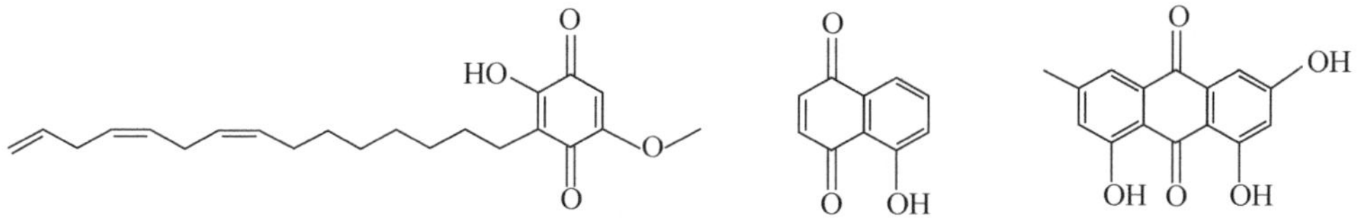

高粱醌 Sorgoleone　　胡桃醌 Juglone　　大黄素 Emodin

图 3.3　已报道的化感物质苯并、萘并和蒽醌化合物

Fig. 3.3　Benzo-, naphtha- and anthraquinones that have been reported as allelopathic agents

黄酮类（flavonoid）是酚类化感物质中最重要的一类，泛指两个具有酚羟基的苯环（A 环与 B 环）通过中央三碳原子相互联结而成的一系列化合物，其基本母核为 2-苯基色原酮（flavone）（图 3.4）。大部分黄酮类化合物在植物体中通常与糖结合成苷类，小部分以游离态（苷元）的形式存在。黄酮类化感物质广泛存在于高等植物，尤其是在双子叶植物中，研究最多的是山萘酚、槲皮素和柚皮素。水生植物中，穗花狐尾藻中的（+）-儿茶酸属于黄烷类（flavane）黄酮，在含鞣质的木本植物和蕨类植物中存在较多，该类化合物常因分子聚合而具有鞣质的性质（Nakai et al.，2000）。

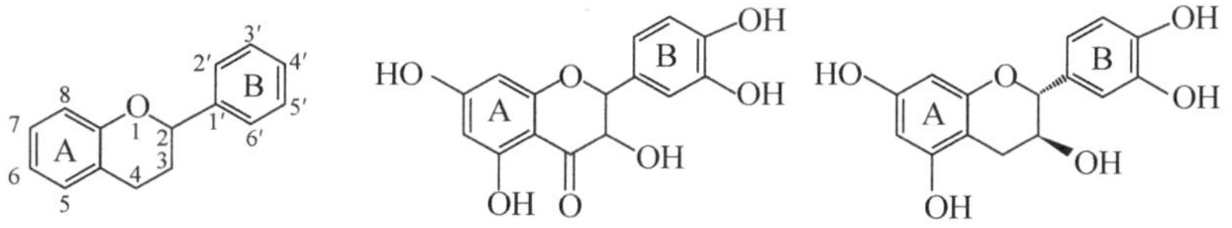

黄酮类骨架 Flavones　　槲皮素 Quercetin　　儿茶素 Cianidanol

图 3.4　具有化感作用的黄酮类物质

Fig. 3.4　Some flavonoids that cause allelopathy

香豆素类（coumarins）都是邻羟基肉桂酸的内酯，该类化合物包含各种不同类型的侧链，其中以异戊二烯类最为常见。多种植物中存在香豆素及其衍生物，如七叶亭、补骨脂素、莨菪亭、伞形花内酯等（图 3.5）。香豆素在植物体内是以糖苷形式存在的，当进入环境后，在土壤基质的作用下，其内酯环打开而形成的盐或羧基，使其具有较高的化感活性。

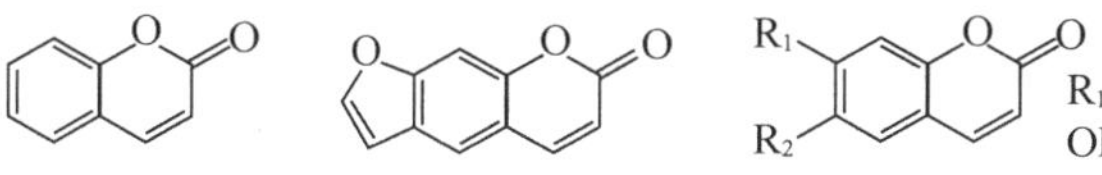

香豆素 Coumarin　　补骨脂素 Psoralen

R_1	R_2	
OH	OH	七叶亭 Esculetine
OCH_3	OH	莨菪亭 Scopoletin
OH	H	伞形花内酯 Umbelliferon

图 3.5　具有化感作用的香豆素类物质

Fig. 3.5　Somecoumarins that have been implicated in allelopathy

丹宁，又称为鞣酸类物质，是具有鞣皮性的植物成分，结构复杂，鞣皮作用

的主体是多价酚。其在维管植物中的含量仅次于纤维素、半纤维素和木质素，广泛存在于植物的皮、根、叶、果中，含量可达 20%。根据不同的生成代谢途径，丹宁可分为水解性丹宁和缩合型丹宁。水解性丹宁是由于水解而产生没食子酸和芥子酸的化合物，这些酸是与糖以缩酚酸形式结合的。另外，带黄烷（flavane）骨架的复杂结构的丹宁称为缩合型丹宁。缩合型丹宁（如儿茶酸类等）可通过酸而聚合，生成所谓栎鞣红的红色无定形沉淀。

3.1.2 萜类

萜类是自然界存在的一类具有(C_5H_8)$_n$通式的碳氢化合物及其含氧衍生物（包括醇、醛、酮、羧酸、酯等）的总称，其分子结构骨架可看成是异戊二烯的聚合物。萜类化合物种类繁多，总数超过 26 000 种，是天然物质中种类最多的一类化合物。习惯上根据分子中所含异戊二烯的单位数将萜类分成单萜（n=2）、倍半萜（n=3）、双萜（n=4）、三萜（n=6）、四萜（n=8）和多萜（n>8）等。根据萜类化合物分子中的碳环数，萜类又可进一步分为链萜、单环萜、双环萜、三环萜等（图 3.6）。

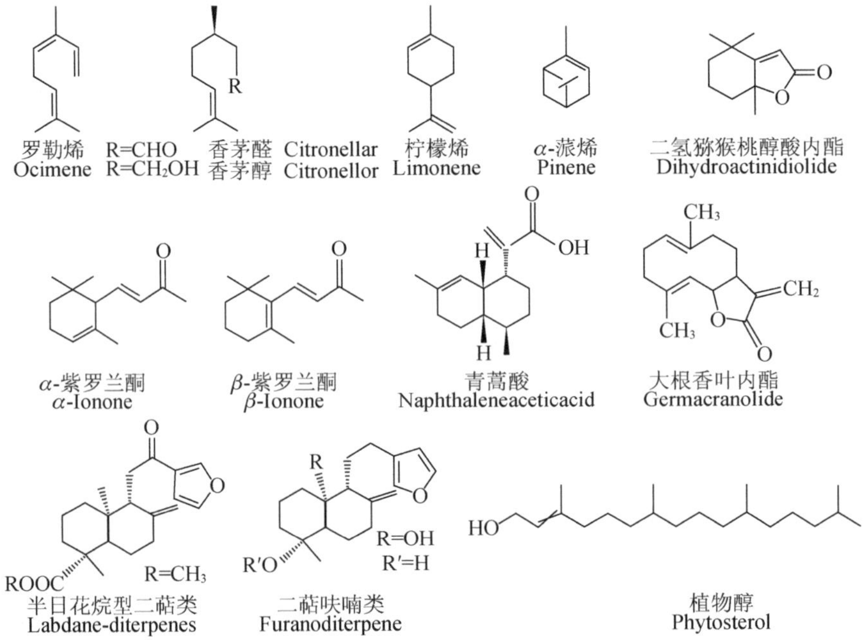

图 3.6 各类型常见的类萜类化感物质

Fig. 3.6 Various types of common allelopathic terpenoid compounds

萜类广泛存在于高等植物中，主要通过甲戊二羟酸（mevalonic acid，MVA）途径合成，即 Ruzicks 提出的生源异戊二烯法则。MVA 途径中，先由乙酸与 CoA 结合形成 MVA，再形成焦磷酸异戊烯酯（IPP），由它及其异构体（焦磷酸二甲基烯丙酯，DMAPP）合成焦磷酸香叶酯（GPP），继续衍化或聚合，生成各种类型的萜类化合物。其中 IPP 和 DMAPP 是生物体内的“活性异戊二烯”，在生物合成中起着烷基化和延长碳链的作用（吴立军，2007）。此外，由 Rehmer 提出的非 MVA 途径也得到证实，即甲基赤藓醇途径：丙酮酸和磷酸甘油醛，在转酮酶的催化作用下聚合成 1-去氧木糖-5-磷酸酯（DXP），经异构化和还原反应，形成 2-甲基赤藓糖-4-磷酸酯（MEP）中间体，再经去磷酸化、环化等步骤生成 IPP，从而衍生单萜、二萜类化合物。

单萜和倍半萜是挥发油的主要成分，而且是高等植物中主要的生物抑制剂。类萜，尤其是含氧单萜和倍半萜对很多植物具有活跃的化感活性（Bohlmann et al.，1998）。倍半萜烯内酯类化合物因其广泛的生物活性（包括杀虫活性、抗细菌活性和抗真菌活性）受到较高关注。菊科类植物及有害杂草类植物中都含有此类化感物质，如愈创木内酯、大根香叶内酯等，这些有害植物的入侵潜能与这些物质的含量有直接的关系（周凯等，2004）。此外，某些红藻能合成卤化单萜烯、倍半萜、二萜类化合物，这些物质通常具有抗菌和抑藻的化感活性（Fenical，1975）。

3.1.3 脂肪酸和酯类

脂肪酸是指一端含有一个羧基的长的脂肪族碳氢链，通常以酯的形式存在于各种脂质组分中，以游离形式存在的脂肪酸在自然界很罕见。至今从生物体中分离的脂肪酸已有百种以上。不同脂肪酸之间的区别主要在于烃链的长短、饱和与否及双键的数目和位置等。脂肪酸根据碳氢链的饱和度可分为三类：①饱和脂肪酸，其通式为 $C_nH_{2n+1}COOH$，在植物中多为直链，很少支链或环状；②单不饱和脂肪酸，其碳氢链有一个不饱和键，通式为 $C_nH_{2n-1}COOH$；③多不饱和脂肪酸，其碳氢键有两个或两个以上不饱和键。

植物体中脂肪酸合成的前体为乙酰 CoA。它首先在乙酰 CoA 羧化酶的作用下合成丙二酰 CoA。然后脂肪酸合成酶以丙二酰 CoA 为底物进行连续的聚合反应，以每次循环增加两个碳的频率合成酰基碳链，进一步合成 16～18 碳的饱和脂肪酸。高等植物中饱和脂肪酸的合成在叶绿体基质中进行（卢善发，2000）。

目前植物（包括水生植物）中报道较多的脂肪酸和酯类化感物质有棕榈酸（16:0）、豆蔻酸（14:0）、硬脂酸（18:0）、油酸（18:1）、亚油酸（18:2）和亚麻酸（18:3）。此外，壬酸、癸酸、反式-异丁子香酚甲酯、胆固醇油酸酯、2-甲基乙酰乙酸乙酯、戊酮酸乙酯、甘油脂肪酸酯、脱氢枞酸甲酯、脱氢枞酸乙酯、亚油酸甘油酯等都被报道具有化感抑制活性。

3.1.4 杂环类

杂环化合物是指由碳原子和氧、硫、氮等杂原子构成的具有环状结构的一类化合物。杂环类化感物质主要包括生物碱、氰醇、硫化物等，它们大都由氨基酸合成而来，具有较稳定的环系和一定芳香性。图 3.7 所示为各类型常见的杂环类化感物质。

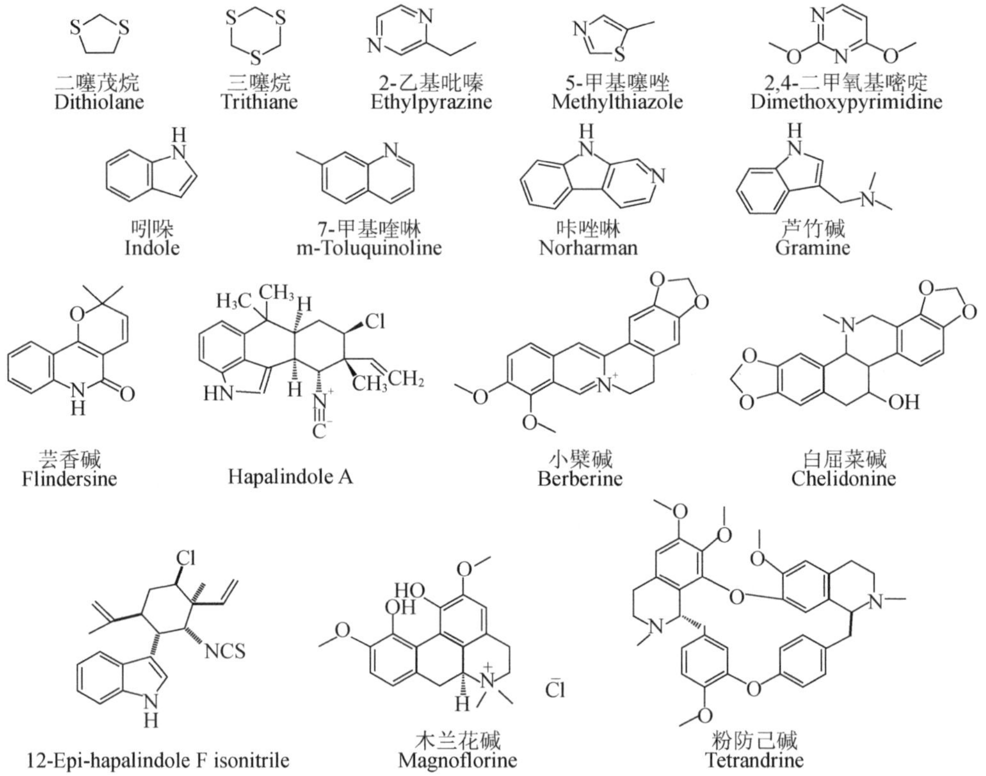

图 3.7 各类型常见的杂环类化感物质

Fig. 3.7 Various types of common allelopathic heterocycle compounds

生物碱是存在于自然界中的一类重要的含氮有机化合物，其氮原子多在杂环内，也可出现在支链上，大都具有明显的生物活性。按照不同的化学结构类型，生物碱可分为异喹啉类、喹啉类、吲哚类、哌啶类、萜类、甾体类、肽类生物碱等。其中，吲哚类生物碱由色氨酸生物合成而来，包括简单吲哚类和二吲哚类衍生物（张德华等，2010；姜建辉，2011）。萜类生物碱的氮原子在萜的环状结构中或在萜结构的侧链上，单萜类生物碱由异戊二烯化合物与氨缩合而来（张德华等，2010）。关于各结构类型生物碱的抑藻化感物质已有详细的报道（杨攀等，2012）。

3.2 水生植物提取物的抑藻活性

植物的化感物质首先必须是存在于该植物体内并能够被释放的活性物质（Willis，1985）。因此，在研究水生植物的化感作用时，往往从确定植物提取物抑藻活性的工作开始。其主要程序是将新鲜的或除去水分的植物组织磨碎，采用纯水、有机溶剂或两者的混合溶液从植物样品中浸提活性物质，经过浓缩或初步分离后，进行抑藻测试，通过测定其对藻类生长和其他生理参数的影响，评价植物提取物对目标藻类的化感作用。目前为止，已证明小二仙草科、金鱼藻科、眼子菜科、水鳖科的多种沉水植物提取物具有抑藻效应。

小二仙草科巴西芃（*Myriophyllum brasiliense*）整株植物的乙醇提取物对铜绿微囊藻和水华鱼腥藻具有显著的抑制效果（Saito et al., 1989）。Gross 等（1996）发现，穗花狐尾藻植物茎叶的 50%丙酮提取物对球状和丝状的蓝细菌显示出很强的化感效应，对绿藻和硅藻也有一定的影响。

金鱼藻的水提取物和挥发油均可在一定程度上抑制铜绿微囊藻的生长（Xian et al.，2005；鲜啟鸣等，2006）。Gross 等（2003a）也研究了金鱼藻提取物对多种丝藻和蓝藻的化感活性，结果显示，50%丙酮提取的物质抑藻活性最高。从金鱼藻体内提取的物质对蓝藻生长的抑制作用，导致蓝藻生物量及其占藻类总生物量的比例显著降低，而绿藻生物量及其所占比例则有所增加，其通过对浮游藻类不同种群的影响，最终有可能对自然水体中藻类的群落结构产生影响（Jasser，1995）。

张胜花（2007）分别用正己烷、乙酸乙酯和甲醇避光浸提等量马来眼子菜植物干粉，所得浸膏在 50mg/L 时对羊角月牙藻的生长抑制率如图 3.8 所示，正己烷和乙酸乙酯提取物的抑藻活性明显高于甲醇提取物。对乙酸乙酯浸膏进一步液液

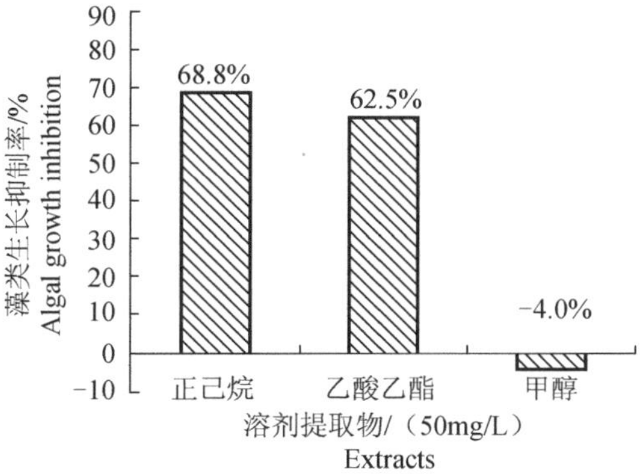

图 3.8 马来眼子菜三种不同溶剂提取物的抑藻活性

Fig. 3.8 The antialgal activities of three extracts with different solvents from *P.malaianus*

萃取，得到极性依次增强的 4 个组分对羊角月牙藻生长的抑制率如图 3.9 所示，极性最弱的正己烷组分（A）抑藻活性最高。通过大柱层析对该组分进一步分离得到 6 个活性组分，如图 3.10 所示，在 20mg/L 时对羊角月牙藻的生长抑制率大都在 50%左右。由此推测，马来眼子菜提取物中具有较强抑藻活性的化合物应该是极性较弱的物质，这与吴晓辉（2005）分离鉴定马来眼子菜植物体内化感物质得到的结果一致。

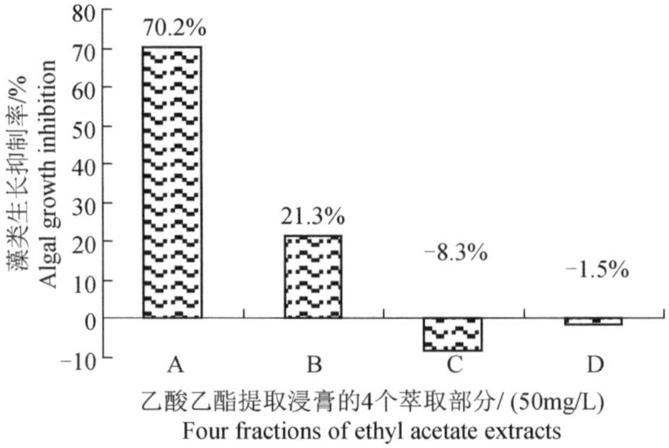

图 3.9　马来眼子菜乙酸乙酯提取物初步分离的 4 个组分的抑藻活性

Fig. 3.9　The antialgal activities of four different fractions from ethyl acetate extracts of *P.malaianus*

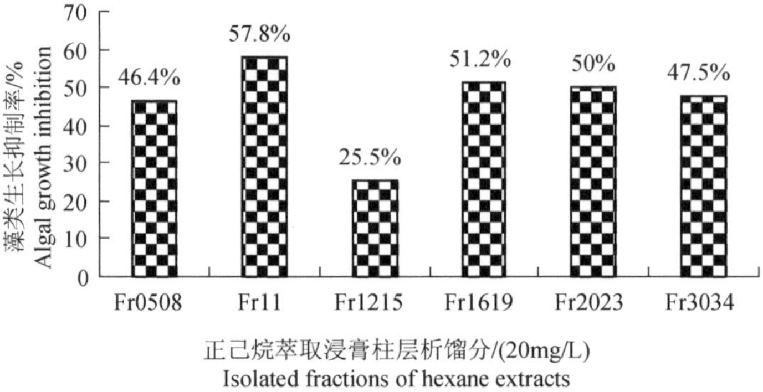

图 3.10　马来眼子菜正己烷萃取浸膏柱层析活性组分的抑藻效应

Fig. 3.10　The antialgal effects of active fractions from hexane extracts of *P.malaianus*

黄丝草也是一种常见的眼子菜科沉水植物，如图 3.11 所示，正己烷、乙酸乙酯和甲醇三种溶剂浸提黄丝草植物干粉，得到的浸膏在 50mg/L 时均能显著抑制羊角月牙藻的生长。将甲醇浸膏液液萃取，依次得到极性逐渐增强的 4 个组分，其抑藻率如图 3.12 所示，正己烷组分（A）和乙酸乙酯组分（B）在 50mg/L 时对羊角月牙藻的生长抑制率分别为 77.2%和 63.0%，这说明黄丝草体内的活性物质主要在这两个组分中。对这两个组分进一步分离，得到多个活性组分，且随着分离和纯化程度的提高，得到的馏分抑藻活性越强。例如，从正己烷组分中筛选出的 Fr0607 馏分浓度为 20mg/L 时对羊角月牙藻的生长抑制率为 30.8%，采用凝胶层析进一步分离得到的三个馏分在浓度为 15mg/L 时的抑制率分别达到了 66%、47.4%和 66.7%（图 3.13），显著高于未分离前的活性，从正己烷组分中筛选出的另外两个活性馏分也有类似的规律（张胜花，2007）。

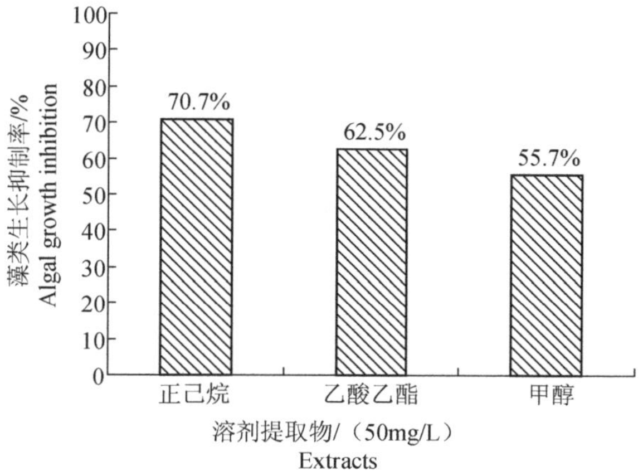

图 3.11　黄丝草三种不同溶剂提取物的抑藻活性

Fig. 3.11　The antialgal activities of three extracts with different solvents from *P.maackianus*

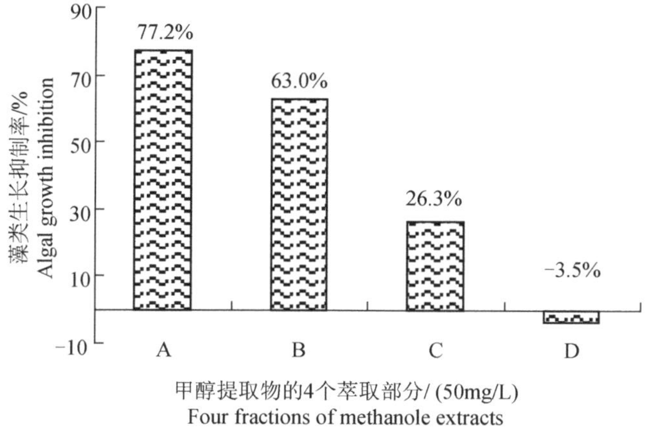

图 3.12　黄丝草甲醇提取物中分离的 4 个组分的抑藻活性

Fig. 3.12　The antialgal activities of four fractions separated from methanol extracts of *P.maackianus*

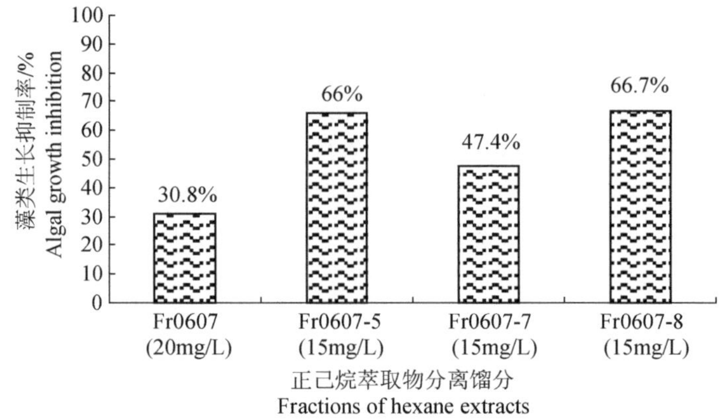

图 3.13　黄丝草分离组分 Fr0607 各馏分的抑藻效果

Fig. 3.13　The antialgal effects of several fractions from Fr0607 in *P. maackianus*

Erhard 和 Gross（2006）的研究发现，伊乐藻和加拿大伊乐藻提取液对附着藻，尤其是蓝藻的抑制作用明显。50%～90%的伊乐藻提取液对斜生栅藻的生长有不同程度的抑制，且随着提取液浓度的增加而逐渐增强（杨琳等，2008）。王红强（2009）报道了不同方式提取伊乐藻植物体内的多种成分对铜绿微囊藻生长的抑制情况。当伊乐藻总有机酸浓度为 60.0mg/L 时，其对铜绿微囊藻的生长抑制率为 47.7%。通过石油醚浸提的伊乐藻挥发油在 30.0mg/L 时对铜绿微囊藻生长的抑制率为 27.9%。如图 3.14 所示，伊乐藻生物碱对铜绿微囊藻的生长也具有一定的抑制作用，在第三天时，62.0mg/L 的伊乐藻生物碱对铜绿微囊藻的生长抑制率为

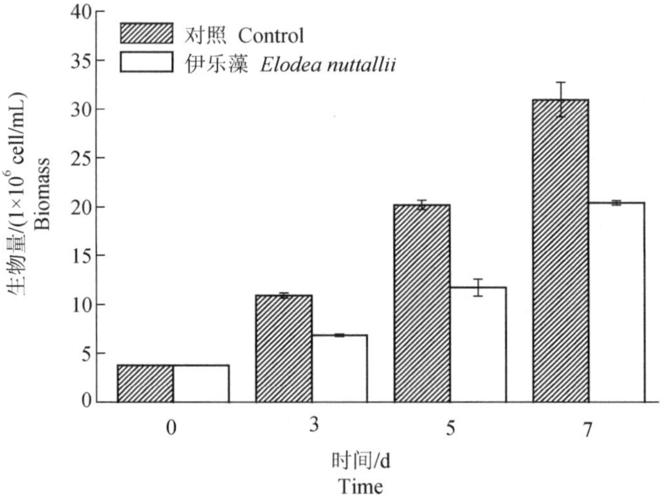

图 3.14　伊乐藻生物碱对铜绿微囊藻的抑制作用

Fig.3.14　Inhibitory effects of alkaloids of *Elodea nuttallii* on *M. aeruginosa*

44.0%。如图 3.15 所示，对伊乐藻乙醇浸膏液液萃取，得到的乙酸乙酯组分对铜绿微囊藻具有一定的抑制活性，同时氯仿组分和石油醚组分中可分离得到多个对铜绿微囊藻有抑制活性的组分。

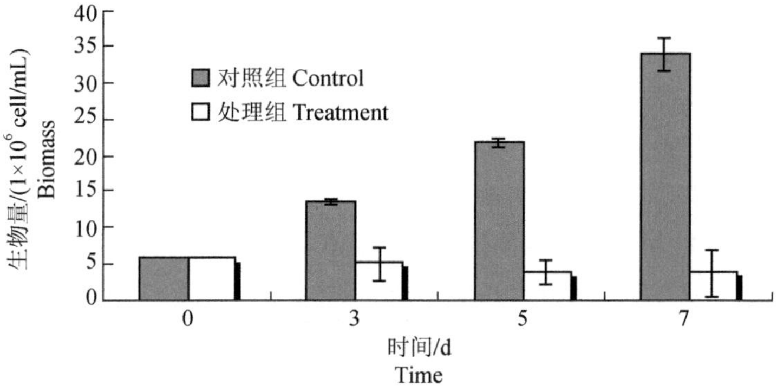

图 3.15　伊乐藻乙酸乙酯萃取浸膏的抑藻效应

Fig.3.15　The antialgal effects of ethyl acetate extract from *E. nuttallii*

高云霓（2010）重点研究了从伊乐藻体内提取到的酚酸类物质对铜绿微囊藻的抑制作用。如图 3.16 所示，3 种沉水植物粗提物显著抑制了两株铜绿微囊藻的生长。当粗提物浓度相当于植物生物量 1mg/mL DW 时，3 种植物对产毒株的抑

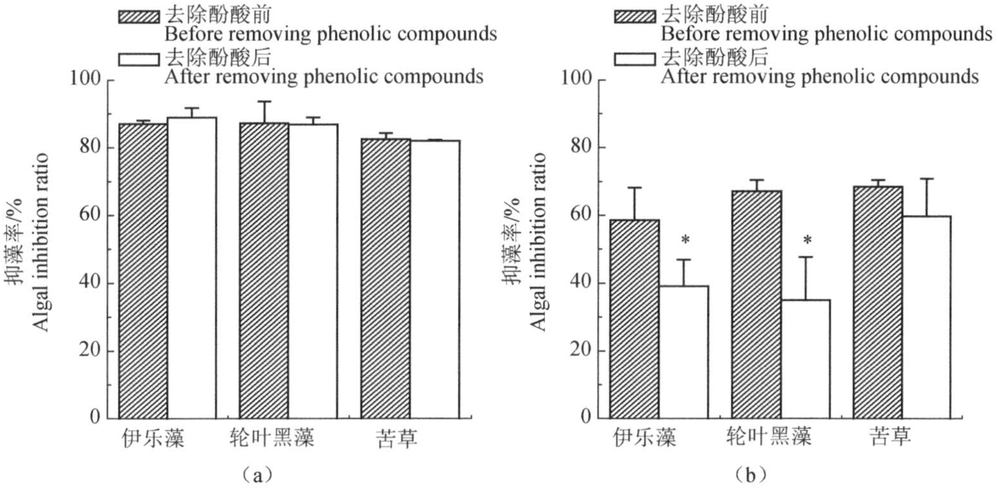

图 3.16　伊乐藻、轮叶黑藻和苦草 3 种植物的提取物在酚酸去除前后对铜绿微囊藻有毒株（a）和无毒株（b）的抑制率比较。*表示去除酚酸前后抑藻率存在显著差异（$P<0.05$）

Fig.3.16　Comparison of the growth inhibition rate of extracts against toxic (a) and non-toxic strain (b)of *M.aeruginosa* before and after removing phenolic compounds. * Significant differences occurred ($P<0.05$) after removing phenolic compounds

制率均达到 80%，对无毒株的抑制率也在 60%左右。通过聚乙烯吡咯烷酮（PVPP）处理去除同一提取物的酚酸后，抑藻率的变化与藻株有关。对产毒株而言，去除酚酸前后抑藻率没有明显变化（$P>0.05$）。对无毒株而言，这 3 种植物对藻类生长的抑制作用明显减弱，相对于 PVPP 处理前，伊乐藻、轮叶黑藻和苦草 3 种植物的提取物对铜绿微囊藻无毒株的抑制率分别下降了 33.2%、48.0%和 12.8%。多因素方差分析的结果显示，两株铜绿微囊藻对植物提取物中酚酸类物质的敏感性有显著差异（$P<0.01$），但 3 种植物间差异不显著（$P>0.05$）（表 3.1）。

表 3.1　植物和藻株对抑藻率影响的多因素方差分析结果

Table 3.1　Results of multivariate ANOVAs with plant species (plant) and *M.aeruginosa* strains (cyanobacterium) as factors for inhibition rate of plant extracts

因素 Factor		植物 Plant		蓝藻 *Cyanobacterium*		植物×蓝藻 Plant × *Cyanobacterium*	
		F	P	F	P	F	P
植物提取物 Plant extract	去除酚酸前	1.17	0.353	54.68	0.000	2.43	0.143
	去除酚酸后	1.88	0.209	96.53	0.000	5.26	0.031
	去除酚酸后	13.21	0.002	3.52	0.093	1.05	0.390

Note: Two cyanobacterium strains (df =1) and three plant species (df=2) were tested with n=3 per treatment

轮藻科植物提取物对浮游藻类也具有明显的抑制作用（Wium-Andersen et al., 1983）。活的轮藻茎叶及其 60%的甲醇水提取液均可抑制蓝藻的生长（Berger et al., 2003）。在调查小茨藻的化感作用中，50%的甲醇提取物对蓝藻的抑制活性最高（Gross et al., 2003a）。

相对而言，对挺水植物和浮叶植物提取液化感作用的报道还不多。李锋民和胡洪营（2004）研究了芦苇等 7 种大型水生植物以及芦苇不同部位的提取液对蛋白核小球藻的化感作用。所有受试植物的提取液对蛋白核小球藻均产生抑制作用，并减少了稳定期的藻产量，其中芦苇的抑制作用最强。从芦苇中分离得到的化感组分对斜生栅藻和羊角月牙藻的生长也表现出明显的抑制作用（门玉洁等，2006, 2007）。

通过对以上活性组分的进一步分离，结合藻类毒性生物测试实验，就可以逐步分离出主要的抑藻组分，结合不同的现代化学分析仪器，最终确定主要抑藻物质的结构。

3.3　水生植物体内分离的化感物质

在测试水生植物提取物及其各分离组分抑藻活性的基础上，国内外研究者已先后从不同生活型的水生植物体内分离鉴定出多种具有抑藻活性的化感物质。这些物质大部分属于酚酸、脂肪酸及萜类化合物等。其中酚酸类化合物，如咖啡酸、绿原酸、五倍子酸、没食子酸、原儿茶酸、阿魏酸、介子酸等，具有广泛的生理活性。常见的脂肪酸类化感物质有丁二酸、壬二酸、壬酸、油酸、亚麻酸等。萜类化合物在眼子菜科的沉水植物中较多。

3.3.1 沉水植物

包括金鱼藻、苦草、伊乐藻、狐尾藻和眼子菜科在内的多种沉水植物体内的化感物质分离鉴定工作已有报道。Wium-Andersen 等（1982）从生长在淡水和咸水中的轮藻植物中分离出两种潜在的化感物质：二噻茂烷或称为二硫戊环和三硫杂环己烷或称为三噻烷，这些物质及单质硫可以抑制谷皮菱形藻的生长，随后从金鱼藻中提取分离出一种化感抑藻活性比轮藻中三噻烷强 10 倍的硫黄类化合物（Wium-Andersen et al.，1983）。Xian 等（2006）发现，金鱼藻和苦草的挥发性化感物质主要由脂肪酸类、萜类、酚酸类、邻苯二甲酸类及一些未知的化合物组成。其中，在新鲜植株的挥发性物质中邻苯二甲酸类的含量大于 40%，而干植株中大于 70%的化感物质由酯类及萜类组成。他们在苦草植物干粉的乙醇提取物中又分离到 6 种抑藻物质，结构如图 3.17 所示，其中前两个化合物在挥发油中也被发现，2-乙基-3-甲基-马来酰亚胺（2-ethyl-3-methyl- maleimide）的抑藻活性最强。DellaGreca 等（2000）从川蔓藻（*Ruppia maritima*）中分离到具有抑藻效应的 7 种对应型半日花型二萜物质，其中 3 种具有较强的抑藻效应。张兵之（2007）从伊乐藻植物体内分离鉴定到豆甾-4-烯-3，6-二酮（图 3.18）及其同系物和 4-甲基-豆甾-4，22-二烯-3-酮。

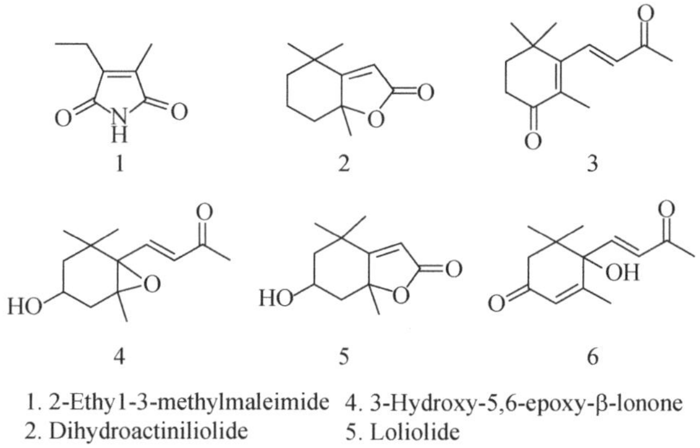

1. 2-Ethy1-3-methylmaleimide　4. 3-Hydroxy-5,6-epoxy-β-lonone
2. Dihydroactiniliolide　5. Loliolide
3. 4-Oxo-β-lonone　6. 6-Hydroxy-3-oxo-α-lonone

图 3.17　苦草植物干粉中分离到的 6 种化合物（Xian et al.，2006）

Fig. 3.17　Six compounds isolated from dry plant tissues of *V.spiralis* (Xian et al., 2006)

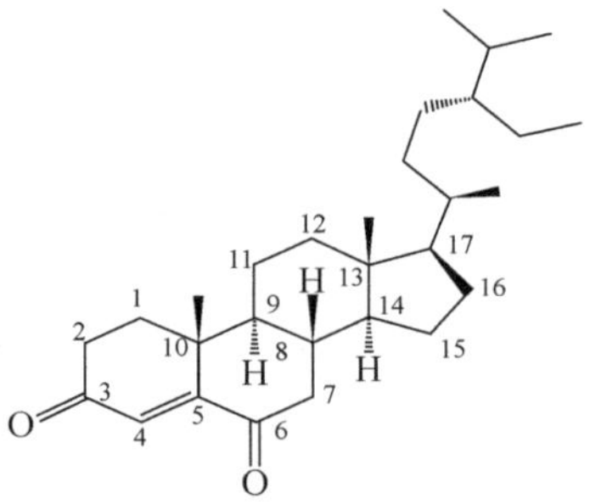

图 3.18　豆甾-4-烯-3,6-二酮的结构图

Fig. 3.18　The structure of stigmast-4-en-3,6-dione

王红强（2010）通过浸提从伊乐藻体内检测到乳酸、六酸、3-羟基丁酸、2-羟基己酸、八酸、琥珀酸、壬酸、3-羟基癸酸、壬二酸、豆蔻酸、3-羟基十四酸、棕榈酸、十七酸和油酸等脂肪酸，苯甲酸、苯乙酸、2-羟基-3-苯基丙酸、对羟基苯甲酸、对羟基苯乙酸和对羟基苯丙酸等酚酸类物质（表 3.2），以及 2-乙基吡嗪、2-乙基-5-甲基吡嗪、吲哚、烟碱、5-甲基噻唑、7-甲基喹啉、2,4-二甲氧基嘧啶、9H-吡啶并[3,4-b]吲哚和 1,2,3,4-四氢吩嗪等生物碱类物质（表 3.3）。

表 3.2　伊乐藻水浸提液 GC-MS 分析结果

Table 3.2　The analytical results of aqueous extracts from *E. nuttallii* by GC-MS

保留时间/min Retention time	化合物 Compound	相对分子质量 Molecular weight
7.58	苯酚	94.11
7.74	乳酸	90.08
7.86	六酸	116.16
9.24	3-羟基丁酸	104.11
10.16	苯乙醇	122.17
10.35	2-羟基己酸	132.16
10.43	苯甲酸	122.12
10.66	八酸	144.21
11.15	苯乙酸	136.15
11.40	琥珀酸	118.09
12.10	壬酸	158.24
16.09	对羟基苯乙醇	138.17
16.43	2-羟基-3-苯基丙酸	166.18
17.19	对羟基苯甲酸	138.13
17.46	对羟基苯乙酸	152.15
17.81	3-羟基癸酸	188.27
19.85	对羟基苯丙酸	166.18
20.61	壬二酸	188.22
21.52	豆蔻酸	228.38
25.09	3-羟基十四酸	244.37
25.26	棕榈酸	256.42
26.74	十七酸	270.45
28.36	油酸	282.46

表 3.3 伊乐藻总生物碱 GC-MS 的分析结果

Table 3.3 The analytical results of alkaloid from *E. nuttallii* by GC-MS

保留时间/min Retention time	化合物 Compound	相对分子质量 Molecular weight
13.18	2-乙基吡嗪	108.14
14.82	2-乙基-5-甲基吡嗪	122.17
15.63	吲哚	117.15
17.02	烟碱	162.23
17.82	5-甲基噻唑	99.15
20.21	7-甲基喹啉	143.19
29.59	2，4-二甲氧基嘧啶	140.14
30.89	9H-吡啶并[3，4-b]吲哚	168.20
31.64	1，2，3，4-四氢吩嗪	184.24

多项研究证明穗花狐尾藻对藻类有较强的化感活性，从其体内分离到的化感物质主要是酚酸类。Planas 等（1981）从穗花狐尾藻中分离到酚类化合物可以明显地抑制几种单一培养藻种和湖泊浮游藻类的生长。Gross 等（1996）从穗花狐尾藻中分离鉴定出一种具有抑藻活性的水解多酚特里马素 II（Tellimagrandin II），该物质含量占植物干重的 1.5%。Nakai（1996）从穗花狐尾藻的甲醇提取物中分离出对铜绿微囊藻有抑制作用的化感物质没食子酸和焦性没食子酸。

相对而言，报道有化感活性的眼子菜科沉水植物的种类较多，包括篦齿眼子菜（*Potamogeton pectinatus*）、穿叶眼子菜（*Potamogeton perfoliatus*）、光叶眼子菜、小节眼子菜（*Potamogeton nodosus*）、浮叶眼子菜（*Potamogeton natans*）、锈色眼子菜（*Potamogeton ferrugineus*）、马来眼子菜和菹草等（Waridel et al.，2003，2004a；Dellagreca et al.，2001；Tiziana et al.，2001，2002），从该科植物体内分离得到的化感物质有生物碱（Ostrofsky and Zettler，1986）、类黄酮（Les and Sheridan，1990）、二萜（DellaGreca et al.，2001；Cangiano et al.，2001）和有机酸（吴晓辉, 2005；胡陈艳，2010）等。Waridel 等（2004a，2004b）对眼子菜科的多种沉水植物分别进行了非极性化合物和极性化合物的提取分析，在甲醇浸泡提取的极性组分中主要分离鉴定出黄酮类化合物（图 3.19）和糖苷化的半日花烷，在二氯甲烷提取的非极性组分中主要分离鉴定出不饱和脂肪酸和二萜类化合物（图 3.20）。其中二萜化合物的研究更为深入，分离到的该类化合物多达十余种，包括呋喃型二萜、内酯型二萜、半日花烷型二萜（labdane diterpene）等，其中的某些种类具有较强的抑藻效应。从眼子菜科植物中分离的二萜物质及其来源植物种类具体见表 3.4。

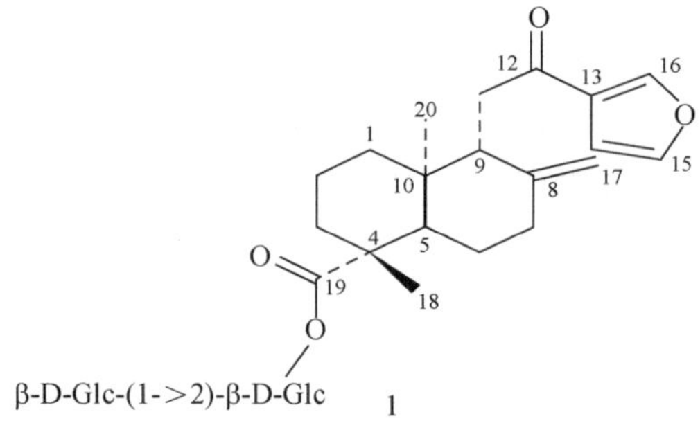

1

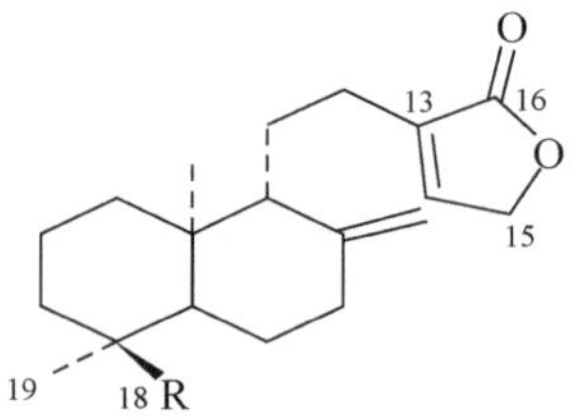

2. R=COOGlc
3. R=CH_2OGlc

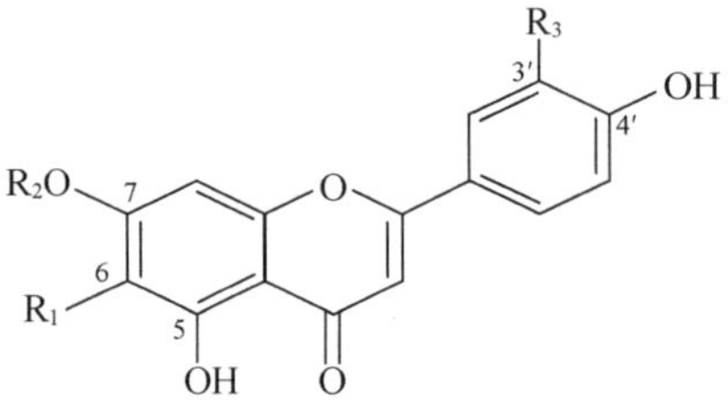

4. R_1=Glc	R_2=H	R_3=OH
5. R_1=Glc	R_2=H	R_3=OCH_3
6. R_1=Glc	R_2=H	R_3=H
7. R_1=H	R_2=Glc	R_3=OH
8. R_1=H	R_2=GlcA	R_3=OH
9. R_1=H	R_2=Glc	R_3=H
10. R_1=H	R_2=H	R_3=OGlc
11. R_1=H	R_2=H	R_3=OH
12. R_1=H	R_2=H	R_3=OCH_3
13. R_1=H	R_2=H	R_3=H
14. R_1=H	R_2=Glc	R_3=OCH_3
15. R_1=H	R_2=GlcA	R_3=H

图 3.19　眼子菜科植物中分离到的部分黄酮类化合物（引自 Waridel et al.，2004a）

Fig. 3.19　Flavones compounds from Potamogetonaceae (Cited from Waridel et al.，2004a)

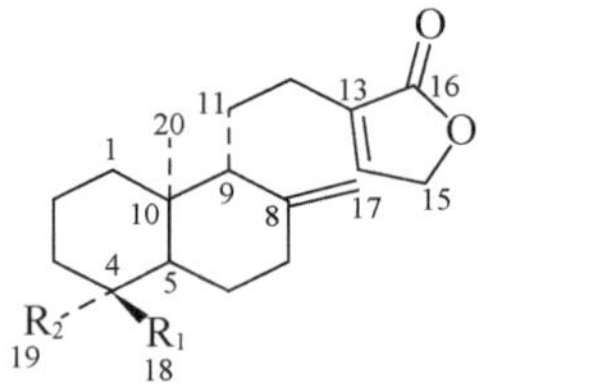

1. R_1=COOGlc　R_2=CH_3
2. R_1=CH_2OGlc　R_2=CH_3
7. R_1=COOH　R_2=CH_3
8. R_1=CH_3　R_2=COOH

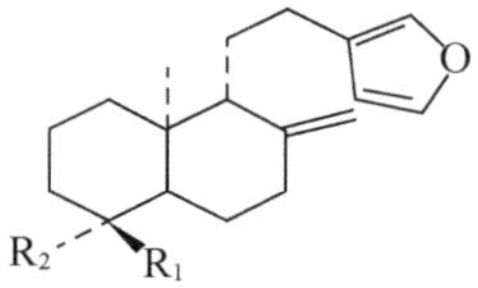

4. R_1=COOH　R_2=CH_3
5. R_1=CH_3　R_2=COOH

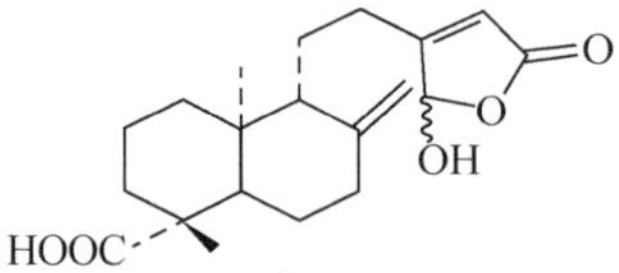

9

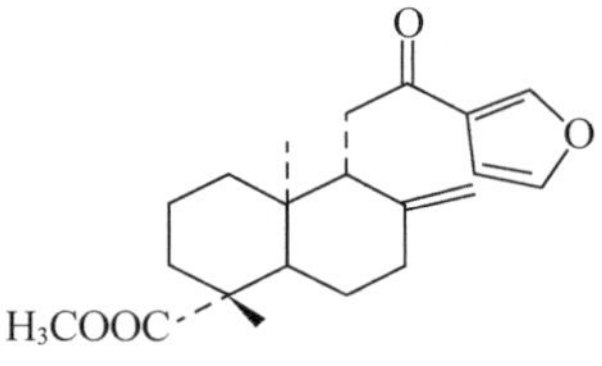

6

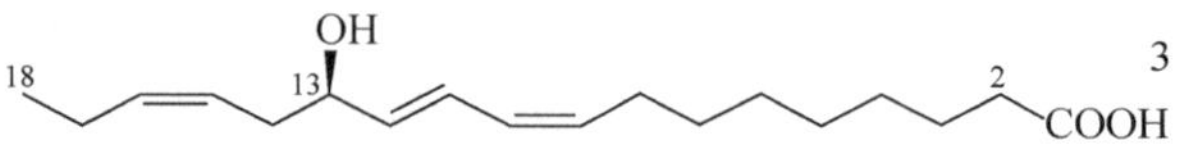

图 3.20　眼子菜科植物中分离到的部分萜类化合物和脂肪酸（引自 Waridel et al.，2004b）

Fig. 3.20　Some ditepenes and fatty acids from Potamogetonaceae (Cited from Waridel et al., 2004b)

表 3.4　眼子菜属沉水植物产生的半日花烷二萜类物质

Table 3.4　ent-Labdanes in the genus *Potamogenton*

物质名称 Compound	篦齿眼子菜 *P. pectinatus*	光叶眼子菜 *P. lucens*	穿叶眼子菜 *P. perfoliatus*	小节眼子菜 *P. nodosus*	浮叶眼子菜 *P. natans*	锈色眼子菜 *P. ferrugineus*
15,16-epoxy-12(R)-acetoxy-8(17),13(16),14-ent-labdatrien-19-oic acid	√					
methyl-15,16-epoxy-12(R)-acetoxy-8(17),13(16),14-ent-labdatrien-19-oate	√					
15,16-epoxy-8(17),13(16),14-ent-labdatrien-19-oic acid	√	√				
8(17),13-ent-labdadien-16,15-olid-19-oic acid	√	√				
16-hydroxy-8(17),13-ent-labdadien-15,16-olid-19-oic acid	√	√				
methyl-15,16-epoxy-12-oxo-8(17),13(16),14-ent-labdatrien-19-oate	√	√	√			
15,16-epoxy-8(17),13(16),14-ent-labdatrien-18-oic acid		√				
8(17),13-ent-labdadien-16,15-olid-18-oic acid		√				
b-d-glucopyranosyl-8(17),13-ent-labdadien-16,15-olid-18-oate		√				
18-b-d-glucopyranosyloxy-8(17),13-ent-labdadien-16,15-olide		√				
19-acetoxy-20-hydroxy-15,16-epoxy-8(17),13(16),14-ent-labdatriene(potamogetonol)				√		
19-acetoxy-20-oxo-15,16-epoxy -8(17),13(16),14-ent-labdatriene(potamogetonyde)				√	√	
19,20-dihydroxy-15,16-epoxy-8(17),13(16),14-ent-labdatriene					√	
10a,19-dihydroxy-15,16-epoxy-8(17),13(16),14-nor-ent-labdatriene					√	
19-hydroxy-8(17),13-ent-labdadien-16,15-olide					√	
19-acetoxy-8(17),13-ent-labdadien-16,15-olide					√	
19-acetoxy-20-oxo-8(17),13-ent-labdadien-16,15-olide					√	
19-b-d-glucopyranosyloxy-8(17),13-ent-labdadien-16,15-olide					√	
(60-acetyl) 19-b-d-glucopyranosyloxy-8(17),13-ent-labdadien-16,15-olide					√	
8(17),13-ent-labdadien-16,15-19,20-diolide					√	
15,16-epoxy-8(17),13(16),14-ent-labdatrien-20,19-olide(potamogetonin)				√	√	
12(S)-hydroxy-15,16-epoxy-8(17),13(16),14-ent-labdatrien20,19-olide				√	√	
15,16-epoxy-12-oxo-8(17),13(16),14-ent-labdatrien-20,19-olide			√	√	√	√
15,16-epoxy-12-oxo-8(17),13(16),14-ent-labdatrien-19,20-olide					√	

注：引自 Waridel et al., 2004b

Note: From Waridel et al., 2004b

目前从马来眼子菜植物体内分离鉴定出的化感物质主要是脂肪酸类，如 α-亚麻酸或其异构体、棕榈酸和二十八碳酸（吴晓辉，2005；张胜花，2007）。另外，胡陈艳（2010）从马来眼子菜植物提取物中检测到壬酸、癸酸、月桂酸、豆蔻酸、棕榈烯酸、棕榈酸、亚油酸、α-亚麻酸和硬脂酸 9 种脂肪酸（图 3.21）。除脂肪酸类物质外，张胜花（2007）从马来眼子菜乙酸乙酯提取物正己烷萃取组分中还分离得到包括单质硫、豆甾醇在内的 6 种具有抑藻活性的化合物，其中 4 个活性化合物的结构还需要进一步的鉴定。张胜花（2007）从另一种眼子菜科沉水植物黄丝草的乙酸乙酯萃取组分中分离到 8 种对羊角月牙藻具有明显抑制作用的活性物质，分别为单质硫、6-羟基-α-紫罗兰酮（图 3.22）、(*Z*)-4-(4*S*, 8*S*)-4-hydroxy-3,3,8-trimethyl-9-oxa-bicyclo [6.1.0]nonan-4-yl) pent-3-en-one（图 3.23）、3-吲哚甲醛（图 3.24）、(+)-松脂素（图 3.25）、豆甾醇、对羟基苯甲酸和一个苯丙素类化合物。

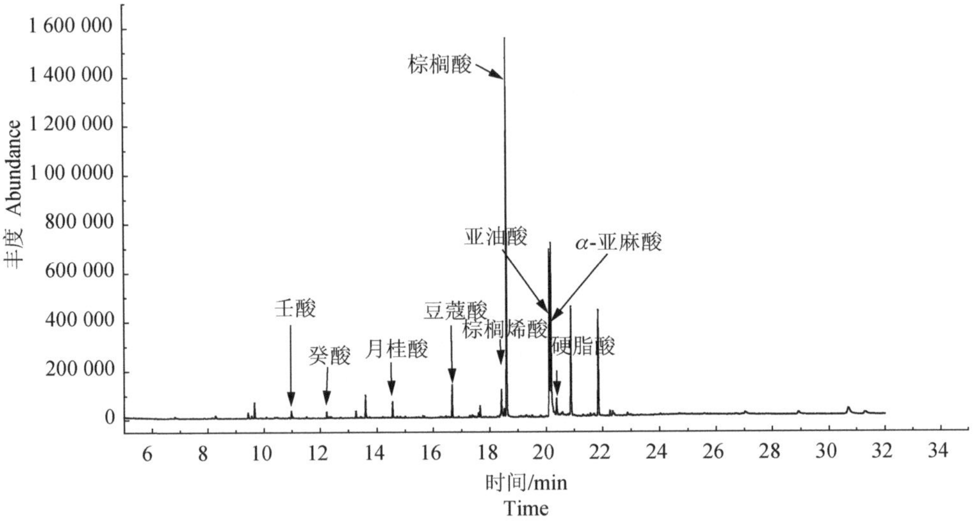

图 3.21　马来眼子菜体内分离到的脂肪酸的总离子流图

Fig. 3.21　The total ion chromatogram of the fatty acids isolated from *P.malaianus*

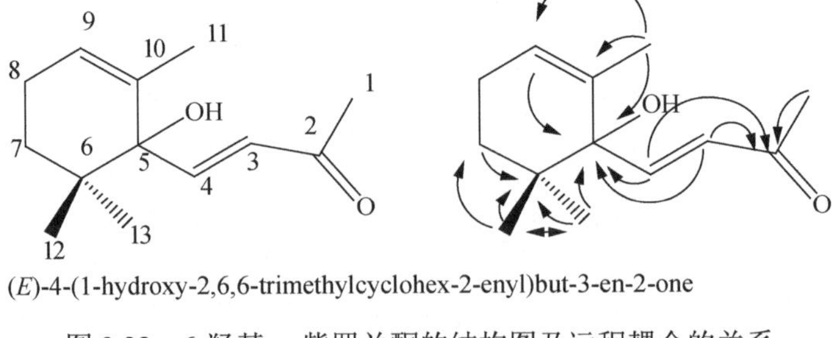

图 3.22　6-羟基-α-紫罗兰酮的结构图及远程耦合的关系

Fig. 3.22　The structure and key HMBC correlations of(*E*)-4-(1-hydroxy-2,6,6-trimethylcyclohex-2-enyl)but-3-en-2-one

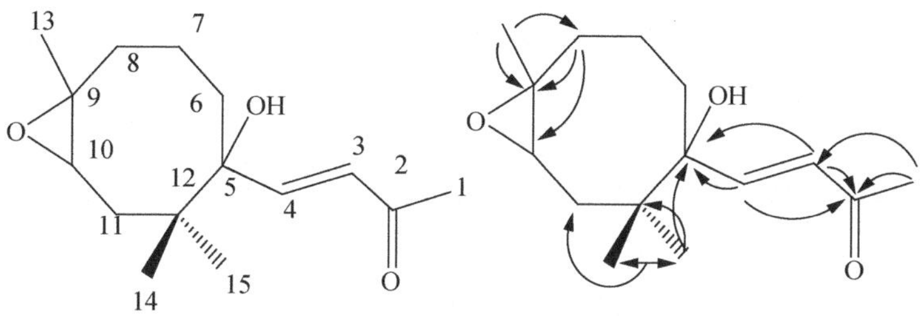

(*Z*)-4-((4*S*,8*S*)-4-hydroxy-3,3,8-trimethyl-9-oxa-bicyclo[6.1.0]nonan-4-yl)pent-3-en-2-one

图 3.23　(*Z*)-4-(4*S*, 8*S*)-4-hydroxy-3,3,8- trimethyl-9-oxa-bicyclo [6.1.0]nonan-4-yl) pent-3-en-one 的结构图及远程耦合关系

Fig.3.23　The structure and key HMBC correlations of(*Z*)-4-(4*S*, 8*S*)-4-hydroxy-3,3,8-trimethyl-9-0-oxa-bicyclo [6.1.0]nonan-4-yl)pent-3-en-one

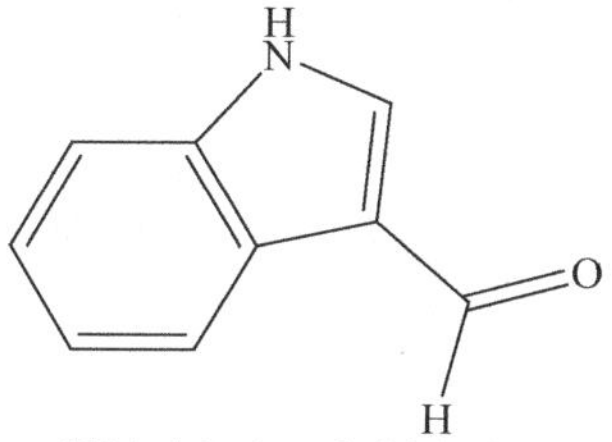

1H-indole-3-carbaldehyde

图 3.24　3-吲哚甲醛结构式

Fig. 3.24　The structure of 1H-indole-3-carbaldehyde

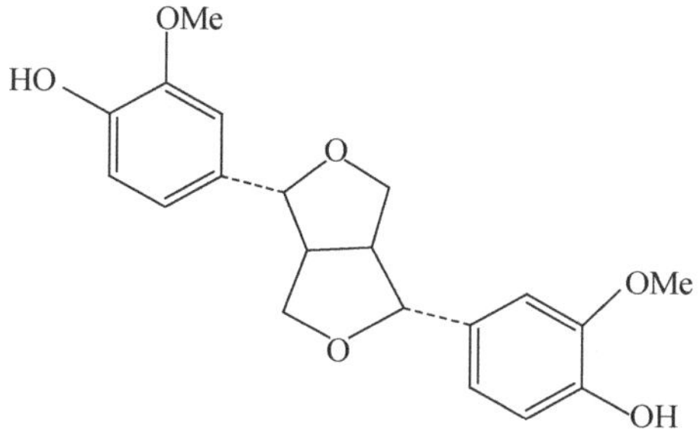

4-((1R,4R)-4-(4-hydroxy-3-methoxyphenyl)-hexahydrofuro[3,4-c]furan-1-yl)-2-methoxyphenol

图 3.25　(+)-松脂素的化学结构图

Fig.3.25　The chemical structure of 4-((1R,4R)-4-(4-hydroxy-3-methoxyphenyl)-hexahydrofuro[3,4-c]furan-1-yl)-2-methoxyphenol

3.3.2　挺水植物

Van Aller（1985）从细果荸荠（*Eleocharis microcarpa*）中分离到一组氧化脂肪酸（OFA）在高浓度下可抑制藻类生长，最后得到其有效成分为 20 碳的三羟基

环戊基脂肪酸和 18 碳的三羟基环戊烯酮脂肪酸。意大利学者对从灯心草属植物，如灯心草（*Juncus effuses*）和翅茎灯心草（*Juncus acutus*）中分离到的菲类化合物进行了详细研究，发现大多数二氢菲类化合物和它的糖苷化的化合物对羊角月牙藻有很强的抑制活性（DellaGreca et al., 1996, 2003）。Marina（2003）也从翅茎灯心草根系分泌物的乙酸乙酯提取物中分离到多种菲的二聚物，其中的 5 种对羊角月牙藻表现出显著的抑制作用。Aliotta（1991）和 DellaGreca（1990）分别对宽叶香蒲（*Typha latifolia*）的乙醚提取物进行了分析，得到三种具有抑藻活性的脂肪酸类物质：α-亚麻酸、α-亚油酸和一种未知的不饱和 18 碳脂肪酸；一组固醇类物质：4-甲基-7，24-双烯胆烷醇（24-methylen lophenol）、β-谷甾醇和豆甾-4-烯-3,6-二酮等。其中，α-亚麻酸和豆甾-4-烯-3,6-二酮抑藻效果最好（特别是对蓝绿藻）。戴树桂等（1997）将长苞香蒲（*Typha angustata*）、窄叶香蒲（*Typha minima*）和宽叶香蒲的混合物用丙酮、乙酸乙酯、乙醚分别进行提取，在乙酸乙酯的提取物中分离、鉴定到棕榈酸具有较高的抑藻活性。从南方香蒲（*Typha domingensis*）的水浸提液中分离得到亚油酸、α-亚麻酸、咖啡酸、β-香豆酸和没食子酸（Gallardo et al.，1998，1999；Gallardo-Williamsa et al.，2002）。DellaGreca（1998）从马蹄莲（*Zantedeschia aethiopica*）中分离到 2 种三萜类化合物（cycloartane）、10 种固醇（sterol）、木脂素类化合物（phenylpropanoid），其中一些芳香族化合物具有较好的抑藻活性。Li 和 Hu（2005）从大型挺水植物芦苇（*Phragmites communis*）中分离并鉴定出的化感物质 2-甲基乙酰乙酸乙酯（ethyl 2-methylacetoacetate, EMA）对藻类的抑制作用具有高效性和选择性。

3.3.3 漂浮和浮叶植物

凤眼莲是一种典型的漂浮植物，杨善元等（1992）从凤眼莲根系中分离鉴定出对衣藻有强抑制效果的 *N*-苯基-2-萘胺和亚油酸。Jin（2003）从凤眼莲中分离鉴定出对海洋小球藻和羊角月牙藻有抑制效应的 5 种化合物，分别为 β-D 缩合吡喃糖、isocyanoethyl acetate、2,2-二甲基环戊烷、丙酰胺、壬酸。Aliotta 等（1991）从浮叶植物水浮莲（*Pistia stratiotes*）的乙醚浸提物中分离得到具有抑藻活性的亚油酸、γ-亚油酸等多种脂肪酸，以及 α-细辛醚和类固醇衍生物。

综上所述，目前从水生植物体内提取到的化感抑藻物质主要包括有机酸、不饱和酯、水解多酚、芳香族化合物（苯丙烷基化合物和木酚素类）、类萜及含氮化合物等。具体的来说有脂肪酸、酚酸、菲类、萜类、甾醇类、生物碱、类黄酮、木脂素、苯丙素、酯类等。

3.4 水生植物分泌物的抑藻活性

实验室条件下测试从植物提取物分离的化合物对目标生物的抑制作用，可反映植物的次生代谢产物是否具有抑藻活性，但尚不能证明自然条件下植物能将此物质释放到环境中去并影响目标生物。只有同时从植物体内及其存在的水环境中检测到同样的次生代谢产物，才能证实这一次生代谢产物是可以被释放到水环境中发挥抑藻作用的化感物质。为了检测植物释放到水环境中的化感物质，首先必须对其种植水进行富集浓缩，并结合抑藻测试对富集物进一步分离纯化，最后再通过合适的仪器和分析手段鉴定明确化感物质类型。本节主要介绍水生植物分泌物组分的抑藻活性。

贺锋（2002）在围隔原位实验中发现，从种植菹草的围隔中富集到的种植水经二氯甲烷和丙酮洗脱，其洗脱组分对斜生栅藻生长的抑制作用明显高于围隔外的东湖水富集洗脱物，且二氯甲烷组分的抑藻活性较丙酮洗脱组分强。当菹草收割后，同一围隔中水样富集洗脱物的抑藻活性显著下降，初步说明自然水体中菹草能分泌与二氯甲烷亲和性好的物质抑制藻类生长。张胜花（2007）通过固相萃取和液液萃取技术分别富集了马来眼子菜和黄丝草两种眼子菜科沉水植物的分泌物，各得到 5 种待测组分，分别为固相萃取的二氯甲烷洗脱物（a）和甲醇洗脱物（b）及液液萃取的正己烷（c）、乙酸乙酯萃取物（d）和水层（e），各组分对羊角月牙藻的抑制作用差异较大。如图 3.26 所示，二氯甲烷洗脱富集的马来眼子菜分泌物在 30mg/L 时对羊角月牙藻的抑制率为 44.9%，而甲醇洗脱物则对藻类表现出促进作用（抑制率为-12.2%）。这说明马来眼子菜分泌的对羊角月牙藻有抑制作用的化感物质是存在于二氯甲烷洗脱液中的弱极性至中等极性化合物。用液液萃取的方法得到的正己烷和乙酸乙酯萃取组分对羊角月牙藻的抑制率分别为 71.3%和 77.2%，而剩下的水相没有表现出抑藻活性。这进一步说明马来眼子菜的弱极性分泌物有一定的化感抑藻效果，且分泌的中等极性化合物和有机酸类物质也具有显著的化感活性。

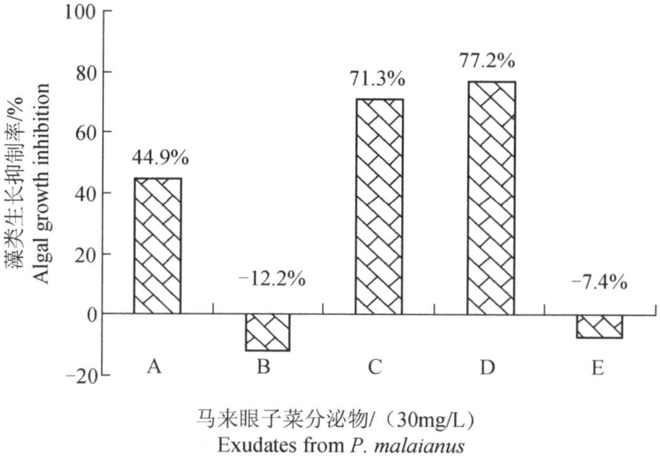

图 3.26　马来眼子菜分泌物对羊角月牙藻生长的抑制作用

Fig. 3.26　The inhibitive effects of *P. malaianus* exudates on growth of *S. capricornutum*

黄丝草分泌物的抑藻测试结果如图 3.27 所示，二氯甲烷洗脱物在 30mg/L 时对羊角月牙藻的抑制率达到 60.9%，而经过二氯甲烷洗脱后的甲醇洗脱物却没有表现出任何的抑藻活性。液液萃取得到的正己烷萃取组分和乙酸乙酯萃取组分的抑藻率分别为 64.8%和 54.4%，而剩下的水相对羊角月牙藻没有抑制效应。由此证明，黄丝草分泌的弱极性化合物有一定的化感抑藻效果，且分泌的中等极性化合物和有机酸类物质也具有显著的化感活性，相反强极性物质可能不是黄丝草分泌的化感物质。这与 3.2 节中黄丝草体内提取物的研究结果一致，初步说明黄丝草产生并释放到水环境中抑藻的化感物质应该是偏弱极性和中等极性的物质（张胜花，2007）。

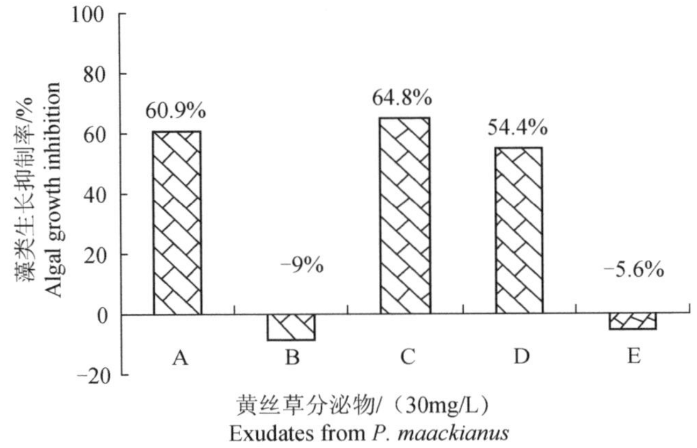

图 3.27　黄丝草分泌物对羊角月牙藻生长的抑制作用

Fig. 3.27　The inhibitive effects of *P. maackianus* exudates on growth of *S. capricornutum*

高云霓（2010）研究了伊乐藻、轮叶黑藻和苦草三种水鳖科沉水植物分泌物的抑藻效应，将等量植物种植水通过固相萃取柱富集后，分别采用不同极性有机溶剂洗脱，然后测定各组分对铜绿微囊藻生长的抑制情况。如图 3.28 所示，三种植物分泌物对铜绿微囊藻生长的抑制率均随着洗脱溶剂极性的增强而增加，极性最弱的正己烷和二氯甲烷组分抑藻率最低，极性最强的甲醇组分抑藻率最高。同时，对富集在同一固相萃取柱上的伊乐藻分泌物分步洗脱，无论是先用正己烷再用甲醇洗脱，还是先用甲醇再用正己烷洗脱，抑藻活性最强的组分均为甲醇组分（图 3.29）。轮叶黑藻和苦草分泌物固相萃取后分步洗脱也得到了同样的结果，初步显示三种植物能分泌极性较强的化感抑藻物质。在此基础上，重点考察了植物分泌物中酚酸类物质的抑藻活性。如图 3.30 所示，固相萃取富集的三种植物分泌物在相当于 2mg/mL DW 的浓度下，对产毒株铜绿微囊藻的抑制率超过了 50%，但不同植物对无毒株的抑制率却具有显著差异。伊乐藻的分泌物显示出最强的化感活性，对无毒株的抑制率达到 65.2%；其次是轮叶黑藻分泌物，44.6%；最弱的

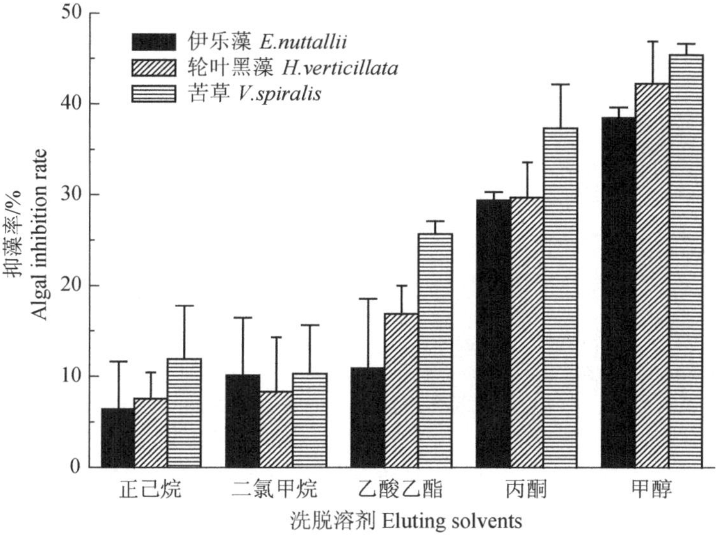

图 3.28 固相萃取后不同溶剂分别洗脱三种沉水植物分泌物的抑藻活性

Fig. 3.28 Algal growth inhibition of SPE enriched exudates from three submerged macrophytes eluted with different solvents

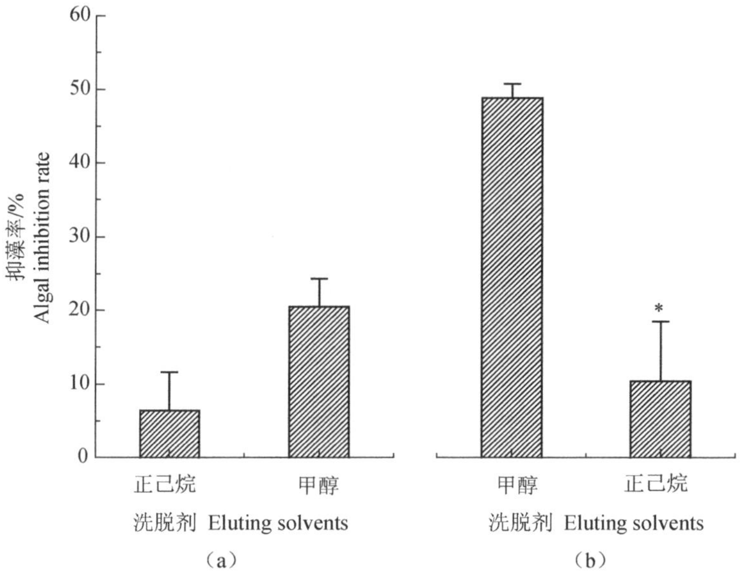

图 3.29 固相萃取富集的伊乐藻分泌物分步洗脱各组分抑藻率比较。*表示洗脱组分间的显著性差异（$P<0.05$）。（a）洗脱程序 1；（b）洗脱程序 2

Fig.3.29 Algal growth inhibition of stepwise eluted SPE fractions of exudates from *E.nuttallii*. Significant differences between steps are indicated with *($P<0.05$). (a) Eluting procedure 1; (b) Eluting procedure 2

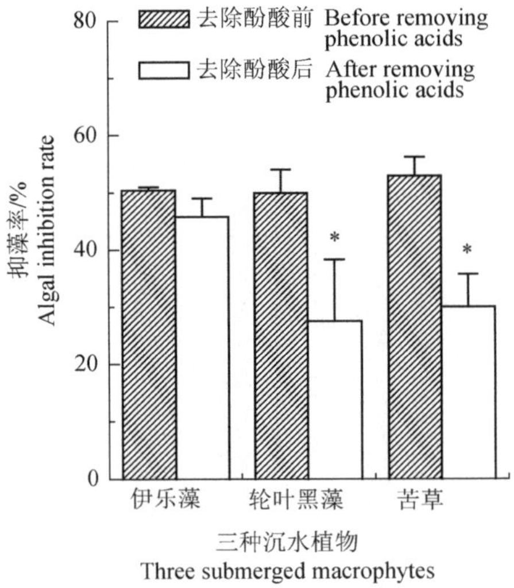

（a）

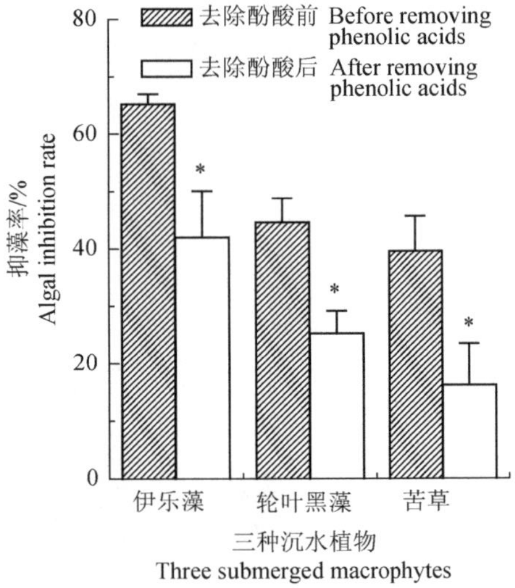

（b）

图 3.30　伊乐藻、轮叶黑藻和苦草三种植物的分泌物在酚酸去除前后对铜绿微囊藻有毒株（a）和无毒株（b）的抑制率比较。*表示去除酚酸前后抑藻率存在显著差异（$P<0.05$）

Fig.3.30　Comparison of the growth inhibition rate of exudates against toxic (a) and non-toxic strain (b) of *M.aeruginosa* before and after removing phenolic acids. * Significant differences occurred($P<0.05$) after removing phenolic acids

是苦草分泌物，39.6%。去除酚酸后的植物分泌物对蓝藻的抑制活性显著下降（$P<0.05$），尤其是对铜绿微囊藻无毒株，伊乐藻、轮叶黑藻和苦草的抑藻率分别下降了 35.7%、43.4%和 59.1%。多因素方差分析结果显示，在分泌物的抑藻测试中两株铜绿微囊藻间未表现出显著差异。三种沉水植物间，多重分析的结果表明伊乐藻和其他两种植物分泌物的抑藻活性间存在显著差异（$P<0.01$）（表 3.5）。但酚酸类物质对三种植物分泌物对铜绿微囊藻的抑制作用贡献均较大，初步说明伊乐藻、轮叶黑藻和苦草可以分泌酚酸类化感物质到水中抑制藻类的生长。

表 3.5　不同植物的分泌物对铜绿微囊藻抑制率的多重比较结果

Table 3.5　Results of multiple comparisons for inhibition rate of different plant exudates on *M.aeruginosa*(Tukey test)

	（I）植物 Plant（I）	（J）植物 Plant（J）	均值（I-J） Mean difference	标准差 Std. Error	显著性 Sig.
酚酸去除前 Before removing phenolic acids	伊乐藻	轮叶黑藻	12.26（*）	2.38	0.002
		苦草	11.79（*）	2.38	0.002
	轮叶黑藻	伊乐藻	−12.26（*）	2.38	0.002
		苦草	−0.47	2.38	0.979
	苦草	伊乐藻	−11.79（*）	2.38	0.002
		轮叶黑藻	0.47	2.38	0.979

续表

	(I) 植物 Plant (I)	(J) 植物 Plant (J)	均值 (I-J) Mean difference	标准差 Std. Error	显著性 Sig.
酚酸去除后 After removing phenolic acids	伊乐藻	轮叶黑藻	17.27 (*)	4.24	0.007
		苦草	18.97 (*)	4.24	0.004
	轮叶黑藻	伊乐藻	−17.27 (*)	4.24	0.007
		苦草	1.70	4.24	0.916
	苦草	伊乐藻	−18.97 (*)	4.24	0.004
		轮叶黑藻	−1.70	4.24	0.916

注：*表示均值间存在显著差异（$P<0.05$）

Note：* The mean difference is significant at the 0.05 level

3.5　水生植物分泌物中检测到的化感物质

与从植物体提取的化感物质相比，从分泌物中提取的化感物质面临更大的困难。主要是由于水中物质组成极其复杂，干扰因素很多。另外，植物本身分泌到周围水环境中的次生代谢物质种类还不确定，且含量很低。随着分析技术的进步，自 20 世纪 80 年代开始，国内外化感研究者开始了这方面的探索。

Rao 等（1980）对黑藻植物及其渗滤液中的酚酸采用双向纸层析的方法进行了分析，结果显示，羟基苯甲酸、香草酸等单羟基酚酸类物质可以通过渗滤的方式释放到周围的水环境中。Gross 和 Sütfeld（1994）发现，穗花狐尾藻可以释放多酚类物质到周围的水环境中，并显著抑制蓝藻的生长。Gross（1996）通过固相萃取和反相高效液相色谱分析发现，穗花狐尾藻分泌多种物质到培养液中，其中大部分为水解多酚类物质，最终鉴定出特里马素 II 和鞣花酸两种主要化感物质。Nakai（2000）通过液-液萃取和超滤分离纯化从穗花狐尾藻分泌物中找到 4 种具有抑藻作用的多酚类物质：鞣花酸、五倍子酸、焦性没食子酸和右旋儿茶酸。随后通过固相萃取和制备型液相色谱从穗花狐尾藻分泌物中分离到壬酸、肉豆蔻酸、棕榈酸、硬脂酸和硬脂烯酸等脂肪酸（Nakai，2005）。

高云霓（2010）从种植密度为 10g/L FW 的伊乐藻、轮叶黑藻和苦草三种水鳖科沉水植物分泌物的乙酸乙酯活性组分中检测到苯甲酸、苯乙酸、对羟基苯甲酸、对羟基苯乙酸、邻苯二甲酸、对羟基苯丙酸、香草酸、原儿茶酸、阿魏酸和咖啡酸等多种酚酸（表 3.6），以及乳酸、琥珀酸、己二酸、癸酸、月桂酸、酒石酸、壬二酸、棕榈酸和硬脂酸等多种脂肪酸类物质（表 3.7），而在无植物的对照中没有检测到。由此说明三种沉水植物可以分泌这些酚酸和脂肪酸类物质到周围水环境中。除了酚酸和脂肪酸类物质外，如表 3.8 所示，在三种植物分泌物的乙酸乙酯活性组分中还检测到一些醇类、酮类和醛类物质。其中，伊乐藻、轮叶黑藻和苦草分泌物中均检测到辛醇，伊乐藻和轮叶黑藻分泌物中还有一种 2-（2-丁氧基乙氧基）乙醇。伊乐藻分泌物中检测到 *N*-苯基-2-吡咯烷酮等多种酮类物质和 4-羟基苯甲醛。轮叶黑藻和苦草分泌物中也检测到一种三酮类物质。另外，气相色谱/质谱（GC/MS）总离子流图中停留时间为 11.92min 的物质含量最高，在轮叶黑藻和苦草分泌物中的含量都超过了所有检测物质总量的 50%，在伊乐藻分泌物中也占 25.96%。但谱库中未找到该物质的结构信息，有待进一步的鉴定。同时得到的三种植物分泌物的正己烷组分经 GC/MS 分析也检测到分属于醇、酮、醛、酚、烯烃、芳香烃、含氮化合物和酯化脂肪酸的多种物质（表 3.9）。

表 3.6 伊乐藻、轮叶黑藻和苦草分泌到水中的主要酚酸类物质

Table 3.6 Main phenolic acids exuded from *E. nuttallii*, *H.verticillata* and *V. spiralis*

序号 Number	停留时间/min Retention time	物质名称 Compound	相对含量/% Content		
			伊乐藻	轮叶黑藻	苦草
1	10.54	苯甲酸	0.94	0.77	1.31
2	11.27	苯乙酸	0.73	√	—
3	15.44	对羟基苯甲酸	1.52	1.15	1.26
4	15.58	对羟基苯乙酸	√	—	√
5	16.24	邻苯二甲酸	0.56	0.62	√
6	16.93	对羟基苯丙酸	0.46	√	1.13
7	16.98	香草酸	√	0.54	0.89
8	17.61	原儿茶酸	1.17	1.46	√
9	20.07	阿魏酸	√	√	√
10	20.66	咖啡酸	3.96	3.00	1.28

注：√表示含量低；—表示未检测到

Note: √ indicates low content; —indicates it has not been detected

表 3.7 伊乐藻、轮叶黑藻和苦草分泌到水中的主要脂肪酸类物质

Table 3.7 Main fatty acids exuded from *E. nuttallii*, *H. verticillata* and *V. spiralis*

序号 Number	停留时间/min Retention time	物质名称 Compound	相对含量/% Content		
			伊乐藻	轮叶黑藻	苦草
1	7.78	乳酸	1.17	2.43	1.81
2	11.52	琥珀酸	1.49	0.94	11.35
3	14.00	己二酸	0.46	0.55	0.80
4	14.71	癸酸	0.47	1.15	1.03
5	15.67	月桂酸	0.33	0.71	0.74
6	15.76	酒石酸	0.76	0.36	—
7	17.29	壬二酸	—	4.29	3.14
8	19.71	棕榈酸	0.45	1.19	√
9	21.48	硬脂酸	0.76	0.76	√

注：√表示含量低；—表示未检测到

Note: √ indicates low content; – indicates it has not been detected

表 3.8 伊乐藻、轮叶黑藻和苦草分泌物乙酸乙酯组分中检测到的其他物质

Table 3.8 Other compounds in ethyl acetate fractions of exudates from *E. nuttallii*, *H. verticillata* and *V. spiralis*

序号 Number	停留时间/min Retention time	物质名称 Compound	相对含量/% Content		
			伊乐藻	轮叶黑藻	苦草
1	8.43	辛醇	0.52	1.17	1.24
2	9.01	*N*-苯基-2-吡咯烷酮	2.83		3.84
3	9.66	2-(2-丁氧基乙氧基)乙醇	0.25	0.74	
4	10.55	2,2,10,10-四甲基-3,6,9-三氧杂-2,10-二硅杂癸烷	1.49	3.25	1.61
5	11.92	未知物质	25.96	50.29	56.33
6	12.32	4-羟基苯甲醛	0.21		
7	16.37	3-苯基-7-甲基-3-氮杂双环[3.3.0]辛烷-2,4-二酮	0.08		
8	17.08	2,3-二羟基-雌甾-1,3,5(10)-三烯-17-酮	0.41		
9	17.29	1,2,3,3a,4,5,6,6a,7,8,11,12-十二氢-3-(1-异丙基)-环戊二烯[d]蒽-6,8,11-三酮	3.97	4.29	3.14
10	17.41	3-甲氧基-雌甾-1,3,5(10),15-四烯-17-酮	0.65		
11	22.92	3,4-二苯基-6-(2-噻吩)-2H-吡喃-2-酮			0.53

表 3.9 伊乐藻、轮叶黑藻和苦草分泌物正己烷组分中检测到的物质

Table 3.9 The GC/MS analysis of hexane fractions in exudates from *E. nuttallii*, *H. verticillata* and *V. spiralis*.

序号 Number	停留时间/min Retention time	物质名称 Compound	相对含量/% Content		
			伊乐藻	轮叶黑藻	苦草
1	10.13	2-苯氧乙醇			0.88
2	10.25	苯并噻唑	0.31	0.13	1.52
3	13.68	1s,4R,7R,11R-1,3,4,7-四甲基三环[5.3.1.0(4,11)]十一碳-2-烯-8-酮	0.26		
4	13.76	4-(2,6,6-三甲基-1-环己烯基)-3-丁烯-2-酮	0.17		
5	14.01	2,4-二叔丁基苯酚	0.56	0.47	0.62
6	14.08	二丁基羟基甲苯(BHT)	0.28	0.11	
7	14.37	苯并呋喃酮	0.60	0.37	
8	14.88	避蚊胺(DEET)		0.12	
9	15.20	2-甲硫基苯并噻唑	0.49		0.42
10	15.26	雪松醇	0.46		0.65
11	15.46	4-氨基-7-二乙氨基-苯并吡喃-2-酮		0.14	
12	15.66	月桂酸三甲硅酯	0.69	0.48	0.48
13	15.72	环戊乙酸甲酯	0.47		0.55

续表

序号 Number	停留时间/min Retention time	物质名称 Compound	相对含量/% Content		
			伊乐藻	轮叶黑藻	苦草
14	15.81	α-荜茄醇	1.25		
15	15.87	1,3,5-三-2-丙烯-1,3,5-三嗪-2,4,6-(1H,3H,5H)-三酮	1.98	1.35	2.34
16	15.94	2,4,4-三甲基-2-环己烯-1-酮		0.47	
17	16.17	2,6-二(1,1-二甲乙基)-4-甲氧基甲基苯酚	0.45		
18	16.50	2-(1-苯乙基)苯酚	0.67		
19	16.74	9-羟基芴		0.49	0.66
20	16.88	5-甲基-2,4-二(三甲硅氧基)嘧啶		0.33	
21	16.99	3,5-二叔丁基-4-羟基苯甲醛	1.3		2.05
22	17.17	1-十八烯	0.37		
23	17.20	蒽			0.57
24	17.21	菲	0.53		
25	17.77	十四酸三甲硅酯		0.96	0.64
26	17.96	4-(1-甲基-1-苯乙基)-1-乙酰-4,6,8-三甲基甘菊环	0.56	0.54	
27	18.34	2-苯基-2-(4-三甲硅氧基苯基)丙烷	0.72		
28	18.54	十六酸甲酯	0.90		0.83
29	19.18	1-二十烯	0.62	0.77	0.52
30	19.70	十六酸三甲硅酯		1.16	0.77
31	19.88	环戊烯菲酮	0.2		
32	19.96	十氢-1,1,4a-三甲基-6-亚甲基-5(3-甲基-2,4-戊二烯)-萘	0.37	0.43	0.39
33	20.03	荧蒽	0.23		
34	20.43	十七酸十四甲基甲酯	0.75	0.21	
35	21.52	*N*-苯基-1-萘胺	0.71	1.40	1.91
36	23.59	2-(3-溴苯基)-2,3-二氢-异吲哚-1-酮	0.32		

伊乐藻和苦草分泌物中均检测到雪松醇，伊乐藻分泌物中还检测到α-荜茄醇。检测到的酮类物质较多，共有 8 种，三种植物比较，伊乐藻分泌物中酮类物质种类最多，苦草最少。三种植物分泌物中均含有 1, 3, 5-三-2-丙烯-1, 3, 5-三嗪-2, 4, 6-（1H, 3H, 5H）-三酮。醛类物质只在伊乐藻和苦草分泌物中检测到 3, 5-二叔丁基-4-羟基苯甲醛一种。苯酚类物质也是在伊乐藻分泌物中最多，检测到 4 种，而轮叶黑藻和苦草分泌物中均只检测到 2, 4-二叔丁基苯酚。植物分泌物中也含有一些烯烃和芳香烃类物质，尤其是在伊乐藻分泌物中检测到 2 种烯烃和 4 种芳香烃，芳香烃分别为二丁基羟基甲苯、荧蒽、菲和十氢-1, 1, 4a-三甲基-6-亚甲基-5

（3-甲基-2, 4-戊二烯）-萘，最后一种物质在轮叶黑藻和苦草分泌物中也检测到。另外，三种植物分泌物中均检测到1-二十烯。轮叶黑藻分泌物中还含有二丁基羟基甲苯（BHT）和9-羟基芴2种芳香烃，9-羟基芴在苦草分泌物中也检测到。另外，苦草分泌物中还检测到蒽。含氮化合物主要包括2种噻唑、1种嘧啶、2种胺和1种含乙酰基的甘菊环。轮叶黑藻分泌物中共检测到其中的5种、伊乐藻中4种、苦草中3种。三种植物分泌液中均检测到的物质为苯并噻唑和*N*-苯基-1-萘胺。在植物分泌物的正己烷组分中还检测到6种酯化脂肪酸，分别为月桂酸三甲硅酯、环戊乙酸甲酯、十四酸三甲硅酯、十六酸甲酯、十六酸三甲硅酯和十七酸十四甲基甲酯。苦草分泌物中检测到其中的5种，伊乐藻和轮叶黑藻分泌物中分别检测到4种。其中的一些已被报道具有化感抑藻活性，如*N*-苯基-1/2-萘胺，在凤眼莲和金鱼藻分泌物中也有检测到，并发现有2种物质对绿藻门的衣藻具有较强的抑制作用（杨善元等，1992；孙文浩等，1992，1993）。

张胜花（2007）对黄丝草和马来眼子菜分泌物中的二氯甲烷活性组分也进行了GC/MS分析，检测到一些烯烃、脂肪酸、醇、醛和酮类物质（表3.10），并对黄丝草体内提取物和分泌物的GC/MS分析结果进行了比对，发现黄丝草植物体内存在的多种物质在其分泌物中也能检测到，说明黄丝草体内的很多潜在化感物质能够分泌到水环境中。

表 3.10　黄丝草和马来眼子菜分泌物的 GC-MS 检测结果

Table 3.10　The GC-MS analysis of exudates from *P.maackianus* and *P. malaianus*

保留时间 /min Retention time	质谱鉴定 MS identification	离子丰度/%	
		黄丝草	马来眼子菜
10.0062	苯并噻唑	4.3695	6.9362
12.828	十四烷	0.7592	0.582
14.6723	丁化羟基甲酚	0.4831	0.4244
14.7945	4,7,10-三甲基-2,5,8,11-四氧14烷-13-醇	4.5488	5.3806
14.8722	1-[2-(2-甲氧基-1-甲基乙氧基)-1-甲基乙氧基]-2-丙醇	8.6551	10.7605
14.9499	1-甲氧基-2-甲基-2-丙醇		7.6257
15.0054	2-甲基1-2-己醇		1.6129
15.1054	4-乙基-2,6-甲基-4-庚醇		2.6539
15.1833	2-甲氧基-2-丁烯酸二甲基酯	1.3602	5.0804
15.8721	十六烷	5.6239	4.073
16.061	2-甲硫基苯并噻唑	0.6133	0.5599
16.1276	雪松醇	0.6022	0.7288
17.4386	二十一烷	1.0433	0.6025
17.6941	2,6-二异丙基萘	0.6566	0.5652
18.0163	二十七碳烷	1.7685	1.4277

续表

保留时间 /min Retention time	质谱鉴定 MS identification	离子丰度/%	
		黄丝草	马来眼子菜
18.5273	十九烯	1.5575	0.9957
18.605	十八烷	7.6901	5.2997
19.5605	二(2-甲基丙基)-邻苯二甲酸酯	2.8667	2.9289
20.727	二丁基邻苯二甲酸酯	1.6923	1.2515
21.027	1-十八烷烯	1.3201	0.5757
21.0936	二十碳烷	6.4724	3.4982
23.3711	二十二碳烷	4.7975	2.6495
23.96	苯甲酸	5.4075	3.866
25.4709	二十四碳烷	2.5685	1.5938
27.4039	9-辛基-二十碳烷		1.8684
32.8921	(+)-5-(1-乙酰-1-甲基乙基)-2-甲基-2-环己烯-1-酮缩氨脲	0.6322	1.0495

从分泌量来看，沉水植物分泌到水中的酚酸含量很低，10g/L FW 密度培养3天后伊乐藻、轮叶黑藻和苦草分泌到水中的总酚含量分别为 73.32±1.18μg/L、33.02±1.20μg/L 和 74.15±1.06μg/L（图 3.31），仅占各自植物体内总酚含量的 0.8%、0.3%和 1.0%（高云霓，2010）。同样的现象在 Gross 等（1996）对狐尾藻化感物质的研究中也有发现，培养 2 周后的穗花狐尾藻分泌到水中的总酚含量也只占其植物体内总酚含量的 1.0%。具体到单个物质，如图 3.32 所示，以 10g/L FW 的密度培养 3 天后，伊乐藻、轮叶黑藻和苦草三种植物分泌到水中的各种酚酸的含量大都低于 10μg/L。苦草分泌到水中的阿魏酸含量仅有 0.92μg/L，在轮叶黑藻体内含量很高的咖啡酸分泌到水中的含量也只有 29.73μg/L，仅占其体内含量的 0.25%（高云霓，2010）。不同密度下，植物分泌到水中的酚酸量也不同，如图 3.33 所示，随着种植密度的增大，伊乐藻分泌物中的酚酸含量逐渐增加。就 4 种酚酸总量来看，10g/L FW 种植密度下伊乐藻种植水中 4 种酚酸的总量为 12.46μg/L，50g/L FW 时 4 种酚酸的总量为 34.40μg/L，100g/L FW 时为 72.21μg/L（高云霓，2010）。100g/L FW 密度下的穗花狐尾藻分泌到水中的没食子酸、焦性没食子酸、儿茶酸和鞣花酸的含量分别为 62.80μg/L、5.20μg/L、16.60μg/L 和 76.60μg/L（Nakai et al.，2000）。200g/L FW 种植密度下，Rao 等（1980）检测到轮叶黑藻渗滤液中单种酚酸的含量也只有每升几十微克。从已有的研究结果来看，沉水植物分泌到水环境中的化感物质含量很低。

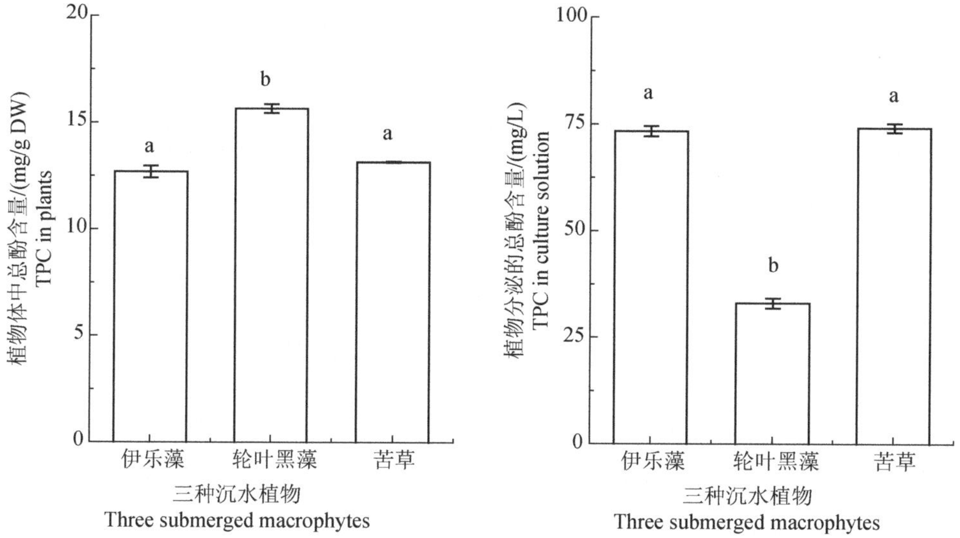

图 3.31 伊乐藻、轮叶黑藻和苦草三种植物体中和分泌物中的总酚含量。不同字母表示差异的显著性（*t* 检验，*P*<0.05）

Fig. 3.31 The content of TPC in plants and culture solution of three submerged macrophytes. Significant differences between the treatments are indicated with different letters (Tukey test, *P*<0.05)

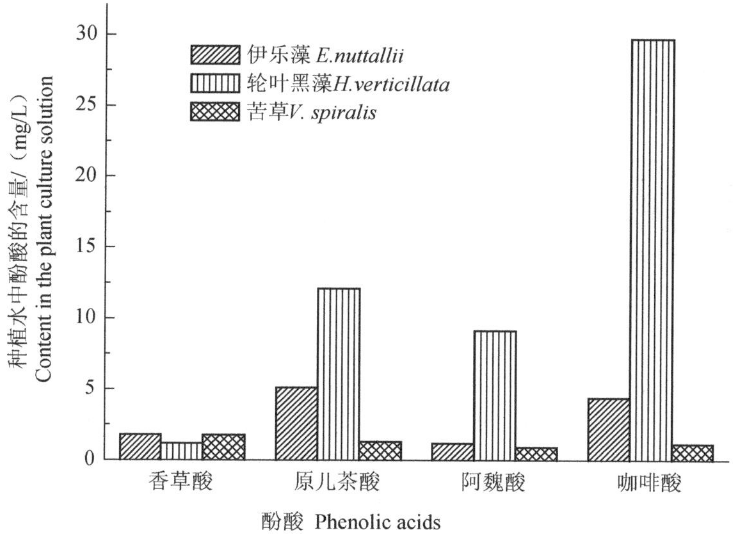

图 3.32 三种沉水植物种植水中酚酸含量

Fig. 3.32 The content of phenolic acids exuded into culture solution from three submerged macrophytes

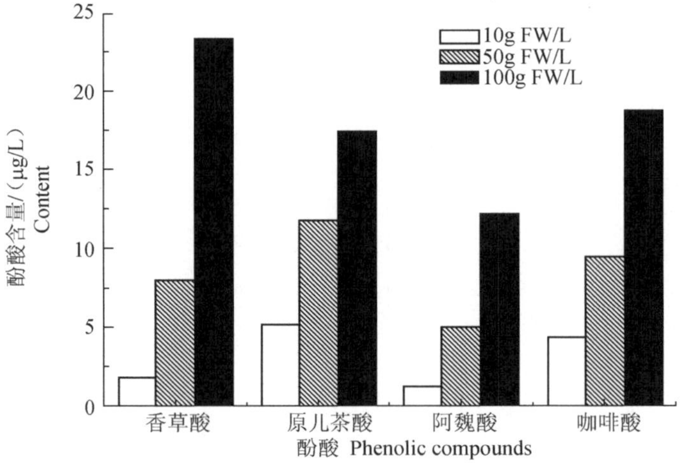

图 3.33 不同密度种植的伊乐藻分泌物中 4 种酚酸的含量

Fig. 3.33 The content of four phenolic acids in plant exudates cultured at different densities

由此可见，水生植物可以分泌多种不同类别的物质到水环境中，但单个化感物质的释放量却很低。这些痕量化感物质如何参与到植物的化感作用中，还有待进一步研究。

3.6 化感物质的抑藻活性

3.6.1 酚酸类化感物质

有关化感物质对藻类的化感作用研究较多。植物产生和释放的多种酚酸都被证实具有一定的抑藻活性。Nakai 等（1999）研究了植物产生的 9 种酚酸类物质对铜绿微囊藻的抑制作用，发现多羟基酚酸类物质（如咖啡酸、原儿茶酸、儿茶酚、对苯二酚、1, 2, 4-苯三酚和间苯三酚）及含甲氧基的酚酸类物质（如香草酸、芥子酸和丁香酸）都表现出对铜绿微囊藻生长的抑制作用，多酚类物质的自然氧化诱导了这些植物释放的可被自动氧化的多酚类物质对藻类的抑制效应，并证明多酚类化感物质在水中的自动氧化产物仍具有抑藻作用（Nakai et al.，2000）。多种苯甲酸和苯丙酸及其衍生物对铜绿微囊藻生长的半抑制率如表 3.11 所示（王红强，2009；高云霓，2010），从物质的结构特征来看，咖啡酸和阿魏酸均属于苯丙烯酸衍生物，其他物质均属于苯甲酸衍生物。从苯环上的取代基团来看，咖啡酸和原儿茶酸均是在苯环的间位、对位上被羟基取代，而阿魏酸和香草酸除了在苯环对位上被羟基取代外，间位上均被甲氧基取代。结合各酚的抑藻活性，可初步推测：苯丙烯酸衍生物比苯甲酸衍生物的酚酸类物质抑藻活性高；苯环上羟基取代基的数目越多，物质的抑藻活性越高；甲氧基则削弱了物质的抑藻能力。另外，羟基取代基的位置也影响物质的活性，三种单羟基苯甲酸的抑藻活性由强到弱的顺序为：对位取代>邻位取代>间位取代。羟基数的多少也影响物质的抑藻活性，苯甲酸系列衍生物中，苯甲酸抑藻活性最低，随着羟基数由 1 个增加到 3 个，物质的抑藻活性也显著增强。在同时有羧基取代的苯环上有 2 个羟基取代的物质比 1 个羟基取代的物质抑藻活性高。一定浓度的苯丙烯酸也可以有效抑制水华鱼腥藻的生长（何梅等，2008），1 个羟基取代的阿魏酸的抑藻活性也显著低于有 2 个羟基取代的咖啡酸。

表 3.11　6 种酚酸对两株铜绿微囊藻的 72h 半抑制浓度

Table 3.11　72h EC_{50} of six phenolic acids for two strains of *M. aeruginosa* (toxic FACHB 942, nontoxic FACHB 469)

（单位：mg/L）

物质 Compound	藻株 Strain	
	产毒株 Toxic strain FACHB 942	无毒株 Non toxic strain FACHB 469
苯甲酸 [a]	69.3 ± 4.0	68.1 ± 3.1
间羟基苯甲酸 [a]	47.4 ± 1.7	47.7 ± 0.5
邻羟基苯甲酸 [a]	39.1 ± 1.9	41.7 ± 1.1
对羟基苯甲酸 [a]	30.5 ± 0.7	36.3 ± 1.2
3,5-二羟基苯甲酸 [a]	24.9 ± 0.9	28.1 ± 2.0
没食子酸 [a]	5.5 ± 0.4	5.4 ± 0.7
原儿茶酸 [b]	14.34±0.93	
香草酸 [b]	59.23±3.35	
咖啡酸 [b]	4.58±0.32	
阿魏酸 [b]	128.81±6.86	

a. 引自王红强，2009；b. 引自高云霓，2010

a. Cited from Wang et al., 2009; b. Cited from Gao et al., 2010

鞣花酸、焦性没食子酸、没食子酸等酚酸及其衍生物是沉水植物穗花狐尾藻中主要的化感物质，对铜绿微囊藻的抑制测试结果显示，没食子酸和焦性没食子酸的抑制活性比鞣花酸和儿茶酸的抑制活性高，4 种多酚各自的氧化产物也具有抑藻作用（Nakai et al.，2000）。水华鱼腥藻也是一种常见的蓝藻，不同浓度的焦性没食子酸对水华鱼腥藻的抑制情况如图 3.34 所示，前 3 天，焦性没食子酸对水华鱼腥藻的抑制作用并不明显，在加入焦性没食子酸的第 4 天，2.5mg/L、4.5mg/L、6.5mg/L 和 8.5mg/L 的焦性没食子酸处理组中水华鱼腥藻的生物量分别为对照组生物量的 93.6%、86.3%、84.6%和 78.7%。而在加入焦性没食子酸的第 8 天，处理组的水华鱼腥藻生物量分别为对照组生物量的 88.3%、83.2%、78.4%和 70.7%，这初步说明焦性没食子酸对水华鱼腥藻的抑制作用表现出浓度和时间的剂量-效

应关系（刘碧云，2007）。焦性没食子酸处理蛋白核小球藻虽然表现出一

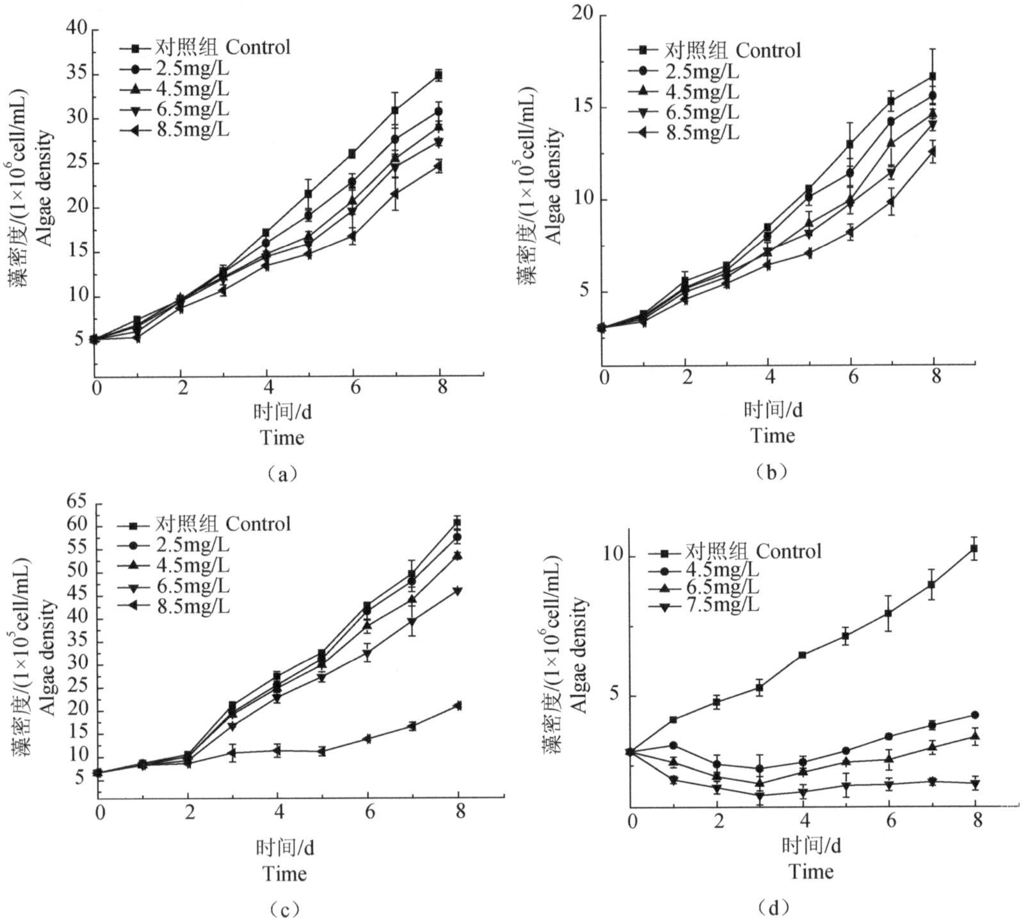

图 3.34　焦性没食子酸对水华鱼腥藻（a）、蛋白核小球藻（b）、羊角月牙藻（c）和铜绿微囊藻（d）生长的影响

Fig. 3.34　Effects of pyrogallol on the growth of *A. flos-aquae* (a), *C. pyrenoidosa* (b), *S capricornutum* (c), *M. aeruginosa* (d)

定的影响，但在焦性没食子酸处理的前 3 天抑制作用并不明显。在加入焦性没食子酸的第 4 天，2.5mg/L、4.5mg/L、6.5mg/L 和 8.5mg/L 的焦性没食子酸处理组中蛋白核小球藻的生物量分别为对照组生物量的 94.0%、83.4%、84.8%和 75.8%。而在加入焦性没食子酸的第 8 天，处理组蛋白核小球藻的生物量分别为对照组生物量的 93.7%、87.6%、84.4%和 75.4%。从处理的时间来看，焦性没食子酸对蛋白核小球藻的生长抑制率与时间并不相关，其第 4 天和第 8 天的生物量没有大的变化。焦性没食子酸对羊角月牙藻的影响表明，加入焦性没食子酸的前两天，焦性没食子酸对羊角月牙藻的抑制作用不明显，但是随着时间的延长，高浓度的焦

性没食子酸明显抑制羊角月牙藻的生长。8.5mg/L 的焦性没食子酸处理组中羊角月牙藻生长的停滞期延长。在加入焦性没食子酸的第 4 天，2.5mg/L、4.5mg/L、6.5mg/L 和 8.5mg/L 的焦性没食子酸处理组中羊角月牙藻的生物量分别为对照组生物量的 93.1%、90.5%、83.3%和 41.3%。而在加入焦性没食子酸的第 8 天，各处理组中羊角月牙藻的生物量分别为对照组生物量的 94.8%、88.1%、75.7% 和 34.5%。在高浓度的焦性没食子酸处理下，随着时间的延长，抑制作用增强；相对前几种藻而言，铜绿微囊藻对焦性没食子酸的作用表现更为敏感，焦性没食子酸处理浓度为 4.5mg/L 时就表现为明显的抑制作用，在焦性没食子酸加入后的前 3 天，铜绿微囊藻的生长量都表现为下降，在第 3 天达到最低，分别为对照组生物量的 45.2%、35.0%和 26.9%。第 4 天，4.5mg/L 和 6.5mg/L 的焦性没食子酸培养液中，铜绿微囊藻的生物量又表现为上升的趋势，而在 7.5mg/L 的培养液中，铜绿微囊藻的生长仍处于完全抑制状态；第 8 天，铜绿微囊藻的生物量分别为对照组生物量的 41.7%、34.1%和 18.0%（刘碧云，2007）。以上结果表明，相同处理条件下，焦性没食子酸对铜绿微囊藻的抑制作用最大。

3.6.2 脂肪酸类化感物质

脂肪酸对藻类抑制作用的研究也较多。早在 20 世纪中后期，Proctor（1957）和 Kroes（1972）就先后报道了长链脂肪酸对藻类的化感活性。Kamaya（2003）采用标准抑藻测试方法以淡水绿藻羊角月牙藻为受试生物调查了木材中常见的 C14～C18 脂肪酸的急性毒性，发现油酸的抑藻毒性最高，半抑制浓度可以达到 0.47mg/L。对 6 位、11 位或 12 位有双键的一系列 C18:1 酸的毒性实验发现，双键位置和顺反式结构影响毒性。Wu（2006）系统研究了 C12～C22 的多种饱和脂肪酸和不饱和脂肪酸对两株绿藻和一株鱼腥藻的毒性效应，结果显示，油酸、亚麻酸、α-亚麻酸对绿藻有较强的抑制作用。脂肪酸也可以抑制铜绿微囊藻的生长，如表 3.12 所示。

表 3.12 脂肪酸对铜绿微囊藻生长的 120h 半抑制效应浓度

Table 3.12 50% effect concentration（120h EC_{50} mg/ L）of fatty acids for *M.aeruginosa*

脂肪酸 Fatty acid	EC_{50}/（mg/L）		
	张庭廷等（2009）	Nakai 等（2005）	Xian 等（2005）
乙酸 Acetic acid（2:0）	0.015		
丙酸 Propionic acid（3:0）	0.018		
乳酸 Lactic acid			199±5
丁酸 Butyric acid（4:0）	0.044		
琥珀酸 Succinic acid			117±3
戊酸 Valeric acid（5:0）	0.052		
己酸 Hexanoic acid（6:0）	0.298		
庚酸 Heptanoic acid（7:0）	0.328		
辛酸 Octanoic acid（8:0）	0.672		

续表

脂肪酸 Fatty acid	EC50/（mg/L）		
	张庭廷等（2009）	Nakai 等（2005）	Xian 等（2005）
壬酸 Nonanoic acid（9:0）	0.627	0.5±0.3	
壬二酸 Azelaic acid			176±5
癸酸 Decanoic acid（10:0）	0.960		
十一酸 Undecanoic acid（11:0）	0.814		
月桂酸 Lauric acid（12:0）	4.563		
豆蔻酸 Myristic acid（14:0）	15.498		
棕榈酸 Palmitic acid（16:0）	18.234		
硬脂酸 Stearic acid（18:0）	19.849		
油酸 Oleic acid（18:1）	1.332	1.6±0.4	
顺式-6-十八烯酸 *cis*-6- Octadecenoic acid		3.3±0.4	
亚油酸 Linoleic acid（18:2）	0.047		
α-亚麻酸 α-Linolenic acid（18:3）	0.036		

C2～C18 的每一种脂肪酸对铜绿微囊藻 5 天的半抑制效应浓度都低于 20mg/L，且随着 C 数的减少和双键的增加，活性增强（张庭廷等，2009）。在穗花狐尾藻分泌的脂肪酸中，壬酸对铜绿微囊藻的抑制作用最高，半效应浓度达到 0.5±（0.3）mg/L（Nakai et al., 2005）。这些结果显示，许多脂肪酸对藻类具有一定的抑制作用，有可能参与到其供体植物对某些藻类的化感作用中。

3.6.3 其他类化感物质

二萜类物质是眼子菜科沉水植物体内广泛分布的化感物质，羊角月牙藻的生物毒性实验表明，浮叶眼子菜体内分离鉴定出的 6 种内酯二萜类物质，低浓度时大都促进藻类生长，高浓度时才对藻类起到抑制作用，活性最高的物质对一株羊角月牙藻的半抑制效应浓度（EC_{50}）为 28.3μmol/L（Cangiano et al., 2001）。Cangiano 等（2002）随后比较了从浮叶眼子菜和川蔓藻（*Ruppia maritim*）植物体内分离到的近 20 种半日花烷型二萜类物质对羊角月牙藻的抑制活性，发现不同结构的物质抑藻活性差异显著，其中呋喃型二萜类物质比内酯二萜类物质表现出更强的抑藻活性，从川蔓藻植物体内提取的一种呋喃二萜物质活性最强，EC_{50} 为 0.8μmol/L。从篦齿眼子菜体内也分离到 9 种二萜类物质，其中活性最高的物质对羊角月牙藻的 EC_{50} 为 6.1μmol/L，这种物质在川蔓藻中也曾分离到。

另外，某些酯类物质也可以抑制藻类生长。例如，从芦苇中分离出的 2-甲基乙酰乙酸乙酯（EMA）具有较强的抑藻能力，对蛋白核小球藻和铜绿微囊藻的生长均具有明显的抑制作用，半抑制效应浓度分别为 0.49mg/L 和 0.65mg/L，但是对普通小球藻的生长没有表现出抑制（Li et al.，2005）。

（作者：高云霓、王亚芬、胡陈艳、刘碧云、吴振斌等）

第四章　水生植物化感抑藻机理

化感作用被认为是大型沉水植物与其他初级生产者，特别是浮游藻类和附着藻类竞争光及其他营养物质的有效方式（Gross，1999；Wium-Andersen，1987）。植物能够产生对其他生物不利的次生代谢物并释放到环境中作用于目标生物，如同其他胁迫因子一样，能干扰目标生物的许多生理、生化过程，从而影响其生长。这些过程受到了越来越多的关注。陆生植物化感作用由于在农业和林业生态系统中的重要作用，其作用机理研究较为深入。大型沉水植物对周围其他植物，尤其是对藻类的化感作用机理研究也取得了较明显的进展，研究表明，水生植物化感作用能影响目标藻类的光合作用和呼吸作用，引起目标藻细胞产生氧化胁迫并对DNA造成损伤，影响藻细胞细胞器膜透性、细胞程序性死亡的一些特征表达、营养元素吸收及蛋白质表达和酶活性等。

4.1　化感物质对光合系统的影响

光合作用是生态系统中能量流动和物质传递的基础环节，这不仅关系植物种群的生长发育和繁衍，而且关系所在生态系统的群落结构和演替。在研究外源物质对植物的作用机制时，光合系统II（PSII）被认为是最敏感的位点之一。因此，在同一个生态系统的生物竞争中，一种生物通过化感作用抑制目标生物的光合作用，是其获得有效竞争的重要手段之一。一些水生植物与藻类的共培养实验也证实植物对藻类化感作用能显著影响藻类的光合系统，包括藻类的光合放氧、光合色素含量和荧光参数等方面（Körner and Nicklisch，2002；Lürling and Roessink，2006）。

4.1.1　对光合放氧的影响

光合作用是植物具有的基本功能，植物的光合作用除了在光合过程中将 CO_2 和水转化为有机物外，还将低氧化还原电位的水转变为高氧化还原电位的氧气。光合放氧是发生在PSII 中一个重要的生物化学反应，在这一反应中，在光的驱动下 2 个 H_2O 分子裂解后释放 4 个电子和 1 个 O_2 分子。由于水的热力学稳定性高，要使它在相对温和的条件下给出电子，必须有其他催化剂的存在，因此从电子传递到氧气释放，存在着许多生理生化过程（Ruttinger，1997）。研究表明，一些环境胁迫可以影响藻类的这些生理生化过程，从而影响光合放氧速率，最终影响藻类的光合能力。适宜的温度、pH 条件可以提高铜绿微囊藻的光合放氧速率，而较高的氮、磷营养胁迫使铜绿微囊藻的光合放氧速率下降（张曼等，2010；邓光等，2009；Liu et al.，2013）。水生植物对藻类的化感作用作为一种环境胁迫对藻类的光合放氧也有明显影响。研究表明，一些水生植物与藻类共培养后能影响藻类的光合放氧速率。在共培养的条件下，不同的水生植物对藻类光合放氧速率的影响不同。小茨藻、马来眼子菜和菹草分别以 2.5g/L FW 和 3.75g/L FW 与不同初始密度的斜生栅藻共培养，三种水草对斜生栅藻光合放氧速率的影响不同，在共培养的第 7 天，3.75g/L FW 小茨藻对高初始密度斜生栅藻的光合放氧速率表现出抑制，而对低初始密度斜生栅藻的光合放氧速率没有明显影响（图 4.1）；在实验处理过程中，马来眼子菜明显降低了低初始密度斜生栅藻的光合放氧速率，在处理的第 7 天，两个处理浓度的马来眼子菜均引起高初始密度斜生栅藻的光合放氧速率明显下降（图 4.2）。图 4.3 显示，3.75g/L FW 的菹草能明显抑制低初始密度斜生栅藻的光合放氧速率，而 2.5g/L FW 的菹草处理组中斜生栅藻光合放氧速率与对照组没有明显差异。但对于高初始密度斜生栅藻，两个菹草处理组和对照组之间斜生栅藻的光合放氧速率无明显区别（邓平, 2007）。水生植物分泌的化感物质通过抑制藻类的光合放氧速率达到作用藻类 PSII 的目的。Shao 等（2009）研究了化感物质壬酸对铜绿微囊藻的作用，0.5mg/L 的壬酸处理铜绿微囊藻两天后，其光合放氧速率明显低于没有壬酸处理的对照组，但是随着处理时间的延长，化感物质对铜绿微囊藻光合放氧速率的影响明显减弱，这可能与壬酸的降解或藻类对环境适应后抗性增强有关。

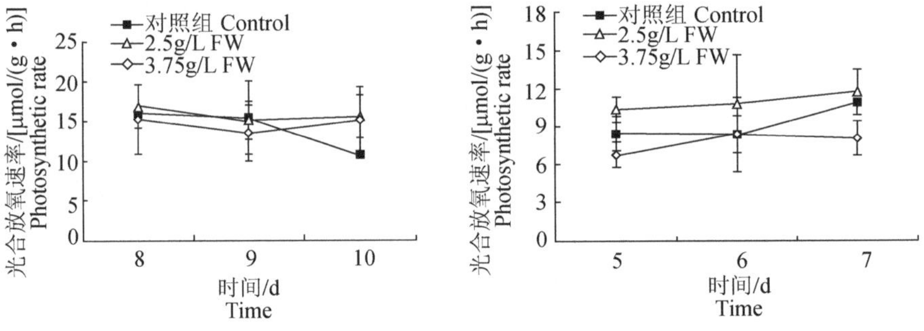

（a） （b）

图 4.1 小茨藻对不同初始密度斜生栅藻光合放氧速率的影响。（a）、（b）分别表示斜生栅藻初始藻密度为 7×10^7ind/L 和 7×10^8ind/L

Fig. 4. 1 Effect of *N. minor* on photosynthetic rate of *S. obliquus* at different initial density. (a), (b) means algal initial density 7×10^7ind/L and 7×10^8ind/L respectively

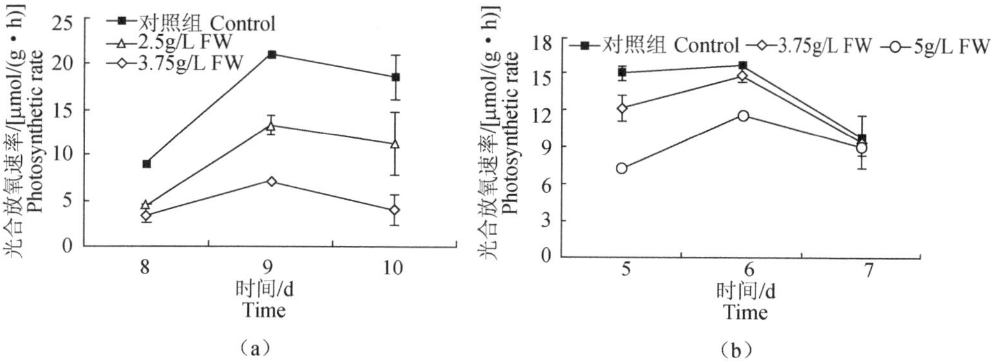

图 4.2　马来眼子菜对不同初始密度斜生栅藻光合速率的影响。（a）、（b）分别表示斜生栅藻初始藻密度为 7×10^{7}ind/L 和 7×10^{8}ind/L

Fig. 4.2　Effect of *P. malaianus* on the photosynthetic rate of *S. obliquus* at different initial density. (a), (b) means algal initial density 7×10^{7}ind/L and 7×10^{8}ind/L respectively

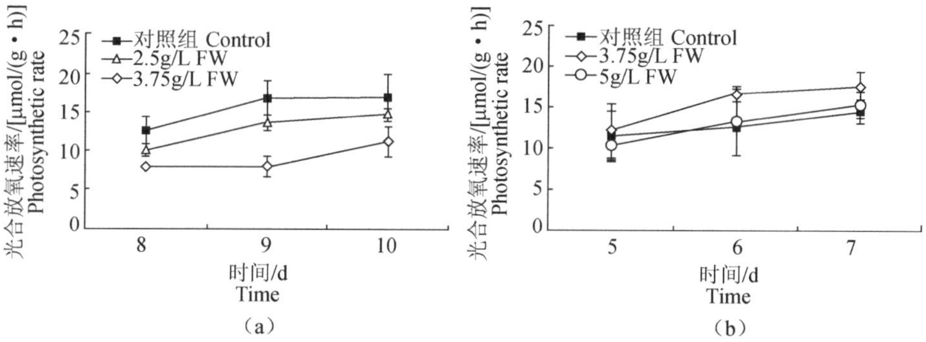

图 4.3　菹草对不同初始密度斜生栅藻光合速率的影响。（a）、（b）分别表示斜生栅藻初始藻密度为 1×10^{7}ind/L 和 1×10^{8} ind/L

Fig. 4.3　Effect of *P. crispus* on the photosynthetic rate of *S. obliquus* at different initial density. (a), (b) means algal initial density 1×10^{7}ind/L and 1×10^{8}ind/L respectively

4.1.2　对光合色素的影响

光合色素的含量是反映植物光合效率的一个重要指标，叶绿素是绿色植物进行光合作用的主要色素，叶绿素含量与光合作用的关系十分密切，其含量在一定程度上能反映植物同化物质的能力强弱。环境因子的改变会引起叶绿体色素含量的变化，进而引起光合效率的改变。水生植物的化感作用可以通过改变叶绿素合成间接影响光合作用。例如，通过破坏藻类的叶绿素，减少藻类的同化产物，从而抑制藻类的生长。对凤眼莲的化感作用研究发现，凤眼莲根系附着的藻细胞中叶绿素 a 的含量明显下降，而其降解产物脱镁叶绿素 a 酸酯的含量升高，这说明凤眼莲对附着藻类的化感作用可促进其叶绿素 a 的降解（孙文浩等，1988）。

沉水植物对藻类的化感作用也能影响藻类叶绿素的含量发生变化，黄丝草、马来眼子菜和菹草等沉水植物分别与斜生栅藻和铜绿微囊藻共培养后，能明显影响两种藻体内的叶绿素含量。研究表明，在共培养条件下，同一水生植物的化感作用对不同藻类的光合色素影响不同，即使作用于同一藻类，如果共培养的藻类初始密度不同，对光合色素的影响也不同。例如，在马来眼子菜与斜生栅藻共培养的条件下，马来眼子菜化感作用对不同初始密度斜生栅藻光合色素含量表现出不同的影响。当斜生栅藻初始密度为 10^4ind/L 时，对照组、处理组藻类叶绿素 a 含量在 5 天内均有较大幅度的增长，且对照组叶绿素 a 的含量低于处理组，说明在此初始密度下马来眼子菜对斜生栅藻叶绿素 a 表现出了轻微的刺激作用。与对照相比，处理组胡萝卜素含量有较大幅度增长；对照组胡萝卜素含量变化趋势平缓，没有明显增长。表明此初始密度下马来眼子菜对斜生栅藻胡萝卜素有明显促进作用（图 4.4）。当斜生栅藻初始密度分别为 10^7ind/L、10^8ind/L 时，对照组藻类叶绿素 a 含量和胡萝卜素含量有较大增长；而处理组叶绿素 a 含量和胡萝卜素含量明显低于对照组，表明该初始密度下，马来眼子菜对斜生栅藻叶绿素 a 和胡萝卜素具有抑制作用（图 4.5、图 4.6）（吴晓辉，2005）。

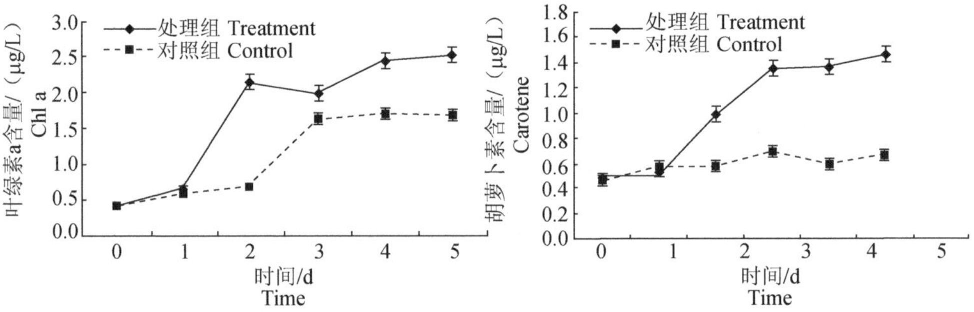

（a）　　（b）

图 4.4　马来眼子菜作用下斜生栅藻叶绿素 a（a）及胡萝卜素（b）含量的变化。藻初始密度为 10^4ind/L

Fig. 4.4　The allelopathic effects of *P. malaianus* on Chl a (a) and Carotene (b) of *S. obliquus*. initial density of 10^4ind/L

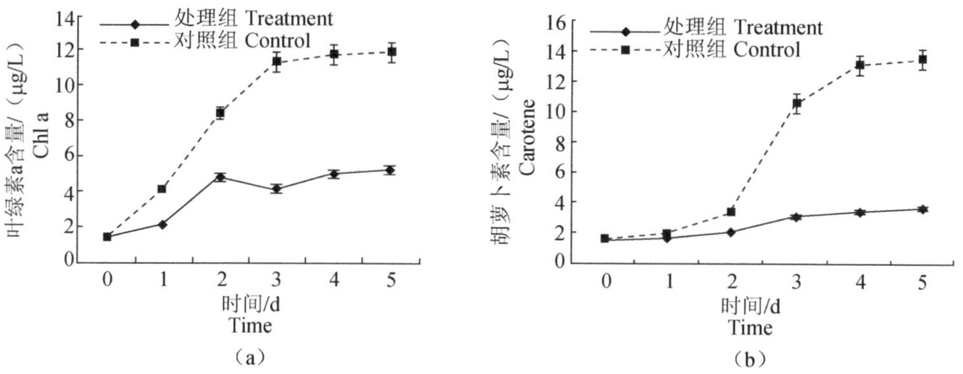

图 4.5　马来眼子菜作用下斜生栅藻叶绿素 a（a）及胡萝卜素（b）含量的变化。藻初始密度为 10^7ind/L

Fig. 4.5　The allelopathic effects of *P. malaianus* on Chl a (a) and Carotene (b) of *S. obliquus*. initial density of 10^7ind/L

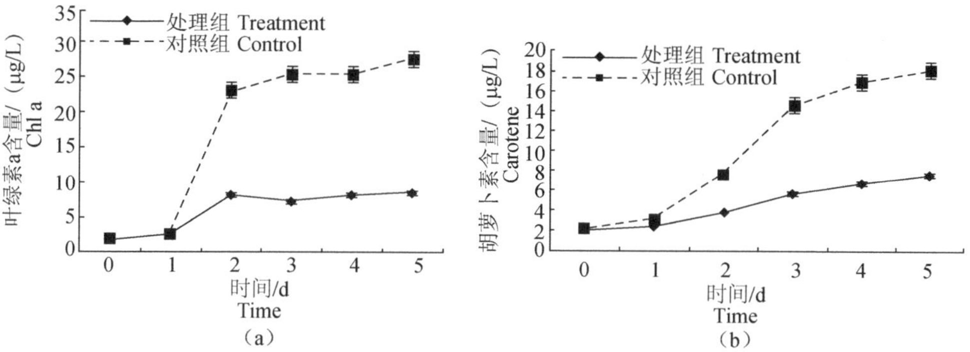

图 4.6　马来眼子菜作用下斜生栅藻叶绿素 a（a）及胡萝卜素（b）含量的变化。藻初始密度为 10^8ind/L

Fig. 4.6　The allelopathic effects of *P. malaianus* on Chl a (a) and Carotene (b) of *S. obliquus*. initial density of 10^8ind/L

马来眼子菜对不同初始密度铜绿微囊藻叶绿素 a 和类胡萝卜素的含量也表现出不同的效应。当铜绿微囊藻初始密度较低（10^5ind/L）时，对照组叶绿素 a 和类胡萝卜素的含量略低于样品组，马来眼子菜对铜绿微囊藻叶绿素 a 和类胡萝卜素有一定的促进作用（图 4.7）。当铜绿微囊藻初始密度为 10^8ind/L 时，对照组藻类叶绿素 a 和类胡萝卜素的含量有较大增长；而处理组藻类叶绿素 a 和类胡萝卜素的含量没有大的变化，表明马来眼子菜对铜绿微囊藻的叶绿素 a 和类胡萝卜素有明显抑制作用（图 4.8）。当铜绿微囊藻初始密度为 10^9ind/L 时，对照组和处理组藻类叶绿素 a 含量变化的曲线基本相同，没有明显差别。但是处理组类胡萝卜素的含量明显高于对照组，表明马来眼子菜对该初始密度铜绿微囊藻叶绿素 a 没有显著影响，而对类胡萝卜素具有一定促进作用（图 4.9）。

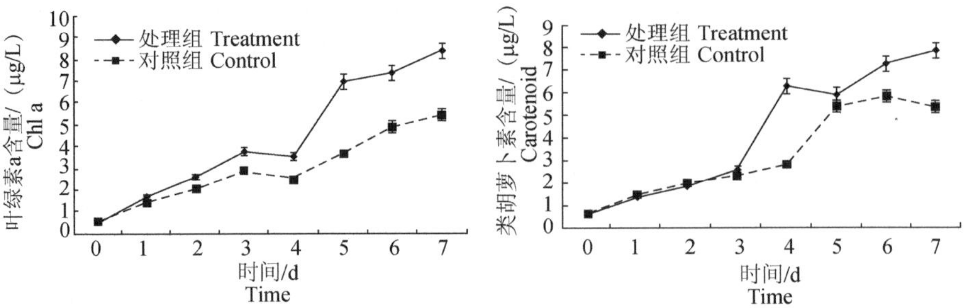

（a）　（b）

图 4.7　马来眼子菜作用下铜绿微囊藻叶绿素 a（a）和类胡萝卜素（b）含量的变化。藻初始密度为 10^5ind/L

Fig. 4.7　The allelopathic effects of *P.malaianus* on Chl a (a) and Carotenoid (b) of *M.aeruginosa*. 10^5ind/L initial density

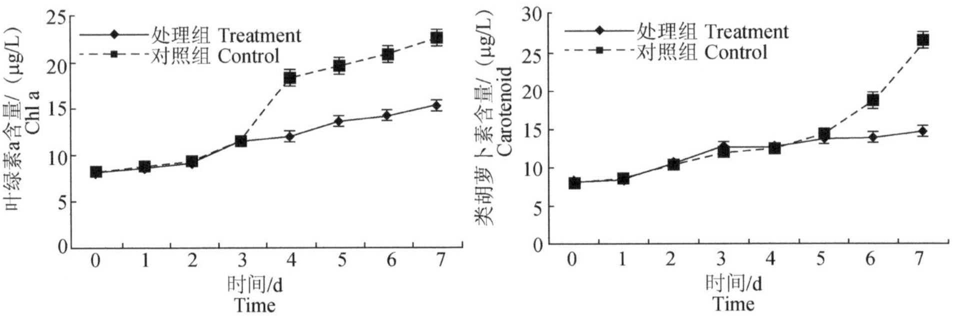

（a）　（b）

图 4.8　马来眼子菜作用下铜绿微囊藻叶绿素 a（a）和类胡萝卜素（b）含量的变化。藻初始密度为 10^8ind/L

Fig. 4.8　The allelopathic effects of *P.malaianus* on Chl a (a) and Carotenoid (b) of *M.aeruginosa*. 10^8ind/L initial density

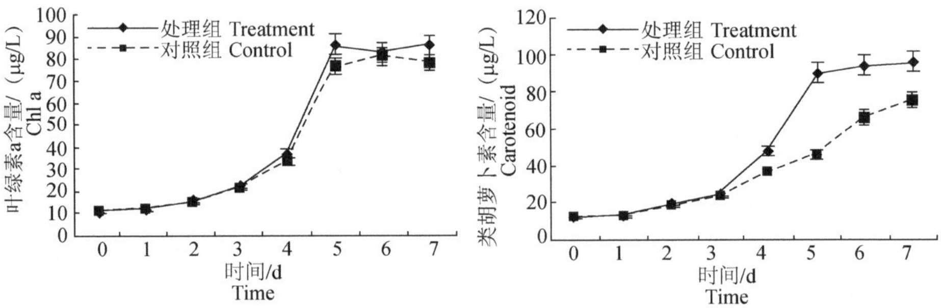

（a）　（b）

图 4.9　马来眼子菜作用下铜绿微囊藻叶绿素 a（a）和类胡萝卜素（b）含量的变化。藻初始密度为 10^9ind/L

Fig. 4.9　The allelopathic effects of *P.malaianus* on Chl a (a) and Carotenoid (b) of *M.aeruginosa* .10^9ind/L initial density

菹草与不同初始密度的斜生栅藻共培养后，对斜生栅藻的光合色素表现出不同的作用效果。当斜生栅藻的初始密度为 10^5ind/L 时，对照组、处理组藻类叶绿素 a 含量在 5 天内增长幅度均不大，两者没有明显区别。与对照相比，处理组的胡萝卜素含量则有较大增长，表明菹草能促进该初始密度斜生栅藻的胡萝卜素合成。当斜生栅藻初始密度为 10^6ind/L、10^7ind/L 时，实验期间对照组藻类叶绿素 a 和胡萝卜素含量有较大增长；而处理组叶绿素 a 和胡萝卜素含量增长平缓，明显低于对照组。菹草与不同初始密度铜绿微囊藻共培养后，两种初始密度（10^5ind/L 和 10^6ind/L）铜绿微囊藻的叶绿素 a 和类胡萝卜素合成均受到抑制（吴晓辉，2005）。

其他的研究也发现，水生植物化感作用能影响藻类的色素吸收峰发生改变。例如，粉绿狐尾藻、凤眼莲和金鱼藻等水生植物与集胞藻（*Synechocystis* sp.）共培养后，集胞藻吸收光谱及其特征吸收峰发生变化，表明这些水生植物释放的化感物质可改变集胞藻的叶绿素 a 和藻胆蛋白（包括藻蓝蛋白 PC 和别藻蓝蛋白 APC）的特征吸收峰，降低藻细胞对光的吸收能力（吴程等，2008）。对水生植物释放的化感物质的研究进一步表明化感物质能影响藻细胞色素吸收光谱（图 4.10），不同浓度焦性没食子酸处理铜绿微囊藻（FACHB 942）48h 后铜绿微囊藻的色素吸收峰在波长 470nm 和 665nm 处随焦性没食子酸处理浓度的升高而降低，2.5mg/L 焦性没食子酸处理后的藻色素光谱吸收峰高与对照相比，降低不明显；而高浓度的焦性没食子酸处理的铜绿微囊藻，色素吸收峰下降较快，但是没有吸收峰的增减。表明焦性没食子酸处理减少了光合色素的含量，但是色素的组成没有发生变化（Liu et al.，2007）。一定量多甲藻破碎后的提取液处理铜绿微囊藻后，铜绿微囊藻吸收光谱也会发生变化，与对照相比，铜绿微囊藻在 500～650nm 的

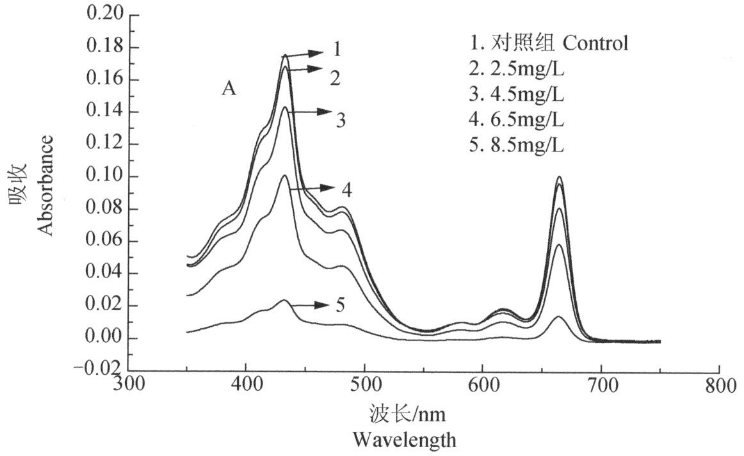

图 4.10　焦酚处理 48h 后铜绿微囊藻 FACHB 942 的吸收光谱（刘碧云，2007）

Fig. 4.10　Absorption spectrum of *M. aeruginosa* FACHB 942 after 48h exposure to pyrogallol

藻胆素特征吸收范围内有明显的提高，而680nm处的吸收峰（叶绿素a的特征吸收峰）没有明显变化，表明多甲藻提取液处理后藻胆素的渗漏对叶绿素a的影响较小（Wu et al.，01998）。Marwah等（1995）用颤藻（*Oscillatoria late-virens*）的代谢物处理铜绿微囊藻。结果发现，该颤藻的代谢物能引起藻胆素和叶绿素a的含量降低。以上这些结果表明，高等水生植物化感作用对藻类光合色素影响也是其抑制某些浮游藻类的重要原因之一。

4.1.3 对藻类叶绿素荧光参数的影响

叶绿素荧光参数是一组用于描述植物光合作用机制和光合生理状况的变量或常数值，反映了植物在光合作用中光化学的特点，是研究植物光合作用过程中表征能量吸收、传递、耗散、分配等方面状况变化的指标，同时也是研究植物光合作用与环境之间关系的指标，它不但可以反映植物和藻类在环境胁迫下光合作用的生理状态，而且也是一个评估各种胁迫对植物PSII影响的有效指标（Horton et al.，2005；Kummerová et al.，2006；Dewez et al.，2008）。植物PSI和PSII两个光合系统都含有叶绿素，也都能发出荧光，但PSI发出的荧光量很少，因此叶绿素荧光主要反映PSII的生理状态（Henriques，2009）。

Zhu 等（2010）用脉冲幅度调制荧光仪（pulse amplitude modulated fluorometer，PAM）研究发现，共培养条件下5g/L FW种植密度的穗花狐尾藻对铜绿微囊藻的细胞浓度、非光化学猝灭（NPQ）和光化学有效量子效率（YII）等参数有明显影响，三个参数在第1天分别下降了10.1%、20.8%和11.8%；第2天分别下降了16.6%、63%和19.3%；第3天分别下降了58.5%、90.6%和75.7%。该结果显示，铜绿微囊藻的NPQ和YII表征的生理抑制比细胞浓度表征的生长抑制出现的时间早，且抑制程度高，在表征穗花狐尾藻对铜绿微囊藻的化感作用时，荧光参数是比细胞浓度更灵敏的表达指标。在共培养过程中，羊角月牙藻的细胞浓度、NPQ和YII都没有受到显著抑制。文献报道，蓝藻和硅藻易受水生植物分泌的化感物质抑制，而绿藻不仅不易受到抑制反而易被促进（Jasser，1995；Erhard and Gross，2006；Mulderij et al.，2007，2006）。Körner和Nicklish（2002）也发现，在与水草共培养实验中，蓝藻和硅藻比绿藻更敏感。在穗花狐尾藻与浮游藻类的共培养实验中，铜绿微囊藻比羊角月牙藻对化感物质的反应敏感。NPQ主要反映蓝藻的状态转换机制，该机制通过调节PSI与PSII的藻胆蛋白来调节能量的分配。YII反映光合系统将光能转化为化学能的能力。在共培养实验中，NPQ和YII的降低明显比细胞浓度灵敏，表明铜绿微囊藻的光合系统可能受到了穗花狐尾藻分泌的化感物质抑制。

F_v/F_m是用于度量PSII原初光能转换效率的参数，焦性没食子酸处理铜绿微囊藻96h后，所有焦性没食子酸处理组的铜绿微囊藻PSII光化学效率F_v/F_m都表现出降低趋势（图4.11）。高于4.5mg/L的焦性没食子酸处理组，铜绿微囊藻PSII

光化学效率 F_v/F_m 与对照差异极显著（P<0.01）。2.5mg/L、4.5mg/L、6.5mg/L 和 8.5mg/L 4 个处理组的焦性没食子酸培养液中铜绿微囊藻的 F_v/F_m 分别为对照的 93.9%、83.7%、66.3%和 28.3%。进一步的研究结果表明，铜绿微囊藻 PSII 光化学效率 F_v/F_m 的变化与叶绿素 a 的变化呈明显的正相关。线性回归方程为：y=0.057+0.18x（r=0.988，P=0.002）。焦性没食子酸处理后的铜绿微囊藻 PSII 光化学效率 F_v/F_m 的降低，表明铜绿微囊藻利用光能的效率明显下降，PSII 的电子传递严重受阻，从而导致光合作用效率的降低。这表明焦性没食子酸降低铜绿微囊藻光合色素含量和光合作用效率可能是焦性没食子酸抑制藻类生长的原因之一。

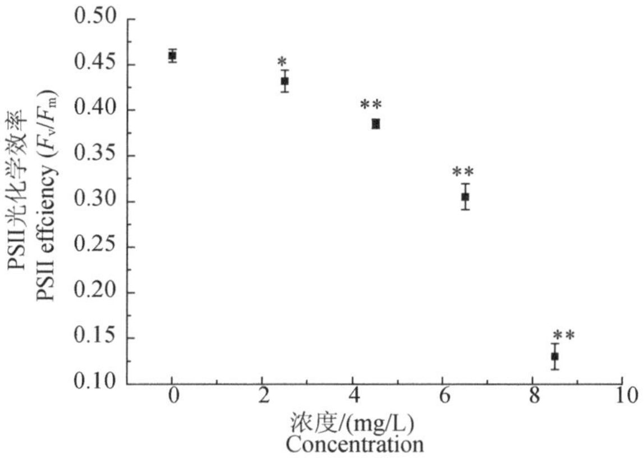

图 4.11　焦性没食子酸处理 96h 后的铜绿微囊藻 PSII 光化学效率 F_v/F_m（刘碧云，2007）

Fig. 4.11　Effects of pyrogallol on the PSII efficiency F_v/F_m of *M. aeruginosa* for 96h exposure (* P<0.05; ** P<0.01)

不同的叶绿素荧光参数反映了藻类光合作用过程中光系统对光能的吸收、传递、耗散、分配等方面的状况，因此叶绿素荧光参数对环境具有不同的响应灵敏性，这可能与其反映的不同电子传递活性和非光化学猝灭能量消耗途径有关（Juneau et al.，2005；Kotabova et al.，2008；Arnoux et al.，2009）。显然，参数的灵敏性还要考虑化学物质的作用机制和作用对象。在研究紫外线 B 对 *Enteromorpha intestinalis* 种子的胁迫时，叶绿素荧光参数随着种子的不同生长阶段表现出了不同的灵敏性（Cordi et al.，2001）。

Zhu 等（2010）在多酚类化感物质对铜绿微囊藻影响的研究中发现，铜绿微囊藻叶绿素荧光参数对多酚类化感物质表现出不同的灵敏性。焦性没食子酸（PA）和没食子酸（GA）对铜绿微囊藻 PSII 活性有显著抑制，相对这两种化感物质对铜绿微囊藻藻细胞数量的影响，叶绿素荧光参数的影响更明显。参数灵敏度的顺序为：非光化学猝灭参数>光化学猝灭参数或其他的叶绿素荧光参数>细胞浓度；而鞣花酸（EA）和儿茶酸（CA）对铜绿微囊藻的光合作用没有影响，这些参数的灵敏性没有明显规律，叶绿素荧光参数并不比细胞浓度更灵敏。在化感作用较强的 PA 和 GA 作用下，灵敏度最高的是非光化学猝灭参数，这可能与非光化学猝灭本身的特征有关，因为非光化学猝灭可以消耗掉细胞吸收的过剩能量，防止这些能量对光合系统，特别是对电子传递链造成伤害（Ralph et al.，2002；Horton et al.，2005；Johnson et al.，2008；Miloslavina et al.，2008）。尤其是在细胞受到外界胁迫的初期或较低胁迫时，非光化学猝灭对保护光合作用正常进行起到了很重要的作用。但随着胁迫的进一步加剧或胁迫时间的延长，细胞的这种保护机制就会逐渐失去耗散过多能量的能力。因此很容易理解，那些对光合作用有影响的化学物质，往往会引起非光化学猝灭参数的先升后降，最后表现为与光合作用有关的参数都显著降低。光化学猝灭参数的降低表明，用于光化学的能量减少，也就是实际光合作用效率下降（Campbell et al.，1998；Henriques，2009）。PA 和 GA 对铜绿微囊藻的 PSII 活性有显著的抑制作用。在这两种多酚的胁迫初期，虽然对铜绿微囊藻的光合作用已经产生了影响，但由于非光化学猝灭的自我保护机制，可以在短时间内耗散掉过剩的能量来保护光合作用正常进行（Roháček and Barták，1999；Goss et al.，2006）。随着 PA 和 GA 胁迫的进一步加剧，铜绿微囊藻的光合作用最终受到了抑制。因为 EA 和 CA 是对铜绿微囊藻光合作用没有影响的多酚，叶绿素荧光参数和细胞浓度间没有明显的规律，PA 和 GA 对叶绿素荧光参数的影响与其对藻类细胞浓度影响一致。通过对实验结果的分析，可以得出这样的结论，如果参数的灵敏度顺序为：非光化学猝灭>光化学猝灭或其他的叶绿素荧光>细胞浓度，那么该化感物质极有可能直接作用于目标生物的光合作用活性。

针对铜绿微囊藻不同荧光参数对化感物质的响应差异，Zhu 等（2010）研究了不同荧光参数对 PA 和 GA 响应的灵敏度顺序，并进行了聚类分析，多酚对铜绿微囊藻的 72h EC_{50} 结果如表 4.1 所示。根据不同的叶绿素荧光参数及细胞浓度，4 种多酚都得出了一系列的 72h EC_{50}，其波动范围为 PA 0.73～3.40mg/L、GA 1.05～2.68mg/L、EA 17.95～52.38mg/L 和 CA 10.05～27.07mg/L。不同的指标得到了不同的 72h EC_{50}，按照其从小到大的顺序为 PA：$q_{CN}<\mathrm{NPQ}<q_N<q_{N(rel)}<\mathrm{UQF}_{(rel)}<\mathrm{YII}<q_{TQ}<F_v/F_m<F'_v/F'_m<q_{P(rel)}<\mathrm{Cell}<q_P<q_L$；GA：$\mathrm{NPQ}<q_N<q_{CN}<q_{N(rel)}<\mathrm{UQF}_{(rel)}<\mathrm{YII}<q_{P(rel)}<q_L<q_{TQ}<q_P<F_v/F_m<F'_v/F'_m<\mathrm{Cell}$；EA：$q_{CN}<\mathrm{NPQ}<\mathrm{UQF}_{(rel)}<q_{TQ}<\mathrm{YII}<q_{P(rel)}<q_L<\mathrm{Cell}<q_P<F_v/F_m<q_N<F'_v/F'_m<q_{N(rel)}$；CA：$\mathrm{Cell}<\mathrm{NPQ}<q_{TQ}<\mathrm{YII}<F_v/F_m<F'_v/F'_m<\mathrm{UQF}_{(rel)}<q_{CN}<q_N<q_{P(rel)}<q_L<q_{N(rel)}<q_P$。这些指标的灵敏性与该顺序正好相反，得到的 72h EC_{50} 越小的指标越灵敏。通过对参数灵敏度分析，发现 PA 和 GA 的顺序相似，EA 和 CA 的顺序相似。同时，前面的研究表明，前两者对铜绿微囊藻的光合作用特别是 PSII 活性有显著抑制作用，而后两种物质则对铜绿微囊藻影响不明显，在此基础上将 4 种多酚分为两组，以便更进一步的分析。

表 4.1　根据细胞密度和不同叶绿素荧光参数计算得到的各种化感多酚对 *M.aeruginosa* 905 的 72h EC_{50}

Table 4.1　The 72h EC_{50} values of individual allelopathic polyphenol based on cell density and chlorophyll fluorescence parameters of *M.aeruginosa* 905

（单位：mg/L）

参数	PA	95%CI	GA	95%CI	EA	95%CI	CA	95%CI
Cell	3.38^{a}	3.01~3.75	2.68^{a}	2.48~2.89	38.12^{a}	33.19~43.04	10.05^{a}	9.12~10.98
YII	1.97^{be}	1.57~2.38	1.66^{bd}	1.35~1.97	34.50^{ae}	29.94~39.05	15.12^{ab}	13.03~17.20
q_{P}	3.40^{ad}	2.76~4.03	2.02^{bf}	1.68~2.35	39.58^{af}	34.02~45.15	27.03^{c}	24.18~29.87
$q_{P(rel)}$	2.47^{df}	2.17~2.76	1.88^{bef}	1.55~2.22	37.55^{a}	34.40~40.70	24.15^{cf}	20.69~27.61
q_{L}	3.40^{ad}	2.98~3.81	1.90^{bef}	1.79~2.00	37.57^{a}	34.24~40.90	24.20^{c}	21.48~26.91
NPQ	0.87^{c}	0.57~1.18	1.05^{c}	0.88~1.21	18.73^{b}	16.98~20.48	11.67^{aeg}	9.33~14.00
q_{N}	1.03^{ce}	0.73~1.32	1.30^{cd}	1.11~1.49	42.28^{ac}	37.48~47.08	22.75^{cdf}	18.92~26.57
$q_{P(rel)}$	1.06^{c}	0.92~1.21	1.37^{cde}	1.11~1.63	52.38^{d}	45.47~59.28	26.26^{c}	21.42~31.11
q_{CN}	0.73^{c}	0.50~0.97	1.34^{cd}	1.14~1.54	17.95^{b}	15.95~19.94	18.83^{bdf}	15.88~21.77
q_{TQ}	2.18^{bf}	1.84~2.52	1.92^{b}	1.61~2.23	26.45^{be}	22.96~29.93	15.11^{ad}	13.13~17.10
F_v/F_m	2.28^{bf}	1.87~2.68	2.14^{ab}	1.79~2.49	41.03^{ac}	31.65~50.41	15.30^{ab}	13.47~17.27
F_v'/F_m'	2.32^{bf}	1.96~2.67	2.19^{ab}	1.77~2.62	48.24^{cdf}	43.71~52.77	15.41^{be}	13.13~17.69
$UQF_{(rel)}$	1.88^{b}	1.71~2.06	1.51^{cdf}	1.28~1.74	21.74^{b}	18.22~25.26	16.87^{bg}	14.35~19.38

注：均值及 95%置信区间（95%CI）（n=6），同列中，不同字母间表示有显著差异（a～g）（P<0.05）

Note: Values are means and 95%confidence interval (95% CI) (n=6), The significant differences are signed with different superscript letters (a~g) in the same column (P<0.05)

对两组参数的聚类分析结果如图 4.12 和图 4.13 所示。由图 4.12 可以看出，PA 和 GA，参数可以分为三大类：①q_P、q_L 和 Cell; ②F_v/F_m、F_v'/F_m'、q_{TQ}，YII、$q_{P(rel)}$ 和 $UQF_{(rel)}$；③q_N、$q_{N(rel)}$、q_{CN} 和 NPQ。图 4.13 表明，对于 EA 和 CA，参数也主要分为三大类：①q_{CN}、$UQF_{(rel)}$、NPQ，q_{TQ} 和 YII；②Cell、F_v/F_m、F_v'/F_m' 和 $q_{N(rel)}$；③q_L、$q_{P(rel)}$、q_P 和 q_N。聚类分析得到的结果与 72h EC_{50} 得到的顺序相一致。

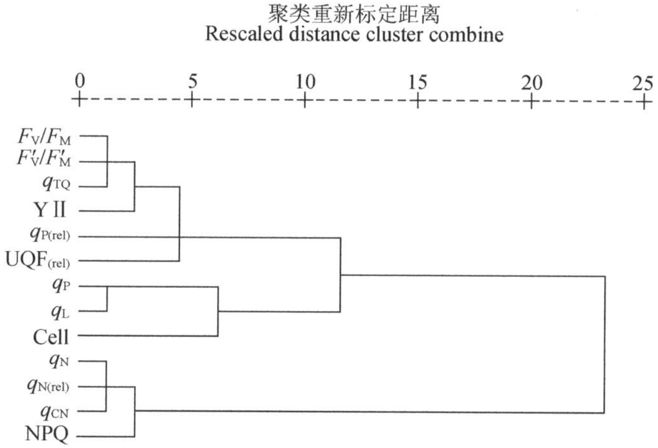

图 4.12　根据 PA 和 GA 对铜绿微囊藻 72h EC_{50}，对叶绿素荧光参数和细胞密度聚类分析的结果

Fig. 4.12　Dendrogram of hierarchical cluster analysis according to 72h EC_{50} values of PA and GA to *M. aeruginosa* based on chlorophyll fluorescence parameters and cell density

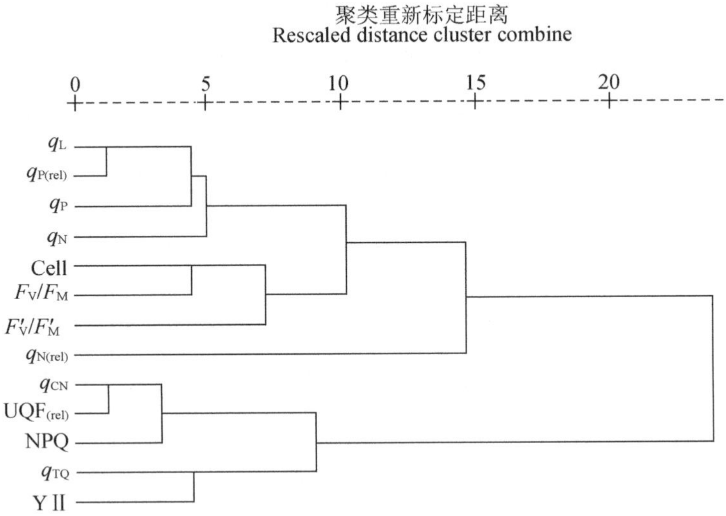

图 4.13　根据 EA 和 CA 对铜绿微囊藻的 72h EC_{50}，对叶绿素荧光参数和细胞密度聚类分析的结果

Fig. 4.13　Dendrogram of hierarchical cluster analysis according to 72h EC_{50} values of EA and CA to *M. aeruginosa* based on chlorophyll fluorescence parameters and cell density

通过单激发光流式细胞仪所检测的叶绿素 a 荧光也是具有指示藻类生理状态的参数（Cid et al.，1995），它不仅反映了细胞内色素的含量，而且还能表征细胞内光合系统电子传递链中PSII的光化学活性(Baker and Horton，1987；Franklin et al.，2001)。通过单激发光流式细胞仪所检测的完整细胞的叶绿素 a 荧光是当 PSII 反应中心在 Q_A 完全受阻时所发出的最大荧光（Xu et al.，1990）。因此，若通过流式细胞仪检测到藻类叶绿素 a 荧光的下降，则表明该化感物质的抑制位点在藻类 PSII 反应中心电子传递链的供体端(Samson and Papovic，1988；Franqueira et al.，2000)。相反，若检测到叶绿素 a 荧光的增加，则表明该化感物质的抑制位点在 PSII 反应中心电子传递链的受体端（Samson and Papovic，1988；Franklin et al.，2001）。Wang 等（2013）利用流式细胞仪研究了一些化感物质对铜绿微囊藻和羊角月牙藻叶绿素 a 荧光的影响(图 4.14)。结果表明，焦性没食子酸(PA)、没食子酸(GA)和壬酸（NA）能够显著抑制铜绿微囊藻的叶绿素 a 荧光；原儿茶酸（PCA）和咖啡酸（CFA）效应居中；儿茶酸（CA）作用最弱，仅在 100mg/L 的暴露浓度才显示出显著的抑制效应。而对羊角月牙藻，PA、CFA 和 NA 均明显影响叶绿素 a 荧光，但 PA 和 CFA 随着暴露浓度的不同，对叶绿素 a 荧光的抑制和增强效应也不同。

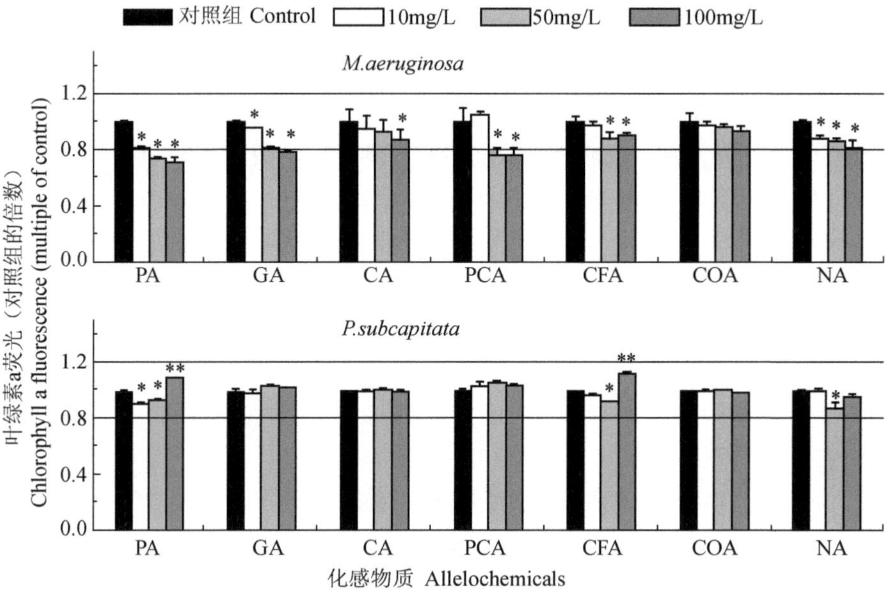

图 4.14 化感物质胁迫对铜绿微囊藻和羊角月牙藻叶绿素 a 荧光的影响。数据为对照叶绿素 a 荧光的倍数。* 表示化感物质能够显著降低藻细胞的叶绿素 a 荧光；** 表示化感物质能够显著增加藻细胞的叶绿素 a 荧光。$P < 0.05$。数据为平均值±标准差（n=3～9）

Fig. 4.14 Effects of allelochemicals on chlorophyll a fluorescence (expressed as a multiple of control) of *M. aeruginosa* and *P. subcapitata* after 4h exposures. One asterisk indicates a significant decrease and two asterisks indicate a significant increase in chlorophyll a fluorescence in exposure groups compared with the corresponding controls; $P < 0.05$. Each bar represents mean ± standard deviation (n=3~9)

4.1.4 对光合电子传递链的影响

原核生物蓝藻尽管没有叶绿体，但其具有种类繁多的光合色素和捕光色素蛋白复合体，如叶绿素和藻胆蛋白等，它们的基本功能是吸收光能，然后在色素之间进行传递，在反应中心进行原初光化学反应，并促使电子在类囊体膜上传递。抑制浮游藻类光合系统电子传递速率可以有效地降低光能的转化效率，从而减弱甚至完全抑制其光合作用，达到控制其生长繁殖的目的。

Zhu 等（2010）通过使用脉冲幅度调制荧光仪和利用人工电子供、受体及氧电极（clark type oxygen electrode），研究了穗花狐尾藻释放的 4 种多酚对铜绿微囊藻和羊角月牙藻光合系统活性及电子传递链的影响。结果表明，PA（2.97mg/L）和 GA（2.65mg/L）分别降低了铜绿微囊藻整个光合作用电子传递链活性的 62.70% 和 73.34%。PA 对铜绿微囊藻 PSII 和整个电子传递链活性具有显著的抑制，抑制率分别达到 71.4%和 18.4%；GA 对两者的抑制作用分别为 71%和 40.8%；EA

（42.37mg/L）和 CA（9.77mg/L）对铜绿微囊藻的光合作用及光合系统（PSI、PSII 及整个电子传递链）均没有表现出抑制作用。4 种不同浓度的多酚（PA，5.45mg/L；GA，4.78mg/L；EA，10.06mg/L；CA，7.54mg/L）对羊角月牙藻光合系统（PSI、PSII 及整个电子传递链）没有表现出抑制（表 4.2）。由结果可以看出，PSII 即从放氧复合体（OEC）到 Q_B 和整个电子传递链是 PA 和 GA 对铜绿微囊藻的抑制位点。相反，羊角月牙藻光合系统没有受到抑制，相同的化感物质对两种藻表现出的抑制差异很大，这可能是由于蓝藻和绿藻的种类差异所致。Shao 等（2009b）报道，4mg/L PA 抑制了微囊藻基因 *psbA* 的表达，该基因编码的 D1 蛋白是 PSII 的主要组成部分。PA 和 GA 对铜绿微囊藻整个电子传递链活性的抑制，可能是由于其抑制了 PSII 活性，也可能是由于其抑制了 PSI 和 PSII 之间的电子传递，这需要更进一步的研究。

表 4.2 铜绿微囊藻在单个多酚 EC_{50cell} 浓度下对电子传递链活性的影响

Table 4.2 Effect of electron transport activities in *M. aeruginosa* by individual polyphenol at the concentration of EC_{50cell}

物质 Chemical	速率/[μmol O_2/(h · mg chl a)] Rate				
	呼吸作用 Dark respiration	光合作用 True photosynthesis	电子传递链 Photosynthetic chain	光系统 I PSI	光系统 II PSII
铜绿微囊藻					
对照组 Control	40.94 ± 4.86^a	178.26 ± 13.26^a	113.70 ± 11.02^a	772.79 ± 44.39^a	90.08 ± 12.70^a
焦性没食子酸 PA	153.09 ± 4.89^b	66.49 ± 5.67^b	92.81 ± 7.10^b	1487.56 ± 34.39^b	25.74 ± 0.74^b
没食子酸 GA	82.17 ± 21.83^c	47.53 ± 10.96^c	67.35 ± 8.94^c	2043.20 ± 489.49^c	26.17 ± 1.34^b
鞣花酸 EA	54.26 ± 19.44^{ad}	141.54 ± 27.90^a	114.31 ± 16.55^a	1186.89 ± 104.65^b	74.38 ± 15.70^a
儿茶酸 CA	64.04 ± 10.89^d	134.50 ± 30.36^a	172.41 ± 17.63^d	959.28 ± 99.26^{ab}	75.84 ± 18.19^a
羊角月牙藻					
对照组 Control	60.87 ± 5.54^a	130.89 ± 5.81^a	154.12 ± 50.02^a	1158.04 ± 155.90^a	124.80 ± 25.01^a
焦性没食子酸 PA	83.28 ± 27.29^a	117.25 ± 11.60^a	144.74 ± 15.47^a	1259.36 ± 62.77^a	119.97 ± 11.85^a
没食子酸 GA	68.68 ± 6.42^a	115.54 ± 17.23^a	159.83 ± 37.96^a	1155.61 ± 59.94^a	114.61 ± 16.94^a
鞣花酸 EA	69.07 ± 7.52^a	149.83 ± 16.06^a	256.55 ± 26.13^b	1320.50 ± 115.63^a	156.26 ± 28.40^{ab}
儿茶酸 CA	63.01 ± 12.44^a	139.87 ± 34.99^a	195.59 ± 28.06^{ab}	2441.76 ± 571.87^b	239.05 ± 62.80^b

注：平均值±标准差（n = 3～4）。同一列中，不同字母间表示有显著差异（a～d）（P<0.05）

Note: Mean±Standard deviation (n=3～4). Different alphabets indicate significant differences (P＜0.05) in the same column.

研究还显示 PA 使铜绿微囊藻的呼吸作用和 PSI 活性提高了 3.74 倍和 1.92 倍，GA 使它们提高了 2.01 倍和 2.64 倍（表 4.2）。这可能是由于呼吸作用的增强可以为蓝藻适应胁迫提供更多的能量。Howitt 等（2001）报道，PSI 周围的环式电子传递可以产生 ATP，这些能量有利于蓝藻和植物抵抗环境胁迫。另外，增强铜绿微囊藻的呼吸作用可以减少藻胆蛋白与 PSII 之间的能量传递，PSI 活性的增加可以使 PSI 获得更多的激发能进而保护 PSII（Lu and Vonshak，1999；Dhiab et al.，2007；Rochaix，2007）。因此可以推测，呼吸作用和 PSI 活性的明显增强可能是铜绿微囊藻在 PA 和 GA 胁迫下的适应机制。

穗花狐尾藻的亲脂性萃取物特里马素 II 也表现出对蓝藻和其他光合自养生物光合作用放氧的抑制（Leu et al.，2002）。以菠菜类囊体膜为受体，研究发现特里马素 II 对光合作用系统的抑制点位于 PSII。通过类囊体膜和 PSII 浓缩膜片段热发光测量，发现浓度为 3μmol/L 的纯特里马素 II 能引起 B 带的明显移动，表明抑制剂的靶点与 Q_B 键合点不同。该键合点是商用杀虫剂[如 3-(3,4-二氯苯基)-1,1-二甲基脲]的共同靶点。电子核磁共振谱显示，位于初生和次生醌电子受体 Q_A、Q_B 之间的非亚铁血红素铁具有更高的氧化还原电位（Leu et al.，2002）。从菊科植物中提取的 trachyloban-19-oic acid 对 ATP 的合成及 PSII 电子传递链 H_2O→DCPIP 活性有明显的抑制作用，但对 PSI 活性及 PSII 中 H_2O→SiMo 电子传递链活性没有影响。同时荧光测定的结果表明，该物质的可能抑制位点是 Q_A 与 Q_B 之间的电子传递链（Hernández-Terrones et al.，2003）。从另一种菊科植物 *Iostephane heterophylla* 中提取的黄根醇（xanthorrhizol）对 PQ 库及 DPC→DCPIP 的电子传递链有抑制作用，其氢衍生物抑制从 DPC 到 DCPIP 的电子传递（Gonzalez-Bernardo et al.，2003）。Tricolorin A, (11*S*)-11-hydroxyhexadecanoic acid 11-*O*-a-L-partirhamnopyranosyl-(1.3)-*O*-a-L-[2-*O*-(2*S*-methylbutanoyl)-4-*O*-(2*S*-met-hylbutanoyl)]-rhamnopyranosil-(1.2)-*O*-b-D-glucopyranosil-(1.2)-b-fucopyranoside- (1,3″-lactone)影响 PSII 活性，并对质体醌 B 活性有抑制作用。从侧生藻中分离出的侧生藻素 A 能有效地作用于目标生物的 PSII，在 4 个不同的位点破坏目标生物电子传递，同时破坏膜的完整性（Srivastava et al.，1998）。由此可见，化感物质对浮游藻类的光合作用，特别是电子传递链的某特定区段活性表现出显著的抑制作用，这可能是水生植物抑制浮游藻类生长的重要生理机理之一。

4.2 化感物质对藻类的氧化胁迫

植物以正常生长代谢过程中产生的活性氧（reacive oxygen species，ROS）作为信号分子，参与植物的防御反应、生长发育形态建成、细胞死亡等生理生化反应，并且调控相应基因的表达（Pitzschke et al.，2006）。正常情况下植物体内活性氧产生量相对稳定，并且植物有一套进化完整的抗氧化系统拟将其清除，因此不会对植物造成伤害。但当植物遭受各种逆境胁迫时，活性氧大量产生，超过植物抗氧化系统的清除能力，致使活性氧在体内的积累，产生氧化胁迫，从而影响细胞的结构和功能，如导致生物大分子 DNA 的氧化损伤，造成膜的脂质过氧化，新陈代谢紊乱，最终导致细胞的死亡。

4.2.1 藻类 ROS 的产生、清除及抗氧化系统

植物（包括藻类）在进行有氧代谢时将氧气还原成水，为其生长提供能量，同时也会产生一类化学性质活泼、氧化能力极强的物质——ROS，主要包括超氧阴离子（$O_2^{\cdot-}$）、羟自由基（$^{\cdot}OH$）、单线态氧（$^1O_2$）、过氧化氢（H_2O_2）等（Elstner, 1987）。好氧的光合自养生物藻类也会通过光合作用的电子传递链产生 ROS，特别是当光驱动的电子传递链的强度大于 CO_2 固定过程中电子的消耗时更容易导致活性氧的产生。藻类因为生存环境的多变性，如较大的光照强度、紫外线的照射、水生植物释放化感物质等，都会导致藻细胞内 ROS 的产生，并影响其生存（Latifi et al.，2009）。

1. ROS 的生物化学特性及产生途径

在所有的好养生物中，呼吸作用被认为是细胞中 ROS 的产生源，分子氧被动扩散到细胞后，通过复杂的氧化磷酸化作用使 ADP 转变成 ATP，为生物提供生长繁殖所需的能量，分子氧作为最终电子受体，被还原成水。从化学角度来看，由分子氧到水的四价还原作用是通过 4 步反应实现的，同时产生了不同形态的 ROS 自由基（Hippeli et al.，1999）。

$$O_2 \rightarrow (H)O_2^{\cdot-} \rightarrow H_2O_2 \rightarrow {}^{\cdot}OH + H_2O \rightarrow 2H_2O \tag{4.1}$$

反应链在第一步开始时需要启动，虽然随后的反应是放热的，无论催化与否都可自动进行。第一步是 O_2 的还原，产生存在时间相对短暂的 ROS——HO_2^- 和 $O_2^{\cdot-}$，这些氧自由基是高活性的，存在的时间极短，如 $O_2^{\cdot-}$ 的半衰期仅 2～4μs，因此，不会很快扩散（Sutherland，1991；Smirnoff，1993）。它们可以与邻近的蛋白质、色素、脂质等反应，也可以与烯烃和二烯烃反应生成氢过氧化物（Salin，1987）。而且，$O_2^{\cdot-}$ 可氧化某些氨基酸，如组氨酸、甲硫氨酸和色氨酸（Knox et al.，1985）；$^{\cdot}OH$、$O_2^{\cdot-}$ 还可以引起脂质过氧化，因而损伤细胞膜。

O_2 还原的第二步是产生过氧化氢（H_2O_2），一个存在时间相对较长的分子（1ms），因此它可以在周围扩散至一定距离（Levine et al.，1994；Willekens et al.，1997）。植物会通过优先清除 H_2O_2 来降低其他氧自由基的产生。同时，H_2O_2 累积本身就会刺激产生更多活性氧（Park and Doke，1998；Rao et al.，1999）。过氧化氢的生物毒性是当氧化巯基基团存在，特别是当金属催化剂 Fe 存在时，可通过 Haber-Wiess 反应产生羟自由基，并增强了生物毒性。尽管 $O_2^{\cdot-}$ 和 H_2O_2 不能直接损伤 DNA，但是可以通过产生 $^{\cdot}OH$ 来损伤 DNA 等生物大分子。

Haber-Wiess 反应：

$$O_2^{\cdot-} + Fe^{3+} \rightarrow Fe^{2+} + O_2$$

$$H_2O_2 + Fe^{2+} \rightarrow Fe^{3+} + OH^- + {}^{\cdot}OH$$

总体反应：

$$H_2O_2 + O_2^{\cdot -} \rightarrow OH^- + {}^{\cdot}OH + O_2$$

从 Haber-Wiess 反应可以看出，两种不同的 ROS 之间可以相互反应生成活性更强、毒性更大的第三种 ROS 自由基—— $^{\cdot}OH$，且其半衰期小于 1μs，因此对其产生位点附近的生物大分子有非常强的亲核性，反应速率极快，$K > 10^9$ mol/(L·s)，对生物危害极大。

对水生态系统来说，生物体内 ROS 的另一个可能来源是具有氧化还原活性的外源污染物（xenobiotics）或植物次生代谢产物通过还原型辅酶 II(NADPH)-细胞色素 P450 还原酶［NAD(P)H cytochrome P450 reductase］的还原作用，形成相应的代谢产物残基（metabolite radical)。然后，它们将其自由电子转给分子态氧并生成超氧阴离子 $O_2^{\cdot -}$，而代谢产物则又重新回到母体化合物，参加另一次循环，形成氧化还原循环（redox cycling)（Winston，1998)。因此，植物的化感物质如果具有氧化还原活性，进入藻类细胞后，同样可能参与氧化还原循环，进而源源不断地产生活性氧，导致对藻类的氧化胁迫。

在植物体内，ROS 还可以通过光合电子传递链产生。1950 年梅勒发现在叶绿体中 O_2 被来自 PSI 受体侧的电子还原的反应（即梅勒反应），也被称为假环式电子传递。具体过程可表示为

$$H_2O \rightarrow PS\,II \rightarrow PQ \rightarrow Gytb_6\,/\,f \rightarrow PC \rightarrow PSI \rightarrow Fd \rightarrow O_2 \rightarrow O_2^{\cdot -}$$

Fd 为单电子传递体，其氧化时把电子交给 O_2，使 O_2 生成 $O_2^{\cdot -}$。假环式电子传递造成 O_2 的消耗与 ROS 的生成。Cleland 等（1999）的研究结果也表明了 PSII 电子传递链中的电子受体位点（Q_A、Q_B）也可将电子泄漏给 O_2 并产生 $O_2^{\cdot -}$。由此可见，化感物质是否能通过影响光合作用导致 ROS 异常产生也是研究藻类氧化胁迫的一个重要方面。

2. 抗氧化系统

为了消除与对抗 ROS，细胞中具有一套复杂的抗氧化防御系统，包括一些抗氧化酶，主要有超氧化物歧化酶（superoxide dismutase，SOD, EC 1.15.1.1)、过氧化氢酶（catalase，CAT，EC 1.11.1.6)、谷胱甘肽过氧化物酶（glutathione peroxidase，GPOX，EC 1.11.1.9）和谷胱甘肽还原酶（glutathione reductase，GR, EC 1.6.4.2）等；以及许多小分子质量的还原性物质，如生育酚和类胡萝卜素（作为膜上的自由基清除剂)、谷胱甘肽、抗坏血酸和尿酸（作为水相中自由基的清除剂）等。虽然上述酶可以被诱导，但当 ROS 的产生大于抗氧化防御系统的容量时，则发生氧化胁迫（oxidative stress)。由于 ROS 与抗氧化酶之间密不可分的联系，研究中通常将这些酶作为生物标志物，通过测定 SOD 和 CAT 等的活性，来间接检测机体是否发生了氧化胁迫。不过近年来，原位测定活体内 ROS 的量已经成为可能，如

采用化学发光法、荧光探针法等，因而可以直接研究机体是否受到氧化胁迫，且测定方法更为简便易行。具氧化还原活性的化感物质导致藻类细胞内 ROS 的产生途径、清除机制及可能造成的损伤见图 4.15。

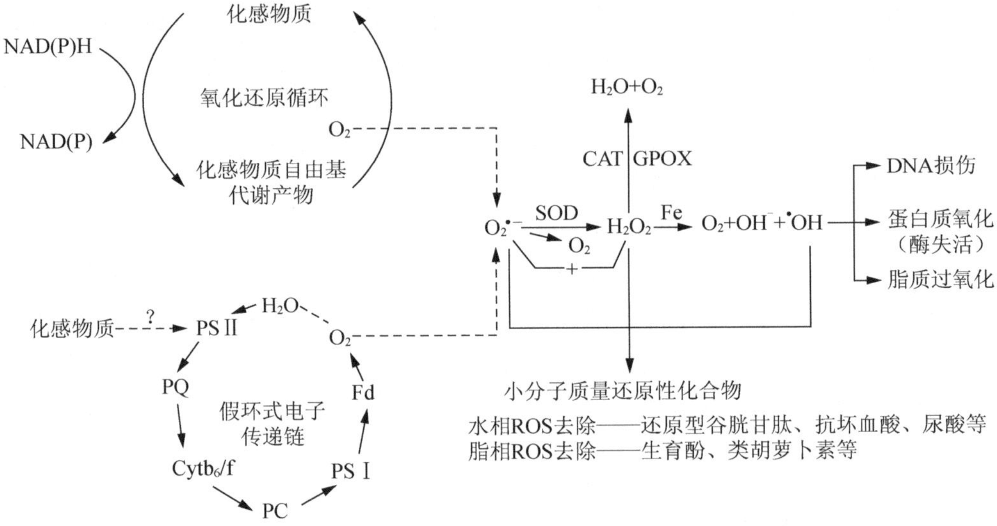

图 4.15　ROS 产生途径、清除机制及对浮游藻类可能造成的伤害

Fig. 4.15　Sources of ROS、the antioxidant system and possible damage in phytoplankton

很多研究都已经证实，SOD 是真核生物细胞内普遍存在的主要抗氧化酶。蓝藻同样具有应用 SOD 进行抗氧化防御的机制。SOD 能够将活性很强的超氧化物阴离子转化成氧气和过氧化氢，其反应式如下：

$$2O_2^{\cdot-} + 2H^+ \xrightarrow{SOD} O_2 + H_2O_2$$

CAT 是唯一在清除 H_2O_2 的酶中不消耗细胞的能量酶，因此 CAT 为细胞提供了能有效降解 H_2O_2 的途径。当细胞处于能量胁迫和大量 H_2O_2 产生时，利用 CAT 来清除 H_2O_2 是最有效的方式，其反应式如下：

$$2H_2O_2 \xrightarrow{CAT} 2H_2O + O_2$$

在植物中，抗坏血酸过氧化物酶（ascorbate peroxidase，APX，EC 1.11.1.11）对清除 H_2O_2 发挥着重要的作用（Asada, 1999）。它利用抗坏血酸做电子供体，可以将 H_2O_2 还原成单脱氢抗坏血酸和水，单脱氢抗坏血酸又会自发的生成抗坏血酸和脱氢抗坏血酸。脱氢抗坏血酸还原酶利用谷胱甘肽可将脱氢抗坏血酸还原成抗坏血酸。然后氧化型的谷胱甘肽又会通过 NAD(P)H-谷胱甘肽还原酶再生（Shigeoka et al., 2002）。这就是抗坏血酸-谷胱甘肽循环，在植物体内降低氧化胁迫发挥着重要的作用。

GPOX 通过氧化谷胱甘肽来还原过氧化物。GR 催化氧化型谷胱甘肽，在以

NAD(P)H 作为电子供体的条件下，再生成还原型谷胱甘肽。有报道指出，在 *Synechocystis* PCC6803 中，两种 GPOX 类似物的蛋白质已经被鉴定出来。它们都显现出 NAD(P)H 依赖的活性，并且在保护脂质免受过氧化损伤的作用中是至关重要的（Gaber et al.，2004）。

过氧化物氧化还原酶（peroxiredoxins，Prxs，EC 1.11.1.15）是新近发现的一类过氧化物酶，属于抗氧化蛋白超家族，广泛存在于原核生物和真核生物中。另外，有红素氧还蛋白 rubrerythrin(Rbr) 在蓝藻也有发现，且具有抗氧化的功能。在蓝藻中已发现的抗氧化酶见表 4.3。

表 4.3　酶促防御系统

Table 4.3　Enzymatic defences

酶 Enzyme	催化中心 Catalytic centre	底物 Substrate	蓝藻 Cyanobacteria
Superoxide dismutase (SOD)	Fe, Mn, Ni, Cu/Zn	$O_2^{\cdot -}$	*Synechococcus* sp.PCC 7942
			Anabaena cylindrica
			Anabaena sp.PCC 7120
			Anabaena sp.PCC 7120
Catalases			
Monofunctional	Haem	H_2O_2	
	Haem	H_2O_2, ROOH (*in vitro*)	*Synechococcus* sp. PCC 7942
			Anacystis nidulans
			Synechocystis sp.PCC 6803
	Mn	H_2O_2	
Glutathione peroxidase (GPX)	Selenocysteine (Mammalian)	H_2O_2, ROOH	*Synechocystis* sp.PCC 6803
	Cysteine (plants)		*Synechocystis* sp.PCC 6803
Peroxiredoxins (Prx)	One or two cysteine(s)-SH	H_2O_2, ROOH, peroxynitrite	*Synechococcus* sp.PCC 7942
			Anabaena sp.PCC 7120
Rubrerythrin (Rbr)	Fe(Cys)4 and His, Glu-ligated di-iron	H_2O_2	*Anabaena* sp.PCC 7120
DNA-binding protein (Dps)	Fe	H_2O_2	*Thermosynechococcus elongatus*
			Anabaena sp.PCC 7120z
	Haem		*Synechococcus* sp.PCC 7942

注：参考 Latifi et al.，2009

Note: Adapted from Latifi et al., 2009

光合作用生物中，生育酚、类胡萝卜素等是清除 ROS 的重要非酶抗氧化剂。真核藻类具有多种抗氧化剂，如抗坏血酸、还原型谷胱甘肽、生育酚、类胡萝卜素等。蓝藻也具有多种小分子抗氧化剂，如多种类胡萝卜素，蓝藻的叶黄素、β-

胡萝卜素及其衍生物（蓝藻叶黄素、玉米黄质）等。

生育酚是一组非常相似的脂类，可以在苯环上进行氧化还原反应，保护细胞膜的脂质不受氧化损伤。生育酚可以与 ROS 反应，从而保护不饱和脂肪酸的氧化，并且终止脂质过氧化反应（Takenaka et al.，1991）。

类胡萝卜素在类囊体膜上组合成色素蛋白复合体，它们收集光并行使保护功能（Siefermann-Harms，1987）。类胡萝卜素通过驱散过多的光能来保护光合器官，并且能够以非常高的速率使单线态氧失效。

4.2.2 藻类的抗氧化酶对化感物质的响应

多酚是常见的化感物质类型之一，其中的一些能够显著抑制植物的生长（Einhellig，1995）。外来入侵的斑点矢车菊（*Centaurea maculosa*）根分泌的化感物质儿茶酸能抑制本地植物的生长，并快速的引起敏感株阿拉伯芥（*Arabidopsis thaliana*）体内 ROS 的产生，进而引起细胞质内钙离子浓度的变化，引起信号转导系统的级联反应，干扰相关基因表达，最终引起细胞死亡（Bais et al.，2003）。

化感胁迫引起高等植物细胞内产生 ROS 这一现象不仅在陆生植物中发现（Küpper et al.，2001；Choo et al.，2004），水生植物间也同样存在。沉水植物马来眼子菜在共培养条件下能够影响斜生栅藻中抗氧化酶的活性（Wu et al.，2007）。从大型植物芦苇中提取到的化感物质 2-甲基乙酰乙酸乙酯（EMA）在不同作用浓度和不同作用时间下能够对铜绿微囊藻中抗氧化酶和抗氧化的小分子质量化合物表现出不同程度的影响（Hong et al.，2007）。低浓度的 EMA 提高了铜绿微囊藻中过氧化物酶（POD）、SOD 和脱氢酶的活性，而高浓度的 EMA 则显著降低了这些酶的活性。高浓度 EMA 抑制铜绿微囊藻的抗氧化酶体系可能是其抑藻机制之一（李峰民等，2007a）。EMA 还能够影响蛋白核小球藻和普通小球藻中抗氧化酶的活性。EMA 浓度为 0.25mg/L 时，两种藻类的 SOD、POD、CAT 活性都高于对照组。但随着 EMA 浓度的升高，蛋白核小球藻中 3 种酶的活性均逐渐下降；而普通小球藻的酶活性随着 EMA 浓度升高持续升高，可达到对照组的 3～4 倍（李峰民等，2006）。

吲哚生物碱类化感物质禾胺（*N*, *N*-dimethyl-3-amino-methylindole）处理过的藻细胞，其酶和非酶的抗氧化剂有不同的变化方式。暴露禾胺后的微囊藻，SOD 的活性降低，暴露 4h 后 CAT 的活性增加，60h 后又降低，抗坏血酸和还原型谷胱甘肽的含量和再生速率在暴露 4h 后增加，不过谷胱甘肽（GSH）的含量在受试 40h 后依然是增加的。这些结果表明，禾胺激活了微囊藻体内的抗氧化剂以应对初期的胁迫，SOD 失活对抑制铜绿微囊藻的生长是至关重要的，禾胺对铜绿微囊藻的毒性机制可能是通过产生 ROS，进而发生氧化损伤（Hong et al.，2009）。

以不同浓度的 *N*-苯基-2-萘胺对铜绿微囊藻进行处理，铜绿微囊藻的 SOD、CAT 和 POD 的活性都随着 *N*-苯基-2-萘胺浓度的升高呈现先上升后下降的趋势，低浓度表现出促进作用，高浓度则表现出抑制作用（耿小娟等，2009）。

邓平等（2007）的研究发现，2.5g/L 和 3.75g/L 的马来眼子菜与斜生栅藻（初始藻密度为 7×10^7ind/L）共培养，斜生栅藻体内抗氧化酶的活性受到显著影响。两个处理组中的斜生栅藻 SOD 活性明显增强，分别比无植物对照增加了 248.7% 和 67.1%（图 4.16），CAT 活性分别比对照增长了 259.3%和 983.7%（图 4.17），POD 活性的增长率分别为 829.2%和 108.0%（图 4.18）。

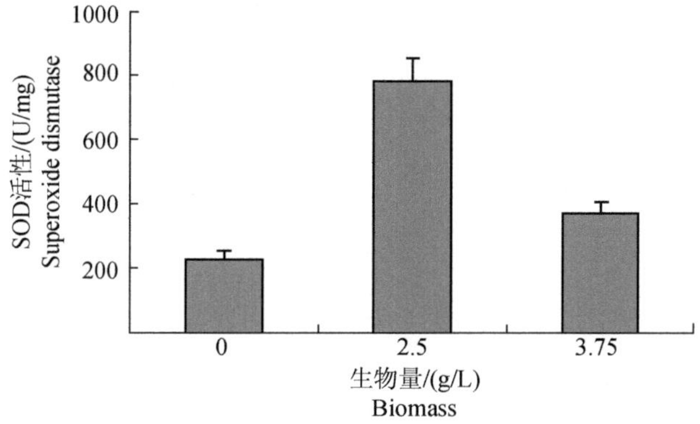

图 4.16 马来眼子菜对斜生栅藻 SOD 活性的影响

Fig. 4.16 Effect of *P. malaianus* on SOD activity of *S. oblique*

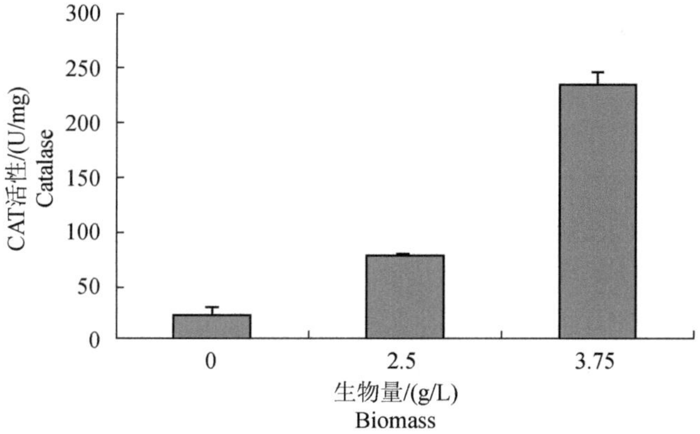

图 4.17 马来眼子菜对斜生栅藻 CAT 活性的影响

Fig. 4.17 Effect of *P. malaianus* on CAT activity of *S. obliquus*

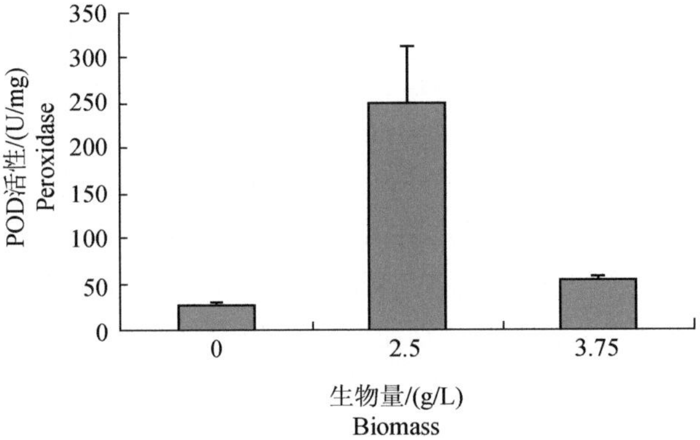

图 4.18　马来眼子菜对斜生栅藻 POD 活性的影响

Fig. 4.18　Effect of *P. malaianus* on POD activity of *S. obliquus*

小茨藻与斜生栅藻共培养后也能对后者的抗氧化酶活性产生一定影响，对初始密度为 7×10^7ind/L 的斜生栅藻，两个处理组中斜生栅藻的 SOD 活性明显高于对照组，分别增加了 37.3%和 76.9%，CAT 活性也分别增加了 600.5%和 647.2%。对初始密度为 7×10^8ind/L 的斜生栅藻，3.75g/L 的小茨藻明显抑制了斜生栅藻的 SOD 活性，抑制率为 36.0%，却促进了斜生栅藻的 CAT 活性，增长率为 158.4%；而 2.5g/L 的小茨藻对斜生栅藻的 SOD 活性无明显影响（邓平，2007）。

不同生物量的菹草与斜生栅藻共培养，斜生栅藻的 SOD 活性与对照间均无明显差异。3.75g/L 和 5g/L 的菹草对初始密度为 1×10^8ind/L 的斜生栅藻的 CAT 活性增长率分别为 72.9%和 183.8%。2.5g/L 和 3.75g/L 的菹草对初始密度为 1×10^7ind/L 的斜生栅藻的 POD 活性有增强作用，增长率分别为 76.6%和 258.4%。5g/L 的菹草促进了初始密度为 1×10^8ind/L 的斜生栅藻的 POD 活性，增长率为 133.7%（邓平，2007）。

以上研究证明，共培养条件下水生植物能对藻类的抗氧化酶活性产生影响，事实上一些水生植物的化感物质也能对藻类的抗氧化酶产生影响。例如，从穗花狐尾藻中分离的化感物质焦性没食子酸处理羊角月牙藻后，羊角月牙藻的 SOD、CAT 及 APX 的活性都有明显变化，2.5mg/L 和 4.5mg/L 的焦性没食子酸处理 6h 后，羊角月牙藻的 SOD 活性增强，随着焦性没食子酸处理浓度的增加 SOD 的活性下降。2.5mg/L、4.5mg/L、6.5mg/L 和 8.5mg/L 处理浓度下的 SOD 活性分别为对照的 106%、103.7%、97.9%和 90.9%。随着处理时间的延长，各处理组的 SOD 活性进一步下降。处理 24h 后，2.5mg/L、4.5mg/L、6.5mg/L 和 8.5mg/L 处理组中 SOD 的活性分别为对照的 98.1%、93.6%、88.8%和 80.2%（图 4.19）。焦性没食子酸处理 6h 后，羊角月牙藻的 CAT 活性升高。随着焦性没食子酸处理浓度的增加，CAT 的活性逐渐升高，从低到高的 4 个浓度处理组羊角月牙藻的 CAT 活性分别为对照的 107.4%、116.1%、124.5%和 135.1%。随着处理时间的延长，羊角月牙藻的 CAT 活性进一步上升，焦性没食子酸处理 24h 后，2.5mg/L、4.5mg/L、6.5mg/L 和 8.5mg/L 处理组中羊角月牙藻的 CAT 活性分别是对照的 117.5%、125.3%、137.4%和 145.3%（图 4.20）。羊角月牙藻 APX 活性的变化与 SOD 活性和 CAT 活性的变化不同（图 4.21）。焦性没食子酸处理 6h 后，随着处理浓度的增加，羊角月牙藻的 APX 活性表现出上升的趋势，在 6.5mg/L 处理浓度下，APX 的活性达到最高，然后随着焦性没食子酸处理浓度的上升 APX 的活性开始下降。处理 6h 后，2.5mg/L、4.5mg/L、6.5mg/L 和 8.5mg/L 的焦性没食子酸处理组中羊角月牙藻的 APX 活性分别为对照的 195.8%、215.1%、240.3%和 172.1%。随着处

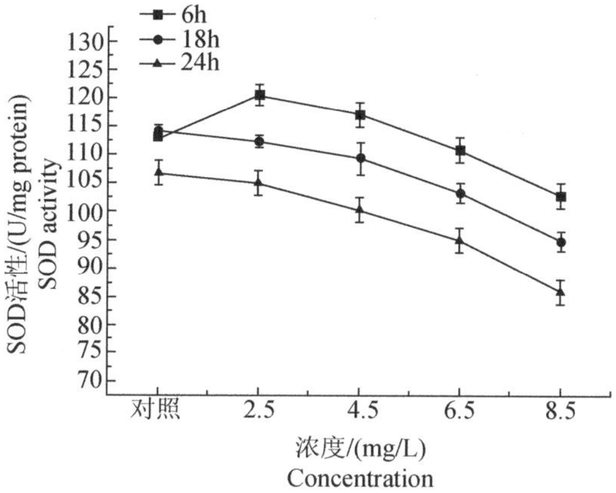

图 4.19　焦性没食子酸处理后羊角月牙藻 SOD 活性的变化（刘碧云，2007）

Fig. 4.19　Effect of pyrogallol on the SOD activity of *S.capricornutum*

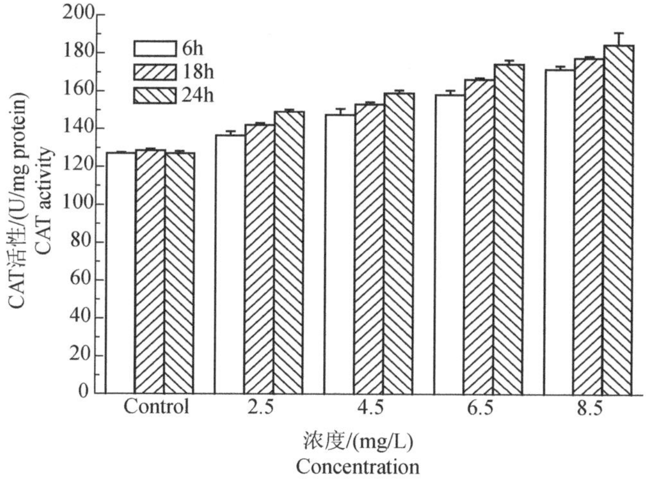

图 4.20　焦性没食子酸处理后羊角月牙藻 CAT 活性的变化（刘碧云，2007）

Fig. 4.20　Effect of pyrogallol on the CAT activity of *S.capricornutum*

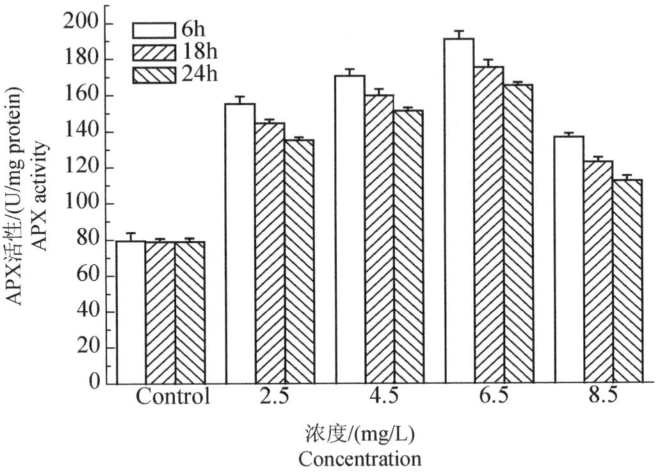

图 4.21 焦性没食子酸处理后羊角月牙藻 APX 活性的变化（刘碧云，2007）

Fig. 4.21 Effect of pyrogallol on the APX activity of *S.capricornutum*

理时间的延长，焦性没食子酸处理的羊角月牙藻的 APX 活性有一定程度的下降，在处理 24h 后，2.5mg/L、4.5mg/L、6.5mg/L 和 8.5mg/L 的焦性没食子酸处理组中羊角月牙藻的 APX 活性分别为对照的 171.7%、192.2%、209.8%和 142.5%（刘碧云，2007）。

生物体中存在各种同工酶，同工酶虽然催化相同的生化反应，但彼此之间结构不同。同工酶是生物体内基因转录和翻译的直接产物，它反映了编码酶蛋白的 DNA 序列信息。一些水生植物与斜生栅藻共培养后，不仅影响一些抗氧化酶的活性，而且还影响同工酶的表达。吴晓辉（2007）采用聚丙烯酰胺凝胶电泳的方法，研究了马来眼子菜和斜生栅藻共培养系统中斜生栅藻的 SOD、CAT 和 POD 等同工酶的变化。15±5g/8L 的马来眼子菜与初始密度为 10^5ind/L 的铜绿微囊藻共培养 7 天后，马来眼子菜处理组斜生栅藻的 SOD 酶谱和对照组的 SOD 酶谱表现出了明显差异［图 4.22（a)］。对照组在中间区出现两条酶带 SOD_1 和 SOD_2，带较宽且颜色明亮；处理组仅中间区出现一条酶带 SOD_1，该酶带宽度仅为对照组同一酶带宽度的一半，着色也较浅。处理组 CAT 酶谱和对照组 CAT 酶谱在慢速区的酶带相同，两组均有酶带 CAT_1 和 CAT_2，两条酶带的带宽基本相同，但 CAT_2 的着色淡于 CAT_1。两组的差异主要出现在快速区，处理组在快速区出现新增酶带 CAT_3，该带带宽与 CAT_1 相似，着色深浅与 CAT_2 相似［图 4.22（b)］。马来眼子菜处理组斜生栅藻 POD 酶谱与对照组相比变化明显，包括 POD 酶谱中原有酶带的消失、新酶带的产生及酶带着色深浅的变化（酶活性强度的变化）［图 4.22（c)］。对照组斜生栅藻 POD 酶谱共有 4 条酶带，其中，POD_1 着色深而窄、POD_4 着色深而宽、POD_5 着色浅而宽、POD_2 着色浅而窄。处理组中 POD_2 消失，但在快速区增加了一条着色浅而窄的 POD_3，POD_1、POD_4 着色减淡，POD_5 酶带着色减淡且带宽变窄。与正常生长状态的对照组相比，马来眼子菜处理组斜生栅藻 POD 酶带总数保持稳定，但酶谱组成发生变化，SOD 酶带数量减少而 CAT 酶带数量增加。由此推测，处理组斜生栅藻可能通过改变酶活性、调整同工酶组成等来抵御马来眼子菜化感作用带来的活性氧（ROS）伤害。

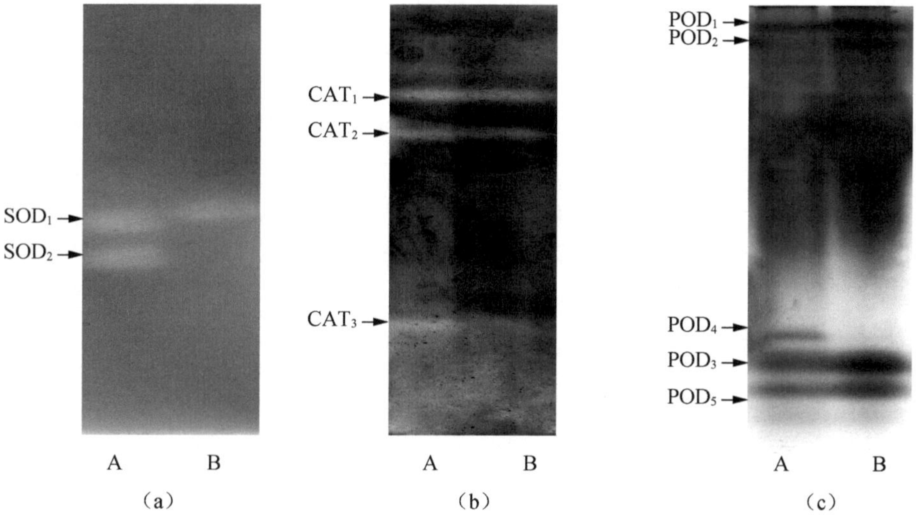

图 4.22　马来眼子菜作用下斜生栅藻 SOD（a）、CAT（b）及 POD（c）同工酶酶谱的变化。A. 处理组；B. 对照组

Fig. 4.22　The effects of *P.malaianus* on the SOD(a)、CAT(b) and POD(c) isozymes Electrophoretogram of *S. obliquus*. A. Treament of *P.malaianus*; B. Control

以上结果表明，水生植物分泌的化感物质能对目标藻类产生氧化胁迫，化感物质的氧化胁迫不仅诱导了清除氧自由基的抗氧化酶活性的变化，而且有些抗氧化酶的同工酶组成也发生了改变。在一定的胁迫范围内活性提高或同工酶组成发生变化的抗氧化酶，可以清除胁迫产生的氧自由基，当氧化胁迫进一步增强，超过抗氧化系统清除氧自由基能力时，藻细胞内氧自由基的含量进一步提高，从而使藻细胞生理功能降低或丧失，这可能是水生植物化感作用抑制目标藻类生长的原因之一。

4.2.3　化感物质诱导藻细胞 ROS 产生

目前许多实验表明，大型水生植物分泌的一些次生代谢产物能够引起藻细胞抗氧化酶活性的变化，初步说明水生植物分泌的化感物质可能导致藻细胞发生氧化胁迫，然而这一现象还缺乏直接的证据。高等植物和藻细胞在受到病原体侵扰和物质胁迫后，最早期的反应之一是大量产生 ROS（Vardi et al.，2002；Bais et al.，

2003；Potin et al.，2002）。Bais 等（2003）发现，作为外来种的矢车菊，能够通过分泌儿茶酸致使其邻近的本地植物大量产生活性氧而死亡，从而成功入侵。Hong 等（2007）发现，铜绿微囊藻和羊角月牙藻暴露在芦苇化感物质 EMA 中 24h 后产生大量 ROS。

Wang 等（2011）用荧光探针的方法研究了 8 种 72h EC_{50} 在 10mg/L 以下的化感物质（没食子酸、焦性没食子酸、鞣花酸、儿茶酸、咖啡酸、原儿茶酸、壬酸和油酸）分别处理铜绿微囊藻和羊角月牙藻后藻细胞内产生 ROS 的情况。结果表明，多个处理浓度的儿茶酸在光照、黑暗条件下均能引起铜绿微囊藻和羊角月牙藻 ROS 的产生，与对照相比差异显著（$P < 0.01$）。黑暗条件下，25mg/L 的儿茶酸暴露 1h 后，两种藻的 ROS 产生量已显著高于对照（$P < 0.01$），儿茶酸的暴露能够导致两种藻 ROS 的产生随着时间增加而增多，并且羊角月牙藻产生 ROS 的浓度是铜绿微囊藻的 2 倍（图 4.23）。在光照条件下暴露于不同浓度的儿茶酸中，两种藻产生活性氧的水平均显著高于黑暗条件下暴露所产生 ROS 的水平，且 ROS 的增加与儿茶酸的浓度呈良好的线性关系（图 4.24）。

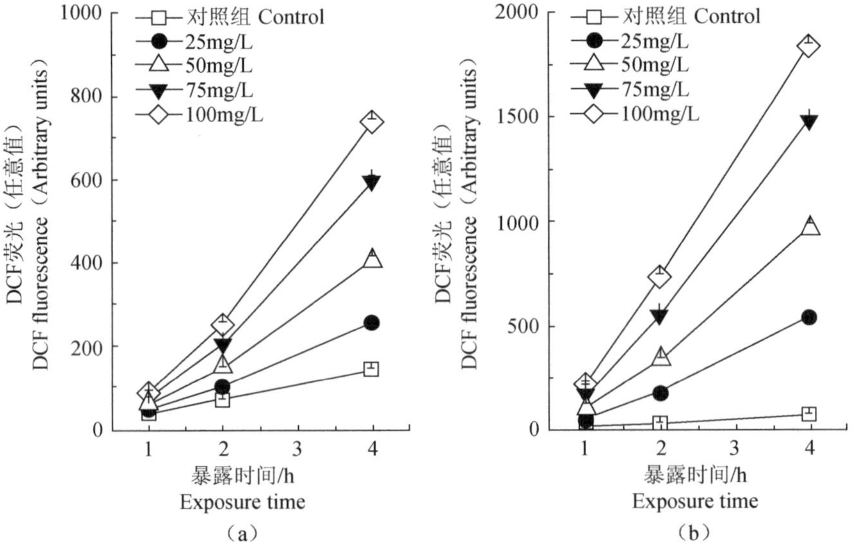

图 4.23　儿茶酸在黑暗条件下引起铜绿微囊藻（a）和羊角月牙藻（b）产生 ROS 与暴露时间、剂量的关系

Fig. 4.23　Effect of CA concentration and exposure time on ROS production in *M. aeruginosa* (a) and *P. subcapitata* (b) under dark condition.

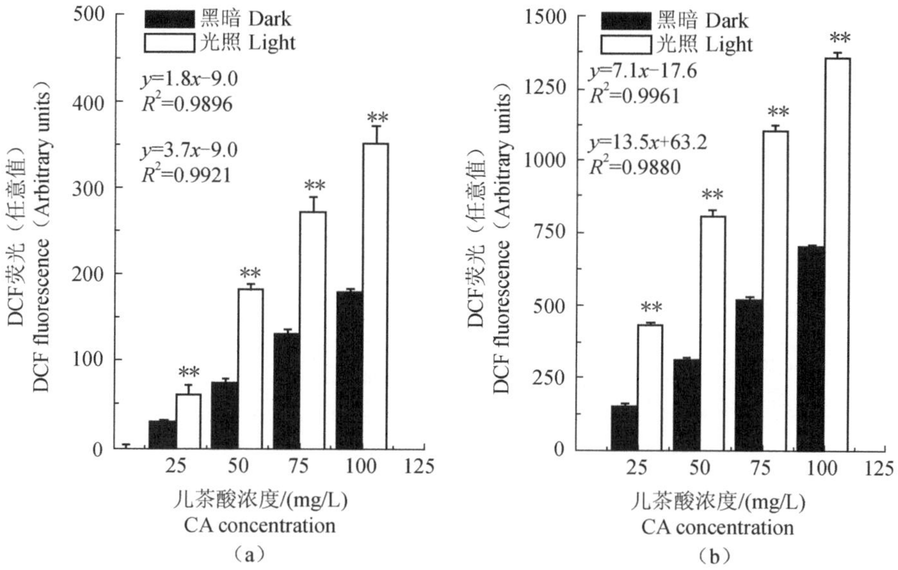

图 4.24　儿茶酸在光、暗条件下处理 2h 后引起铜绿微囊藻（a）和羊角月牙藻（b）产生 ROS 的情况。图中 ROS 值为各浓度下所测 ROS 值减去各自条件下对照 ROS 值所得，*表示光照条件下产生的 ROS 高于黑暗条件 P<0.05，**表示光照条件下产生的 ROS 显著高于黑暗条件 P < 0.01

Fig. 4.24　ROS formation in *M. aeruginosa* (a) and *P. subcapitata* (b) after 2h exposure of CA under dark and light conditions. Results are presented as changes from control. * (P < 0.05) and ** (P <0.01) indicated a significantly increased ROS formation in light compared to dark.

儿茶酸在细胞质 pH 条件下是不稳定的（Chobot et al.，2009）。当它被藻细胞吸收后，很容易发生自动氧化或酶的氧化，从而形成儿茶酸的半醌自由基，同时，氧分子被还原成 $O_2^{\cdot-}$。活性的半醌自由基又可以与氧反应，生成醌形式的儿茶酸和 $O_2^{\cdot-}$。上述反应能够很容易的进行，并且在很大的 pH 范围内都被证实为可逆的（Janeiro and Brett，2004）。Chobot 等（2009）也通过循环伏安法测定儿茶酸在相当于细胞质 pH 条件下的氧化还原电势，发现儿茶酸的循环伏安图与一个极好的氧化还原循环剂胡桃醌的循环伏安图相似，并把儿茶酸也划分为氧化还原循环剂。所有这些结果，都为儿茶酸在靶细胞内具有氧化还原特性提供了证据。也就是说，在细胞内还原剂，如 NAD（P）H 存在的条件下，具氧化还原活性的、亲电子的醌会发生两个电子的还原，形成儿茶酸，或经历一个电子的还原形成相应的半醌自由基（Cohen and Doherty，1987）。儿茶酸导致浮游藻类细胞内产生活性氧的可能途径见图 4.25。由图可见，在以 NAD（P）H 为电子供体时，由于儿茶酸的氧化还原循环作用，放大了 $O_2^{\cdot-}$ 的产生，其结果将极大地增强对生物体的毒性。在光照条件下培养的铜绿微囊藻和羊角月牙藻的细胞内，氧分子会通过光合作用连续产生，同时还原力也会相应产生，并且以 NAD（P）H 的形式储存在细胞内。然而，当藻细胞在黑暗条件下培养时，细胞内的氧分子和NAD（P）H量就不如在光照条件下充足，这很可能是导致黑暗条件下活性氧的产生量没有光照条件下高的原因。

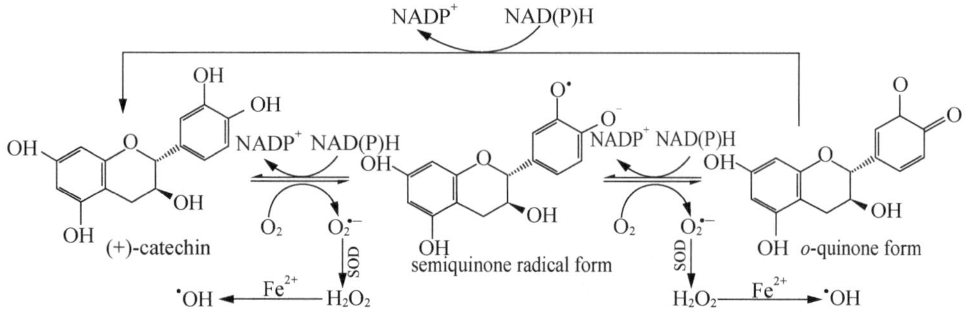

图 4.25　儿茶酸导致铜绿微囊藻和羊角月牙藻细胞内产生 ROS 的可能途径

Fig. 4.25　A possible pathway of ROS production induced by CA in *M. aeruginosa* and *P. subcapitata*.

伴随儿茶酸氧化还原循环反应的进行，细胞内 $O_2^{\cdot-}$ 会连续不断的产生。$O_2^{\cdot-}$ 又是很多其他活性氧的前体，所有这些活性氧种类都能对藻细胞造成氧化损伤，进而发生氧化胁迫。在细胞内，$O_2^{\cdot-}$ 能够导致膜的脂质过氧化，削弱或破坏膜功能（Dat et al., 2000）。$O_2^{\cdot-}$ 由酶催化的歧化作用产生 H_2O_2，一个存在时间相对比其他 ROS 存在时间较长的分子，它能够从细胞内透过细胞膜扩散出来，并且在它产生位点较远的部位导致氧化损伤。H_2O_2 能够氧化 SH 基团，并且在过渡金属存在情况下，能够通过 Fenton 反应还原成 $^{\cdot}OH$，它是活性最强的活性氧自由基，对其产生位点邻近的生物大分子，如 DNA、蛋白质和脂类等，有很强的亲核性（Richter and Schweizer，1997）。

儿茶酸对高等植物的生长抑制效应早有报道（Bais et al.，2002），Bais 等的研究还证明儿茶酸具有抗菌活性，并且与它的外消旋同分异构体儿茶酸一起被视为外来入侵种斑点矢车菊分泌的一种化学“武器”。同时，对人体的肿瘤细胞研究发现，儿茶酸可以导致培养的人肿瘤细胞 DNA 损伤（Furukawa et al.，2003）。Wang 等（2011）观察到儿茶酸能够导致蓝藻和绿藻细胞内产生 ROS。这表明，在自然水生态系统中大型沉水植物分泌的具有氧化还原活性的多酚类物质具有能够导致浮游藻类大量产生活性氧的潜力，这可能是沉水植物在自然水生态系统中抑制有害浮游藻类生长并保持水体清澈的重要原因之一。

除了儿茶酸，焦性没食子酸也能引起铜绿微囊藻和羊角月牙藻产生 ROS，但程度比儿茶酸弱。在黑暗条件下，羊角月牙藻细胞 ROS 产生量与暴露时间之间有明显的相关性，并在暴露 4h 后活性氧的水平达到最高。然而，铜绿微囊藻细胞在黑暗条件下暴露于焦性没食子酸 1h 及 2h 后，所有处理组细胞内 ROS 的水平与对照组相比都没有显著增加（$P>0.05$），直到暴露 4h，处理组 ROS 的水平才显著高于对照组（$P<0.01$）（图 4.26）。在 2h 光照条件暴露后，两种藻细胞内的 ROS 水平并没有显著高于 2h 黑暗条件暴露组（$P>0.05$）（图 4.27）。与儿茶酸不同，光照并没有显著增强焦性没食子酸介导的 ROS 产生。

两种藻相比，羊角月牙藻对儿茶酸和焦性没食子酸导致 ROS 的产生程度比铜绿微囊藻更为敏感，由于铜绿微囊藻和羊角月牙藻分属于原核藻类和真核藻类，其细胞结构间存在很大差异，这很有可能导致 2′，7′-二氯荧光素二乙酸酯荧光探针（2′，7′-dichlorodihydrofluorescein diacetate，DCFH-DA）进入细胞内的量不同（He and Häder, 2002; Schrader et al., 2005），因此根据这两种藻的 7′二氯荧光素（DCF）荧光强弱尚难直接判定哪种藻类对儿茶酸和焦性没食子酸产生 ROS 更为敏感，不过两种藻之间产生 ROS 的能力可能存在显著差异是不容忽视的。

焦性没食子酸自氧化能产生 $O_2^{\cdot-}$，因此常用来研究生物系统的 ROS 作用（Park et al.，2007）。焦性没食子酸是一种强还原剂，但很早被人们熟知的是，它在快速自动氧化过程中，形成相应的半醌自由基和醌（Marklund and Marklund, 1974）。醌能够被细胞内的还原酶还原，形成相应的半醌自由基，而半醌自由基也很容易被 O_2 氧化，于是再次形成醌和 $O_2^{\cdot-}$，进而继续参与下一个氧化还原循环

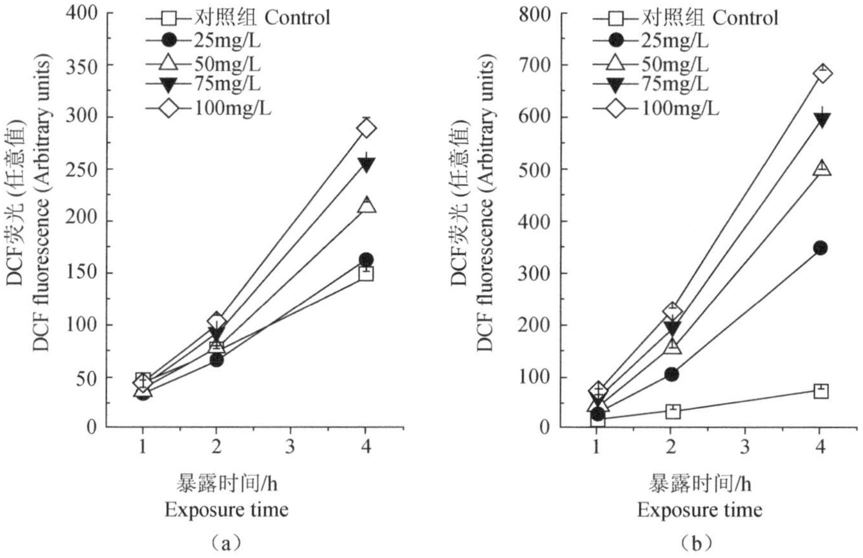

图 4.26　焦性没食子酸在黑暗条件下引起铜绿微囊藻（a）和羊角月牙藻（b）产生 ROS 与暴露时间、剂量的关系

Fig. 4.26　Effect of PA concentration and exposure time on ROS production in *M. aeruginosa* (a) and *P. subcapitata* (b) under dark condition.

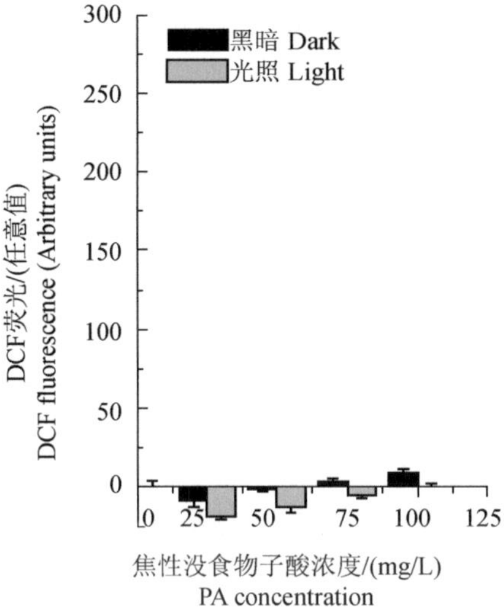

（a）

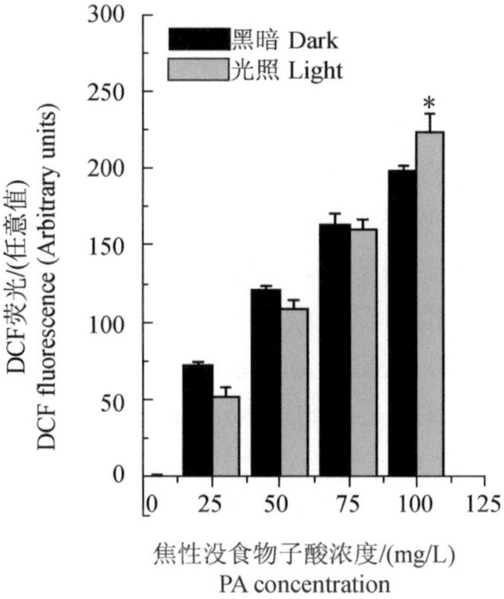

（b）

图 4.27　焦性没食子酸在光、暗条件下处理 2h 后引起铜绿微囊藻（a）和羊角月牙藻（b）产生 ROS 的情况。图中 ROS 值为各浓度下所测 ROS 值减去各自条件下对照 ROS 值所得。*表示光照条件下产生的 ROS 高于黑暗条件 $P<0.05$

Fig. 4.27　ROS formation in *M. aeruginosa*(a) and *P. subcapitata* (b) after 2h exposure of PA under dark and light conditions. Results are presented as changes from control. * ($P < 0.05$) indicate a significantly increased ROS formation in light compared with dark.

（O’Brien，1991；Monks et al.，1992）。这一耗能无效的氧化还原循环增加了细胞内 ROS 的水平。当 ROS 的浓度超过了细胞的抗氧化容量时，氧化胁迫就会发生。含焦性没食子酸基团的类黄酮也能够伴随着相应的半醌自由基和醌基团的氧化还原循环而产生 $O_2^{\cdot-}$（Kondo et al.，1999；Long et al.，2000）。因此，有理由认为，当焦性没食子酸被浮游藻类细胞吸收后，在还原剂［NAD（P）H］存在的情况下，焦性没食子酸可能发生类似于儿茶酸的氧化还原循环反应。Park 等（2007）报道，焦性没食子酸也能增加 As4.1 近肾小球细胞内 $O_2^{\cdot-}$ 的产生，然而并没有显著改变细胞内 H_2O_2 的水平，却显著抑制了 SOD 的活性。但是在 Wang 等（2011）的研究中发现，焦性没食子酸引起两种藻类产生 ROS 的能力并没有儿茶酸强，这很可能表明焦性没食子酸抑制了藻类 SOD 的活性，进而抑制了从 $O_2^{\cdot-}$ 到 H_2O_2 的转化速率。从上述实验结果可见，焦性没食子酸诱导细胞内 $O_2^{\cdot-}$ 产生可能是其抑制铜绿微囊藻和羊角月牙藻生长的重要机制之一。

光照增强了儿茶酸导致的两种藻类 ROS 的产生。因为藻类的光合作用加速了儿茶酸在细胞内的氧化还原循环，进而促进了藻细胞内 $O_2^{\cdot-}$ 的产生。然而，光并没有增强焦性没食子酸导致的两种藻细胞内 ROS 的产生（图 4.27）。Zhu 等（2010）报道了焦性没食子酸能够明显抑制铜绿微囊藻 PSII 的电子传递链，也许，光没有增强焦性没食子酸导致的 ROS 的产生，很可能是与藻类的光合作用被焦性没食子酸所抑制有关。

鉴于 $O_2^{\cdot-}$ 是 ROS 族自由基产生过程中的先导产物，为了从源头为化感物质能够诱导藻细胞产生 ROS 提供更直接的证据，对藻细胞内超氧阴离子的生产及其水平的确认是化感物质导致 ROS 产生研究中的一个关键点。以往的研究证明，具有氧化还原循环性质的化感物质可以诱导 $H_2O_2/{}^{\cdot}OH$ 的产生，但未见直接证明它们的前体 $O_2^{\cdot-}$ 存在的报道。同时，Wang 等（2011）比较了儿茶酸和焦性没食子酸诱导铜绿微囊藻及羊角月牙藻 ROS 产生的规律后推测，焦性没食子酸可能抑制了藻类 SOD 的活性，进而抑制了从 $O_2^{\cdot-}$ 到 H_2O_2 的转化。

Sun 等（2009）借助 $O_2^{\cdot-}$ 的特异性荧光探针二氢乙锭（dihydroethidium，DHE）进一步探讨了化感物质介导的藻细胞内 ROS 产生的具体路径。DHE 是一种直接用于活细胞标记的荧光探针，当其被活细胞摄入后，可以在细胞内的超氧阴离子作用下脱氢，产生乙锭（ethidium），乙锭可以与 RNA 或 DNA 结合产生红色荧光。当细胞内的超氧化物阴离子水平较高时，产生的乙锭较多，红色荧光就较强，反之则较弱，这样就可以用 DHE 进行超氧阴离子水平的检测。实验分别在光照和黑暗条件下将铜绿微囊藻暴露于不同浓度的焦性没食子酸中，随后活细胞装载 DHE、DCFH-DA 荧光探针，借助流式细胞仪同时检测藻细胞内 $O_2^{\cdot-}$ 和 $H_2O_2/{}^{\cdot}OH$ 水平，并同步进行 SOD 活性测定。实验结果显示，在焦性没食子酸作用下，铜绿微囊藻细胞内 $O_2^{\cdot-}$ 水平显著上升，剂量-效应关系显著，且光照条件会明显加强该上升趋势（图 4.28）；$H_2O_2/{}^{\cdot}OH$ 水平则在光照和黑暗条件下呈相反的变化趋势，

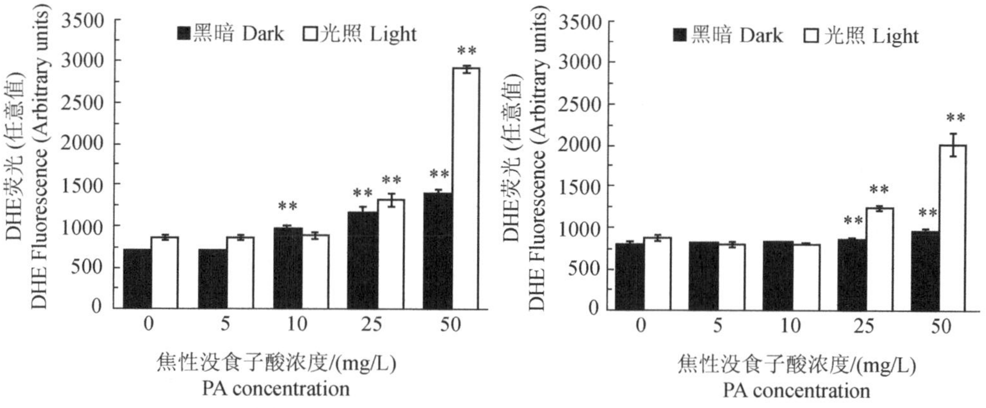

（a）　　（b）

图 4.28　焦性没食子酸在黑暗和光照条件下处理 8h（a）、12h（b）引起铜绿微囊藻细胞内 $O_2^{\cdot-}$ 的变化，**表示超氧阴离子水平与对照相比有极显著性差异(P< 0.01)。

Fig. 4.28　$O_2^{\cdot-}$ formation in *M. aeruginosa*after 8h(a)、12h(b) exposure to PA under dark and light conditions. ** (P< 0.01) indicate significant differences in $O_2^{\cdot-}$ formation compared with respective control.

即在黑暗暴露条件下上升、在光照暴露条件下下降（图 4.29）；低浓度的焦性没食子酸能够显著激发 SOD 活性，从而加快对 $O_2^{\cdot -}$ 的清除，但高浓度的焦性没食子酸则可抑制 SOD 活性，尤其在光照条件下这种抑制现象更为明显（图 4.30）。

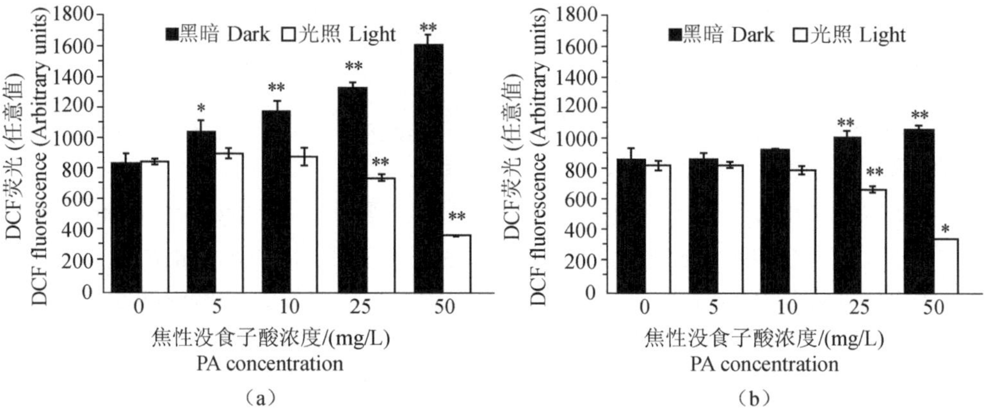

图 4.29　焦性没食子酸在黑暗和光照条件下处理 8h（a）、12h（b）引起铜绿微囊藻细胞内 $H_2O_2/^{\cdot}OH$ 的变化，*表示与对照相比有显著性差异($P< 0.05$)；**表示与对照相比有极显著性差异($P< 0.01$)。

Fig. 4.29　$H_2O_2/^{\cdot}OH$ formation in *M. aeruginosa* after 8h (a), 12h (b) exposure to PA under dark and light conditions. * ($P< 0.05$) and ** ($P< 0.01$) indicate significant differences in $H_2O_2/^{\cdot}OH$ formation compared with respective control.

在植物光合系统中，由于光合作用中的各种高能反应，光合作用电子传递链被认为是 $O_2^{\cdot -}$ 产生的一个重要来源（Asada，2006；Baier et al.，2005）。如前所述，光合作用中的假环式电子传递链能造成 O_2 的消耗与 $O_2^{\cdot -}$ 的生成。且 PSI 的基质与基粒部分被认为是 $O_2^{\cdot -}$ 产生的重要部位（Michelet et al.，2012；Takahashi et al.，1988；Wise，1995），Zhu 等（2010）报道，焦性没食子酸能够明显增强铜绿微囊藻 PSI 的电子传递链活性，因此，焦性没食子酸作用下光合作用假环式电子传递链产生的 $O_2^{\cdot -}$ 很可能就是光照能够加强铜绿微囊藻细胞内 $O_2^{\cdot -}$ 水平上升的原因所在。焦性没食子酸是一种强还原剂，结合其电化学性质，从上述实验结果证明，当焦性没食子酸进入藻细胞后，在细胞内还原剂的共同作用下，确实可能存在半醌自由基和醌二者之间的相互转化，以及伴随这个过程而不断产生的 $O_2^{\cdot -}$，也就是类似于儿茶酸所发生的无效氧化还原循环；较高浓度的焦性没食子酸确实可能引发对藻细胞内 SOD 活性的抑制作用，这是在过去实验中（王静，2011；孙雪梅等，2013）检测不到明显的 $H_2O_2/^{\cdot}OH$ 产生，甚至 $H_2O_2/^{\cdot}OH$ 水平出现下降的原因；焦性没食子酸介导的藻细胞内无效氧化还原循环以及光合作用中的假环式电子传递链可能是化感物质焦性没食子酸作用下铜绿微囊藻细胞内 $O_2^{\cdot -}$ 的重要来源。

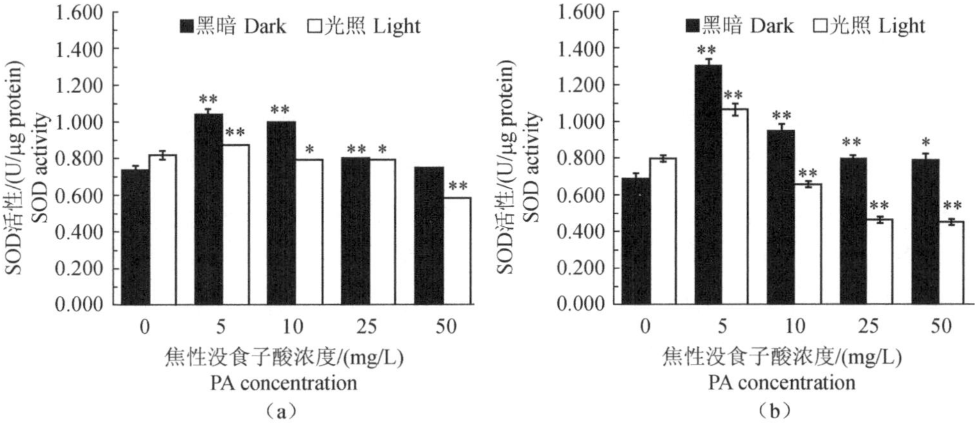

图 4.30 焦性没食子酸（PA）在黑暗和光照条件下处理 8h（a）、12h（b）引起铜绿微囊藻细胞内 SOD 活性的变化，*表示与对照相比有显著性差异($P< 0.05$)；**表示与对照相比有极显著性差异($P< 0.01$)。

Fig. 4.30 SOD activity in *M. aeruginosa* after 8h(a), 12h(b) exposure to PA under dark and light conditions. * ($P< 0.05$) and ** ($P< 0.01$) indicate significant differences in SOD activity compared with respective control.

综合上述实验结果，可以将焦性没食子酸介导的铜绿微囊藻细胞内 ROS 产生的可能路径概括如下：焦性没食子酸作为一种强还原剂进入藻细胞后，形成醌和和半醌自由基，后者将电子传递给氧分子造成细胞内超氧阴离子水平的上升，并在细胞内还原物质的共同作用下，形成半醌自由基和醌二者之间的无效耗能氧化还原循环；SOD 是细胞抗氧化防御系统的首道防线，低浓度焦性没食子酸的暴露可以激发 SOD 的活性，使其通过歧化作用将超氧阴离子转化为 H_2O_2 从而帮助细胞清除超氧阴离子；但是高浓度的焦性没食子酸会抑制 SOD 的活性。

Wang 等（2011）将壬酸等其他 6 种化感物质暴露于铜绿微囊藻和羊角月牙藻细胞后，测定其细胞内 ROS 的水平。结果表明，无论是在黑暗条件下还是在光照条件下均未发现有显著的 ROS 产生（$P > 0.05$）。根据已报道的 EC_{50} 值（Nakai et al.，2000，2001；Zhu et al.，2010），这些化感物质对铜绿微囊藻的化感抑制顺序为：壬酸>焦性没食子酸>没食子酸>咖啡酸>油酸>原儿茶酸>儿茶酸>鞣花酸。然而，Wang 等（2011）只观察到儿茶酸和焦性没食子酸具有引起铜绿微囊藻和羊角月牙藻细胞内产生 ROS 的能力，这也证明了这些化感物质对浮游藻类的致毒机制互不相同。

近年来，为了揭示自然水生态系统中水生植物对浮游藻类的化感抑制机理，研究大型沉水植物的分泌物对浮游藻类光合作用的影响及氧化损伤成为很多研究者关注的内容。藻类的 PSII 已经被证实是化感物质的一个重要靶位（Leu et al.，2002；Shao et al.，2009a；Zhu et al.，2010），氧化损伤也曾经被报道是大型沉水植物分泌的化感物质对浮游藻类抑制的另一重要机制。不过大多是通过分析暴露于化感物质后浮游藻类抗氧化系统中某个或某些抗氧化酶的活性和抗氧化剂含量的变化，以及脂质过氧化程度来间接证明 ROS 的产生和氧化胁迫的存在（Wu et al.，2007；Shao et al.，2009b）。在纯化感物质急性毒性暴露后的浮游藻类细胞内检测到 ROS 的产生，为大型沉水植物分泌物能够导致蓝藻和绿藻细胞可能发生氧化胁迫提供了直接的证据（Wang et al.，2011）。在自然水生态系统中，大型沉水植物分泌到水体中的化感物质浓度虽然非常低，远远低于实验室条件下测试的单个化感物质的 EC_{50} 值，但由于化感物质是连续释放到周围水环境中，对浮游藻类造成连续的胁迫，而一些具有氧化还原循环特性的化感物质，当它们被藻细胞吸收后，通过其氧化还原循环反应，又增强了 ROS 的产生，当 ROS 的浓度超过了浮游藻类细胞的抗氧化系统容量时，氧化胁迫随之发生。这很可能是自然水体中浓度很低的化感物质却能够呈现显著抑制效果的原因之一。

4.2.4 化感物质诱导 ROS 产生导致藻细胞 DNA 的损伤

细胞受到外界环境胁迫，使 ROS 的产生超过细胞对其清除能力时，过量的活性氧会与它周围大分子发生反应，其中 DNA 是一个非常容易受到攻击的靶分子（Gill and Tuteja，2010）。在生态毒理研究中，发现许多污染物能够诱导 ROS 产生并损伤 DNA，同时将 DNA 的损伤，如链的断裂作为生物标志物（biomarker），来检测潜在的致癌、致突变物质。在浮游藻类中，对 DNA 损伤的一个重要方面就是导致其单链和双链断裂。已有报道指出环境胁迫，如电离辐射、温度、盐度及紫外线等均能诱导 ROS 水平升高，并导致藻类细胞内 DNA 链的断裂。因此，探讨由化感物质诱导产生的 ROS 与 DNA 损伤之间的关系，对进一步阐明化感物质可能的作用机理具有重要意义。目前，在文献中罕见有关水生植物化感物质与藻类 DNA 损伤之间关系的报道。

鲁志营等（未发表数据）用 DNA 解旋荧光分析法（fluorescent assay DNA unwinding，FADU）研究了化感物质焦性没食子酸（PA）在各种暴露浓度和暴露时间下对铜绿微囊藻 DNA 损伤的影响，结果如图 4.31 所示，在不同浓度 PA 暴露条件下，DNA 链的断裂呈现显著的剂量/效应和时间/效应关系。用 50mg/L PA 处理铜绿微囊藻 12h，其 DNA 链断裂达到最大值。在这一暴露实验中，铜绿微囊藻 DNA 链的断裂呈现两个不同变化阶段（包括 10mg/L 处理组）。第一阶段，DNA 链断指数（SSF）随着暴露时间的延长而升高；第二阶段，SSF 达到最大值后呈现迅速下降的趋势。造成这一现象可能是由于本应检测到的断裂 DNA 片段因细胞膜的损伤而进入培养基，而未被检测到有关。同时，即使在暴露浓度很高（50mg/L）的情况下尚有很大比例的细胞存活。因此，此时 SSF 值代表的是存活细胞及 DNA 受到损伤但尚未破裂细胞的 SSF 值。

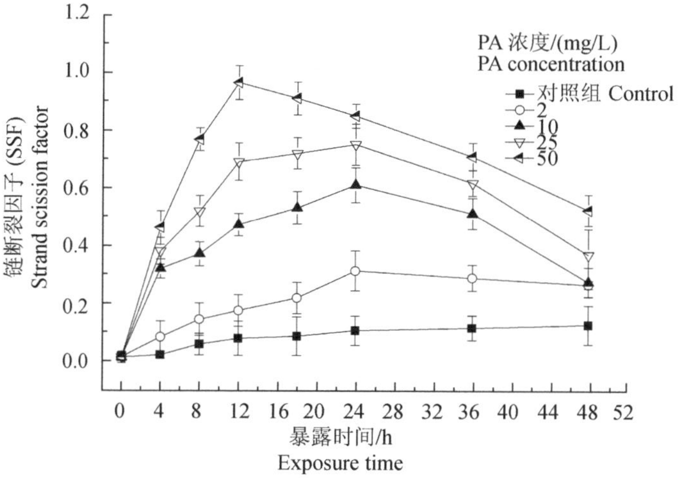

图 4.31　焦性没食子酸对铜绿微囊藻 DNA 链断裂的影响。DNA 链断裂水平以 SSF 值表示

Fig. 4.31　Effect of PA on DNA strands breakage of *M. aeruginosa*. The level of DNA strands breakage is expressed as SSF

通过流式细胞仪检测发现，50mg/L 焦性没食子酸暴露条件下铜绿微囊藻细胞的前向荧光和侧向荧光均低于对照组[图 4.32(a)、(b)]，这一结果说明在焦性没食子酸暴露条件下，铜绿微囊藻细胞内含物颗粒度降低，细胞体积减小。Zhang 等（2010）在研究酚酸类化感物质对铜绿微囊藻生长影响时发现，ρ-香豆酸和阿魏酸可以引起铜绿微囊藻细胞核酸物质外流，导致胞外培养基的 OD_{260} 值升高。同时，通过碘化丙锭（PI）染色的结果表明[图 4.32(c)～(e)]，PI 阳性细胞的比例（死亡率）随焦性没食子酸暴露浓度增加而增加，在 50mg/L 焦性没食子酸暴露条件下可见细胞膜完整性随着暴露时间的延长而降低。可见在高暴露浓度下，ROS 产生水平远超过细胞修复和抗氧化能力时也能导致死亡。值得注意的是，即使在此条件下，仍有一部分抗逆境能力极强的细胞存活下来，表明铜绿微囊藻细胞具有极强的抗氧化能力和对各种损伤的修复能力。在焦性没食子酸浓度低至接近 EC_{50}（2mg/L）浓度暴露 24h 时，DNA 链断裂可被明显检测到（图 4.31），但 SSF 值在 48h 时也有明显降低，这也可能与细胞自身的修复能力有关。

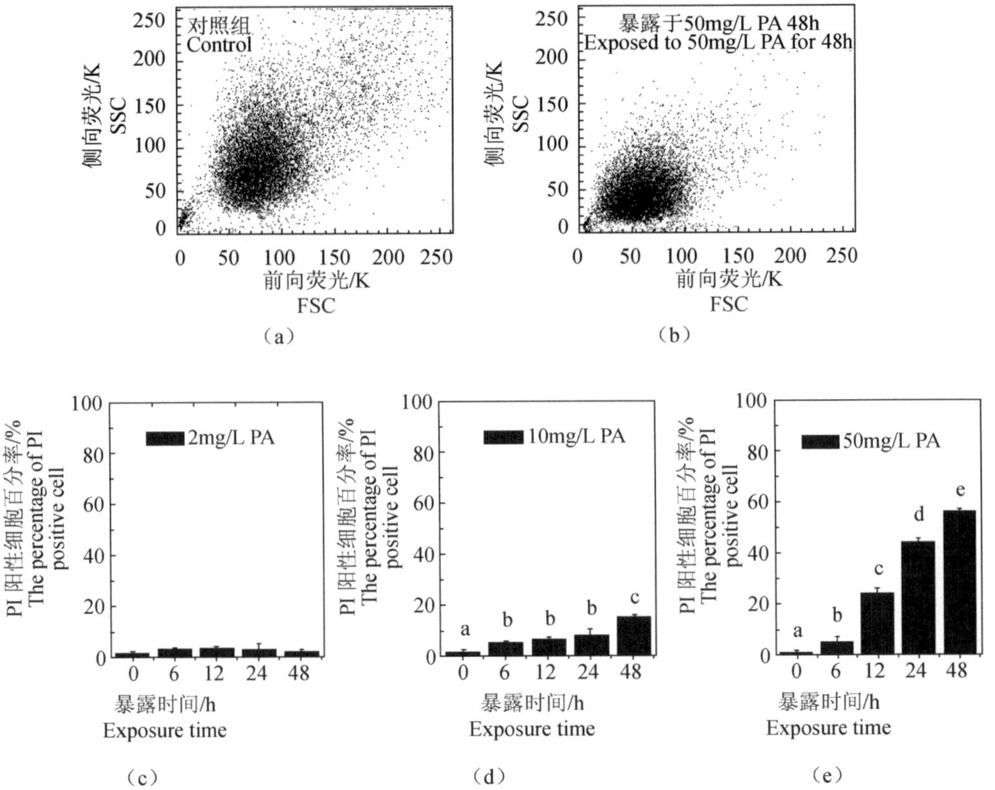

图 4.32　细胞粒度、大小、膜完整性变化。(a)、(b)焦性没食子酸处理 48h 后前向荧光和侧向荧光的变化；(c)~(e)焦性没食子酸对细胞膜完整性的影响

Fig. 4.32　Changes in the internal cell complexity/granularity, cell size and cytomembrane integrity. (a),(b)The shifts in the FSC and SSC signals after treatment with 50mg/L PA for 48h. (c)~(e)Effect of PA on the cytomembrane integrity of *M. aeruginosa*

在毒理学中，一个普遍被确认的氧化损伤的终点是 ROS 可以引起 DNA 分子的损伤。那么，在铜绿微囊藻中，焦性没食子酸导致的 DNA 链的断裂是否也是由 ROS 介导？为了证实这一问题，鲁志营等（未发表数据）在焦性没食子酸暴露条件下，同时测定 SSF 值与 ROS 值（图 4.33）。结果表明，SSF 测量值与 ROS 测量值的相关系数 r=0.863，显示这两个变量间呈现明显的相关性（P<0.01，SPSS 13.0，Chicago，IL）。为了进一步证明 ROS 是否参与了焦性没食子酸诱导的铜绿微囊藻 DNA 的损伤，先用 3 种不同浓度的 ROS 清除剂 *N*-乙酰-L-半胱氨酸（NAC）、生育酚和抗坏血酸对铜绿微囊藻进行预处理，然后进行焦性没食子酸暴露，观察是否能降低 DNA 损伤的程度。这 3 种 ROS 清除剂是广泛存在于生物体内的小分子抗氧化剂，其中，抗坏血酸是广泛存在于植物体内的水溶性强的抗氧化剂。

NAC，作为 *L*-半胱氨酸和谷胱甘肽的前体化合物，除了直接与自由基发生反应将其清除外，还作为还原型谷胱甘肽的储存库，增强有机体抗氧化能力。生育酚作为一种脂溶性的小分子抗氧化剂，在生物有机体中能降低细胞脂质过氧化水平。研究结果表明，NAC 和抗坏血酸的加入剂量与 DNA 链降低水平呈现明显剂量效应关系，生育酚在高浓度时对细胞的 DNA 损伤起到保护作用。3 种 ROS 清除剂在不同程度上都能够显著减轻焦性没食子酸诱导的 DNA 链的断裂（图 4.34）。以上结果进一步表明，焦性没食子酸通过在细胞内的氧化还原循环产生 ROS，能够导致受试微囊藻 DNA 链的断裂。显然，这一结果是在较高的暴露浓度和较短暴露时间，即急性毒性条件下获得的，但它证明了化感物质诱导产生的 ROS 与藻类 DNA 发生反应的可能性。而在自然条件下水生植物分泌到周围水环境中的化感物质浓度仅在微克/升（μg/L）水平并具有连续释放的性质。因此，今后进一步开展在低浓度连续暴露条件下化感物质对藻类 DNA 损伤的研究是十分必要的。

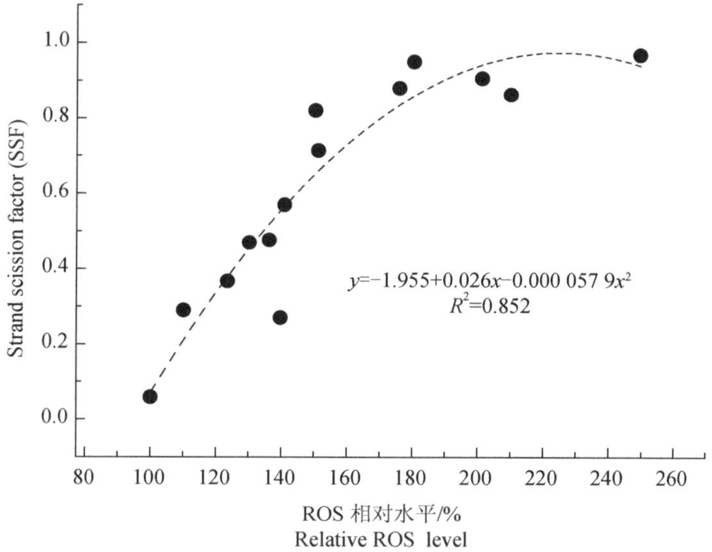

图 4.33 ROS 与 DNA 断裂之间的相关方程

Fig. 4.33 The level of DSB as a function of relative ROS level

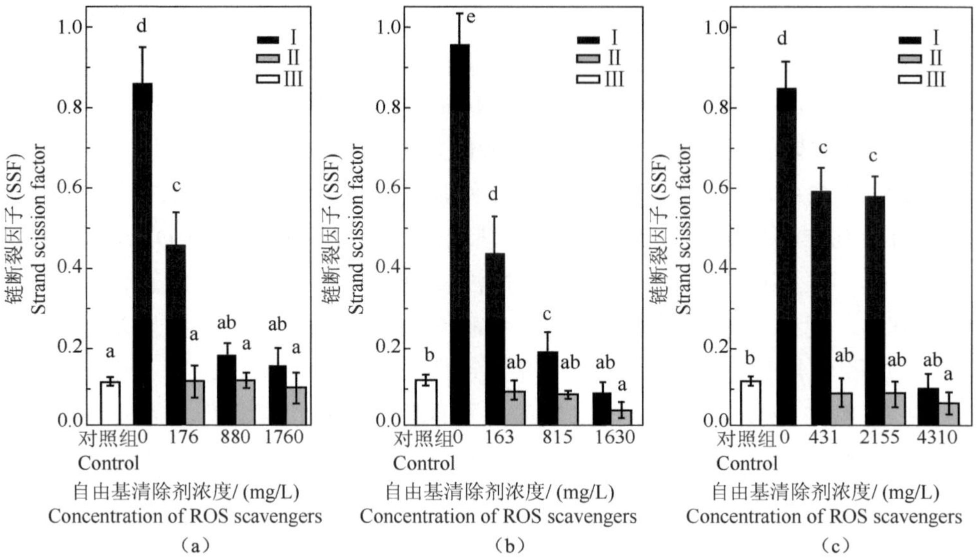

图 4.34 ROS 清除剂对焦性没食子酸诱导的 DNA 损伤的影响。I. 黑色柱代表经过 3 种 ROS 清除剂预处理 12h 后 50mg/L 焦性没食子酸暴露的各组；II. 灰色柱代表只经 3 种 ROS 清除剂预处理 12h 的各个组；III. 白色柱代表未经任何处理的对照组。每一个柱状图代表均值±标准差，柱上的字母表明显著性差异，不同组之间的差异由单因素方差分析检验，两两比较由 LSD post-hoc 进行。（a）抗坏血酸；（b）*N*-乙酰-L-半胱氨酸；（c）生育酚

Fig. 4.34 Effect of ROS scavengers on PA-induced DNA breaks in *M. aeruginosa*. I. Black bar denoting test organism exposed to 50mg/L PA for 12 hours after pretreatment with different concentration of scavengers; II. Gray bar denoting the control of reagent treatment with scavengers only; III. White bar denoting the control of background without any treatment. Each bar represented mean ± standard deviation. Significant groupings were marked by the letters above bars, and analyses were conducted by a one-way ANOVA followed by an LSD post-hoc test. (a) Ascorbic acid; (b) NAC; (c) Tocopherol

4.2.5 ROS 导致藻类膜的脂质过氧化

一般而言，细胞的膜脂过氧化与细胞膜的损伤呈正相关，丙二醛（MDA）是脂质过氧化的产物，是膜脂受到 $O_2^{\cdot-}$、$^{\cdot}OH$ 等 ROS 作用的结果。因此，细胞中 MDA 含量常常被用作评价细胞膜脂过氧化水平。植物体遭受氧化胁迫时能形成 $O_2^{\cdot-}$ 等 ROS，ROS 的产生能对周围细胞形成氧化损伤，因而测定细胞中 MDA 含量，可以了解和评估细胞膜的氧化损伤状况，特别是细胞膜结构破坏的程度。许多研究表明，化感物质可破坏细胞膜上的巯基，降低膜完整性，从而使细胞内物

质外流、细胞体积缩小（Bazivamakenga et al.，1995；Dayan et al.，1999；Galindo et al.，1999）。研究表明，草-藻共培养条件也能导致藻细胞内 MDA 含量的增加。例如，喜旱莲子草、菱、金鱼藻和浮萍等水生植物与栅藻共培养，处理第 7 天，所有实验组的栅藻细胞内 MDA 的积累量显著高于对照组。用不同的水生植物与栅藻共培养后后，其效果有明显差异，喜旱莲子草组中 MDA 含量最少，是对照组的 157.4%；凤眼莲组最高，为对照组的 191.2%。藻细胞膜结构受到明显损伤的结果与受试植物对藻细胞生长的抑制作用表现出一致（唐萍等，2001）。沉水植物马来眼子菜在共培养条件下能使斜生栅藻表现出一定程度的脂质过氧化（Wu et al., 2007）。水生植物化感作用对藻类膜脂过氧化的影响与其生长一样受植物种类的影响，不同植物对藻类膜脂过氧化的影响不同。相同生物量的水生植物，小茨藻和马来眼子菜分别与初始密度为 7×10^7ind/L 斜生栅藻共培养 10 天后，斜生栅藻细胞内 MDA 的含量变化各不相同（图 4.35）。2.5g/L 和 3.75g/L 的小茨藻处理组斜生栅藻细胞内 MDA 的含量与对照组相比分别提高了 141.3%和 226.4%；相同生物量马来眼子菜处理组与对照组相比分别提高了 422.3%和 235.8%。前者随水生植物生物量的提高，目标生物细胞内 MDA 的含量逐渐增加；后者低生物量的水生植物对目标生物 MDA 影响相对更大。而两种处理量的菹草对斜生栅藻细胞内 MDA 含量的影响不明显（邓平，2007）。

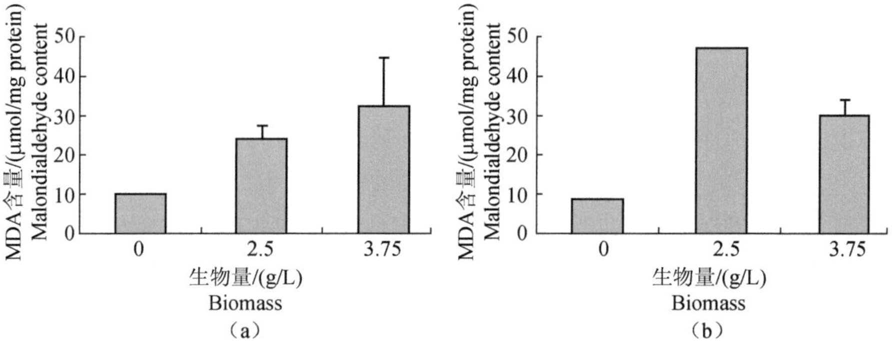

图 4.35　小茨藻（a）、马来眼子菜（b）对斜生栅藻 MDA 含量的影响

Fig. 4.35　Effect of *N. minor* (a) and *P. malaianus* (b) on MDA content of *S. obliquus*

除了共培养体系中水生植物对藻类膜脂过氧化有影响外，从植物体内分离的化感物质 EMA 对月牙藻膜脂过氧化也有影响，但是这种影响与目标藻的初始浓度有关。研究表明，EMA 处理较低接种密度的月牙藻（5×10^4ind/mL），MDA 含量与处理时间和浓度呈明显正相关；而相同浓度的 EMA 处理较高接种密度的月牙藻（5×10^5ind/mL），藻体内的 MDA 含量与处理时间和浓度的相关性并不明显（Hong et al.，2008）。2mg/L 的化感物质禾胺处理铜绿微囊藻 40h 后能诱导其体内的 MDA 含量明显升高，随着禾胺处理浓度的增加 MDA 含量增加，8mg/L 的禾

胺处理组藻体内的 MDA 含量是对照组的 3.9 倍，表明一定处理浓度的禾胺能导致铜绿微囊藻细胞的膜脂过氧化（Hong et al.，2009）。藻细胞内 MDA 含量的增加表明化感作用胁迫能导致藻细胞膜受到氧化损伤，这为进一步研究膜损伤及功能提供了依据。

4.3 化感物质触发藻类细胞程序性死亡

1972 年，Kerr 等三位科学家首次提出了细胞凋亡（apoptosis）的概念，标志着对细胞凋亡真正探索的开始（Kerr et al.，1972）。在此之前，关于胚胎发育生物学、免疫系统的研究，以及肝细胞死亡的研究都为这一概念的提出奠定了基础。在多细胞生物中，细胞凋亡是去除不需要或异常细胞的重要途径，并在生物体的进化、内环境的稳定及多个系统的发育中起着重要作用。随着分子生物学技术的发展，研究者对多种细胞凋亡过程有了更多认识。例如，近几年在细胞凋亡的相关基因的保守性及调控、细胞凋亡的信号转导、与细胞凋亡相关的分子及其相互之间的关系等方面积累了一定的研究成果，但是细胞凋亡过程的机制迄今尚不完全清楚。多细胞生物除由于进化、稳定和发育等需求发生细胞凋亡外，外界的刺激因素，如射线、药物等也能够诱发细胞凋亡的发生。细胞凋亡过程的紊乱可能与许多疾病的发生有直接或间接的关系，如肿瘤、自身免疫性疾病等。

从严格意义上来说，多细胞生物体中细胞程序性死亡（programmed cell death，PCD）与细胞凋亡有一定区别。PCD 描述的是多细胞生物体中某些细胞的死亡，是个体发育中一个预定的、受到严格程序控制的正常组成部分。例如，蝌蚪变成青蛙，其变态过程中尾部的消失伴随大量细胞死亡，此过程必须有 PCD 的参与。生物界形形色色的 PCD 有一个共同特征，即以分散、逐个的方式从正常组织中死亡和消失，同时机体无炎症反应。因此，从动物发育过程的角度来看，PCD 是一个发育学概念。细胞凋亡描述的是有着一整套形态学特征的与细胞坏死完全不同的细胞死亡形式，是一个形态学概念。但是，在绝大多数情况下，细胞凋亡和 PCD 两个概念可以交互使用，具有同等意义。

21 世纪之前的绝大多数关于细胞凋亡的研究均以多细胞动物为研究主体，而对浮游藻类细胞死亡的研究较少。近年来虽然有研究表明 PCD 在一些蓝细菌（蓝藻）、绿藻和甲藻中存在，但是对浮游藻类 PCD 的原因和生物化学过程不完全了解，对 PCD 与浮游藻类种群变化乃至在更大范围内对浮游藻类生物地理化学循环的生态学意义等认识模糊。因此，进一步加强浮游藻类 PCD 的研究，了解 PCD 在其生活史中扮演的角色，既增加对浮游藻类细胞内信号转导和种群数量自我调控及水华发生与消亡的理解，又有利于对浮游藻类种群代谢型分化进行监测和对水华消亡进行人工干预。

4.3.1 多细胞生物细胞凋亡的特征

为了研究浮游藻类的PCD，还需从了解多细胞生物的细胞凋亡开始。多细胞生物的细胞凋亡是受高度调节的一种生理性细胞死亡过程，是受基因调控的一个主动连续的程序化反应。细胞凋亡特征包括细胞皱缩、染色质聚集和片段化、特殊的细胞生化过程及基因表达机制变化，它同时具备形态学上的改变和生物化学变化的特征。

1. 形态学变化

形态学观察细胞凋亡的变化是多阶段的，细胞凋亡往往涉及单个细胞，即便是一小部分细胞其凋亡也是非同步发生的。首先出现的是细胞体积缩小，细胞连接消失，与邻近细胞脱离；然后是细胞质密度增加，内质网扩张呈泡状并与细胞膜融合，核质浓缩，核膜核仁破碎，染色体 DNA 被内切核酸酶降解。但在整个过程中，线粒体内的 DNA 并不发生断裂。细胞膜有小泡状形成，膜内侧磷脂酰丝氨酸外翻到膜表面，细胞膜结构仍然完整，最终可将凋亡细胞遗骸分割包裹为几个凋亡小体，凋亡小体可迅速被周围专职或非专职吞噬细胞吞噬。这种死亡过程没有溶酶体及细胞膜破裂，无内容物外溢，因此不引起周围的炎症反应。

2. 生物化学变化

1）凋亡性内切核酸酶与DNA的片段化

早在20世纪70年代就有人发现，在正常细胞中存在Ca^{2+}和Mg^{2+}依赖性内源性内切核酸酶，这种Ca^{2+}、Mg^{2+}依赖性内切核酸酶是一种双链 DNA 内切酶。将这类与凋亡有关的内切核酸酶（DNase）统称为凋亡性内切核酸酶（apoptotic endonuclease）。体外实验表明，DNA经此酶的消化，可产生类似凋亡细胞的DNA降解现象。Ca^{2+}和Mg^{2+}能激活此酶的活性，Zn^{2+}显著抑制其作用。经这种酶切割后所产生的染色体DNA最小单位长度为180～200bp，其余DNA片段长度为180～200bp 的倍数（寡聚体）。这正好是缠绕组蛋白寡聚体的长度，提示染色体 DNA 恰好是在核小体与核小体的连接部位被切断，产生不同长度的寡聚核小体片段。这种降解在琼脂糖凝胶电泳中呈现特异的梯状（ladder）图谱，而坏死呈弥漫的连续图谱。DNA 的切割动力学分析表明，这种 DNA 降解片段可以在 1～2h 内检测到，DNA 降解过程从细胞死亡前 5h 开始，到 24h，绝大多数凋亡细胞的降解达到高峰。有研究发现，内源性内切核酸酶活性可能与拓扑异构酶 TopoⅡ有关，因为该酶可能产生使染色体解旋的作用，使内源性内切核酸酶更容易接近切割点。

值得指出的是，DNA 降解在琼脂糖凝胶电泳中呈梯状分布（DNA ladder）对鉴定细胞凋亡具有一定重要性。

2）Ca^{2+}的动员

细胞内Ca^{2+}和蛋白质的磷酸化参与介导细胞凋亡。细胞内Ca^{2+}浓度升高，激活了Ca^{2+}依赖性酶活性，这些酶包括内切核酸酶、钙蛋白酶（calpain）和谷氨酰胺转移酶（transglutaminase）等，它们分别导致DNA降解和染色质凝集、细胞骨架紊乱和细胞皱缩、胞质蛋白质交联、维持凋亡小体完整、防止细胞内涵物外溢等。Ca^{2+}也可将蛋白激酶C（PKC）激活、引起离子通道改变、G蛋白的磷酸化和cAMP的升高等，这些变化均与细胞凋亡密切相关。Mc Conkey等提出钙动员的作用模式。他们认为，糖皮质激素结合到膜受体上以后，需要合成蛋白质来构建连接细胞膜和细胞核的钙通道，使Ca^{2+}达到饱和激活内源性内切核酸酶。因此，在细胞凋亡中细胞内储藏钙的动员可能比细胞外钙的动员更为重要。

3）大分子的合成

在细胞凋亡过程中，往往有新基因的表达和某些生物大分子的合成作为调控因子。在研究用糖皮质激素诱导胸腺细胞凋亡时发现，放线菌素D等能抑制凋亡细胞的形态学改变和DNA片段化，这可能与放线菌素D等抑制了细胞内RNA和蛋白质等大分子物质有关。在用辐射、类固醇和细胞毒性药物等诱发的凋亡中也观察到此现象。用人粒细胞白血病HL-60进行研究时发现，当大分子合成受抑制时，加入微管结构破坏剂秋水仙碱也可诱导细胞凋亡。显然在这些情况下，内源性内切核酸酶已存在于细胞内，在蛋白激酶作用下可能被激活，从而引起细胞凋亡。

有关实验表明，RNA合成抑制剂或蛋白质合成抑制剂均能阻止或推迟细胞死亡，这也表明凋亡是一个需要某些新合成蛋白质大分子参与的主动过程。

更多的研究观察发现，细胞凋亡除具有以上介绍的特征外，还包括如细胞质膜完整、线粒体仍有跨膜电位、保留了ATP依赖的溶酶体质子泵、蛋白质含量明显减少、凋亡发生在G_0期（胸腺细胞）、前进光散射减少和直角散射不变（HL-60细胞）或增加（胸腺细胞）等特征。

4.3.2 浮游藻类死亡的形式

最初“细胞死亡”的概念和研究是建立在后生动物细胞死亡的基础上的，具有相对简单的因果关系。对单细胞的浮游藻类来说，其面临高度复杂多变的环境，与竞争者、寄生者和同种个体相互作用，其细胞死亡的定义非常复杂。尽管如此，研究者还是可以借鉴后生动物细胞死亡的相关研究模式对浮游藻类细胞死亡进行研究。Reynolds于1984年用生长公式总结了浮游藻类种群净生物量变化（Reynolds，1984）：

$$\frac{\delta N}{\delta t} = e^{(k' - \Sigma k_{\mathrm{L}})}$$

式中，N 为生物量；k' 为生长率；k_L 为总损失率。

其中，

$$\sum k_L \cong k_w + k_s + k_d + k_g$$

式中 k_w 为水力冲刷率；k_s 为沉降率；k_d 为死亡率；k_g 为牧食率。其中，k_d 最难定义，其在系统中的重要度尚未可知。藻细胞死亡（k_d）的生物因子主要指寄生者，包括病毒（Brussaard，2004；Suttle，2005）和细菌（Cole，1982；Imai et al.，1993）等；非生物因子主要包括营养限制（Brussaard and Riegman，1998）和化感作用（Vardi et al.，2002）；物理/化学因子主要包括营养的可利用度和光照。浮游藻类生态学将重点研究环境中的生物因子和非生物因子的联系，以及这些因子对浮游藻类细胞死亡的潜在影响（Franklin et al.，2006）。可以预见，某些环境因子作用于浮游藻类细胞后，细胞通过特定的代谢过程将环境因子的影响尽可能的消除，也有可能一些特定环境因子导致浮游藻类细胞死亡，从目前的研究来看，细胞的死亡表现出如表 4.4 所示形式和特点。

表 4.4　浮游藻类细胞死亡的形式

Table 4.4　Simple definitions of terms used to describe the causes of phytoplankton cell death

术　语	定　义	描　述
细胞自然死亡 Natural cell death	由于细胞分裂能力耗尽（老化）、能量限制（饥饿）或无法忍受的物理条件（比如干燥）等因素引起的细胞死亡	为了避免细胞老化，多数浮游藻类可能通过有性生殖来保持细胞活力。然而在真核浮游藻类中，没有观察到完整的生殖周期
程序性细胞死亡 Programmed cell death, PCD	通过在细胞内基因表达、caspase 酶作用引发的系列生化过程而导致的细胞“自杀性死亡”过程，通常产生特异的死细胞形态（如细胞凋亡）	PCD 对多细胞生物来说是分化和自我稳定的基础。通常认为 PCD 是被细胞内信号或环境胁迫所触发，导致 caspase 酶活化和细胞死亡。PCD 是受一系列严格程序控制的细胞死亡过程。PCD 一旦触发则不可逆
细胞凋亡 Apoptosis	与多细胞生物 PCD 过程中/后观察到的一系列形态学特征类似。包括 DNA（和细胞核）片段化、细胞内含物的压缩至凋亡小体、细胞皱缩、膜泡形成、膜完整性丧失、磷脂酰丝氨酸外翻等特征	细胞凋亡同样观测到发生在浮游藻类中。细胞凋亡不是细胞死亡的原因，而是 PCD 的结果
细胞裂解 Cell lysis	细胞膜破裂、细胞内含物溶解	认定为细胞消失。浮游藻类细胞裂解的定量分析可以通过溶解性酯酶法来确定。病菌感染和寄生物都能导致细胞裂解的发生。病毒可以破坏细胞，在细胞裂解之前产生类细胞程序性死亡的过程

续表

术　语	定　义	描　述
细胞坏死 Necrosis	不经过基因表达的细胞死亡形式。在多细胞生物中，坏死包括细胞膜完整性的丧失、细胞膨胀和细胞裂解	细胞坏死没有任何细胞自身代谢过程的参与
类细胞凋亡 Paraptosis	PCD 的一种形式，通过分子信号触发。类细胞凋亡导致细胞浆空泡化、线粒体和内质网肿胀、没有 caspase 酶活化过程	其形态学特征与细胞凋亡存在差别。现在有关类细胞凋亡的文献报道比较少，其机制有待于进一步深入研究
衰老 Senescence	在单细胞生物中观测比较困难。在藻类学中，定义衰老期出现在对数期之后，此时大多数细胞可能经历细胞自然死亡	在微藻领域，衰老概念的使用存在争议。衰老在多细胞植物中包括 PCD

注：仿 Franklin et al., 2006

Note: Modified from Franklin et al., 2006

4.3.3　浮游藻类的 PCD

因为 PCD 在多细胞生物中普遍存在，并在系统发育、功能形成和个体存活等方面发挥着重要作用。因此，PCD 长期以来被认为是多细胞生物所独有的。实际上，细胞凋亡与细胞坏死的诊断标准在判定单细胞浮游藻类时显得非常困难。直到近十几年，浮游藻类细胞的死亡过程才被研究者们重视，并在单细胞生物（如细菌、酵母及原生动物）中观察到了细胞凋亡的形态特征。而在浮游藻类的 PCD 研究中多以 apoptosis-like、paraptosis-like 等来描述浮游藻类的死亡方式。PCD 同时存在于原核生物和真核生物中，显示 PCD 在生物进化史上具有古老的起源。浮游藻类的 PCD 被定义为一类由细胞内生化途径介导的类凋亡形态学改变，并最终导致细胞溶解的自我代谢式细胞自杀形式（Bidle and Falkowski，2004）。

PCD 存在于蓝藻、绿藻和甲藻的部分种中（Gordeeva et al.，2004）。与后生生物类似，浮游藻类 PCD 的特征包括细胞内 ROS 的产生、caspase-like 蛋白酶活性触发、染色质紧缩、核变化、DNA 片段化等（Moharikar et al.，2006；Segovia et al.，2003；Gordeeva et al.，2004；Zuppini et al.，2007）。

1. 浮游藻类 PCD 的实验证据

最初发现浮游藻类的 PCD 是监测到在营养胁迫下细胞形态学的改变。海洋初级生产者硅藻布氏双尾藻（*Ditylum brightwellii*）在实验室限制氮和磷的培养条件下出现了自我裂解现象（Brussaard et al.，1997）。与此类似，实验室限氮培养的威氏海链藻（*Thalassiosira weissflogii*）出现了显著的光合效率降低、Rubisco 酶活性的选择性丧失，这些导致了细胞内蛋白酶活性的激活（Berges and Falkowski，1998）。

实验室培养和自然条件下生长的甲藻（*Peridinium gatunese*）在 CO_2 限制时产生大量的 ROS 并导致 PCD。其中，半胱氨酸蛋白酶在 PCD 中起着重要作用（Vardi et al.，1999）。蓝藻鱼腥藻（*Anabaena* spp.）在单价盐胁迫下非特异性的蛋白酶活性增加，并导致 PCD 的发生（Ning et al.，2002）。

莱茵衣藻（*Chlamydomonas reinhardtii*）在紫外线-C 暴露的情况下，其基因组 DNA 经琼脂糖凝胶电泳分析产生了显著的梯状 DNA 现象，说明内切核酸酶在核小体连接部位切断染色体 DNA（图 4.36）。原核的蓝藻鱼腥藻（*Anabaena* sp.）在 KCl 胁迫下也发生了 DNA 的裂解现象，但并未出现显著的梯状 DNA，究其原因，作为原核生物的鱼腥藻与动物细胞和真核光合生物不同，其染色体中缺乏组蛋白和由其组装的核小体结构，因此其在 PCD 过程中不发生梯状 DNA 现象，而呈现出 DNA 裂解成小片段的弥散现象（图 4.37）。

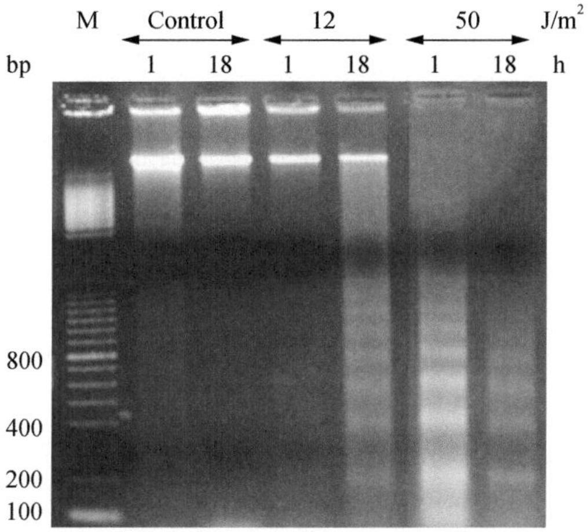

图 4.36　紫外线-C 暴露引起莱茵衣藻基因组 DNA 的片段化（Moharikar et al., 2006）。DNA 片段化由 12J/m² 和 50J/m² 剂量的紫外线 C 分别暴露后黑暗放置 1h 和 18h 孵育。对照组细胞未暴露于紫外线 C。M. 100～1000bp 的 DNA 标准片段

Fig. 4.36　Effects of ultraviolet (UV)-C irradiation on total genomic DNA of *Chlamydomonas reinhardtii* (Moharikar et al., 2006). The DNA fragmentation was induced by 12J/m² and 50J/m² doses of UV-C at 1h and 18h post-UV dark incubation. Control set represents the sample that was not exposed to UV (M. 100～1000bp DNA ladder)

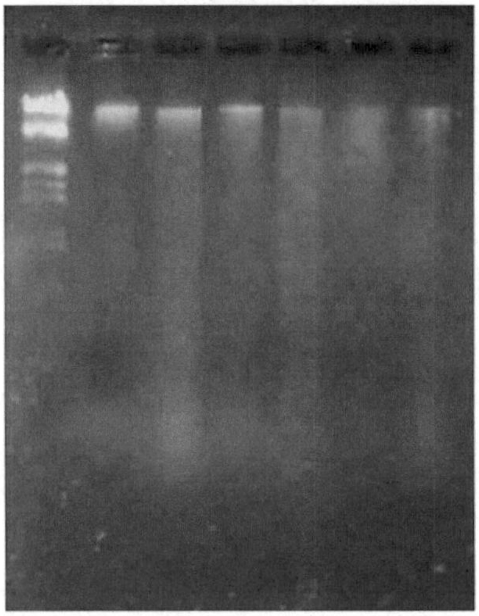

图 4.37　KCl 胁迫下鱼腥藻 PCD 前的 DNA 裂解成小片段。DNA 从 5～6mL 密度为 5.0×10^7～7.0×10^7cell/mL 的培养液中提取，1.5%琼脂糖凝胶电泳，EB 染色，紫外线激发拍照。M.DNA marker；1. 0.1mmol/L KCl，0 天；2. 0.1mmol/L KCl，3 天；3. 0.1mmol/L KCl+ActD，3 天；4. 0.1mmol/L KCl，4 天；5. 0.1mmol/L KCl+0.1mmol/L $CaCl_2$，4 天；6. 0.1mmol/L KCl+0.1mmol/L $CaCl_2$，6 天（改自 Ning et al., 2002）。

Fig. 4.37　Degadation of DNA into low molecular weight fragments before PCD. DNA was extracted from 5 to 6 mL medium at an original density of 5.0×10^7~7.0×10^7cell/mL, and loaded in each lane of 1.5% agarose gels. The DNAs were then separated by electrophoresis, stained with EB, and photographed under UV illumination. M. DNA marker; 1. 0.1mmol/L KCl, 0 day; 2. 0.1mmol/L KCl, 3 days; 3. 0.1mmol/L KCl+ActD, 3 days; 4. 0.1mmol/L KCl, 4 days; 5. 0.1mmol/L KCl+0.1mmol/L $CaCl_2$, 4 days; 6. 0.1mmol/L KCl+0.1mmol/L $CaCl_2$, 6 days (Modified from Ning et al., 2002)

2. ROS、NO 作为信号分子触发浮游藻类 PCD 的发生

众多研究表明，ROS 作为信号分子触发动物细胞凋亡的过程，同时也发现其在植物细胞凋亡的激活过程中发挥着重要作用。值得注意的是，ROS 被发现能够在单细胞生物，如原生动物和酵母的细胞凋亡中发挥作用。例如，高盐、CO_2 胁迫等环境因子能够引起浮游藻类细胞内 ROS 含量上升，并产生细胞凋亡现象（Affenzeller et al.，2009；Zuppini et al.，2010）。但是在胁迫过程中，如果藻细胞体系加入抗氧化酶和 ROS 清除剂，则显著降低藻细胞死亡。这表明，ROS 在多甲藻（*Peridinium gatunense*）细胞死亡过程中发挥着重要作用（Vardi et al.，1999），很可能作为信号分子触发浮游藻类 PCD 的发生。而当加入 caspase 的广谱抑制剂

Boc-D-FMK 和 caspase-like 的抑制剂时，阻止了绿藻杜氏盐藻的 ROS 产生和 PCD 的发生（Segovia and Berges，2009）。

NO 在动物中诱导细胞凋亡可通过氧化胁迫、干扰能量代谢、直接损害 DNA、激活多聚 ADP-核酸聚合酶或使胞液 Ca^{2+}调节紊乱等完成。同时，NO 也可以通过 cGMP 依赖途径、抑制细胞色素 C 释放、降低 caspase 酶活性等途径，发挥抑制细胞凋亡的作用。与此类似，在浮游藻类 PCD 过程及其抑制过程中，NO 可能发挥着重要作用。在海洋硅藻（*Phaeodactylum tricornutum* 和 *Thalassiosira pseudonana*）、绿藻莱茵衣藻（*Chlamydomonas reinhardtii*）的 PCD 中都监测到 NO 含量显著上升（Vardi et al., 2006; Yordanova et al.，2009）。与细胞内 ROS 含量上升引起的细胞内效应类似，NO 含量上升能够引起浮游藻类细胞的 SOD 酶表达的抑制、光合及生长速率的抑制，同时 caspase 酶活性上升、*metacaspase* 基因的表达增加，进一步引起 PCD（Brownlee，2008）。然而在硅藻（*Phaeodactylum tricornutum*）细胞 NO 含量上升的情况下，却出现了阻止细胞死亡的情况（Vardi et al.，2006）。由于 NO 的生物半衰期高于 ROS，且可以在水体中扩散，并引起邻近细胞内 NO 含量的上升，推测 NO 在浮游藻类细胞种群消亡中扮演着重要角色（Vardi et al.，2006）。

虽然许多文献报道各种环境因子胁迫下，浮游藻细胞发生 PCD，同时伴随着 ROS、NO 水平的变化。但 ROS、NO 是否直接作为信号分子触发浮游藻类 PCD 的发生，还需要进一步的证据和研究。同时，由于 ROS 含量上升和 caspase 酶活性上升间隔时间较短，目前对两者发生的先后关系还存在分歧。因此，这两者之间的调控关系尚待进一步的证据和更深入的研究。

3. Caspase 酶及其在浮游藻类 PCD 中的潜在作用

Caspase 最先在后生生物中发现，也称为半胱氨酰天冬氨酸蛋白水解酶，是一类特殊的细胞内蛋白酶。Caspase 的活性位点包含半胱氨酸残基，能够特异性的切割靶蛋白天冬氨酸残基上的肽键，从而触发细胞凋亡，在细胞凋亡中扮演着非常重要的角色。Caspase 酶是一个酶家族，目前发现的 caspase 酶至少有 14 种。

在正常细胞内，每一种 caspase 都是以非活性前体状态存在的，其肽链比有活性时长一些。当多出的部分被切除，就转变成有活性的 caspase。有两类 caspase，一类是起始者（initiator），另一类是执行者（executioner）。起始 caspase 在外来蛋白质信号的作用下被切割激活，激活的起始 caspase 对执行者 caspase 进行切割并使之激活，被激活的执行者 caspase 通过对 caspase 靶蛋白的水解，导致 PCD。

真核单细胞绿藻杜氏盐藻（*Dunaliella tertiolecta*）在光照限制和 ROS 的胁迫下出现了 PCD，表现出细胞凋亡形态和 PCD 的生物化学特征（图 4.38）。正常细胞特征培养 0 天时如图 4.38（a）所示，黑暗培养第 1～3 天时染色质移动到核膜外沿，第 4 天时核 DNA 和细胞器开始降解，第 5 天时细胞裂解。在凋亡初期细胞未发生膨胀和裂解。利用 TUNEL（TdT-mediated dUTP nick-end labeling）检测细胞 PCD 时的 DNA 片段化，与正常细胞［图 4.38（b）］相比，凋亡细胞发生了显著的 DNA 片段化［图 4.38（c）］。在凋亡发生的杜氏盐藻细胞提取物中发现了 caspase-8 和 caspase-9，当加入 caspase 酶抑制剂时，PCD 过程就被抑制。Caspase 酶被认为与杜氏盐藻 PCD 的启动密切相关（Bidle and Falkowski，2004）。

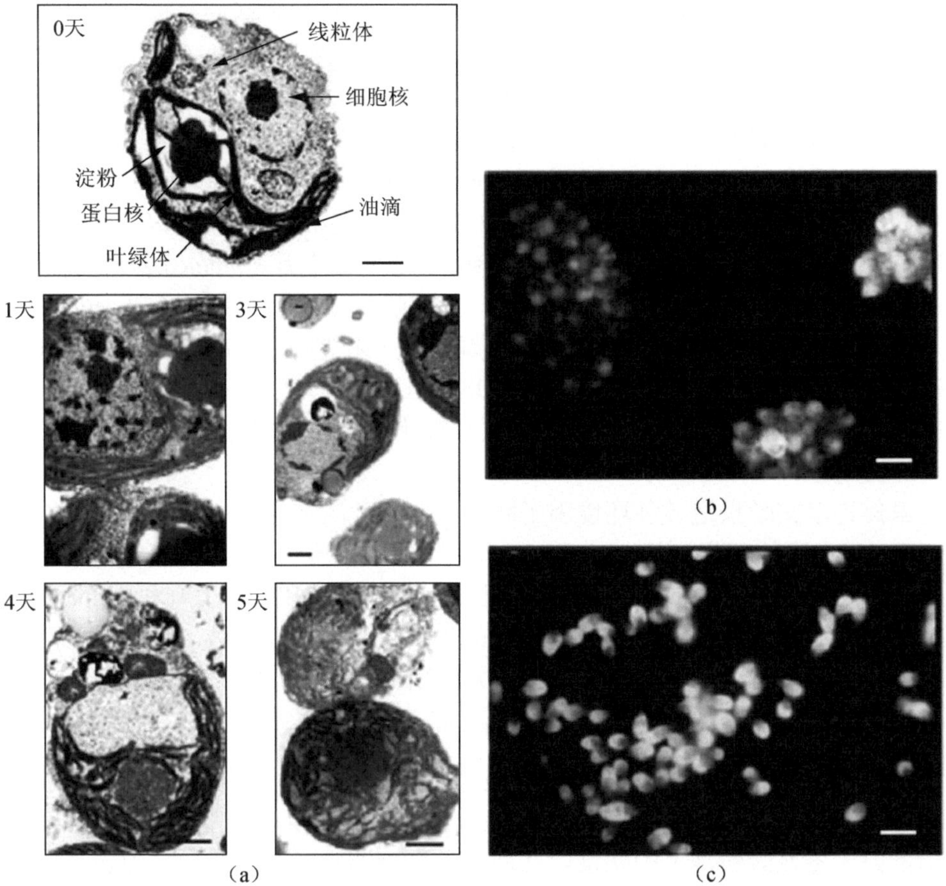

图 4.38　黑暗延长诱导的真核浮游藻类杜氏盐藻的 PCD。(a)TEM 观察杜氏盐藻 0～5 天的 PCD 特征；（b）正常细胞 TUNEL 染色；（c）凋亡细胞 TUNEL 染色。（b）和（c）中的标尺分别为 1μm 和 10μm（改自 Bidle and Falkowski，2004）

Fig. 4.38　Prolonged darkness induces PCD in the unicellular, eukaryotic phytoplankton, *Dunaliella tertiolecta*. (a) *Dunaliella tertiolecta* PCD cell from 0 to 5 days with TEM; (b) Normal cell TUNEL staining, Bar=1μm; (c) Apoptotic cell TUNEL staining, Bar=10μm. (Modified from Bidle and Falkowski, 2004)

在原核老化的蓝藻 *Trichodesmium* sp. IMS101 细胞中，在限磷和铁元素培养、强光照射导致 ROS 产生和氧化胁迫的情况下，产生了 PCD（Berman-Frank et al.,

2004）。如图 4.39 所示，透射电镜（TEM）观察到 *Trichodesmium* sp. IMS101 细胞内出现空泡区域增加、细胞内含物的降解，同时细胞膜保持完整［图 4.39（b）］。当加入广谱的 caspase 酶抑制剂后，其他一些反映细胞 PCD 的指标，如 DNA 片段化［通过 TUNEL 染色，图 4.39（c）］、DNA 降解速率的增加、与人 caspase-3 多克隆抗

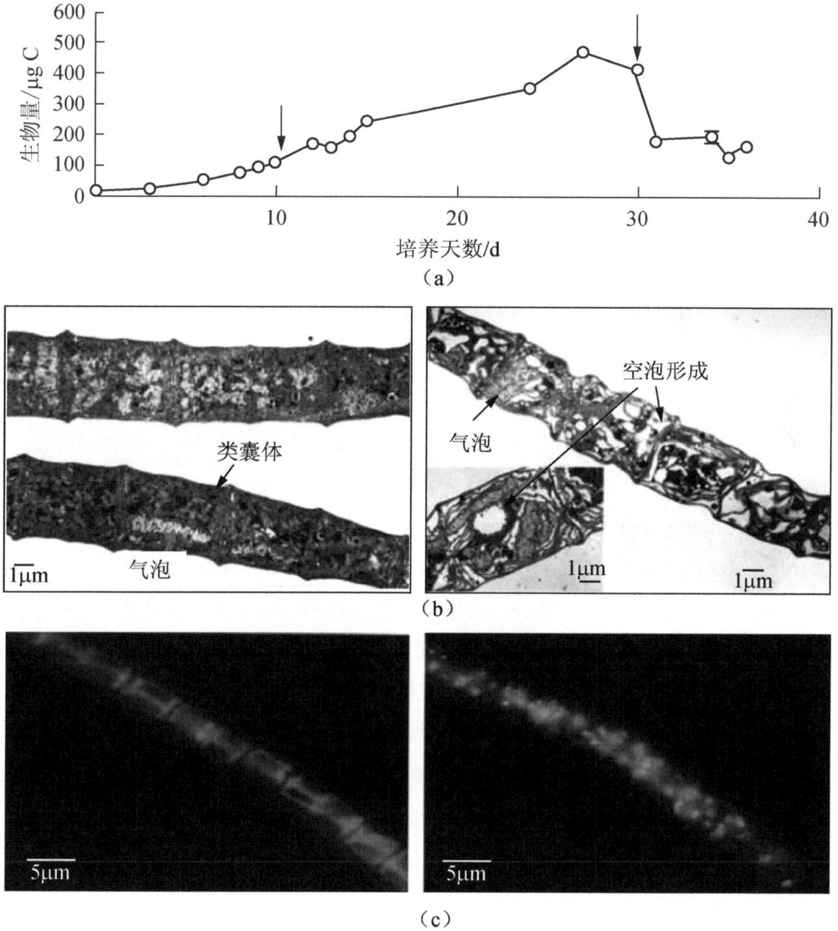

图 4.39　老化的原核浮游藻类 *Trichodesmium* sp. IMS101 的 PCD。（a）*Trichodesmium* sp. IMS101 细胞的生长和老化；（b）TEM 观察老化细胞形态。（a）中的箭头指示（b）中的细胞取样时间点；（c）健康细胞（左）和凋亡细胞（右）的 TUNEL 染色（改自 Berman-Frank et al., 2004）

Fig. 4.39　Activation of PCD in ageing cells of the filamentous, prokaryotic phytoplankton *Trichodesmium* sp. IMS101. (a)Growth and demise of *Trichodesmium* sp. IMS101. (b)Transmission electron microscopy images showing changes in the morphology of ageing cells, with arrows in a indicating the phase from which cells were sampled. (c)TUNEL (transferase-mediated dUTP nick end labelling) staining of healthy cells (left panel) and physiologically stressed cells (right panel) (Modified from Berman-Frank et al., 2004)

血清的免疫反应活性增加以及 caspase 酶活性增加等均受到了抑制。同时，限铁培养引起的 *Trichodesmium* sp. IMS101 细胞 PCD 伴随着光合作用效率（F_v/F_m）的下降以及 caspase 酶活性和内源核酸酶活性的增加（Kolber et al.，1998）。*Trichodesmium* 的自然种群在大于 7h 的强光照射下表现出 caspase 酶活性增高及明显的藻丝状体下沉（Berman-Frank et al.，2001）。在小于 3h 的强光照射下 caspase 酶活较低，大量细胞由于细胞内气泡的存在而出现上浮现象（Walsby，1978）。

4. 浮游藻类基因组中的同源 caspase 基因

尽管研究者只从多细胞的动物体内分离得到纯化的 caspase 酶蛋白，但在维管植物、酵母和锥虫的凋亡细胞内检测到了 caspase 酶的活性。通过对生物基因组序列的分析，在形态各异的生物体内发现了两个类 caspase 酶家族 —— paracaspase 酶家族（动物和黏菌）和 metacaspase 酶家族（高等植物、单细胞原生生物、真菌和细菌等）。

利用软件对已经测序的浮游藻类基因组序列进行分析，发现 metacaspase 酶家族在原核和真核浮游藻类基因组中广泛存在。在基因组已完全测序的蓝藻中，包括无类囊体蓝藻（*Gloeobacter violaceus* PCC 7421）、嗜热细长聚球藻（*Thermosynechococcus elongates* BP-1）、集胞藻（*Synechocystis* sp. PCC 6803）、红海束毛藻（*Trichodesmium erythraeum*）、念珠藻（*Nostoc punctiforme*）、鱼腥藻（*Anabaena variabilis* PCC 7120 和 *Anabaena variabilis* ATCC 29413）都包含了至少一个 metacaspase 同源基因。红海束毛藻（*T. erythraeum*）基因组中同时含有真核 PCD 蛋白的同源基因，包括细胞凋亡激活因子 1（APAF-1）、AP-ATPase、NACHT-NTPases 和类线粒体 HtrA 蛋白酶的基因（Berman-Frank et al., 2004）。在已经测序的真核浮游藻类的基因组中发现 2 个 metacaspase 酶家族。单细胞绿藻莱茵衣藻（*Chlamydomonas reinhardtii*）具有 2 个 metacaspase 同源基因（Moharikar et al.，2006），海洋硅藻海链藻（*Thalassiosira pseudonana*）具有 5 个 metacaspase 同源基因（Bidle and Bender，2008）。

5. 引起浮游藻类 PCD 的环境因子

近年来的研究表明，与病毒感染无关的原核和真核浮游藻类细胞高效的“自杀式”细胞死亡，与众多环境因子，包括衰老（Bidle and Bender，2008）、营养限制（Brussaard et al.，1997；Berges and Falkowski，1998；Vardi et al.，1999；Bidle and Bender，2008）、强光（Berman-Frank et al.，2004）、黑暗（Berges and Falkowski，1998；Segovia and Berges，2009）、紫外线辐射（Moharikar et al.，2006）、高盐（Ning et al.，2002）、氧化胁迫（Vardi et al.，1999）、CO_2 限制（Vardi et al.，1999）和热激（Zuppini et al.，2007）等密切相关。这些死亡过程主要包括细胞内 ROS 水平变化、caspase 酶原激活和 PCD 形态发生等现象。

4.3.4 化感物质作用下浮游藻类的 PCD

水生植物分泌的化感物质作为浮游藻类面临的众多环境因子之一，是否能够通过其引起浮游藻类细胞内 ROS 水平升高，并以此作为信号分子导致 caspase 酶激活，从而触发浮游藻类 PCD，这是一个非常值得进一步研究和证实的问题，它对阐明化感物质抑藻机理及浮游藻类的生态调控具有重要意义。

1. 化感物质诱导浮游藻类细胞内 ROS/NO 的产生

研究表明，浮游藻类的 PCD 均与环境因子胁迫下产生的 ROS 相关。已有的研究表明，许多化感物质也具有诱导 ROS/NO 产生的能力，如果 ROS/NO 起着信号分子的作用，那么这些化感物质也应该具备触发浮游藻类 PCD 的条件。研究发现，硅藻分泌的反式-2,4-癸二烯醛能够引起硅藻 *Phaeodactylum tricornutum* 和 *Thalassiosira pseudonana* 细胞内 NO 含量的显著上升（Vardi et al.，2006）。当暴露于芦苇化感物质 EMA 中 24h 后，蓝藻铜绿微囊藻和绿藻羊角月牙藻细胞内均产生大量 ROS（Hong et al.，2007）。

当暴露于儿茶酸时，光照和黑暗条件均能引起铜绿微囊藻和羊角月牙藻细胞内大量 ROS 的产生（Wang et al.，2011），且光照组 ROS 含量显著高于黑暗组。当暴露于焦性没食子酸时，光照和黑暗条件下铜绿微囊藻及羊角月牙藻胞内产生大量的 ROS；与儿茶酸不同，光照并没有显著增强焦性没食子酸介导的 ROS 产生（Wang et al.，2011）。在焦性没食子酸的作用下，铜绿微囊藻细胞内的 $O_2^{\bullet-}$水平显著上升，表现出显著的剂量-效应关系，且光照条件明显增加了 $O_2^{\bullet-}$含量。在黑暗暴露条件下，暴露于焦性没食子酸的铜绿微囊藻胞内 H_2O_2 水平显著增加（孙雪梅，2013）。从焦性没食子酸等化感物质能够诱导微囊藻产生过量的 ROS 来看，水生植物化感物质具有触发 caspase 酶活性的潜力。

2. 化感物质对微囊藻细胞内 caspase 酶活性的影响

Caspase 家族在介导细胞凋亡过程中起着非常重要的作用，其中 caspase-3 为关键的执行分子，它在细胞凋亡过程中发挥着重要作用。Caspase-3 正常以酶原（32kDa）的形式存在于细胞浆中，在细胞凋亡的早期阶段，一般认为它被 ROS 或 NO 所激活，活化的 caspase-3 由两个大亚基（17kDa）和两个小亚基（12kDa）组成，选择性地切割细胞浆、细胞核的某些蛋白质，最终导致细胞凋亡（Cohen，1997）。但在细胞凋亡的晚期和死亡细胞中 caspase-3 的活性明显下降。

鲁志营等（未发表数据）将四肽修饰的荧光染料罗丹明 110（Z-DEVD-Rhodamine 110）作为反应底物，检测焦性没食子酸暴露后铜绿微囊藻细胞是否能激活该细胞内 caspase-3(-like)的活性。从图 4.40 中可以看出，当焦性没食子酸暴露浓度为 2mg/L

时，与对照组相比，铜绿微囊藻细胞的 caspase-3(-like)活性有明显的上升；当焦性没食子酸暴露浓度为 7mg/L，暴露时间为 72h 和 120h 时，caspase-3(-like)活性分别为对照组的 2.51 倍和 2.18 倍。而在焦性没食子酸暴露浓度为 14mg/L 时，与对照组相比，铜绿微囊藻细胞 caspase-3(-like)的活性更高，暴露时间为 48h 时为对照组的 2.41 倍并持续升高，72h 时达到最高点，为对照组的 10.28 倍，之后缓慢下降。经 caspase 酶抑制剂 Ac-DEVD-CHO 作用的铜绿微囊藻细胞的 caspase-3(-like) 蛋白与不加抑制剂的暴露组相比显著下降[图 4.40(b)]。这一结果证明，图 4.40(a) 所示的确为 caspase-3(-like)的活性，检测到 caspase-3(-like)活性被焦性没食子酸所激活的结果是可信的。

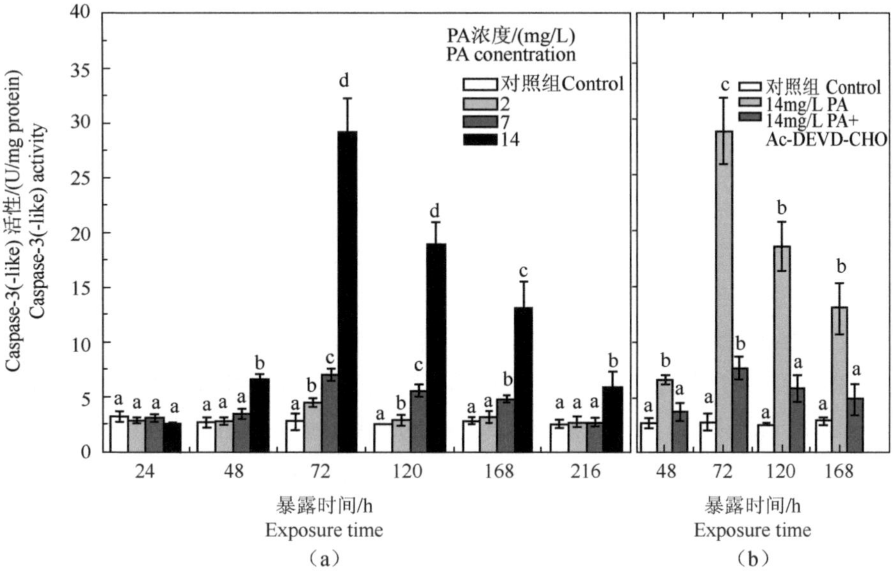

图 4.40　铜绿微囊藻细胞在焦性没食子酸暴露下的 caspase -3(-like)活性

Fig. 4.40　Caspase-3(-like) activity of *M. aeruginosa* exposure to different concentration of PA

3. 化感物质触发铜绿微囊藻 PCD 对亚细胞结构形态的影响

铜绿微囊藻细胞经过 14mg/L 焦性没食子酸处理 48h、72h 和 216h 后，其亚细胞结构变化的透射电镜图片如图 4.41 所示。在未暴露的对照组中，核区和光合片层结构清晰可见[图 4.41（a）]，随着焦性没食子酸暴露时间的延长，核区消失[图 4.41（b）]，光合片层结构开始变得不均一，随后光合片层结构瓦解，细胞器之间的界限变得模糊，最终，细胞固缩和空泡化，细胞开始降解[图 4.41（c）、（d）]。

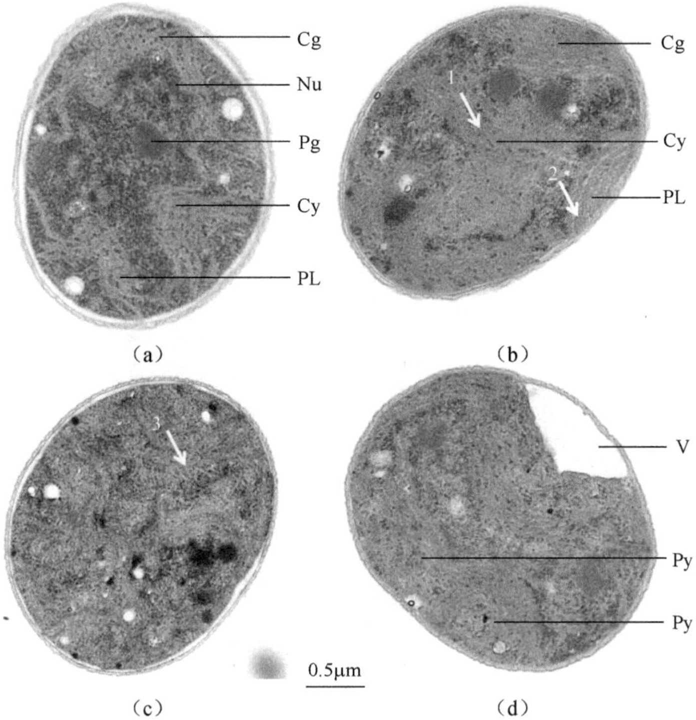

图 4.41 焦性没食子酸暴露下铜绿微囊藻亚细胞结构的透射电镜图片。Cy. 藻青素；Cg. 藻青素颗粒；Nu. 核区；Pg. 多聚颗粒；PL. 光合片层结构；Py. 固缩化；V. 空泡。箭头标明结构变化。（a）正常细胞；（b）14mg/L 焦性没食子酸处理 48h，核区消失（箭头 1），光合片层结构开始降解（箭头 2）；（c）14mg/L 焦性没食子酸处理 72h：细胞亚显微结构瓦解（箭头 3）；（d）14mg/L 焦性没食子酸处理 216h：固缩化和空泡化

Fig. 4.41 Representative transmission electron microscopic photographs showing the morphological changes in *M. aeruginosa* exposed to PA. Cy. cyanophycin; Cg. cyanophycin granule; Nu. nucleoid; Pg. poly granule; PL. photosynthetic lamellae; Py. pyknosis; V. vacuole. The arrows indicate the alterations indicated in the text. (a) Micrograph showing a normal cell; (b) Micrograph showing a cell exposed to 14mg/L PA for 48h, the nucleoid disappeared (arrow 1), and the photosynthetic lamellae began to break down (arrow 2); (c) Micrograph showing a cell exposed to 14mg/L PA for 72h: the cell structure was disrupted (arrow 3); (d) Micrograph showing a cell exposed to 14mg/L PA for 216h: pyknosis formation and vacuolation

4. 化感物质对铜绿微囊藻 DNA 片段化的影响

鲁志营（未发表数据）研究了铜绿微囊藻在 2mg/L、7mg/L 和 14mg/L 焦性没

食子酸暴露 72h 条件下 DNA 片段化的情况，结果见图 4.42。从图 4.42 中可以看到，随着暴露浓度的增加，电泳所形成的条带拖尾强度随之升高，说明 DNA 片段化随暴露浓度的升高而增加。由于铜绿微囊藻为原核藻类，DNA 没有组蛋白的结合，所以其形成的条带没有出现如真核细胞那样的梯状条带（DNA-ladder）。

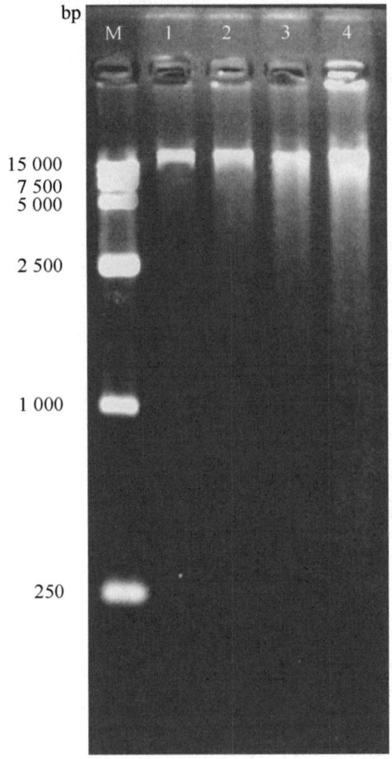

图 4.42　铜绿微囊藻 DNA 片段化在琼脂糖电泳中的展示。M. 标记物；1. 对照组；2. 暴露 2mg/L 72h；3. 暴露 7mg/L 72h；4. 暴露 14mg/L 72h

Fig. 4.42　DNA fragmentations in *M. aeruginosa* shown by agarose gel electrophoresis. 1. Molecular marker; 2. Cells treated by 2mg/L PA for 72h (lane 2); 3. Cells treated by 7mg/L PA for 72h; 4. Cells treated by 14mg/L PA for 72h

从上述微囊藻细胞内 caspase-3(-like)酶被激活、亚细胞结构的破坏及 DNA 片段化等结果来看，细胞已具备了程序性死亡的特征，证明焦性没食子酸是可以导致微囊藻 PCD 的发生。

鲁志营等（未发表数据）比较了 4 种多酚类化感物质对 caspase-3(-like)活性的影响，并观察了 caspase-3(-like)活性与细胞活性之间的关系，结果见图 4.43。从图 4.43 中可以看出，4 种多酚类化感物质均能够显著激活铜绿微囊藻 caspase-3(-like)的活性（$P<0.05$），其中焦性没食子酸（PA）、没食子酸（GA）、鞣

花酸（EA）和儿茶酸（CA）所诱导的 caspase-3(-like)的活性分别为对照组的 12.89 倍、18.6 倍、4.77 倍和 2.24 倍[图 4.43（a）]，而以 GA 最强。酯酶的活性是细胞生命活力的基本反映，对 caspase-3(-like)活性与对应细胞的酯酶活性进行相关性分析，发现 caspase-3(-like)活性与细胞活性之间呈明显的负相关[图 4.43（b）]。上述结果表明，除焦性没食子酸外其他几种多酚类化感物质同样具有激活 caspase-3(-like)的活性及触发铜绿微囊藻 PCD 的潜力。

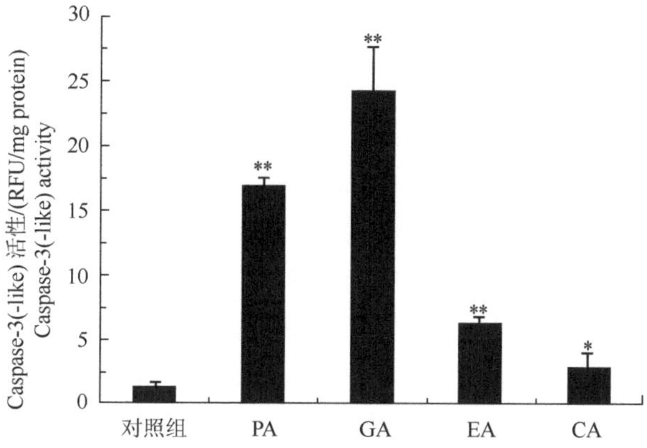

（a）

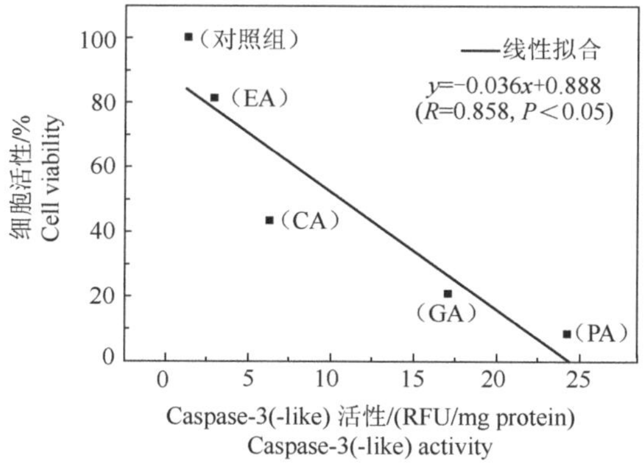

（b）

图 4.43　多酚类化感物质诱导的 caspase-3(-like)的活性（a）及其与细胞活性的关系（b）。PA. 焦性没食子酸；GA. 没食子酸；EA. 鞣花酸；CA. 儿茶酸

Fig. 4.43　Caspase-3 (-like) activity induced by polyphenolic allelochemicals（a）and the relationship between caspase-3 (-like) activity and cell viability（b）. PA. pyrogallic acid; GA. gallic acid; EA. ellagic acid; CA. (+)-catechin (CA)

水生植物的化感物质为次生代谢产物，具有易降解的性质。因此，在较长时间作用下研究其及其降解产物对目标生物的影响，了解化感物质降解或转化的中

间产物与毒理学效应的关系，对准确评价抑藻效应是十分必要的。焦性没食子酸在水溶液中不稳定，尤其是在碱性环境中快速被水中溶解氧所氧化 (Donna and Kustin，1993；Inescu et al.，1978)。Nakai 等（2000）报道 1.2mg/L 焦性没食子酸在培养基中可在 1h 内完全被氧化，并且证实，在 12 天的暴露处理后，与对照组相比较，焦性没食子酸的自氧化产物能够完全抑制铜绿微囊藻的生长，可见焦性没食子酸的氧化产物对微囊藻仍显示出很强的抑制作用。已有许多文献报道焦性没食子酸的自氧化中间产物包括醌（I，quinone）、红倍酚（II，purpurogallin）、红倍醌（III，purpurogalloquinone）和 tropolone-α，β-anhydride（IV）等，如图 4.44 所示，这些物质都是氢醌和醌类物质。O'Brien（1991）在研究醌的致毒机理中指出，氢醌对细胞的毒性是由于其自氧化过程形成的醌类物质所致。醌类物质被细胞内的氧化还原酶还原成半醌，半醌将氧还原成超氧自由基，同时半醌被氧化又重新生成醌的形式，形成一个无效耗能循环。这一循环将导致细胞内过量 ROS 的产生，并对细胞造成伤害。由此可见，在较长时间的暴露下，焦性没食子酸对铜绿微囊藻的毒性效应是因其自动氧化产物红倍酚、红倍醌等所致。鲁志营等（未发表数据）观察了培养液中这些酚类化合物（以总酚含量表示）和其中以红倍酚为代表的中间产物在 216h 期间培养液中的变化规律，以及藻细胞在 2mg/L、7mg/L 和 14mg/L 的焦性没食子酸暴露条件下胞内 ROS 水平和细胞死亡率随时间变化的过程，如图 4.45（a）～（c）所示。由结果可见，在培养液中加入焦性没食子酸后第 48h、72h、120h、168h 和 216h 酚类氧化产物分别为初始加入量的 38.6%、30.7%、21.5%、18.0%和 15.1%[图 4.45（a）]。中间产物红倍酚在整个自氧化过程中可被检测到，其中在 24h、48h 和 72h 时分别为起始检测值的 38.0%、10.4%和 6.6%。与此同时，藻细胞内 ROS 在 2mg/L、7mg/L 和 14mg/L 的化感物质焦性没食子酸暴露条件下，呈现剂量-效应关系，在 48h 达到最大值，分别为对照组的 1.11 倍、1.23 倍和 1.43 倍[图 4.45（b）]，这一实验结果证明，微囊藻在暴露于焦性没食子酸 216h 过程中，细胞 ROS 的产生能够在较长时间内维持较高水平，这与焦性没食子酸的自氧化产物红倍酚 PG 等有关。

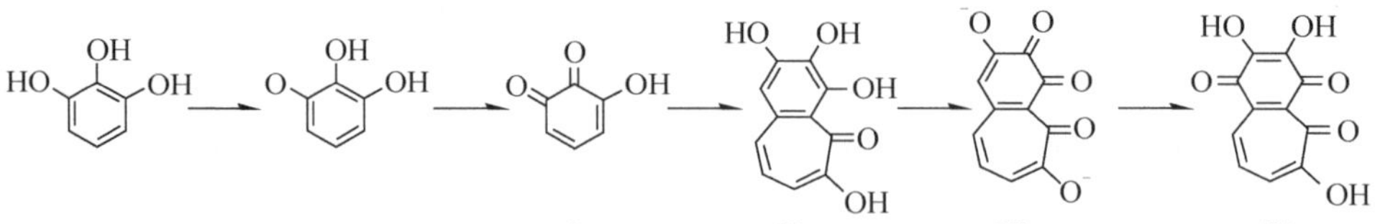

图 4.44　焦性没食子酸的自氧化途径（引自 Abrash et al., 1989; Siegel and Siegel, 1958）

Fig. 4.44　Process of PA autoxidation (modified from Abrash et al., 1989; Siegel and Siegel, 1958)

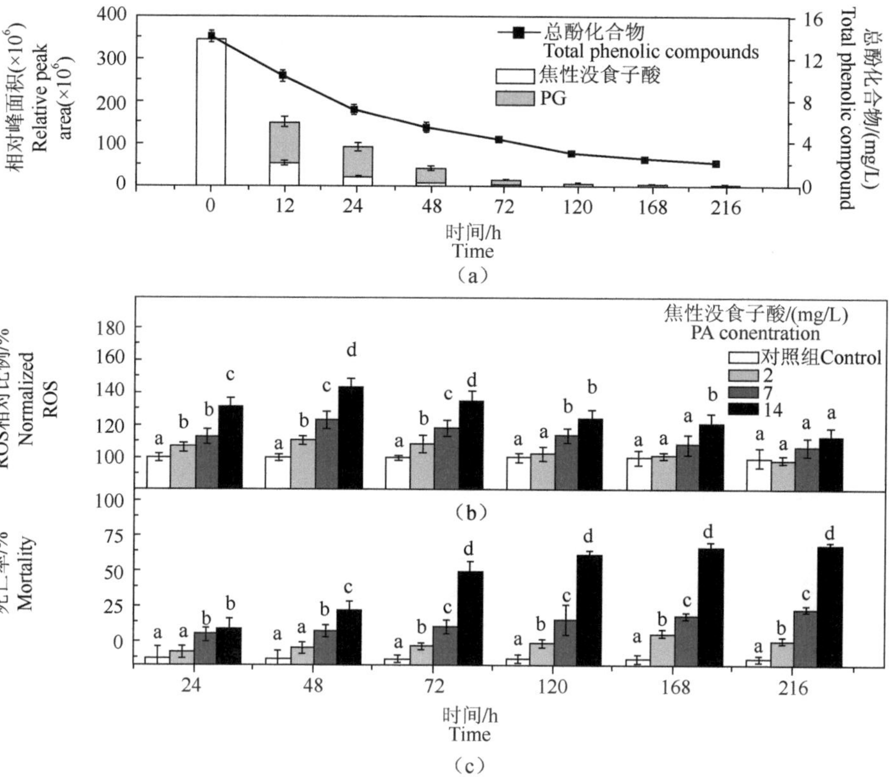

图 4.45　焦性没食子酸及其降解中间产物、胞内 ROS 水平与细胞死亡率随时间变化关系

Fig. 4.45　Time course of PA and its autoxidized-products in culture solution and change of level of ROS generation and mortality of *M. aeruginosa*

从图 4.40（a）和图 4.45 的结果可以看出，当 14mg/L 焦性没食子酸处理铜绿微囊藻 48h 时，caspase -3(-like)活性开始迅速增加[图 4.40（a）]，此时培养液中酚类氧化产物为初始值的 57.75%[图 4.45（a）]。对比 caspase-3(-like)活性与 ROS 水平的变化可以发现，ROS 水平[图 4.45（b）]与 caspase-3(-like) [图 4.40（a）]呈明显的正相关。显然，caspase-3(-like)激活与这些通过焦性没食子酸的氧化产物诱导所产生的 ROS 有关。暴露于 2mg/L、7mg/L 和 14mg/L 的焦性没食子酸 216h 后，铜绿微囊藻细胞的死亡率分别为 13.2%、35.6%和 81.0%[图 4.45（c）]。实验过程中从 ROS 产生的情况可以看出 caspase-3(-like)是在经过 48～72h 诱导期以后才达到其峰值的，并伴随死亡率快速上升，显示了酶诱导过程的特征。由此可见，焦性没食子酸及其自氧化中间产物通过耗能无效氧化还原循环，诱导目标生物细胞内 ROS 过量产生，然后激活 caspase-3(-like)，从而导致 PCD。

综上所述，铜绿微囊藻经具有氧化还原性质的化感物质暴露后，引起细胞内产生的 ROS 可能通过两种途径导致细胞死亡：一种途径是 ROS 直接作用于细胞内的生物大分子，如 DNA、RNA、蛋白质和脂质等，进而引发细胞坏死。另一条途径是藻类细胞内的 ROS 也可以作为信号分子触发细胞内的 caspase-3(-like)酶原，经过一段诱导期，使 caspase-3(-like)酶激活，从而引起铜绿微囊藻 PCD 的发生。对比激活 caspase-3(-like)所需的 ROS 水平与诱导直接氧化损伤所需的 ROS 水平可以发现，ROS 水平在仅高于正常细胞的 10%～43%时，即可通过一段诱导期后激活 caspase-3(-like)的活性[图 4.45（c）和图 4.46]，而 ROS 水平在高于正常细胞 50%～149%时才可直接诱导氧化损伤并致其死亡（图 4.31 和图 4.46）。显然，直接氧化损伤导致细胞死亡这一过程，只有在较高化感物质浓度和 ROS 产生水平，并超过目标生物的抗氧化和修复能力的情况下才能发生。而通过触发 PCD 的途径是一种基因调控、细胞自杀式死亡。从现有研究结果来看，激活 caspase-3(-like)所需ROS的水平显著低于直接诱导氧化损伤所需的ROS水平，激活caspase-3(-like)显示出更为灵敏和高效的抑藻效应。

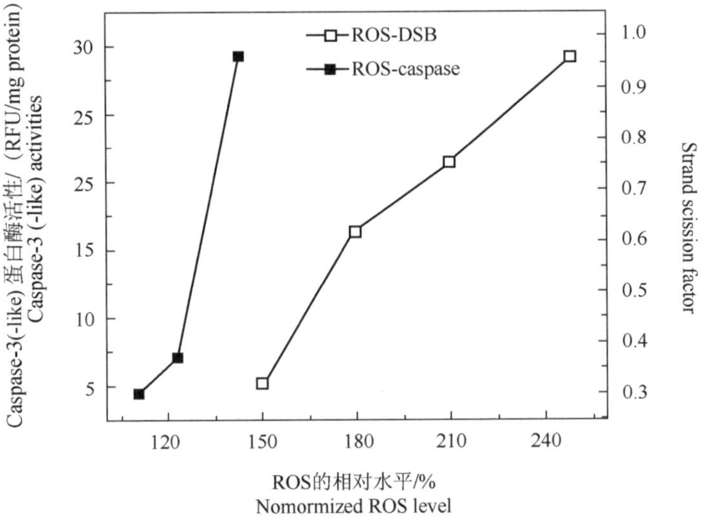

图 4.46 诱导 caspase-3(-like)激活与直接氧化损伤所需 ROS 水平的差异。实心线为铜绿微囊藻在 2mg/L、7mg/L 和 14mg/L 焦性没食子酸暴露浓度下最高 caspase-3(-like)活性所对应的 ROS 值；空心线为在 2mg/L、10mg/L、25mg/L 和 50mg/L 焦性没食子酸暴露浓度下最高 DNA 链断裂水平对应的 ROS 水平

Fig. 4.46 The difference between ROS level required for activation of caspase-3(-like) and inducing DSB. The black dots denote the respective peak value of aspase-3(-like) activity and ROS level in the group of 2mg/L, 7mg/L and 14mg/L PA, while the white dots denote the respective peak value of DSB and ROS level in the group of 2mg/L, 10mg/L, 25mg/L and 50mg/L

这两种死亡途径都可以导致铜绿微囊藻种群数量显著降低。然而，在自然环

境条件下，水生植物是以低剂量、连续的方式将化感物质释放到水环境中，以此来维持一定的环境浓度，形成对目标生物的持续胁迫。在这种持续的胁迫条件下，细胞内达到 caspase 激活所需的相对较低水平 ROS 的可能性更大。因此，化感物质诱导的 PCD 对水生态系统中浮游植物群落的调控更具有实际意义（鲁志营等，未发表）。

尽管目前浮游藻细胞在化感物质作用下产生的程序性死亡特征均来自于实验室急性毒性暴露的研究结果，但是这些实验表明具氧化还原活性的化感物质能诱导产生 ROS 并进一步激活 caspase-3(-like)酶，最终导致铜绿微囊藻 PCD 这一过程是可能发生的。因此，进一步探讨低浓度连续暴露条件下，特别是在自然水生态系统中，化感物质能否导致浮游藻类 PCD 的发生，这对揭示水生植物抑藻机理具有十分重要的意义。

4.3.5 藻类 PCD 的生态学意义

浮游藻类在水生态系统中处于初级生产者的地位，且存在高比率的生产力/生物量现象，这很可能与这类生物不断的生长、死亡、被取代的过程相关。浮游藻类的死亡是除捕食、沉降以外改变其生物量的重要原因（Bidle and Falkowski, 2004）。大量（水华）浮游藻类的死亡将影响食物链结构的变化，改变水体浮游生物的多样性，并影响水体重要元素的循环（Franklin et al., 2006; Vardi et al., 2009）。

化感物质诱导的浮游藻类 PCD 是化感作用研究的重要方面之一。在具有氧化还原性质的化感物质作用下，增加了浮游藻类细胞内的 ROS 水平，导致氧化胁迫。ROS 的直接伤害只有在其产生量超过了藻细胞本身抗氧化系统的防御能力和对各种损伤的修复能力时，才能对细胞内生物大分子及其他靶位形成不可逆的损伤，扰乱细胞正常的生理和代谢功能，从而引发细胞死亡，同时还可能与细胞个体的生理代谢状况（健康与否、藻龄等）有关。可见，这一过程需要由化感物质引发产生较高水平的 ROS 时才能发生。而在藻类 PCD 过程中，ROS 被认为是作为信号分子，只起触发细胞内潜在的蛋白水解酶（caspase）和内切核酸酶活性的作用，使藻细胞进入程序性死亡过程。由于这一过程是由基因调控，具有不可逆性，一旦触发将引起大量细胞死亡，从而使浮游植物的种群消亡。因此，浮游藻类 PCD 作为细胞死亡的一种方式，在有水生植物存在的水生态系统中，对藻类消亡和种群演替及调控可能起着重要作用。

对单细胞浮游藻类而言，PCD 在为细胞死亡（生命的终结）提供负面选择压力的同时，可能对浮游藻类种群的维系具有选择性的优势（Brownlee，2008）。当前研究者在探讨浮游藻类 PCD 的生态学意义时，主要从种群利益、遗传适应性、基因进化、病毒防御、生境需求等方面阐述 PCD 相关基因的起源及其对浮游藻类种群的重要性（Bidle and Falkowski，2004）。被广泛接受的假说是单细胞浮游藻类 PCD 有利于种群利益，即 PCD 在浮游藻类细胞受到营养胁迫和剔除老化/损伤细胞过程中发挥着重要作用。很可能种群只允许最能适应生境的个体（单细胞）生存，而损伤的个体被从种群中剔除，其结果是优化种群结构，同时使幸存的个体更好地获得资源优势，从而有利于种群的繁衍和发展。然而，这一假说仍存在一些目前无法解释的问题。例如，专性光合自养生活的浮游藻类是如何利用 PCD 的死亡细胞释放出的营养（如此则为异养生活），同时如何保证死亡细胞释放的营养不被其他水体生物利用，这些都需要更加深入的研究。

有观点认为，PCD 在蓝藻、绿藻、甲藻的细胞代谢分化、形态建成及种群调控过程中发挥着重要作用，PCD 同时参与浮游藻类细胞周期与分化的调控及群体形态的形成（Franklin et al.，2006）。这一论断得到了其他学者的认同。最近的研究认为，PCD 为单细胞浮游藻类基因组提供了进化优势，使之选择出最适宜生存的细胞，并使种群逐渐适应在胁迫环境下生存（Jimenez et al.，2009）。浮游藻类 PCD 还可能在细胞病毒防御过程中存在作用。例如，浮游藻细胞在受到病毒感染后，种群内不同细胞的 metacaspase 呈现出差异性表达的现象，裂解细胞的 metacaspase 活性增加，而没有 metacaspase 活性的细胞可以抵御病毒的攻击（Bidle et al.，2007）。有关 PCD 对种群调控的假说认为，PCD 是浮游藻细胞用以控制种群规模的策略（Zuppini et al.，2007；Brownlee，2008）。

4.4 化感物质对藻类其他生理、生化过程的影响

4.4.1 对细胞膜及形态结构的影响

流式细胞仪中前向散射光（FSC）平均强度是表示细胞大小的参数。研究发现，邻苯三酚和咖啡酸处理的铜绿微囊藻可导致藻细胞 FSC 平均强度下降，且影响程度随浓度的升高而增加（花铭等，2008）。唐萍等（2000）发现，凤眼莲产生的化感物质对栅藻细胞结构的损伤非常显著，处理组藻细胞培养至第 6 天时，电子显微镜观察发现其内部结构已表现出损伤现象，叶绿体中的类囊体片层膨胀不均匀造成波浪状的无序排列，细胞膜内陷皱折，线粒体嵴消失，核膜破裂，核质外渗；当处理组培养至第 10 天时，损伤加重，藻细胞原生质体收缩，叶绿体片层及外包膜都发生解体，细胞中心几乎成一空腔。细胞膜中磷脂脂肪酸的种类与组成直接影响着细胞膜的流动性和选择透性，芦苇中分离的化感物质 EMA 使蛋白核小球藻和铜绿微囊藻细胞膜内不饱和脂肪酸含量上升，而饱和脂肪酸含量下降。亚显微结构显示，蛋白核小球藻的细胞膜受到破坏，细胞外出现从细胞内渗出的细胞质，藻细胞中叶绿体原本排列规则的片层结构被破坏；细胞中央的蛋白核结构被破坏，核仁成为不规则的形状；线粒体被破坏成多个碎块，淀粉粒和液泡体积增大（李锋民等，2007b）。Sun 等（2004）研究了加入槐糖脂后塔马亚历山大藻（*Alexandrium tamarense*）、赤潮异弯藻（*Heterosigma akashiwo*）和多环旋沟藻（*Cochlodinium polykrikoides*）3 种海藻细胞形态的变化。结果发现，槐糖脂对

3 种海藻的膜鞘或细胞壁产生了不同的影响。加入 20mg/L 槐糖脂 30min 后塔马亚历山大藻的细胞膜鞘与原生质体开始分离，3h 后一半以上藻细胞膜鞘脱落、细胞裸露，18h 后几乎所有的细胞都已裸露，并且有少数细胞溶解。加入 10mg/L 槐糖脂 30min 后，多数赤潮异弯藻细胞膨胀呈球形，黄棕色叶绿体最先从溶解的细胞中泄漏出来，45min 后溶解细胞数量增加，18h 后几乎所有细胞溶解消失。加入 10mg/L 槐糖脂 1h 后多环旋沟藻细胞开始膨胀，24h 后仅少数藻细胞出现质壁分离现象。Wang 等（2011）采用流式细胞仪，利用荧光探针 PI 研究了 5 种多酚和 2 种脂肪酸类化感物质对铜绿微囊藻和羊角月牙藻细胞膜的影响（表 4.5）。结果表明，对于这两种受试藻，高暴露浓度化感物质处理显著损伤细胞膜。壬酸（NA）能够导致 4.8%的铜绿微囊藻细胞膜受损伤，显著高于对照（0.6%）（$P < 0.05$）；对于羊角月牙藻，没食子酸（GA）、原儿茶酸（PCA）和咖啡酸（CFA）都可显著增加其细胞膜的通透性（$P < 0.05$），其中壬酸的效应最强，在最高暴露浓度下，能够导致 91%的细胞膜通透性改变。对这两种藻类而言，壬酸都是损伤膜完整性最强的一种物质，这与 Nakai 等（2005）的研究中基于 72h 生长抑制测试中所得到的结论一致。壬酸属于中等碳链长度的一元羧酸，这种羧酸能够影响质膜空间组织的形成，能够增加质子被动通过质膜的流动，还能够降低质膜的完整性（Stevens and Hofemyer，1993；Shao et al.，2009a）。文献报道的特征及上述用流式细胞仪观察到膜完整性受损的结果，都证明了壬酸可能作为一种膜活性物质，而导致对铜绿微囊藻和羊角月牙藻生长的抑制效应。另外，研究还表明两种藻对受试化感物质胁迫后膜完整性响应方面，羊角月牙藻比铜绿微囊藻更为敏感。

表 4.5 化感物质导致铜绿微囊藻和羊角月牙藻以 PI 染色为指示的死亡细胞百分率

Table 4.5 Mortality (stained with propidium iodide) of *M. aeruginosa* and *P. subcapitata* after 4h of exposure to allelochemicals, with respect to the total amount of analysed cells by flow cytometry

化感物质 Allelo-chemicals	藻死亡率/% Mortality of cell							
	铜绿微囊藻				羊角月牙藻			
	Control	10mg/L	50mg/L	100mg/L	control	10mg/L	50mg/L	100mg/L
PA	0.6±0.2	0.4±0.3	0.6±0.1	0.6±0.1	0.6±0.3	0.5±0.2	0.7±0.1	0.8±0.1
GA	0.7±0.2	0.7±0.4	0.5±0.2	1.1±0.2	0.4±0.1	0.4±0.2	0.7±0.0	4.1±0.1*
CA	0.5±0.1	0.5±0.1	1.2±0.6	1.5±0.1	0.3±0.1	0.2±0.1	0.4±0.1	0.3±0.1
PCA	1.3±0.8	—	1.1±0.5	0.5±0.0	0.3±0.1	0.4±0.1	0.7±0.1	6.1±0.4*
CFA	1.0±0.4	—	0.2±0.1	0.8±0.5	0.4±0.1	0.5±0.4	0.5±0.1	4.1±0.1*
COA	0.6±0.3	—	0.7±0.1	0.4±0.2	0.4±0.1	0.7±0.3	0.4±0.0	0.5±0.1
NA	0.6±0.3	—	0.1±0.1	4.8±0.6*	0.4±0.1	0.4±0.1	0.6±0.1	91.5±0.3*

注：显著性水平取 0.05，且以 * 表示，数据为平均值 ± 标准差

Note: Significant differences with respect to control at a level of significance of 0.05 ($P < 0.05$) are represented by an asterisk (*). Data are given as mean values ± standard deviation

化感物质除损伤藻类细胞的细胞膜结构外，还能影响细胞的形态大小，Wang 等（2011）利用流式细胞仪研究了 5 种多酚和 2 种脂肪酸类化感物质处理铜绿微囊藻和羊角月牙藻后细胞体积大小的变化（图 4.47）。结果表明，大多数所测试的

化感物质都能引起铜绿微囊藻细胞体积变小，没食子酸、原儿茶酸和咖啡酸影响铜绿微囊藻细胞体积变小的效果最大，焦性没食子酸和壬酸其次，儿茶酸（CA）和油酸（COA）则没有明显的影响。对羊角月牙藻，仅原儿茶酸和咖啡酸能稍微改变其体积大小。因此，在应对化感物质胁迫时，铜绿微囊藻在细胞体积的响应上比羊角月牙藻灵敏。Franklin 等（2001）也曾用流式细胞仪来评估铜离子对浮游藻类的影响，发现在较长时间暴露实验中（48h 和 72h），细胞体积参数的灵敏性和可重复性与生长抑制相当。

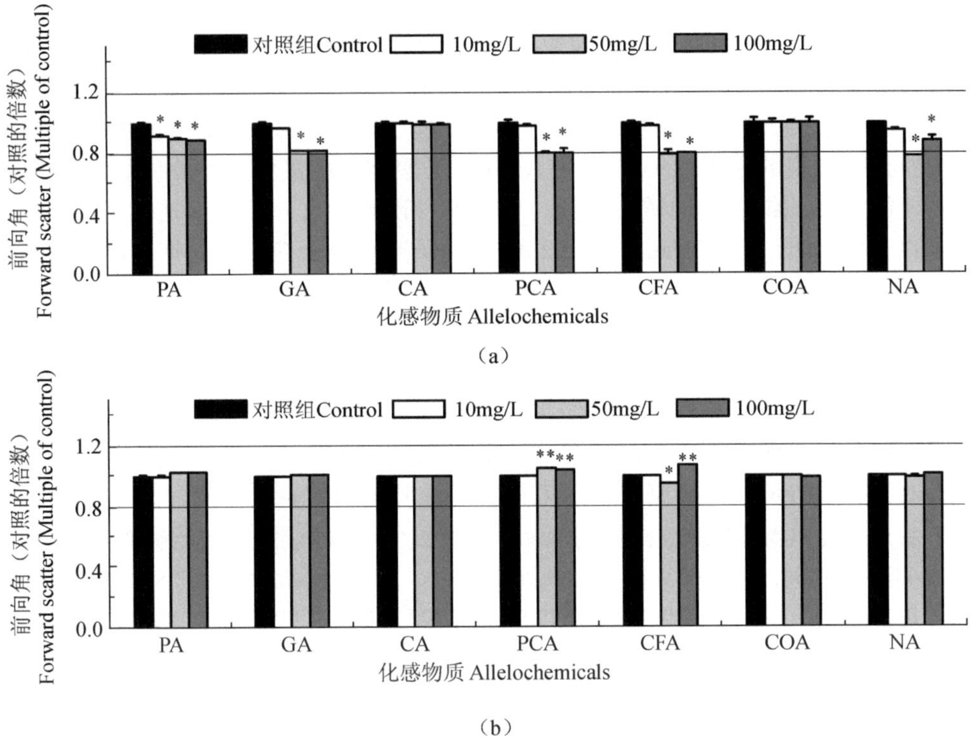

图 4.47　化感物质胁迫对铜绿微囊藻（a）和羊角月牙藻（b）细胞体积大小的影响。数据为对照细胞平均体积大小的倍数。*表示化感物质能够显著降低藻细胞的体积；**表示化感物质能够显著增加藻细胞的体积；$P < 0.05$。

Fig. 4.47　Effects of allelochemicals on forward scatter (related with cell volume) of *M. aeruginosa* (a) and *P. subcapitata* (b) after 4h exposures. Data are expressed as multiple of the corresponding controls. One asterisk indicates a significant decrease and two asterisks indicate a significant increase in cell volume in exposure groups compared with the corresponding controls; $P < 0.05$.

细胞内部粒度变化也可以直接通过流式细胞仪检测到。Franklin 等（2001）曾用流式细胞仪检测到受 72h 一定浓度铜离子暴露后的羊角月牙藻 SSC 信号的升高，并把这一升高归结于细胞超微结构的改变，主要是细胞内溶酶体和液泡的变大。Hong 等（2008）也曾通过透射电子显微镜观察到芦苇释放的化感物质 EMA

能够明显改变羊角月牙藻的细胞超微结构。Wang 等（2011）用流式细胞仪研究了以上所述 7 种化感物质对铜绿微囊藻和羊角月牙藻细胞内含物的影响（图 4.48）。结果表明，壬酸在改变细胞内部粒度方面的作用最强，100mg/L 壬酸暴露下的铜绿微囊藻细胞内部粒度增大为对照的 2.23 倍，羊角月牙藻细胞内部粒度是对照的 0.74 倍。除此之外，没食子酸和原儿茶酸也能明显降低铜绿微囊藻细胞的粒度（$P<0.05$），焦性没食子酸、原儿茶酸和咖啡酸则显著增加羊角月牙藻细胞的粒度（$P<0.05$）。

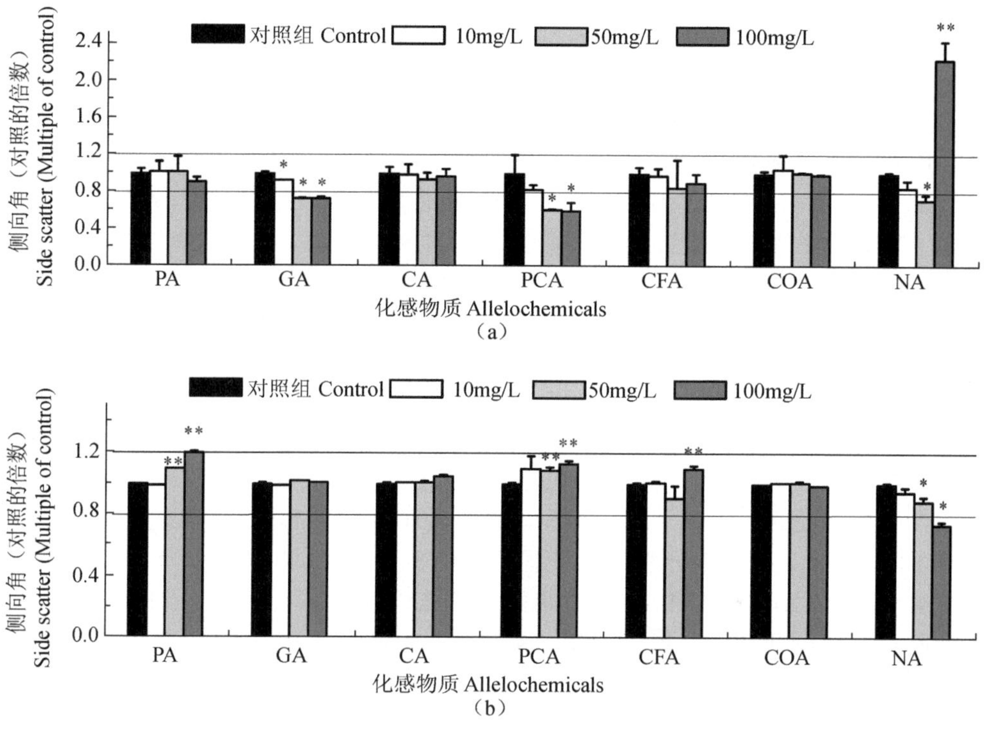

图 4.48　化感物质胁迫对铜绿微囊藻（a）和羊角月牙藻（b）细胞内部粒度的影响。数据为对照细胞内部粒度的倍数。*表示化感物质能够显著降低藻细胞的粒度，**表示化感物质能够显著增加藻细胞的粒度；$P<0.05$。

Fig.4.48　Effects of allelochemicals on side scatter (related with internal cell complexity) of *M. aeruginosa* (a) and *P. subcapitata* (b) after 4h exposures. Data are expressed as multiple of the corresponding controls. One asterisk indicates a significant decrease and two asterisks indicate a significant increase in internal cell complexity in exposure groups compared with the corresponding controls; $P<0.05$.

4.4.2　对营养元素吸收及氮、磷代谢的影响

研究发现，化感物质能够影响植物对离子的吸收，有关酚酸类物质对离子吸

收的影响已进行了大量的研究。结果表明，根系分泌物和酚酸类物质抑制了根系对离子的吸收，而其抑制程度受这些物质的浓度和 pH 降低的影响，并且离子吸收的受抑制程度与根系和这些酚酸类物质的接触面积呈直线相关（Booker et al., 1992; Lehman et al., 1994, 1999）。Booker 等（1992）指出，阿魏酸和其他酚酸类物质能够降低根系对矿物质和水分的吸收而抑制植物的生长。用阿魏酸处理黄瓜苗 3h，发现阿魏酸抑制净离子吸收量，特别是 NO_3^- 的吸收，同时促进 K^+ 从根部的溢出。Yu 等（1997）指出，黄瓜根系分泌物中的芳香酸可以抑制黄瓜根系对 NO_3^-、SO_4^{2-}、K^+、Ca^{2+}、Mg^{2+} 和 Fe^{2+} 的吸收。Mjelde 等（1997）的研究表明，金鱼藻影响藻类对磷的利用是挪威湖中高磷浓度下金鱼藻保持水体清澈的主要原因之一。轮藻中提取的两种化合物能影响硅藻和浮游藻类群落对无机碳的吸收（Wium-Andersen et al.，1982）。

用穗花狐尾藻释放的化感物质焦性没食子酸分别处理铜绿微囊藻和羊角月牙藻 72h 后，两种藻的铁、锰、铜及锌等微量元素的含量变化如表 4.6 所示，焦性没食子酸处理组铜绿微囊藻的 4 种微量元素含量均有减少，从低到高的 3 个处理浓度，铁含量分别比对照减少了 9.6%、47.1%和 63.1%；焦性没食子酸对铜含量的影响比铁更大，对应的处理分别比对照减少了 24.2%、64.1%和 78.9%；焦性没食子酸对锌含量的影响与铁相似，3 个处理浓度下锌的含量分别比对照减少了 14.4%、39.7%和 55.5%；焦性没食子酸对锰含量的影响也较为显著，3 个处理浓度分别比对照减少了 19.4%、53.2%和 73.1%。相对铜绿微囊藻，焦性没食子酸对羊角月牙藻内 4 种微量元素含量的影响较小，低浓度处理下铁含量略有升高，8.5mg/L 处理样品中铁含量相比对照下降了 29.1%；焦性没食子酸处理后铜、锌及锰 3 种元素的含量下降，3 个处理浓度分别比对照下降了 4.6%、17.5%和 31.1%，14.5%、39%和 51.3%，3.7%、18%和 47.1%。铜绿微囊藻细胞内铁、锰、铜和锌 4 种元素的含量均下降，其中铜和锰下降最为明显（刘碧云等，2008）。

表 4.6 焦性没食子酸对铜绿微囊藻和羊角月牙藻细胞内 4 种微量元素含量的影响

Table 4.6 Effect of pyrogallol on four microelement contents (mg/g DW) in *M.aeruginosa* and *S.capricornutum*

（单位：mg/g DW）

对 象	浓度/（mg/L）	铁	锰	铜	锌
铜绿微囊藻	对照	17.58±1.78	1.05±0.09	0.16±0.01	0.4±0.012
	2.5	15.89±1.76	0.86±0.06	0.12±0.03	0.34±0.00
	6.5	9.31±0.15*	0.49±0.01*	0.06±0.002*	0.24±0.007*
	8.5	6.5±0.23**	0.28±0.01**	0.03±0.004*	0.17±0.003**
羊角月牙藻	对照	22.77±1.18	2.71±0.08	0.16±0.01	1.39±0.11
	2.5	22.86±0.41	2.61±0.03	0.15±0.004	1.19±0.03
	6.5	25.09±1.21	2.22±0.05*	0.13±0.005*	0.85±0.06*
	8.5	16.15±0.62*	1.44±0.06**	0.11±0.006*	0.69±0.07*

氮、磷是植物体内许多重要有机化合物的组成元素，从多方面影响着植物的代谢过程和生长发育。氮是蛋白质的主要组成元素，是植物细胞原生质组成中的基本物质，也是植物生命活动的基础。硝酸还原酶（NR）与生物氮的营养代谢过程十分密切。它是植物氮素代谢过程中重要的调节酶，主要是在硝酸亚硝化过程中起催化作用。同时，它与藻类的生物代谢和光合作用，以及各种细胞的信号转导过程密切相关（王利群等，2003；Meyer et al., 2005）。有文献报道，氮饥饿胁迫可使一种颤藻 NR 活性降低（Sushanta et al., 2003）。一些研究发现，水生植物与藻类共培养能影响藻类的 NR 活性，小茨藻与斜生栅藻共培养后，初始密度为 7×10^8ind/L 的斜生栅藻的 NR 活性受到抑制，2.5g/L 和 3.75g/L 的小茨藻处理组均能抑制高初始密度斜生栅藻的 NR 活性，其活性分别为对照的 37.5%和 25.0%。而对于初始密度为 7×10^7ind/L 的斜生栅藻，却有不同的效应。2.5g/L 的小茨藻明显促进了低起始密度斜生栅藻的 NR 活性，增长率为 180.0%，但 3.75g/L 的小茨藻能抑制斜生栅藻的 NR 活性（图 4.49）。

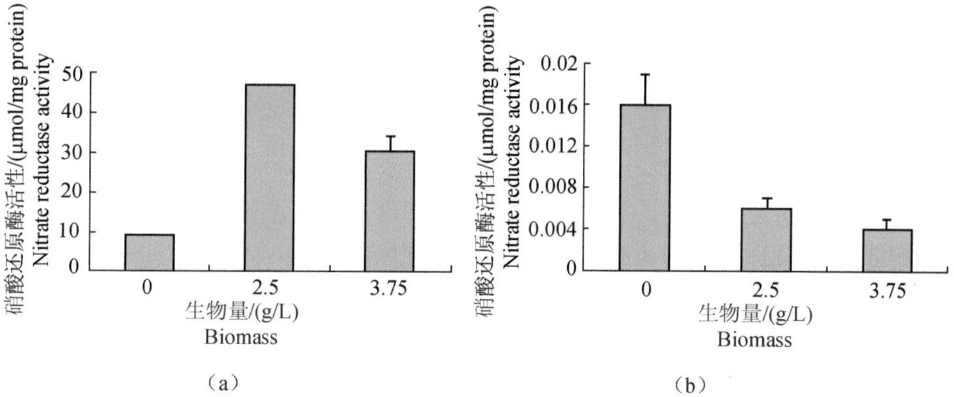

图 4.49　小茨藻对斜生栅藻 NR 活性的影响。(a)7×10^7ind/L; (b)7×10^8ind/L

Fig.4.49　Effect of *N. minor* on NR activity of *S. obliquus*. (a)7×10^7ind/L; (b)7×10^8ind/L

磷是核酸的主要组成元素，核酸存在于细胞核和原生质中，对植物生长发育和代谢过程都极为重要，是细胞分裂和根系生长不可缺少的。磷同时也是磷脂的组成元素，是生物膜的重要组成部分。磷还是其他重要磷化合物的组成成分，如三磷酸腺苷（ATP），各种脱氢酶、氨基转移酶等。磷具有提高植物的抗逆性和适应外界环境条件的能力。碱性磷酸酶（APA）与生物磷的营养代谢过程十分密切。APA 可以将环境中的有机磷分解为无机磷，提高了环境中生物可利用磷的浓度，使藻类得以吸收利用。沉水植物穗花狐尾藻体内产生的特里马素 II 和可溶性多酚释放到水中后，能够有效地抑制碱性磷酸酶的活性，多种多酚联合作用对碱性磷酸酶活性的抑制比单一酚类强（Gross，1999）。2.5g/L 和 3.75g/L 的小茨藻分别与斜生栅藻共培养后，却能明显提高斜生栅藻体内的 APA 活性，增长率分别为 269.8%和 190.7%；同样，菹草也能提高低起始密度斜生栅藻的 APA 活性（图 4.50）。

这些研究结果表明，不同水生植物释放的化感物质对目标生物磷利用效应不一致（邓平，2007）。

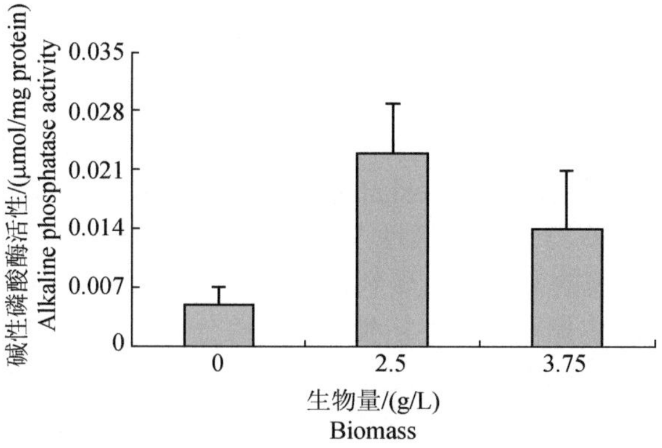

图 4.50 小茨藻对斜生栅藻 APA 活性的影响

Fig. 4.50 Effect of *N. minors* on APA activity of *S. obliquus*

4.4.3 对酯酶的影响

在藻类细胞中，酯酶是其生长发育不可缺少的酶之一，其主要功能是催化酯类化合物水解并进入中间代谢，除维持细胞正常的能量代谢，还能水解大量非生理正常存在的酯类化合物，被认为与机体的解毒有关。酯酶的活性与细胞的代谢活性和细胞活性有明显的正相关，对环境的变化较敏感，常作为细胞受有毒物质胁迫时的指标（Gala and Giesy，1990）。在研究浮游藻类应对环境胁迫时，测定其酯酶活性已经成为越来越多研究者的选择。它不仅能够区别“健康的”和“不健康的”细胞，而且还能定量测定藻类细胞对环境胁迫的敏感程度（subtle response）（Regel et al.，2002；Prado et al.，2009）。Wang 等（2013）采用流式细胞仪研究了焦性没食子酸等 7 种化感物质对铜绿微囊藻和羊角月牙藻细胞酯酶活性的影响，结果显示，7 种化感物质对这两种藻细胞酯酶活性的影响不同。除了儿茶酸之外，所有受试的化感物质都对铜绿微囊藻用来表达酯酶活性大小的荧光素二乙酸酯（fluorescein diacetate，FDA）荧光表现出不同程度的抑制，其中咖啡酸、焦性没食子酸、没食子酸和油酸抑制效果最强，在 10mg/L 的暴露浓度下，即可观察到明显的抑制作用，其抑制率分别为 83%、59%、79%和 64%。原儿茶酸和壬酸抑制作用不明显。没食子酸、原儿茶酸、咖啡酸和壬酸对羊角月牙藻细胞内的 FDA 荧光表现出抑制，儿茶酸和油酸则表现出增强；而焦性没食子酸低浓度处理组表现出抑制，高浓度表现出增强。由此可见，在这些化感物质的胁迫下，铜绿微囊藻酯酶的响应比羊角月牙藻更为敏感（图 4.51）。铜绿微囊藻细胞内 FDA 荧光的降低可能是由于化感物质抑制了细胞内酯酶活性，进而降低了酯酶水解 FDA 的量；或是由于化感物质改变了该藻类细胞膜的通透性，导致滞留在细胞内的 FDA 荧光物质量下降。不过膜通透性的结果表明，只有壬酸能够显著改变铜绿微囊藻细胞膜的透性，其他受试的化感物质对铜绿微囊藻细胞膜都未发现有明显的影响。因此，FDA 荧光的下降，表明化感物质是抑制了铜绿微囊藻细胞内酯酶的活性，而非其他原因。而羊角月牙藻，当受到没食子酸、原儿茶酸、咖啡酸和壬酸胁迫时，除了细胞内 FDA 荧光表现不同程度的下降外，细胞膜的通透性也发生了改变。因此，所观察到的羊角月牙藻细胞内 FDA 荧光受到抑制的现象，可能是由于这些化感物质抑制了细胞内酯酶的活性所致，也可能是因为这些化感物质改变了羊角月牙藻细胞膜的通透性所致。同时，在暴露于焦性没食子酸、儿茶酸和油酸后，羊角月牙藻细胞内 FDA 荧光有不同程度的上升。FDA 荧光的上升可能是由于细胞膜的超极化（染料流入藻细胞内）导致 FDA 吸收的增加（Franklin et al.，2001；Prado et al.，2009），也可能是由于化感物质影响了细胞内的离子调节，导致细胞内 pH 增加，增强了细胞内酯酶对 FDA 的水解，故检测到比对照更高水平的 FDA 荧光（Lage et al.，2001）。另外，刺激酯酶的活性还可能源于受到化感胁迫后，浮游藻类为适应胁迫的生理状态而增强了正常的代谢活性所致（Prado et al.，2009）。

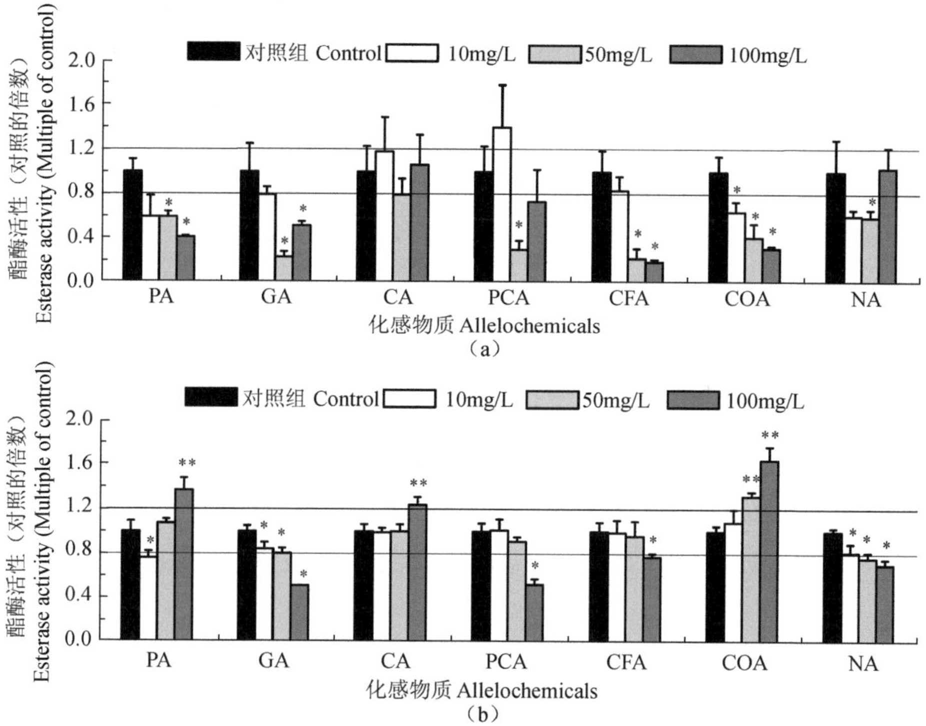

图 4.51 化感物质胁迫对铜绿微囊藻（a）和羊角月牙藻（b）酯酶活性的影响。数据为对照酯酶活性的倍数。*表示化感物质能够显著降低藻细胞酯酶的活性，**表示化感物质能够显著增加藻细胞酯酶的活性；$P < 0.05$。

Fig. 4.51 Effects of allelochemicals on esterase activity (expressed as a multiple of control) of *M. aeruginosa* (a) and *P. subcapitata* (b) after 4h exposures. One asterisk indicates a significant decrease and two asterisks indicate a significant increase in esterase activity in exposure groups compared to the corresponding controls; $P < 0.05$.

30μmol/ L 的高浓度化感物质单宁酸（tannic acid，TA）处理绿藻 *S. vacuolatus*、*Desmodesmus armatus* 及硅藻 *Stephanodiscus minutulus* 后，三种藻的酯酶活性抑制率达到了 20%～90%（图 4.52）（Eigemann et al.，2013），但是低浓度单宁酸处理绿藻 *S. vacuolatus* 和硅藻 *S. minutulus* 24h 后，酯酶活性有明显提高。高于 3μmol/L 单宁酸处理 *S. minutulus* 3h 和 14h 后酯酶活性被明显抑制，但是 3μmol/ L 处理 24h 后，酯酶活性被提高到 80%。6μmol/L 单宁酸处理 *S. vacuolatus* 后，对其酯酶活性的抑制达到 90%。6μmol/ L 以上单宁酸处理 *D. armatus* 24h 后，其酯酶的活性抑制达到 80%以上，实验中几种处理浓度的单宁酸，对 *D. armatus* 酯酶活性的 14h 浓度-效应曲线表现为“V”形曲线，其中 6μmol/L 浓度为曲线的拐点[图 4.52（a）]。花铭等（2008）研究化感物质焦性没食子酸及咖啡酸对铜绿微囊藻的影响时发现，两种化感物质暴露 4h 后，均能显著降低铜绿微囊藻酯酶活性（FDA）。暴露 24h 后，对照组和低浓度处理组中，藻细胞表现出对环境的适应性，酯类代谢活跃，酯酶活性上升；而高浓度处理组，酯酶活性则随着化感物质浓度的增加均呈现降低的趋势。化感物质诱导的藻细胞酯酶活性的变化，表明化感物质影响藻细胞的正常能量代谢，从而影响细胞生理的其他过程，最终导致藻细胞生长的抑制。

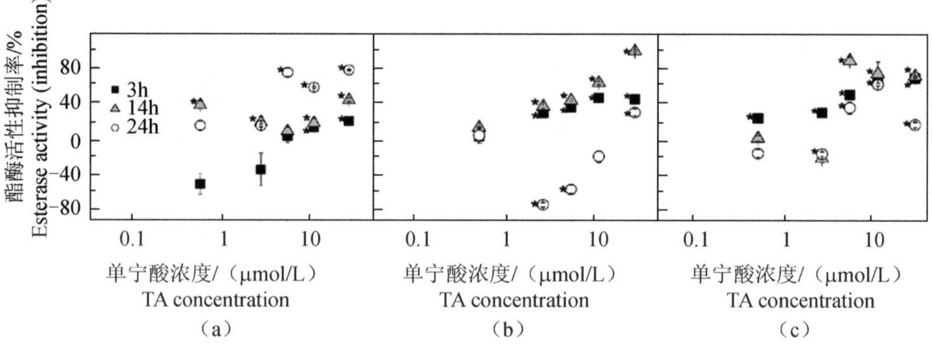

图 4.52　不同浓度的单宁酸对不同藻类的酯酶活性抑制率。（a）*D. armatus*；（b）*S. minutulus*；（c）*S. vacuolatus*。方形表示 3h 处理，三角形表示 14h 处理，圆形表示 24h 处理（引自 Eigemann et al., 2013）

Fig. 4.52　Inhibition of esterase activity for the respective algal species given as % after exposure to a concentration series of TA (μmol/L). Squares=3h exposure, triangles = 14h exposure, circles = 24h exposure. Asterisks indicate a significant difference ($P \leqslant 0.05$) compared to the controls. (Cited from Eigemann et al., 2013)

4.4.4　对呼吸作用的影响

呼吸作用是生物体一项重要的生命活动，是生物体在细胞内将有机物氧化分解并产生能量的化学过程。无论是自养生物还是异养生物，细胞内完成生命活动所需的能量都来自于呼吸作用，因此对生物体而言呼吸作用具有十分重要的生理意义。化感作用能影响目标生物体的呼吸作用。研究表明，化感物质胡桃醌处理玉米和大豆幼苗后其根和叶片的呼吸速率显著下降，0.1mmol/L 胡桃醌处理后的玉米和大豆叶片的呼吸速率与对照相比分别降低了 50%和 47%，根系呼吸速率分别下降了 27%和 52%（Jose and Gillespie, 1998）。邓平（2007）的研究发现，3.75g/L 的小茨藻和菹草分别与初始密度为 1×10^7ind/L 的斜生栅藻共培养，处理第 3 天斜生栅藻的呼吸速率明显加快，但是 2.5g/L 的小茨藻和菹草分别与上述条件下的斜生栅藻共培养处理后，对斜生栅藻呼吸速率的影响不明显。王立新等（2004, 2006）研究了黑藻与铜绿微囊藻共培养及黑藻种植水对铜绿微囊藻的影响，结果表明，共培养条件及种植水处理都能明显影响铜绿微囊藻的呼吸速率，两种处理模式表现出相同的趋势，种植水处理后初期藻细胞呼吸速率升高很快，第 3 天呼吸速率达到最高，其后开始下降，第 7 天已经低于对照组。浓度分别为 2.97mg/L 和 2.65mg/L 的化感物质焦性没食子酸和没食子酸处理铜绿微囊藻 24h 后，铜绿微囊藻的呼吸作用显著增强（$P < 0.05$）。其中，焦性没食子酸处理组的呼吸速率是对照组的 3.7 倍，而没食子酸处理组的呼吸速率是对照组的 2 倍（Zhu et al.，2010）。李峰民等（2007a）采用测定 CO_2 的方法研究了化感物质 EMA 对铜绿微囊藻呼吸作用的影响，0.25mg/L、1.00mg/L 和 4.00mg/L 的 EMA 处理铜绿微囊藻 24h 后，0.25mg/L 和 1.00mg/L 处理组中 CO_2 的浓度分别升高了 156%和 162%，远高于对照组的上升幅度，表明此浓度下，EMA 促进了铜绿微囊藻的呼吸作用，增加了 CO_2 的释放量。但当 EMA 浓度为 4.00mg/L 时，CO_2 浓度在 3 个处理浓度中最低。

由此可见，呼吸作用很可能是藻类在受到胁迫时的一种自我保护机制，因为增加呼吸速率能为藻类提供更多的能量，这些能量有助于增加自身的抵抗力，从而在一定程度上缓解外界胁迫，但这种保护是有限的，当受到的胁迫持续增加或强度过大时，呼吸作用最终还是会受到抑制，呼吸速率降低。

目前对水生植物通过化感作用影响藻类的呼吸作用机制还不太清楚，但是陆生植物化感作用的研究表明，化感物质影响呼吸作用的主要原因是影响了氧气的吸收。从鼠尾草丹参（*Salvia leucophylla*）中分离的挥发性单萜（如桉树脑、二戊烯等）是线粒体悬浮液 O_2 吸收的强烈抑制剂，能抑制 Krebs 循环中琥珀酸后的一步，并抑制氧化磷酸化作用（Lorber and Muller, 1980）。

化感物质通过对呼吸作用的影响间接降低了所有能量需求过程中的 ATP 供应，如香豆素降低了洋葱根细胞中线粒体的呼吸速率（Kupidłowska et al.，1994），Takahashi 等（1998）研究了槲皮素等物质对大豆（*Glycine max*）下胚轴细胞线粒体抑制的影响，发现槲皮素通过直接作用电子传递链而抑制底物氧化、抑制磷的吸收和氧化磷酸化解偶联等影响线粒体的呼吸活性。浓度为 0.5mmol/L 的槲皮素可以促进大豆下胚轴细胞基础呼吸作用增强，可能的机理是槲皮素作用于氧与醌库之间的电子传递。但是化感作用对藻类呼吸作用的机制有待进一步研究。

4.4.5 对蛋白质的影响

蛋白质是基因的直接产物，其性质、组成、功能等可直接反映基因的结构与功能。研究表明，化感作用影响蛋白质的含量和组成。前人在研究化感物质对 ^{14}C 标记的苯丙氨酸向酵母细胞蛋白质整合的影响时发现，所有的化感物质都降低了标记苯丙氨酸的整合，而阿魏酸等物质能降低标记苯丙氨酸向莴笋和小麦种子中的蛋白质的转移。表明化感物质可以通过抑制氨基酸运输及蛋白质合成而影响植物生长。Baziramakenga 等（1997）在研究大豆根对磷酸盐和甲硫氨酸的吸收时指出，苯甲酸、肉桂酸、香草酸及阿魏酸降低了大豆根对 ^{32}P 和甲硫氨酸的吸收，而香豆酸和对羟基苯甲酸增加了对 ^{32}P 和甲硫氨酸的吸收。所有的酚酸类物质都降低了 ^{32}P 向 DNA 和 RNA 的整合，除香豆酸和香草酸外，其他酚酸类物质对甲硫氨酸向蛋白质整合起抑制作用。这表明，酚酸类物质对核酸及蛋白质合成的影响是其影响植物生长的机制之一。Cruz-Ortega 等（2002）用 1%马鞭草（*Callicarpa acuminata* Kunth）的滤液处理蚕豆、玉米及西红柿的种子。结果发现，马鞭草的滤液对 3 种作物生长没有影响，其体内的蛋白质表达却有明显的变化。蚕豆幼苗根蛋白质的 2-DE 图谱显示，有 5 个蛋白质点表现出明显的变化，其中 3 个蛋白质的含量升高，2 个蛋白质的含量降低；而马鞭草的滤液对玉米作用后，有 6 个蛋白质含量明显提高；在处理的西红柿根蛋白质中，有 10 个蛋白质的含量降低，并且有一个 27.5kDa 蛋白质出现。

沉水植物马来眼子菜与斜生栅藻共培养后，也能影响斜生藻栅的蛋白质含量，共培养第 3 天，3.75g/L 和 5g/L 马来眼子菜处理组及对照组中斜生栅藻可溶性蛋白质含量表现出显著差异，并且对于不同初始浓度的斜生栅藻，马来眼子菜诱导的蛋白质变化不一致，低初始密度的斜生栅藻，两个处理组中的斜生栅藻可溶性蛋白质含量均明显高于对照组。对高初始密度的斜生栅藻，3.75g/L 的马来眼子菜明显促进了斜生栅藻可溶性蛋白质含量的增加，增长率达 89.9%，而 5g/L 的马来眼子菜对斜生栅藻的可溶性蛋白质含量未表现出明显影响（邓平，2007）。

除了影响蛋白质的含量外，吴晓辉（2007）的研究表明，马来眼子菜与铜绿微囊藻共培养的条件下，不同处理时间显示其对铜绿微囊藻蛋白质的表达有影响，对照组与处理组 24h 的蛋白质组 2-DE 图谱基本一致。PDQuest 软件分析 24h 培养后对照组和处理组铜绿微囊藻的蛋白质图谱（图 4.53），对照组铜绿微囊藻蛋白质斑点总数为 97 个，马来眼子菜化感作用下铜绿微囊藻蛋白质斑点总数为 86 个。以对照组蛋白质凝胶图像为参考胶，与处理组蛋白质凝胶图像进行配比分析，处理组中有 71 个蛋白质斑点与对照组相匹配，26 个斑点发生了变化，两张图谱中蛋白质点的匹配率为 82%。检测到蛋白质丰度差异 2 倍及 2 倍以上的蛋白质点 17 个，其中表达上调超过 2 倍的蛋白质点 11 个，表达下调超过 2 倍的蛋白质点 6 个。对照组与处理组藻类蛋白质组表达在 24h 培养后仍能保持基本一致（匹配率较高），说明藻类蛋白质组分基本保持稳定。处理组铜绿微囊藻蛋白质点变少，表明尽管共培养时间较短，马来眼子菜化感作用仍可使铜绿微囊藻的蛋白质降解。

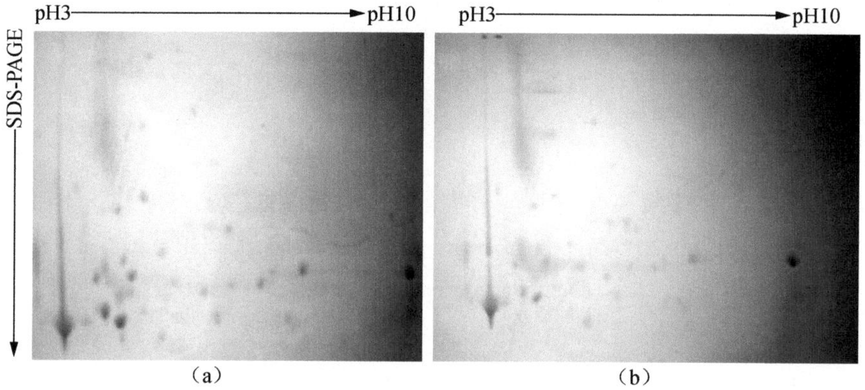

图 4.53　24h 后铜绿微囊藻蛋白质考马斯亮蓝染色 2-DE 图谱。（a）对照组；（b）处理组

Fig.4.53　Coomassie stained 2-DE protein maps of *M. aeruginosa* after 24h growth in the control (a) and in the coexistence system (b)

铜绿微囊藻培养 48h 后，对照组与处理组蛋白质组的 2-DE 图谱表现出较大差异，PDQuest 软件分析培养 48h 后对照组和处理组铜绿微囊藻的蛋白质图谱（图 4.54）。对照组铜绿微囊藻蛋白质斑点总数为 104 个，马来眼子菜化感作用下铜绿微囊藻蛋白质斑点总数为 71 个。以对照组蛋白质凝胶图像为参考胶，与处理组蛋白质凝胶图像进行配比分析，处理组中仅有 39 个蛋白质斑点与对照组相匹配，两张图谱中蛋白质点的匹配率为 55%。检测到蛋白质丰度差异 2 倍及 2 倍以上的蛋白质点为 31 个，其中表达上调超过 2 倍的蛋白质点仅 1 个，表达下调超过 2 倍的蛋白质点多达 30 个。对照组与处理组藻类蛋白质组表达在培养 48h 后出现较大差异，蛋白质斑点总数大幅度下降，检测到的蛋白质斑点的匹配率仅为 50%，出现较大丰度差异的蛋白质点几乎全部为表达下调 2 倍以上。以上测定结果表明，48h 的共培养使铜绿微囊藻的蛋白质发生了很大变化，蛋白质降解明显（吴晓辉，2007）。

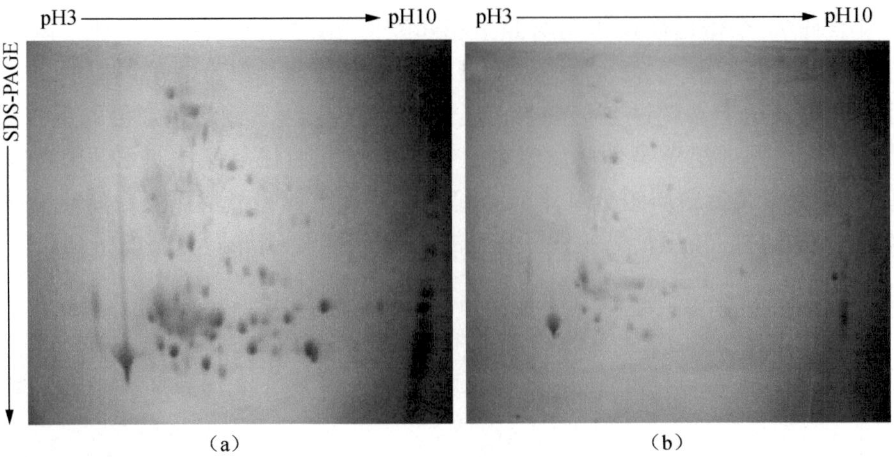

图 4.54　48h 后铜绿微囊藻蛋白质考马斯亮蓝染色 2-DE 图谱。（a）对照组；（b）处理组

Fig.4.54　Coomassie stained 2-DE protein maps of *M. aeruginosa* after 48h growth in the control (a) and in the coexistence system (b)

（作者：吴振斌、刘碧云、王静、朱俊英、鲁志营、孙雪梅、陈芝兰、张甬元等）

第五章 水生植物化感抑藻作用模式

随着化感作用研究的深入，许多化感物质被分离和鉴定出来。然而，针对化感物质释放情况以及对目标藻体化感作用活性的研究结果显示，这些物质在环境中被检测到的浓度与其用常规毒性试验方法获得的对目标生物有效作用的浓度之间存在较大差异。例如，穗花狐尾藻释放到水环境中的 4 种酚类化合物的含量为 5.2～76.6μg/L，但毒性实验的结果显示，其中抑藻活性最高的焦性没食子酸对一株铜绿微囊藻的半抑制浓度却达到 0.65mg/L（Nakai et al.，2000）。事实上，大多数植物分泌到环境中的化感物质对藻类的抑制活性远低于焦性没食子酸（Nakai et al.，2001，2005；Xian et al.，2005；Zhang et al.，2009）。对于供体植物如何实现低剂量化感物质高效抑藻功能，目前还不清楚。根据水生植物持续释放多种化感物质的特点，水生植物最有可能通过多种化感物质的联合作用和持续作用有效抑制藻类生长。因此，本章从这两个方面介绍水生植物化感抑藻可能的作用模式，以进一步阐明化感物质在自然水生态系统中的作用机制。

5.1 化感物质的联合作用

研究发现，水生植物可同时释放多种不同类别的化感物质到水环境中。沉水植物穗花狐尾藻可向水环境中释放酚酸（焦性没食子酸、鞣花酸、没食子酸和儿茶酸等）和脂肪酸类化感物质（壬酸、顺-6-十八碳烯酸和顺-9-十八碳烯酸等）（Nakai et al.，2000，2005）。伊乐藻释放到水中的化感物质除了脂肪酸、酚酸类物质外，还有生物碱等含氮类物质（高云霓，2010；王红强等，2010）。在植物化感作用控藻应用中，也都是采用植物活体分泌或干植物腐烂后释放的混合物来抑制藻类的大规模暴发，如大麦秆在小型自然水体中的成功应用（Everall and Lees，1996；Newman and Barrtee，1993）。因此，植物释放的化感物质是否通过联合作用来达到影响浮游藻类生长或繁衍的目的，也是在水生植物对浮游藻类化感效应研究中的重要内容之一。

5.1.1 研究方法

随着越来越多有毒、有害化学物质进入周围环境，多种化学物质的联合作用研究被更多地应用于环境或生态毒理学领域中，以评估汇入环境中的痕量污染物可能产生的复合污染效应（Goncalves et al.，2008；Mehler et al.，2008；Zhang et al.，2008）。化感物质的联合作用研究可以或已经借鉴了毒理学中的联合毒性测试方法。

根据多种物质混合后作用于目标生物体所产生的毒性效应，毒理学研究通常将化学物质的联合作用分为相加作用、协同作用、增强作用、拮抗作用和独立作用（孟紫强，2003）。在实际研究过程中，大多采用急性毒性试验方法来测定单个化合物和混合物的有效抑制浓度，如半有效抑制浓度 EC_{50}，然后选用合适的评价方法来划分混合物的联合作用类型。

评价方法的选择影响联合作用类型的划分，同样的实验数据，常常会因评价方法的不同而得到不同的结论。目前，已有的评价方法大致可以分为两大类，一类是基于单个浓度，另一类是建立在每种物质和混合物的浓度效应曲线上。前者最早由 Colby（1967）应用于除草剂联合作用的研究，主要是根据受试生物暴露在一定浓度单个物质中的生长率，按式（5.1）计算这些浓度下的物质直接混合后的联合效应，若实测值高于这个预测值，则表明以这些浓度混合后的物质表现出协同作用。

$$\mathrm{PIE}(\%) = (A \times B \times C \times \cdots \times N)/(100)^{n-1} \tag{5.1}$$

式中，A、B、C、…、N 分别为物质 A、B、C、…、N 在分别添加 a μg/L、b μg/L、c μg/L、…、n μg/L 时受试生物的最大生长率；n 为所选物质的总数。

另一类评价方法则引入了浓度-效应关系，更具实用性，应用也更广泛。根据混合物中各物质作用模式的异同又分为两类：浓度相加（concentration addition）和独立作用（independent action），后者也常称为响应相加（response addition）（Anderson and Weber, 1975）。浓度相加的概念是在毒性单元（toxic unit）（Sprague and Ramsay, 1965）的基础上发展而来的，其主要特点是化学物质对目标生物的作用性质或方式相似，一种毒物产生的毒性可被一定量的另一种毒物所代替，当毒物的有效浓度以相同的单位，即毒性单元表示时，混合物的有效浓度为各毒物有效浓度之和。对于多种物质的混合物，定义如下（Berenbaum，1985）：

$$\sum_{i=1}^{n} \frac{c_i}{\mathrm{EC}_{x_i}} = 1 \tag{5.2}$$

式中，c_i 为达到某个毒性效应 x 时混合物中 i 组分的浓度；EC_{x_i} 为该组分单独作用于受试生物达到毒性效应 x 的有效浓度；c_i/EC_{x_i} 被称为毒性单元（Sprague，1970）。按照式（5.2）的假设，混合物中各个组分浓度 c_i 的总和即为产生联合效应 x 的 c_{mix}，因此 $E(c_{\mathrm{mix}})=x$，$c_{\mathrm{mix}}=\mathrm{EC}_{x_{\mathrm{mix}}}$。各组分在混合物中的浓度 c_i 可以用 $p_i\,\mathrm{EC}_{x_{\mathrm{mix}}}$ 表示，p_i 即各组分在混合物中所占的比例。由此可以得到

$$\mathrm{EC}_{x_{\mathrm{mix}}} = \left(\sum_{i=1}^{n} \frac{p_i}{\mathrm{EC}_{x_i}} \right)^{-1} \tag{5.3}$$

根据式（5.3）及其进一步的变化形式，许多研究先计算出混合物达到毒性效应 x 的预测浓度，再与实际测得的混合物有效浓度进行比较来划分混合物的联合

作用类型（Faust et al.，2003；孟紫强，2003）。例如，联合作用系数（K）即根据各物质单独作用 EC_{50} 计算出各组混合物联合作用的 EC_{50} 预测值，其与实际测得的 EC_{50} 的比值即联合作用系数（K）。当 $K < 0.57$，为拮抗作用；当 $0.57 \leqslant K \leqslant 1.75$，为加和作用；当 $K > 1.75$，为协同作用（刘毓谷，1987）。也有很多研究在公式（5.2）的基础上，先直接通过实验数据求出混合物的毒性单元总数，然后与设定值 1 进行比较得到联合作用类型（孟庆俊和肖昕，2004；Hsieh et al.，2006）。例如，联合效应相加指数（S）法（修瑞琴等，1994）和毒性指数法（toxicity index，TI）（Plackett and Hewlett，1948；Marking，1977），毒性单元总数即 S/TI 值。理论上来讲，毒性单元总数等于 1 时，表示加和作用，小于 1 时表示协同作用，大于 1 则表示拮抗作用。但考虑到实际测量过程中存在波动，总数范围常常会大一些。EIFAC（1980）提议毒性单元总数为 1±0.5，而 Deneer（2000）在统计分析了 202 种水体中杀虫剂混合物的基础之上提议终点应该为 0.5～2.0，也就是说当毒性单元总数为 0.5～2.0 时都表示相加作用，其他类推。Boillot 和 Perrodin（2008）在研究戊二醛和表面活性剂对大型溞（*Daphnia magna*）的联合作用时就采用了这个范围来界定联合作用类型。

为了更直观地表现实验结果，等效线法通过图示划分各种作用模式所在区间，实验测得结果落在相应区间即可以很明显地看出该组混合物所表现出的联合作用类型（Inderjit et al.，2002；Boillot and Perrodin，2008），但这种方法只适用于定性分析二维联合作用（孟紫强，2003）。例如，TU 模型法（Brown，1968；Sprague，1970）即以二维图的方式来评估两种物质的联合作用，两种物质的毒性单元（TU 值）分别设为 X 轴和 Y 轴，先计算出两种物质各自的毒性单元，然后在二维图中标出这些点，再根据各个点所在的区间判断这两种物质的联合作用效果。

独立作用的概念是建立在混合物中物质对目标生物体表现出不同作用模式的假设上，这个概念最先由 Bliss（1939）提出。其重点在于一种毒物的毒性与其他物质混合后仍保持不变。对于多组分混合物可用下式表示：

$$E(c_{\text{mix}}) = 1 - \prod_{i=1}^{n} (1 - E(c_i)) \tag{5.4}$$

式中，$E(c_i)$和 $E(c_{\text{mix}})$分别表示混合物中各物质单独和联合作用产生的某个毒性效应 x。各物质单独作用产生效应 x 的 $E(c_i)$可以通过浓度效应方程 F_i 计算，即 $E(c_i)=F_i(c_i)$，单种物质的浓度 c_i 可通过其在混合浓度 c_{mix} 中的比例 p_i 表示，当总效应 $E(c_{\text{mix}})$等于 x 时，c_{mix} 可以定义为 $EC_{x\text{mix}}$，因此式（5.4）可以转换成下式：

$$x(\%) = 1 - \prod_{i=1}^{n} (1 - F_i(p_i(EC_{x\text{mix}}))) \tag{5.5}$$

采用式（5.5）计算 $EC_{x\text{mix}}$ 的先决条件就是要得到单个物质的浓度效应方程 F_i 及各物质在混合物中所占的比例。但是式（5.4）不能转换为一种经验式，$EC_{x\text{mix}}$

的值需要采用递次求近法进行计算，这个过程可以在 SAS 中进行，在 EXCEL 中采用 SOLVER 也可以得到结果，但不是很方便（Faust et al.，2001）。

两种模式在实际研究中都有不同程度的应用。从模式的选择情况来看，大多数研究都选用浓度相加模式来评价或预测混合物的联合效应（Meletiadis et al.，2007）。因为这种模式具有经验式，便于计算和应用；更为重要的原因则与毒性实验中选择的测试指标有关，因为大多数毒性实验均选择生物体的死亡或生长的抑制为测试指标。从广义上来讲，导致生物体死亡或抑制生物生长属于相似作用的范畴，严格来讲，相似作用是指生物体水平的响应在同一个作用靶位（Pöch，2012），添加作用于不同靶位或本身作用不同的物质时就需要改变物质联合作用的评价模式。然而很多物质对目标生物的作用靶位还不清楚。另外，即使是本身分属于不同化学类型或对目标生物作用靶位不同的物质，浓度相加模式也能较为准确地预测目标生物生长的联合毒性测试结果（Deneer，2000）。Faust 等（2001）发现，18 种均三嗪类化合物对淡水绿藻 *S. vacuolatus* 的联合毒性与浓度相加模式预测结果更吻合，独立作用模式预测结果低估了该类化合物的联合抑藻毒性（图 5.1）。因此大部分联合作用研究报道中均选用浓度相加模式。Wang 等（2012）引入毒性单元比较评估了铜（Cu）、三价铬[Cr(III)]和六价铬[Cr(VI)]在水及土壤两种培养体系中对小白菜的联合毒性，水培系统中铜和三价铬显示出拮抗效应（EC_{50mix}=1.76TU_{mix}），而其在土壤系统中则显示出协同效应（EC_{50mix}=0.76TU_{mix}）（图 5.2）。铜和六价铬在两个系统中的联合作用都表现出拮抗效应。说明铜与两种价态铬的联合作用效应不同，还受到培养体系的影响。He 等（2013）采用相加指数法研究了氯乙酰苯胺除草剂对淡水水蚤隆腺溞（*Daphnia carinata*）的联合毒性，发现草不绿（alachlor）、乙草胺（acetochlor）和去草胺（butachlor）3 种除草剂二维联合显示拮抗效应。

但是，浓度相加模式并不是一个通用的预测方法，在对 16 种具有不同作用模式的生物杀灭剂的藻类毒性测试中，Faust 等（2003）发现，独立作用更适用于混合物中各物质作用靶位明显不同的情况。如图 5.3 所示，16 种作用机制不同的化学物质以两种比例混合对淡水绿藻 *S. vacuolatus* 的联合毒性可以用独立作用模式预测，浓度相加作用高估了其联合毒性。浓度相加和独立作用两种模式的预测值与实验中实际检测到的联合作用效果是否一致，与混合物中化合物的结构、性质、作用效果、作用机制、目标生物及其作用终点的选择有关。Backhaus 等（2004）测得 12 种苯基脲除草剂以 EC_{50} 和 EC_1 比例混合后对淡水绿藻 *S. vacuolatus* 的抑制不仅与浓度相加模式的预测结果吻合度高（图 5.4），还能被独立作用模式有效地预测（图 5.5）。

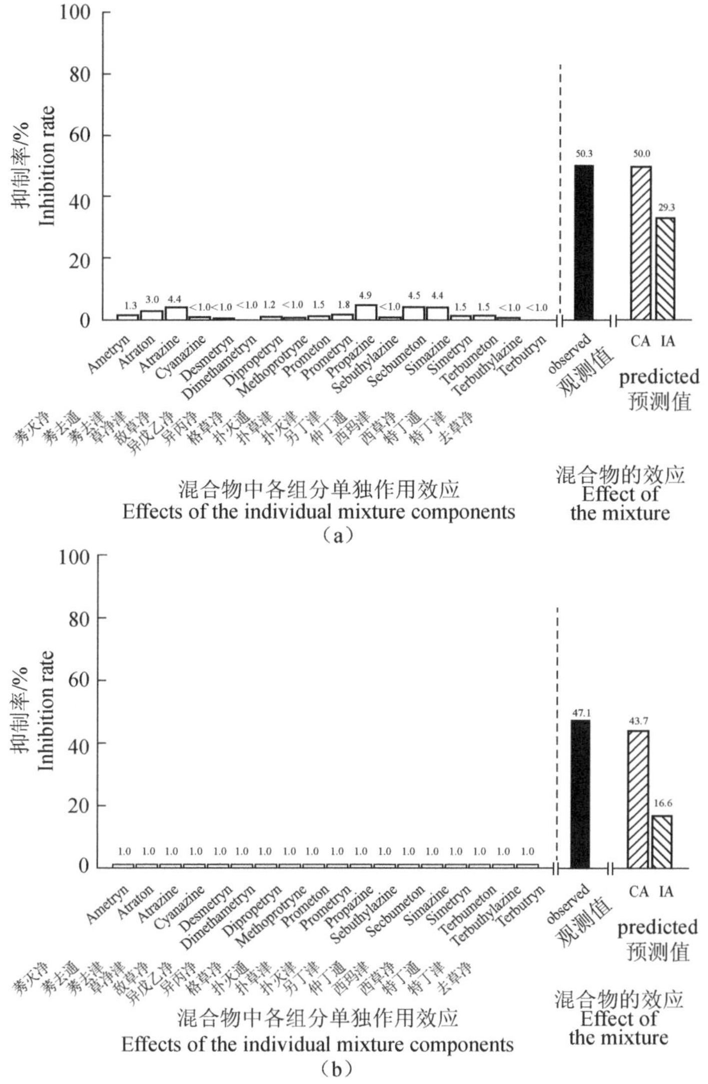

图 5.1　18 种均三嗪类物质单独毒性和混合毒性的比较。（a）混合物中各物质以其单独作用时 EC_{50} 的 1/18 混合；（b）混合物中各物质以其单独作用时 EC_1 值混合。CA、IA 指根据浓度相加和独立作用预测的混合毒性效应（引自 Faust et al., 2001）

Fig. 5.1　Comparison of the total effects of s-triazine mixtures with the single effects of all 18 mixtures components. (a) Concentrations of individual mixture components equal 1/18 of individual EC_{50} values; (b) Concentrations of individual mixture components equal individual EC_1 values. CA, IA. predictions of the total effect according to concentration addition and independent action, respectively (Cited from Faust et al., 2001)

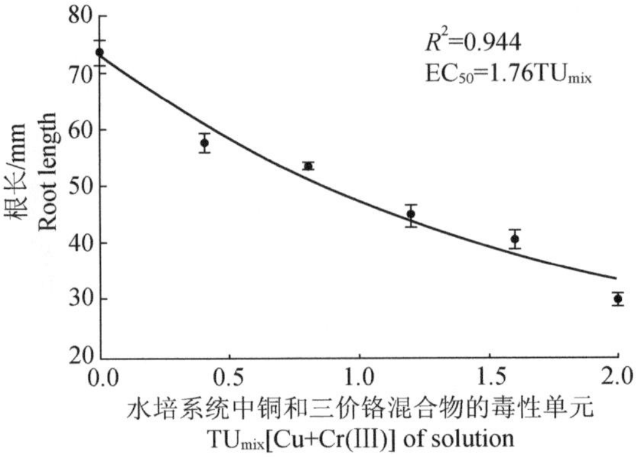

（a）

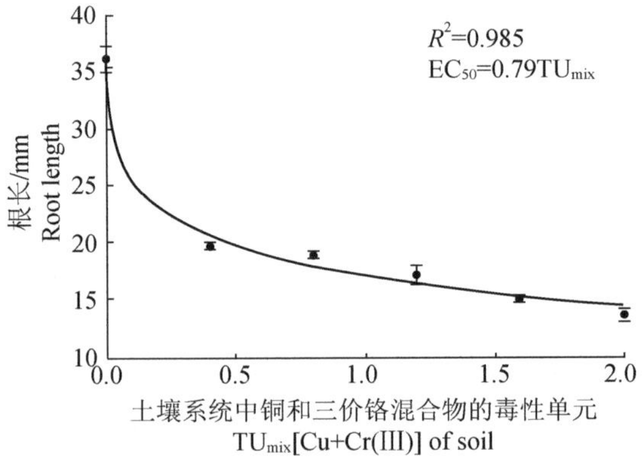

（b）

图 5.2　水培和土壤系统中小白菜根对铜和三价铬混合物的响应及拟合曲线
（引自 Wang et al., 2012）

Fig.5.2　Observed responses and fitted curve of pakchoi root to Cu + Cr(III) in solution and in soil.
(Cited from Wang et al., 2012)

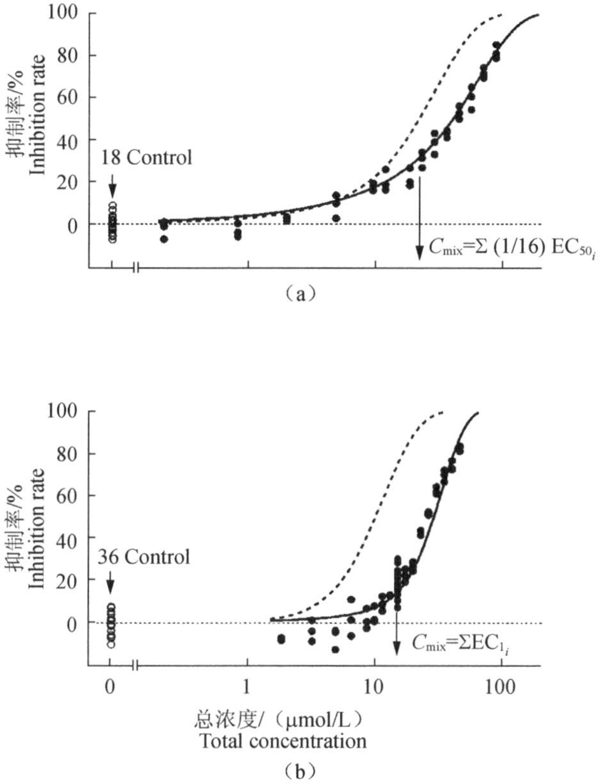

图 5.3　实验测得和预测的 16 种不同作用物质的抑藻毒性。（a）混合组 1：以各自 EC_{50} 的比值混合；（b）混合组 2：以各自 EC_1 的比值混合。实心圆点表示实验观测毒性，空心圆点表示对照，虚线表示根据浓度相加的预测值，实线表示根据独立作用的预测值（引自 Faust et al., 2003）

Fig.5.3　Observed and predicted algal toxicity of mixtures of 16 dissimilarly acting substances. (a) Mixture 1: components mixed in the ratio of their individual EC_{50} values; (b) Mixture 2: components mixed in the ratio of their individual EC_1 values. Solid dots indicate experimentally observed toxicity, hollow dots indicate controls, hollow line and solid line indicate prediction according to concentration addition and independent action, respectively(Cited from Faust et al., 2003)

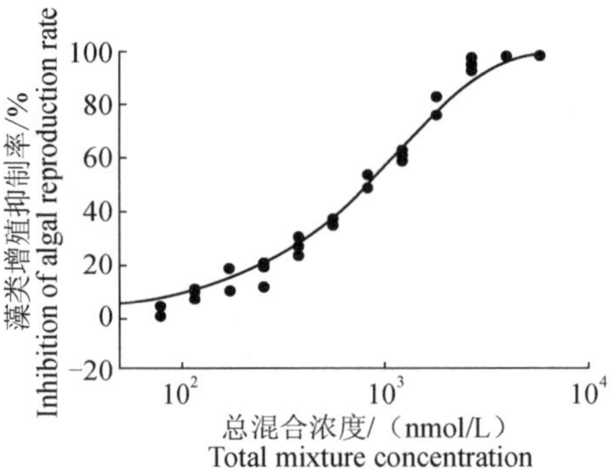

（a）

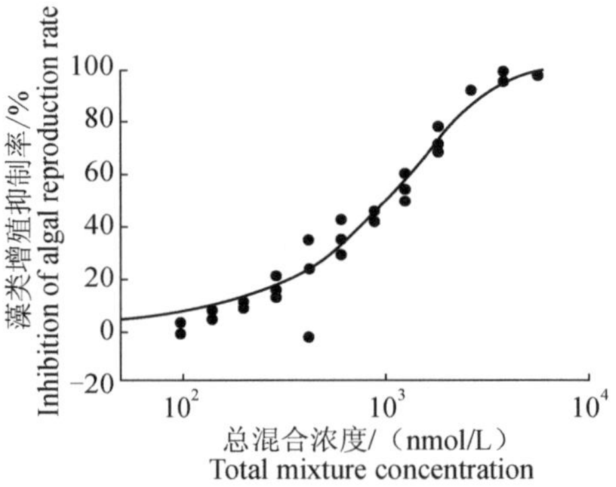

（b）

图 5.4　12 种苯基脲除草剂混合物实测毒性与根据浓度相加模式预测毒性。（a）以每种物质单独作用时的半抑制浓度混合；（b）以每种物质单独作用时的 1%有效抑制浓度混合。实线表示预测值，圆点表示实验数据（引自 Backhaus et al., 2004）

Fig.5.4　Experimentally determined toxicity of a mixture of 12 phenylureas and the toxicity prediction according to concentration addition. (a) Compounds were mixed in the ratio of their individual 50% effective concentration values; (b) Compounds were mixed in the ratio of their individual 1% effective concentration values. The solid line indicates the predicated mixture toxicity according to concentration addition, solid dot indicates experimental data (Cited from Backhaus et al., 2004)

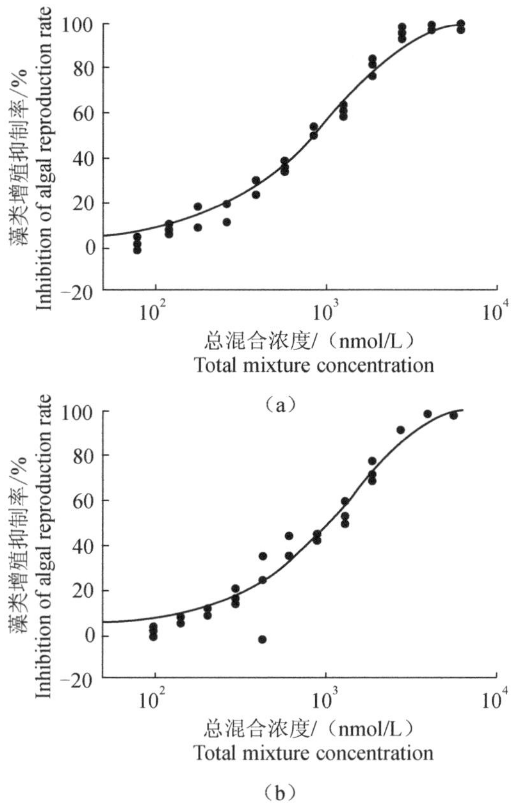

图 5.5　12 种苯基脲除草剂混合物实测毒性与根据独立作用模式预测毒性。（a）以每种物质单独作用时的半抑制浓度混合；（b）以每种物质单独作用时的 1%有效抑制浓度混合。实线表示预测值，圆点表示实验数据（引自 Backhaus et al., 2004）

Fig.5.5　Experimentally determined toxicity of a mixture of 12 phenylureas and the toxicity prediction according to independent action.(a) Compounds were mixed in the ratio of their individual 50% effective concentration values; (b) Compounds were mixed in the ratio of their individual 1% effective concentration values. The solid line indicates the predicated mixture toxicity according to concentration addition, solid dot indicates experimental data(Cited from Backhaus et al., 2004)

5.1.2　研究现状

化感物质的联合作用效应研究在 21 世纪才逐渐开展。Inderjit 等（2002）采用基于浓度相加的等效线法(图 5.6)研究了不同浓度配比下对羟基苯甲酸(HBA)、对香豆酸（PCA）和阿魏酸（FA）三种酚类物质二维联合后对多年生黑麦草（*Perennial ryegrass*）根生长的抑制作用。结果显示，三种物质两两联合后主要表现出拮抗作用（图 5.7）。何华勤等（2004）运用正交旋转回归试验设计分析了 5 种常见的酚酸类化感物质水杨酸、对羟基苯甲酸、肉桂酸、香草酸和阿魏酸对田间伴生杂草稗草的抑制效应，发现当水杨酸、对羟基苯甲酸、肉桂酸、香草酸和阿魏酸浓度分别为 0.06mmol/L、0.60mmol/L、0.24mmol/L、0.02mmol/L 和 0.02 mmol/L 时，混合物对稗草根长的抑制率最大，达到 78.65 %。

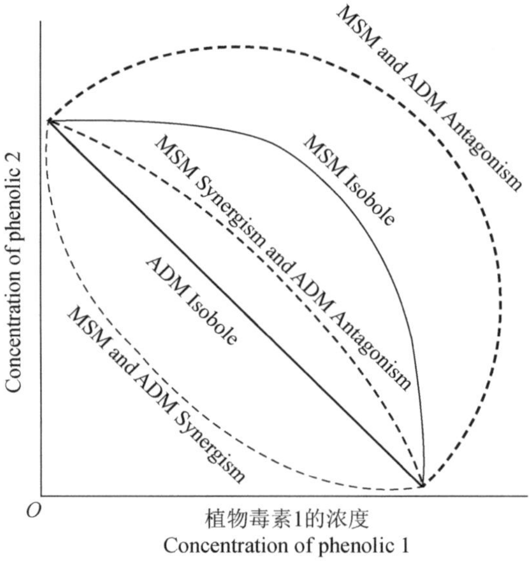

图 5.6 特定响应水平下的剂量相加模型（ADM）和比例存活模型（MSM）等效线。例如，ED_{50}，在 X 轴和 Y 轴上分别截取植物毒素 1 和植物毒素 2 单独作用时的 ED_{50}，其他三条等效线作为描述两种模型下的拮抗和协同效应线的例子。任何在 ADM 线以上和 MSM 线以下的等效线表示 ADM 下的拮抗效应和 MSM 下的协同效应.（引自 Inderjit et al., 2002）

Fig. 5.6 The ADM(additive dose model) and the MSM(multiplicative survival model) isoboles at a defined response level, e.g. ED_{50}, intercepts y-axis at the dose of phytotoxin 1 applied alone. The other three isoboles describe antagonism and synergism relative to ADM or MSM and are selected only as examples. Any isobole above the ADM line and below the MSM line will indicate antagonistic effects relative to ADM but synergistic relative to MSM(Cited from Inderjit et al., 2002)

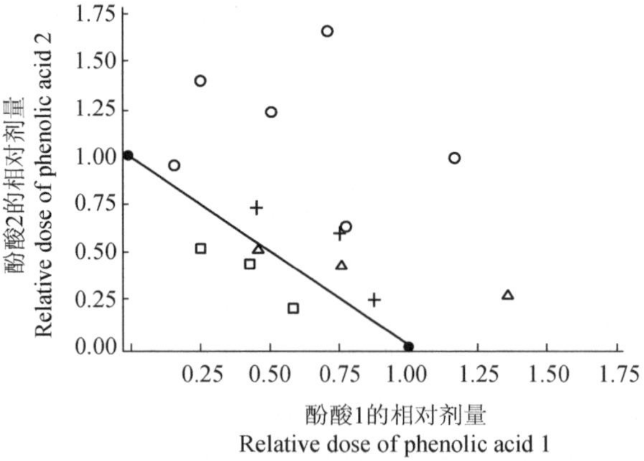

（a）

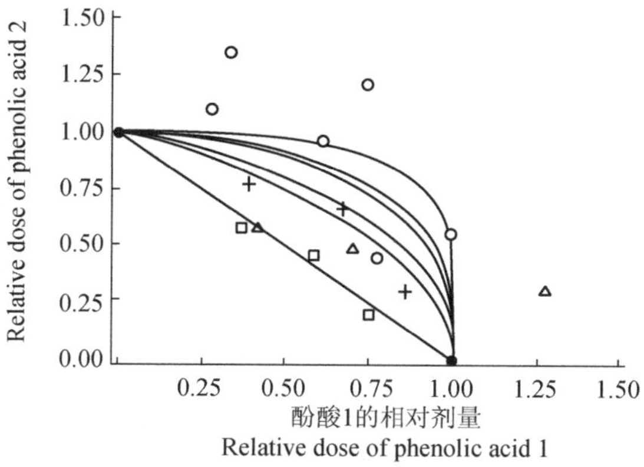

（b）

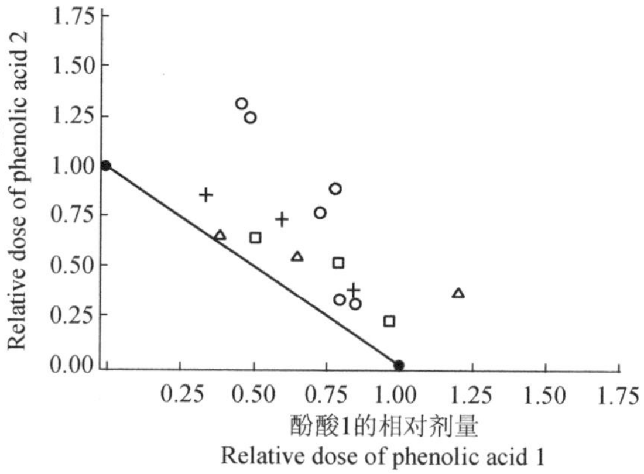

（c）

图 5.7 ADM 等效线和实验测得的酚酸混合物达到 ED_{20}（a）、ED_{50}（b）和 ED_{80}（c）的各物质剂量。MSM 等效线仅在（b）中 ED_{50} 水平说明，因为该响应水平被认为是最精确的实验中，酚酸浓度限定为单个酚酸 ED 值为 1. ●-●（ADM 等效线）；□（对羟基苯甲酸、对香豆酸，实验 1），○（对羟基苯甲酸、阿魏酸，实验 3），◇（对羟基苯甲酸、阿魏酸，实验 4）；△（对香豆酸、阿魏酸，实验 5）+（对香豆酸、阿魏酸，实验 6）（引自 Inderjit et al., 2002）

Fig. 5.7 ADM isoboles and estimated doses of phenolic acid mixtures on ED_{20}(a), ED_{50}(b) and ED_{80}(c). The MSM isoboles are illustrated only at the ED_{50} level in B, because it is assumed to be the most precise response level to consider. Within the experiment, the concentration of phenolic acid applied alone is 1.0. Symbols: ●-●(ADM isobole); □(HBA PCA Experiment 1); ○(HBA FA Experiment 3); ◇(HBA FA Experiment 4); △(PCA FA Experiment 5) and +(PAC FA Experiment 6) (Cited from Inderjit et al., 2002)

针对水环境中化感物质的联合抑藻作用，近年来国内外研究者也相继开展了一些研究，下面按物质类别分别介绍。

1. 酚酸类化感物质的联合抑藻作用

酚酸类化感物质是目前在水生植物中发现的最为广泛的一类化感物质，针对酚酸类化感物质联合抑藻作用的研究也相对最多。Nakai 等（2000）初步研究了穗花狐尾藻分泌的 4 种酚类化感物质没食子酸、焦性没食子酸、儿茶酸和鞣花酸的联合抑藻作用，4 种酚酸以穗花狐尾藻种植水中检测到的浓度混合后，铜绿微囊藻的生长在一天后即被完全抑制（图 5.8）。

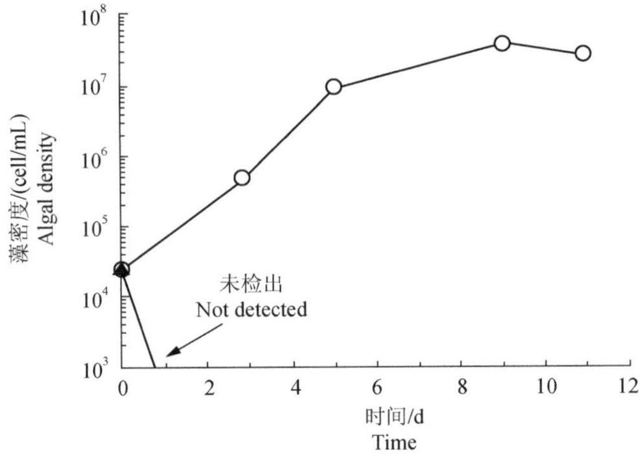

图 5.8　焦性没食子酸、没食子酸、儿茶酸和鞣花酸混合物对铜绿微囊藻生长的抑制。圆圈（○）表示对照，黑三角（▲）表示多酚混合物（引自 Nakai et al., 2000）

Fig.5.8　Growth inhibition of *M.aeruginosa* by a mixture of PA, GA, CATECH and EA. Symbols correspond to(○) control,(▲)polyphenol mixture(Cited from Nakai et al., 2000).

根据 Colby（1967）提出的经验式得出穗花狐尾藻分泌的 4 种酚酸对铜绿微囊藻表现出协同作用。这一结果引起了许多研究者对化感物质联合抑藻作用的研究兴趣。花铭等（2008）开展了焦性没食子酸和咖啡酸对铜绿微囊藻的等效应（EC_{50}）混合试验，发现 8h、24h、48h 和 96h 对铜绿微囊藻的抑制率分别为 83%、83%、68%和 62%，表明这两种酚类化感物质的联合作用介于独立作用和相加作用之间。Wang 等（2008）研究了苯甲酸、对羟基苯甲酸和没食子酸对铜绿微囊藻的联合化感作用，选取基于浓度加和作用的联合作用系数（*K*）法进行评价。实验中设置了 4 组混合物的联合作用，均按毒性效应比例配比，图 5.9 显示了各组混合物对铜绿微囊藻的联合作用结果，苯甲酸和 4-羟基苯甲酸混合组的协同作用最强，联合作用系数 *K* 高达 3.1；协同作用最小的 4-羟基苯甲酸与没食子酸混合组的联合作用系数 *K* 为 2.0。结果表明，所有混合组均表现出明显的协同抑藻作用。

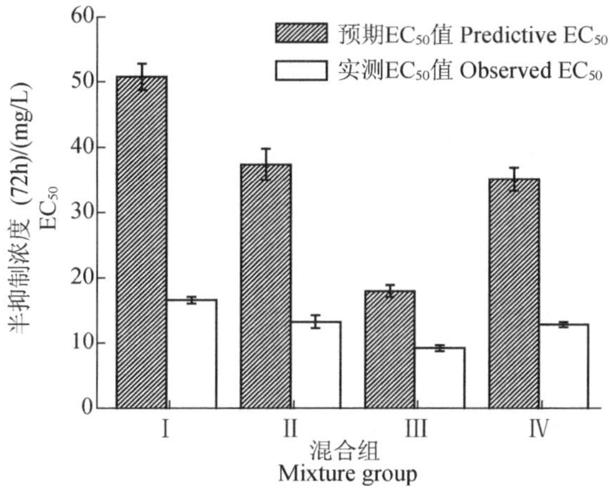

图 5.9　酚酸对铜绿微囊藻（FACHB 942）的联合作用。酚酸组成和比例：I. 苯甲酸∶4-羟基苯甲酸，2.5∶1; II. 苯甲酸∶没食子酸，12.5∶1; III, 4-羟基苯甲酸∶没食子酸，5.5∶1; IV. 苯甲酸∶4-羟基苯甲酸∶没食子酸，12.5∶5.5∶1。每组混合物的联合作用系数（*K*）分别为 3.1、2.8、2.0、2.7。所有的误差线与标准差相对应

Fig. 5.9　The combined effects of phenolic acids on the growth of *M. aeruginosa* (toxic FACHB 942). Composition and proportion of mixtures: I. benzoic acid:4-hydroxybenzoic acid, 2.5:1; II. benzoic acid:gallic acid, 12.5:1; III. 4-hydroxybenzoic acid:gallic acid, 5.5:1; IV. benzoic acid : 4-hydroxybenzoic acid : gallic acid, 12.5:5.5:1. The coefficient of joint effect(*K*) of each mixture group was 3.1, 2.8, 2.0, 2.7, respectively. All error bars correspond to the standard deviation

Zhu 等（2011）同样基于相加作用的假设，采用 TI 指数法研究了穗花狐尾藻释放的没食子酸、焦性没食子酸、鞣花酸和儿茶酸等化感物质对铜绿微囊藻的联合毒性。在测试指标的选择上，重点比较了各种表征光合作用效能的参数和细胞生长参数在评价多酚联合作用的差异。当焦性没食子酸和没食子酸以等浓度比例混合时，2.5mg/L 混合物对不同参数的抑制率如图 5.10 所示。基于参数 NPQ、q_N、q_{CN} 和 $q_{N(rel)}$ 计算的两种酚酸联合作用对铜绿微囊藻的抑制率高于 55%，基于参数 F_v/F_m、q_{TQ}、F'_v/F'_m、YII 和 UQF（rel）计算出来的抑制率为 17.47%～26.99%，而基于参数 $q_{P(rel)}$、q_L、Cell 和 q_p 计算出来的抑制率低于 10%。由该结果可以看出，即使在相同的联合体系中，不同生理参数的灵敏性也有差异。该研究中参数灵敏性从大到小为：非光化学猝灭参数>光化学猝灭及其他叶绿素荧光参数>细胞参数。同时，研究发现该组混合物对铜绿微囊藻的光合作用、电子传递链和 PSII 活性的抑制率分别为 81.39%、65.97%和 65.93%（$P<0.05$）（表 5.1）。两种酚酸联合对铜绿微囊藻的光合作用，特别是 PSII 活性有影响，说明 PSII 是两者联合作用对铜绿微囊藻的抑制位点之一。

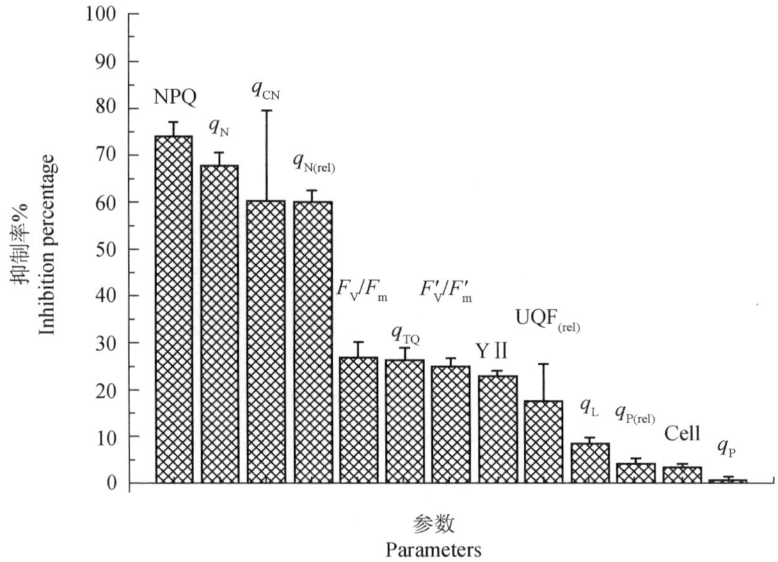

图 5.10　铜绿微囊藻在浓度为 2.5mg/L 的焦性没食子酸和没食子酸混合物下胁迫 24h 后，根据不同参数计算的抑制率。均值±标准差（$n = 3$）

Fig. 5.10　The inhibittion percentages of different parameters of *M. aeruginosa* under the stress of PA-GA mixture at 2.5mg/L after 24h. Values are means ± standard deviation($n = 3$)

表 5.1　焦性没食子酸和没食子酸混合物（2.5mg/L，处理 24h）对 *M. aeruginosa* 905 光合作用和电子传递链活性的影响

Table 5.1　The true photosynthesis and electron transport activities of *M. aeruginosa* 905 affected by PA-GA mixture at 2.5mg/L after 24h

物质 Chemicals	速率/[μmol O_2 /(h·mg chl a)] Rate		
	光合作用 True photosynthesis	电子传递链 photosynthetic chain	光合系统 II PSII
对照 Control	190.69 ± 18.22^a	96.73 ± 13.86^a	102.50 ± 20.76^a
焦性没食子酸和没食子酸	35.48 ± 5.75^b	32.92 ± 9.87^b	34.92 ± 10.46^b

注：均值 ± 标准差（$n = 4$），同列中，不同字母间表示有显示差异（a、b）（$P < 0.05$）

Note: Values are means ± standard deviation($n = 4$). The significant differences are with different superscript letters(a, b) in the same column($P < 0.05$)

在此研究结果的基础上，Zhu 等（2010）选择叶绿素荧光参数［非光化学猝灭（NPQ）和光化学有效量子效率（YII）］和细胞密度作为测试指标研究了 4 种多酚不同比例混合对铜绿微囊藻的联合抑制效应。结果如图 5.11 所示，联合作用体系 I（Mix I）中，4 种多酚的含量是根据已有文献中穗花狐尾藻培养液中检测到的含量来确定的，在这种联合体系中铜绿微囊藻的 3 个测试指标都显示 TI < 0.5，表明 4 种多酚对铜绿微囊藻生长和光合作用的抑制都表现出协同效应。但是对

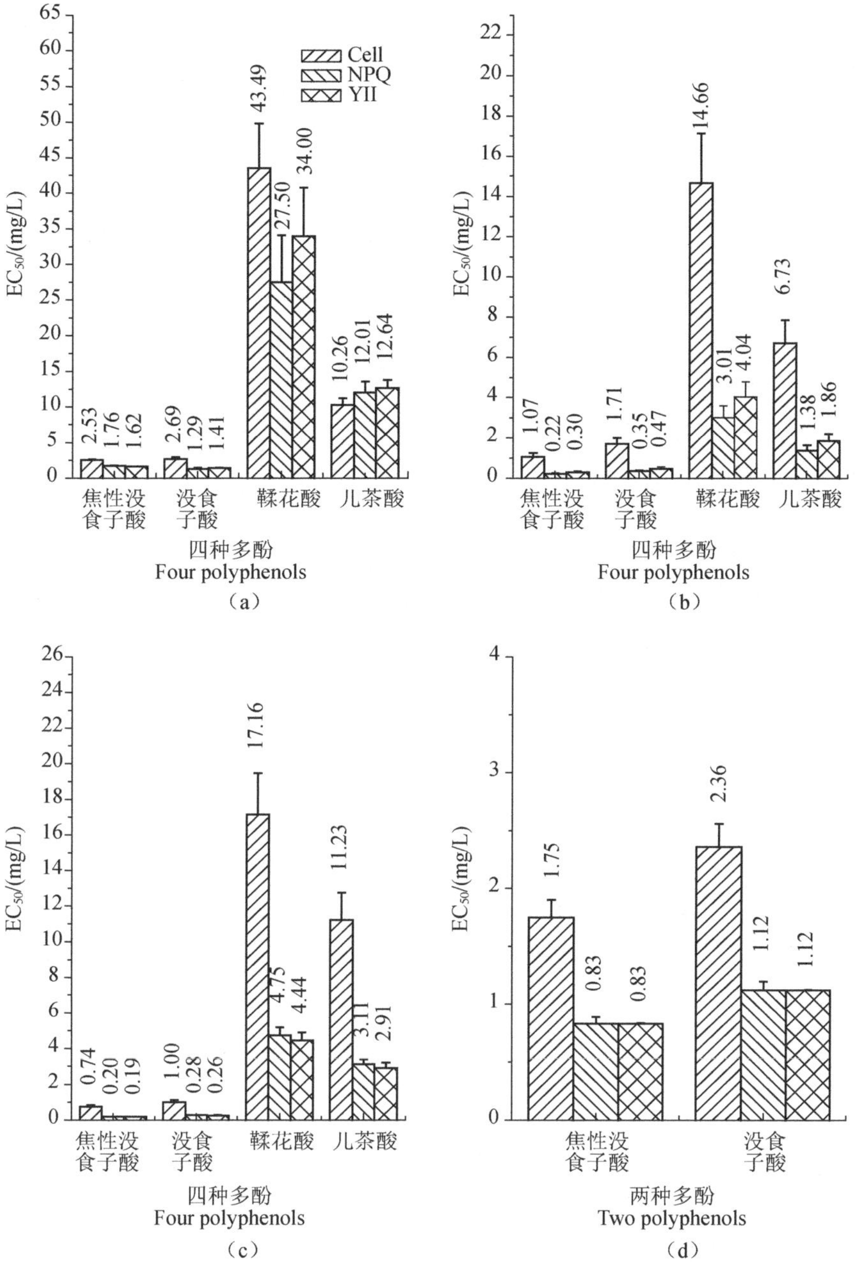

图 5.11　4 种多酚单独及混合后对铜绿微囊藻生长的半抑制浓度。(a) 单个多酚、混合物的组成和比例：(b) 焦性没食子酸∶没食子酸∶鞣花酸∶儿茶酸=1∶1.06∶17.22∶4.06；(c) 焦性没食子酸∶没食子酸∶鞣花酸∶儿茶酸=1∶0.73∶15.61∶6.82; (d) 焦性没食子酸:没食子酸=1∶0.73.

Fig. 5.11　EC_{50}(mean ± SD, n = 3) of four polyphenols(individual polyphenol and their mixtures) for *M. aeruginosa*. A, individual polyphenol. Composition and proportion of mixtures: B, PA∶GA∶EA∶CA, 1∶1.06∶17.22∶4.06; C, PA∶GA∶EA∶CA, 1∶0.73∶15.61∶6.82; D, PA:GA, 1∶0.73

绿藻门的羊角月牙藻而言，3 个测试指标都显示 0.5≤TI≤2，表明 4 种多酚对羊角月牙藻生长和光合作用的抑制都表现出简单加和效应。联合作用体系 II（Mix II）中 4 种多酚的浓度是以多酚单一作用两种藻后对藻细胞浓度的 EC_{50} 来确定的，在此体系中，只有一个测试指标（NPQ）显示 4 种多酚对铜绿微囊藻的联合毒性为协同效应（TI <0.5），其他 2 个测试指标只表现出简单加和效应；对羊角月牙藻，3 个测试指标的结果都显示 4 种多酚对羊角月牙藻的联合毒性为简单加和效应（0.5≤TI≤2）。联合作用体系 III（Mix III）中只选择了对藻类具有较强化感作用的焦性没食子酸和没食子酸，其比例与联合作用体系 II 一致，该联合体系对两种藻的联合毒性表现与联合作用体系 II 相似。这些研究表明，焦性没食子酸、没食子酸、鞣花酸和儿茶酸对铜绿微囊藻光合作用的抑制呈协同效应，以实际检测到的化感物质释放浓度比例混合，其协同抑藻效果最明显。与铜绿微囊藻相比，4 种多酚的联合作用对羊角月牙藻的联合毒性作用较弱，只是简单加和作用。

为了进一步研究多酚的毒性、比例及数量对其联合作用的影响，朱俊英等（2011）针对穗花狐尾藻释放的焦性没食子酸、没食子酸和儿茶酸 3 种多酚类物质，设计 3 种多酚以不同比例二维和三维联合情况下对蓝藻铜绿微囊藻的联合作用实验。二维联合的比例有 1∶4、2∶3、1∶1、3∶2 和 4∶1，分为焦性没食子酸∶没食子酸、焦性没食子酸∶儿茶酸和没食子酸∶儿茶酸 3 组。三维联合时，焦性没食子酸∶没食子酸∶儿茶酸共进行 7 种不同比例的混合，即 1∶1∶3、1∶2∶2、1∶3∶1、1∶1∶1、2∶1∶2、2∶2∶1 和 3∶1∶1。采用细胞密度和叶绿素荧光参数中的非光化学猝灭（NPQ）来测定 3 种多酚对蓝藻的联合作用。评价方法除了前面用到的 TI 指数法，还采用了毒性单元模型定性评估二维联合作用效果。表 5.2 列举了 3 种多酚二维联合对铜绿微囊藻的 72h EC_{50}。三维联合对铜绿微囊藻的 72h EC_{50} 见表 5.3。由表可见，测试指标不同对半抑制浓度值有显著影响，同一混合物对铜绿微囊藻的半抑制浓度，根据细胞密度计算的结果是根据 NPQ 计算结果的几倍，最大可达 5.54 倍。光合作用可能比细胞生长更容易受到影响。不同指标反映出多酚对铜绿微囊藻的联合作用效果也不同。由 TI 指数法评价得到的结果显示，焦性没食子酸、没食子酸和儿茶酸以 5 种比例二维联合，根据细胞密度计算得到的 TI 值均为 0.5～2，对铜绿微囊藻的联合抑制作用表现为简单加和（图 5.12）。而根据 NPQ 值采用 TI 评价时，则既有简单加和也有协同作用，而且还存在一定的规律，即焦性没食子酸和没食子酸在混合物中的比例小于 40%时，混合多酚对铜绿微囊藻均表现出协同作用（图 5.13）。TU 模型评价得到的结果如图 5.14 和图 5.15 所示，其与 TI 模型得到的结果完全一致。焦性没食子酸、没食子酸和儿茶酸 3 种多酚以 7 种比例三维联合后对铜绿微囊藻的抑制作用如图 5.16 所示，以细胞密度为参数时，对铜绿微囊藻的抑制作用表现出来简单加和效应；以 NPQ 为参数时，在 1∶1∶1 的配比下表现出协同作用，其他配比情况下仅表现出加和效应。比较二维和三维联合作用得到的 TI 指数，发现多酚二维联合比三维联合协同作用强。但化感物质的联合作用不仅与混合物种数有关，还受到混合物中各物质本身的性质、混合比例等其他因素的影响。

表 5.2　根据细胞密度和 NPQ 计算得到的两种多酚混合物对铜绿微囊藻的 72h EC_{50}

Table 5.2　The 72h EC_{50} values of the binary polyphenols mixtures on *M. aeruginosa* according to cell density and NPQ at different proportions

（单位：mg/L）

混合物 Mixtures	EC_{50} 值 EC_{50} value				
焦性没食子酸：没食子酸	1∶4	2∶3	1∶1	3∶2	4∶1
Cell	3.17 ± 0.23^a	4.05 ± 0.12^a	3.47 ± 0.03^a	4.13 ± 0.29^a	2.55 ± 0.11^a
NPQ	0.70 ± 0.18^b	0.98 ± 0.18^b	1.68 ± 0.35^b	0.97 ± 0.25^b	0.46 ± 0.09^b
焦性没食子酸：儿茶酸	1∶4	2∶3	1∶1	3∶2	4∶1
Cell	6.24 ± 0.18^a	6.04 ± 0.37^a	4.58 ± 0.19^a	6.47 ± 0.48^a	4.35 ± 0.34^a
NPQ	1.56 ± 0.22^b	1.40 ± 0.18^b	2.68 ± 0.38^b	5.81 ± 0.97^a	2.09 ± 0.07^b
没食子酸：儿茶酸	1∶4	2∶3	1∶1	3∶2	4∶1
Cell	9.84 ± 0.26^a	5.74 ± 0.34^a	5.15 ± 0.58^a	4.24 ± 0.15^a	6.10 ± 0.46^a
NPQ	2.68 ± 0.39^b	1.25 ± 0.26^b	2.10 ± 0.40^b	2.71 ± 0.53^b	4.17 ± 0.35^b

注：表中数值为均值 ± 标准差（$n = 3$），每列中不同的字母表示存在显著差异（a、b）（$P < 0.05$）

Note: Values are means ± standard deviation($n = 3$), the significant differences are signed with different superscript letters (a, b) in the same column ($P < 0.05$)

表 5.3　根据细胞密度和 NPQ 计算得到的三种多酚混合物对铜绿微囊藻的 72h EC_{50}

Table 5.3　The 72h EC_{50} values of the three polyphenols mixtures at different proportions on *M. aeruginosa* according to cell density and NPQ

（单位：mg/L）

	焦性没食子酸：没食子酸：儿茶酸	Cell	NPQ
EC_{50} 值 EC_{50} values	1∶1∶3	5.66 ± 0.27^a	2.71 ± 0.49^b
	1∶2∶2	7.70 ± 0.26^a	7.47 ± 0.95^a
	1∶3∶1	6.35 ± 0.19^a	1.89 ± 0.04^b
	1∶1∶1	5.70 ± 0.57^a	1.69 ± 0.30^b
	2∶1∶2	7.63 ± 0.74^a	4.77 ± 0.80^b
	2∶2∶1	5.48 ± 0.52^a	2.87 ± 0.57^b
	3∶1∶1	6.62 ± 0.54^a	3.79 ± 0.43^b

注：表中数值为均值 ± 标准差（$n = 3$），每列中不同的字母表示存在显著差异（a、b）（$P < 0.05$）

Note: Values are means ± standard deviation($n = 3$), the significant differences are signed with different superscript letters(a, b) in the same column($P < 0.05$)

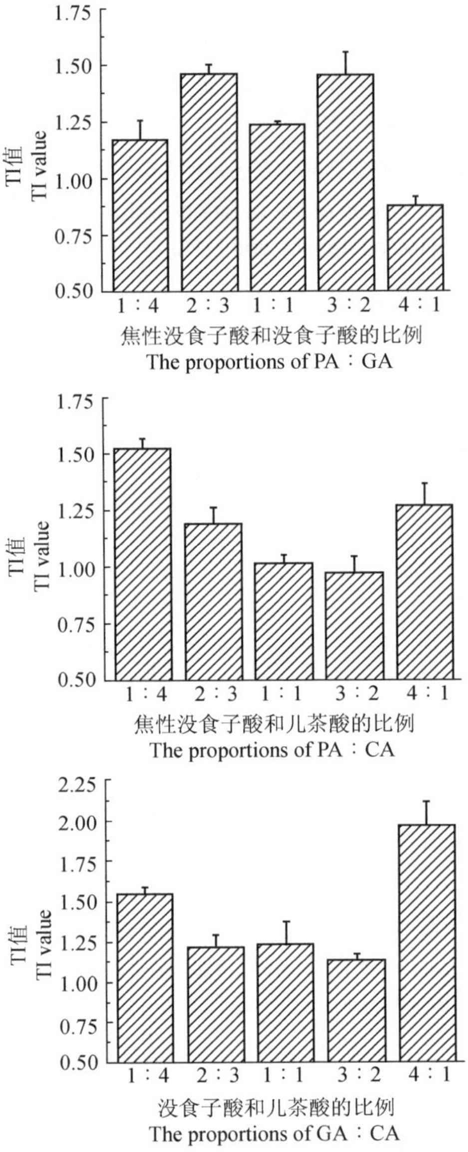

图 5.12　根据细胞密度计算得到的两种多酚混合物对铜绿微囊藻联合作用的 TI 值（均值 ± 标准差, $n = 3$）

Fig. 5.12　TI values calculated according to cell density of *M. aeruginosa* in the mixtures of binary polyphenols (means ± standard deviation, $n = 3$)

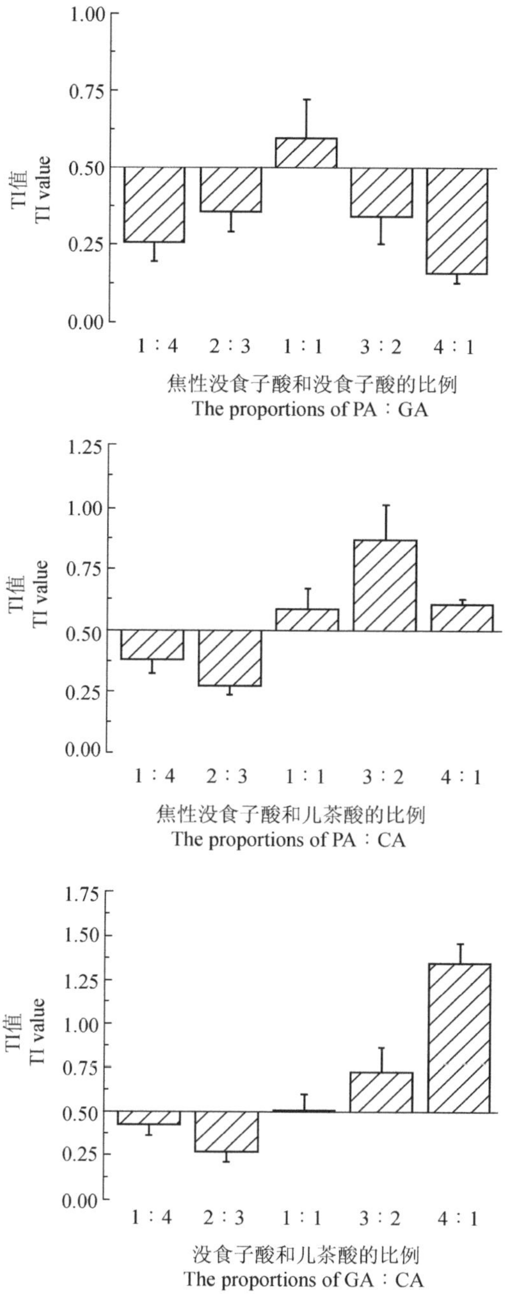

图 5.13　根据 NPQ 计算得到的两种多酚混合物对铜绿微囊藻联合作用的 TI 值（均值 ± 标准差, $n = 3$）

Fig. 5.13　TI values calculated according to NPQ of *M. aeruginosa* in the mixtures of binary polyphenols(means ± standard deviation, $n = 3$)

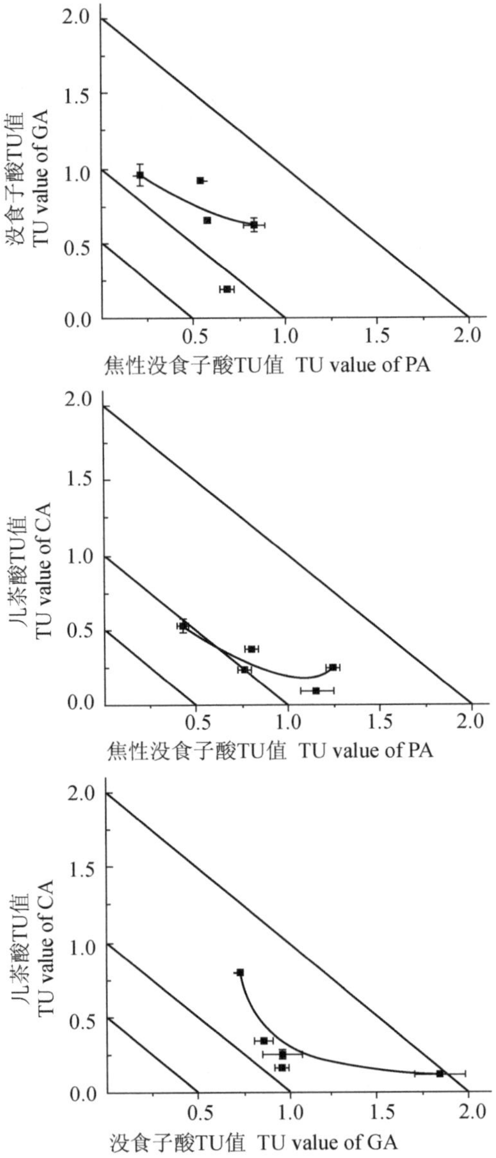

图 5.14 根据细胞密度计算得到的两种多酚混合物对铜绿微囊藻联合作用的 TU 值（均值±标准差，$n = 3$）

Fig. 5.14 Isobologram representation according to cell density of *M. aeruginosa* in the mixtures of binary polyphenols (means ± standard deviation, $n = 3$)

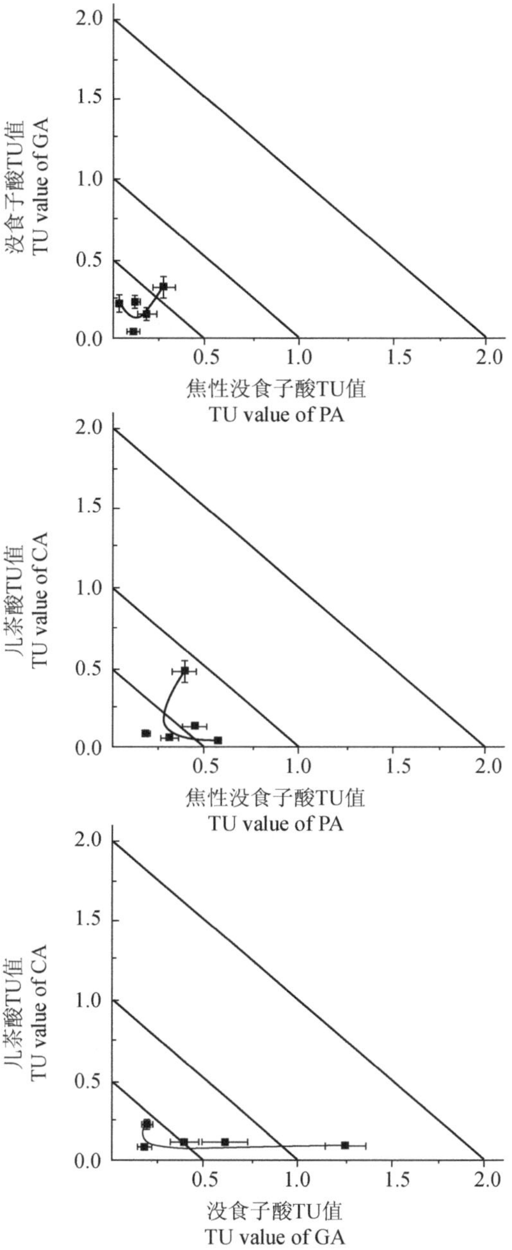

图 5.15 根据 NPQ 计算得到的两种多酚混合物对铜绿微囊藻联合作用的 TU 值（均值 ± 标准差, $n = 3$）

Fig. 5.15 Isobologram representation according to NPQ of *M. aeruginosa* in the mixtures of binary polyphenols (means ± standard deviation, $n = 3$)

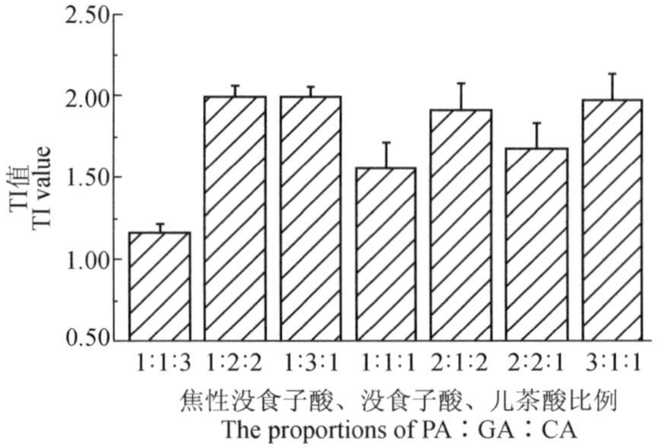

（a）

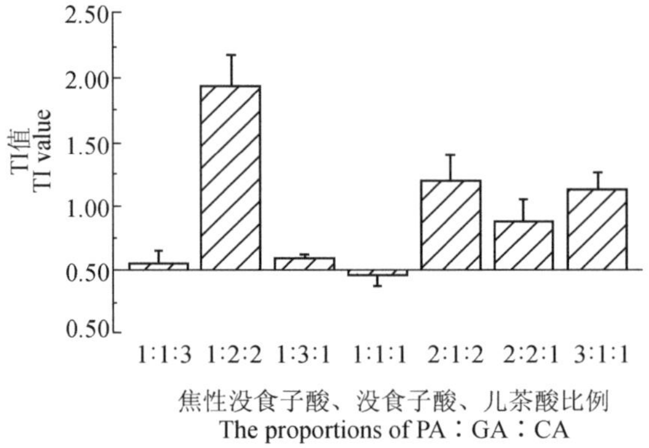

（b）

图 5.16　根据细胞浓度（a）和 NPQ（b）计算得到的三种多酚混合物对铜绿微囊藻联合作用的 TI 值（均值±标准差, $n = 3$）

Fig. 5.16　TI values calculated according to cell density(a) and NPQ(b) of *M. aeruginosa* in the mixtures of three polyphenols(means ± standard deviation, $n = 3$)

高云霓（2010）采用 TI 指数法评价了水鳖科沉水植物分泌的咖啡酸、原儿茶酸、香草酸、阿魏酸、苯甲酸和对羟基苯甲酸对铜绿微囊藻的联合抑制作用效应。根据各物质 EC_{50} 的比值，即毒性效应比例混合后各组混合物对铜绿微囊藻的联合效应见表 5.4，单独抑藻作用最强的咖啡酸和原儿茶酸二维联合（组 1）后对铜绿微囊藻的抑制表现出拮抗效应；添加了香草酸后，3 种物质（组 2）的联合作用表现出加和效应；随着混合物质种数由 3 种增加到 4 种再增加到 6 种，联合作用均表现出加和效应。TI 指数也随着混合物种数的增加而逐渐减小，表明联合作用正效应更加明显。Pearson 相关分析的结果显示，TI 指数与混合物种数之间存在显著负相关，相关系数为−0.972（$P < 0.01$）。除了按毒性效应比例混合以外，该实验还调查了咖啡酸、原儿茶酸、香草酸和阿魏酸按照它们在伊乐藻、轮叶黑藻和

苦草分泌物中实际检测到的含量比例混合后对铜绿微囊藻的联合作用效应。3 种配比的混合物联合作用指数存在差异，伊乐藻组和轮叶黑藻组均表现出加和作用，但前者 TI 指数显著高于后者（P<0.01）。轮叶黑藻组联合作用指数与按毒性效应比例混合组相同。苦草组则表现出明显的协同效应。这说明混合比例的不同会影响混合物的联合作用效应。

表 5.4 酚酸对铜绿微囊藻的联合作用

Table 5.4 Joint action of phenolic acids against *M.aeruginosa*

序号 Number	组 1 Mix-1	组 2 Mix-2	组 3 Mix-3	组 4 Mix-4	组 5 Mix-5	组 6 Mix-6	组 7 Mix-7
物质种数 Composition	2 种	3 种	4 种	4 种	4 种	4 种	6 种
混合比例 Mixing ratio	a	a	a	b	c	d	a
TI	2.30±0.24	1.86±0.16	0.84±0.03	1.72±0.26	0.84±0.07	0.42±0.03	0.65±0.05
作用类型 Actionmode	拮抗	加和	加和	加和	加和	协同	加和

注：a 指毒性效应比例；b、c、d 依次代表伊乐藻、轮叶黑藻和苦草分泌物中检测到的各物质浓度比例

Note: A indicates the ratio of toxic effects; b,c,d successively represent the proportions of the concentrations of substances which were dectected in the secretions of *E. nuttallii*, *H. Verticillata* and *V. Spiralis*

2. 脂肪酸类化感物质的联合抑藻作用

脂肪酸是目前发现的另一类重要的化感物质，但单个脂肪酸的抑藻效果仍然有限。张庭廷等（2009）在单个脂肪酸抑藻实验的基础上开展了多种脂肪酸的联合抑藻作用研究，设计了两种联合方式：联合组 1，亚油酸 0.04mg/L、α-亚麻酸 0.03mg/L、油酸 0.70mg/L；联合组 2，亚油酸 0.04mg/L、油酸 0.70mg/L、辛酸 0.50mg/L。将两种联合分别作用于产毒铜绿微囊藻以及产毒铜绿微囊藻与斜生栅藻的共培养体系。实验结果显示，在这两种组合方式下 3 种脂肪酸均表现出协同抑藻效应，尤其是联合组 1，在第 4 天时对产毒铜绿微囊藻的抑制率达到 99%，第 5 天对藻的生长抑制率达 100%，藻全部死亡，表现出十分显著的协同抑藻作用。该试验结果表明，联合作用下各种脂肪酸用量相对较少且抑藻效率增高。因此，在以后脂肪酸联合抑藻的应用中可以根据脂肪酸彼此之间的协同作用来优化、减少某单一脂肪酸的用量，从而降低对生物环境可能产生的副作用。胡陈艳（2010）研究了壬酸、癸酸、月桂酸、肉豆蔻酸、棕榈酸、硬脂酸、油酸、亚油酸和 α-亚麻酸 9 种脂肪酸对羊角月牙藻的多维联合毒性，分别测试了其中 9 种脂肪酸、6 种饱和脂肪酸和 4 种 18 碳脂肪酸按毒性效应比例混合后的联合抑藻作用。采用基于浓度相加模型的联合效应相加指数（S）法对联合作用进行评价。结果表明，这

3 种组合所包含的多种脂肪酸之间具有明显的协同抑藻作用，即饱和脂肪酸之间，不同饱和度的同一碳链的脂肪酸，以及不同碳链饱和、不饱和脂肪酸联合时，均存在协同抑藻作用（表 5.5）。同样条件下观察脂肪酸对铜绿微囊藻的联合抑制作用，发现壬酸、癸酸和月桂酸三种物质联合，不饱和脂肪酸油酸、亚油酸和 α-亚麻酸联合均表现出协同抑藻效应。这初步说明脂肪酸类化感物质也可以通过联合作用增强抑藻效果。

表 5.5　脂肪酸对羊角月牙藻三组联合的抑藻效果

Table 5.5　Combined inhibitory effects of three fatty acids groups on *S. capricornutum*

<table>
<tr><th rowspan="2">脂肪酸
Fatty acids</th><th colspan="2">第一组 The first group</th><th colspan="2">第二组 The second group</th><th colspan="2">第三组 The third group</th></tr>
<tr><th>EC_{50} /（mg/L）</th><th>EC_{50} 中每种物质的浓度 /（mg/L）EC_{50} of each component</th><th>EC_{50} /（mg/L）</th><th>EC_{50} 中每种物质的浓度 /（mg/L）EC_{50} of each component</th><th>EC_{50} /（mg/ L）</th><th>EC_{50} 中每种物质的浓度 /（mg/L）EC_{50} of each component</th></tr>
<tr><td>壬酸</td><td rowspan="9">8.97</td><td>0.22</td><td rowspan="6">10.57</td><td>0.33</td><td></td><td></td></tr>
<tr><td>癸酸</td><td>0.53</td><td>0.82</td><td></td><td></td></tr>
<tr><td>月桂酸</td><td>0.61</td><td>0.93</td><td></td><td></td></tr>
<tr><td>豆蔻酸</td><td>1.09</td><td>1.68</td><td></td><td></td></tr>
<tr><td>棕榈酸</td><td>2.07</td><td>3.19</td><td></td><td></td></tr>
<tr><td>硬脂酸</td><td>2.35</td><td>3.62</td><td rowspan="4">6.79</td><td>3.58</td></tr>
<tr><td>油酸</td><td>0.47</td><td></td><td></td><td>0.72</td></tr>
<tr><td>亚油酸</td><td>1.01</td><td></td><td></td><td>1.54</td></tr>
<tr><td>α-亚麻酸</td><td>0.62</td><td></td><td></td><td>0.95</td></tr>
<tr><td>*S*</td><td colspan="2">0.526</td><td colspan="2">0.540</td><td colspan="2">0.356</td></tr>
<tr><td>AI</td><td colspan="2">0.901>0
协同作用</td><td colspan="2">0.852>0
协同作用</td><td colspan="2">1.809>0
协同作用</td></tr>
</table>

3. 不同类别化感物质的联合抑藻作用

事实上，化感物质的类别很多，即使是一种沉水植物，也可同时释放多种不同类别的化感物质到水环境中。沉水植物穗花狐尾藻可向水环境中释放酚酸和脂肪酸类化感物质（Nakai et al.，2000，2005）。伊乐藻释放到水中的化感物质除了脂肪酸、酚酸类的物质外，还有生物碱等含氮类物质（高云霓，2010；王红强等，2010）。已有的研究初步证实，化学结构相似的同类化感物质之间存在协同抑藻作用，如上文介绍的酚酸或脂肪酸化感物质。对不同类别化感物质的联合作用研究相对较少，但已有初步实验显示，酚酸和脂肪酸的联合对抑藻作用有一定的增强作用。棕榈酸、苯甲酸和乳酸以毒性效应比例二维或三维联合，对铜绿微囊藻的抑制作用均表现出加和效应（王红强等，2010）。阿魏酸和对羟基苯甲酸两种酚酸对水华鱼腥藻及蛋白核小球藻也存在协同抑藻效应（张庭廷等，2007）。倪利晓等（2011）采用相加指数法和半致死剂量指数法，评价了3种酚酸类和1种不饱和脂肪酸类化感物质对铜绿微囊藻的联合作用效果。其中，单独作用时，儿茶酸、焦性没食子酸、没食子酸和亚油酸的72h EC_{50}分别为2.10mg/L、11.10mg/L、18.47mg/L和3.67mg/L，在此单一毒性实验的基础上，根据EC_{50}值将毒性单位按1∶1进行两两联合形成6种组合方式，综合两种评价方法后的结果显示，邻苯二酚和联苯三酚、邻苯二酚和亚油酸表现为协同效应，其余二维联合物的联合作用表现为相加效应。

为了较为系统地探讨不同类别化感物质的联合抑藻作用，Gao等（2015）选择咖啡酸、壬酸和*N*-苯基-1-萘胺3种物质，按3种物质6个水平（EC_0、EC_{10}、EC_{20}、EC_{30}、EC_{40}、EC_{50}）采用均匀实验设计13个联合组分（表5.6），每个联合组分根据预实验设定包括无影响到100%抑制的多个浓度梯度，通过72h抑藻测试，计算各个组分的72h半抑制浓度（EC_{50}），比较不同联合维数、不同物质、不同混合比例对联合抑藻作用效果的影响。其中，组1、组4、组5、组8、组9、组10、组12和组13均为三种物质以不同比例二维联合组。如图5.17所示，*N*-苯基-1-萘胺与壬酸二维联合的组5和组10的72h EC_{50}分别为1.86±0.06mg/L和2.28±0.19mg/L。具体到*N*-苯基-1-萘胺，达到50%的抑制效果，两组中各贡献了1.12mg/L和1.14mg/L，均低于其单独作用的半抑制浓度1.90mg/L。壬酸在两组中的浓度贡献分别为0.74mg/L和1.14mg/L，也低于其半抑制浓度。壬酸和咖啡酸

表5.6　72h联合抑藻测试实验设计

Table 5.6　Experimental design of 72h joint algal inhibition test

混合组别 Mixture group	*N*-苯基-1-萘胺 *N*-phenyl-1-naphthylamine	壬酸 Nonanoil acid	咖啡酸 Caffeic acid
组 1	0	1.0	1.5
组 2	1.0	3.0	7.0
组 3	1.0	2.0	1.5
组 4	1.0	0	2.0
组 5	1.5	1.0	0
组 6	1.5	1.0	1.5
组 7	1.5	1.0	2.0
组 8	0	1.0	2.0
组 9	1.5	0	2.0
组 10	1.0	1.0	0
组 11	1.0	0	1.0
组 12	1.0	1.0	1.0
组 13	0	1.0	1.0

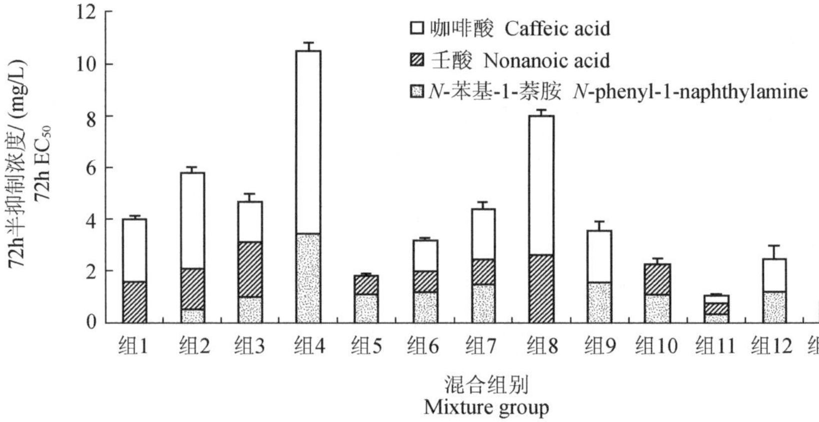

图 5.17 三种化感物质对铜绿微囊藻生长的联合作用

Fig.5.17 Joint effects of three allelochemicals on the growth of *M.aeruginosa*

二维联合的组 13、组 1 和组 8 混合比例分别为 1∶1、1∶1.5 和 1∶2。3 组的 72h EC_{50}依次为 0.89±0.02mg/L、3.97±0.14mg/L 和 7.97±0.23mg/L。其中壬酸的浓度贡献依次为 0.45mg/L、1.58mg/L 和 2.66mg/L，咖啡酸的浓度贡献依次为 0.45mg/L、2.39mg/L 和 5.31mg/L。除了按 1∶1 混合的组 13 外，其他两组中各组分达到 50%抑制率所需浓度大都高于各自单独作用的半抑制浓度，说明两种物质以 1∶1.5 和 1∶2 的比例混合未能起到协同抑藻作用。3 组联合抑藻的结果初步显示，随着咖啡酸在混合组分中所占比例的增大，联合抑藻效果减弱。*N*-苯基-1-萘胺和咖啡酸分别以 1∶2、1.5∶2 和 1∶1 二维联合的组 4、组 9 和组 12 的 72h EC_{50}依次为 10.44±0.35mg/L、3.58±0.33mg/L 和 2.46±0.51mg/L。其中 *N*-苯基-1-萘胺的浓度贡献依次为 3.48mg/L、1.54mg/L 和 1.23mg/L，咖啡酸的浓度贡献依次为 6.96mg/L、2.03mg/L 和 1.23mg/L。3 组中组 9 和组 12 中两种物质的浓度贡献低于各自单独作用的半抑制浓度，随着咖啡酸在混合组分中所占比例的增大，两种物质二维联合对铜绿微囊藻生长的半抑制浓度增加，联合抑藻效果减弱。

就 3 种物质单独作用对铜绿微囊藻生长的抑制效果而言，壬酸高于 *N*-苯基-1-萘胺，咖啡酸最弱。3 种物质二维联合抑藻作用与组分组成和混合比例相关。3 种物质中抑藻效果高的两种物质联合作用抑藻效果也高，而含有咖啡酸的混合组分，则随着咖啡酸所占比例的增大，抑藻效果逐渐变弱。

同样混合比例下，3 种物质二维联合的联合作用效果与物质组合关系显著。组 10、组 12 和组 13 分别是 *N*-苯基-1-萘胺和壬酸、*N*-苯基-1-萘胺和咖啡酸、壬酸和咖啡酸以等浓度比例混合的混合组，其半抑制浓度则是组 13 最低、组 12 最高。组 1 和组 5 分别是壬酸和咖啡酸、壬酸和 *N*-苯基-1-萘胺以 1∶1.5 混合，前者半抑制浓度是后者的 2.1 倍，壬酸与 *N*-苯基-1-萘胺的联合抑藻效果显著高于壬酸与咖啡酸的联合作用。组 4 和组 8 分别为 *N*-苯基-1-萘胺和咖啡酸、壬酸和咖啡酸以 1∶2 的比例混合，其半抑藻浓度均较高，但壬酸与咖啡酸的联合作用还是显著高于 *N*-苯基-1-萘胺与咖啡酸的联合。

组 2、组 3、组 6、组 7 和组 11 均为 *N*-苯基-1-萘胺、壬酸和咖啡酸 3 种化感物质以不同比例三维联合的混合组。如图 5.17 所示，组 6 和组 7 两个组分 3 种物质的混合比例分别为 1.5∶1∶1.5 和 1.5∶1∶2，其半抑制浓度分别为 3.18±0.1mg/L 和 4.40±0.25mg/L。3 种物质各自的浓度贡献均显著低于其单独作用的半抑制浓度。两者相比，咖啡酸所占比例较大的组 7 抑藻效果较弱。组 2、组 3 和组 11 分别以 1∶3∶7、1∶2∶1.5 和 1∶1∶1 三维联合，72h EC_{50} 依次为 5.76±0.21mg/L、4.69±0.28mg/L 和 1.08±0.03mg/L，其中 *N*-苯基-1-萘胺的半抑制浓度贡献分别为 0.52mg/L、1.05mg/L 和 0.36mg/L，壬酸的半抑制浓度贡献分别为 1.57mg/L、2.08mg/L 和 0.36mg/L，咖啡酸的半抑制浓度贡献分别为 3.67mg/L、1.57mg/L 和 0.36mg/L。组 11 抑藻效果最好，显著高于其他两个联合组，3 种物质在组合中的半抑制浓度贡献仅为其单独作用半抑制浓度的 1/7.3～1/3.5。组 2、组 3 和组 11 三个组合中，咖啡酸所占比例依次降低，抑藻活性依次增强，这进一步说明 3 种物质中抑藻活性较弱的咖啡酸所占比例越大，三维联合抑藻活性也降低，这与二维联合的规律一致。

三维联合组是在二维联合组的基础上增加了一种物质。组 5 是 *N*-苯基-1-萘胺与壬酸以 1.5∶1 二维联合，组 6 和组 7 在保持组 5 两种物质混合比例的基础上，分别增加了 1.5 份和 2 份的咖啡酸，半抑制浓度则依次增加，说明咖啡酸的加入未增强化感物质的抑藻效果，相反部分抵消了 *N*-苯基-1-萘胺和壬酸的联合抑藻效果。组 7 在组 8 的基础上增加了 1.5 份的 *N*-苯基-1-萘胺，其半抑制浓度明显降低。与组 9 相比，组 7 增加了 1 份壬酸，*N*-苯基-1-萘胺和咖啡酸在 50%抑藻效果中的浓度贡献有一定程度的下降，但不显著。组 10 为 *N*-苯基-1-萘胺与壬酸以 1∶1 混合，组 11 为三种物质以 1∶1∶1 混合，三维联合抑藻效果显著增强，*N*-苯基-1-萘胺和壬酸在达到半抑制效果的浓度贡献降为在组 10 中的 1/3.2。组 12 为 *N*-苯基-1-萘胺与咖啡酸以 1∶1 混合，两者在其中的半抑制浓度是组 11 中的 3.4 倍。组 13 为壬酸与咖啡酸以 1∶1 混合的混合组，两者在混合组中的半抑制浓度是组 11 中的 1.2 倍。

为了定量评估化感物质的联合抑藻作用效果，采用 TI 指数法进一步评价化感物质的联合作用效果。如图 5.18 所示，二维联合组中，由 *N*-苯基-1-萘胺和壬酸混合的组 5 和组 10，TI 值分别为 0.71±0.06 和 0.63±0.02，属于加和作用。组 13、组 1 和组 8 均为壬酸和咖啡酸的混合组，TI 值分别为 0.26±0.02、1.09±0.14 和 2.11±0.23，分别表示协同作用、加和作用和拮抗作用。影响壬酸与咖啡酸联合抑藻作用的因素是混合比例，三组混合比例分别为 1∶1、1∶1.5 和 1∶2，随着咖啡酸所占比例的增加，联合抑藻效果显著减弱。由 *N*-苯基-1-萘胺和咖啡酸分别以 1∶2、1.5∶2 和 1∶1 联合的组 4、组 9 和组 12，TI 值分别为 2.91±0.35、1.06±0.33

和 0.50±0.03，*N*-苯基-1-萘胺和咖啡酸在组 4 中表现出拮抗作用，而在组 9 和组 12 中表现为加和作用。*N*-苯基-1-萘胺和壬酸单独作用时抑藻活性显著高于咖啡酸，两者分别与咖啡酸二维联合，均随着咖啡酸所占比例的增加抑藻效果减弱。组 2、组 3、组 6、组 7 和组 11 均为 *N*-苯基-1-萘胺、壬酸和咖啡酸 3 种化感物质以不同比例混合的三维联合组。3 种物质分别以 1.5∶1∶1.5 和 1.5∶1∶2 联合的组 6 和组 7，TI 值分别为 1.02±0.10 和 1.36±0.25，表现出加和作用。3 种物质分别以 1∶3∶7、1∶2∶1.5 和 1∶1∶1 三维联合的组 2、组 3 和组 11，TI 值分别为 1.57±0.21、1.50±0.28 和 0.88±0.24，均表现出加和作用。在 13 个联合作用组中，*N*-苯基-1-萘胺、壬酸和咖啡酸的二维和三维联合作用抑藻效果大都属于加和作用类型。混合比例对联合作用效果影响最大。TI 指数值最低的两个组合（组 12 和组 13）均是以等浓度比例混合的。

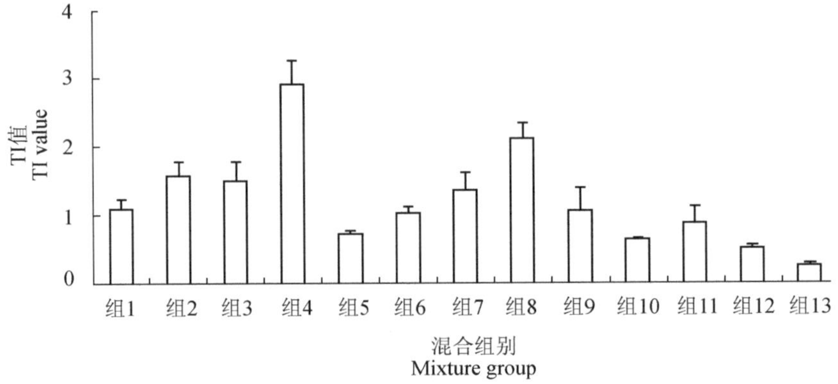

图 5.18　3 种化感物质对铜绿微囊藻生长的联合作用评价

Fig. 5.18　TI values calculated according to the growth of *M.aeruginosa* in the mixtures of three allelochemicals

72h 联合抑藻测试结果表示的是铜绿微囊藻暴露在各个混合组分中 72h 时的生长情况，而基于化感物质本身易扩散、降解或转化的特点，其单独或联合对藻的影响可能会有一定的时间效应。为此，Gao 等（2015）选择 72h 联合作用中抑藻效果最强的等浓度比例混合，研究 *N*-苯基-1-萘胺、壬酸和咖啡酸二维联合组及三维联合组在铜绿微囊藻一个培养周期内对藻细胞生长的抑制效应。如图 5.19 所示，与对照相比，3 种物质二维联合和三维联合对铜绿微囊藻的生长都有明显的抑制作用，且随着时间的延长抑制效应增强。4 个混合组物质总浓度均为 2.5mg/L。组 1 是 *N*-苯基-1-萘胺和壬酸 1∶1 混合组，对铜绿微囊藻的抑制作用最强，前 2 天生长停滞，从第 3～7 天，光密度值显著低于起始值，从第 8 天开始，光密度值才有所回升，铜绿微囊藻才开始缓慢生长，但第 9 天的光密度值仍然比对照第 4 天的光密度值低。组 2 是壬酸与咖啡酸 1∶1 混合组，与对照组相比，铜绿微囊藻的生长停滞期从 3 天延长到 4 天，第 5 天才开始较快生长，到第 8 天生长才赶上另外两个混合组。组 3 是 *N*-苯基-1-萘胺和咖啡酸 1∶1 混合，是 4 组中对藻的生长影响最小的组。组 4 是三种物质的混合组，前 4 天与对照中藻液光密度值变化一致，从第 5 天开始，藻液光密度值显著低于对照组。

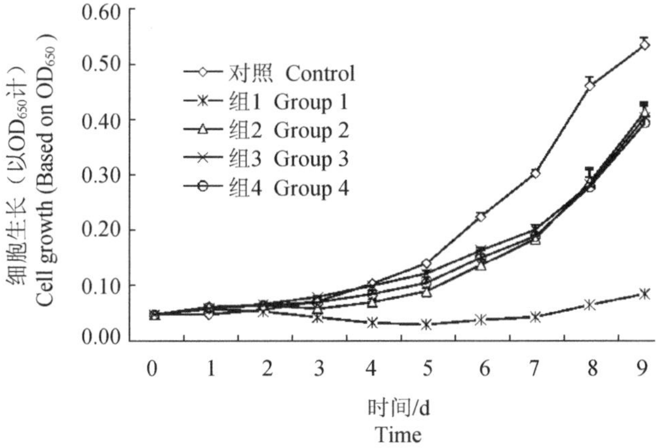

图 5.19 *N*-苯基-1-萘胺、壬酸和咖啡酸等浓度比例混合暴露下铜绿微囊藻的生长曲线

Fig. 5.19 Growth curves of *M.aeruginosa* exposed in different equal proportion mixtures of *N*-phenyl-1-naphthylamine, nonanoic acid and caffeic acid

7-甲基喹啉单独作用对铜绿微囊藻生长的抑制活性不高，10mg/L 浓度水平仍未表现出明显的抑藻效应（王红强等，未发表数据）。在 *N*-苯基-1-萘胺、壬酸和咖啡酸三种较高活性化感物质二维联合组和三维联合组中分别增加 7-甲基喹啉，得到 3 组三维联合组（组 5、组 6 和组 7）和 1 组四维联合组（组 8）。各组物质总浓度仍保持在 2.5mg/L。由图 5.20 所示，组 5 为 *N*-苯基-1-萘胺、壬酸和 7-甲基喹啉等浓度比例混合，从第 4 天开始光密度值逐渐与对照组的差异增大，第 9 天的光密度值仅接近对照组在第 7 天的光密度值。组 6 为壬酸、咖啡酸和 7-甲基喹啉等浓度比例混合，光密度值变化与组 5 的变化规律类似，但其比组 5 与对照组的差异更小。组 7 为 *N*-苯基-1-萘胺、咖啡酸和 7-甲基喹啉等浓度比例混合，从第 6 天开始，组 7 中藻液的光密度值稍微低于对照组，但与对照组相比没有显著差异。组 8 为 4 种物质等浓度比例混合，与对照组相比，4 种物质的混合组藻液光密度值在多数检测时间都高于对照组，但与对照组光密度值间没有显著性差异。

直接参照对照组计算各个处理组每天对铜绿微囊藻生长的抑制率，结果如图 5.21 所示。由 *N*-苯基-1-萘胺和壬酸混合的组 1 是 8 个混合组中对铜绿微囊藻生长的抑制率最高的，第 5 天开始抑制率超过 80%。组 2 是壬酸与咖啡酸混合组，第 3 天开始抑制率为 20%～40%。组 3 是 *N*-苯基-1-萘胺与咖啡酸混合组，前 3 天促进铜绿微囊藻的生长，第 4 天开始抑制其生长，最高抑制率出现在第 8 天，为

38.52%。组 4 是三种物质等浓度比例混合，第 8 天抑制率最高，为 39.68%。4 个处理组对铜绿微囊藻生长的抑制率均随着暴露时间延长而逐渐增加，在第 7 天或第 8 天达到最大，到第 9 天抑制率开始下降。这可能与藻细胞生长周期有关，正常藻细胞经过一个对数生长期的增殖，到第 7 天或第 8 天藻细胞密度达到最大，从第 9 天开始细胞生长进入到衰亡期，而化感物质处理组因为前面各生长阶段的延迟，越到后来受到化感物质的影响越小，藻细胞开始逐步恢复生长，生长速率逐渐加快，到第 9 天生长速率相比对照组仍然较高。

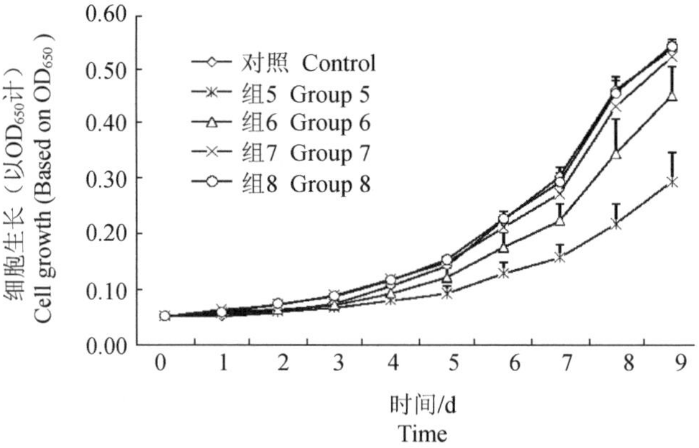

图 5.20　*N*-苯基-1-萘胺、壬酸、咖啡酸和 7-甲基喹啉等浓度比例混合对铜绿微囊藻生长的影响

Fig.5.20　Growth curves of *M.aeruginosa* exposed in different equal proportion mixtures of *N*-phenyl-1-naphthylamine, nonanoic acid, caffeic acid and 7-methylquinoline

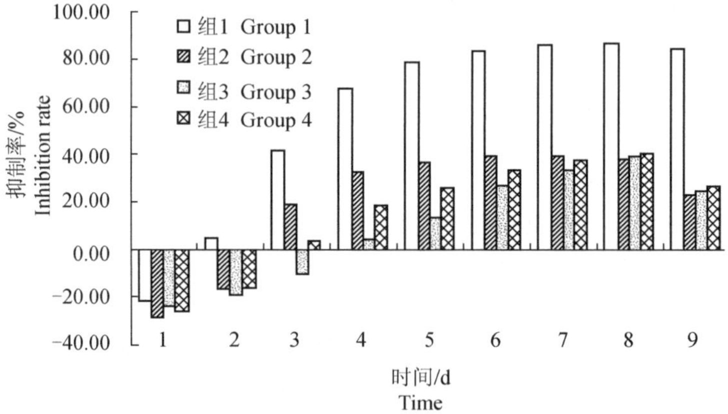

图 5.21　*N*-苯基-1-萘胺、壬酸和咖啡酸等浓度比例混合对铜绿微囊藻生长的抑制作用

Fig.5.21　Inhibitory effects of equal proportion mixtures of *N*-phenyl-1-naphthylamine, nonanoic acid and caffeic acid on the growth of *M.aeruginosa*

增加了 7-甲基喹啉的组 5 至组 8，对铜绿微囊藻生长的抑制率显著降低（图 5.22）。4 个组中，组 5 抑制率相对最高，组 6 其次。组 7 在前 5 天对铜绿微囊藻的生长起到了显著的促进作用，第 6 天开始有轻微的抑制，抑制率较低。组 8 在铜绿微囊藻的整个生长周期内，4 种物质的混合对铜绿微囊藻生长未表现出明显的抑制作用，相反促进作用明显，尤其是在前 5 天，促进率达 7.35%～26.95%。

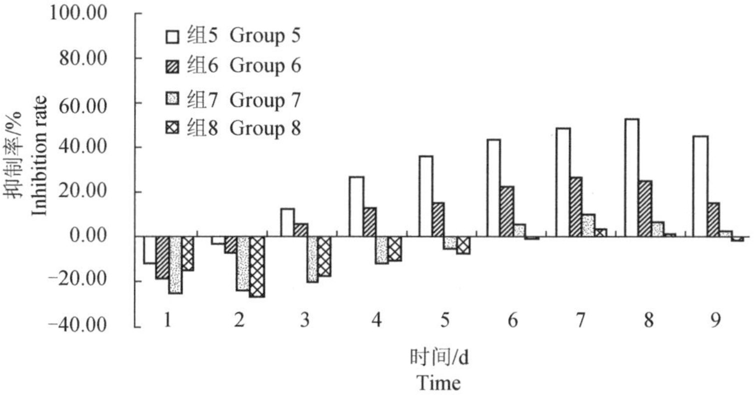

图 5.22　*N*-苯基-1-萘胺、壬酸、咖啡酸和 7-甲基喹啉等浓度比例混合对铜绿微囊藻生长的抑制作用

Fig.5.22　Inhibitory effects of equal proportion mixtures of *N*-phenyl-1-naphthylamine, nonanoic acid, caffeic acid and 7-methylquinoline on the growth of *M.aeruginosa*

后 4 组与前 4 组一致的是抑制率随时间变化的规律，在前 8 天逐渐升高，到第 9 天开始下降。7-甲级喹啉的增加均显著降低了联合组对铜绿微囊藻生长的抑制作用。联合作用测试中用到的 4 种物质抑藻活性从大到小的顺序是：壬酸>*N*-苯基-1-萘胺>咖啡酸>7-甲基喹啉。从 8 组联合物的抑藻作用来看，壬酸与 *N*-苯基-1-萘胺的混合组抑藻活性最高，增加了咖啡酸的联合组抑藻活性显著降低，7-甲基喹啉的添加进一步降低了混合组的抑制活性。这个结果与前面 72h 抑藻测试的结果一致，均显示抑藻活性弱组分的添加减弱了化感物质的联合作用效果。

单个化感物质的抑藻活性对所在混合组分抑制作用的影响存在一定的争议。朱俊英等（2011）在研究穗花狐尾藻释放的焦性没食子酸、没食子酸和儿茶酸三种多酚类物质以不同比例二维联合和三维联合对蓝藻铜绿微囊藻的联合作用中发现，联合作用与化感物质的性质、比例及数量有关，化感物质的联合作用与其中具有较强作用的化感物质的比例没有直接的关系。但 Gao 等（2015）的多次实验均证实，活性强的化感物质组合联合作用效果更好。相反，当联合组分中出现抑藻效果较弱的物质，如咖啡酸或 7-甲基喹啉，整个组分的联合作用效果明显减弱。

这些研究结果显示，联合作用是水生植物化感物质的一个普遍抑藻作用模式。不论是水生植物释放的同类别化感物质（如酚酸或脂肪酸）之间，还是水生植物释放的不同类别化感物质之间，都可以通过联合作用在降低单个物质所需剂量的同时达到同等或更好的抑藻效果。化感物质之间的联合抑藻作用视物质种类、数量、混合比例及受试生物的不同，表现出不同的联合作用效应。这些研究有可能揭示在自然水生态系统中当沉水植物存在时藻类数量明显减少的机制，即通过多种化感物质在低浓度下的联合作用达到控制藻类的效果。在研究单一化感物质对藻类的化感抑制作用的基础上，进一步研究化感物质的联合作用机制，对揭示水生植物化感抑藻作用机理具有重要意义。

5.2 化感物质的持续作用

尽管多种化感物质的联合作用可以在一定程度上降低实际所需单种化感物质的含量，但从前面的研究来看，联合作用中达到50%抑制率所需单种化感物质的含量仍在几百 μg/L 的水平，这与实际检测到的化感物质在水中的含量之间仍存在差异。从前人的研究中可以看出，具有化感活性的水生植物是持续释放化感物质的。穗花狐尾藻与铜绿微囊藻共培养 10 天左右，1g/L FW 的穗花狐尾藻就能对铜绿微囊藻的生长达到 50%的抑制率；而在接种藻液时添加一次穗花狐尾藻培养液，即使用相当于 100g/L FW 的植物种植密度下的培养液，铜绿微囊藻的生长也没受到明显抑制（Nakai et al.，1999）。同样的现象也出现在小茨藻、马来眼子菜和菹草对铜绿微囊藻、斜生栅藻和汉氏菱形藻的抑藻效应研究中（Wu et al.，2007；He et al.，2008）。与初始添加相比，在接种藻液后的前 5 天，每天向藻液中添加一定量的穗花狐尾藻培养液，其抑藻效果明显提高，在相当于 65g/L FW 的密度时可有效抑制半数铜绿微囊藻的生长（Nakai et al.，1999）。由这些研究结果可以间接证明，水生植物很可能是通过持续释放化感物质，从而维持一定的环境浓度，形成对目标生物持续的胁迫，最后达到抑藻目的。然而，到目前为止，还没有证据直接通过单一化感物质，证明低剂量持续暴露可增强化感抑藻作用。

高云霓等（2015）通过化感物质多次低剂量、长周期暴露方式模拟化感物质的持续释放，以一次高剂量暴露为参照，比较持续低剂量多次暴露下典型化感物质对铜绿微囊藻生长的抑制效果，并初步探讨其抑藻机理。

5.2.1 多次暴露与一次暴露化感物质抑藻效果的比较

高云霓等（2015）比较了壬酸、*N*-苯基-1-萘胺和咖啡酸等常见化感物质在总浓度相同的情况下，多次暴露和一次暴露下对铜绿微囊藻生长的抑制效果。其中，一次暴露组在培养开始前一次性添加 2.5mg/L 的化感物质；持续多次暴露组则在同样的体系中每隔 2h 添加 1 次，每次添加 0.5mg/L 的化感物质，共添加 5 次。同时，设纯溶剂添加的对照组。每次添加都充分振摇，确保化感物质完全溶解到培养液中，每次添加完后均用封口膜密封，置于光照培养箱培养。每天取样测定藻液光密度值（OD_{650}）。

实验表明，2.5mg/L 壬酸分多次暴露对铜绿微囊藻的生长有显著影响。如图 5.23 所示，对照组第 3 天开始快速生长，光密度值从 0.14 增长到第 7 天的 0.39。实验开始时一次性添加 2.5mg/L *N*-苯基-1-萘胺的一次暴露组，前 3 天光密度没有增加，第 4 天开始缓慢增长，第 7 天光密度值为 0.28，显著低于对照组。间隔 2h 分 5 次添加，每次添加量为 0.5mg/L 的持续多次暴露组在实验前 5 天光密度值一直没有增加，第 6 天开始才缓慢增长，第 7 天仅为 0.18。由此可见，壬酸对铜绿微囊藻的生长表现出明显的抑制作用，相同总量的壬酸，分多次添加后对铜绿微囊藻的抑制作用更强。

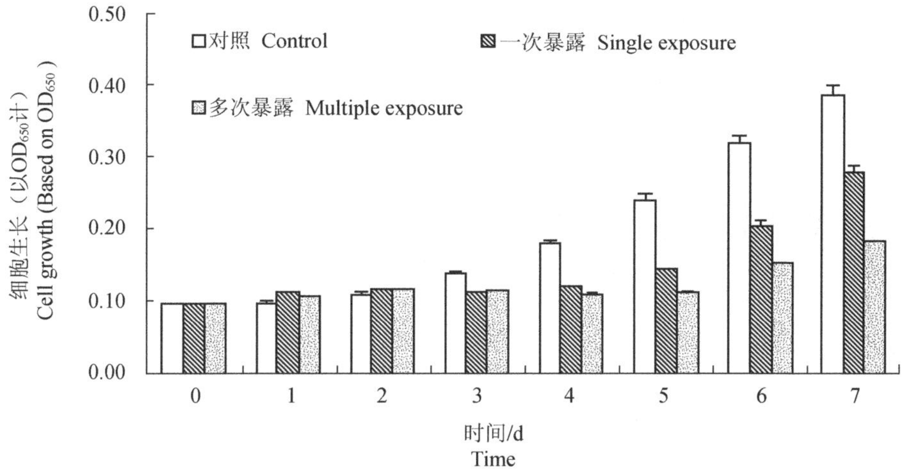

图 5.23 不同暴露方式下壬酸暴露对铜绿微囊藻生长的影响

Fig.5.23 Growth curves of *M.aeruginosa* under different exposure of nonanoic acid

同样可从实验看到，2.5mg/L *N*-苯基-1-萘胺分 5 次暴露对铜绿微囊藻的生长有显著影响。如图 5.24 所示，对照组第 3 天开始快速生长，光密度值从 0.07 增长到第 7 天的 0.28。实验开始时一次性添加 2.5mg/L *N*-苯基-1-萘胺的一次暴露组前 4 天光密度没有增加，滞缓期延长，第 5 天开始缓慢增长，第 7 天光密度值也仅为 0.08。间隔 2h 分 5 次添加，每次添加量为 0.5mg/L 的持续多次暴露组在实验期间光密度值一直没有增加。这说明 *N*-苯基-1-萘胺对铜绿微囊藻的抑制作用很强，在总浓度相同时，多次暴露可在有效降低其单次暴露浓度的情况下增强抑藻效果。

同样，2.5mg/L 咖啡酸分 5 次暴露对铜绿微囊藻的生长也有较为显著的抑制作用。如图 5.25 所示，前 2 天两个处理中铜绿微囊藻的生长速率（以光密度计）值稍高于对照组。从第 4 天开始，处理组和对照组之间开始出现显著差异，实验开始时一次性添加 2.5mg/L 咖啡酸的一次暴露组第 7 天光密度值达到 0.17，以对照组为本底计算的抑制率为 38.16%。间隔 2h 分 5 次添加的持续多次暴露组第 7 天光密度值为 0.11，抑制率为 60.39%。从后面 3 天的实验结果来看，多次暴露组抑藻效果显著高于一次暴露组，这说明持续多次暴露可在有效降低咖啡酸单次作用量的同时增强抑藻效果。

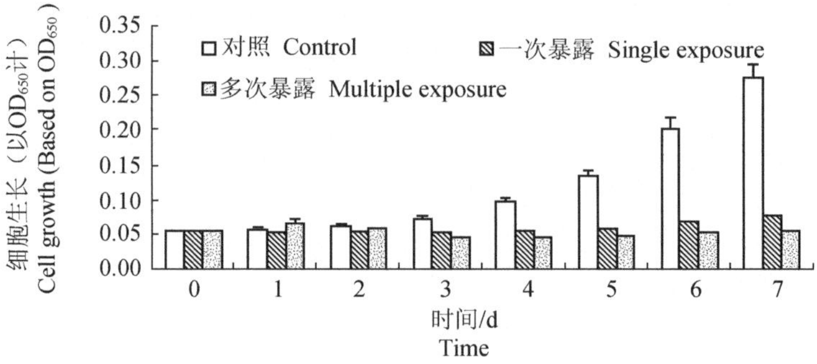

图 5.24 不同暴露方式下 *N*-苯基-1-萘胺暴露对铜绿微囊藻生长的影响

Fig.5.24 Growth bars of *M.aeruginosa* under different exposure of *N*-phenyl-1- naphthylamine

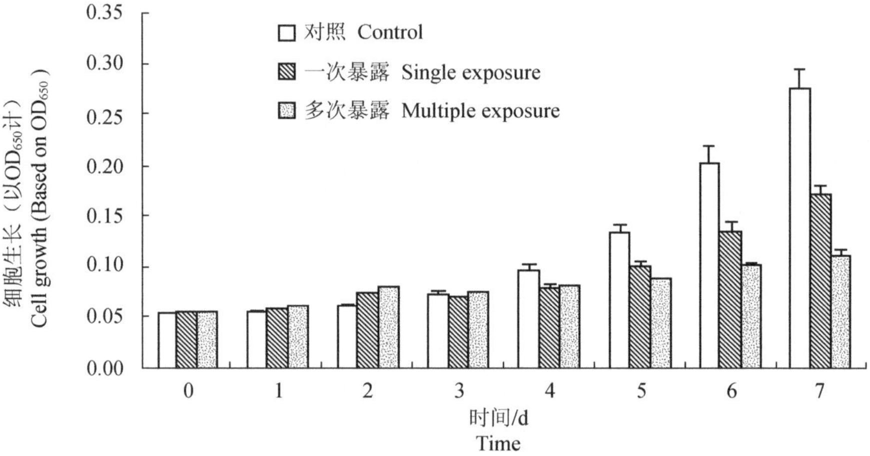

图 5.25 不同暴露方式下咖啡酸持续暴露对铜绿微囊藻生长的影响

Fig.5.25 Growth bars of *M.aeruginosa* under different exposure of caffeic acid

壬酸、*N*-苯基-1-萘胺和咖啡酸三种物质比较而言，*N*-苯基-1-萘胺对铜绿微囊藻生长的抑制活性最高，一次性暴露 2.5mg/L 抑藻作用就很强，铜绿微囊藻几乎停止了生长，多次暴露的情况下也能完全抑制藻细胞的生长。壬酸和咖啡酸则表现出总量相同的情况下，多次暴露不仅可以达到一次性暴露的抑藻效果，而且还可以进一步增强其抑藻效果。这说明在通常情况下，采取初始一次性添加化感物质进行抑藻效果评价，其结果很可能会低估自然生态系统中水生植物低剂量持续释放化感物质的抑藻功效。

5.2.2 化感物质低剂量持续多次暴露对铜绿微囊藻生长的抑制作用

为了深入探讨化感物质持续抑藻的作用机制，高云霓等（未发表数据）选取抑藻活性强的*N*-苯基-1-萘胺，进一步降低单次暴露剂量、增加暴露次数和时间，以更好地模拟自然界中化感物质低剂量持续释放模式。观察*N*-苯基-1-萘胺低剂量持续多次暴露下铜绿微囊藻细胞在一个生长周期内细胞数光密度等生长指标以及光合作用、细胞膜完整性等生理指标随时间的变化趋势。

实验共设置 3 个处理（表 5.7），每个处理的藻液培养体系中*N*-苯基-1-萘胺的总暴露量均为2.5mg/L，二甲基亚砜（DMSO）含量为0.02%。处理 1，在实验开始时一次性添加 2.5mg/L 的*N*-苯基-1-萘胺，充分混匀；处理 2，从实验开始时每隔 1h 添加 0.25mg/L *N*-苯基-1-萘胺，共添加 10 次；处理 3，从实验开始时连续 5 天添加，每天添加 10 次，每次添加 50μg/L，间隔 1h。同时设纯藻液对照组和溶剂对照组，每组 3 个平行。溶剂对照也设三组，分别对照处理 1、处理 2 和处理 3 的添加方式添加总量为 0.02%的 DMSO。每次添加都充分振摇，以确保物质完全溶解到培养液中，每次添加完后均用封口膜密封，置于光照培养箱培养。每天取样测定藻液光密度值（OD_{650}）并镜检计细胞数。在实验开始日（第 0 天），添加物质后的第 1、2、3、4 天和第 8 天分别取样测定对照组和处理组中铜绿微囊藻的各个生理参数。

表 5.7 *N*-苯基-1-萘胺低剂量持续多次暴露实验设置

Table 5.7 Experimental design of low dose *N*-phenyl-1- naphthylamine with continually multiple exposure

物质 Chemical	序号 Number	设置说明 Design details
溶剂对照 Solvent control	空白	纯藻液
	对照 1	一次添加 0.2% DMSO
	对照 2	分 10 次添加 0.2%DMSO，间隔 1h
	对照 3	分 5 天×10 次添加 0.2%DMSO，间隔 1h
N-苯基-1-萘胺 N-phenyl-1-naphthylamine	对照 1	一次添加 2.5mg/L
	对照 2	0.25mg/L×10 次，间隔 1h
	对照 3	0.05mg/L×10 次×5 天，间隔 1h

1. 低剂量持续多次暴露对铜绿微囊藻生长的影响

为了扣除不同暴露方式下溶剂对照对铜绿微囊藻生长的影响，实验同步设置了纯藻液组和各种暴露方式下的溶剂对照组。实验开始时一次性暴露相当于藻液总量 0.02%的 DMSO 对铜绿微囊藻的生长没有显著影响，与纯藻液的生长曲线之间没有显著性差异。但是，相对于无任何试剂和物质添加的纯藻液，多次连续暴露等量的 DMSO 到藻液中对铜绿微囊藻的生长有一定程度的影响，但无显著性差异（$P>0.05$）。在分析各个处理对铜绿微囊藻生长的影响时，均以各个处理对应暴露方式的溶剂对照为基础计算各个处理对藻细胞生长的抑制率。

如图 5.26 所示，不同方式暴露 2.5mg/L 的 *N*-苯基-1-萘胺对铜绿微囊藻的生长均有显著的抑制作用，但抑制效果随时间的变化规律受暴露方式的影响明显。初始暴露的情况下，*N*-苯基-1-萘胺对铜绿微囊藻生长的抑制率第 1～5 天逐渐升高，达到 56.82%，随后 *N*-苯基-1-萘胺对铜绿微囊藻的影响呈下降趋势，与对照组之间的差距逐渐缩小，到第 11 天抑制率为 26.68%。相对而言，低剂量持续多次暴露组的抑制率更高、更持久。分 10 次暴露的处理 2 第 1 天开始抑制率就达到 42.53%，随后逐渐升高，从第 4 天开始达到 80%以上，一直持续到第 10 天。处理 1 与处理 2 都是在实验开始当天添加 2.5mg/L 的 *N*-苯基-1-萘胺，唯一不同的就是暴露方式，处理 1 是一次性添加，处理 2 则是分 10 次每次添加 0.25mg/L。从这个现象可以看出，只要水生植物持续释放化感物质，每次释放到水环境中的含量即使很低，也可能通过持续作用有效控制周围藻类的生长。处理 3 更好地说明了这一规律。相对于处理 2，在保持总量 2.5mg/L 不变的情况下，实验开始后连续 5 天每天都添加 10 次 *N*-苯基-1-萘胺，每次暴露量则降到 50μg/L，这与文献报道中水生植物化感物质的释放量已非常接近。尽管目前还没有报道水生植物释放 *N*-苯基-1-萘胺的环境检测量。但许多其他化感物质，如穗花狐尾藻释放的没食子酸和鞣花酸的含量达到了 62.8μg/L 和 76.6μg/L（Nakai et al.，2000）。在单次暴露量接近化感物质释放量的情况下，*N*-苯基-1-萘胺对铜绿微囊藻生长的抑制效果没有降低，反而更高。从第 3 天开始，其抑制率就达到了 69.31%，第 6 天至实验结束的第 11 天，抑制率保持在 90%以上。

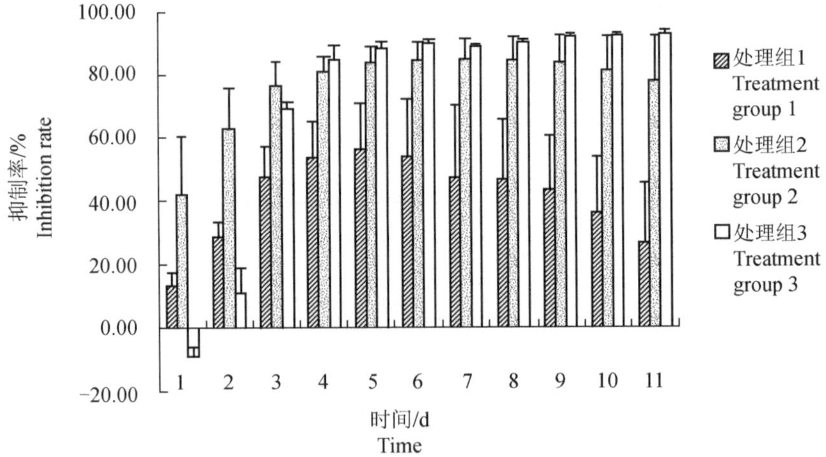

图 5.26　不同暴露方式下 2.5mg/L *N*-苯基-1-萘胺对铜绿微囊藻生长（光密度值）的影响

Fig. 5.26　Effects of 2.5mg/L *N*-phenyl-1- naphthylamine on the growth of *M.aeruginosa* under different exposure partterns based on OD_{650} values

同时，将上述实验结果通过细胞计数进一步确认每个处理中铜绿微囊藻的生长情况，其结果如图 5.27 所示。三个处理中 *N*-苯基-1-萘胺对铜绿微囊藻的生长抑制率随时间变化的规律与光密度的结果有高度的一致性。实验开始一次性暴露的处理 1 在实验开始后的前 4 天，抑制率逐渐上升，从第 1 天的 18.36%增加到第 4 天的 74.27%，从第 6 天开始该处理组的铜绿微囊藻生长潜力逐渐恢复，*N*-苯基-1-萘胺对其生长的影响已逐渐减小，第 6～8 天抑制率分别为 57.53%、34.03%、2.84%。第 9 天该处理组的生长速率已经超过对照，这可能是 *N*-苯基-1-萘胺完全降解后，一部分未受影响的细胞已经分裂多次，铜绿微囊藻又恢复了正常的生长状态，重新进入到了生长高峰。一天内分 10 次每次添加 0.25mg/L 的处理 2 从第 1 天开始对铜绿微囊藻的抑制率就高于处理 1，第 1～5 天抑制率逐渐增加。从第 6 天开始对铜绿微囊藻生长的抑制率缓慢下降，但到第 9 天抑制率仍为 69.83%。处理 3 中，2.5mg/L 的 *N*-苯基-1-萘胺分 5 天每天 10 次持续添加，第 1 天，暴露总量仅为 0.5mg/L 时铜绿微囊藻的生长没有受到影响，第 2 天暴露总量达到 1mg/L 时，铜绿微囊藻的生长已经受到了显著抑制，抑制率达到 37.11%。当通过 30 次暴露、总量达到 1.5mg/L 后，*N*-苯基-1-萘胺对铜绿微囊藻的生长抑制率已达到 77.75%，比处理 2 当天抑制率还高，随后其抑制率逐渐上升，第 4 天为 88.38%，第 5 天开始到第 9 天抑制率一直保持在 90%以上。

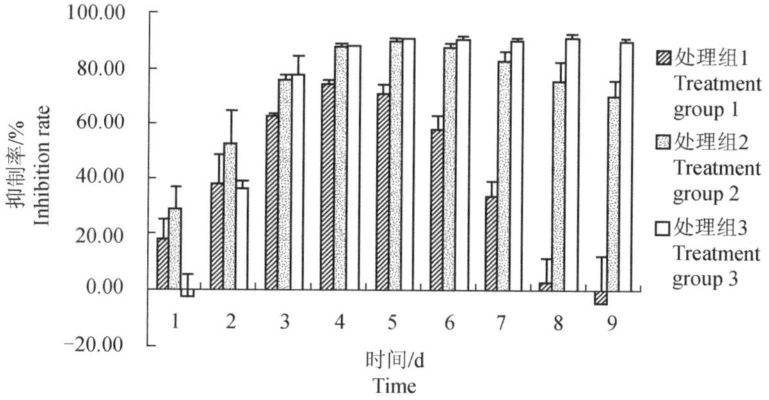

图 5.27　不同暴露方式下 2.5mg/L *N*-苯基-1-萘胺对铜绿微囊藻生长（细胞数）的影响

Fig. 5.27　Effects of 2.5mg/L *N*-phenyl-1- naphthylamine on the growth of *M.aeruginosa* under different exposure partterns based on cells number

藻液光密度值和细胞计数是两种最常用的表征藻细胞生长状况的参数。在同样的培养条件下，同一株藻在一定的浓度范围内的光密度值与细胞数是有明显线性关系的。但是由于化感物质的抑制作用，在添加 *N*-苯基-1-萘胺后，随着作用时间的延长和作用程度的变化，藻液光密度值与藻细胞数之间的相关性会与正常藻细胞两者之间的相关性不一致。因此，在实验中同一个样品的藻细胞数和光密度值的绝对值变化程度会有一定的差异，但是从各个处理对铜绿微囊藻生长的抑制作用效果来看，两种表征细胞生长状况的参数所体现的变化规律却是高度一致的。

2. 低剂量持续多次暴露对铜绿微囊藻细胞膜完整性的影响

藻类的细胞膜是许多化感物质的作用靶位。因此，在上述实验中观察了各个对照组和处理组中铜绿微囊藻细胞膜的完整性。结果显示，纯藻液和溶剂对照组中铜绿微囊藻膜损伤的细胞（死细胞）所占比例均较低，各组间没有显著差异，起始日均低于 8%，且随着铜绿微囊藻在培养体系中逐渐适应，膜损伤细胞所占的比例逐渐降低，第 3 天开始各组中铜绿微囊藻死细胞所占的比例降低到 2%以下，这说明各种暴露方式下 0.02% DMSO 对铜绿微囊藻细胞膜几乎没有损伤。

然而，*N*-苯基-1-萘胺处理组对铜绿微囊藻细胞膜有不同程度的损伤(图 5.28)。实验开始时一次性 2.5mg/L 暴露的处理 1，对藻细胞膜完整性影响很小，暴露 24h 后的第 1 天死细胞所占比例最高，但也仅占全部藻细胞的 9.84%。低剂量持续多次暴露组对细胞膜的损伤程度相对更高。分 10 次每次添加 0.25mg/L *N*-苯基-1-萘胺的处理组 2 第 2 天死细胞所占比例达到 15.15%，第 3 天增加到 28.45%，到第 8 天仍保持在 30.07%的死细胞比例。连续 5 天每天添加 10 次的处理 3 在前 2 天细胞膜的损伤程度不高，在第 3 天，死细胞所占比例达到 11.37%，但仍低于当天处

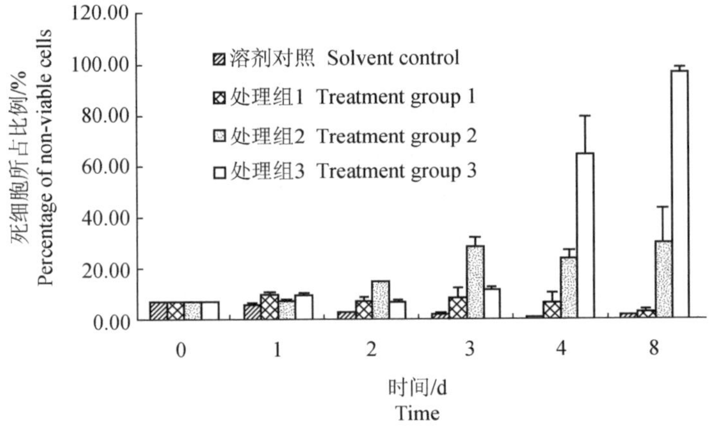

图 5.28 不同暴露方式下 2.5mg/L *N*-苯基-1-萘胺对铜绿微囊藻细胞膜完整性的影响

Fig. 5.28 Effects of 2.5mg/L *N*-phenyl-1- naphthylamine on the cell membrane integrality of *M.aeruginosa* under different exposure partterns

理 2 的死细胞比例。当连续添加 4 天总量达 2mg/L 后，铜绿微囊藻细胞膜的损伤程度显著增加，死细胞所占比例达到 64.05%，随后藻细胞膜在 *N*-苯基-1-萘胺的持续作用下，膜损伤程度进一步增加，到第 8 天，几乎所有的藻细胞膜均严重损伤，死细胞所占比例达到 96.6%。

从藻细胞膜完整性指标的测试结果来看，低剂量持续多次暴露显著增强了 *N*-苯基-1-萘胺对铜绿微囊藻细胞膜的损伤程度。这与铜绿微囊藻生长指标的测定结果表现出了一致的规律，进一步证明低剂量持续多次暴露能够显著增强化感物质的抑藻效果。

3. 低剂量持续多次暴露对铜绿微囊藻光合作用的影响

F_v/F_m 是研究外界环境胁迫等因素对光合作用影响的重要指标（Kummerová et al., 2006）。当铜绿微囊藻的生长未受到环境胁迫的影响时，F_v/F_m 值相对稳定。实验表明，无任何添加的纯藻液和 DMSO 溶剂对照组 F_v/F_m 值实验开始时由于更换培养基，起始值稍低。24h 后再取样分析，除了仍在按每天 10 次添加的对照 3，其他几组的生长在第 1 天逐渐恢复，F_v/F_m 值逐渐升高，达到了 0.51，而纯藻液组已达到 0.54。从第 2 天开始，DMSO 添加对铜绿微囊藻 F_v/F_m 值的影响逐渐减弱，三个溶剂对照组和纯藻液组的 F_v/F_m 值基本稳定在 0.55～0.57。从第 3～8 天，各组铜绿微囊藻光合作用效率恢复到完全正常的状态，各个对照组的 F_v/F_m 值均为 0.58～0.61。组与组之间的差异消失。这说明 0.02% DMSO 对铜绿微囊藻的光合作用不会产生显著影响。

然而 2.5mg/L 的 *N*-苯基-1-萘胺对铜绿微囊藻生长的影响是显著的，且与高剂量一次性暴露相比，低剂量持续多次暴露对铜绿微囊藻 F_v/F_m 的影响更为明显（图 5.29）。实验开始时 2.5mg/L *N*-苯基-1-萘胺一次暴露的处理 1，第 1 天 F_v/F_m 值降到最低。第 2 天和第 3 天仍低于起始值，到第 4 天才开始恢复，但到第 8 天也仅有 0.52。相比于溶剂对照组，该处理中铜绿微囊藻的光合作用已经受到 *N*-苯基-1-萘胺的显著影响。分 10 次添加的处理 2 影响更加显著，第 3 天 F_v/F_m 值稍有上升，但仍显著低于起始值，第 4 天为 0.45，随着时间的延长，持续暴露的 *N*-苯基-1-萘胺对铜绿微囊藻的影响仍在持续，到第 8 天 F_v/F_m 值为 0.47，低于起始值。连续 5 天每天添加 10 次的处理 3，在第 1 天铜绿微囊藻的 F_v/F_m 未受到影响，其值增加到 0.51，在连续 2 天暴露后（总量相当于 1mg/L 的 *N*-苯基-1-萘胺），铜绿微囊藻的 F_v/F_m 开始受到影响，降低到 0.40。当连续 3 天暴露后（总量相当于 1.5mg/L），F_v/F_m 值大幅度下降，仅为 0.06，随后抑制作用一直没有减弱，第 4 天 F_v/F_m 值降为负值，第 8 天仍只有 0.02。三个处理，单次暴露计量最低但暴露次数最多的处理 3 对铜绿微囊藻 F_v/F_m 的抑制作用最强。这与生长指标测定的结果一致，进一步印证了 *N*-苯基-1-萘胺低剂量持续暴露显著抑制铜绿微囊藻生长的结论。

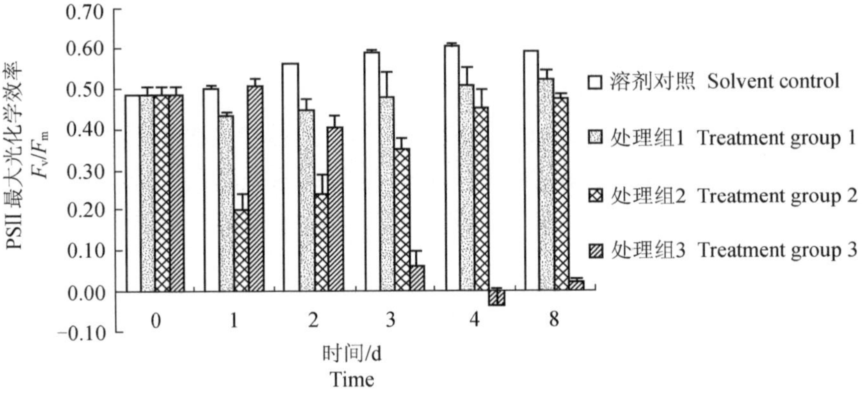

图5.29　不同暴露方式下2.5mg/L *N*-苯基-1-萘胺对铜绿微囊藻PSII的最大光化学量子产量的影响

Fig.5.29　Effects of 2.5mg/L *N*-phenyl-1- naphthylamine on F_v/F_m of *M.aeruginosa* under different exposure patterns

Φ_{PSII}是 PSII 光化学能量转化的有效量子效率，用于评估 PSII 系统吸收的能量用于光合作用的比例，这个比例越高表明 PSII 的光合作用效率越高（Campbell et al., 1998; Henriques, 2009）。本实验中，铜绿微囊藻的Φ_{PSII}在添加 0.02% DMSO 后的溶剂对照组中没有受到影响，从实验开始后的前 4 天和第 8 天的测试结果来看，无论是一次性暴露还是持续暴露 0.02% DMSO，铜绿微囊藻Φ_{PSII}随时间的变化规律均与无任何添加的纯藻液一致。但是 2.5mg/L *N*-苯基-1-萘胺的暴露对铜绿微囊藻Φ_{PSII}有显著的影响（图 5.30）。一次性暴露的处理 1 第 1～3 天Φ_{PSII}保持在 0.30～0.31，低于起始值 0.33，到第 4 天才有所上升，随后的几天基本维持在这个水平，第 8 天Φ_{PSII}也仅为 0.36。分 10 次添加的处理 2，单次暴露量仅为 0.25mg/L，但对铜绿微囊藻Φ_{PSII}的影响大且比处理 1 大得多。在添加 *N*-苯基-1-萘胺后的第 1 天，Φ_{PSII}值降到 0.10，第 2 天也仅为 0.12，随着时间的延长，铜绿微囊藻的Φ_{PSII}开始缓慢回升，第 3 天为 0.21，但到第 8 天也仅上升到 0.33，远低于溶剂对照组。连续 5 天每天添加 10 次的处理 3，铜绿微囊藻的Φ_{PSII}随时间变化情况有所不同。在分 10 次添加 0.5mg/L 后的第 1 天，铜绿微囊藻的Φ_{PSII}受到的影响比前两个处理小，但相比对照组有所降低，为 0.35。在连续添加 2 天总量达 1mg/L 后的第 2 天，该组藻细胞Φ_{PSII}降低到 0.26。连续 3 天低剂量暴露后，藻细胞的Φ_{PSII}开始不可逆的大幅度下降，仅为 0.09，第 4 天继续降低到 0.02，随后基本保持在这种状态，到第 8 天也仅为 0.03。

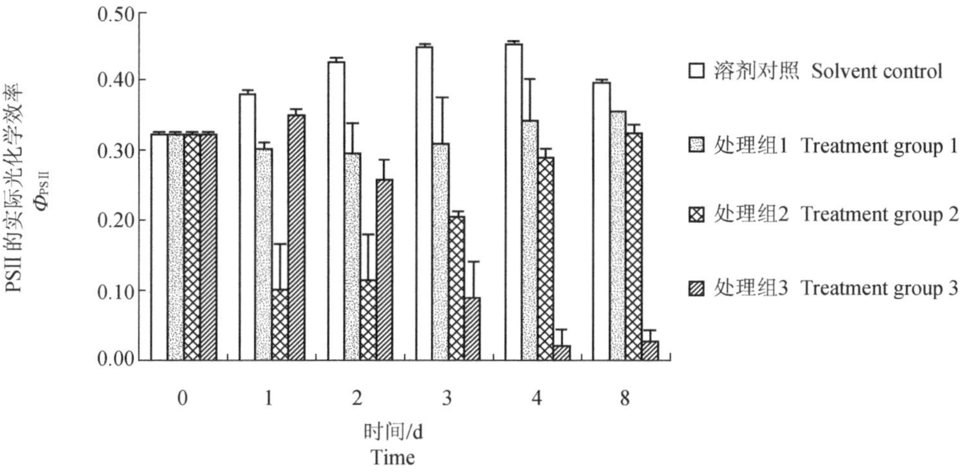

图5.30　不同暴露方式下2.5mg/L *N*-苯基-1-萘胺对铜绿微囊藻PSII光化学能量转化有效量子效率的影响

Fig.5.30　Effects of 2.5mg/L *N*-phenyl-1- naphthylamine on Φ_{PSII} of *M.aeruginosa* under different exposure patterns

NPQ是可变叶绿素荧光非化学猝灭的典型指标，反映样品从暗适应状态到光适应状态下一系列的非化学过程对叶绿素荧光发射的影响，这些非化学过程包括光抑制、跨膜质子梯度的变化等（Buffoni et al., 1998; Roháček and Barták, 1999）。本实验中铜绿微囊藻NPQ起始值为0.14，纯藻液在试验期间NPQ维持在0.15～0.20。添加DMSO溶剂，对对照组藻细胞的NPQ在前2天有一定程度的影响，但是到第4天，DMSO处理组铜绿微囊藻的NPQ值与无任何添加的纯藻液已经没有显著区别。但是添加了2.5mg/L *N*-苯基-1-萘胺后的各个处理组中铜绿微囊藻的NPQ值明显降低，但低剂量持续多次暴露对铜绿微囊藻NPQ的影响最大（图5.31）。高剂量一次暴露的处理1，铜绿微囊藻的NPQ值有一定程度的下降，第1天降为0.11，第4天NPQ值仍为0.11。但高剂量一次性暴露组，在4天后对铜绿微囊藻的影响逐渐减小，其NPQ值逐渐回升，到第8天达到0.16。分10次添加的*N*-苯基-1-萘胺对铜绿微囊藻的NPQ影响更加显著，第1天NPQ值就由初始值0.14下降到0，第2天开始缓慢恢复，增加到0.07，但到第8天也仅达到初始水平。单次暴露剂量仅为50μg/L的处理3，铜绿微囊藻的NPQ受到的抑制程度却最为明显和不可逆。在连续三天添加*N*-苯基-1-萘胺后铜绿微囊藻的NPQ值已变成负值，第4～8天仍然没有任何恢复，一直保持在负值水平。这说明低剂量的*N*-苯基-1-萘胺持续暴露对铜绿微囊藻的非光化学猝灭造成了显著且不可逆的影响，这应该是该处理组中铜绿微囊藻到第11天仍不能恢复生长的原因之一。

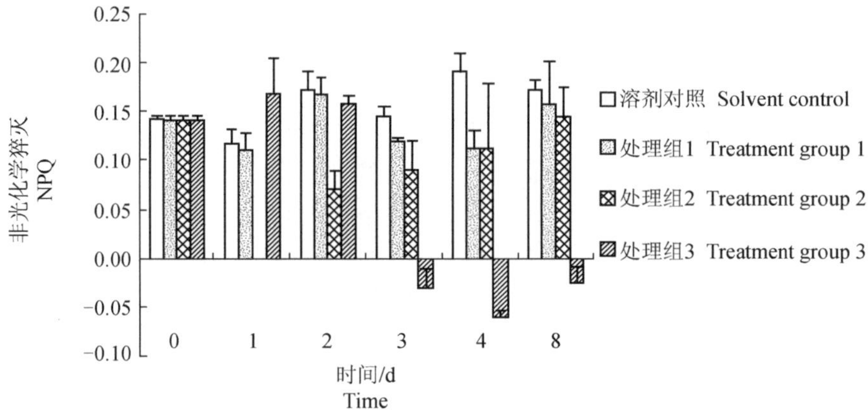

图 5.31　不同暴露方式下 2.5mg/L *N*-苯基-1-萘胺对铜绿微囊藻非光化学猝灭的影响

Fig.5.31　Effects of 2.5mg/L *N*-phenyl-1- naphthylamine on NPQ of *M.aeruginosa* under different exposure patterns

快速光响应曲线与光合作用放氧和 CO_2 吸收有很好的线性关系，因此在一定光强范围内可以反映植物的光合作用能力，曲线及其参数的降低可能是由于 PSII 反应中心活性的降低或 1,5-二磷酸核酮糖羧化酶活性的降低（Beer et al., 1998; Serôdio et al., 2005）。如图 5.32 所示，在开始添加 *N*-苯基-1-萘胺 1 天后，各对照组电子传递速率均随着光密度的增强而增加，且组与组之间没有明显差异。但三个处理光响应曲线均受到了显著抑制，受抑制程度最强的是处理 1，其次是处理 2，受影响相对最小的是处理 3。这可能与此时各个处理 *N*-苯基-1-萘胺暴露总量和作用时间有关。处理 1 已在 24h 之前一次性添加了 2.5mg/L 的 *N*-苯基-1-萘胺，处理 2 在 14h 前才完成 2.5mg/L *N*-苯基-1-萘胺的持续暴露，处理 3 则是在 14h 前分 10 次添加了 0.5mg/L 的 *N*-苯基-1-萘胺。物质暴露总量和物质对铜绿微囊藻的作用时间可能是造成三个处理受抑制程度不同的主要原因。到第 4 天，各对照组快速光响应曲线一致度更高，且曲线斜率比第一天更高，说明铜绿微囊藻电子传递速率随光密度增强而增加的程度加大。但三个处理组快速光响应曲线受到的抑制作用仍然很显著。抑制程度与第 1 天相比有变化，处理 1 抑制程度相对最弱，其次是处理 2，最强的是处理 3（图 5.33）。这种变化说明，4 天前一次性暴露的 *N*-苯基-1-萘胺对铜绿微囊藻的影响已经减弱，而低剂量持续暴露组对铜绿微囊藻光合作用的抑制作用更加明显。第 8 天离处理 3 *N*-苯基-1-萘胺添加完已过了 4 天，但从图 5.34 可以看出，铜绿微囊藻光响应曲线受到抑制程度最强的仍然是处理 3，相比 4 天前，抑制程度更强。而处理 1 和处理 2 与对照组之间的差异明显缩小，说明 7 天前 1 次或 10 次暴露的 *N*-苯基-1-萘胺对铜绿微囊藻快速光响应曲线的影响已明显减弱。

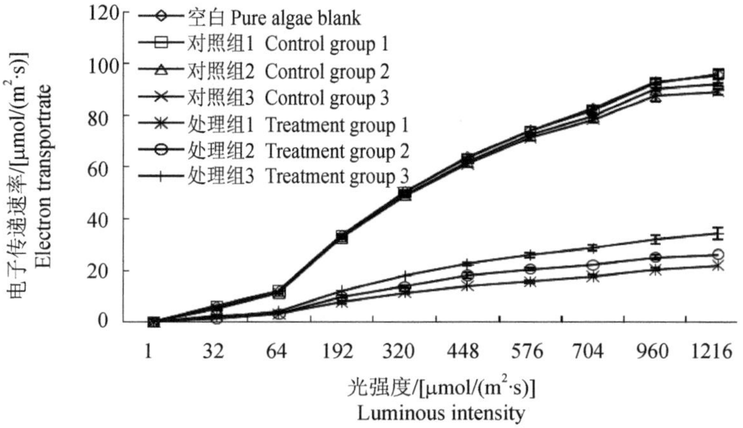

图 5.32　实验开始 1 天后对照组和各处理组中铜绿微囊藻的快速光响应曲线

Fig.5.32　Light respond curves of *M.aeruginosa* in each control and treatment one day after the experiment starts

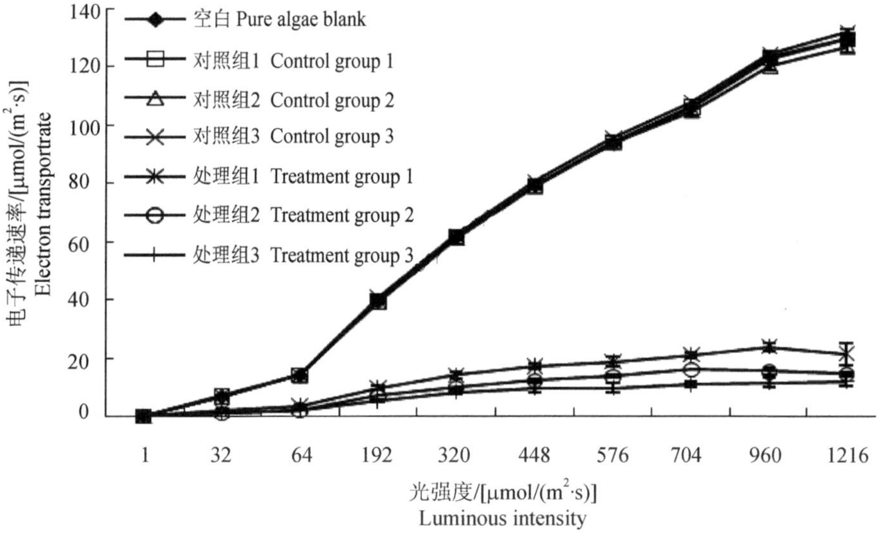

图 5.33　实验开始 4 天后对照组和各处理组中铜绿微囊藻的快速光响应曲线

Fig.5.33　Light respond curves of *M.aeruginosa* in each control and treatment four days after the experiment starts

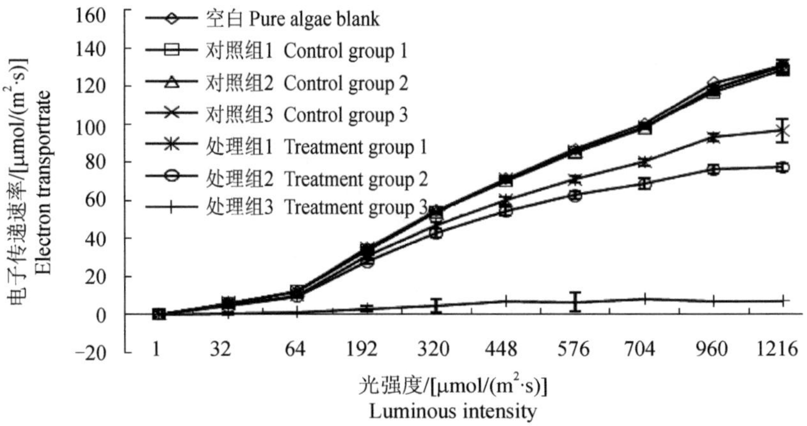

图 5.34　实验开始 8 天后对照组和各处理组中铜绿微囊藻的快速光响应曲线

Fig.5.34　Light respond curves of *M.aeruginosa* in each control and treatment eight days after the experiment starts

根据快速光响应曲线计算出的三个参数随时间的变化情况可以更加充分的说明低剂量 *N*-苯基-1-萘胺通过持续暴露可以更加显著和不可逆地抑制铜绿微囊藻的光合作用活性。以最大电子传递速率为例，0.02% DMSO 的添加对铜绿微囊藻最大电子传递速率（ETR_{max}）没有显著影响，与无任何添加的纯藻液一样，随着时间的增加，各溶剂对照组中铜绿微囊藻的 ETR_{max} 有不断增大的趋势，这体现出各个对照中铜绿微囊藻的光合作用未受到 0.02% DMSO 的影响，而是随着藻细胞生长活力和速率的增强，逐渐增大。但各个处理中铜绿微囊藻的 ETR_{max} 却受到了不同程度的抑制，且随着时间的变化，不同处理对铜绿微囊藻 ETR_{max} 的抑制程度发生了变化（图 5.35）。在第 1 天和第 2 天，受抑制程度最高的是处理 2。与处理 1 相比，处理 2 是分 10 次持续添加 *N*-苯基-1-萘胺的，这说明从添加后的第 2 天开始持续暴露组对铜绿微囊藻的 ETR_{max} 起到了更强的抑制作用。而处理 3 在第 2 天取样时 *N*-苯基-1-萘胺暴露总量也仅有 1mg/L，这是其抑制程度低于处理 2 的可能原因。从第 3 天开始，当处理 3 物质暴露总量达到 1.5mg/L 后，其对铜绿微囊藻 ETR_{max} 的抑制作用显著降低，随后继续不可逆地降低，第 4 天仅为 6.30，第 8 天为 3.60，而对应的溶剂对照组在第 4 天和第 8 天分别达到了 135.40 和 145.73。

综合以上的研究结果可以看出，铜绿微囊藻持续多次暴露在 50μg/L 的 *N*-苯基-1-萘胺中，生长受到显著抑制，第 6 天，*N*-苯基-1-萘胺对铜绿微囊藻生长的抑制率达到了 90%，且一直保持到测量结束的第 11 天。连续 5 天每天 10 次添加

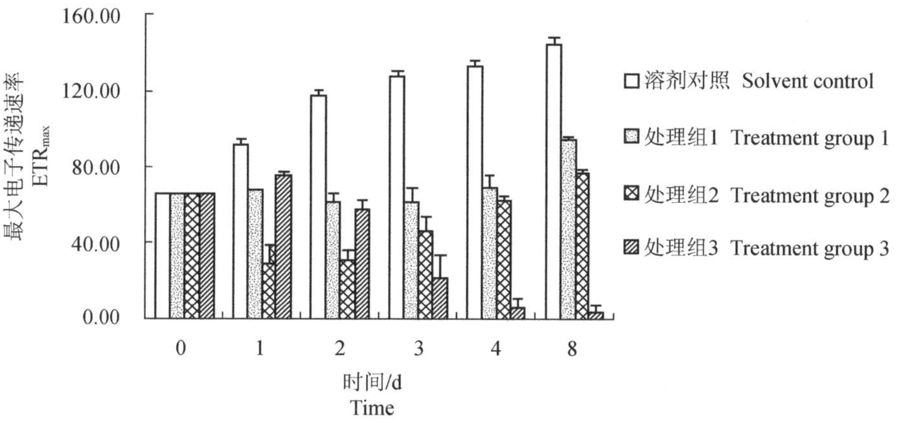

图 5.35　不同暴露方式下 2.5mg/L *N*-苯基-1-萘胺对铜绿微囊藻最大电子传递速率的影响

Fig.5.35　Effects of 2.5mg/L *N*-phenyl-1- naphthylamine on ETR_{max} of *M.aeruginosa* under different exposure patterns

50μg/L *N*-苯基-1-萘胺后，铜绿微囊藻细胞膜的损伤率达到 64.05%，随后细胞膜损伤程度进一步增加，到第 8 天，死细胞所占比例达到 96.6%。*N*-苯基-1-萘胺对铜绿微囊藻叶绿素荧光参数的影响非常显著。当连续暴露 3 天（相当于总量达 1.5mg/L）后，铜绿微囊藻的 F_v/F_m、Φ_{PSII} 和 NPQ 的值均降到零甚至为负值，且一直到第 8 天仍然没有恢复，同时铜绿微囊藻的快速光响应曲线及相关参数也从第 4 天开始受到低剂量 *N*-苯基-1-萘胺持续作用的显著且不可逆的影响。由此可见，释放量仅为 μg/L 水平的化感物质很有可能通过持续低剂量暴露实现对目标藻体生长和生理的高效抑制。研究结果将有助于从生态学的角度进一步揭示水生植物化感抑藻作用的本质，同时也对化感作用研究方法，尤其是化感抑藻效果评估方法的改进提供了新的启示。在以后的研究中，应在进一步发展和改善植物次生代谢物分离和检测手段的基础上，深入研究水生植物化感物质产生和释放的规律。同时，结合释放规律，进一步提高低剂量连续释放模拟系统的仿真度，研究化感物质的抑藻机理，以更好地揭示和证明在自然水生态系统中，化感作用的化学生态学和生态毒理学本质。

（作者：高云霓、朱俊英、葛芳杰、张甬元、吴振斌等）

第六章 影响水生植物化感作用效果的因素

水生态系统是一个复杂的生态系统，除了水生植物、藻类外，还有微生物、浮游动物、底栖生物、鱼类等生物类型。一方面，生态系统中的各组分以食物链的形式与环境进行着物质循环和能量流动；另一方面，自然界的资源相对有限，相同生态位生物在生存资源上存在激烈竞争。一种生物最终是否得以生存，取决于它在不良环境条件下的竞争强度。水生植物的化感作用作为水生植物的有效竞争策略，不可避免地受到周围生物因素、非生物因素的影响，如水生植物化感物质的产生和释放、迁移和转化以及对藻类的作用效应等方面均会受到影响。因此，研究不同环境因子对水生植物化感作用的影响，对全面评价植物化感作用在生态系统中的地位，揭示化感作用在生态系统中的自然化学调控规律有着重要价值。

6.1 藻类种类和数量

几乎所有的研究都表明，化感作用存在种类的特异性，即同一种植物或同一种化感物质对不同靶生物的化感作用效果存在差别。五刺金鱼藻对蓝藻生长有非常好的抑制效果，但对绿藻却无明显影响，表明其抑藻作用具有特异性（Kogan and Chinnova，1972）。篦齿眼子菜对共培养的斜生栅藻生长有促进作用，却对铜绿微囊藻生长的抑制作用明显（陈德辉等，2004）。Jasser（1995）在实验室条件下分别研究了金鱼藻和其他 4 种沉水植物（穗花狐尾藻、光叶眼子菜、水卫士和轮藻）及其浸提液对浮游藻类群落结构的影响，发现相对于绿藻、硅藻等其他藻类，蓝藻对以上几种水生植物产生的化感物质更敏感。狐尾藻分泌的多酚类化感物质对蓝藻的生长具有强烈的抑制效果，对绿藻和硅藻的作用则较微弱（Gross and Sütfeld，1994），蓝藻门的颤藻和铜绿微囊藻比水华束丝藻、冠盘藻、被甲栅藻等更敏感（Körner and Nicklisch，2002）。

藻初始密度对水生植物化感作用影响明显。Mulderij 等（2003）的研究发现，在轮藻作用下，斜生栅藻和小球藻的生长滞缓期长短与实验开始时接种的藻类密度相关，并且藻类生长滞缓期随接种时藻类初始密度的增加而变短。吴晓辉（2005）在调查黄丝草、马来眼子菜和菹草对斜生栅藻及铜绿微囊藻化感作用潜力时，发现相同的受试藻种，与同一水生植物共培养的初始密度不同，其对水生植物化感作用响应也不同。俞子文等（1992）研究水花生、水浮莲和水葫芦对雷氏衣藻的化感作用时发现，三种水生植物对高初始密度的雷氏衣藻50%抑制率所需的时间比相同条件下中、低浓度的雷氏衣藻长3～4天。藻类不同初始密度对水生植物化感作用差异性的响应从不同藻类密度诱导的化感物质含量变化可以得到进一步印证。张胜花（2007）研究黄丝草对铜绿微囊藻的化感效应时发现，不同初始密度的铜绿微囊藻不仅影响黄丝草的生长，而且影响其潜在化感物质的合成和分泌。图6.1所示为共培养条件下不同初始密度铜绿微囊藻对黄丝草生物量的影响。从图中可以看出，当藻类初始密度较低时，处理组黄丝草的鲜重和干重与对照组没有显著差异（$P>0.05$）；当藻类初始密度为1×10^6 ind/mL时，处理组黄丝草的鲜重和干重分别为36.0g和4.5g，低于对照组的40.5g和5.0g。同时还发现，当铜绿微囊藻存在时，黄丝草植株的正己烷提取物主要成分的相对含量产生了变化。如表6.1所示，随着藻类初始密度的增加，肉豆蔻酸异丙酯的含量明显减少，而植物醇的含量显著增多。

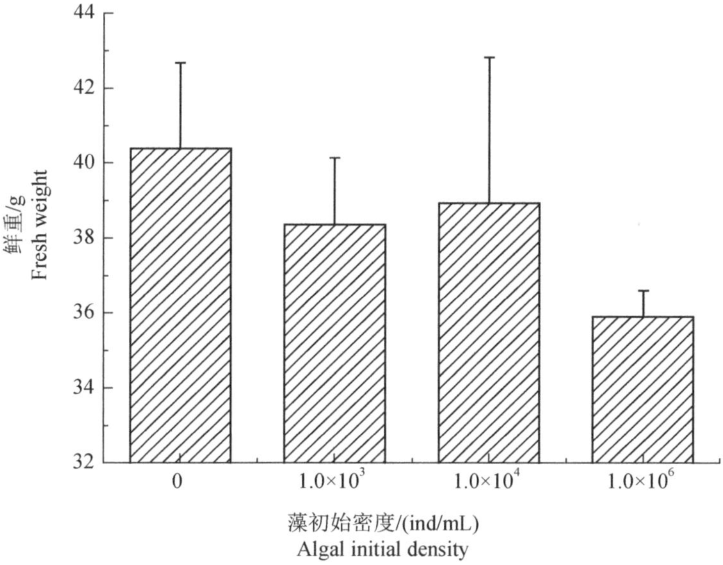

（a）

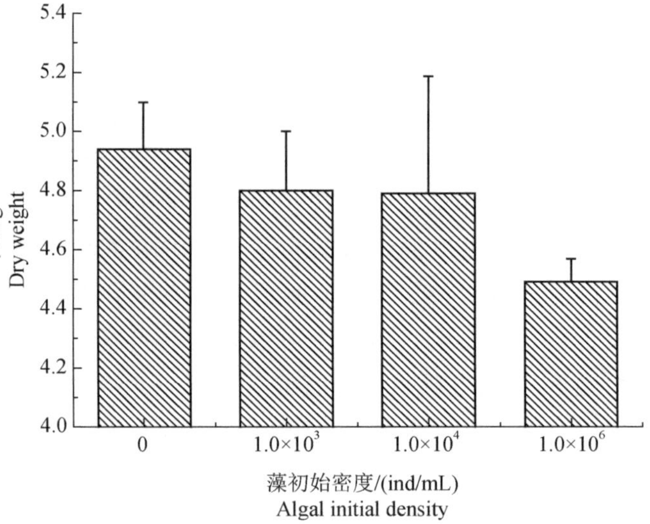

（b）

图 6.1　不同初始密度铜绿微囊藻对黄丝草生物量的影响

（a）生物量鲜重；（b）生物量干重

Fig. 6.1　The effects of *M. aeruginosa* at different initial density on the fresh weight and dry weight of *P. maackianu*

(a) Fresh weight; (b) Dry weight

表 6.1　黄丝草中部分亲脂性成分 GC/MS 分析的相对丰度

Table 6.1　The relative abundances of lipophlic constituents in *P. maackianus* when coexisted with different algal cell densities

保留时间/min Retention time	对照/% Control	相对丰度 Relative abundance			MS 鉴定 MS identification
		1×10^3ind/mL	1×10^4ind/mL	1×10^6ind/mL	
14.24	23.66	22.44	16.52	18.98	肉豆蔻酸异丙酯
14.35	4.24	4.34	8.24	4.58	未知
16.16	8.65	8.01	9.47	28.63	植物醇
17.22	6.05	3.94	3.14	4.75	十八烷
18.33	5.03	3.65	2.45	4.06	二十烷

图 6.2 所示为黄丝草正己烷提取物中未皂化组分的 GC/MS 图谱，铜绿微囊藻不同初始密度对未皂化主要组分也有影响。当藻细胞初始密度减少时，植物醇（Rt. 16.16min）的含量增加，而 1-菲羧酸甲酯（Rt. 17.67min）和松香酸甲酯（Rt. 17.94min）的含量相对减少。这些结果表明，黄丝草中的亲脂性成分的次生代谢

合成受到了铜绿微囊藻的影响。黄丝草正己烷提取物中未皂化物经气相色谱分析鉴定出含有菜油甾醇、豆甾醇和谷甾醇。图 6.3 显示黄丝草中单个甾醇的含量和总甾醇的含量随着铜绿微囊藻浓度的升高而升高。与对照相比，在浓度为 1×10^{6}ind/mL 的铜绿微囊藻胁迫下，菜油甾醇、豆甾醇、β-谷甾醇和总甾醇的含量分别上升了 23.1%、40.4%、40.8%和 37.8%（$P<0.05$）。对黄丝草体内物质及释放物质的对比研究发现，弱极性化合物，如 *N*-苯基-2-萘胺能同时存在于正己烷提取物和种植水中，种植水中 *N*-苯基-2-萘胺（Rt. 17.08min）含量也明显受与其共培养的铜绿微囊藻初始密度的影响（图 6.4），当初始藻类密度升高时，黄丝草分泌的 *N*-苯基-2-萘胺（Rt. 17.08min）有非常显著的升高趋势（张胜花，2007）。

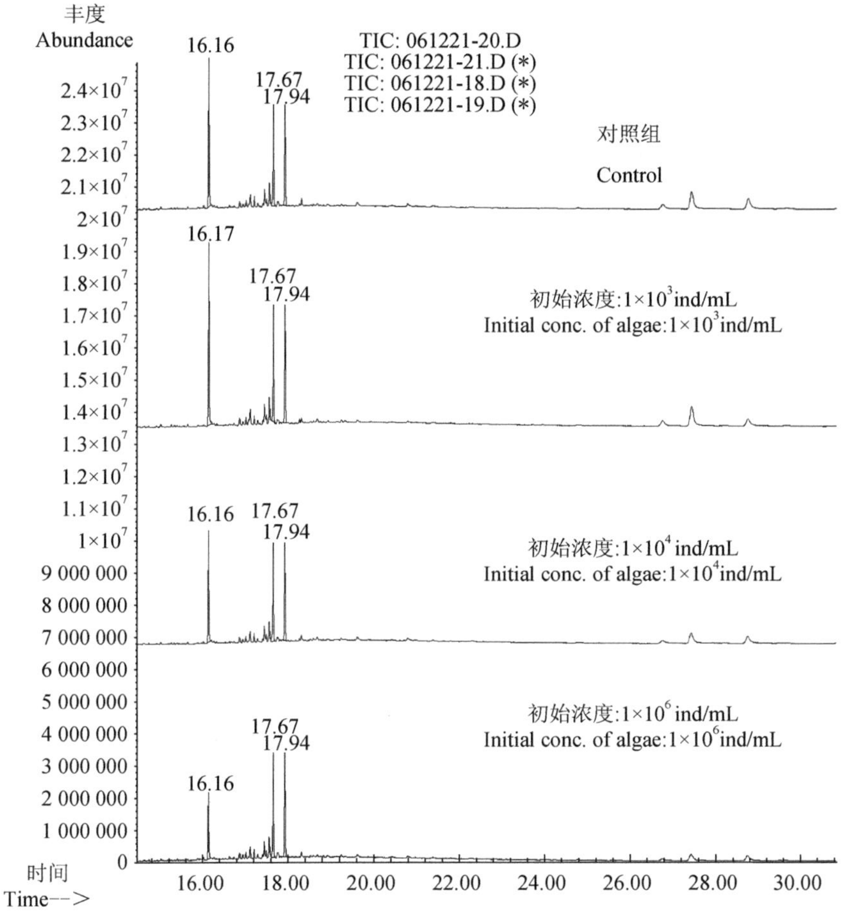

图 6.2　黄丝草未皂化物的 GC/MS 图谱

Fig. 6.2　Unsaponifiable compounds in hexane extracts of *P.maackianus* analyzed by GC/MS when coexisted with different algal initial densities

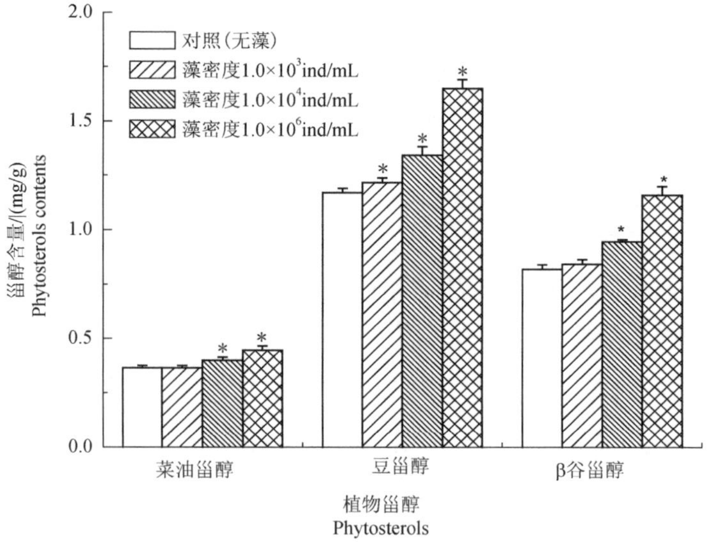

图 6.3 铜绿微囊藻胁迫下黄丝草单个甾醇含量的变化。*表示显著性差异

Fig. 6.3 The changes of the free phytosterols in *Potamogeton maackianus* under the stress of *Microcystis aeruginosa*. *Indicated significant difference

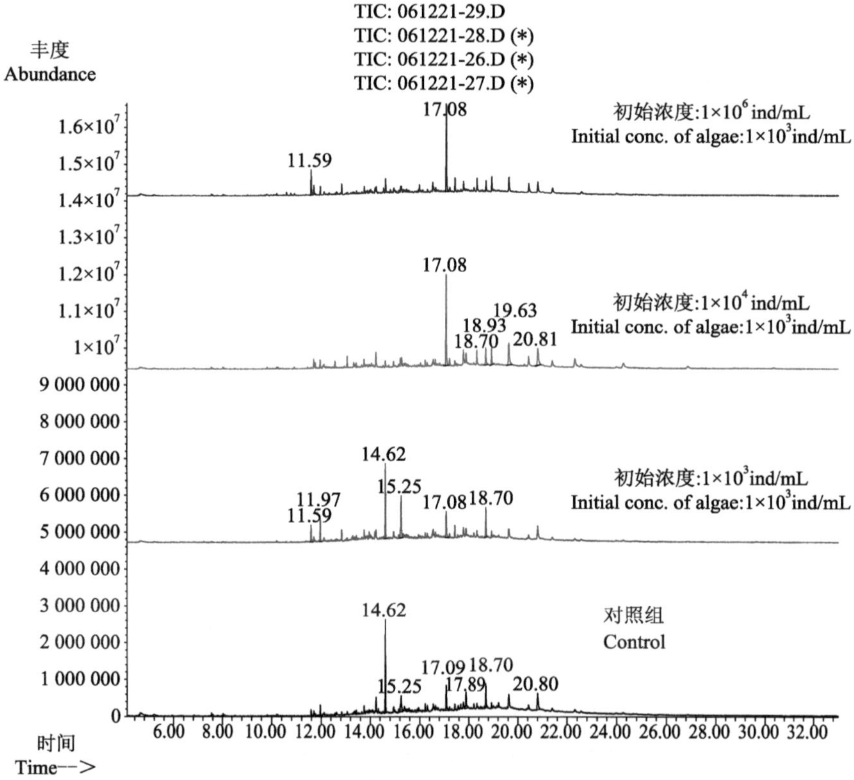

图 6.4 铜绿微囊藻对黄丝草分泌物的影响

Fig. 6.4 The exudates from *P.maackianus* analyzed by GC/MS coexisted with different algal initial densities

6.2 水生植物种类和状态

不同植物产生的化感物质种类和数量都不同，因此其抑藻效应也有差异，吴晓辉（2005）初步比较了共培养条件下相同生物量的黄丝草、马来眼子菜和菹草对不同初始密度斜生栅藻和铜绿微囊藻的化感作用，结果显示黄丝草化感活性最强。由于化感物质的合成途径和方式不同，化感物质并不是均匀分布于植物体中的，同一植物体内不同组织、器官中化感物质的种类、数量也不相同。植物产生和分泌化感物质的差异，可能对其抑藻能力产生较大的影响。凤眼莲和石菖蒲的抑藻物质主要在其根系中检测到，芦苇的抑藻物质主要在其叶片中，而黄丝草的化感抑藻物质主要通过茎和叶释放，而不是由根部向水体释放（孙文浩等，1988；何池全等，1999；李锋民和胡洪营，2004；鲜啟鸣等，2005）。

除了表观的抑藻差异外，同一种植物不同组织产生的抑藻物质也有区别。同一植物的同一组织器官，不同提取方式或不同溶剂提取的化感物质也不相同。马来眼子菜对羊角月牙藻有一定的抑制作用，其石油醚组分分离出的抑藻物质主要为脂肪酸类物质，马来眼子菜乙酸乙酯浸膏的正己烷萃取物中除了长链脂肪酸外，还有甾类化感物质（胡陈艳，2010；张胜花，2007）。王红强等（2010）发现，伊乐藻生物碱对铜绿微囊藻有较显著的抑制作用，并分离鉴定出 9 种生物碱成分。此后，王红强等（2011）又对伊乐藻水浸提液进行了化感研究，发现伊乐藻水浸提液乙酸乙酯提取物对铜绿微囊藻也有较强的抑制活性，通过气质联用方法鉴定出 23 种成分，除两种有机醇和一种苯酚外，其余是以脂肪酸、羟基脂肪酸和酚酸为主要组成部分的有机酸。杨善元等（1992）对凤眼莲根系抑藻物质采用丙酮提取，分离鉴定得到 3 种抑藻活性较强的化合物，分别为 *N*-苯基-2-萘胺、亚油酸和亚油酸甘油酯。戴树桂等（1997）对香蒲的化感作用进行了研究，发现香蒲的乙酸乙酯、丙酮、乙醚提取物对斜生栅藻和小球藻的生长均有较好的抑制效应，对斜生栅藻而言，香蒲的乙醚提取物抑藻效果较强，而对小球藻而言，香蒲乙酸乙酯提取物的抑藻效果较强，对香蒲乙酸乙酯提取物进行分离鉴定得到 2 种化感物质，分别为棕榈酸和胆固醇油酸酯。

由于化感物质在水生植物组织中存在差异，因此不同组织中化感物质的释放及作用效果也有差异。孙文浩等（1988）发现凤眼莲中的抑藻物质主要是由根系产生，何池全（1999）研究了石菖蒲整株和根及根状茎的抑藻效应，发现石菖蒲的化感物质主要是由根及根状茎分泌释放的。

此外，同一植物在不同培养体系中产生的化感物质其抑藻能力也可能存在很大差异，轮藻的培养模式可能影响其对藻类的化感作用强弱，对枝轮藻（*Chara contraria*）独立培养时对栅藻（*Scenedesmus communis*）有较强的化感抑制（Blindow and Hootsmans, 1991），而当球状轮藻（*Chara globularis*）与对枝轮藻混合培养时对斜生栅藻却没有化感作用（Mulderij et al.，2003）。

植物的生长状态对其化感抑藻效应也有较大的影响。轮藻的幼芽化感作用最强烈，其次为生长周期较短的轮藻，生长周期较长的轮藻化感抑藻程度相对最弱，幼芽可明显延长藻类生长的滞缓期（Mulderij et al.，2003）。还有研究表明，篦齿眼子菜在生长季节中其化感活性会减弱（Hootsmans and Blindow，1994）。

6.3 化感物质的浓度

互相作用的植物之间、藻类之间或植物与藻类之间都可能产生并释放出化感物质，化感物质的作用包括促进作用和抑制作用，最终结果取决于彼此释放的化感物质的相对浓度。凤眼莲能分泌化合物抑制小球藻和斜生栅藻的生长（孙文浩等，1988，1989，1990，1991），小球藻和斜生栅藻也能释放化感物质抑制凤眼莲的生长（Sharma，1985）。在藻类生长占优势的情况下，少量凤眼莲的生长会受到抑制，但是当凤眼莲凭借生长快速的特点抢占优势、形成较大群体时，藻类生长就会被抑制（孙文浩和余叔文，1992）。

研究发现，化感物质对藻类的化感作用表现出浓度高时抑制藻类生长，浓度低时促进藻类生长的低促高抑现象。陈德辉等（2004）用篦齿眼子菜的种植水研究了篦齿眼子菜对栅藻、微囊藻生长的化感作用。结果表明，低浓度的种植水抽滤液对栅藻的生物量和生长率都有一定的促进作用；当浓度大于或等于50%时，对栅藻生长的影响则表现出抑制效应，并且随浓度的增加抑制效应增强。庄源益和赵凡（1995）在综述中提到了一些研究结果。例如，荸荠属水草提取物中的抑藻活性物质 20 碳的三羟基环戊基脂肪酸和 18 碳的三羟基环戊烯酮脂肪酸对蓝绿藻有较强的抑藻作用，该物质在低浓度下能刺激藻类的生长，高浓度下则有抑藻作用。

6.4 微生物

微生物在化感效应中的作用历来存在争议。Cole（1982）认为微生物可能成为化感物质的作用中介使之作用于不同藻类，它们可能直接作用或通过代谢使化感物质发生变化，也可能是微生物自身释放抗生素或刺激物来影响藻类生长。

在陆生植物的化感作用研究中，微生物对化感作用有比较大的影响。李光义等（2009）研究了飞机草、假臭草和蟛蜞菊三种杂草的水浸提液及其除菌液对白菜、萝卜的化感作用。结果发现，微生物对入侵杂草的化感作用影响比较大，同一种入侵杂草含有微生物的浸提液化感作用显著强于不含微生物的浸提液，不同入侵杂草含有微生物的浸提液表现出不同的化感强度。可见微生物在具有化感作用的植物入侵过程中充当着非常重要的角色，而且不同的植物种类对微生物群落结构的影响不同，表现出的入侵潜力也不同。

水生植物化感作用研究中的藻类、植物的无菌状态是引来争议的主要原因，因为很难证明观察到的抑藻作用究竟来源于植物，还是来源于自养细菌的作用，或是两者的共同作用。陈坚等（1994）对去根和留根的马来眼子菜的抑藻效果进行了比较研究。结果表明，去根组的抑藻效果并不弱于留根组，这一结果表明马来眼子菜的根际微生物在抑藻效应中不起作用。孙文浩等（1990）在凤眼莲无菌苗实验中得到了相同的结论。对凤眼莲等浮叶植物而言，根际微生物不同于一般植株体表附生的微生物，它与植物的生长关系更为密切，但实验结果表明，根际微生物并未参与水草对藻类的化感作用。Tillmann 和 John（2002）比较了细菌可透过和细菌不可透过两种滤膜滤液对化感作用效应的影响。结果表明，自由细菌产生的胞外毒物对化感效果未造成影响。但是细菌的分解作用使植物分泌的化感物质很难避免在到达目标藻体的过程中不受水体中微生物的影响。为了避免细菌分解化感物质，许多研究采用无菌培养或缩短培养时间。长时间培养后，狐尾藻分泌物对藻类的抑制作用明显降低，这可能与细菌的降解作用有关（Gross et al.，1996；Nakai et al.，1999）。

张胜花（2007）比较了采用微孔滤膜过滤与不过滤马来眼子菜种植水对铜绿微囊藻生长的影响，对对照组铜绿微囊藻的生长而言，0.22μm 微孔滤膜除菌与否对铜绿微囊藻的生长没有显著影响（$P>0.05$），而对 100%马来眼子菜种植水和 50%马来眼子菜种植水中藻类的生长却有显著的影响（$P<0.05$）。经过 0.22μm 微孔滤膜过滤的 100%马来眼子菜种植水对铜绿微囊藻生长 3 天的抑制率为 47%，与不过滤组相比显著下降；尽管第 6 天达到 67%的抑制率，也比不过滤组的抑制率下降了 22%；50%马来眼子菜种植水经过微孔滤膜过滤后，对铜绿微囊藻生长 3 天的抑制率为 12%，6 天的抑制率为 64%，相比较不过滤组的抑制率下降了 27%。但是，这种差异的出现也可能是在过滤过程中由于滤膜吸附损失了化感活性物质。

6.5 营养水平

化感作用被认为是植物在与其他初级生产者竞争营养情况下的一种应急机制。当周围营养条件受到限制的情况下，水生植物可能会产生释放更多的化感物质从而提高对藻类的竞争能力（Rice，1984）。Gross 等（1996）、Gross（1999）的研究发现，营养水平降低可以影响穗花狐尾藻产生化感物质的过程。与生长在氮充足条件下的穗花狐尾藻相比，氮限制条件下的无菌穗花狐尾藻植株总酚和特里马素 II 的含量都要高。葛芳杰等（2012a）具体研究了不同氮浓度水平下穗花狐尾藻顶端组织与茎中总酚含量的变化。如图 6.5 所示，不同氮浓度水平下，穗花狐尾藻顶端组织中总酚含量按氮浓度由低到高的顺序分别为 44.74mg/g DW、24.42mg/g DW、29.73mg/g DW，低氮浓度水平下穗花狐尾藻顶端组织中总酚含量比对照组相应部位高 83.20%，有极显著性差异（$P<0.01$）；高氮浓度水平下穗花狐尾藻顶端组织中总酚含量比对照组顶端组织中的高 21.77%，表现出显著性差异

（*P*<0.05）。茎中总酚含量按氮浓度水平由低到高的顺序分别为 16.97mg/g DW、19.87mg/g DW、27.75mg/g DW，低氮浓度水平下穗花狐尾藻茎中总酚含量比对照组茎中的低 14.59%，没有显著性差异；高氮浓度水平下穗花狐尾藻茎中总酚含量比对照组茎中的高 39.68%，有极显著性差异（*P* <0.01）。

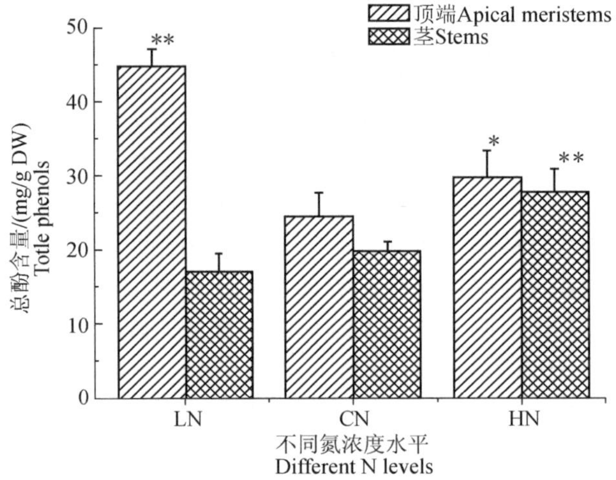

图 6.5　不同氮浓度水平下穗花狐尾藻顶端组织和茎中总酚的含量。LN.低氮浓度；CN.MIII 培养基中标准氮浓度；HN.高氮浓度。*表示差异显著 *P*<0.05；**表示差异极显著 *P*<0.01。图 6.6-图 6.8 同

Fig. 6.5　The contents of total phenolics in *Myriophyllum spicatum* apical meristems and stems at different N levels. LN.Low nitrogen level; CN.Standard nitrogen level in MIII; HN.High nitrogen level. *, **indicated significant difference (*P*<0.01) and highly significant difference (*P*<0.05). The same as the following(6.6-6.8) figures

穗花狐尾藻可以向周围环境释放酚类物质，不同的氮营养水平影响穗花狐尾藻总酚的释放。图 6.6 显示，3 种不同氮浓度水平下，穗花狐尾藻培养液中的总酚含量随氮浓度水平由低到高分别为 1.52mg/L、1.29mg/L、1.65mg/L，低氮条件及高氮条件下穗花狐尾藻释放到培养液中的总酚含量分别比正常 MIII 氮条件下的增多了 17.8%和 27.9%（葛芳杰等，2012a）。

刘碧云（2010）进一步研究了不同氮浓度水平下穗花狐尾藻释放没食子酸、鞣花酸和儿茶酸的情况。结果显示，尽管 3 种氮浓度水平下穗花狐尾藻释放的没食子酸（GA）量没有明显差异，但是儿茶酸和鞣花酸的释放量差异较为明显，由低到高 3 个不同的氮浓度水平下，穗花狐尾藻释放儿茶酸的含量分别为 7.57μg/L、41.06μg/L 和 16.46μg/L，正常 MIII 氮浓度水平培养液中儿茶酸的含量最高，分别是低氮浓度水平的 5.4 倍和高氮浓度水平的 2.5 倍（图 6.7）。正常 MIII 氮浓度水平培养液中鞣花酸的含量也表现为最高，由低到高的 3 个氮浓度水平下，鞣花酸的含量分别为 1.33μg/L、3.56μg/L 和 0.26μg/L，正常 MIII 氮浓度水平培养液中鞣花酸的含量是低氮浓度水平的 2.68 倍，是高氮浓度水平的 13.69 倍（图 6.8）。

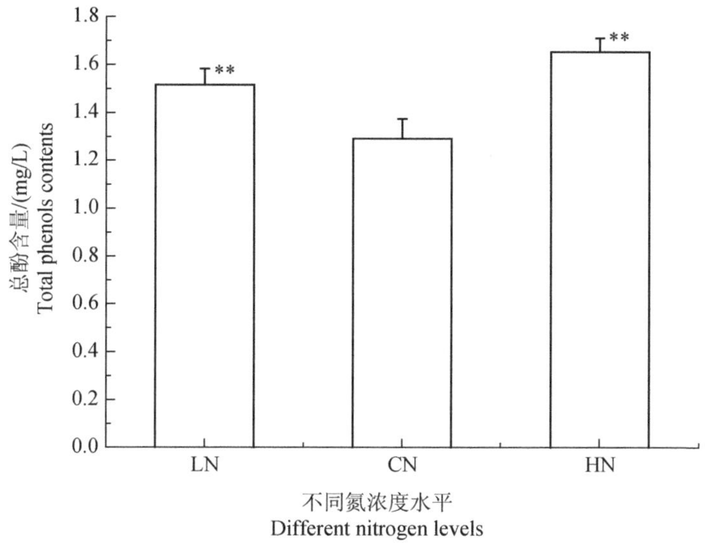

图 6.6　不同氮浓度水平下穗花狐尾藻种植水中总酚的含量

Fig. 6.6　Total phenols contents in culture solutions from *Myriophyllum spicatum* L. in different nitrogen levels

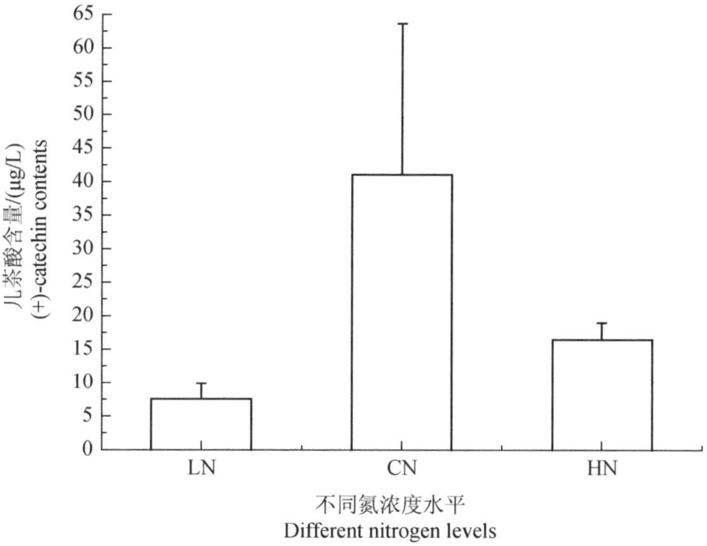

图 6.7　不同氮浓度水平穗花狐尾藻种植水中儿茶酸的含量

Fig. 6.7　(+)-Catechin contents in culture solutions from *Myriophyllum spicatum* L. in different nitrogen levels

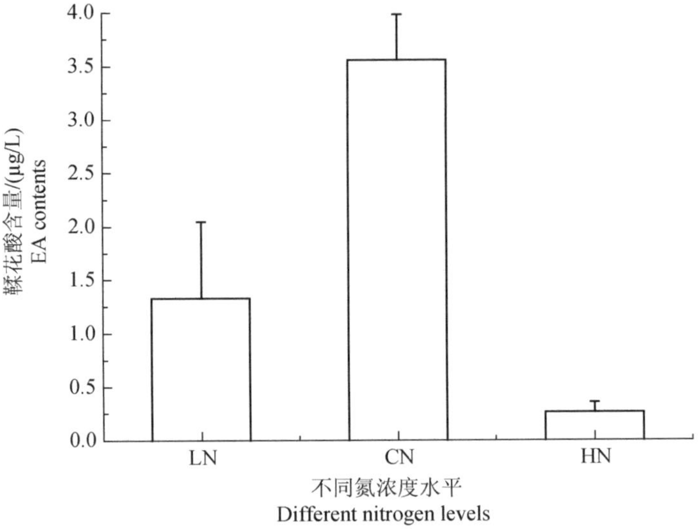

图 6.8　不同氮浓度水平穗花狐尾藻种植水中鞣花酸的含量

Fig. 6.8　EA contents in culture solutions from *Myriophyllum spicatum* L. in different nitrogen levels

不同磷浓度水平对穗花狐尾藻顶端组织和茎中总酚含量的影响不明显。如图 6.9 所示，不同磷浓度水平下，穗花狐尾藻顶端组织中总酚含量按磷浓度由低到高的顺序分别为 37.77mg/g DW、30.60mg/g DW、36.05mg/g DW，低磷浓度水平下顶端组织中总酚含量比对照组顶端组织中的高 23.43%，高磷浓度水平下顶端组织中总酚含量比对照组顶端组织中的高 17.82%，但都没有显著性差异；茎中总酚含量按磷浓度由低到高的顺序分别为 39.04mg/g DW、38.86mg/g DW、42.16mg/g DW，低磷浓度水平下茎中总酚的含量与对照组茎中总酚的含量相差不大，高磷浓度水平下茎中的总酚含量比对照组茎中的高 8.48%，没有显著性差异。从图 6.9 中可以看到，3 种处理中，同一磷浓度水平下，穗花狐尾藻体内总酚含量均表现为顶端组织中的比茎中的低，但只有对照组 MIII 磷水平下顶端组织与茎中的总酚含量有显著差异（$P<0.05$）（葛芳杰等，2012a）。

不同磷浓度水平下穗花狐尾藻种植水中的总酚含量存在着一定程度的差异。如图 6.10 所示，3 种不同磷浓度水平下，穗花狐尾藻培养液中的总酚含量随磷浓度水平由低到高分别为 0.40mg/L、0.44mg/L、0.46mg/L，3 个处理条件下种植水中总酚的含量差异不大，低磷浓度水平下穗花狐尾藻释放到培养液中总酚的含量比正常 MIII 磷条件下的减少了 10.6%，高磷浓度水平下穗花狐尾藻释放的总酚量与正常 MIII 磷条件下释放的总酚量几乎相同（葛芳杰等，2012a）。

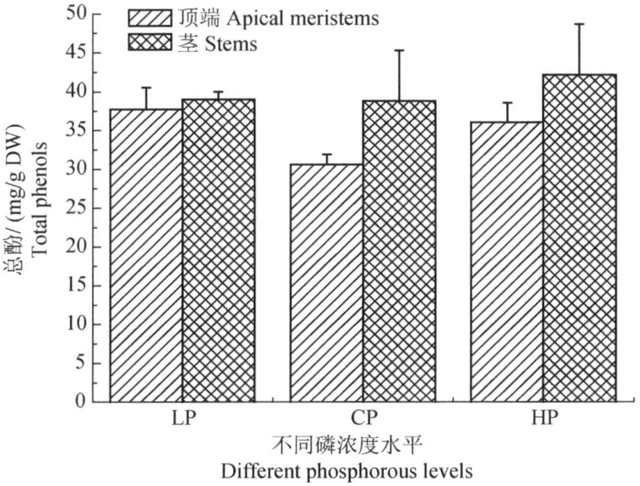

图 6.9　不同磷浓度水平下穗花狐尾藻顶端组织和茎中总酚的含量。LP.低氮浓度；CP.MIII 培养基中标准氮浓度；HP.高氮浓度。图 6.10-图 6.13 同。

Fig.6.9　The contents of total phenolics in *Myriophyllum spicatum* apical meristems and stems at different P levels. LP. Low phosphorus level; CP. Standard phosphorus level in MIII; HP.High phosphorus level. The same as following(6.10-6.13) figures

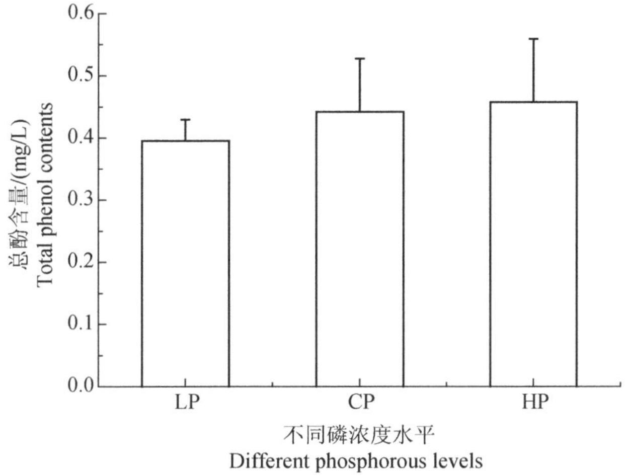

图 6.10　不同磷浓度水平下穗花狐尾藻种植水中的总酚含量

Fig. 6.10　Total phenols contents in culture solutions from *Myriophyllum spicatum* L. in different phosphorous levels

具体到穗花狐尾藻释放到培养液中的不同酚酸，它们对环境中的不同磷浓度水平有不同程度的响应。低磷浓度水平和高磷浓度水平组中的没食子酸含量都有明显提高，正常 MIII 磷浓度水平组中没食子酸的含量最低，为 0.14μg/L，而低磷浓度水平组和高磷浓度水平组中没食子酸的含量分别为 0.87μg/L 和 0.78μg/L，分别是正常 MIII 磷浓度水平组的 6.4 倍和 5.7 倍（图 6.11）。图 6.12 显示，穗花狐尾藻培养液中儿茶酸对不同磷浓度的响应。结果表明，低磷浓度水平组中儿茶酸含量与正常 MIII 磷浓度水平组没有明显差异，两者分别为 4.42μg/L 和 4.34μg/L，但是高磷浓度水平组中儿茶酸含量为 6.68μg/L，是正常 MIII 磷浓度水平组的 1.54 倍。图 6.13 是穗花狐尾藻培养液中鞣花酸对不同磷浓度处理的响应。结果表明，低磷浓度水平和高磷浓度水平对穗花狐尾藻培养液中的鞣花酸有提高效应，由低到高的 3 个不同磷浓度水平组中，培养液中的鞣花酸含量分别为 60.70μg/L、48.52μg/L 和 77.63μg/L，高磷浓度水平组中鞣花酸的含量最高，是正常 MIII 磷浓度水平组的 1.6 倍，其次为低磷浓度水平组，是正常 MIII 磷浓度水平组的 1.25 倍（刘碧云，2010）。

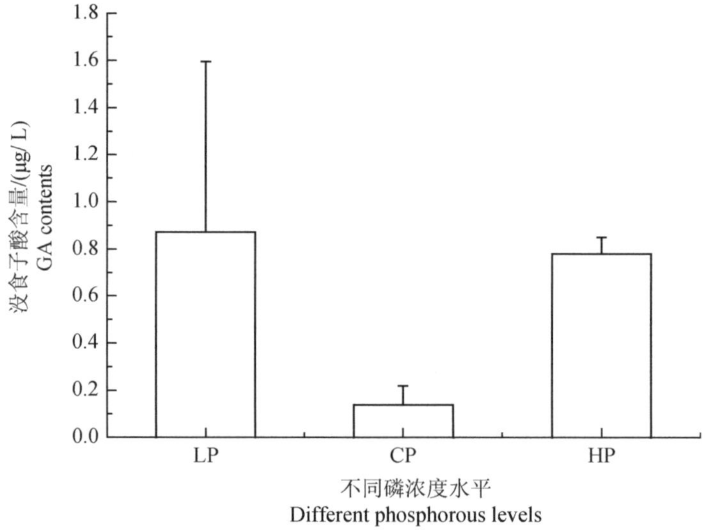

图 6.11　不同磷浓度水平下穗花狐尾藻种植水中没食子酸的含量

Fig. 6.11　GA contents in culture solutions from *Myriophyllum spicatum* L. in different phosphorous levels

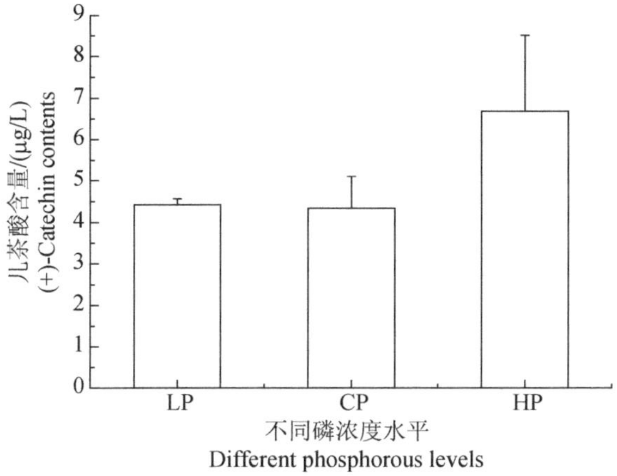

图 6.12　不同磷浓度水平下穗花狐尾藻种植水中儿茶酸的含量

Fig. 6.12　(+)- Catechin contents in culture solutions from *Myriophyllum spicatum* L. in different phosphorous levels

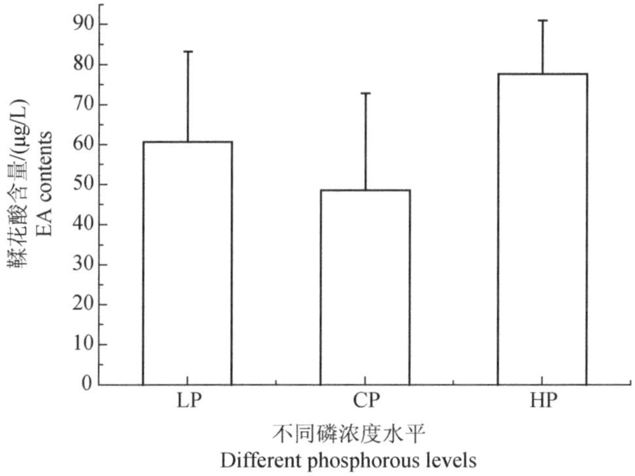

图 6.13　不同磷浓度水平下穗花狐尾藻种植水中鞣花酸的含量

Fig. 6.13　EA contents in culture solutions from *Myriophyllum spicatum* L. in different phosphorous levels

邓平（2007）在研究小茨藻种植水对铜绿微囊藻的化感抑制作用时发现，当铜绿微囊藻初始密度为 1×10^8ind/L 时，小茨藻种植水对磷缺乏条件下铜绿微囊藻的化感抑制作用比正常培养情况下的化感抑制作用更强。在研究菹草种植水对初始密度为 1×10^8ind/L 的斜生栅藻化感效应时，也发现菹草种植水对无磷培养过的斜生栅藻的抑制作用比正常培养情况下的强。张兵之（2007）在研究伊乐藻种植水对铜绿微囊藻的化感作用中发现，伊乐藻生长环境中营养盐充足时其抑制活性较低，约为 50%；当营养盐缺乏时，种植水的抑藻率可达到 80%以上，表明伊乐藻生长环境中的营养水平有可能影响其化感物质的释放。

6.6 光照和温度

光、氧和氧化还原作用都可能改变化感物质的稳定性，化感物质的氧化、聚合或分解都有可能发生。有些抑藻物质在光照下会发生分解从而影响了它的抑藻活性。*N*-苯基-2-萘胺是凤眼莲根系分泌物中分离鉴定到的一种有较强抑藻作用的化感物质。孙健等（1998）通过实验研究表明，*N*-苯基-1-萘胺和 *N*-苯基-2-萘胺的光稳定性不强，它们在较强光的作用下能发生光解，甚至发生 C—N 键的断裂。喜树碱是喜树中所含的重要次生代谢产物，王洋等（2004）发现，对喜树幼苗而言，光强减弱有利于叶片中喜树碱的积累，处理时间越长效果越明显。阎秀峰等（2004）研究光强对红景天中红景天苷含量的影响，野外和温室的实验都表明，光照强度减弱会导致红景天根的生物量降低，但根中红景天苷含量野外和温室的实验结果不尽一致，温室处理时红景天苷的含量随着光强的减弱而降低，而野外实验结果表明光强减弱会使红景天苷的含量略微升高。胡飞等（2003）研究了光照条件对水稻化感物质的影响，发现水稻化感特征物质的含量在弱光条件下明显比强光照条件下低，相应地水稻化感潜力也下降，而具有抗病潜力的黄酮或长链烃基苯酚化合物含量有所增加。Farjalla 等（2001）研究两种淡水植物时发现，紫外线辐射会引起浸出物不同的光反应活性。凤眼莲的根系在强光照条件下，其抑藻物质的产生和分泌受到抑制（孙文浩等，1989）。在 35μmol/(m^2·s)的光照条件下水卫士种植水对斜生栅藻生长的抑制作用比 105μmol/(m^2·s)强（Mulderij et al.，2005）。张兵之（2007）在研究伊乐藻种植水对铜绿微囊藻化感作用中发现，伊乐藻生长环境中光照充足时其抑制活性较低，约为 50%；当光照不足时，种植水的抑藻率可达到 80%以上，表明光照可能会影响伊乐藻化感物质的释放。李健等（2010）研究了三种光照时间下雷公藤水浸提液对白菜种子的化感作用。结果表明，长光照时间使对照组的各项指标均有一定程度的提高，但效果不明显，从主成分分析结果来看，光照条件的改变对化感物质的表达仍有影响。

狐尾藻植物体内酚酸物质的产生和释放量也会受光照的影响（Gross，1996）。葛芳杰等（2012b）研究了光照对穗花狐尾藻体内和种植水中总酚含量的影响。从图 6.14 可以明显看出三个光强水平下穗花狐尾藻顶端组织中的总酚含量高于茎中的总酚含量。高光强水平下穗花狐尾藻顶端组织和茎中的总酚含量分别为 32.49mg/g DW 和 13.57mg/g DW；中等光强水平下穗花狐尾藻顶端组织中的总酚含量比高光强水平下顶端组织中的高 4.81%，茎中总酚含量比高光强水平下茎中的高 7.76%；低光强水平下穗花狐尾藻顶端组织中的总酚含量比高光强水平下顶端组织中的高 3.09%，茎中总酚含量比高光强水平下茎中的高 112.77%。统计分析表明，不同光强水平下穗花狐尾藻顶端组织中的总酚含量没有显著性差异，而茎中总酚含量在低光强水平下显著高于高光强水平和中等光强水平下茎中的总酚

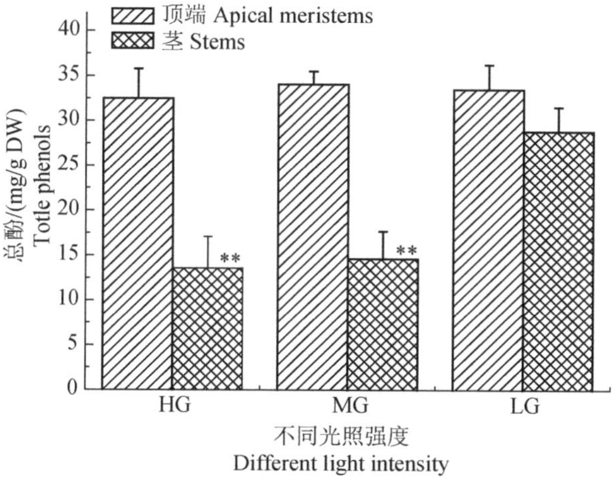

图 6.14 不同光照强度下穗花狐尾藻顶端组织和茎中总酚的含量。HG.高光照强度；MG.中度光照条件；LG.低光照强度。**表示差异显著 $P<0.01$

Fig.6.14 The contents of total phenolics in *Myriophyllum spicatum* L. apical meristems and stems at different light intensity. HG.High light intensity; MG.Medium light intensity; LG.Low light intensity; **Indicated a significant difference($P<0.01$)

含量（$P<0.01$）；高光强水平和中等光强水平下顶端组织中的总酚含量显著高于茎中的总酚含量（$P<0.01$）。图 6.15 所示为不同光照强度下穗花狐尾藻培养液中的总酚含量，按光照强度由高到低的顺序分别为 71.37μg/L、73.95μg/L、79.43μg/L，三者没有显著性差异。

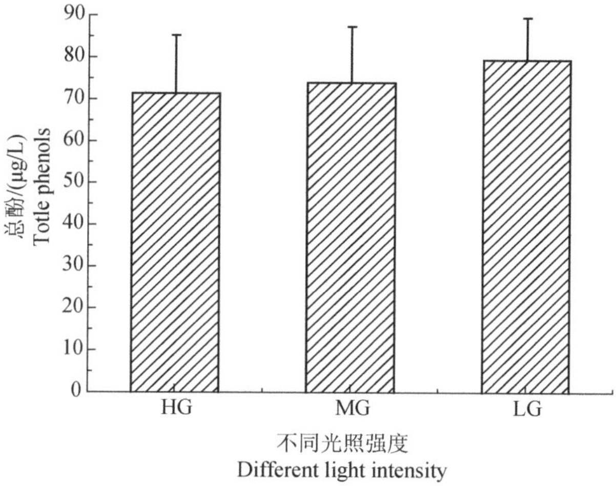

图 6.15 不同光照强度下穗花狐尾藻培养液中的总酚含量。HG.高光照强度；MG.中度光照条件；LG.低光照强度

Fig.6.15 The contents of total phenolics in culture solutions from *Myriophyllum spicatum* L. at different light intensity. HG.High light intensity; MG.Medium light intensity; LG.Low slight intensity

温度对化感作用也有一定的影响。它能影响酶的活性，从而影响植物次生代谢物的产生及释放，同时还能影响次生代谢产物在水或空气中的扩散速率。另外，植物次生代谢物中的很多是热不稳定性物质。曹子林等（2012）用不同温度的蒸馏水浸提蓝桉枝叶，并对不同温度水浸提液的化感作用进行了研究，发现中、高浓度下水浸提液的化感抑制作用随温度的升高而增强，随着浸提液浓度的降低不同温度水浸提液的化感作用差异变小。王瑞龙等（2011）研究了不同温度生长条件下入侵植物三叶鬼针草的化感作用。结果表明，温度升高增强了三叶鬼针草的化感作用。何杨艳等（2010）研究了不同温度胁迫后白车轴草水浸提液的化感作用。结果表明，温度胁迫改变了白车轴草水浸提液的化感作用，增大了对蚕豆根尖细胞的遗传毒性，更大程度的抑制了细胞的有丝分裂，诱导了更高频率的染色体畸变和微核。其中，高温对白车轴草化感作用的影响大于低温的影响。马丹炜等（2008）研究了低温胁迫对辣子草水浸提液的化感作用，发现适应性低温处理辣子草水浸提液的化感效应大于非适应性低温处理。过低的温度会导致植物代谢量降低，而过高的温度导致抑藻物质的分解或失效。在非常低的温度下，凤眼莲会失去抑藻能力（季成等，1989）。Erhard 和 Gross（2005）研究了不同光照和温度条件下，4 种酚酸类物质在伊乐藻体内的产生情况。结果显示，随着光照强度的增强，伊乐藻体内木犀草素双葡萄糖醛酸和一种未知结构的酚酸类物质的含量增加。同时发现，环境温度升高会降低伊乐藻体内芹菜素、香叶木素和一种未知结构的酚酸类物质的含量。

6.7 pH

水体 pH 是一个重要的环境因子，水体中 pH 的不同会影响植物释放到水体中某些化感物质的状态。例如，在低 pH 条件下，酚酸类物质更多地以分子状态存在，而生物碱则以离子状态存在；反之亦然。化感物质的存在状态不同，所产生的化感效应也不同。并且化感物质是天然产生的化合物，不同的 pH 条件会影响这些物质的降解或氧化，从而产生不同的化感效应。因此，当植物化感作用体系受到 pH 影响时，其化感作用也会受到影响。

为了确定焦性没食子酸在不同 pH 条件下对铜绿微囊藻生长的影响，正式试验前，测定了在没有加入焦性没食子酸处理的情况下，不同 pH 对产毒铜绿微囊藻生长的影响。结果表明，在 pH 8.0~9.0 时，pH 对铜绿微囊藻的生长没有明显的影响，即在 pH 8.0、pH 8.5、pH 9.0 的培养液中，不同的测定时间段，藻细胞的生长曲线基本一致（图 6.16）。Liu 等（2007）比较了这三个对藻细胞生长没有影响的 pH 条件下，铜绿微囊藻对 6.5mg/L 焦性没食子酸作用的响应。结果表明，不同 pH 条件下焦性没食子酸对铜绿微囊藻生长的抑制率不同（图 6.17）。随 pH 的升高，产毒铜绿微囊藻的生长抑制率上升。pH 8.0 的条件下，铜绿微囊藻的生长抑制率较低，随时间的延长，生长抑制率在上升，但是上升的速率较为缓慢，第 8 天时生长抑制率达到了 31.1%。在 pH 8.5 的条件下，处理 1 天后的铜绿微囊藻生长抑制率较低，第 2 天之后生长抑制率上升很快，第 8 天测定时，抑制率达到了 63.3%，是第 1 天生长抑制率的 2 倍。pH 9.0 时，处理 1 天后的铜绿微囊藻生长抑制率就已经达到了 40%，随着处理时间的延长，抑制率的上升幅度较大，第 8 天测定时，抑制率达到了 86%。

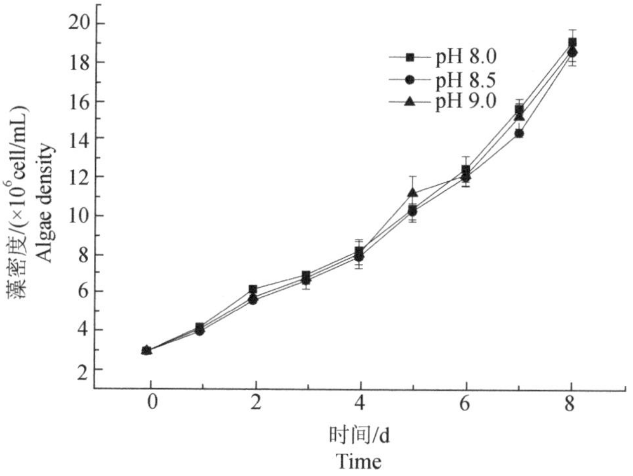

图 6.16 不同 pH 对产毒铜绿微囊藻生长的影响

Fig. 6.16 Effects of different pH on the growth of the toxic *M. aeruginosa*

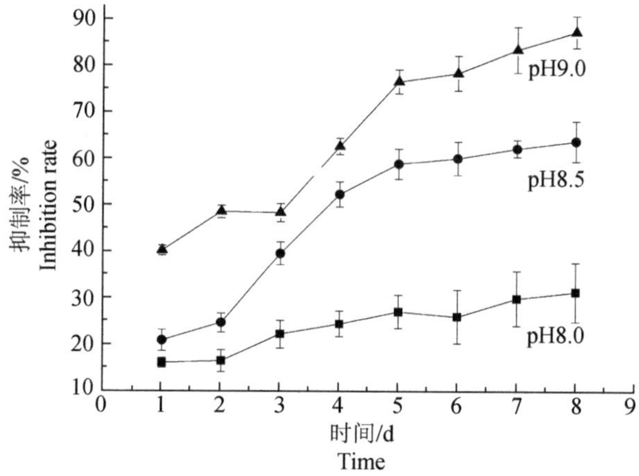

图 6.17 不同 pH 条件下 6.5mg/L 焦性没食子酸对产毒铜绿微囊藻的生长抑制率

Fig. 6.17 Inhibition rate of toxic *M. aeruginosa* exposed to 6.5mg/L pyrogallol mediums at pH values from 8.0~9.0

张胜花（2007）通过调节马来眼子菜种植水起始 pH，考察了 pH 对马来眼子菜分泌物抑藻作用的影响。在 pH 为 6.5～9.8 时，铜绿微囊藻的生长没有显示显著性差异（$P>0.05$），马来眼子菜种植水对铜绿微囊藻表现出相同的抑制效果。实验完毕后，测定各个不同 pH 条件下铜绿微囊藻对照组和处理组溶液的 pH，发现无论是处理组还是对照组，其培养液的 pH 都在 9.0 左右。初步说明马来眼子菜分泌物质的化感活性不受起始 pH 条件的影响，且藻类可以通过光合作用调节其环境 pH，以保证实验结束时对照组和处理组的藻液 pH 都维持在一定的范围内。

综合来看，水生植物，尤其是沉水植物的化感抑藻作用在其受到较大的营养或光照等竞争压力的情况下会表现得更加明显有效（Gross，1999）。化感物质分泌到水体后，光照、氧气和氧化还原条件等都可能对化感物质的稳定产生影响，氧化、聚合或裂解都可能发生，紫外线可导致两种淡水水生植物的渗滤液产生完全不同的光反应（Farjalla et al.，2001）。逆境胁迫除直接影响化感物质的产生和分泌外，还能使植物产生的化感物质含量发生变化。但这种逆境条件是有一定限度的，超出一定的限度，分泌物的量反而会降低，如温度过低或过高均会影响水生植物分泌物质的抑藻活性（庄源益和赵凡，1995）。

（作者：刘碧云、葛芳杰、高云霓、吴振斌等）

第七章　水生植物化感物质分离鉴定

化感物质是化感作用的物质基础，它们的分离和鉴定是水生植物化感作用研究中不可缺少的重要部分。从水生植物中提取、分离、鉴定，从而获得具有抑藻作用的化感物质，是证明水生植物通过释放化感物质抑制藻类生长的重要步骤。只有证明抑藻物质同时存在于植物体内和它生长的水环境中，才能证明化感作用的存在。同时化感物质的提取、分离和鉴定也有利于进一步研究水生植物化感抑藻的机制。阐明化感物质的结构与对藻类毒性之间的关系，将为水生植被重建和富营养水体生态修复提供依据。因此化感物质的分离鉴定也是一项重要的基础研究工作，具有重要的理论和实际意义。此外，有关化感物质的化学结构与抑藻活性的阐明，也将为生态安全的、高活性的化学抑藻剂研发提供重要信息。

7.1　植物样品的采集及预处理

在对化感物质进行分离和结构鉴定之前，应首先掌握植物样品的采集和预处理等方法。一种好的提取收集和预处理的方法不仅要保证将化感物质从环境和生物体中提取出来，而且要将其他的杂质或无用部分尽可能地排除，为进一步分离奠定基础（孔垂华和徐效华，2005）。

样品采集对潜在的活性物质提取效果及含量有重要影响，因此，对水生植物样品采集的地点、时间和采集方法等应该进行翔实记录。

植物样品提取一般有干样提取和鲜样提取两种方法，对采用干样提取的材料，先将野外采集的植物材料洗净，并置于阴凉处自然晾干，避免阳光下暴晒，以防止目标物质损失或破坏，然后粉碎待用。有条件的实验室也可采用冷冻干燥的方式干燥植物鲜样。该方法将鲜植物样品快速冻结后，再在高真空条件下，将其中的冰升华为水蒸气而达到去除水分的干燥方法。该方法有利于保护生物样品中对温度敏感的一些活性物质，缺点是费用较高。对采用鲜样提取的样品，一般是将鲜植物材料先置于通风处，将其表面的水分晾干、粉碎后待用。

有研究报道发现，鲜样提取和干样提取导致所鉴定出的化感物质成分具有差异（鲜啟鸣等，2006）。也有研究者建议，在植物化感作用研究过程中尽可能采用接近自然淋溶状态的完整鲜样浸提的处理方式（王晓丽等，2010）。植物样品的预处理应采用哪种方式，可根据实验室条件和研究目的选用相应的方法。

7.2 植物体内化感物质提取方法

天然有机化合物的提取方法很多，按照形成的先后和应用的普遍程度可分为传统提取方法和现代提取方法。

传统提取方法就是选用适宜的和适当的方法，选择能将有效成分尽可能完全地从植物体中提取出，而杂质尽可能少的操作流程，其主要方法有溶剂提取法、水蒸气蒸馏法、分子蒸馏法等。传统提取方法往往不需要特殊的仪器，因此应用比较普遍。现代提取方法是以先进的仪器为基础或近年发展起来的一些新的提取方法，主要有超临界流体萃取技术、超声波萃取技术、微波提取技术、仿生提取技术、酶法提取技术、加压逆流提取法等。虽然随着现代科学技术的发展，如超临界提取等一些新技术已经逐步得到应用，但由于新技术往往需要相应的仪器设备和操作技术，目前尚未得到普及应用。化感物质的提取同其他天然有机物的提取比较相似，因此，传统提取方法仍然是当前水生植物体内化感活性物质主要的提取方法，尤其是溶剂提取法。溶剂提取法有浸渍法、渗滤法、煎煮法、回流提取法、连续提取法等。

溶剂提取是利用相似相溶原理选择合适的溶剂将有机物从待分离和结构鉴定的样品中提取出来。溶剂分子通过扩散、渗透或吸收等作用进入样品中，然后通过样品内外浓度差异产生渗透和扩散作用将样品中的有机物提取出来。溶剂分子不断进出样品，直至样品和溶剂中的有机物浓度达到平衡（孔垂华和徐效华，2005）。总而言之，溶剂提取就是利用有机物在样品和溶剂中溶解度的差异来达到提取的目的。因此，溶剂提取方法的关键是选择合适的溶剂。溶剂可分为水和有机溶剂两种。有机溶剂由于分子结构和组成的差异而存在极性的不同，因此可以利用有机溶剂极性的不同对植物组织中不同极性的物质进行溶剂提取。一般而言，弱极性溶剂提取弱极性组分，较强极性溶剂可以提取出植物组织中极性范围较宽的组分。水属于强极性溶剂，其穿透能力很强，并且价格低廉、无毒，常用于提取亲水性的强极性物质，如有机酸、生物碱、苷类、多肽等物质。亲水性的甲醇、乙醇等有机溶剂的穿透能力也较强，可以提取植物体内的大多数物质，但不能提取植物体内的无机盐、蛋白质等物质，因此采用甲醇、乙醇等有机溶剂提取植物体中的有机物质，可以为随后样品的纯化减少麻烦。相对而言，甲醇的提取效率高于乙醇，但是由于甲醇的沸点低、毒性较大，使用时应注意。石油醚、氯仿等有机溶剂是极性较弱的溶剂，对植物体内的有机物具有较强的选择性，所提取的有机物主要为极性较低的亲脂性化合物。但该类溶剂毒性大、价格高，对操作条件要求也较高。

化感物质作为植物体内的有机物，可以根据实际情况选择合适的有机溶剂和设计具体的提取流程将其从植物体中提取。对于已知化学结构类型的化合物，可查阅有关文献资料，搜索比较有关目标化合物的提取、分离方法，根据本实验室的条件来确定分离方案。从水生植物中寻找未知有效成分时，情况往往比较复杂，需要事前设计制订较为周全的分离、鉴定方案，在此基础上边分离边进行抑藻活性成分筛选。

7.2.1 已知化感物质的提取方法

对于已知化学结构的化合物的提取工作相对较为简单。例如，生物碱是一类重要的天然有机化合物，具有多种多样的生物活性，其中化感作用也是其重要的生物活性之一。总生物碱的提取有溶剂法、离子交换树脂法和沉淀法。但溶剂法是最常见的方法，提取速率与溶剂用量（一般为 7～15 倍）、原料粉碎程度、操作条件（如温度、搅拌）等因素有关（吴立军，2007）。提取得到的总生物碱可以利用其碱性的差异、生物碱及其盐溶解度的差异等进行分离，也可利用色谱法进行分离。王红强等（2010）在提取伊乐藻体生物碱的研究中，借鉴了植物化学中有关生物碱的提取方法，用乙醇提取 5 次，抽滤、减压蒸馏得黑色浸膏。其具体步骤如图 7.1 所示，即室温下，将减压蒸馏所得的浸膏用 0.5mol/L 的盐酸提取 3 次（15 倍、10 倍、8 倍量），过滤，合并酸提取液，用氯仿提取 3 次除去叶绿素等杂质。再加浓氨水调节 pH 为 10，再用氯仿提取多次，合并氯仿提取液，无水硫酸钠干燥，减压回收溶剂，低温干燥，得到棕黄色总生物碱，4℃保存待用。得到的总生物碱用碘化汞钾试剂检测时，应有明显的生物碱沉淀反应。

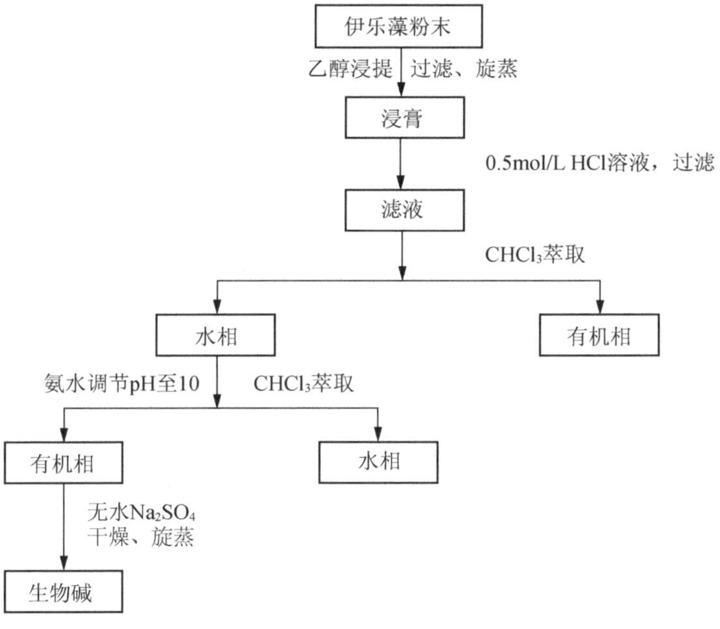

图 7.1 伊乐藻中总生物碱的提取流程图

Fig. 7.1 Flow diagram for extraction of alkaloid from *Elodea nuttallii*

又如，有机酸类物质是一类常见的具有抑藻活性的化感物质，为了分析水生植物伊乐藻中具有较强化感活性的有机酸类化感物质，王红强等（2011）选取 14.0g 伊乐藻洗净、晾干、粉碎的粉末用 300mL 超纯水避光条件下浸提 48h，然后采用 GF/C 玻璃纤维膜（47mm，1.2μm）进行抽滤。参照 Xian 等（2005）所用的方法，室温下滤液用事先配制好的 2mol/L 的氢氧化钠调节 pH 至 12，然后 6000r/min 离心 10min，将上清液转移至分液漏斗中用色谱纯正己烷分别萃取 3 次，合并正己烷有机相提取液，减压蒸馏回收溶剂。再加 2mol/L 的盐酸调节水相的 pH 至 5，乙酸乙酯提取多次，合并乙酸乙酯提取液，无水硫酸钠干燥，减压回收溶剂，低温干燥，取得总有机酸 21.2mg，具体流程见图 7.2。为进一步鉴定有机酸组分，取适量干燥的乙酸乙酯提取物（4℃保存）加入 0.1mL 双（三甲基硅烷基）三氟乙酰胺（BSTFA）衍生化试剂，混合均匀后在 80℃烘箱中加热 2h，衍生化完全后进行气质分析，具体结果见第三章表 3.2，该伊乐藻水浸提液乙酸乙酯萃取部分经气质联用仪分析鉴定出 23 种成分。除两种有机醇和一种苯酚外，其余主要组成物质为有机酸。脂肪酸、羟基脂肪酸和酚酸是主要组成部分，含量超过 1%的组分为棕榈酸和对羟基苯丙酸。

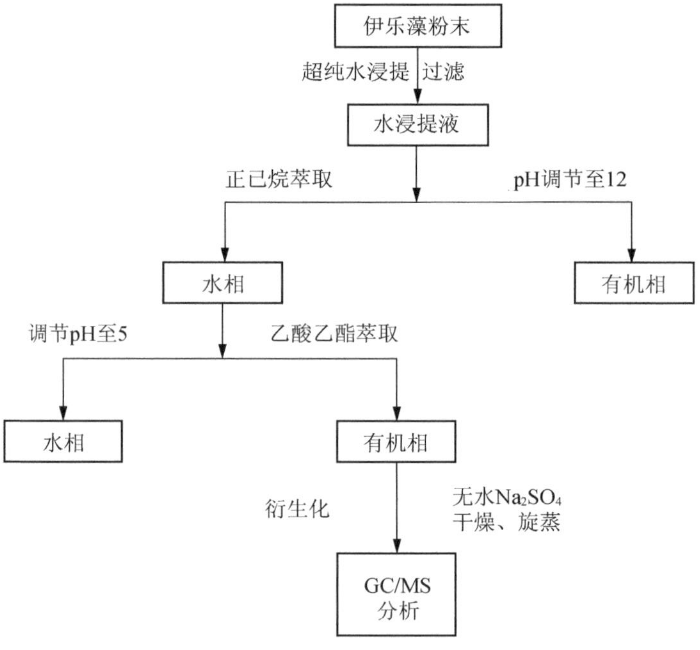

图 7.2　伊乐藻中有机酸的提取流程图

Fig. 7.2　Flow diagram for extraction of organic acids from *Elodea nuttallii*

7.2.2　未知化感物质的提取方法

除了已知的目标物质外，更多是对未知其物质类型及结构的具有抑藻活性化感物质的分离，化感物质种类及结构的不确定性使其提取过程更为复杂，提取效果更具不确定性。在提取过程中一般采用藻类毒性试验跟踪法来确定提取方法及需要进行分离纯化的物质或组分。

筛选方法一般流程为：

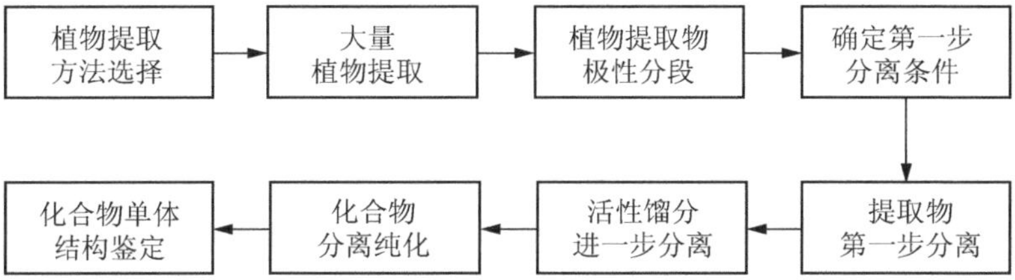

进行抑藻活性成分筛选时，一般依据“相似相溶”原理进行，即极性低的物质用弱极性溶剂，反之则用极性强的溶剂，通过选择适当溶剂将有机物从待分离的水生植物中提取出来。因此，溶剂提取方法的关键是选用合适的溶剂。常见溶剂的极性强弱顺序如下：石油醚（30～60）< 正己烷 < 石油醚（60～90）< 环己烷 < 二硫化碳 < 四氯化碳 < 三氯乙烯 < 苯 < 二氯甲烷 < 氯仿 < 乙醚 < 乙酸乙酯 < 丙酮 < 乙醇 < 甲醇 < 乙腈 < 水 < 吡啶 < 乙酸。植物样品通过用不同极性强度的溶剂提取，结合藻类活性检测，可以确定化感物质所在的部位或分布情况。

张胜花（2007）对马来眼子菜中的化感物质进行了全成分筛选，取 20g 马来眼子菜干粉末三份，按照 1∶30 质量体积比分别加入三种不同极性强度的溶剂，如正己烷、乙酸乙酯、甲醇等，摇匀后将三种不同极性的溶剂与马来眼子菜干粉的混合物在常温下置于暗处浸提 48h，所得浸提液过滤后进行旋转蒸发，分别取少量浸膏配成约 50mg/L 的水溶液，用 96 孔板法进行藻类（羊角月牙藻）抑制作用测试。根据藻类抑制效果，选择适当的方法对活性组分做进一步的提取或纯化。

7.3 水生植物种植水中化感物质的提取

从种植水中富集化感物质与从植物体中提取化感物质有很大的区别，主要是由于水中的物质组成极其复杂，干扰因素很多。另外，植物本身释放到周围水环境中的次生代谢物质种类还不确定，且含量很低。自 20 世纪 80 年代开始，国内外化感研究者开始了这方面的探索。

针对水生植物化感物质释放情况的研究相对较少，已有的报道中检测到水生植物释放化感物质的含量均为几微克/升到几十微克/升（Nakai et al.，2000）。为了获得足够量的样品进行后续的分离纯化和结构鉴定，对植物所在培养系统中的种植水进行富集是非常有必要的。富集方法主要采用液液萃取技术和固相萃取技术。

7.3.1 液液萃取

液液萃取技术是最传统的一种富集和分离技术，可以通过该技术从培养植物的水体中把目标物质转移到有机相中。Nakai 等（2000）在提取穗花狐尾藻种植水中的酚酸类化感物质时就采用了液液萃取方法对种植水进行富集。该方法最大的缺点就是有机溶剂用量大、费时费力，一般在处理水样量较少的情况下使用。

7.3.2 固相萃取

固相萃取技术采用高效的和高选择性的固定相吸附水样中的目标物质，可显著减少有机溶剂用量，省时省力。早期主要是在不同型号的玻璃柱中装填大孔吸附树脂，然后将种植水经过由大孔吸附树脂装填的富集柱，以达到从水中富集有机物的目的。大孔吸附树脂是一类不含交换基团且有大孔结构的高分子吸附树脂，具有良好的大孔网状结构和较大的比表面积，可以通过物理吸附从水溶液中有选择性地吸附有机物，20 世纪末开始应用于植物分泌物的富集。孙文浩等（1993）采用 XAD-2 树脂装填柱富集凤眼莲释放的疏水性物质。考虑到大量富集的需求，还可以采用循环富集的方式，即将过柱后的种植水在补充了营养后再次添加到原培养系统中，在确保对植物培养系统扰动较小的情况下，按一定频率更换树脂，大量富集植物分泌物。另外，也可以直接将吸附性颗粒材料添加到水样中，然后通过过滤收集颗粒及其吸附的有机物。例如，Gallardo-Williams 等（2002）采用活性炭吸附的方法富集南美香蒲渗滤液中的有机酸类物质。活性炭是个体很小、表面积很大的碳粒，碳粒中还具有毛细管孔，因此具有很好的吸附性能。

随着固相萃取技术的发展，出现了越来越多商品化的固相萃取小柱。研究者可根据需要购买小柱产品，对其进行简单的活化处理，就可批量富集样品，大大简化了操作程序，也增强了样品处理的可重复性。Gross 等（1996）通过 C18 柱固相萃取浓缩了穗花狐尾藻分泌物，随后从金鱼藻和大茨藻两种植物生长的水体中富集分离到了中等极性与亲水性的活性组分（Gross et al.，2003a）。Nakai 等（2005）通过 C18 固相萃取柱富集穗花狐尾藻种植水，并从中分离到多种脂肪酸。吴晓辉（2005）和张胜花（2007）分别通过 C18 固相萃取柱和 Oasis HLB 固相萃取柱富集了黄丝草分泌到水中的化感物质。Wu 等（2009）采用 Oasis HLB 型亲水亲脂固相萃取小柱富集了伊乐藻、轮叶黑藻和苦草分泌到水中的化感物质。

除了对水样中的有机物富集浓缩外，固相萃取技术本身也是经典的分离纯化方法。其在富集种植水的同时，可通过选择不同的有机溶剂和不同的固定相，实现对富集到的有机物的分离纯化。Gross 等（1996） 采用 RP-C18 萃取小柱富集过滤后的穗花狐尾藻种植水，然后甲醇洗脱，得到的甲醇洗脱液进一步通过超滤分成分子质量不同的三个组分。黄丝草和马来眼子菜的分泌物通过 Oasis HLB（500mg, 6cc）小柱富集后，依次用 10mL 二氯甲烷和甲醇洗脱，得到两个极性相差较大的组分（张胜花，2007）。高云霓（2010）在检测伊乐藻、轮叶黑藻和苦草三种水鳖科沉水植物分泌到水中的化感物质时，将采用固相萃取技术得到的样品直接进行 GC/MS 分析，无法将目标物质多酚类化感物的色谱峰与干扰峰区分开，而在固相萃取的基础上再用液液萃取，则可以较好地排除干扰，最后通过 GC/MS 分析得到目标物质的色谱峰。整个提取流程详见图 7.3。

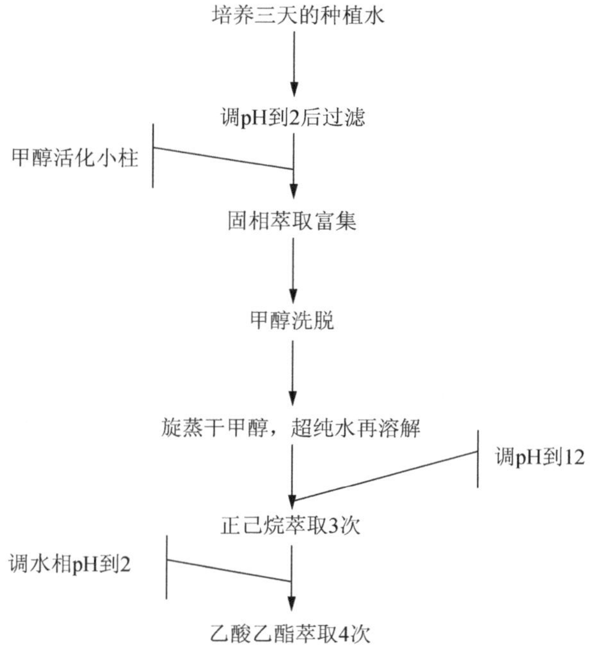

图 7.3 植物分泌物提取流程图

Fig. 7.3 Extracted process of plant exudates

7.4 水生植物化感物质的主要分离方法

用植物化学法完成总活性组分的粗提和富集后，活性组分的分离同样可借鉴植物化学的分离方法。植物化学的分离方法包括色谱法（柱色谱、薄层色谱、纸色谱）和一般分离方法（萃取法、沉淀分离法、结晶与重结晶）。分离筛选过程的每一步都以藻类生物毒性测试结果为依据，弃去对藻类生长没有抑制的无活性组分，对有活性组分根据其极性等特点，选择合适的提取方法，并继续采用藻类生物毒性跟踪逐步分离，直至获得化感物质纯品。在化感抑藻物质分离筛选的研究中常使用柱色谱法、薄层制备色谱法和高效液相色谱法等方法进行化合物的分离和纯化。

7.4.1 柱色谱法

柱色谱法，又称为层析法。是一种以分配平衡为机制的分离纯化方法。色谱体系包含两个相，一个是固定相、一个是流动相。当两个相相对运动时，反复多次利用混合物中所含各组分分配平衡性质的差异，最后达到彼此分离的目的。色谱法从发明到现在已有百余年的历史。它是纯化和分离有机物或无机物的一种方法。柱色谱主要是由一个均匀的玻璃柱和填充填料组成，填料是决定柱效的主要因素，填料必须满足具有不溶于所使用流动相、不使欲分离的样品破坏或分解、惰性大、可逆性强和吸附容量大。最常见的柱色谱有硅胶柱色谱、氧化铝柱色谱、离子交换柱色谱、凝胶柱色谱、大孔树脂柱色谱、亲和柱色谱等类型。在化感物质的分离纯化中，硅胶柱色谱和凝胶柱色谱是使用最为广泛的柱色谱技术。

1. 硅胶柱色谱

用硅胶填充的柱色谱，称为硅胶柱色谱。在用硅胶柱色谱进行抑藻化合物的分离纯化时，要根据分离情况来选择硅胶粒径、用量及硅胶柱规格。目前市场上有100～200目、200～300目、300～400目不同粒径的硅胶填料（国产填料），可以满足不同的需求。对粗提物的分离来说，一般先选择颗粒较大（目数较小）的硅胶来装填柱子进行粗分，粗分物的进一步分离往往选择粒径较小的硅胶填料。一般在分离中应减少不必要的填料及溶剂消耗。在进行抑藻化合物分离筛选时常使用玻璃柱进行低压柱层析，没有固定的长宽比，而是根据分离目的进行硅胶柱规格的选择。粗分时可以选择矮胖型柱子，而细分时大多选择细长型柱子。

硅胶柱色谱的使用需要根据样品的特性选择不同规格的填料和流动相。选用原则通常是先采用薄层色谱法判断样品的特性和分离效果，然后选择合适的填料和流动相，再装填色谱柱进行样品柱层析。例如，张胜花（2007）在分离马来眼子菜正己烷萃取浸膏时选用硅胶为填料，石油醚∶丙酮为流动相，其色谱柱装填步骤及柱层析过程为：将100～200目硅胶在105℃烘30min，进行活化。用薄层层析的方法选择柱层析的流动相条件（石油醚∶丙酮梯度洗脱）。将选定的硅胶柱洗净，晾干，以1∶30比例（样品∶硅胶）的100%石油醚湿法装柱，柱底部用玻璃纤维塞紧，柱床压紧后以石油醚平衡过夜，记录柱体积。然后以1∶3的比例加入100～200目硅胶拌样后干法进样，排除气泡，在样品层上部加入适量硅胶固定样品层，考虑到丙酮易吸水，在硅胶固定样品层顶部加入适量的无水氯化钙。起始流动相为99∶1（石油醚∶丙酮），梯度淋洗，每个梯度用4个柱体积的洗脱液洗提。视具体情况，大约每收集一个柱体积的洗脱液，旋转蒸干后转移至一个试管中，编号。然后用硅胶薄层层析方法，选择合适的展开剂检验后合并。合并后的馏分，用瓶养法进行藻类生物测试。孙文浩等（1993）报道了将XAD-2富集的凤眼莲根系分泌物采用硅胶柱层析进一步进行分离纯化。

2. 凝胶柱色谱

凝胶柱色谱是利用某些凝胶对不同组分因分子大小不同而阻滞作用具有差异而进行分离的技术。当溶液在色谱柱内流过时，各种物质分子在柱内同时进行向下的移动和不定向的分子扩散运动。大分子物质由于分子直径大，难以进入凝胶颗粒的微孔，只能在凝胶颗粒的间隙中随流动相快速向下移动；而小分子物质能够扩散进入凝胶颗粒的微孔中，因此在流动过程中不断地进出于胶粒的微孔，这样就使小分子物质向下移动的速率小于大分子物质，从而使溶液中的各组分按分子质量从大到小的顺序先后流出色谱柱，达到分离纯化的目的。

凝胶柱使用前要进行预处理，如溶胀与浮选、平衡等操作，然后才能装柱。将色谱柱装好，自柱底端出口的胶皮管内用重力通入溶液以除去柱管内和砂芯底部的气泡，待气泡排出后，使溶液在底端留至 3～5cm 高即行关闭，将处理好的凝胶在烧杯内用 2 倍的溶液搅调成悬浮液，自柱顶部沿管内壁缓缓加入柱中，待底部凝胶沉积至 1～2cm 时，打开底端出口管，随之继续添加凝胶悬液直至床体积沉积至适当高度为止(操作中应注意防止产生气泡与节痕)。待色谱柱平衡一段时间后即可上样进行分离。

目前市场上供应的色谱用凝胶主要有交联葡聚糖、交联聚丙烯酰胺及琼脂糖等。凝胶色谱法已广泛应用于酶、蛋白质、氨基酸、核酸、核苷酸、多糖、激素、抗生素、生物碱等物质的分离提纯，尤其与其他技术配合应用效果更为显著。

羟丙基葡聚糖凝胶（Sephadex LH-20）由于适合用于有机溶剂分离亲脂性分子，可以非常经济的大规模制备各种天然产物，因此越来越广泛地用于化感物质的分离纯化中。Sephadex LH-20 集凝胶过滤、分配色谱及吸附层析于一身，能分离结构相近的分子，因此使用中要考虑各种色谱的作用机制。其最高载量可达 250mg/mL 凝胶、极少需要再生、使用得当，分离效果可保持不变。在葡聚糖凝胶柱色谱中，上样量视被分离物结构性能的差异而定，结构差异大，上样量可适当增大；结构差异小，上样量宜适当减小。凝胶过滤的上样量一般为 6%～8%的床体积，初次上样量控制在 3%的床体积为宜，视分离情况可以逐步增加；柱高的选择也与分离要求相关，对较难分离的物质要有一定柱高和流速控制；流动相可参考薄层色谱的条件，正确的流动相可以提高分离度并缩短分离时间。

DellaGreca 等（2001）在分离浮叶眼子菜的石油醚萃取浸膏时，曾利用 Sephadex LH-20 柱色谱对其中的组分 Fraction B 进行分离纯化后经制备薄层色谱分离得到不同抑藻物质。

7.4.2 制备薄层色谱

薄层色谱（thin layer chromatography）常用 TLC 表示，又称为薄层层析，属于液固吸附色谱，它是一种把固定相均匀地涂在玻璃板或塑料板上，形成一定厚度的薄层并使其具有一定的活性，并在此薄层上进行色谱分离的方法（王玉枝，

2008)。薄层色谱法具有展开快、分离效能高、灵敏度高、耐腐蚀等优点。

薄层色谱的实验包括制板（一般可根据需要从厂家购置或自制）、点样、展开、显色、定性和定量分析等。薄层色谱的点样是能否达到良好分离效果的关键之一。一般要求点样后样品的范围小，展开后斑点集中等。通常用直径小于 1mm 的玻璃毛细管吸入试样，让液滴接触硅胶板后被硅胶吸收而落下，待溶剂挥发后再点第二滴，使样品点不至太大。样品浓度一般控制在 0.1%～1%，浓度太大易引起斑点拖尾。在空气中点样时还要控制其点样时间最好不超过 10min。因为点样时间太长，硅胶在空气中吸湿而降低活性，展开后易引起斑点拖尾。薄层色谱的展开方法有上行法、下行法、倾斜法、单向多次展开法、双向展开法等，选用什么方法可根据实验要求而定。一般在展开前应先将层析缸中的空间用展开剂蒸汽饱和，再将点好样的薄层板在不接触展开剂的情况下继续饱和一段时间后，再将薄层板浸入展开剂中展开。展开完毕取出薄层板，待展开剂挥发除尽后进行显色。显色方法一般有蒸汽显色和喷雾显色。可以利用固体碘蒸汽与样品发生加成作用或化合物对碘的吸附作用而显色。也可以将配制成一定浓度的显色剂均匀地喷洒在薄层上，然后在紫外灯下观察化合物发出的荧光斑点确定组分斑点的位置。还可根据实验需要对其进行定性和定量分析。该方法主要用于化合物的定性检验（通过与已知标准物对比的方法进行未知物的鉴定）、快速分离制备少量物质（几到几十微克，甚至 0.01μg）和化合物纯度的检验（只出现一个斑点，且无拖尾现象，为纯物质）等。张胜花（2007）在分离提纯马来眼子菜中的抑藻物质时采用薄层制备纯化得到了一种相对分子质量为 463 的未知结构的活性物质。

7.4.3 高效液相色谱

高效液相色谱（high performance liquid chromatography，HPLC）法又称为高压液相色谱法，是色谱法的一个重要分支，以液体为流动相，采用高压输液系统，将具有不同极性的单一溶剂或不同比例的混合溶剂、缓冲液等流动相泵入装有固定相的色谱柱，在柱内各成分被分离后，进入检测器进行检测，从而实现对试样的分离和分析。

高效液相色谱法按分离机制的不同可分为以下几类：吸附色谱法、分配色谱法、离子交换色谱法、空间排阻色谱法、亲和色谱法等。其中分配色谱法是应用最广的色谱法，在高效液相色谱法中占有极其重要的地位。分配色谱法按照固定相和流动相极性的不同，又可分为正相色谱法和反相色谱法两类。其中反相色谱法是当今液相色谱的最主要的分离模式，几乎可用于所有能溶于极性或弱极性溶剂中的有机物的分离。

正相色谱法的色谱柱采用极性键合固定相，即硅胶表面键合的是极性的有机基团，最常用的有氰基（—CN）、氨基（$—NH_2$）、二醇基（DIOL）等键合相，流动相一般用比键合相极性小的非极性或弱极性的疏水性有机溶剂，如烷烃类（正己烷、环己烷），常加入一定量的极性溶剂（如氯仿、醇、乙腈等），以调节流动相的洗脱强度。常用于分离中等极性和极性较强的化合物（如酚类、胺类、羰基类及氨基酸类等）。

反相色谱法的色谱柱采用非极性键合固定相，即在硅胶表面键合的是非极性的有机基团，如苯基、烷基等。使用最广的反相键合相是十八烷基键合相，即将十八烷基（$C_{18}H_{37}$—）键合到硅胶表面。这种键合相又称为 ODS（octadecylsilyl）键合相（简称为 ODS 或 C18），如国外的 partisil5-ODS、Zorbax-ODS、Shim-pack CLC-ODS，国产的 YWG-C18 等。在反相色谱法中采用强极性的溶剂为流动相，如甲醇、乙腈、水和无机盐组成的缓冲液等，改变水中添加的各种有机溶剂和其他物质可改变流动相的洗脱能力。溶剂的洗脱能力为四氢呋喃 > 乙腈 > 甲醇 > 水。通常以不同比例混合而成的甲醇/水、乙腈/水等二元溶剂系统作为洗脱剂，也可在上述二元溶剂体系中加入适量的四氢呋喃组成三元溶剂体系来提高冲洗强度，三种溶剂所具有的洗脱能力几乎可以解决大多数样品的洗脱问题。有时为了调节 pH、抑制样品解离、改变样品分离选择性及进行手性拆分等，需要加入相应的试剂或溶剂体系组成的多元体系，但二元溶剂体系使用频率最高。反相色谱中样品的保留值主要由固定相比表面积、键合相种类和流动相有机溶剂的浓度决定，保留值通常随链长增长或键合相的疏水性增强而增大，非极性化合物通常遵循以下规则：（弱）非键合硅胶 ≪ 氰基<C1（TMS）<C3<C4<苯基<C8 ≈ C18（强）。在反相色谱中高强度的溶剂、低极性的流动相时可获得较低保留值。固定相不同也可以导致选择性发生变化，氰基、苯基、C8、C18 等柱的选择性有很大差异，一般应优先考虑 C8 柱、C18 柱，然后是氰基柱，再次是苯基柱。反相色谱法主要用于非极性物质或中等极性物质的分离分析。反相硅胶柱色谱技术在化感抑藻物质的分离纯化中也是应用较多的一种柱色谱技术。

与传统的纯化方法（如蒸馏、萃取）相比，高效液相色谱和制备液相色谱是一种更有效的分离方法，其目的是对样品的单体进行分离和纯化，因此被广泛应用在样品的分离和纯化上。制备高效液相色谱根据待分离样品的负载量可分为两类，一类为研究开发型，另一类为工业生产型。研究开发型高效液相制备色谱属于实验室规模的制备分离，样品量为微克级至克级，分离的样品一般供生物活性测试、结构鉴定及作为标准品等（王永禄和王丽瑶，2006）。

制备型高效液相的分离条件是在分析型高效液相色谱分析的基础上，并对色谱条件进行一定程度的优化后，确定制备型高效液相色谱法的制备分离条件，也可用来纯化有关的有机化合物。例如，张兵之（2007）利用半制备液相色谱从伊乐藻浸膏中分离得到具有较高抑藻活性的豆甾-4-烯-3,6-二酮。又如，Nakai 等（2005）在固相萃取富集的基础上采用制备液相色谱分离，选用的色谱柱为 ODS 柱（TSK-gel ODS 80TS, 300mm×21.5mm，Tosoh，Japan）。流动相 A 为 0.025%磷酸水溶液，流动相 B 为 0.025%的磷酸甲醇溶液。通过制备液相色谱分离出三个组分。

7.4.4 一般分离方法

由初步提取得到的各种粗提物（包括单一类型的粗提出物）均需要进行一系列的分离工作。有机物的常规分离方法主要有蒸馏法、萃取法、结晶法、沉淀法等。蒸馏法常用于挥发性和半挥发性有机物的分离。

萃取法可用于分离天然产物中的各种生物碱、芳香油等成分。根据被萃取物性质的不同，萃取法可分为液-液萃取和固-液萃取两种。

结晶法是利用两种或多种可溶性固体在同一种溶剂里溶解度不同加以分离的方法。将晶体溶于溶剂或熔融以后，又重新从溶液或熔体中结晶的过程称为重结晶。重结晶可以使不纯净的物质获得纯化，或使混合在一起的物质彼此分离。只要选用合适的溶剂，利用不同固体有机物在不同温度情况下的溶解度差异就可以分离固体有机物（孔垂华和徐效华，2005）。但结晶法只适用于那些浓度相对较高且其溶解度随温度升高增加幅度大的化合物，对于其溶解度受温度影响很小的化合物则不适用。张胜花（2007）在分离提纯马来眼子菜中的活性组分时，采用丙酮重结晶法得到了豆甾醇和棕榈酸两个纯化合物。丁兰等（2010）在提取纯化甘肃产毛叶香茶菜二萜成分时，采用甲醇反复重结晶的方法纯化分离得到 5 个对映-贝壳杉烷型二萜化合物。

沉淀法是将被分离物溶于某种溶剂，再加入另外一种溶剂或试剂，使某种或某些成分析出沉淀，而某些成分保留在溶液中经过滤后达到分离的一种方法。但对所需成分来讲，这种沉淀反应是具可逆性的。最常用的是铅盐法，可以使杂质沉淀析出，也可使欲得成分沉淀析出。

7.5 水生植物化感物质的鉴定方法

对从植物体内及种植水中提取和分离到的未知化感物质，需要做进一步的鉴定，以确定该物质的化学结构及名称。通常采用的方法有化学方法、紫外和红外光谱法、质谱法、核磁共振法等。水生植物化感物质鉴定常用的方法有质谱和核磁共振谱等技术。

7.5.1 质谱法

质谱分析是一种测量离子荷质比的分析方法，其基本原理是使试样中各组分在离子源中发生电离，生成不同荷质比的带正电荷的离子，经加速电场的作用，形成离子束，进入质量分析器。在质量分析器中，再利用电场和磁场使离子束发生相反的速度色散，将它们分别聚焦而得到质谱图，从而确定其质量。质谱中出现的离子有分子离子、放射性核素离子、碎片离子、重排离子、多电荷离子、亚稳离子、负离子和离子-分子相互作用产生的离子。综合分析这些离子，可以获得化合物的分子质量、化学结构、裂解规律和由单分子分解形成的某些离子间存在的某种相互关系等信息。

质谱的一个重要用途就是用来确定化合物的分子质量。质谱还是唯一可以确定分子式的方法，分子式的确定对未知物结构推测至关重要。此外，质谱还可以根据碎片特征进行化合物的结构分析。其特点是灵敏度高、精密度好、试样用量少、分析范围广，所以在药物化学、环境保护及石油化工等许多方面得到广泛应用。

质谱法还可以作为检测器与色谱联合使用。色谱的优势在于分离，为混合物的分离提供了最有效的选择，但其难以得到物质的结构信息，主要依靠与标准物对比来判断未知物。质谱能够提供物质的结构信息，用样量也非常少，但其分析的样品需要进行纯化，达到一定的纯度之后才可以直接进行分析。因此，色谱和质谱联用能够使两者的优缺点得到互补，充分发挥色谱法高分离效率和质谱法定性专属性的能力，兼有两者之长，因而解决问题能力更强，具有更大的优势。在化感物质的结构鉴定中，经常使用气相色谱-质谱联用技术和液相色谱-质谱联用技术。

1. 气相色谱-质谱联用技术

气相色谱法是利用不同物质在固定相和流动相分配系数的差别，使不同化合物从色谱柱流出的时间不同，以达到分离的目的。气相色谱法最大的特点在于高效的分离能力和高的灵敏度，因此是分离混合物的有效手段，这一特点正好满足了质谱鉴定对样品纯度的要求。气相色谱-质谱联用技术（GC/MS），采用化合物的质谱特征加上气相色谱保留时间双重定性，弥补了气相色谱法定性不专一的局限，使化合物鉴定的专属性更强。

Gallardo-Williams 等（2002）、Xian 等（2005）、高云霓（2010）和胡陈艳等（2010）均采用气相色谱-质谱联用技术从水生植物及种植水中分离鉴定出有化感活性的物质，主要为有机酸类化合物、酚类化合物和生物碱类化合物。王红强等（2010）通过气相色谱-质谱联用技术测得了伊乐藻水浸提液乙酸乙酯萃取部分中的 23 种有机酸成分。

2. 液相色谱-质谱联用技术

气相色谱-质谱联用技术的应用范围有限，待测样品必须能够气化，因而难以用于极性、热不稳定和大分子化合物的测定。针对这一应用领域，液相色谱-质谱联用技术（LC/MS）应运而生。目前，液相色谱-质谱联用技术在生物、医药、化工、农业和环境等各个领域中均得到了广泛的应用。

Gross 等（1996）采用反相液相色谱对从穗花狐尾藻枝条中分离到的各个组分中的物质进行了定性分析，鉴定出没食子酸、鞣花酸、特里马素Ⅱ等多种化感物质。Nakai 等（2000, 2005）先后用 LC/MS 和 GC/MS 技术鉴定了穗花狐尾藻分泌到水环境中的没食子酸、鞣花酸、焦性没食子酸、儿茶酸、壬酸、油酸等多种化感物质。吴晓辉（2005）在寻找黄丝草分泌的化感物质时通过 LC/MS 分析得到了植物体和种植水中同时存在的三种活性物质的质量/电荷比。

7.5.2 核磁共振谱

核磁共振波谱法（nuclear magnetic resonance spectroscopy，NMR）又称为核磁共振波谱，是一种基于特定原子核在外磁场中吸收了与其裂分能级间能量差相对应的射频场能量而产生共振现象的分析方法。自从 20 世纪 50 年代中期核磁共振技术开始应用于有机化学，至今已发展成为研究有机化合物结构、构型和构象的强有力的分析手段。

核磁共振波谱通过化学位移值、谱峰多重性、偶合常数值、谱峰相对强度和在各种二维谱及多维谱中呈现的相关峰，提供分子中原子的连接方式、空间的相对取向等定性的结构信息。化学位移提供原子核环境信息，谱峰多重性提供相邻基团情况及立体化学信息，偶合常数值大小可用于确定基团的取代情况，谱峰强度（或积分面积）可确定基团中质子的个数等。一些特定技术，如双共振实验、化学交换、使用位移试剂、各种二维谱等，可用于简化复杂图谱、确定特征基团及确定偶合关系等。

目前，核磁共振波谱的研究主要集中在 ^{1}H（氢谱）和 ^{13}C（碳谱）两类原子核的波谱。在化合物鉴定的过程中，^{1}H 谱用来表征化合物中氢元素的信息，而 ^{13}C 谱用来表达碳元素的信息，C-无畸变极化转移增强（distortionless enhancement by polarization transfer，DEPT）谱可以用来和 ^{13}C 谱一起确定化合物中不同价态 C 的信息，这些都属于核磁共振一维谱图。在化感物质的鉴定过程中，常常要用到核磁共振二维谱图。例如，张胜花（2007）在鉴定黄丝草化感物质时就用到了 ^{1}H-^{1}H 核化学位移相关谱（^{1}H-^{1}H nucleus chemical shift correlation spectroscopy，H-H COSY）、异核多键相关（heteronuclear multiple-bond correlation，HMBC）和异核单量子相干（heteronuclear single quantum coherence，HSQC）等二维谱图，用以确定化合物中 H 与 H 的相关性和 C 与 H 的相关性等，为最终确定化合物的结构提供重要的核磁信息。

二维核磁共振谱的出现是近代核磁共振波谱学重要的里程碑。极大地方便了核磁共振的谱图解析。二维核磁共振谱有两个时间变量，经两次傅里叶变换得到两个独立的频率变量图，一般第二个时间变量 t_2 表示采样时间，第一个时间变量 t_1 则是与 t_2 无关的独立变量，是脉冲序列中某一个变化的时间间隔。

二维核磁共振谱是将化学位移、耦合常数等核磁共振参数展开在二维平面上，这样在一维谱中重叠在一个频率坐标轴上的信号分别在两个独立的频率坐标轴上展开，不仅减少了谱线的拥挤和重叠，而且提供了自旋核之间相互作用的信息。这对推断一维核磁共振谱图中难以解析的复杂化合物结构具有重要作用。

核磁共振谱可用于测定固体、液体甚至气体样品。测定前，一般须先将待测样品制成合适的溶液。合适的溶剂除了对样品有较好的溶解度外，其残留的信号峰应不干扰所分析样品的信号峰。应尽可能使用高氘代度、高纯度的溶剂，并注意氘原子会对其他原子信号产生裂分。如果需要回收样品，可以用氘代甲醇、氘代氯仿，不回收样品可以用氘代二甲基亚砜。如果样品是难溶的物质，可以加一些助溶试剂，这依据样品的溶解性而定。另外，样品的纯度要在95%以上。不同的核磁仪器类型对样品量的要求不同，如 600MHz 核磁需要的样品量比 400MHz 的要少一些。一般 ^{1}H 谱需要 5mg 左右，碳谱和二维核磁则需要 10mg 以上。例如，张胜花（2007）在分离黄丝草中抑藻活性组分时，分离得到的 PMK1、PMK2、PMK3 和 PMK4 四个化合物均用核磁进行了鉴定并解出了其结构式。孙文浩等（1993）在分离凤眼莲根系分泌物中的抑藻化合物时，富集了 10t 的种植水才得到足够量的纯品用于光谱和核磁共振分析。

7.6 水生植物化感物质分离鉴定实例

沉水植物中未知化感物质的系统分离鉴定是一项十分复杂的工作，包括从植物中提取、分离纯化、对藻类毒性跟踪及化合物的结构鉴定等。本节以张胜花（2007）、胡陈艳（2010）和 DellaGreca 等（2001）对有关黄丝草、马来眼子菜和浮叶眼子菜等沉水植物中未知化感物质的系统分离鉴定为例作介绍。此三例各具特点：张胜花（2007）首先通过粗提、再对粗提出物做极性分段，然后进一步分离纯化，结合对藻类毒性跟踪获得纯的单一化感活性物质，并用核磁共振等技术确定其化学结构。DellaGreca 等（2001）则直接用溶剂极性由低到高依次对植物干样分段提取、分离纯化，然后采用红外光谱、核磁共振谱、质谱等技术对其结构进行鉴定。胡陈艳（2010）采用与张胜花（2007）相似的前处理，对具有化感活性经初步分离纯化的混合组分，用色谱-质谱联用仪剖析和鉴定其具体组分，为进一步研究确定其中的主要抑藻成分提供依据。以下分别简介其研究过程。

7.6.1 有机溶剂粗提物的制备

采集新鲜且生长情况良好的水生植物，洗净后自然晾干、粉碎供进一步萃取用。萃取方法有：先用强极性有机溶剂萃取获得总粗提出物后再行极性分段，然后进一步做系统分离；也有用极性由低到高的有机溶剂直接分别对干植物样品进行分段提取，获得不同极性分段的样品。张胜花（2007）等采用前一种方法，其总粗提出物简要提取步骤为：粉碎后的植物黄丝草碎末加入一定量的有机溶剂（质量体积比 1∶30）在室温（约 25℃），避光浸渍提取 3 天，共提取 5 次。浸提液用布氏漏斗过滤后，旋转蒸发仪减压旋干（40℃），得一定量有机溶剂粗提物。然后分别采用甲醇和乙酸乙酯溶剂获得了黄丝草甲醇粗提物 158g 和马来眼子菜乙酸乙酯粗提物 108g。胡陈艳（2010）以乙醇作为溶剂，获得了马来眼子菜的乙醇粗提物 253g。DellaGreca 等（2001）则采用后一种方法，将干燥粉碎后的浮叶眼子菜（*Potamogeton natans* L.）样品直接依次用石油醚、乙酸乙酯、甲醇对风干粉碎的植物样品浸提，分别获得不同极性分段的粗提物，然后进一步系统分离（图 7.53）。

7.6.2 粗提物的初步极性分段

张胜花（2007）将有机溶剂粗提物按照 Gunatilaka 等（1998）所述的方法，通过液液萃取进行极性分段（操作流程如图 7.4 所示），具体方法是将提取的有机溶剂粗提物用 80%甲醇水溶液溶解（超声助溶）后用等体积正己烷萃取三次得正

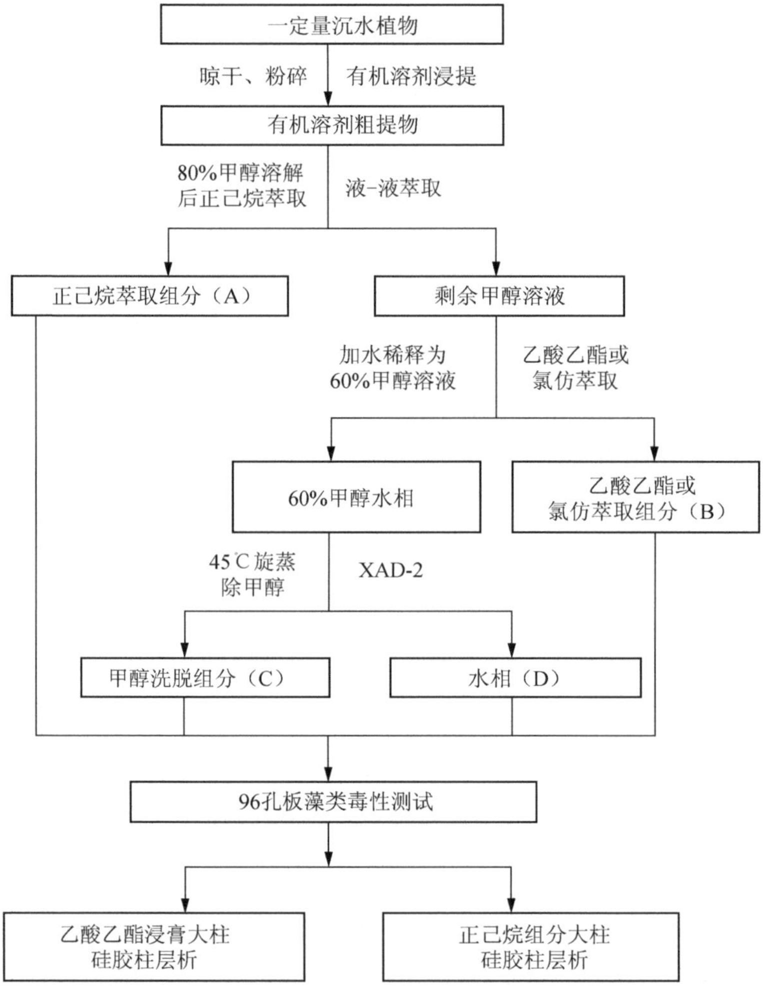

图 7.4 水生植物抑藻化合物的初步分离流程图

Fig. 7.4 Partitioned process of antialgal fractions from aquatic plant

己烷萃取液，旋转蒸发得正己烷萃取组分，此部分为低极性组分（A）。然后将剩余的 80%甲醇水溶液稀释为 60%甲醇水溶液，再用乙酸乙酯或氯仿与此 60%甲醇水溶液进行液液萃取（等体积，三次；采用冷冻方法解决乳化现象），旋转蒸发后得乙酸乙酯或氯仿萃取组分，此为中等极性组分（B）。剩余的甲醇水相，旋转蒸发除去甲醇后，过大孔树脂柱（XAD-2），得过滤后的水溶液，此为强极性部分（D）和甲醇洗脱液，此为较强极性组分（C）。

胡陈艳（2010）基于上述原理和研究目标，调整了极性分段流程，如图 7.5 所示，分别得到了马来眼子菜的低极性石油醚萃取组分（A）、中等极性的乙酸乙酯萃取组分（B）及剩余的强极性甲醇水相组分（C）。

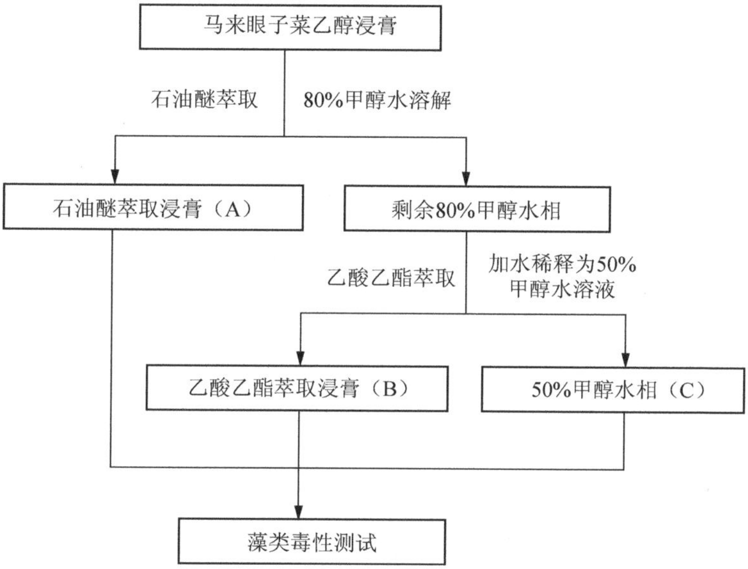

图 7.5　马来眼子菜体内化感组分的初步分离

Fig.7.5　Primary isolation of allelopathic fractions from *P. malaianus*

张胜花（2007）将不同极性溶剂萃取液浓缩后所得组分进行抑藻活性测试，根据抑藻活性强弱，确定该组分是否进行进一步分离。结果表明，黄丝草正己烷萃取物抑藻效应最强，在浓度为 50mg/L 时生长抑制率达到 77.2%，乙酸乙酯萃取部分的生长抑制率为 63.0%，而最后的水溶液没有抑藻活性（−3.5%）。

张胜花（2007）对马来眼子菜 4 种不同极性组分采用上述相同浓度进行藻类生物测试。结果表明，正己烷萃取组分抑藻活性最强，达到 70.2%，氯仿萃取组分抑藻活性为 21.3%，而溶于水的组分及甲醇萃取组分对藻类没有抑制活性（见第三章图 3.9）。

胡陈艳（2010）将马来眼子菜初步分离的三个不同极性组分进行藻类生物测试。结果表明，极性最小的石油醚提出物抑藻活性相对较强，50mg/L 时对羊角月牙藻和铜绿微囊藻的生长抑制分别达到 59.8%和 54.2%；乙酸乙酯层组分的活性次之，剩余的 50%甲醇水层组分抑藻活性最差，且各极性段组分对羊角月牙藻的抑制活性要大于铜绿微囊藻，这些结果与张胜花（2007）分段的结果一致。参考毒物硫酸锌的抑藻结果评价每次 96 孔板实验方法及数据的可靠性，若每次试验所得 0.3mg/L 硫酸锌的抑制率之间无显著差异（$P<0.05$），则认为此次实验结果可信（图 7.6）。

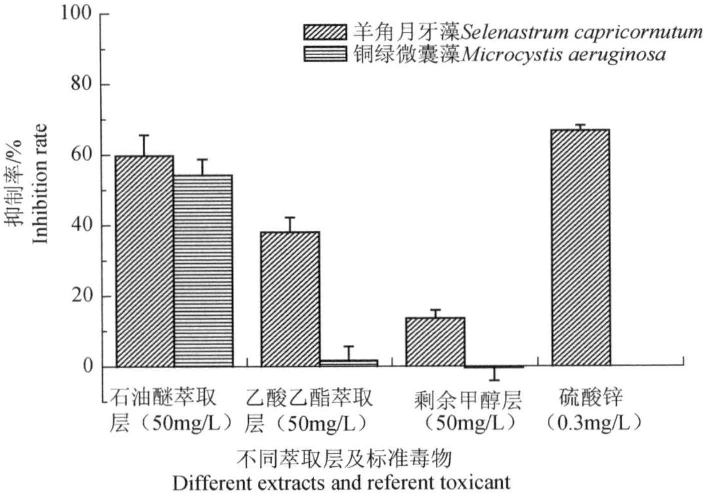

图 7.6　马来眼子菜不同萃取层组分及参考毒物对藻类的抑制效果

Fig. 7.6　Growth inhibition of different extracts from *P. malaianus* and referent toxicant on algae

7.6.3　抑藻活性物质系统分离及其结构鉴定

抑藻活性物质系统分离的主要程序是将极性分段提出物通过硅胶柱分离、ODS RPC18 色谱、凝胶色谱、薄层色谱、重结晶等步骤进一步分离纯化，每一步都伴随抑藻活性测试，弃去无活性组分，获得具有抑藻活性的单一纯化感物质。最后，用核磁共振仪鉴定其化学结构。本节以张胜花（2007）用风干黄丝草的甲醇粗提出物经极性分段后的中极性组分，以及马来眼子菜的低极性组分的分离纯化和鉴定为例进行阐述，并简要介绍了 DellaGreca 等（2001）有关浮叶眼子菜干样的低极性和中极性提取物中抑藻活性物质的分离流程及其结构鉴定。

1. 黄丝草体内抑藻活性物质的分离鉴定

1）乙酸乙酯组分抑藻活性物质的分离

黄丝草的初步提取物经极性分段后，选择抑藻效果好的中极性乙酸乙酯部分进行下一步分离。在抑藻活性组分的分离过程中，以羊角月牙藻的生长抑制跟踪测试结果为依据，确定抑藻物质的分离、纯化步骤。先将黄丝草乙酸乙酯萃取浸膏进行大型硅胶柱柱层析（ϕ11cm×100cm）（流程见图 7.7），填料为 200～300 目硅胶，按照质量体积比 1∶30 装柱后进行梯度洗脱，起始流动相为：正己烷∶乙酸乙酯（19∶1），依据洗脱液极性将洗脱液浓缩合并后进行藻类生物测试。具有抑藻活性的组分再进行进一步分离，得到 PMK6、PMK7 和 PMK8 三个化合物。再将组分比较复杂的抑藻活性组分 Fr2021 通过 ODS RPC18 色谱、凝胶色谱、薄层色谱、重结晶等分离方法进一步分离纯化（流程见图 7.8），得到 PMK1、PMK2、PMK3、PMK4 和 PMK5 五个化合物。

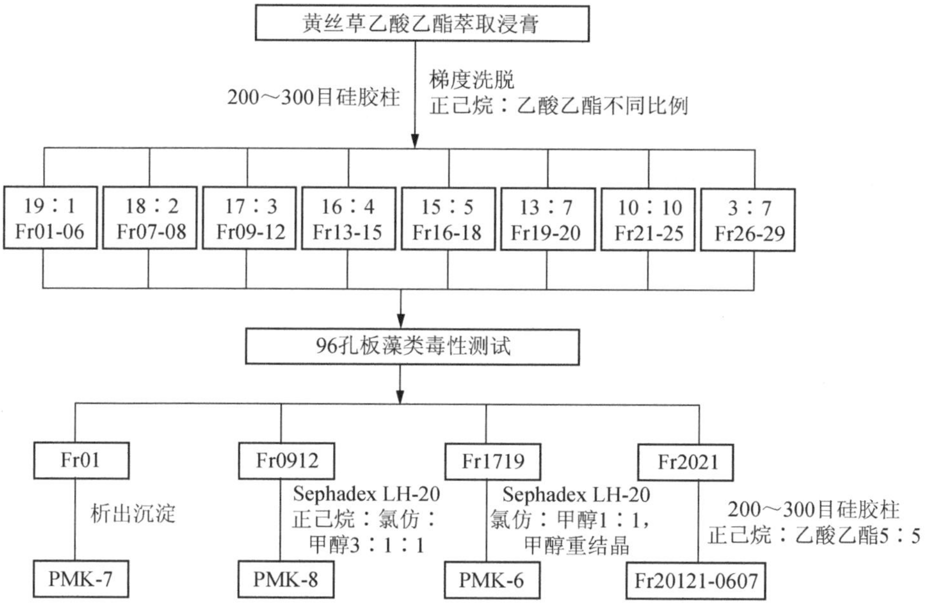

图 7.7　黄丝草乙酸乙酯浸膏抑藻活性测试跟踪分离柱层析的流程图

Fig.7.7　Fractionated process of ethyl acetate extracts from *P.maackianus*

2）抑藻物质结构鉴定

对分离得到的 8 种抑藻活性物质的结构（或结构片段）分别进行鉴定。其简要步骤是：先适量称取分离纯化后的化合物，转移至 Φ5mm 核磁管中，根据化合物极性选用合适的氘代试剂（氘代氯仿、氘代 DMSO 等）溶解后，封口，作为核磁共振的测试样品，用 Oxford YH300/AS600MHz 核磁共振仪（TMS 内标）测定相应的谱图。

一些已从其他植物中被分离并报道过的化合物，结构鉴定相对比较简单，通过测定质谱和核磁共振谱后与文献对照确定其结构。例如，图 7.8 所示在分离黄丝草中抑藻活性组分时，分离得到的无色蜡状固体组分 PMK3，经电子电离质谱（EI-MS）给出其分子质量为 145，分子式为 C_9H_7NO。核磁共振谱图如图 7.9、图 7.10 所示。 由图可见 ^{13}C-NMR 中有 9 个碳信号，其中 8 个双键碳信号，1 个 C=O 键信号，综合分析质子信号及碳信号的相关关系，推断该结构为 3-吲哚甲醛，结构见第三章的图 3.24。

又如，依据图 7.8 流程在分离黄丝草中的抑藻活性组分时，分离得到的无色柱状结晶 PMK4, $FeCl_3$-$K_3F(CN)_6$ 显蓝色，熔点 118～120℃。ESI-MS 给出其分子质量为 358。核磁共振谱图如图 7.11～图 7.13 所示，由图可见 ^{13}C-NMR 中有 10 个碳信号，其中 6 个芳香碳信号，综合分析质子信号及碳信号的相关关系，推断该结构为对称性的双四氢呋喃类化合物，与文献（Takeshi et al., 1987）中对照基本一致，确定该化合物的结构为（+）松脂素，其结构图见图 3.25。

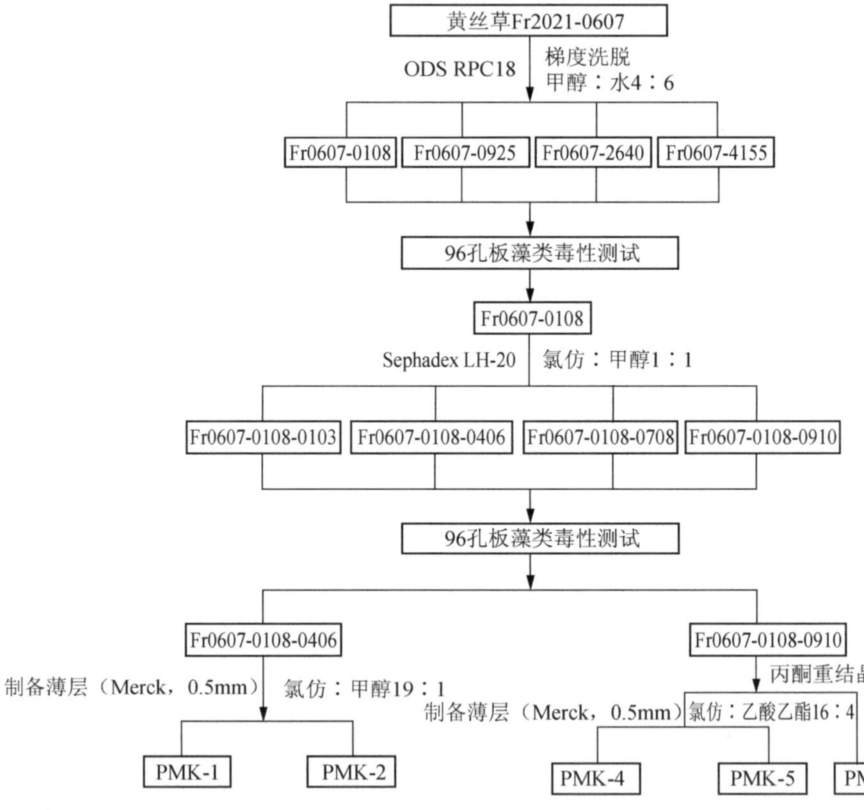

图 7.8 黄丝草馏分 Fr2021-0607 的分离流程图

Fig. 7.8 Fractionated process of Fr2021-0607 from *P.maackianus*

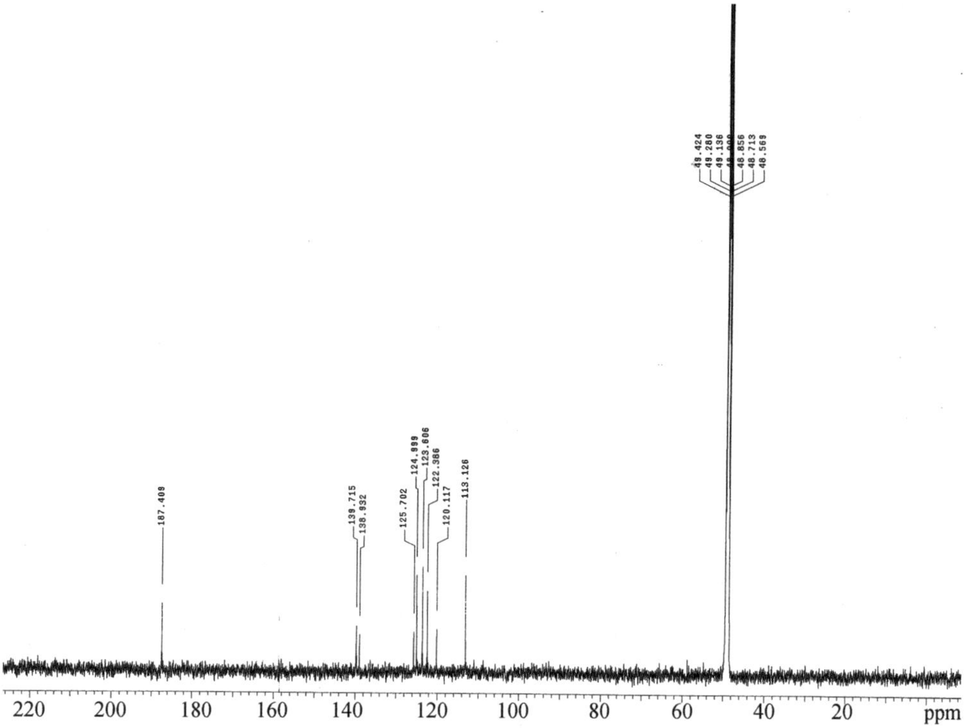

图 7.9 PMK3 的有关核磁共振氢谱（^{1}H-NMR）

Fig.7.9 ^{1}H-NMR spectrum of PMK3

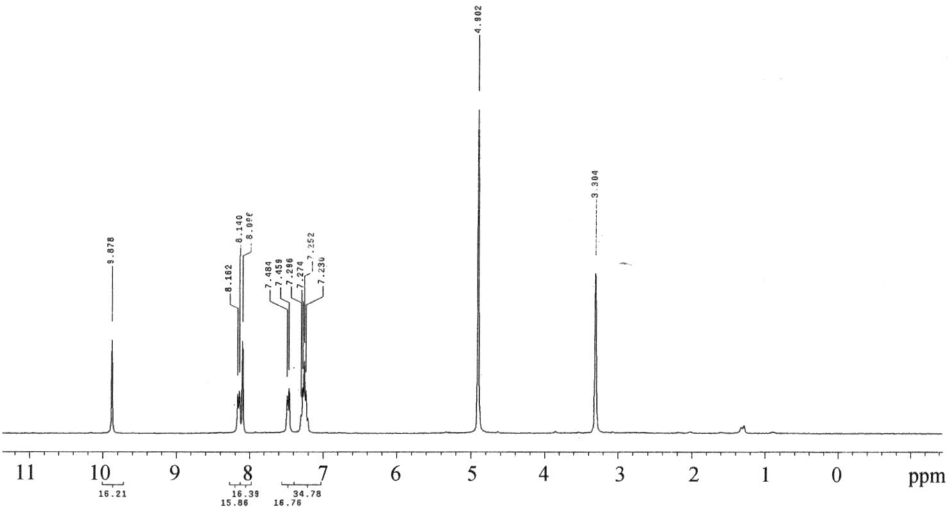

图 7.10 PMK3 的有关核磁共振碳谱（^{13}C-NMR）

Fig.7.10 ^{13}C-NMR spectrum of PMK3

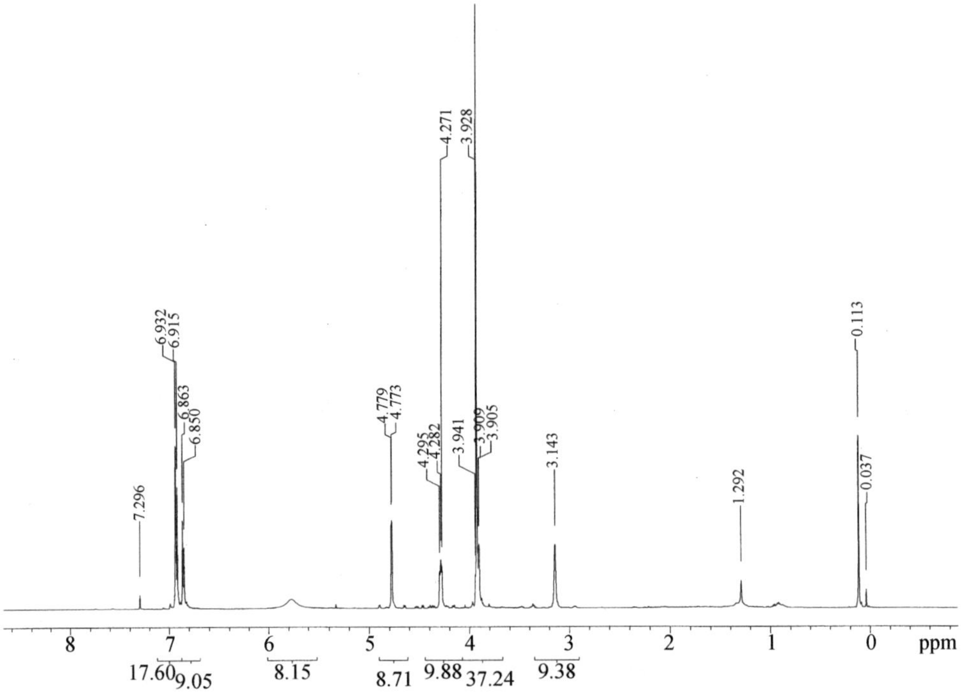

图 7.11 PMK4 的有关核磁共振氢谱（^{1}H-NMR）

Fig. 7.11 ^{1}H-NMR spectrum of PMK4

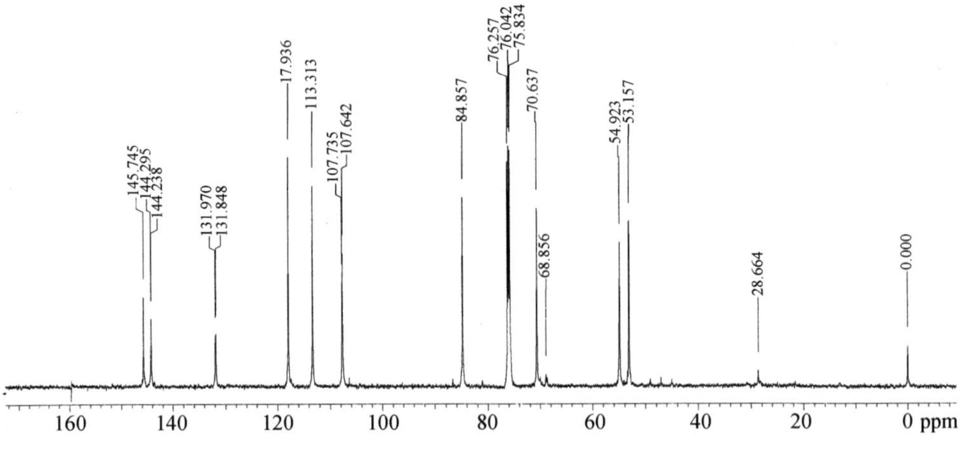

图 7.12 PMK4 的核磁共振碳谱（^{13}C-NMR）

Fig.7.12 ^{13}C-NMR spectrum of PMK4

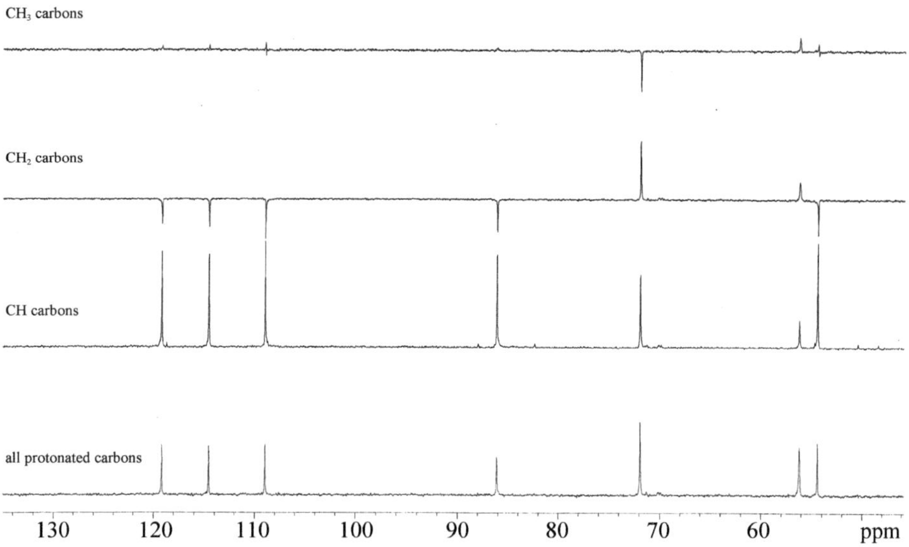

图 7.13　化合物 PMK4 的 DEPT 谱

Fig. 7.13　The DEPT spectrum of PMK4

依据图 7.8 的分离流程，对从黄丝草中分离得到的抑藻复杂化合物 PMK1、PMK2 的鉴定如下。

PMK1。无色蜡状固体，EI-MS 给出其相对分子质量为 208，分子式为 $C_{13}H_{20}O_2$。核磁共振谱图包括 ^{1}H-NMR 谱、^{13}C-NMR 谱、DEPT 谱、H-H COSY 谱、HSQC 谱和 HMBC 谱等如图 7.14～图 7.19 所示。^{13}C-NMR 中有 13 个碳信号，其中 4 个双键碳信号，1 个 C=O 键信号，综合分析质子信号及碳信号的相关关系，推断该结构为 6-羟基-α-紫罗兰酮，结构式见第三章图 3.22。根据 HSQC 和 HMBC 对所有碳氢信号进行归属，见表 7.1。

表 7.1　PMK1 的 ^{1}H 和 ^{13}C 的化学位移及归属

Table 7.1　^{1}H and ^{13}C chemical shifts of PMK1

结构归属 Position	δ(^{1}H-NMR)		δ(^{13}C-NMR)		HMBC(H to C)
	δ(ppm)	峰型(*J* 值)	δ(ppm)	峰型	
1 (CH_3)	2.30	s	28.6	q	C-2
2 (C=O)			198	s	
3 (=CH)	6.45	d(16Hz)	130.6	d	C-2, 5
4 (=CH)	6.82	d(16Hz)	145.2	d	C-2, 5
5 (C-OH)			79.5	s	
6 (C)			41.7	s	
7 (CH_2)	2.50 1H 2.33 1H	d(17.1Hz) d(17.1Hz)	49.8	t	C-6
8 (CH_2)	1.24	brs	29.9	t	
9 (=CH)	5.95	brs	128.0	d	C-5
10(=C)			160.0	s	
11(CH_3)	1.88	s	18.9	q	C-5, 9, 10
12(CH_3)	1.02	s	24.6	q	C-5, 6, 7, 13
13(CH_3)	1.10	s	23.2	q	C-5, 6, 7, 12

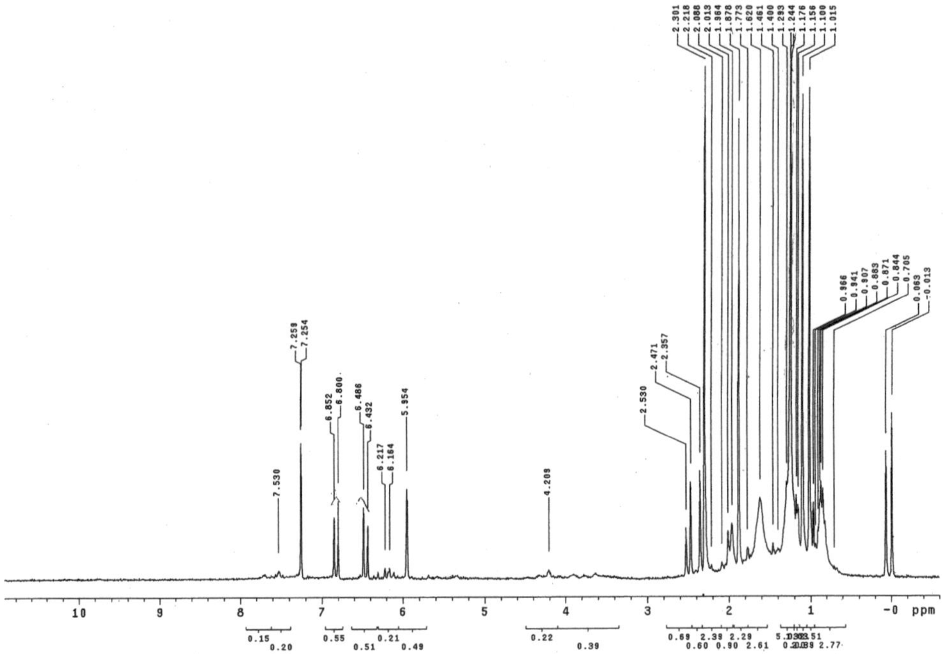

图 7.14　PMK1 的有关核磁共振氢谱（^{1}H-NMR）

Fig. 7.14　^{1}H-NMR spectrum of PMK1

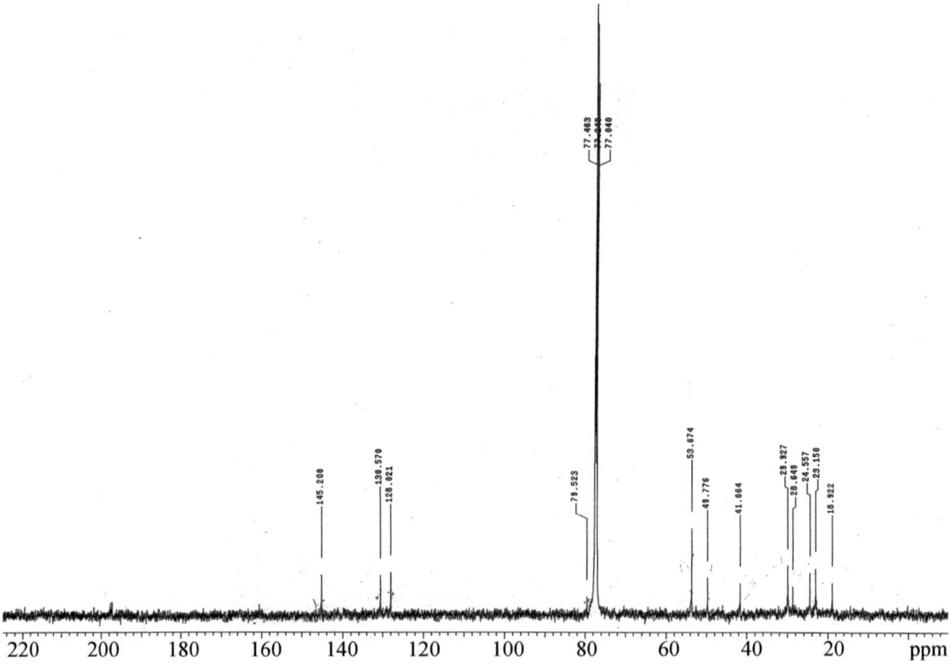

图 7.15　PMK1 的有关核磁共振碳谱（^{13}C-NMR）

Fig. 7.15　^{13}C-NMR spectrum of PMK1

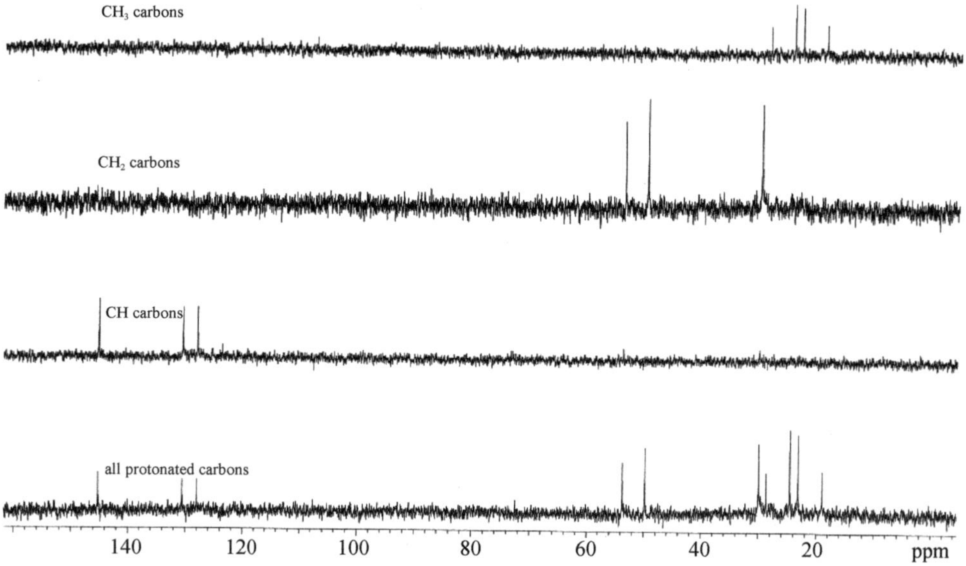

图 7.16　化合物 PMK1 的 DEPT 谱
Fig. 7.16　DEPT spectrum of PMK1

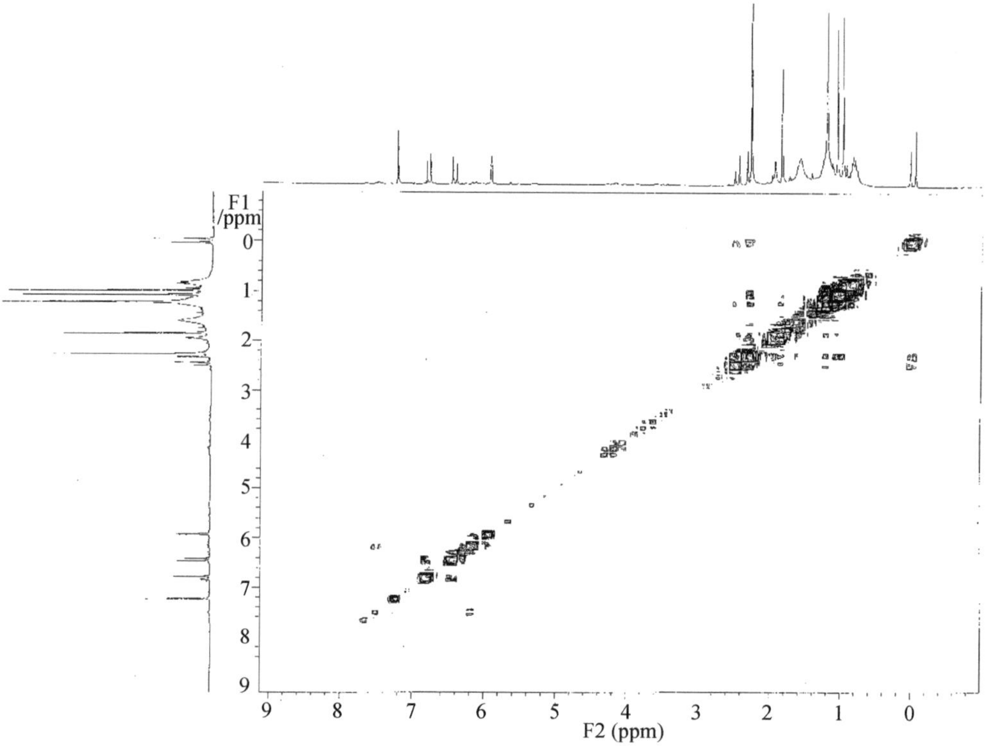

图 7.17　化合物 PMK1 的 H-H COSY 谱
Fig. 7.17　H-H COSY spectrum of PMK1

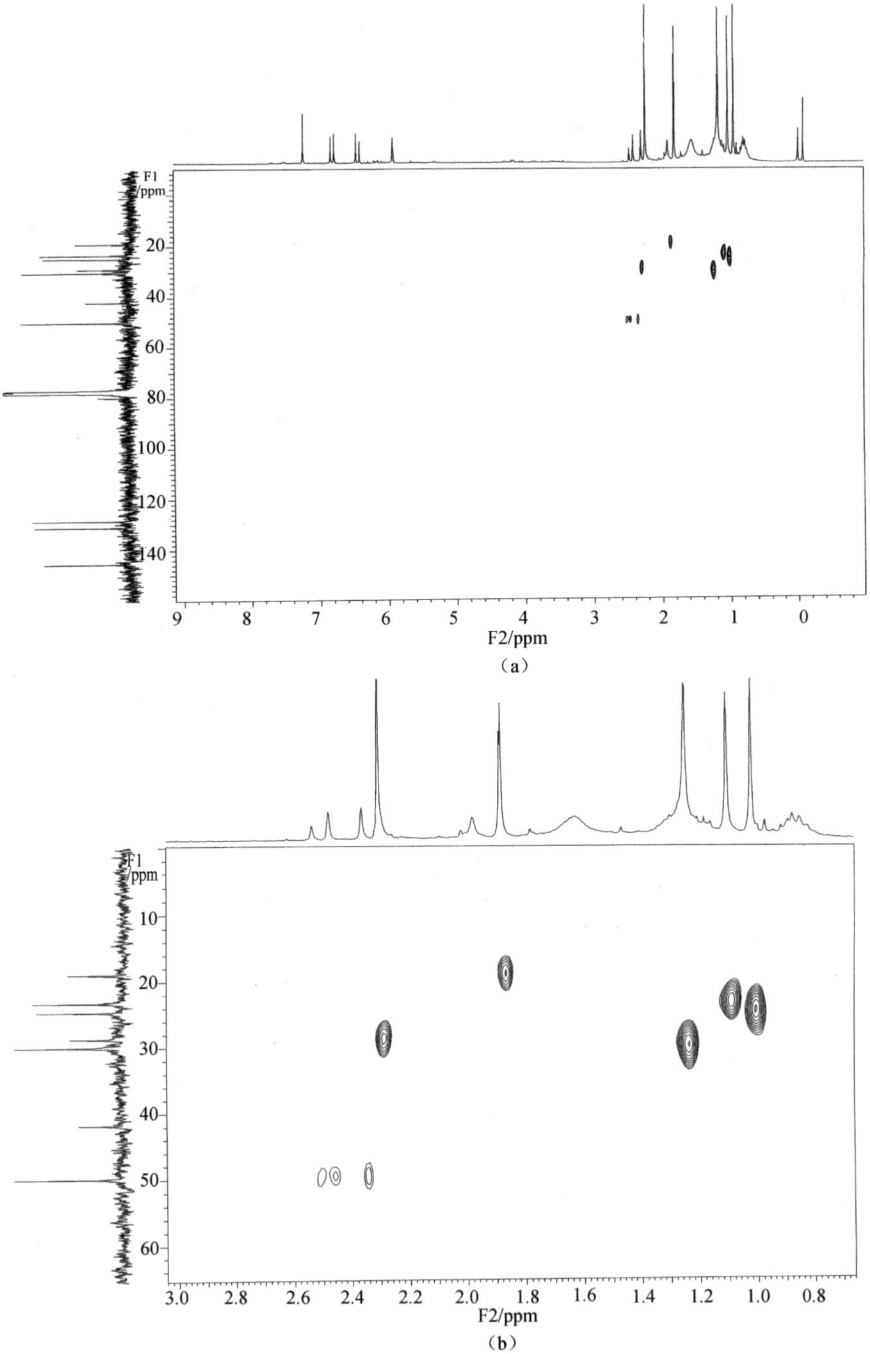

图 7.18　化合物 PMK1 的 HSQC 谱（a）PMK1 的 HSQC 谱；（b）PMK1 的 HSQC 谱局部图

Fig. 7.18　HSQC spectrum of PMK1 (a) Full HSQC spectrum of PMK1; (b) Partial HSQC spectrum of PMK1

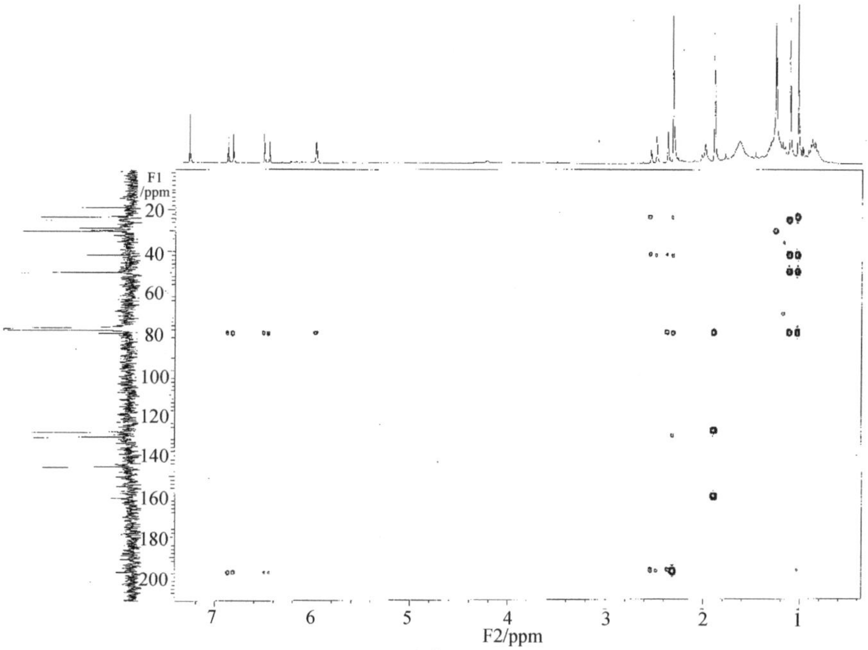

（a）

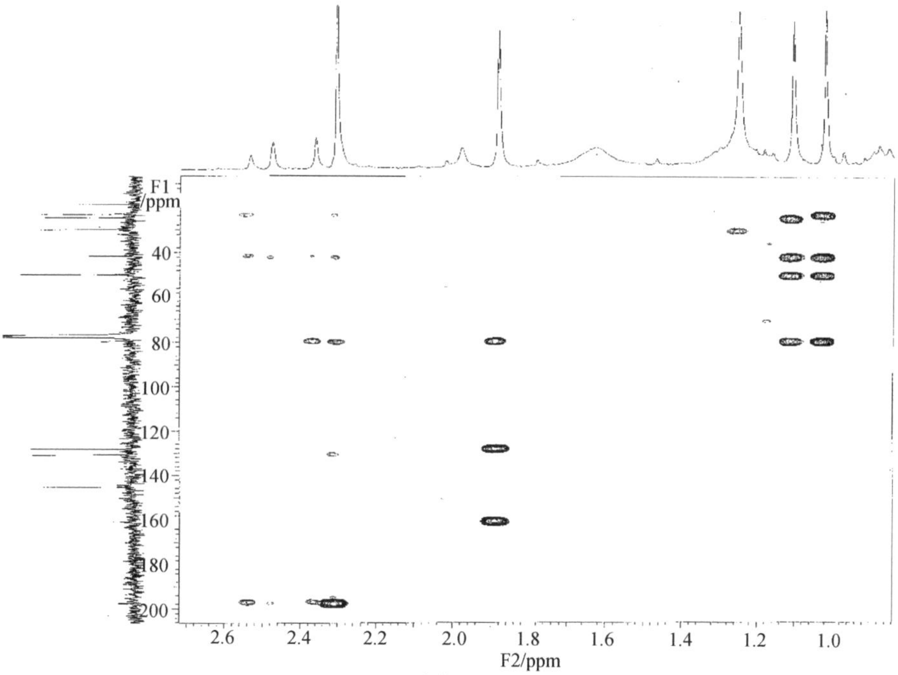

（b）

图 7.19　化合物 PMK1 的 HMBC 谱（a）PMK1 的 HMBC 谱；（b）PMK1 的 HMBC 谱局部图

Fig. 7.19　HMBC spectrum of PMK1 (a) Full HMBC spectrum of PMK1; (b) Partial HMBC spectrum of PMK1

PMK2。无色蜡状固体，EI-MS 给出其相对分子质量为 252，分子式为 $C_{15}H_{24}O_3$。核磁共振谱图包括 ^{1}H-NMR 谱、^{13}C-NMR 谱、DEPT 谱、COSY 谱、HSQC 谱和 HMBC 谱如图 7.20～图 7.25 所示。^{13}C-NMR 中有 15 个碳信号，其中 2 个双键碳信号，1 个 C=O 键信号，综合分析质子信号及碳信号的相关关系，推断该结构为 (*Z*)-4-(4*S*, 8*S*)-4-hydroxy-3,3,8-trimethyl-9-0-oxa-bicyclo[6.1.0]nonan-4-yl)pent-3-en-on，结构式见图 3.23。根据 HSQC 和 HMBC 对所有碳氢信号进行归属，见表 7.2。

表 7.2　PMK2 的 ^{1}H 和 ^{13}C 的化学位移及归属

Table 7.2　^{1}H and ^{13}C chemical shifts of PMK2

结构归属 Position	δ(^{1}H-NMR)		δ(^{13}C-NMR)		HMBC(H to C)
	δ/ppm	峰型(*J* 值)	*δ*/ppm	峰型	
1 (CH_3)	2.28	s	28.5	q	C-2, 3
2 (C=O)			197.6	s	
3 (=CH)	6.29	d (15.3Hz)	132.8	d	C-2
4 (=CH)	7.04	d (15.3Hz)	145.2	d	C-2, 5
5 (C−OH)			69.7	s	
6 (CH_2)	1.24	m	29.9	t	
7 (CH_2)	1.24	m	53.6	t	
8 (CH_2)	1.64 1H 2.36 1H	m m	40.8	t	C-9,10
9 (C)			67.5	s	
10(CH)	3.90	m	64.2	d	
11(CH_2)	1.24 1H 1.63 1H	m m	46.9	t	
12(C)			35.5	s	
13(CH_3)	1.19	s	20.1	q	C-8, 9
14(CH_3)	0.98	s	25.2	q	C-5, 11, 12, 15
15(CH_3)	1.19	s	29.6	q	C-5, 11, 12, 14

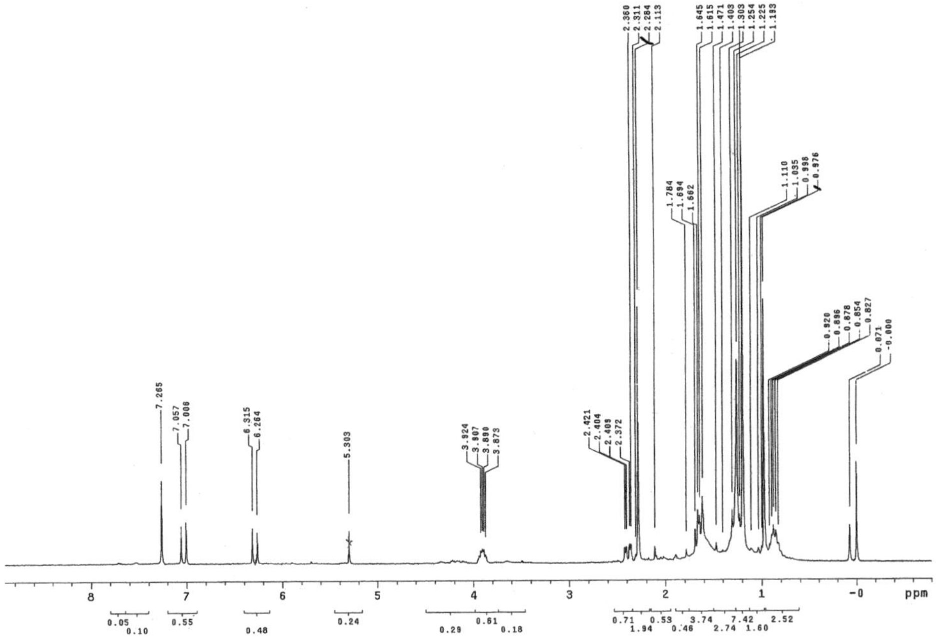

图 7.20　PMK2 的核磁共振氢谱（¹H-NMR）

Fig.7.20　¹H-NMR spectrum of PMK2

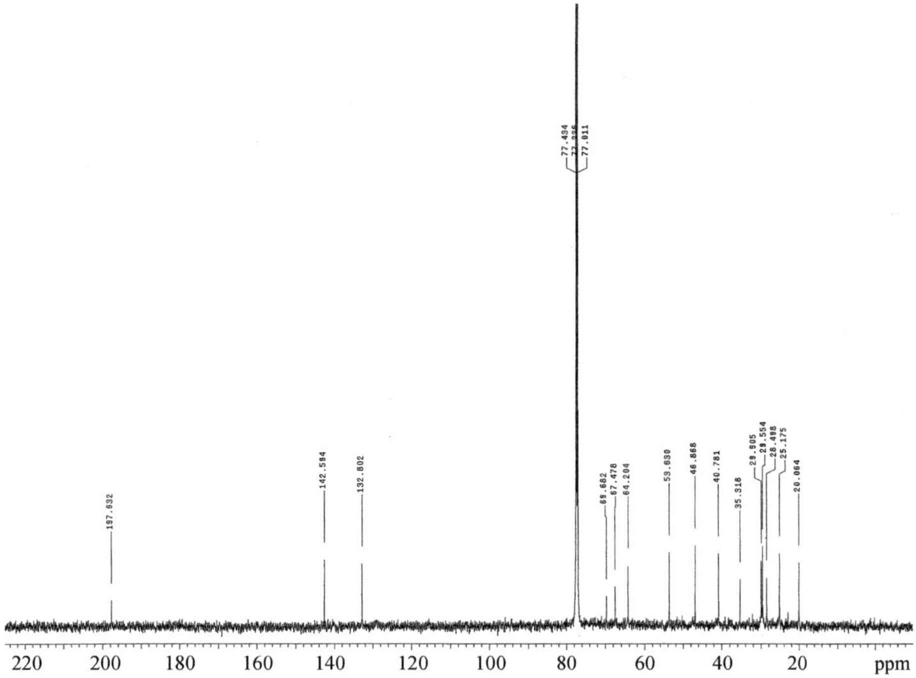

图 7.21　PMK2 的有关核磁共振碳谱（¹³C-NMR）

Fig.7.21　¹³C-NMR spectrum of PMK2

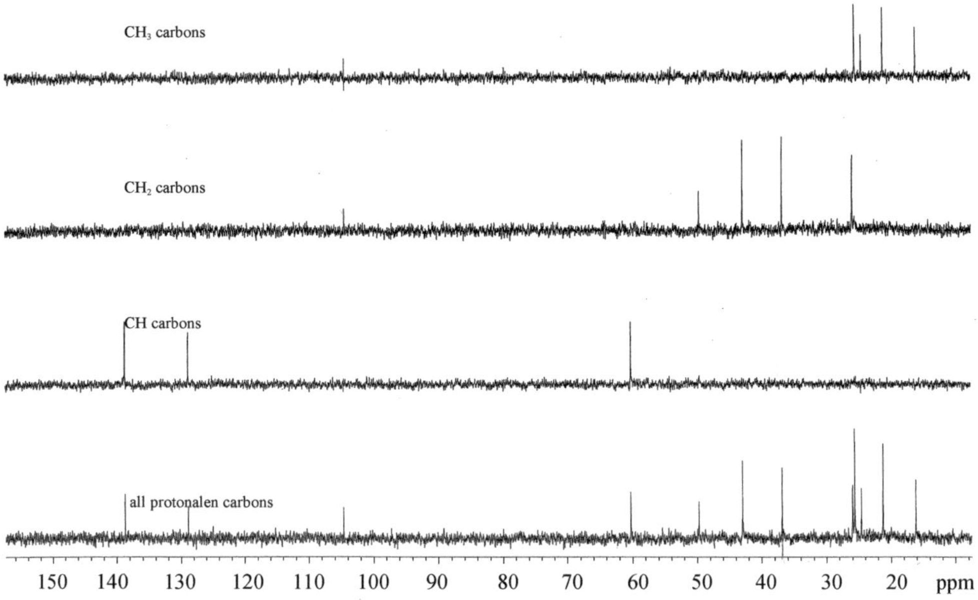

图 7.22 PMK2 的核磁共振 DEPT 谱
Fig.7.22 DEPT spectrum of PMK2

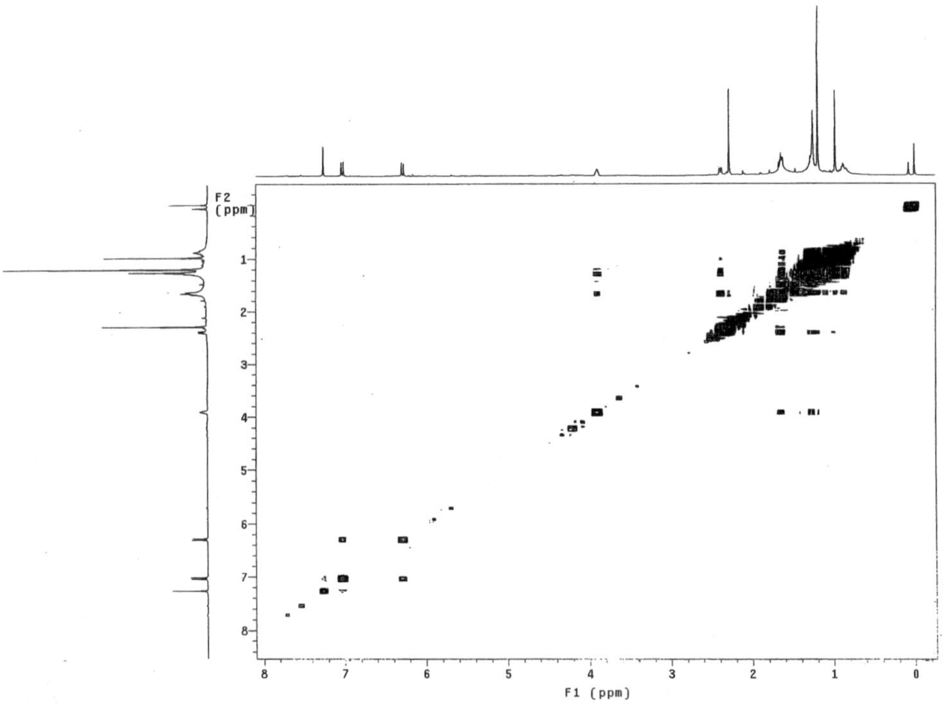

图 7.23 PMK2 的核磁共振 H-H COSY 谱
Fig.7.23 H-H COSY spectrum of PMK2

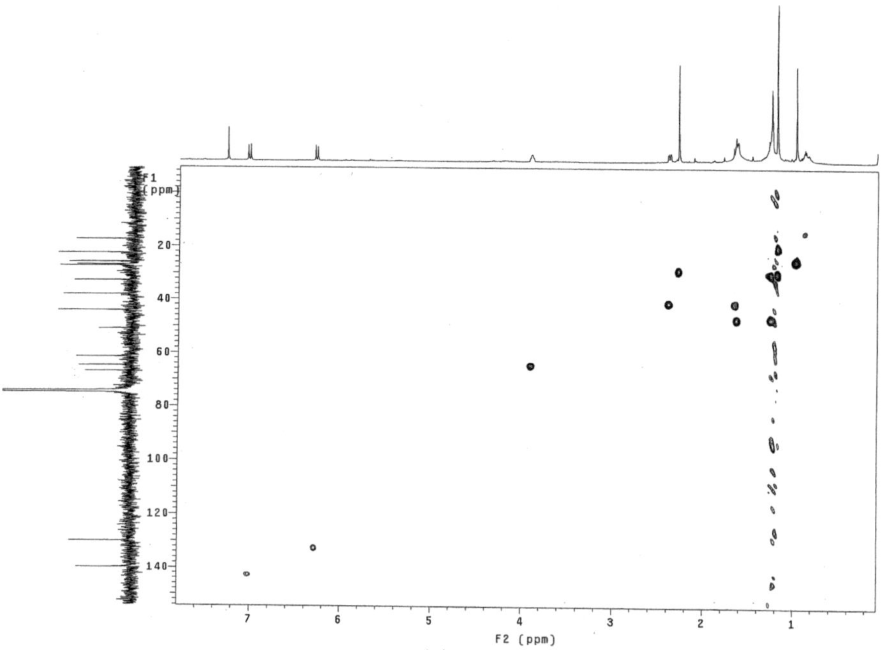

（a）

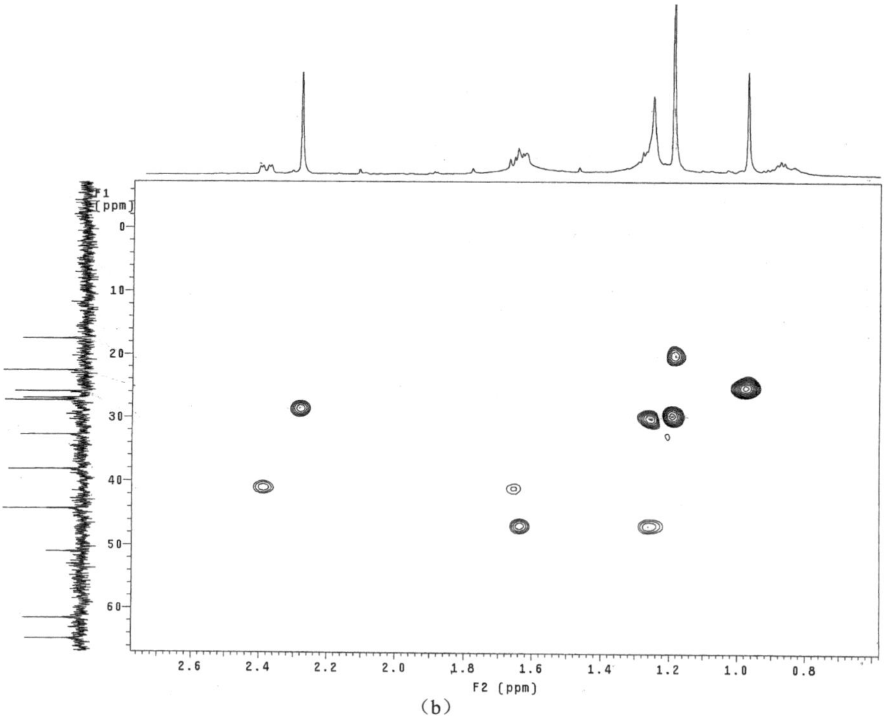

（b）

图 7.24　化合物 PMK2 的 HSQC 谱（a）PMK2 的 HSQC 谱；（b）PMK2 的 HSQC 谱局部图
Fig. 7.24　HSQC spectrum of PMK2: (a) Full HSQC spectrum of PMK2; (b) Partial HSQC spectrum of PMK2

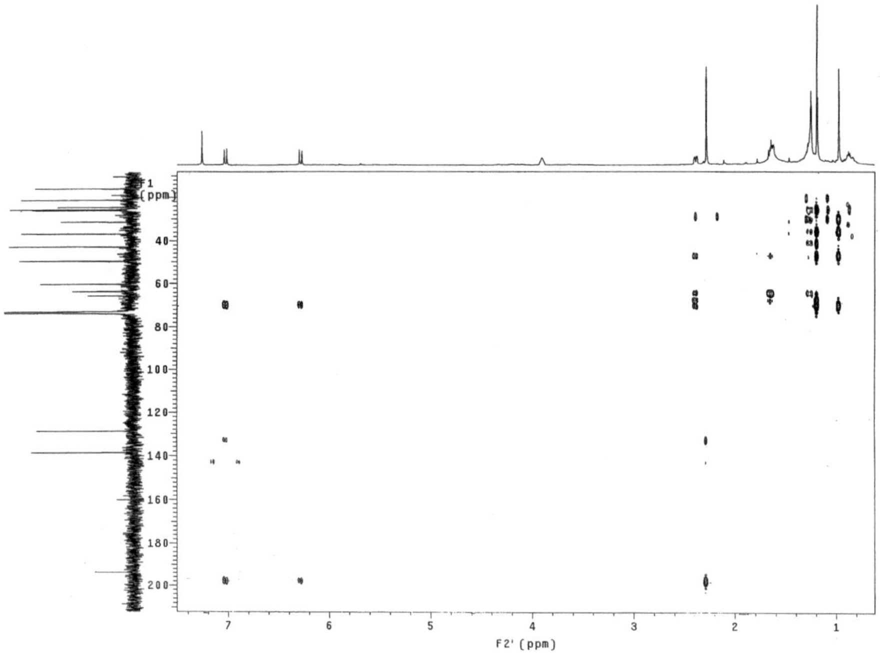

（a）

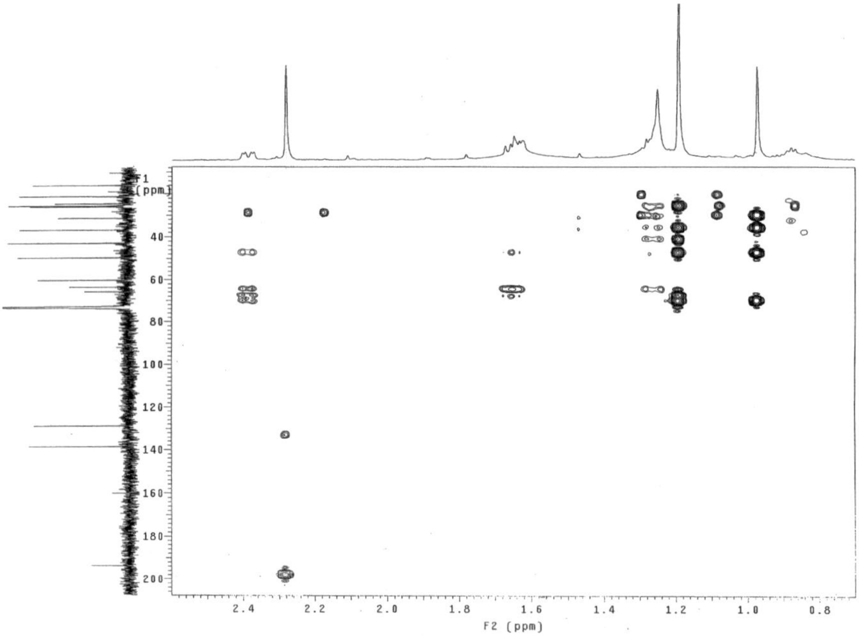

（b）

图 7.25 化合物 PMK2 的 HMBC 谱（a）PMK2 的 HMBC 谱；（b）PMK2 的 HMBC 谱局部图

Fig. 7.25 HMBC spectrum of PMK2. (a) Full HMBC spectrum of PMK2; (b) Partial HMBC spectrum of PMK2

2. 马来眼子菜体内抑藻活性物质的分离鉴定

1）正己烷提出物抑藻活性组分的进一步分离

马来眼子菜粗提出物经不同极性溶剂（正己烷、乙酸乙酯及甲醇）分段提取后，各组分的抑藻实验表明，正己烷萃取物和乙酸乙酯萃取物的抑藻活性都强于甲醇提取物的抑藻活性（第三章图 3.8）。将抑藻活性较强的正己烷萃取组分 44.7g 进行大型硅胶柱柱层析。起始流动相为 99∶1（石油醚∶丙酮），梯度淋洗，每个梯度所用淋洗液体积为 20L。馏出液视具体情况，大约每 2L 旋转蒸干后转移至一个试管中，编号。用硅胶薄层层析方法，选择合适的展开剂检验后合并。合并后的馏分，用 96 孔板方法做藻类生物测试，具体流程见图 7.26。

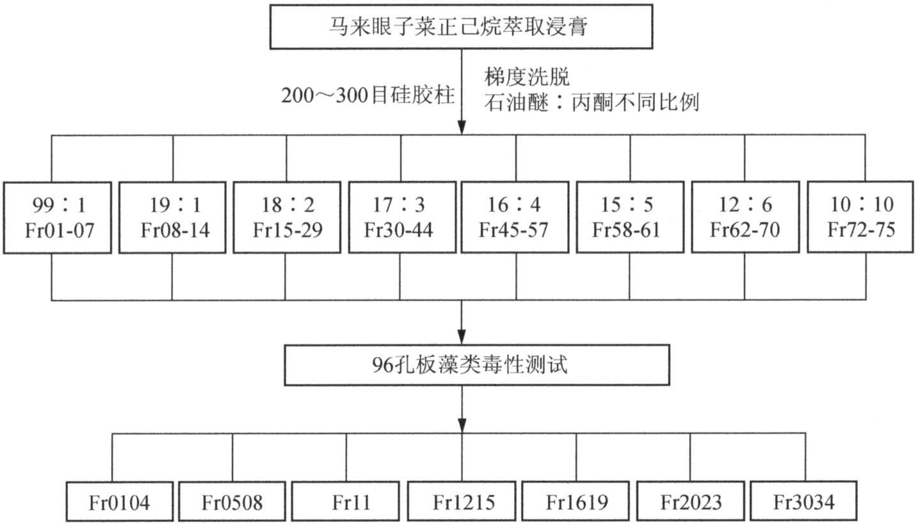

图 7.26　马来眼子菜正己烷萃取层抑藻成分的大柱层析分离流程图

Fig. 7.26　The chromatographic process of antialgal components in hexane extracts

马来眼子菜正己烷萃取浸膏大柱柱层析显示抑藻活性组分为 Fr0508（组分 5～8 号的合并液）、Fr11、Fr1215、Fr1619、Fr2023、Fr3034。各个有抑藻活性的馏分进行 96 孔板藻类毒性测试，馏分 Fr0508、Fr11、Fr1215、Fr1619、Fr2023、Fr3034 抑藻率分别为 46.4%、57.8%、25.5%、51.2%、50%、47.5%，其中 Fr11 抑藻活性最强（图 3.10）。

根据大柱柱层析后馏分的抑藻活性测试结果，对有较强抑藻活性的馏分根据薄层层析的分离情况，选择一种柱层析填料进行反复小柱柱层析。小柱柱层析条件的选择与 7.32 节所述柱层析条件相同，所得馏分薄层分析后合并，同样需取样做抑藻活性测试，根据测试的结果，对有抑藻活性的馏分做进一步分离，直至得到较纯的抑藻化合物。

所用小柱规格为 ϕ4cm×60cm、ϕ3cm×45cm、ϕ2cm×30cm、ϕ1cm×20cm、ϕ0.5cm×15cm 几种。

2）抑藻物质结构鉴定

在分离过程中跟踪进行抑藻活性测试，所得较纯抑藻活性的化合物采用核磁共振谱图等方法，最后确定该化合物的化学结构。核磁样品的准备方法与黄丝草样品的处理方法相似。

单质硫的分离。如图 7.26 所示，马来眼子菜正己烷萃取浸膏经过大柱柱层析后，第一号馏分 Fraction0104 放置，溶剂挥发后，有单晶析出，做 X 射线衍射（数据省略）确定为单质硫。

组分 Fraction0508 分离。对抑藻活性组分 Fr0508 中抑藻化合物进一步分离的流程见图 7.27，以 96 孔板抑藻活性测试作为进一步分离的依据，弃去无抑藻活性的组分。

PML0508-1 结构测定。大气压化学电离质谱（atmospheric pressure chemical ionization mass spectrometry，APCI-MS）（$[M+H]^+$）：451.4，254nm 与 365nm 处都有吸收。核磁结果见图 7.28～图 7.33 所示。从核磁共振谱图分析该化合物含有两个酮基及多个碳碳双键，其与从马来眼子菜中已经分离得到的化合物具有不同的结构骨架。对 PML0508-1 的结构尚需进一步解析。

组分 Fraction11 的分离。对抑藻活性组分 Fr11 中抑藻化合物的进一步分离流程见图 7.34，以 96 孔板抑藻活类毒性测试结果作为进一步分离的依据，弃去无抑藻活性的组分；得到两个化合物 PML11-1 和 PML11-2。对这两种化合物进行进一步的结构鉴定，PML11-1：APCI-MS($[M+H]^+$)：429；核磁共振谱图如图 7.35、图 7.36 所示，PML11-1 中含有两个羰基、一个碳碳双键，含有很多甲基，不包含苯环。从氢谱来看，大部分氢的化学位移都较低，为 sp^3 杂化。PML11-2：APCI-MS ($[M+H]^+$)：463；核磁共振谱图如图 7.37、图 7.38 所示，PML11-2 含有多个活性氢且为共轭结构，有两个碳连接了氧原子，大部分的碳化学位移都较低，属于 sp^3 杂化碳。

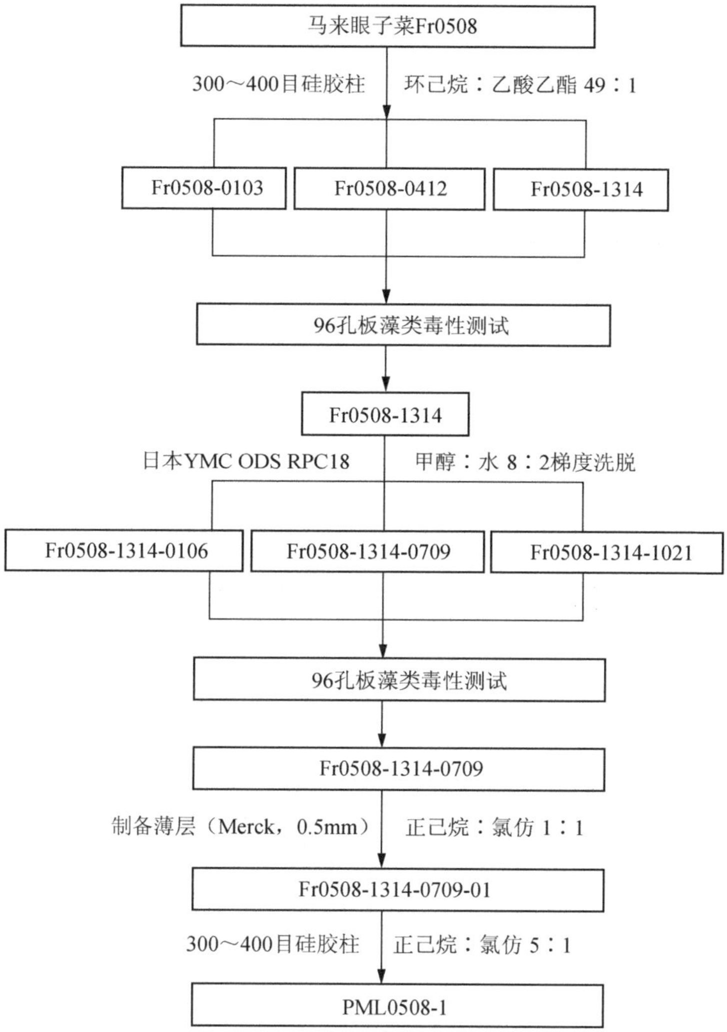

图 7.27　Fr0508 中抑藻化合物的分离流程图

Fig. 7.27　Fractionated process of antialgal components in Fr0508

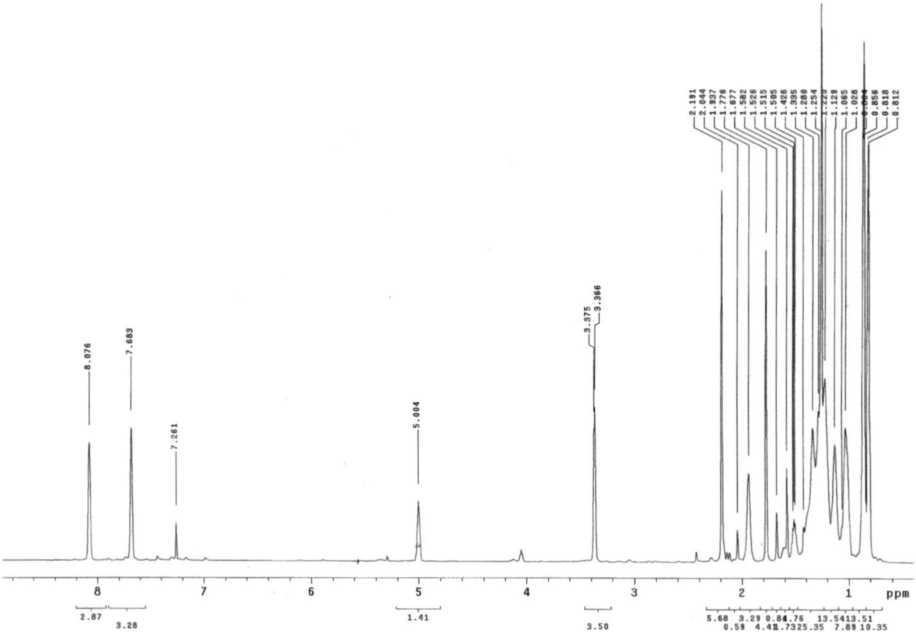

图 7.28　PML0508-1 的核磁共振氢谱图（¹H-NMR）

Fig.7.28　¹H-NMR spectrum of PML0508-1

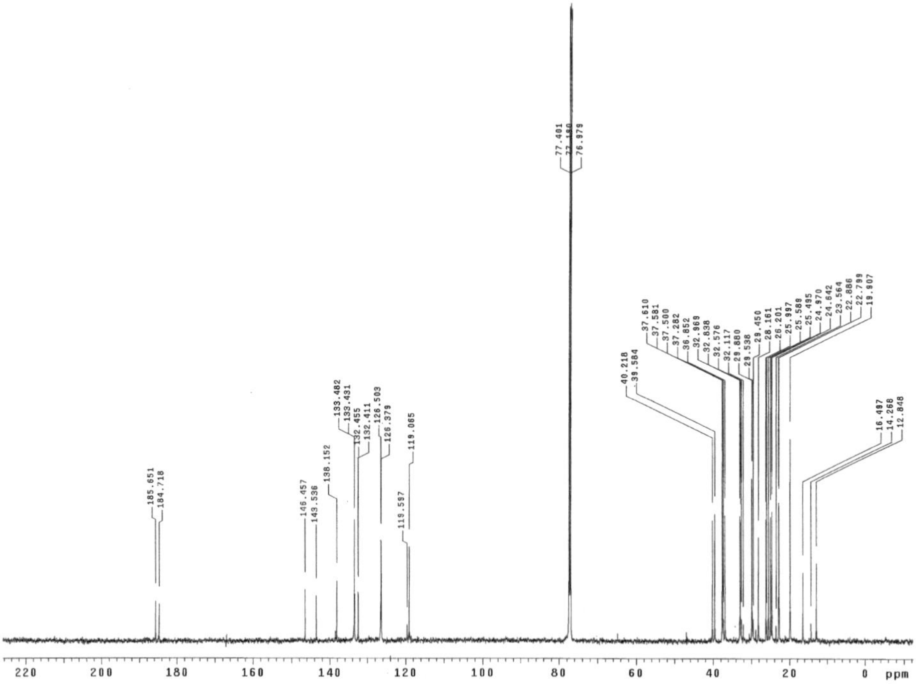

图 7.29　PML0508-1 的核磁共振碳谱图（¹³C-NMR）

Fig.7.29　¹³C-NMR spectrum of PML0508-1

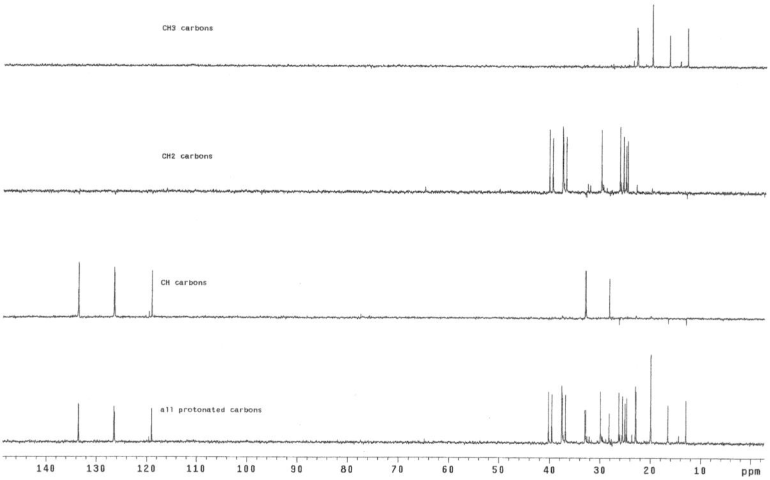

图 7.30　PML0508-1 的核磁共振 DEPT 谱图

Fig.7.30　DEPT spectrum of PML0508-1

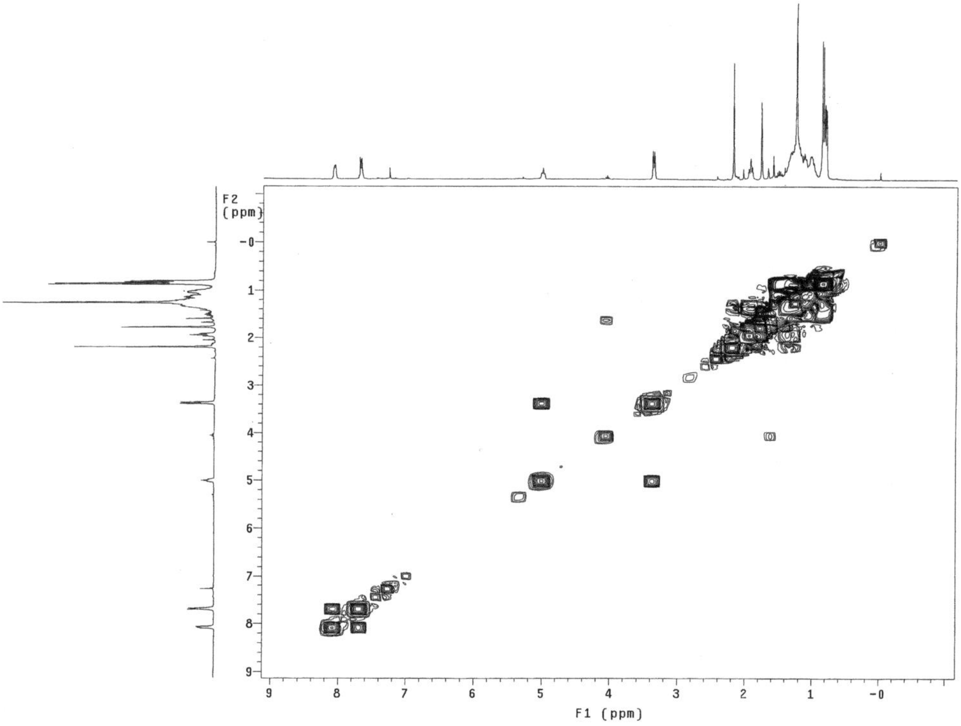

图 7.31　PML0508-1 的核磁共振 H-H COSY 谱图

Fig.7.31　H-H COSY spectrum of PML0508-1

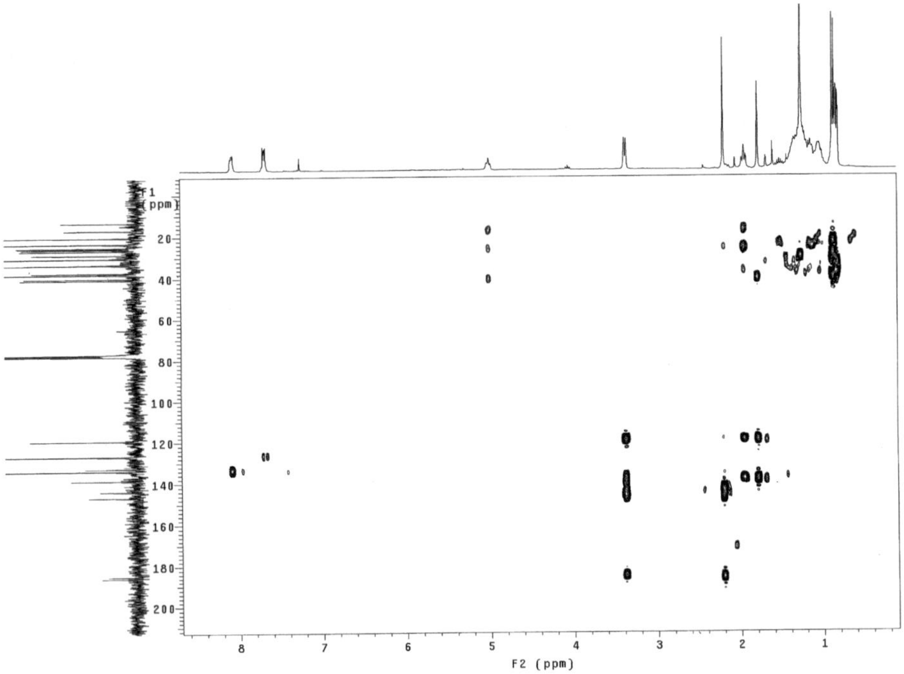

图 7.32　PML0508-1 的核磁共振 HMBC 谱图
Fig.7.32　HMBC spectrum of PML0508-1

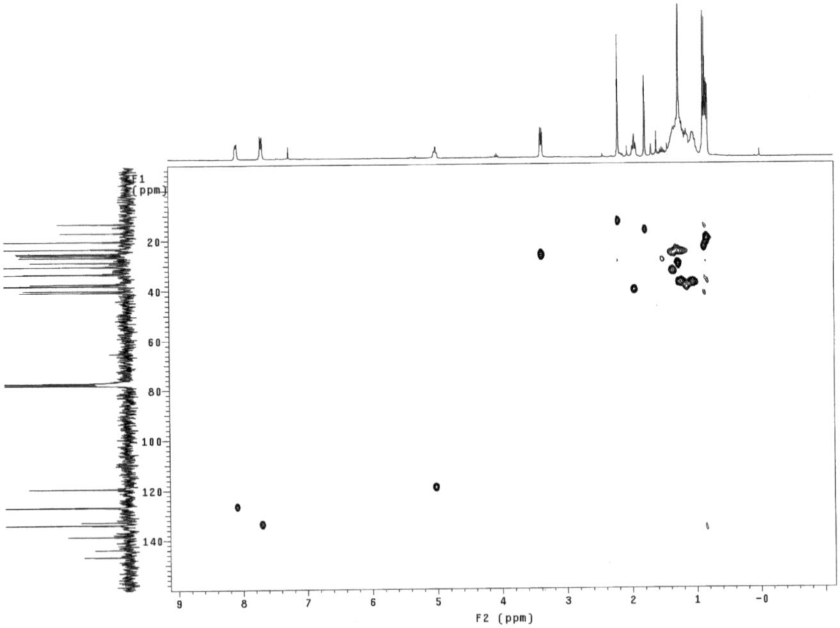

图 7.33　PML0508-1 的核磁共振 HSQC 谱图
Fig.7.33　HSQC spectrum of PML0508-1

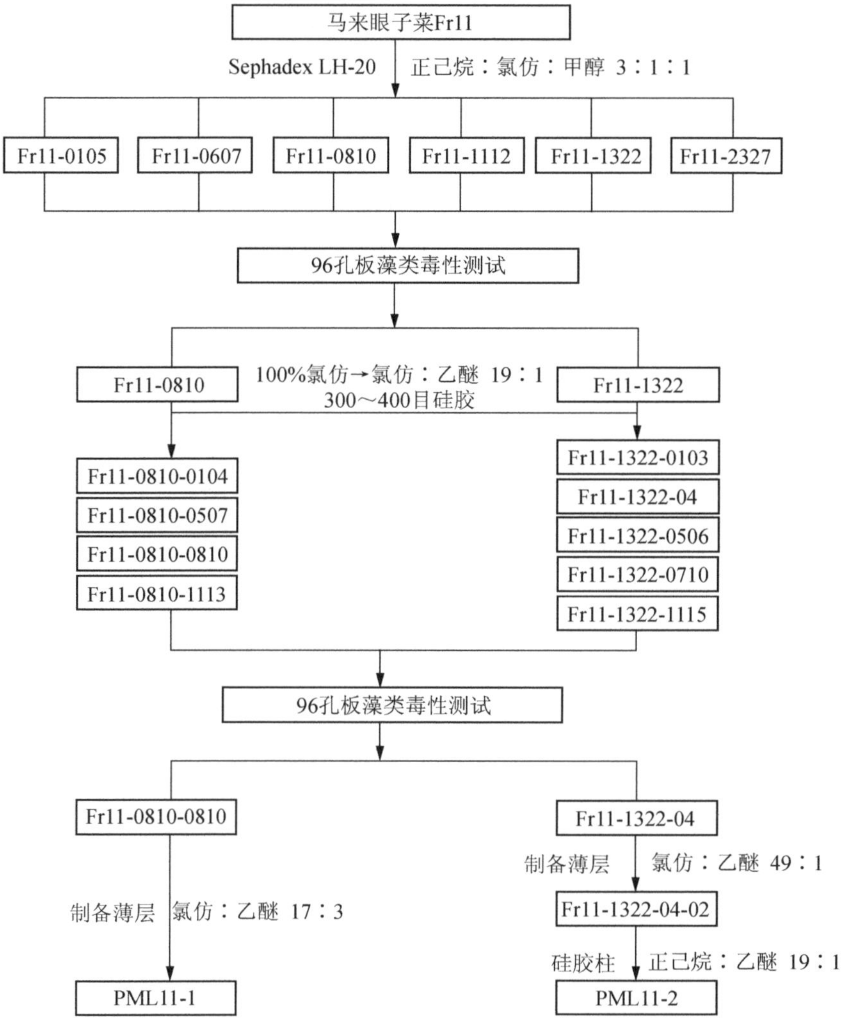

图 7.34　Fr11 中抑藻化合物分离的流程图

Fig. 7.34　Fractionated process of antialgal components in Fr11

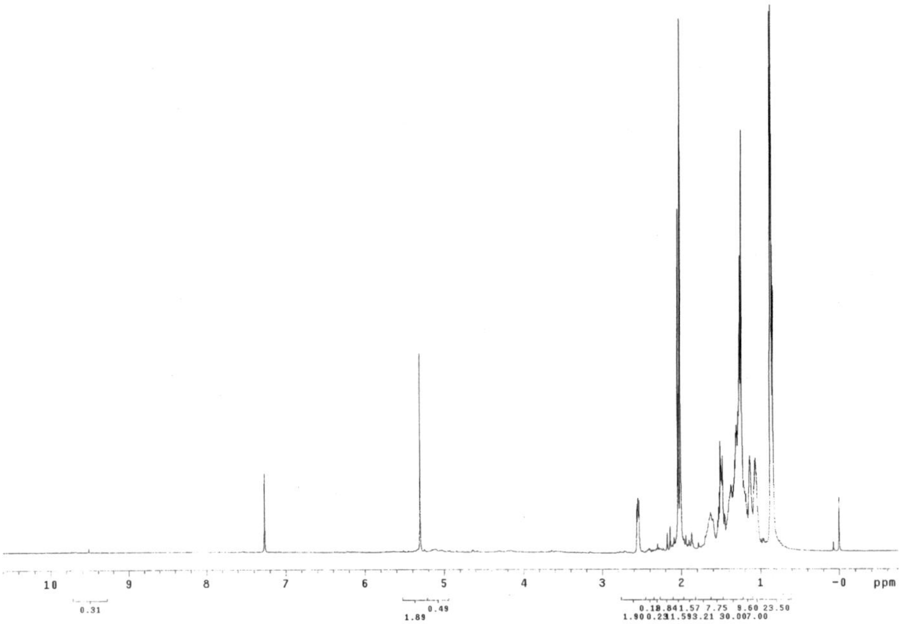

图 7.35　PML11-1 的核磁共振氢谱（^{1}H-NMR）

Fig. 7.35　^{1}H-NMR spectrum of PML11-1

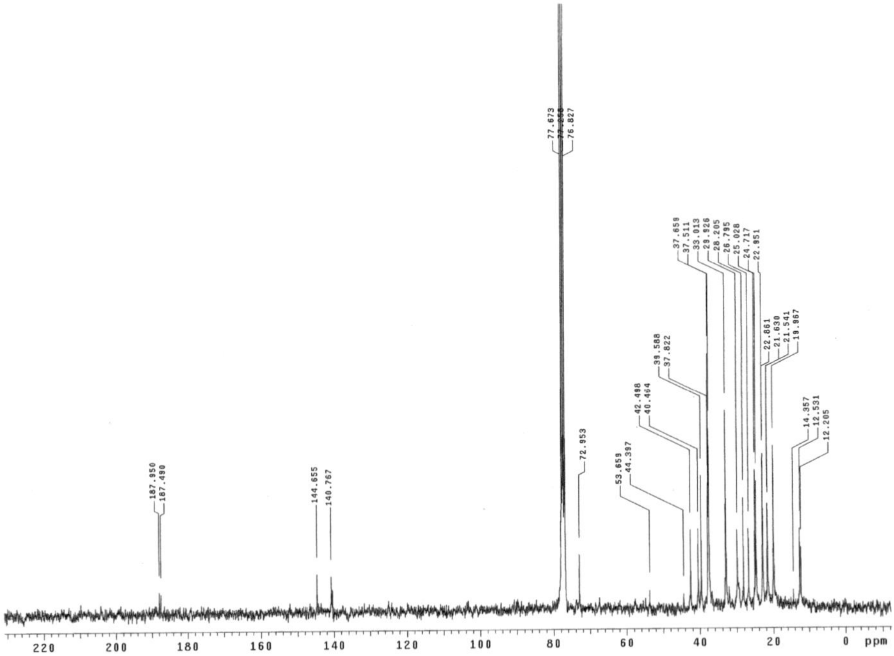

图 7.36　PML11-1 的核磁共振碳谱（^{13}C-NMR）

Fig.7.36　^{13}C-NMR spectrum of PML11-1

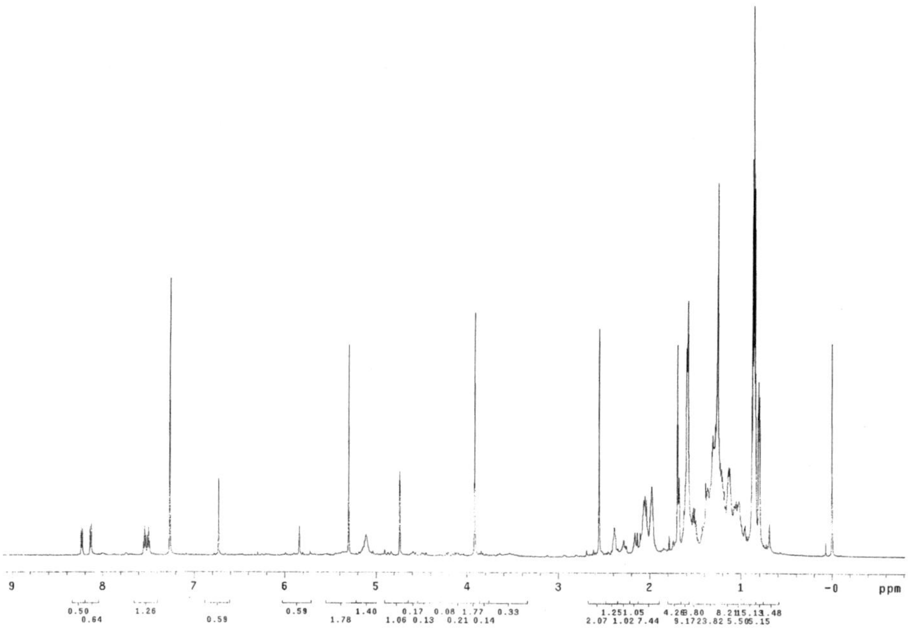

图 7.37　PML11-2 的核磁共振氢谱（^{1}H-NMR）

Fig. 7.37　^{1}H-NMR spectrum of PML11-2

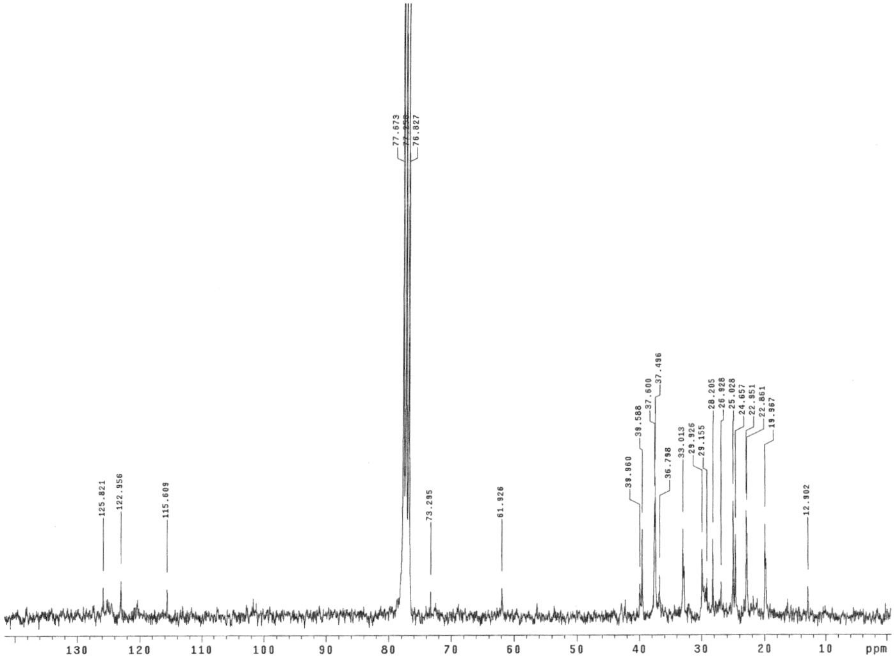

图 7.38　PML11-2 的核磁共振碳谱（^{13}C-NMR）

Fig. 7.38　^{13}C-NMR spectrum of PML11-2

组分 Fraction1619 分离。对抑藻活性组分 Fr1619 中抑藻化合物进一步分离的流程见图 7.39，以藻类毒性跟踪，弃去无抑藻活性的组分，得到 PML1619-1 和 PML1619-2 两种化合物。对其化合物结构解析，PML1619-1：电喷雾离子化质谱（electrospray ionization mass spectrometry，ESI-MS）（$[M+H]^+$）：413，核磁共振谱图如图 7.40～图 7.42 所示。与文献对照（Leitão et al., 1992），鉴定为豆甾醇，结构见图 7.43。

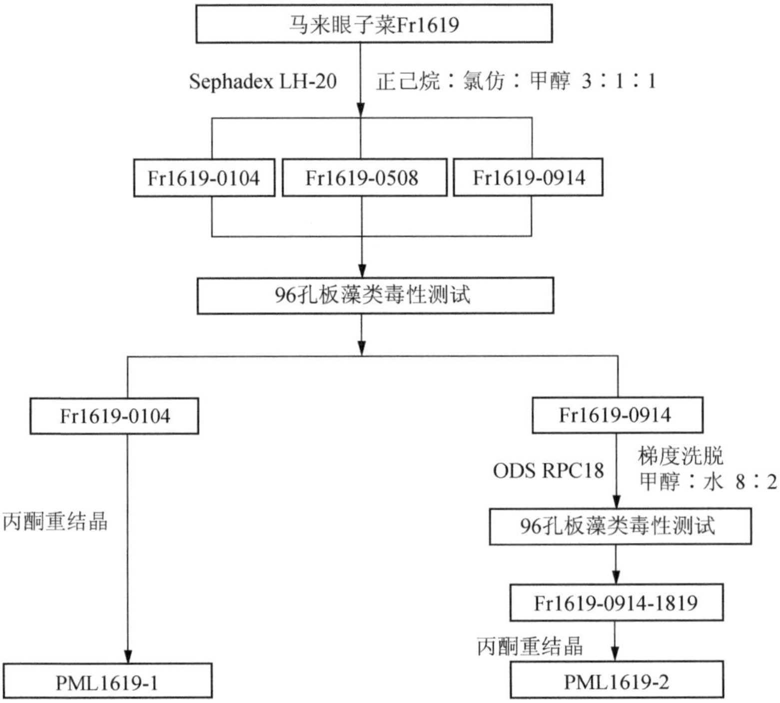

图 7.39　Fr1619 抑藻化合物分离的流程图

Fig. 7.39　Fractionated process of antialgal components in Fr1619

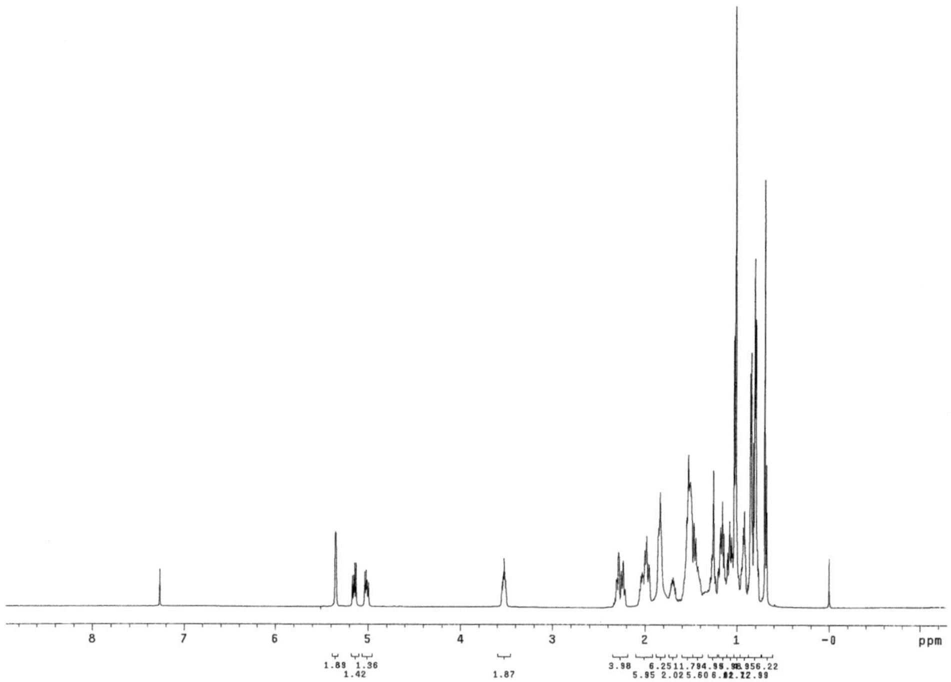

图 7.40　PML1619-1 的核磁共振氢谱（^{1}H-NMR）

Fig. 7.40　H-NMR spectrum of PML1619-1

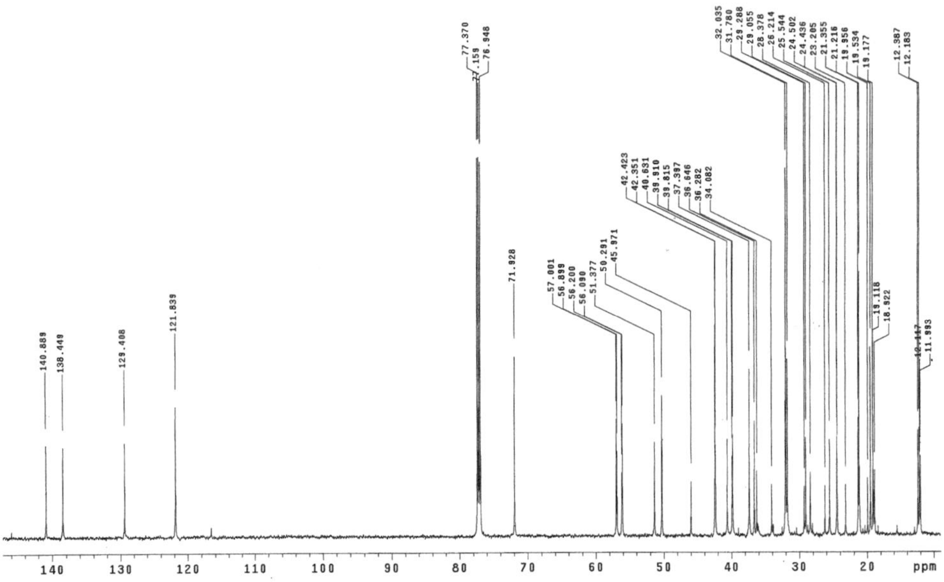

图 7.41　PML1619-1 的核磁共振碳谱（^{13}C-NMR）

Fig. 7.41　^{13}C-NMR spectrum of PML1619-1

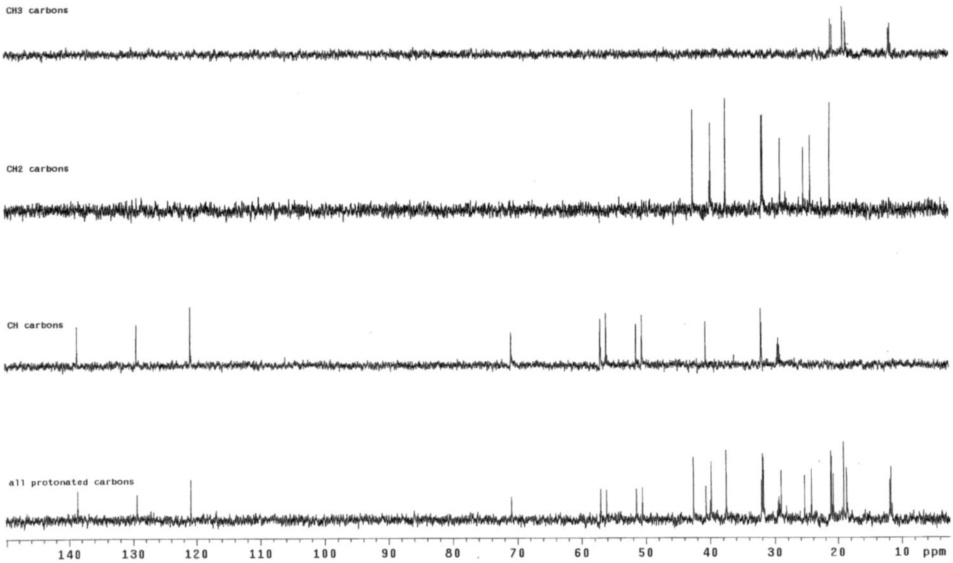

图 7.42　PML1619-1 的核磁共振 DEPT 谱

Fig. 7.42　DEPT spectrum of PML1619-1

PML1619-2：ESI-MS($[M+H]^+$)：257，具有典型脂肪酸裂解碎片峰；核磁共振氢谱见图 7.44，与文献（刘悦等，2007）对照一致，鉴定为棕榈酸。

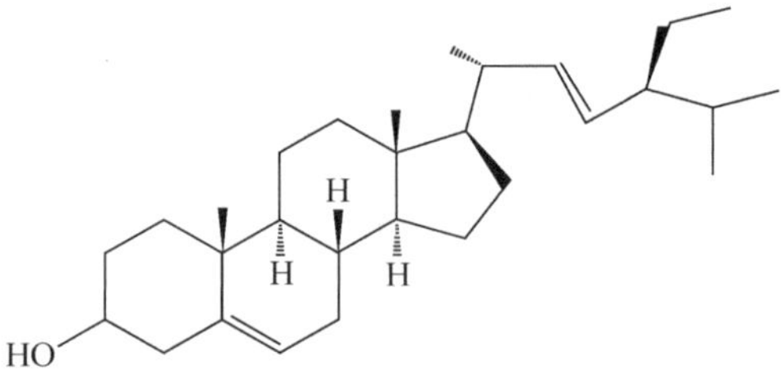

图 7.43　豆甾醇结构图

Fig. 7.43　The structure of stigmasterol

组分 Fraction2023 分离。对抑藻活性组分 Fr2023 中抑藻化合物进一步分离的流程见图 7.45。以 96 孔板藻类毒性方法作为进一步分离的依据，弃去无抑藻活性的组分，得到化合物 PML20-1。对其化合物结构解析，电子电离质谱（electron ionization mass spectrometry，EI-MS）给出所得化合物 PML20-1 的分子离子峰 424 及典型脂肪酸裂解碎片峰。核磁共振氢谱和碳谱见图 7.46、图 7.47，与文献（陆江海等，2001）对照一致，鉴定为二十八碳酸。

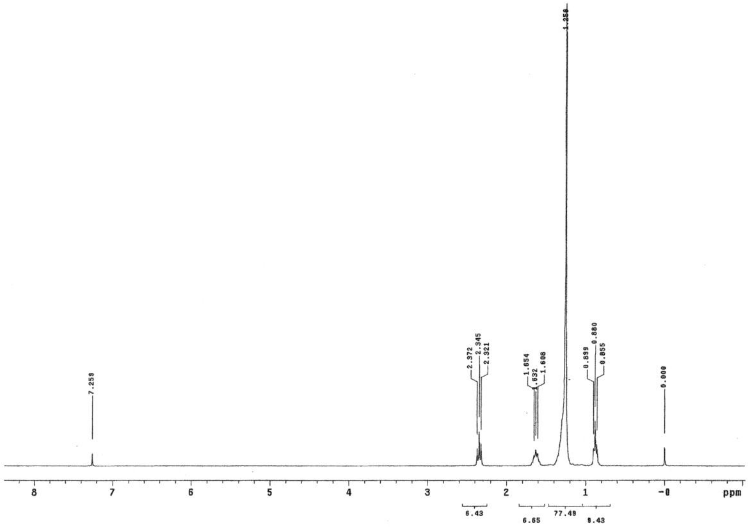

图 7.44　PML1619-2 的核磁共振氢谱（^{1}H-NMR）

Fig. 7.44　^{1}H-NMR spectrum of PML1619-2

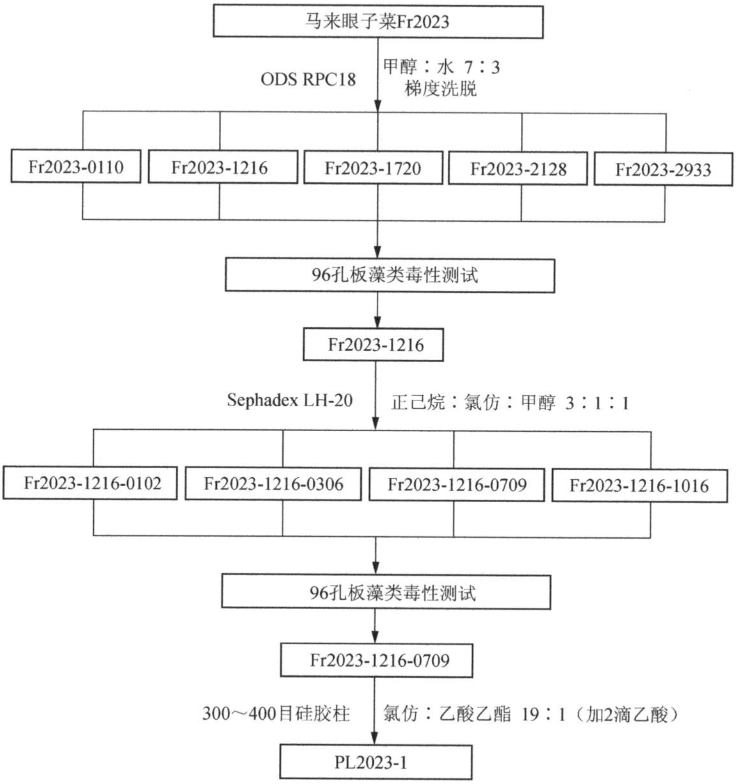

图 7.45　Fr2023 中抑藻化合物分离的流程图

Fig.7.45　Fractionated process of antialgal components in Fr2023

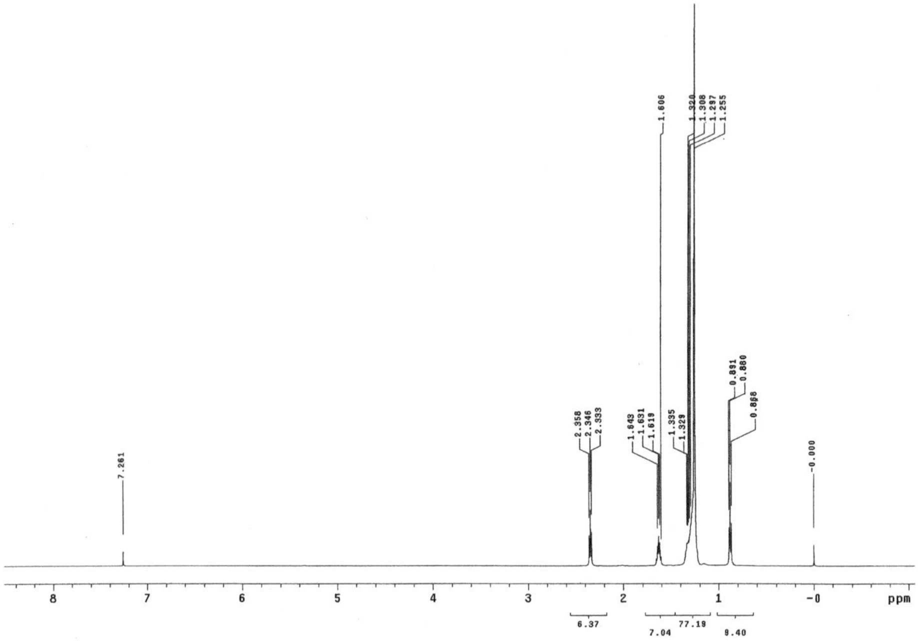

图 7.46 PML2023-1 的核磁共振氢谱（^{1}H-NMR）

Fig. 7.46 ^{1}H-NMR spectrum of PML2023-1

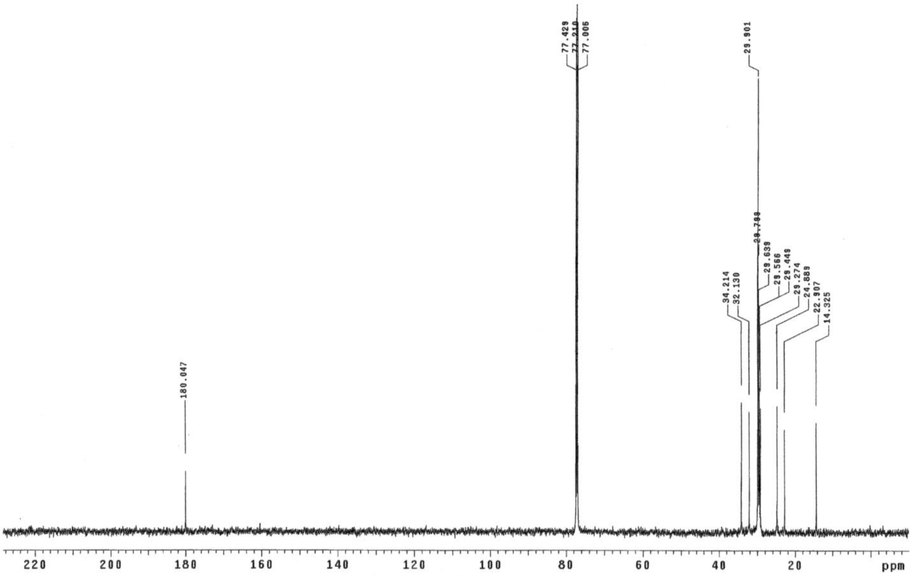

图 7.47 PML2023-1 的核磁共振碳谱（^{13}C-NMR）

Fig. 7.47 ^{13}C-NMR spectrum of PML2023-1

组分 Fraction3034 分离。对抑藻活性组分 Fr3034 中抑藻化合物进一步分离的流程见图 7.48，以 96 孔板藻类毒性方法作为进一步分离的依据，弃去无抑藻活性的组分，得到化合物 PML30-1。对其化合物结构解析发现，PML30-1，APCI-MS ($[M+H]^+$)：469.3；核磁共振谱图见图 7.49～图 7.51。核磁共振氢谱显示 PML30-1 含有 4 个亚甲基氢，其中两个为共轭氢。大部分氢信号为甲基、亚甲基或次甲基。碳谱显示存在酮基，大部分碳信号属于饱和碳信号。将核磁谱图结合质谱裂解规律（425.4 的基峰）推测此化合物可能属于甾体类化合物。

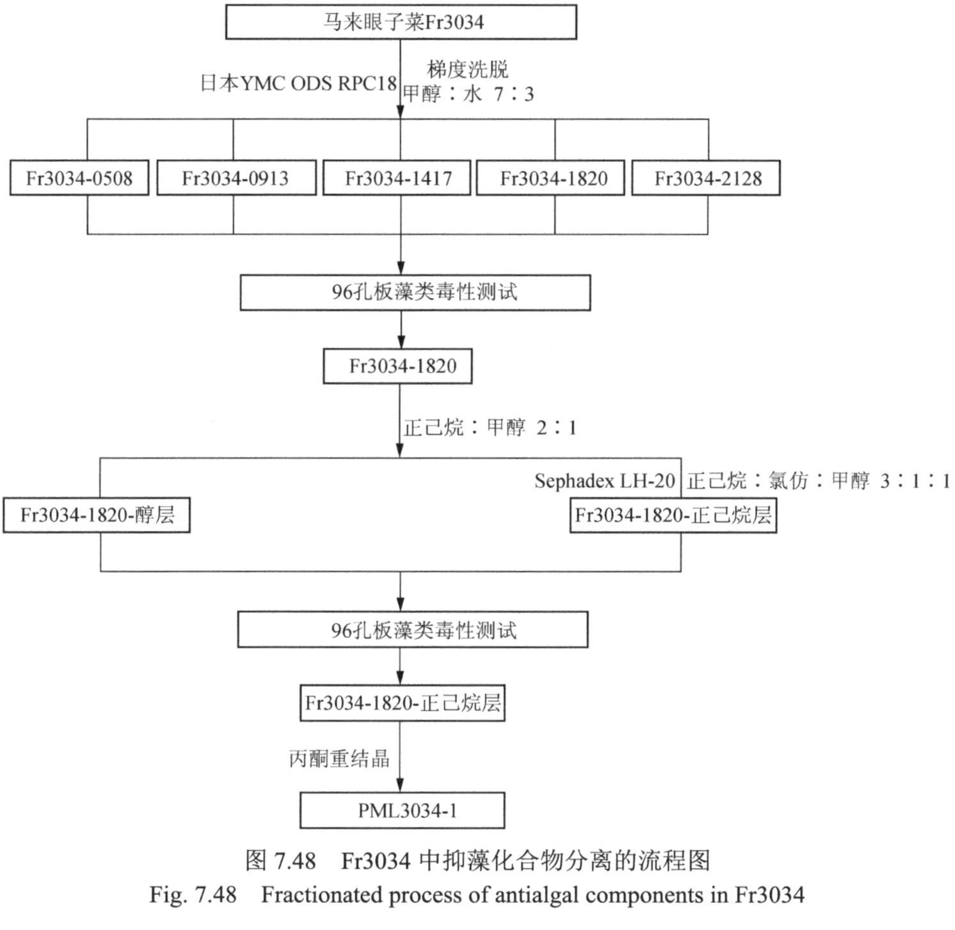

图 7.48 Fr3034 中抑藻化合物分离的流程图

Fig. 7.48 Fractionated process of antialgal components in Fr3034

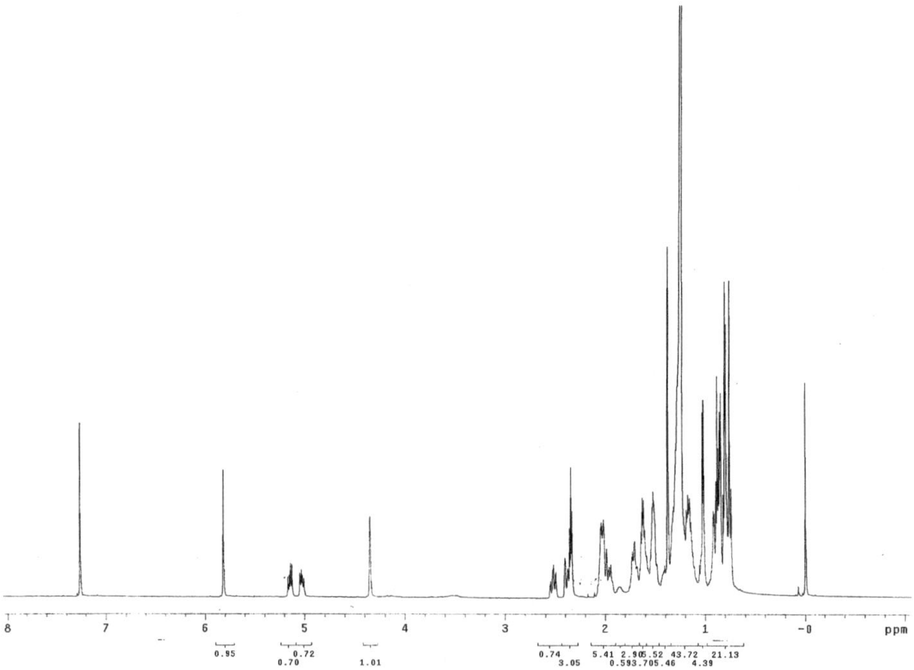

图 7.49　PML3034-1 的核磁共振氢谱（^{1}H-NMR）
Fig.7.49　^{1}H-NMR spectrum of PML3034-1

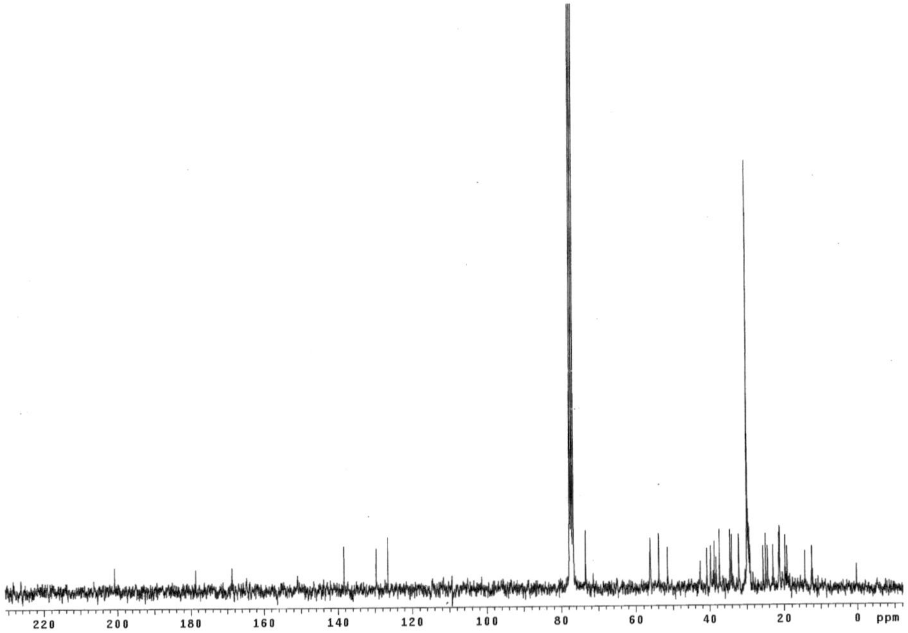

图 7.50　PML3034-1 的核磁共振碳谱（^{13}C-NMR）
Fig. 7.50　^{13}C-NMR spectrum of PML3034-1

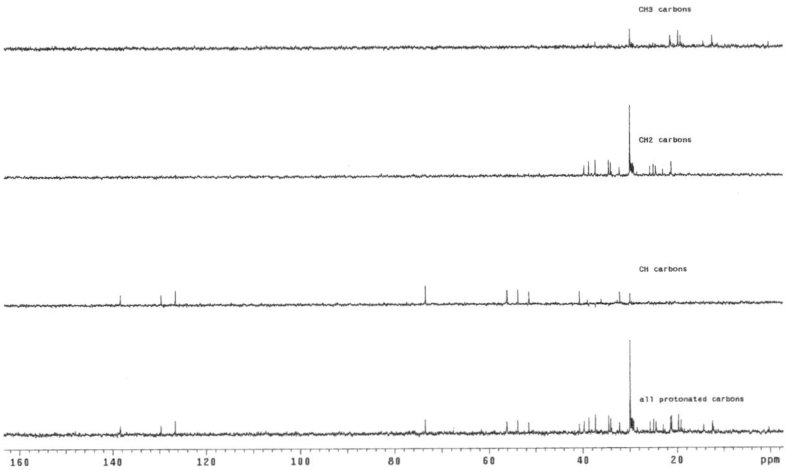

图 7.51　PML3034-1 的核磁共振 DEPT 谱
Fig. 7.51　DEPT spectrum of PML3034-1

3. 浮叶眼子菜抑藻活性物质的分离鉴定

DellaGreca 等（2001）将风干、研碎的浮叶眼子菜样品 13kg，先后用低极性的石油醚和中等极性的乙酸乙酯萃取，分别获得 66g 和 79g 不同极性段的浸膏。然后进一步将石油醚和乙酸乙酯粗提取物分别通过硅胶柱、凝胶色谱柱、制备薄层色谱、RP-8 HPLC 等分离、纯化步骤，获得 7 种二萜-呋喃类（furano-diterperne）纯活性化合物。最后，依据其光谱学特征（核磁、质谱、红外光谱）鉴定其化学结构结构式，如通式为（1R，4AR，5R）-4α-甲酰基-5-（2-（呋喃-3-基）乙基）-1-甲基-6-甲基烯十氢萘-1-基）乙酸甲酯等多种化感物质（见本书附表）。

1）石油醚粗提取物的分离纯化流程（图 7.52）

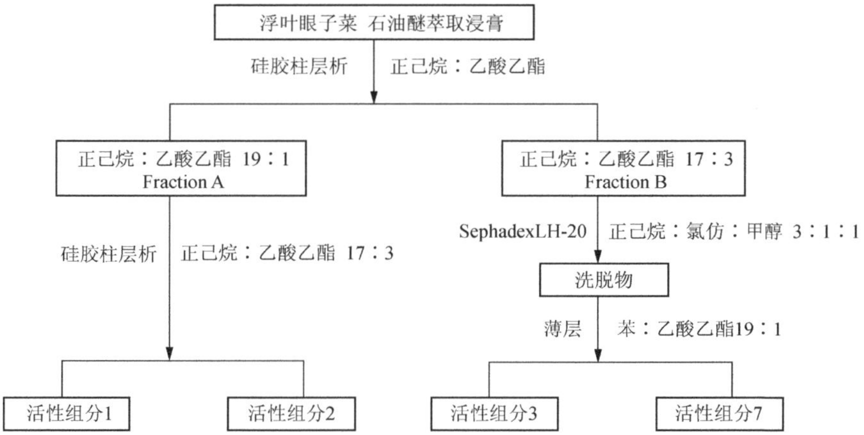

图 7.52　浮叶眼子菜石油醚萃取浸膏中抑藻活性成分分离的流程图（DellaGreca et al., 2001）
Fig. 7.52　Fractionated process of antialgal components in *Potamogeton natans* light petrol extracts

2）乙酸乙酯粗提取物的分离纯化流程（图 7.53）

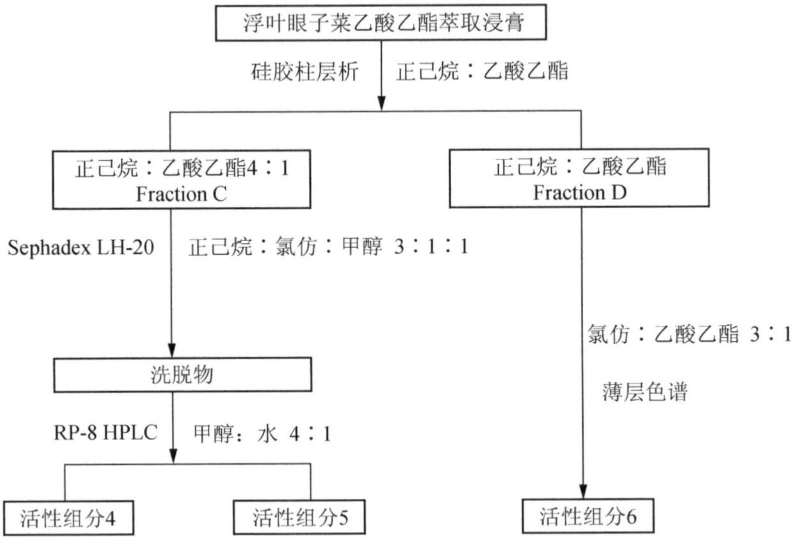

图 7.53　浮叶眼子菜乙酸乙酯萃取浸膏中抑藻活性成分分离的流程图（DellaGreca et al., 2001）

Fig. 7.53　Fractionated process of antialgal components in *Potamogeton natans* EtOAc extracts

7.6.4　抑藻活性组分的极性分段及 GC/MS 剖析

因为从水生植物中分离纯化抑藻活性物质需要应用各种柱色谱层析法及核磁共振等方法分离，纯化流程较长，对设备的要求也较高，因此，为鉴别和分析水生植物中主要的抑藻物质类型，也可借助 GC/MS 的分析方法辨析水生植物中的主要抑藻活性物质，下面以马来眼子菜为例，介绍 GC/MS 在化感物质鉴定中的应用。

GC/MS 分析的主要步骤是将具有活性的极性分段提出物，用柱层析进一步分离，并对其中抑藻活性较强的混合组分，用 GC/MS 及其数据库信息剖析其组成成分。

1. 活性组分再分离

胡陈艳（2010）根据马来眼子菜不同极性分段组分抑藻活性结果，选择对藻类生长抑制效果最好的石油醚萃取组分（100.27g）进行大柱柱层析分离，得到 Fr1～Fr13 共 13 个馏分（具体流程见图 7.54），对获得的馏分进行藻类生物测试。

各极性段组分的藻类测试结果显示，只有馏分 Fr2～Fr5 对羊角月牙藻和铜绿微囊藻具有一定的抑制效果（图 7.55），其中 Fr5 对羊角月牙藻的抑制活性最高。这 4 个馏分极性较小，叶绿素含量较低，也便于下一步的分离纯化，因此选择这 4 个馏分进行下一步分析。

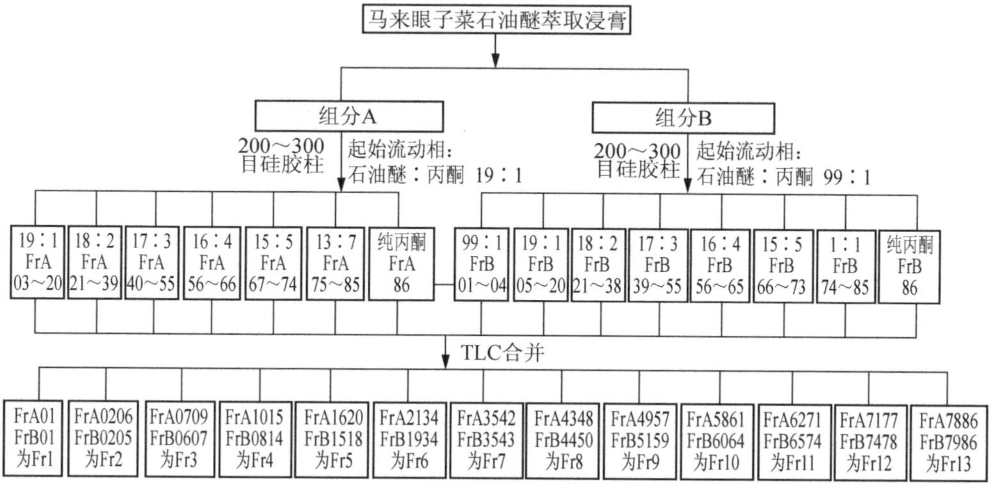

图 7.54　马来眼子菜中抑藻组分的分离流程图

Fig.7.54　Chromatographic process of antialgal components in *P. malaianus*

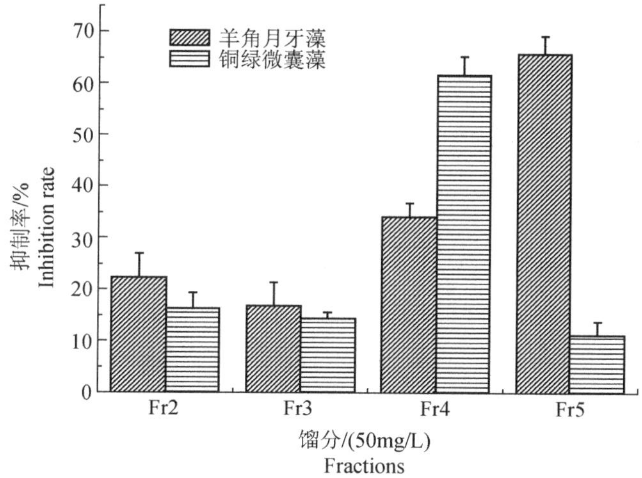

图 7.55　馏分 Fr2～Fr5 对两种藻的抑制效果

Fig.7.55　Growth inhibition of fractions Fr2- Fr5 on *S. carpricornutum* and *M. aeruginosa*

2. 活性馏分中物质成分鉴定

通过抑藻测试，马来眼子菜分离出来的馏分 Fr2 有抑藻活性，馏分 Fr2 主要为石油醚：丙酮在 99：1 和 19：1 两个比例下洗脱下来的，属于弱极性物质，呈油状，对羊角月牙藻和铜绿微囊藻的抑制作用相对较弱，50mg/L 时抑制率分别为 16.31%、22.30%。将馏分 Fr2 用无水 Na_2SO_4 干燥后减压蒸馏干，取适量馏分用合适的色谱纯溶剂溶解后通过 GC/MS 测定其主要成分（样品各组分的质谱数据，参照 NIST02 标准谱库，鉴定各组分的化学结构）。由其 GC/MS 图谱（图 7.56）可以看出，其主要有植酮（16.55min）、十六酸乙脂（18.02min）、(*Z*，*Z*，*Z*) -9，12，

15-十八烷三烯酸乙酯（19.65min）、未知物（24.12min）等组成。除了峰面积百分比为42.92%、保留时间为24.12min的未知物外，馏分Fr2主要由酯类物质组成，这些酯类物质极性很小，通常见于植物挥发油中（刘义宁等，2009），对其抑藻活性值得进一步研究。

为了进一步鉴定馏分Fr2中的物质成分，将馏分Fr2（8g）上硅胶柱粗分，柱体积300mL，正己烷∶乙酸乙酯体系梯度洗脱（100∶0、99∶1、49∶1、19∶1、9∶1、4∶1、1∶1），合并得7个馏分Fr2-0103、Fr2-0409、Fr2-1014、Fr2-1518、Fr2-1921、Fr2-2224、Fr2-2527，其中Fr2-0103的量多达3g。馏分抑藻测试结果如图7.57所示，发现进一步的分离大大提高了各个馏分对羊角月牙藻的抑制活性，但除了图7.57中列出的7种馏分抑藻活性较高外，其余各组分对铜绿微囊藻的抑制活性都非常低，不超过20%的抑制率（图中省略）。

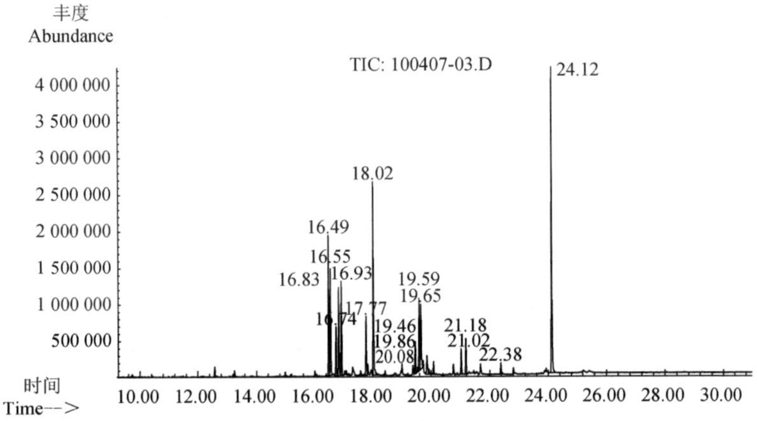

图7.56　馏分Fr2的总离子流图

Fig. 7.56　Total ion chromatogram of fraction Fr2

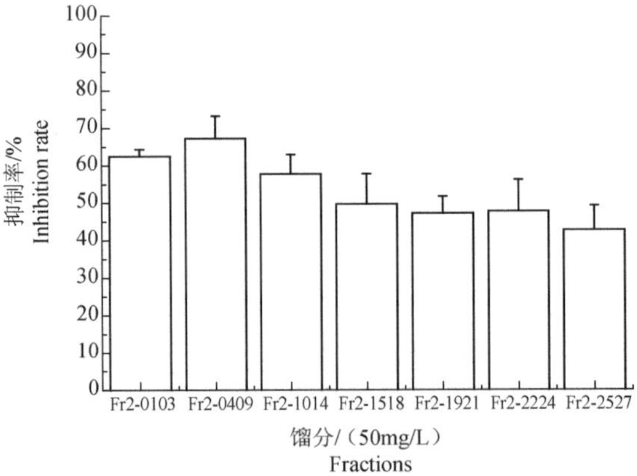

图7.57　组分Fr2-0103～Fr2-2527对两种藻的抑制效果

Fig. 7.57　Growth inhibition of fractions Fr2-0103 to Fr2-2527 on *S. carpricornutum* and *M. aeruginosa*

对抑藻活性较强的 7 个馏分经预处理后分别进行 GC/MS 鉴定（括号内为峰面积），Fr2-0103 中的主要物质为十六酸乙酯（40.96%），其余为一些烷烃，如十七烷（2.93%）、十九烷（3.43%）、二十一烷（8.36%）及一些含量很低的未知物。Fr2-0409 尽管为抑藻活性最高的组分，但这一馏分的物质组成比较杂，主要是由一些脂肪酸酯组成，鉴定出含量较多的物质有植酮（5.34%）、十六酸乙酯（11.33%）、亚油酸乙酯（5.80%）、亚麻酸乙酯（8.89%）、十八烷酸乙酯（1.35%）。Fr2-1014 的主要组成物质有 β-紫罗兰酮（14.43%）。Fr2-1518 中的主要物质为酞酸酯。Fr2-1921 主要由未知物组成（图 7.58），其中占主要的为保留时间 24.13min、峰面积 84.22%、相对分子质量 330、基峰相对分子质量 135 的未知物。Fr2-2224 中上述未知物含量降低，出现植酮，峰面积为 22.96%。由这些组分的物质组成可以看出，Fr2 及其各馏分主要由一些脂肪酸酯、酮、醇、苯甲酸衍生物等组成，含量较多，能被 GC/MS 检测到的未知物不多。

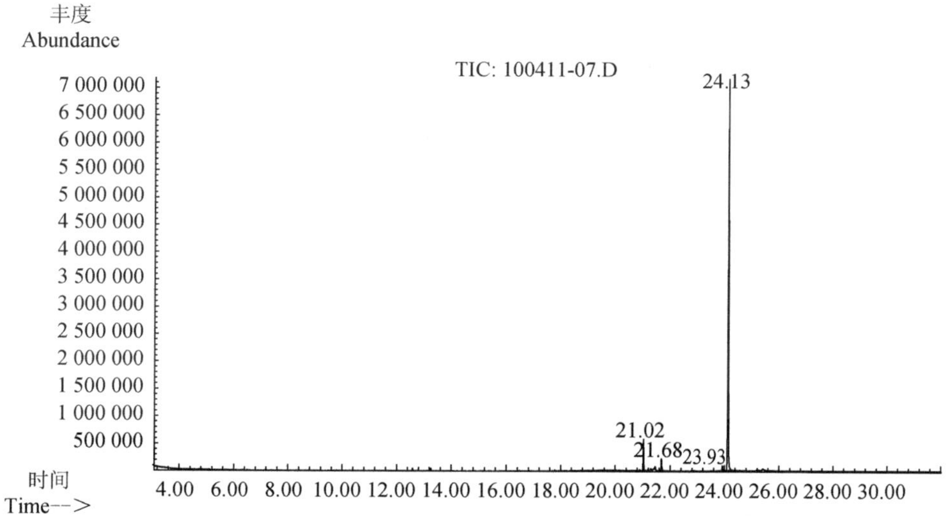

图 7.58　馏分 Fr2-1921 的总离子流图

Fig.7.58　Total ion chromatogram of fraction Fr2-1921

活性馏分 Fr3 的物质分离。馏分 Fr3 主要为石油醚：丙酮在 19：1 比例下洗脱下来的，极性很小，对两种藻类生长的抑制活性都不是很高。将 Fr3（约 5g）上凝胶柱 Sephadex LH-20 粗分，溶剂系统为正己烷：氯仿：甲醇=3：1：1，薄层层析合并馏分，得 Fr3-0107、Fr3-0815、Fr3-1624、Fr3-2527、Fr3-2857。抑藻试验结果见图 7.59。

粗分后的馏分对羊角月牙藻生长的抑制活性大大超过了未分离前馏分的抑制活性，特别是组分 Fr3-2857 对羊角月牙藻达到了 100%的抑制，但其对铜绿微囊藻的生长几乎没有影响。所有组分对铜绿微囊藻的抑制活性都有减弱的趋势，其中 Fr3-1624、Fr3-2527 两个馏分均表现出促进生长的作用。

对进一步分离出的 5 个馏分进行 GC/MS 分析，发现前 4 号馏分相对来说所含物质种类较少，根据图谱给出的每个馏分的物质复杂程度、本身质量的多少及活性大小，选择 Fr3-1624 进行硅胶柱分离，正己烷∶乙酸乙酯体系梯度洗脱（99∶1、49∶1、39∶1、19∶1、9∶1、4∶1、1∶1），合并得 7 个馏分 Fr3-1624-0103、Fr3-1624-0408、Fr3-1624-0914、Fr3-1624-1516、Fr3-1624-1722、Fr3-1624-2326、Fr3-1624-2736，每个馏分的抑藻效果见图 7.60。

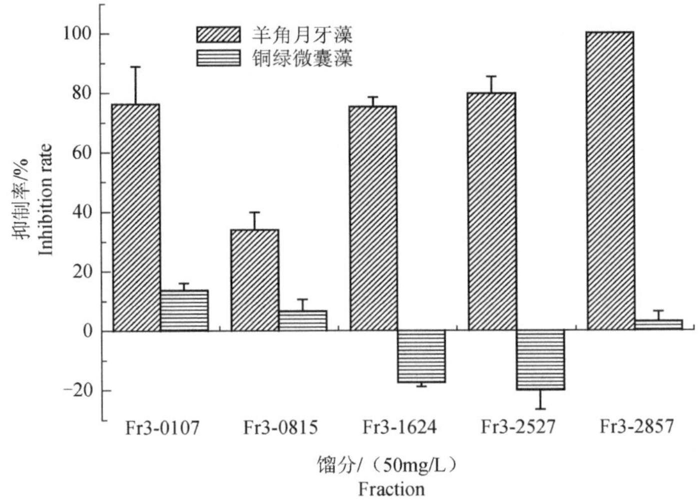

图 7.59　组分 Fr3-0107 到 Fr3-2527 对两种藻的抑制效果

Fig. 7.59　Growth inhibition of fractions Fr2-0103 to Fr2-2527 on *S. carpricornutum* and *M. aeruginosa*

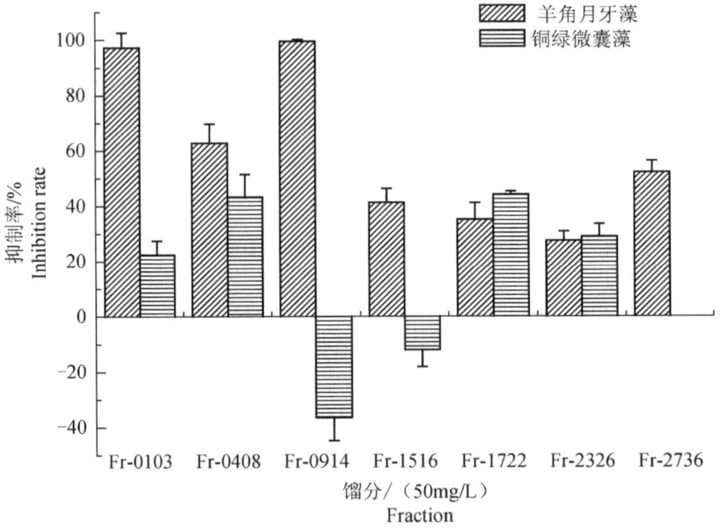

图 7.60　组分 Fr3-1624-0103～Fr3-1624-2736 对两种藻的抑制效果

Fig.7.60　Growth inhibition of fractions Fr3-1624-0103 to Fr3-1624-2736 on *S. carpricornutum* and *M. Aeruginosa*

抑藻测试结果表明，馏分 Fr3-1624 对羊角月牙藻的生长有较强的抑制活性，50mg/L 时为 75.33%，其对铜绿微囊藻没有抑制效应，相反表现为强烈地促进生长作用。硅胶柱分离之后的 7 个馏分在 50mg/L 时对羊角月牙藻的生长均有一定程度的抑制作用，浓度为 50mg/L 时，抑制率最高的为 Fr3-1624-0103 和 Fr3-1624-0914，分别达到 97.28%和 99.56%，但二者对铜绿微囊藻的抑制效果截然不同，50mg/L 时 Fr3-1624-0103 对铜绿微囊藻的抑制率为 22.46%，而 Fr3-1624-0914 对铜绿微囊藻的生长表现为促进效应。馏分 Fr3-1624 本身在 50mg/L 时对铜绿微囊藻就有促进生长的作用，所以分得的 7 个馏分对铜绿微囊藻的抑制活性都比较弱，均低于 50%，其中 Fr3-1624-0914 和 Fr3-1624-1519 都表现出促进生长作用。

对于 Fr3-1624-0103，GC/MS 鉴定其主要由 5 种物质组成（图 7.61）（下面小括号内为峰面积），分别为 16.56min 的植酮（17.85%）、18.03min 的棕榈酸乙酯（45.41%）、19.60min 的亚油酸乙酯（8.83%）、19.66min 的 9，12，15-亚麻酸乙酯（20.17%）及 21.19min 的未知物（7.73%），这一组分的组成物质与 Fr2-0409 有所相同。从 Fr3-1624-0914 的 GC/MS 图谱上可以看出，其主要由酮类及酯类物质组成（图 7.62），16.56min 的植酮（30.09%）、17.59min 的异植醇（4.28%）。这两个组分的主要组成物质不同(除植酮外)，但二者对羊角月牙藻都有较强的抑制作用；但对铜绿微囊抑制作用差别较大，表现为以脂肪酸酯为主要物质的组分抑制铜绿微囊藻的生长，以苯甲酸衍生物为主要物质的组分促进铜绿微囊藻的生长。

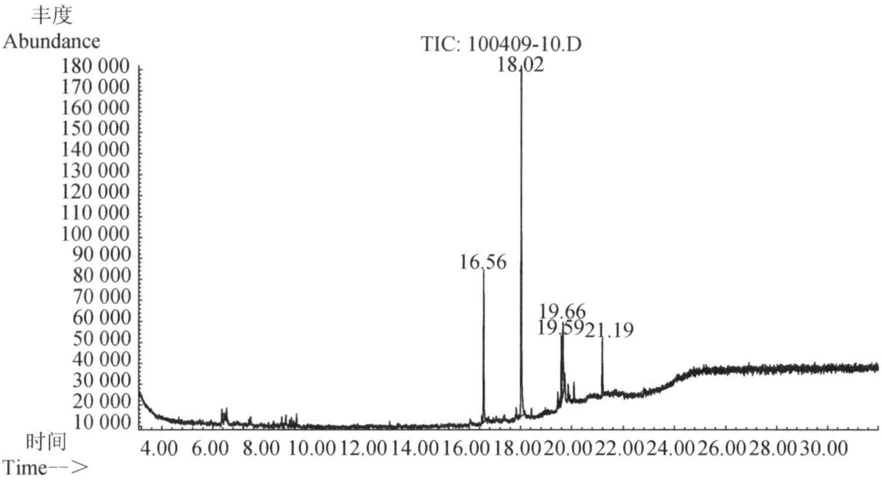

图 7.61　组分 Fr3-1624-0103 的总离子流图

Fig.7.61　Total ion chromatogram of fraction Fr3-1624-0103

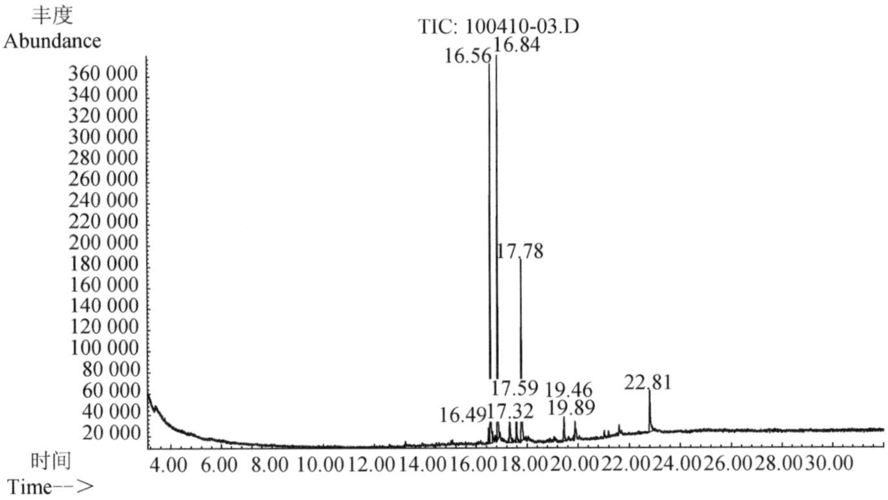

图 7.62　组分 Fr3-1624-0914 的总离子流图

Fig.7.62　Total ion chromatogram of fraction Fr3-1624-0914

Fr3-1624-1516 组分主要由保留时间为 24.14min 的一未知物所组成(图 7.63)，峰面积达到了 82.05%，但其抑藻活性不是很强，50mg/L 时对羊角月牙藻的生长抑制率为 41.26%，对铜绿微囊藻有促进生长的作用，这与前面对 Fr2-1921 的分析结果相符合。

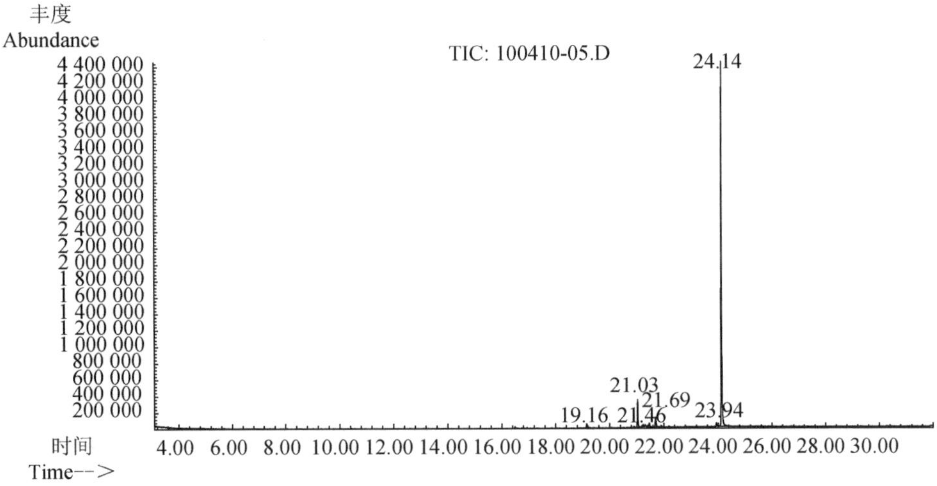

图 7.63　组分 Fr3-1624-1516 的总离子流图

Fig.7.63　Total ion chromatogram of fraction Fr3-1624-1516

活性馏分 Fr4 的物质分离，馏分 Fr4（约 12g）为石油醚：丙酮在 19：1 比例下洗脱下来的，对铜绿微囊藻生长的抑制活性很高，50mg/L 时为 61.59%，对羊角月牙藻生长的抑制效果较弱。将 Fr4 进行硅胶柱层析，石油醚：乙酸乙酯依 3：1 的体积比等度洗脱，得 3 个馏分 Fr4-01、Fr4-02、Fr4-03。馏分 Fr4-01 不到 1g，颜色很深，50mg/L 时促进羊角月牙藻的生长，原因可能是色素含量较高，转化为营养物质，促进了藻类生长。Fr4-02 和 Fr4-03 活性较高，对羊角月牙藻和铜绿微囊藻都有较强的抑制作用，可进一步进行柱层析分离。

Fr4-02 的进一步纯化。对 Fr4-02 进行硅胶柱分离，石油醚：二氯甲烷体系梯度洗脱，合并馏分，得 Fr4-02-0106、Fr4-02-0709、Fr4-02-1012、Fr4-02-1315、Fr4-02-1624、Fr4-02-2529 六个馏分，它们对羊角月牙藻生长的抑制作用均低于对铜绿微囊藻生长的抑制，其中对羊角月牙藻和铜绿微囊藻生长抑制作用最强的均为 Fr4-02-2529，50mg/L 时的抑制率分别为 53.8%和 72.3%；其次对羊角月牙藻生长抑制活性较强的为 Fr4-02-1012，抑制率为 42.9%。对铜绿微囊藻生长抑制较强的为 Fr4-02-1012 和 Fr4-02-1624，抑制率分别为 70.4%和 71.2%（图 7.64）。

组分 Fr4-02-1012 量较少，无法进一步进行分离纯化，GC/MS 鉴定结果显示（图 7.65）其主要成分为棕榈酸（17.87min），峰面积达到了 90.99%，其余组成物质为肉豆蔻酸（15.71min，0.26%）、十五烷酸（16.76min，0.38%）和油酸（19.47min，4.82%）等。从 Fr4-02-1012 的组成物质及抑藻活性可以看出，脂肪酸类物质共存时对藻类有较强的抑制作用。

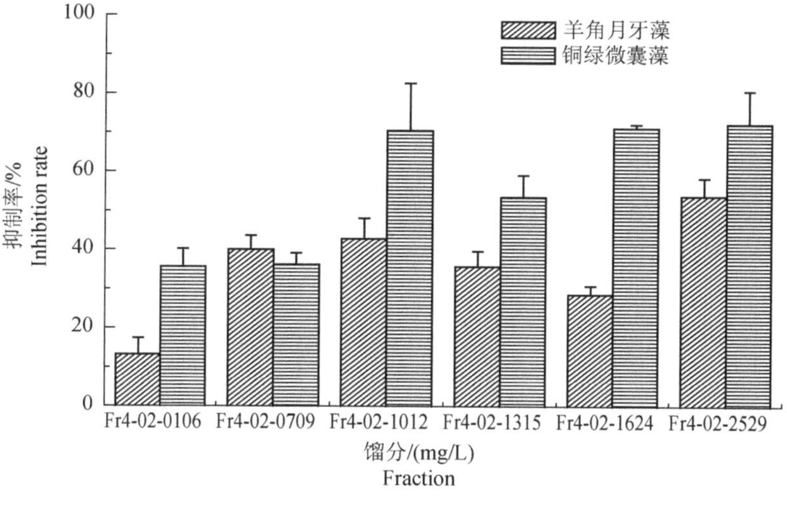

图 7.64 组分 Fr4-02-0106～Fr3-1624-2736 对两种藻的抑制效果

Fig.7.64 Growth inhibition of fractions Fr3-1624-0103 to Fr4-02-2527 on *S. carpricornutum* and *M. aeruginosa*

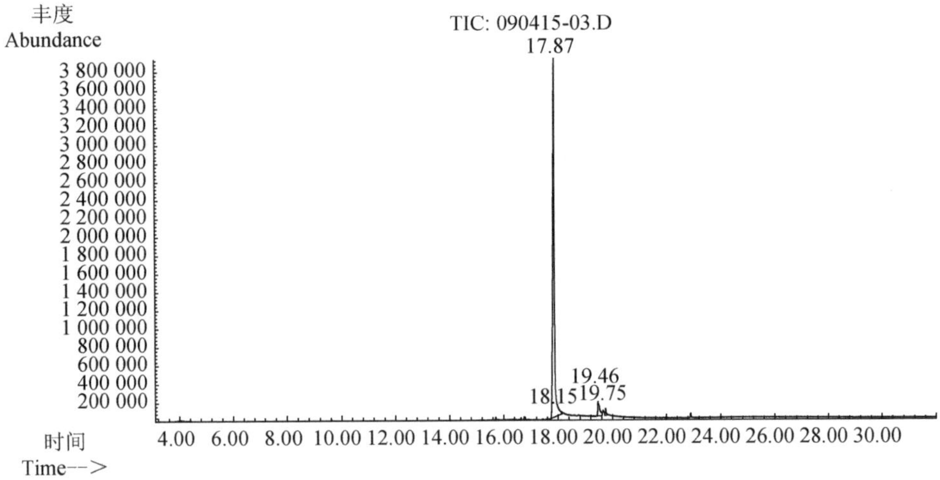

图 7.65 组分 Fr4-02-1012 的总离子流图

Fig. 7.65 Total ion chromatogram of fraction Fr4-02-1012

对馏分 Fr4-02-1624（约 500mg）进行 GC/MS 鉴定，结果显示（图 7.66）其主要组成物质除了棕榈酸（53.79%）、亚油酸（27.12%）外，还有 24.13min 的未知物（峰面积为 9.94%、相对分子质量为 330、基峰相对分子质量为 135）。进一步进行凝胶柱纯化和硅胶小柱进化，以期得到较纯未知物，但都未能成功获得。

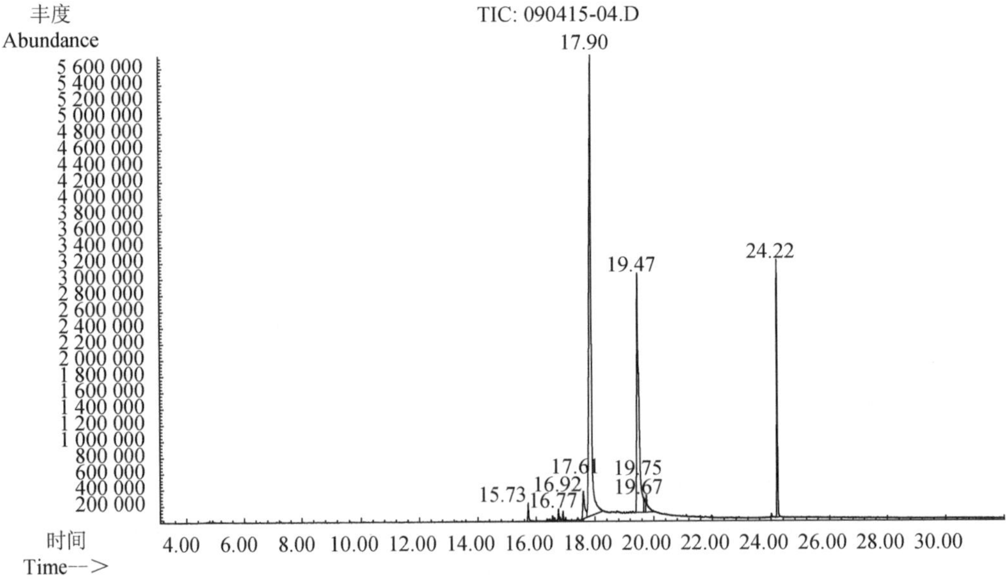

图 7.66 组分 Fr4-02-1624 的总离子流图

Fig.7.66 Total ion chromatogram of fraction Fr4-02-1624

进一步对馏分 Fr4-02-2529（1.4g）进行凝胶柱纯化，收集到 6 个馏分，其中活性较强的第 6 号在 365nm 波长下有紫外线吸收，薄层制备、收集得到制备馏分（图 7.67），其主要组成物质为 19.46min 的亚油酸（23.40%）、19.50min 的亚麻酸（10.12%）及 21.30min 的未知物（57.54%）。可见从 Fr4-02 馏分分离得到的组分中脂肪酸类物质占主要成分，这些馏分对两种藻类都有一定程度的抑制作用，但相对来说它们对铜绿微囊藻生长的抑制作用要大于对羊角月牙藻生长的抑制作用。

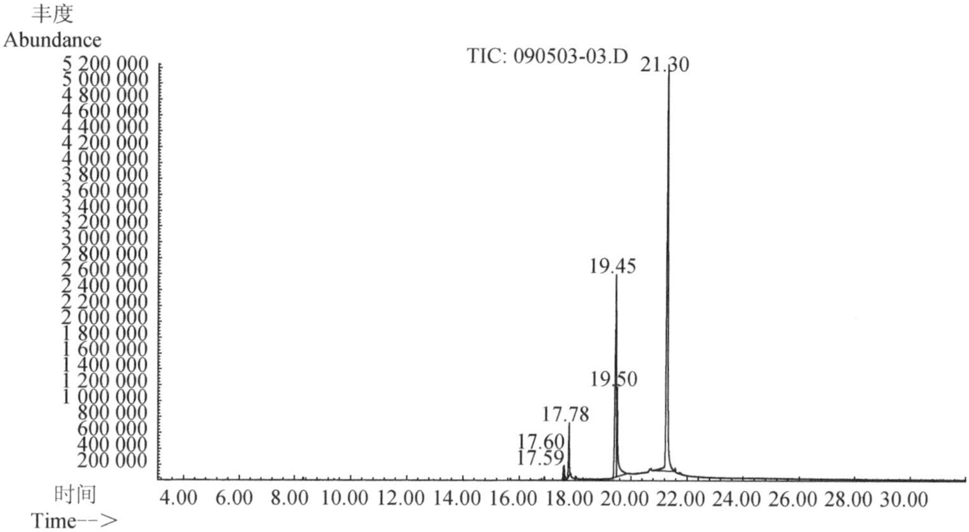

图 7.67　组分 Fr4-02-2529 的总离子流图

Fig. 7.67　Total ion chromatogram of fraction Fr4-02-2529

Fr4-03 的进一步纯化。Fr4-03（5g）对铜绿微囊藻生长的抑制活性较强，50mg/L 时的生长抑制率为 61.45%，上凝胶柱粗分，所得馏分中抑制活性最强的为 Fr4-03-3955，样品显橙色。进一步对其进行凝胶柱分离。TLC 点板，合并显色相同的馏分，得 3 个组分，分别为 Fr4-03-3955-01、Fr4-03-3955-02、Fr4-03-3955-03。从三者的抑藻活性（图 7.68）可以看出，对羊角月牙藻生长抑制活性最强的为 2 号，达到了 97.20%的抑制率，对铜绿微囊藻也有一定程度的抑制，50mg/L 时抑制率为 28.37%。3 号对铜绿微囊藻生长的抑制活性最强，为 74.64%。对 2 号进行 GC/MS 分析，发现其成分比较单一（图 7.69），由未鉴定出的物质组成，保留时间为 23.49min、相对分子质量为 314，具体结构还需进一步鉴定。尽管 Fr4-03-3955-03 的抑藻活性也很高，但其由多种物质组成，量又很少，无法进行下一步分离。

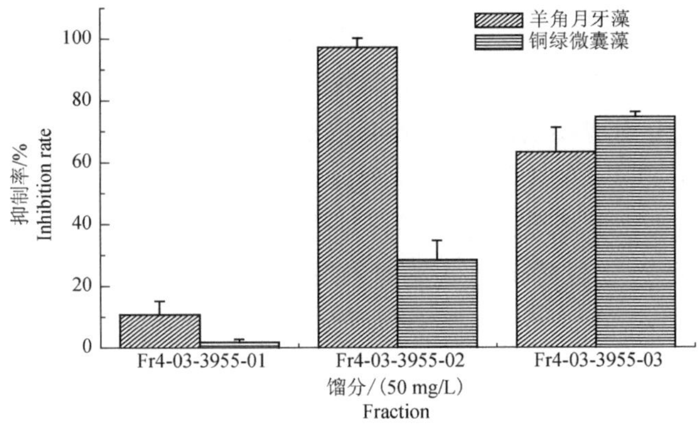

图 7.68 组分 Fr4-03-3955-01～Fr4-03-3955-03 对两种藻的抑制效果

Fig. 7.68 Growth inhibition of fractions Fr4-03-3955-01 to Fr4-03-3955-03 on *S. carpricornutum* and *M. aeruginosa*

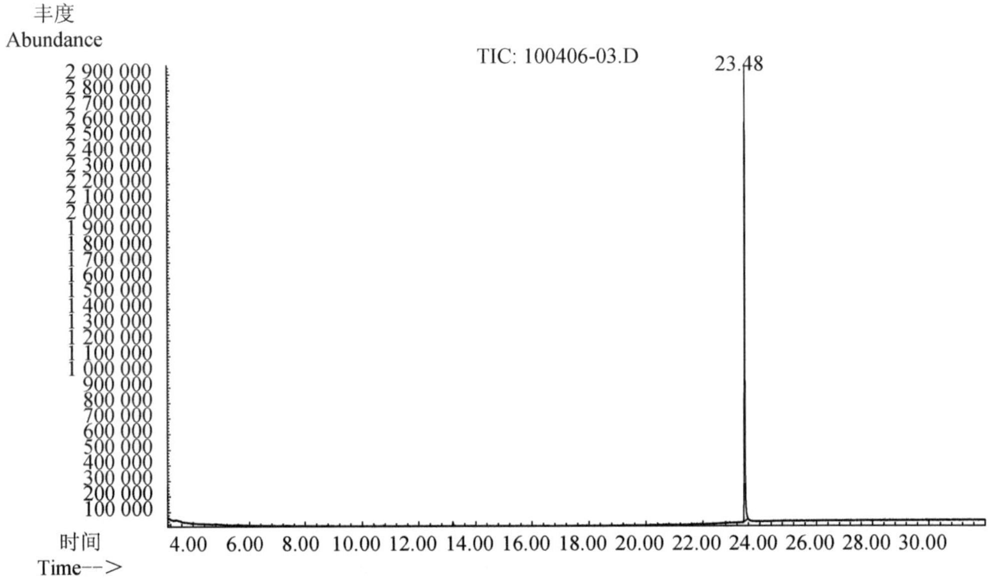

图 7.69 组分 Fr4-03-3955-02 的总离子流图

Fig.7.69 Total ion chromatogram of fraction Fr4-03-3955-02

馏分 Fr5 的分离纯化。在大柱层析所得到的馏分中 Fr5 对羊角月牙藻生长的抑制活性最强，50mg/L 时为 61.59%，但对铜绿微囊藻生长的抑制活性较弱，仅为 11.14%。由其 GC/MS 图谱可以看出，其主要为两部分物质组成，分别为脂肪酸类和甾醇类物质，根据二者性质的不同，选择丙酮对 Fr5 进行反复重结晶，得到两部分，分别为 Fr5-01 和 Fr5-02。甾醇类物质的分子质量普遍大于脂肪酸类物质的，利用二者分子质量的差异选择凝胶柱色谱进一步对活性强的Fr5-01进行纯化，溶剂系统为正己烷：氯仿：甲醇=3：1：1，薄层层析合并馏分，得纯化后的脂肪酸组分。表7.3显示了Fr5、Fr5-01、Fr5-02及脂肪酸组成成分。Fr5组分中甾醇占大多数，达到鉴定组分总量的71.89%，脂肪酸含量为16.78%。根据甾醇易结晶析出的特性，采用丙酮进行重结晶，析出晶体部分为组分Fr5-02，甾醇类物质占其的96.68%，脂肪酸量极少，仅为0.79%；经过重结晶，Fr5-01中脂肪酸的量得到提高，达66.25%，为甾醇类物质的3.6倍。凝胶柱进一步去除Fr5-01中的甾醇类物质，收集馏分得较纯的脂肪酸组分，其含有84.16%的脂肪酸类物质，甾醇类物质只检测到一种含量为0.72%的麦角甾醇。

表7.3　GC/MS鉴定馏分Fr5分离中各组分的组成及含量

Table7.3　Composition and content of different fractions from fraction Fr5

化合物 Compound	保留时间/min Retention time	百分含量/%　Content			
		Fr 5	Fr 5-01	Fr 5-02	脂肪酸组分
脂肪酸总量		16.78	66.25	0.79	84.16
辛酸（Octanoic acid）	9.67	0.05	0.16	—	1.77
壬酸（Nonanoic acid）	10.99	0.05	0.14	—	0.60
癸酸（Decanoic acid）	12.24	0.06	0.14	—	0.55
月桂酸（Dodecanoic acid）	14.56	0.14	0.36	—	1.48
十三烷酸（n-Tridecanoic acid）	15.64	0.04	0.03	—	0.10
豆蔻酸（Tetradecanoic acid）	16.67	0.50	1.32	0.02	3.08
十五烷酸（n-Pentadecanoic acid）	17.29	0.04	0.09	—	0.21
反-9-十六烯酸（Palmitelaidic acid）	18.41	0.73	2.15	0.02	3.30
棕榈酸（Hexadecanoic acid）	18.60	5.16	20.33	0.47	37.09
十七烷酸（Heptadecanoic acid）	19.51	0.04	0.19	—	0.21
亚油酸（9, 12-Octadecadienoic acid）	20.11	4.14	18.06	0.11	16.37
α-亚麻酸（α-Linolenic acid）	20.18	5.40	21.59	0.18	23.52
硬脂酸（Octadecanoic acid）	20.38	0.42	1.70	—	2.44
甾醇类总量		71.89	18.39	96.68	0.72
胆甾醇类（Cholesta-6, 22, 24-triene, 4, 4-dimethy）	25.78	0.16	0.03	1.17	—
豆甾醇类（Stigmastan-3, 5, 22-trien）	27.36	0.23	0.00	0.61	—
胆甾醇（Cholesterol）	29.00	2.07	2.15	1.13	—
菜油甾醇（Campesterol）	30.08	2.16	—	—	—
麦角甾醇类 [Ergost-5-en-3-ol, (3beta, 24R)-]	30.72	23.60	9.56	14.51	0.72

续表

化合物 Compound	保留时间/min Retention time	百分含量/% Content			
		Fr 5	Fr 5-01	Fr 5-02	脂肪酸组分
豆甾醇（Stigmasterol）	31.36	34.59	4.21	73.16	—
22, 23-二氢一豆甾醇（Stigmasterol, 22, 23-dihydro）	31.74	1.28	—	—	—
β-古甾醇（beta-sitosterol）	32.52	7.80	2.45	6.09	—
脂肪酸/甾醇		0.23	3.60	0.0082	116.89

Fr5 结晶后得到的 Fr5-01 的抑藻活性明显强于 Fr5-02 的（图 7.70），30mg/L Fr5-01 对羊角月牙藻生长的抑制率为 67.09%，50mg/L 时达到了 76.91%，而 Fr5-02 对羊角月牙藻生长没有明显抑制作用。分别将 10mg/L 和 30mg/L Fr5-02 加入到 30mg/L 的 Fr5-01 中，其对羊角月牙藻生长的抑制率与 30mg/L Fr5-01 单独作用于羊角月牙藻时的生长抑制率没有显著性差异（$P>0.05$），表明 Fr5-02 不仅自身没有抑藻效应，对 Fr5-01 的抑藻效应也没有影响。由凝胶柱色谱层析所得活性最强组分（脂肪酸组分）在其为 50mg/L 时藻类已全部死亡，达到了 100%的抑制率，表现出强烈抑藻效应。进一步测定不同浓度脂肪酸组分对羊角月牙藻生长的抑制效应，利用一元线性回归，求得脂肪酸组分对羊角月牙藻的 72h 半抑制浓度（EC_{50}）为 7.90mg/L（R^2=0.986）。

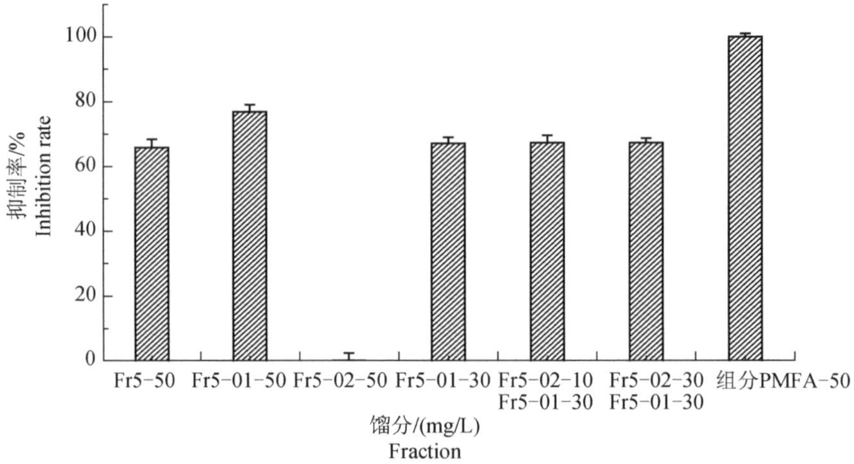

图 7.70　Fr5 及分离的各组分对羊角月牙藻的抑制效果

Fig.7.70　Inhibition of fraction Fr5 and isolated fractions on *S. carpricornutum*

馏分 Fr5 对铜绿微囊藻生长的抑制作用较低，50mg/L 时为 11.14%，结晶后所得的 Fr5-01 组分的抑藻活性稍微有所提高，为 26.44%，但甾醇部分活性很低，50mg/L 的 Fr5-02 对蓝藻的生长几乎没有影响，还表现出轻微的促进作用。纯化后的脂肪酸组分对铜绿微囊藻的抑制作用较大，测定不同浓度脂肪酸组分的抑制效应，利用一元线性回归，求得脂肪酸组分对铜绿微囊藻的半效应浓度 72h 的 EC_{50} 为 16.54mg/L (R^2=0.994)。

在对马来眼子菜中的抑藻物质进行分离时：方法一，借助 GC/MS 对各馏分的化学成分进行了剖析和鉴定，但未进一步分离、纯化得到单一化合物。该方法较适合用于初步了解某植物中的物质成分，可以对后续的研究提供依据、有一定的指导作用，但对 NIST02 标准谱库中不存在的一些未知结构的新化合物的测定则受到一定的限制。方法二，在对马来眼子菜及黄丝草中具体抑藻物质的鉴定中，依据藻类毒性实验结果，从马来眼子菜及黄丝草中分离并纯化得到的部分单一纯化合物用核磁共振仪确定其化学结构式，该方法较适合于以得到未知化学结构新的抑藻化合物为目的的研究。相对而言，后一种方法所需要的时间较长，工作量大、花费高，由于流程长，在分离过程中易受环境条件，如温度、光照等等对分离结果的影响，因此，读者可根据具体目的参考相应的分离方法或将以上的两种方法进行更好的优化组合。

（作者：吴振斌、王红强、张胜花、张丽萍、胡陈艳、张甬元等）

第八章　生态毒理学方法在化感抑藻作用研究中的应用

生态毒理学是应用毒理学的原理和方法，从生态学角度研究环境污染物对生态系统及其组成成分的有害作用和相互影响规律的学科。生态毒理学是环境毒理学的一部分，也是生态学的一部分。生态毒理学研究外源化学物（xenobiotics）对生物个体、种群、群落和生态系统的不良生态学效应，以及从分子、细胞、组织和器官等不同生命层次和生理、代谢、发育、遗传、生殖等生命现象水平研究其与外源化学物的相互关系及作用机制，并揭示生物的适应机制和确定反映环境胁迫的指示表征（Truhaut，1977；孟紫强，2000）。生态毒理学研究中指示的外源性化合物，主要是指人工合成的持久性有毒有机化合物及其副产物。而化感抑藻作用研究中的化合物是水生植物分泌的次生代谢物，这些化合物具有易降解和不存在生物累积效应的特点。根据现有研究表明，水生植物分泌的许多化感物质与一些外源性化合物具有相似的化学活性反应基团。根据毒理学机制推测它们对藻细胞代谢途径可能产生类似影响，并可能具有相同的作用靶位，造成类似的损伤。因此，可以借鉴生态毒理学中一些相对成熟的研究方法和手段，直接或经过改进用于研究化感物质对浮游藻类细胞抑制的作用机制。

获得稳定的、生理状态基本一致的浮游藻细胞培养物是研究水生植物化感物质对浮游藻细胞毒理作用最基本的和重要的条件，因此本章第一小节着重介绍浮游藻细胞的培养方法及基本抑藻活性的测试方法。之后的小节介绍已经借鉴并运用的生态毒理学经典的、新兴的、灵敏高效的技术手段和研究方法，这些方法可以检测水生植物及其分泌的化感物质对浮游藻类种群和可能的细胞内靶标的损伤及毒理作用。其生物标志物从研究早期的浮游藻类生物量的变化，到浮游藻类光合色素含量的变化，及其光合作用和呼吸作用的测定，逐渐深入到浮游藻细胞的细胞内靶位，即生物大分子，如蛋白质（包括相关酶活、蛋白质含量和组成的变化等的测定）、DNA（双链断裂、片段化等损伤）等。同时，介绍了化感作用下浮游藻细胞的微观结构，包括光合系统所在类囊体、细胞膜、细胞核等的形态、完整性和染色性质检测等信息。本章还介绍了微囊藻因化感物质导致程序性死亡有关特征的测试方法。

本章主要关注以往和现阶段国内外已经用于水生植物对浮游藻类化感作用的研究方法，着重介绍本研究组已经应用和正在使用的研究手段和方法。主要介绍检测方法的基本原理，简要介绍其主要步骤、所需仪器和结果分析等，更加详细的操作步骤和注意事项请参考相关的原始文献资料。

8.1 藻种培养及化感抑藻效果测试方法

水生植物对藻类的化感作用研究中，定义化感物质的重要依据之一就是该物质对藻类生长的有效作用（Willis，1985）。因此，抑藻效果测试是研究草-藻化感作用的关键。将样品、培养基和藻液以一定体积混合到培养体系中，稳定条件下培养，等时间间隔或培养结束后测定对照组和各处理组受试藻的生长情况。在测试时间内保持培养液中足够的营养水平，比较受试组与对照组的生长曲线，计算相对于对照组的生长抑制率，从而确定化感物质或化感组分的抑藻效果和抑藻程度。

8.1.1 藻类生长表征

为了直观反映分离组分或待试物质对目标藻类的作用效果，一般选择藻类生长参数作为测试指标。藻细胞生长情况主要根据直接计数或间接测定得到的细胞密度来表征，具体方法包括显微镜计数、仪器计数、光密度值测定和浊度测定 4 种。

1. 显微镜计数

显微镜计数是水体中藻类群落结构调查的基本方法，在抑藻毒性测试中的应用也比较普遍（陈坚等，1994；Nakai et al.，1996，2001）。具体方法即准确吸取充分摇匀的待测藻液 0.1mL，置于容量为 0.1mL、表面积为 20mm×20mm 的计数框内，盖上盖玻片，然后在显微镜下随机取一定数量的视野观察计数。此外，还可以采用血球计数板盛放藻液在显微镜下计数。随后，根据计数面积与计数框面积的比例将直接计数的结果换算成单位体积的细胞数。计数时应注意将藻液充分摇匀，快吸快滴，加盖盖玻片时不能出现气泡。该方法的优点在于：一方面，细胞计数的同时，还可以观察到细胞的形态和生长状态，排除死细胞和杂质的干扰；另一方面，不仅可计数单一藻种，还适用于对混合藻群的分析。但显微镜计数耗时费力，人为因素影响易导致计数结果出现较大误差。

2. 仪器计数

为了减轻显微计数的人力负担，先后发展出多种仪器计数细胞的方法，如采用激光原理自动计数的流式细胞计数仪（Mulderij et al.，2006）以及利用电阻变化原理进行计数和粒度分析的库尔特计数仪（侯建军等，2004）均可用于藻细胞数的快速分析。库尔特计数仪还可以同时分析不同类型的细胞。但这些方法对细胞条件要求较高，最好是处在指数生长阶段的细胞。另外，若存在非细胞形态颗粒，计数结果会偏高，需要进行校正。随着科学技术的发展，仪器计数方法将逐渐走向成熟，达到实用、准确、便捷的要求。

3. 光密度值测定

单一藻种纯培养情况下，藻细胞数与特定波长下的光密度值之间存在明显的线性关系。因此，许多抑藻测试方法都在建立了藻细胞数与光密度值之间线性关系的基础上，通过测定吸光度值得到藻液细胞密度。该方法操作简单、节约时间、重现性好、误差小，应用最为广泛（Cangiano et al.，2001；Wang et al.，2010）。

4. 浊度测定

单一藻种纯培养情况下，藻液中没有藻细胞以外的其他颗粒存在。因此，反映流体样品中悬浮颗粒含量的浊度也被用于藻液细胞密度的测定（Nakai et al., 1999; Mulderij et al., 2006）。在建立了藻细胞数与浊度线性关系的基础上，将测定的藻液浊度换算成各处理组和对照组中的藻细胞密度。该方法相对于显微镜计数法，具有简便快捷的特点，但仍然会受到细胞生长后期细胞碎片和有机颗粒等非细胞因素的影响。

8.1.2 藻种培养

无论是水生植物化感抑藻活性筛选、化感抑藻活性物质的分离鉴定，还是化感物质抑藻活性比较，都需要有新鲜健康均一的藻细胞作为受试目标生物。藻细胞状态的好坏将直接影响水生植物化感抑藻作用研究结果的准确性和可靠性。因此，稳定可靠的藻种培养模式成为各实验室研究水生植物化感抑藻作用的必备基础条件。

1. 藻种选择

抑藻测试中常采用绿藻和蓝藻作为受试藻，也可采用非附着性硅藻。表 8.1 列出了各种抑藻测试国际标准中确定的受试藻种。而其中被广为推荐的模式生物为绿藻门的羊角月牙藻（图 8.1），这主要是因为其月牙形单细胞形态方便辨认和计数。另外，该藻种在全世界多数淡水环境中均有分布，在实验室条件下也容易培养。

表 8.1 抑藻测试中可供选用的藻种

Table 8.1 Target species in algal inhition test

参考文献 Reference	受试藻种 Test organism	
ISO 8692	绿藻门	近具刺栅藻 *Scenedesmus subspicatus* 羊角月牙藻 *Selenastrum capricomutum*
OECD	绿藻门	近具刺栅藻 *Scenedesmus subspicatus* 羊角月牙藻 *Selenastrum capricomutum*
	蓝藻门	水华鱼腥藻 *Anabaena flos aquae* 聚球藻 *Synechococcus leopoldensis*
	硅藻门	舟形藻 *Navicula pelliculosa*
US EPA	绿藻门	羊角月牙藻 *Selenastrum capricomutum*

草-藻化感作用研究受到越来越多关注的一个重要原因就是其在蓝藻水华控制中的潜在价值，因此在分离化感物质的过程中以典型的水华藻种-铜绿微囊藻作为受试藻来测试相应组分或物质的抑藻活性更具生态意义和实用价值。众所周知，暴发水华（图 8.2）的铜绿微囊藻多是群体状态（图 8.3），在实验室条件下将其分离纯化培养后，则很难再形成群体，而是以单细胞形态存在（图 8.4），但其生理机制仍可以在一定时间内保持。例如，产毒株依然产毒，而单细胞形态使其更利于作为模式生物应用于抑藻测试中。因此，许多研究以实验室纯培养的铜绿微囊藻作为受试藻来评估水生植物的化感活性（Nakai et al., 2001; Mulderij et al., 2005; 鲜啟明等，2006）。

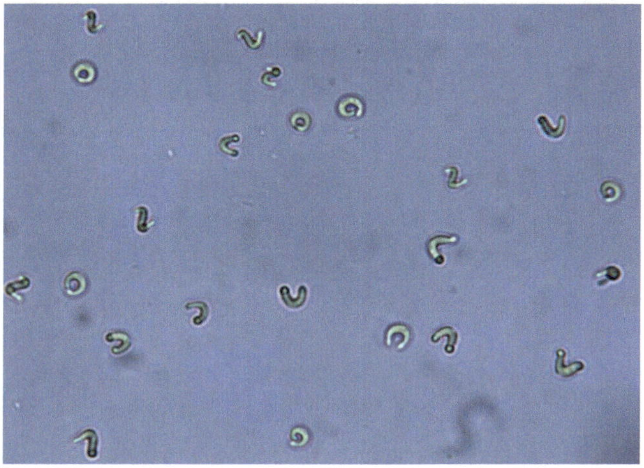

图 8.1　羊角月牙藻细胞（高云霓 摄）

Fig. 8.1　Cells of *S. capricornutum*(Photoed by Gao Yunni)

图 8.2　铜绿微囊藻水华

Fig. 8.2　Algal bloom of *M.aeruginosa*

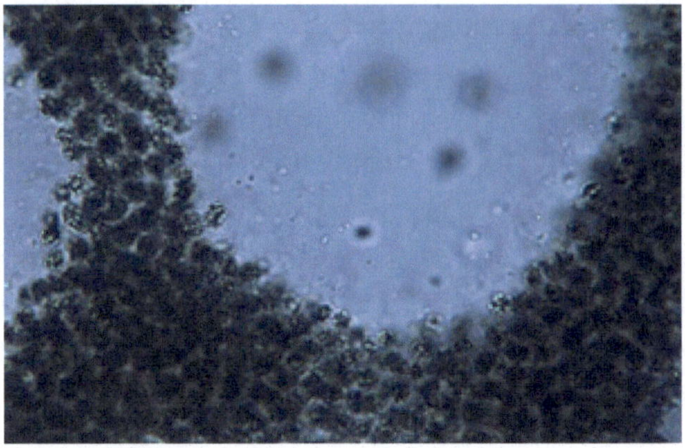

图 8.3 自然水体中的铜绿微囊藻群体

Fig. 8.3 Colonies of *M.aeruginosa* in natural water bodies

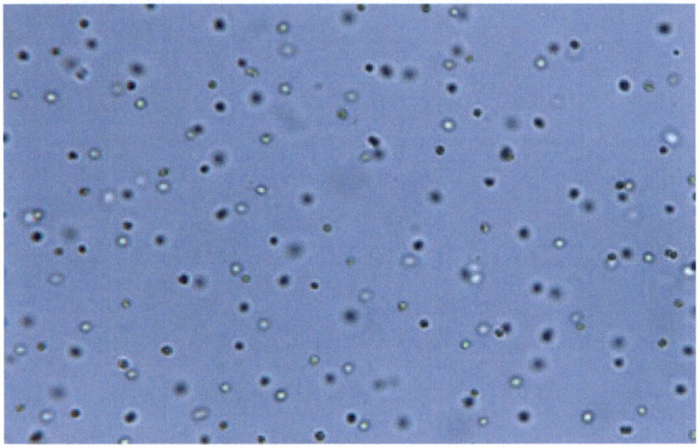

图 8.4 实验室纯培养的铜绿微囊藻细胞

Fig. 8.4 Cells of *M.aeruginosa* after pure culture in the laboratory

2. 不同培养条件对藻细胞生长状态的影响

理想状态下，批次培养（batch culture）周期中，藻细胞的生长曲线应符合逻辑斯蒂模型（图 8.5），其中分为 5 个阶段，依次是迟缓期（lag phase），藻细胞生长缓慢；指数生长期（exponential growth phase），藻细胞以几何级数增长，即增长最快的阶段；增长率下降期（declining growth rate phase），即生长率比指数生长期有所下降；稳定期（stationary phase），藻细胞增长达到饱和，开始停止生长；衰亡期（death phase），藻细胞逐渐死亡。其中，只有指数生长期藻细胞的生命活性最强，细胞基本处于同一生长阶段，各种生理生化过程处于健康、正常状态。因此，在各种化感抑藻和生理生化实验中，一般选用处于指数生长期的藻细胞，以便获得准确和可重复的实验结果。

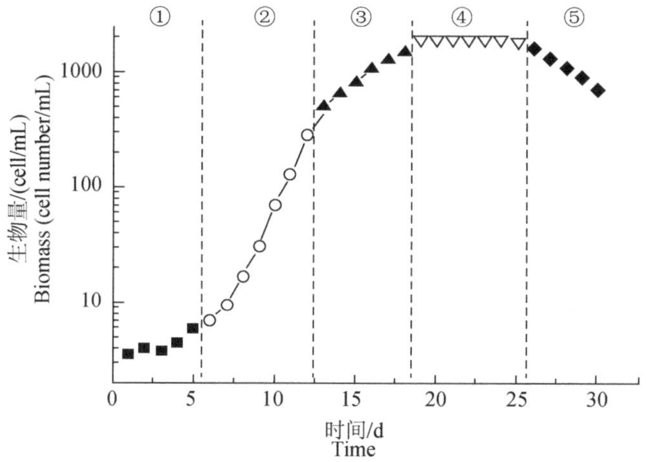

图 8.5　微藻生长的一般模式曲线（改自 Fogg and Thake，1987）

Fig. 8.5　General pattern of microalgal growth in batch cultures (Modified from Fogg and Thake, 1987)

尽管不同实验室的具体条件可能不同，但在实验中一般都会通过实验控制各项藻类培养条件，获得可重复的处于指数生长期的藻细胞，以保证后续各项生理生化测试结果的可靠性。

在抑藻测试过程中，不论选用何种方法，受试藻的生长状态都将是影响测试结果的重要因素。尽管国际、国内的各种抑藻测试标准中都有推荐的藻类培养条件，但具体到各个实验室，不同来源、不同状态藻株的最适培养条件都会根据实际情况对标准中的条件进行适当的调整。下面分别介绍在羊角月牙藻和铜绿微囊藻培养方面应注意的一些事项。

1）羊角月牙藻

常用的羊角月牙藻培养基如表 8.2 所示，其中 SE 培养基为中国淡水藻种库提供的绿藻培养基，ISO 8692 标准也提供了一种培养基，加拿大环境部制定了 96 孔板法抑藻测试中的培养基（CM）。各种培养基在营养组成和含量上的差别，会在一定程度上影响羊角月牙藻的生长。图 8.6 所示为羊角月牙藻（FACHB 271，下同）在 SE 和 CM 两种培养基上的生长情况。由图 8.6 可见，两种光照强度下均显示 CM 培养基中羊角月牙藻的生长速率显著高于 SE 培养基中。但实验中还发现，CM 培养基培养的藻类到第 7 天后颜色逐渐变黄，而 SE 培养基能维持藻细胞长期生长所需营养，因此更适用于羊角月牙藻的保种。

羊角月牙藻可以在较强的光照强度下生长，推荐光强为 6000～10 000lx，相当于4～6根冷荧光灯在离藻液0.35m距离所达到的光强。但由于光源排列的差异、使用寿命和照度测量仪器的不同，各种文献中报道的光强数据不是很一致。因此各个实验室应根据具体情况确定最适光照条件。

表 8.2 羊角月牙藻常用培养基

Table 8.2 Composition of culture solution for *S. capricomutum*

SE Medium（中国科学院水生生物研究所淡水藻种库）		ISO 8692（1997 年）		Canada Standards（1992 年）	
营养 Nutrient	浓度 Concentration	营养 Nutrient	浓度 Concentration	营养 Nutrient	浓度 Concentration
$NaNO_3$	250mg/L	NH_4Cl	15mg/L	$NaNO_3$	25.5mg/L
$KH_2PO_4 \cdot 3H_2O$	75mg/L	$MgCl_2 \cdot 6H_2O$	12mg/L	$MgCl_2 \cdot 6H_2O$	10.0mg/L
$MgSO_4 \cdot 7H_2O$	75mg/L	$CaCl_2 \cdot 2H_2O$	18mg/L	$CaCl_2 \cdot 2H_2O$	4.42mg/L
$CaCl_2 \cdot 2H_2O$	25mg/L	$MgSO_4 \cdot 7H_2O$	15mg/L	$MgSO_4 \cdot 7H_2O$	14.7mg/L
KH_2PO_4	175mg/L	KH_2PO_4	1.6mg/L	K_2HPO_4	1.04mg/L
NaCl	25mg/L	$FeCl_3 \cdot 6H_2O$	64μg/L	$NaHCO_3$	15.0mg/L
Soil extract	40ml/L	$Na_2EDTA \cdot 2H_2O$	100μg/L	H_3BO_3	185.52μg/L
$FeCl_3 \cdot 6H_2O$	5.81mg/L	H_3BO_3[a]	185μg/L	$MnCl_2 \cdot 4H_2O$	415.62μg/L
Na_2EDTA	10mg/L	$MnCl_2 \cdot 4H_2O$	415μg/L	$ZnCl_2$	3.28μg/L
H_3BO_3	2.86mg/L	$ZnCl_2$	3μg/L	$CoCl_2 \cdot 6H_2O$	1.43μg/L
$MnCl_2 \cdot 4H_2O$	1.81mg/L	$CoCl_2 \cdot 6H_2O$	1.5μg/L	$CuCl_2 \cdot 2H_2O$	0.012μg/L
$ZnSO_4 \cdot 7H_2O$	220μg/L	$CuCl_2 \cdot 2H_2O$	0.01g/L	$Na_2MoO_4 \cdot 2H_2O$	7.26μg/L
$CuSO_4 \cdot 5H_2O$	79μg/L	$Na_2MoO_4 \cdot 2H_2O$	7μg/L	$FeCl_3 \cdot 6H_2O$	160μg/L
$(NH_4)_6Mo_7O_{24} \cdot 4H_2O$	39μg/L	$NaHCO_3$	50mg/L	$Na_2EDTA \cdot 2H_2O$	300μg/L

注：土壤提取液（soil extract）配制方法为取未施过肥的花园土 0.5kg 置于烧杯或三角瓶中，加入蒸馏水 1000mL，瓶口用透气塞封口，在水浴中沸水加热 2h，冷却数小时，在无菌条件下过滤，取上清液，将灭菌蒸馏水加入上清液至总体积 1000mL。土壤提取液保存在 4°C 备用

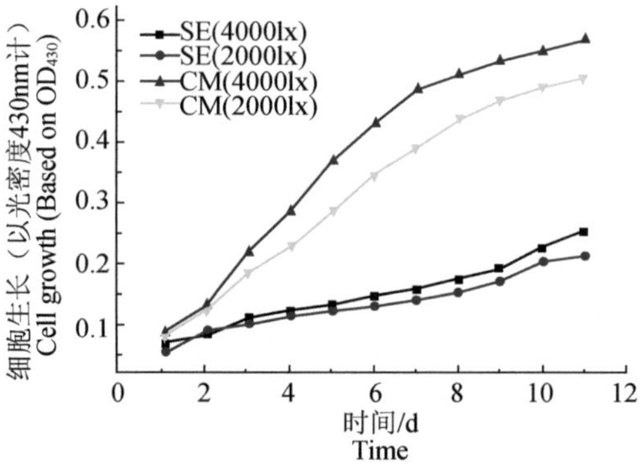

图 8.6 羊角月牙藻在 SE、CM 培养基中两种光照强度下的生长曲线

Fig.8.6 The growth curves of *S capricomutum* in SE and CM culture medium under two different light intensities

前文曾提到羊角月牙藻容易在实验室培养，如图 8.7 所示，2000～4000lx 的不同光照强度对藻的生长不会产生显著影响（P>0.05）。但是光照周期的不同会显著影响藻细胞的增长速率。如图 8.8 所示，羊角月牙藻在相同光照强度（3500lx）

下，不论起始浓度的高低，持续光照的生长速率均比 12h：12h 光暗周期下快。

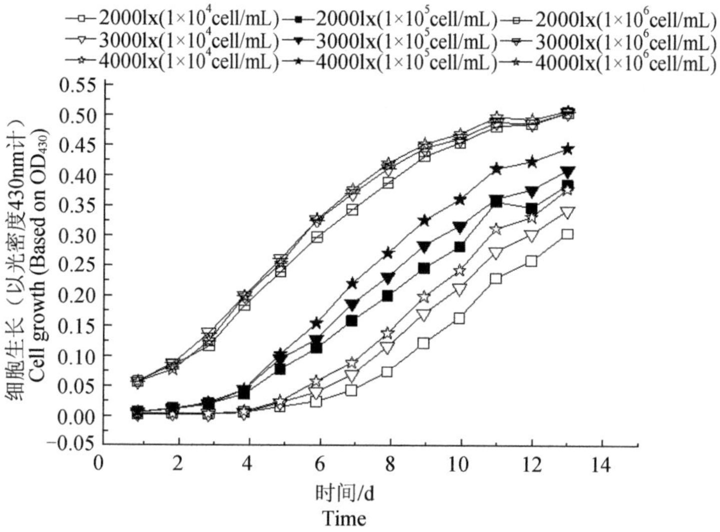

图 8.7　不同光照强度不同起始浓度下羊角月牙藻的生长曲线

Fig.8.7　The growth curves of *S.capricomutum* with different initial cell densities under different light intensities

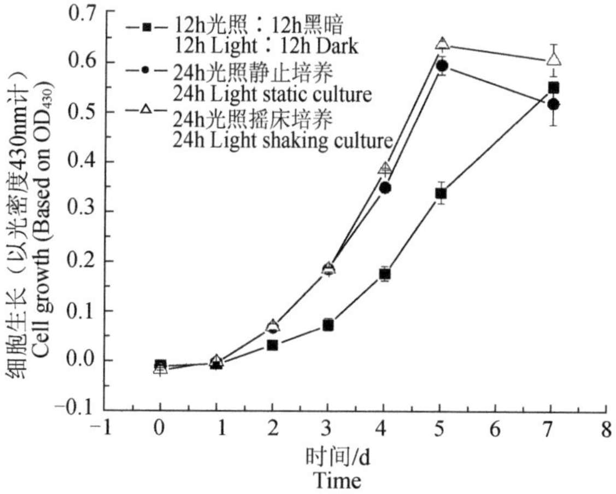

图 8.8　不同培养条件下羊角月牙藻的生长曲线

Fig. 8.8　The growth curves of *S. capricomutum* under different culture conditions

要加快藻的生长速率，培养过程中摇动藻液也非常重要。这样一方面可以保证藻细胞和待测物的接触频率；另一方面也可以改善二氧化碳的供应，避免藻细胞的生长受到碳限制。摇动方式最好是在培养过程中摇床持续振摇，每天手工摇动 2 次或 3 次，也仍然难以避免生长后期藻细胞结团现象。

抑藻测试中接种藻的起始浓度也会影响藻的生长周期。图 8.9 所示为不同初始密度下藻的生长率变化。图 8.10 所示为两种初始密度下藻细胞的生长曲线。如图所示，当藻液起始浓度只有以 10^4cell/mL 时，藻细胞要经历 2 天的迟缓生长期，直到第 5 天才开始出现较快的生长。初始密度为 2.5×10^3cell/mL 比 5×10^4cell/mL 也要晚 1 天开始生长。而较高的初始密度下，藻细胞几乎从第 1 天就开始增长。

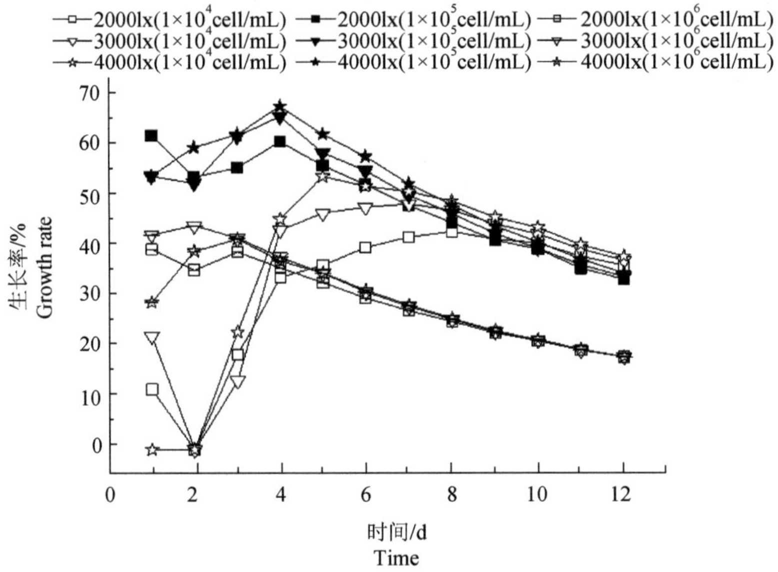

图 8.9　不同光照强度、不同起始浓度下羊角月牙藻的生长率曲线

Fig.8.9　The growth curves of *S. capricomutum* with different initial cell densities under different light intensities

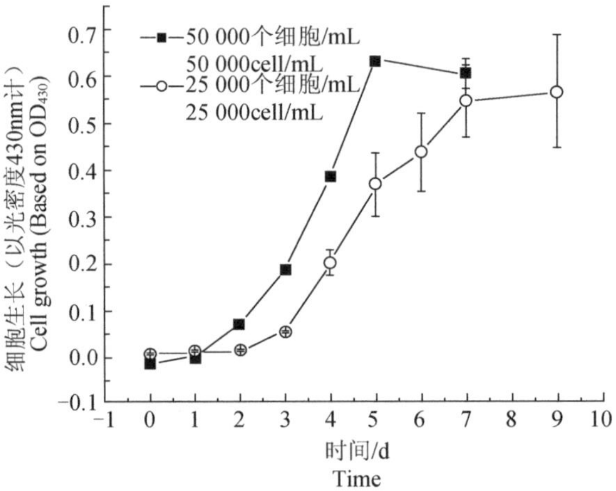

图 8.10　不同初始密度下羊角月牙藻的生长曲线

Fig. 8.10　The growth curves of *S. capricomutum* with different initial cell densities

由此可以看出，在藻液预培养时，可适当加大接种浓度，这样藻细胞可以较快地进入对数生长期，从而缩短实验准备时间，但接种浓度也不能过高，否则将引起营养受限。

抑藻测试中，培养条件一定要保持稳定，不论是光照还是温度等，这样才能保证不同批次实验中藻细胞状态一致，从而保证抑藻测试结果的可比性。图 8.11 所示为相同起始浓度（5×10^4cell/mL）、24h 持续光照、摇床持续摇动条件下得到的 4 个批次的生长曲线。由图可见，各次生长曲线比较相近，无显著差异（$P>0.05$），接种后的第 3 天开始进入对数生长期。

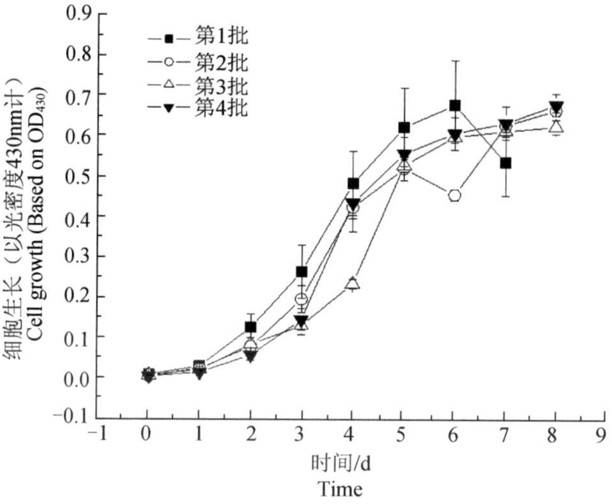

图 8.11　多批次重复培养的生长曲线

Fig. 8.11　The growth curves of *S. capricomutum* during repeated batch cultures

2）铜绿微囊藻

国内常用的铜绿微囊藻培养基为 BG11 (Rippka et al.，1979)，水生植物培养液 MIII（Körner and Nicklisch，2002）也可提供铜绿微囊藻（FACHB 942，下同）一段时间内生长所需的营养（图 8.12）。两种培养基的配方详见表 8.3。

相对于绿藻门的藻类，蓝藻门藻类普遍适应弱光，一般在弱光时随光照强度增加而加速生长。其对光照的依存，在强光下较低，而且生长会受到阻碍。但经过多批次连续驯化培养后，不同光照强度下藻细胞的增长速率则没有显著差异。如图 8.13 所示，第 1 批和第 2 批生长的藻在不同的光照条件下有一定的差异，第 3 批和第 4 批差异不大。其中，第 1 批和第 2 批藻的生长状况 1000lx 最好、2000lx 次之、3000lx 最差。用于保种的藻，由于浓度比较大，培养液的透光性不好，所以前两批次对不同的光照反应敏感，经过两批次的培养之后，逐渐适应不同的光照强度，生长更加稳定。但对 4 批数据在 SPSS 中进行 ANOVA 分析的结果来看，所实验的不同光照强度下铜绿微囊藻的生长没有显著性差异。

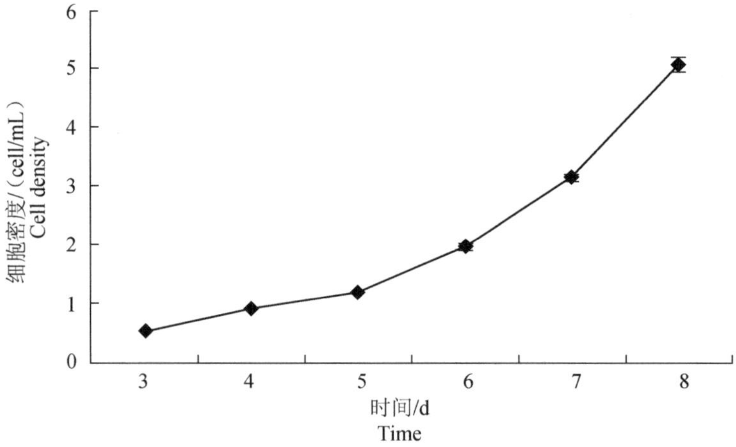

图 8.12　铜绿微囊藻在改良的 MIII 培养液中的细胞生长曲线

Fig. 8.12　The growth curve of *M. aeruginosa* incubated in modified MIII medium

表 8.3　铜绿微囊藻培养基配方

Table 8.3　Composition of modified MIII culture solution

BG11 培养基 BG11 Medium		MIII 培养基 MIII Medium			
营养物质 Nutrient	浓度 Concentration	营养物质 Nutrient	浓度 /（mmol/L） Concentration	营养物质 Nutrient	浓度 /（μmol/L） Concentration
$NaNO_3$	1.5g/L	$CaSO_4$	0.5	H_3BO_3	4
K_2HPO_4	40mg/L	$CaCl_2$	0.5	$MnSO_4$	0.8
$MgSO_4 \cdot 7H_2O$	75mg/L	$MgSO_4$	0.25	$ZnSO_4$	0.08
$CaCl_2 \cdot 2H_2O$	36mg/L	$NaNO_3$	0.5	Na_2MoO_4	0.04
柠檬酸	6mg/L	KH_2PO_4	0.05	$CuSO_4$	0.04
柠檬酸铁铵	6mg/L	KCl	0.1	$AlK(SO_4)$	0.08
H_3BO_3	61μg/L	Na_2SiO_3	0.4	$CoCl_2$	0.04
$MnSO_4 \cdot H_2O$	169μg/L	HCl	0.75	$NiSO_4$	0.04
$ZnSO_4 .7H_2O$	287μg/L	$NaHCO_3$	2	KBr	0.08
$CuSO_4 . 5 H_2O$	2.5μg/L	$FeCl_3$	0.010	KI	0.04
$(NH_4)_6Mo_7O_{24} \cdot 4H_2O$	12.5μg/L	Na_2EDTA	0.020	H_2SeO_3	0.06

资料来源：Modified from Rippka et al., 1997; Cited from Nicklisch, 1992

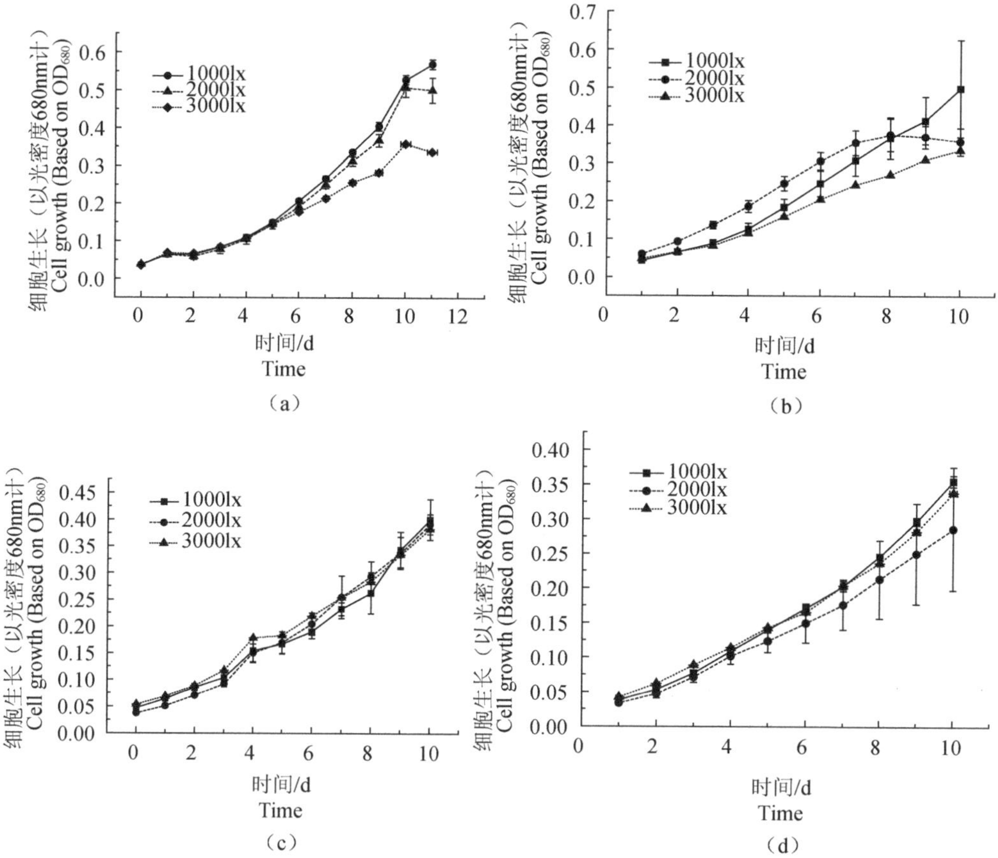

图 8.13　不同光照强度下 1～4 批次培养铜绿微囊藻的生长曲线。（a）第一批；（b）第二批；（c）第三批；（d）第四批

Fig.8.13　growth cruve of *M. aeruginosa* from the first to fourth batch under different illumination intensity. (a) the first batch；(b) the second batch; (c) the third batch; (d) the fourth batch

生长率（μ）是反映藻生长状况的重要指标，计算公式为：$\mu=(\ln C_t-\ln C_0)/(t-t_0)$，其中 C_0、C_t 分别代表实验开始和实验进行到 t 时刻的藻浓度。对 4 批培养到第 10 天的藻每天的生长率作图，结果如图 8.14 所示，第 1 批的生长率曲线明显不同于其他 3 批次，第 3 批和第 4 批的变化趋势几乎完全一致，第 2 批介于它们之间，与第 3 批和第 4 批的差异很小，这也进一步说明从第 3 批开始，藻生长趋于稳定。结合以上的生长曲线可以看出，铜绿微囊藻在第 5～7 天到达指数生长期，因此，在进行毒理和其他生理生化研究时将藻连续培养至少两代后再进行实验，并且以第 5～7 天的藻为下一代培养用藻种，以便得到可靠的实验结果。

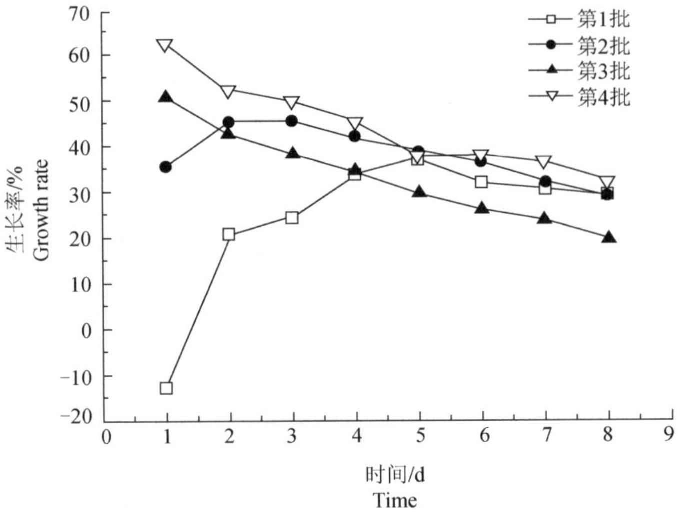

图 8.14　1000lx 下连续培养 4 批次铜绿微囊藻生长率随时间的变化

Fig. 8.14　Changes of the rate of *M. aeruginosa* under 1000lx continuous batch cultivation

藻类生长所需碳源的供应方式除了直接在培养液中添加碳酸盐和碳酸氢盐外，也可以在培养过程中直接向藻液中充入含 CO_2 的空气（徐涛和宋立荣，2007）。如图 8.15 所示，每天定时通 2min 纯 CO_2 的培养组与常规培养组相比，铜绿微囊藻在生长的初期两者之间无显著相关，但从第 5～9 天，通与不通 CO_2 藻液光密度的差异逐渐增大，通入 CO_2 后，藻的光密度值明显高于对照组，CO_2 的通入明显有利于藻的生长。当向培养基中通入 CO_2 时，CO_2 一部分溶解，另一部分与水发生水合，形成 H_2CO_3，同时在碱性条件下 H_2CO_3 会水解，反应过程见下式：

$$CO_2+H_2O \rightleftharpoons H_2CO_3$$

$$H_2CO_3 \rightleftharpoons H^+ + HCO_3^- \quad (pK1 = 6.43, 15℃)$$

在水溶液中，pH 5 以下，可溶性无机碳（dissolved inorganic carbon，DIC）大部分为 CO_2 或 H_2CO_3；在 pH 6.6 时，CO_2 与 HCO_3^- 基本持平；pH 在 7～9 时，HCO_3^- 占优势；在 pH>9.5 时，CO_3^{2-} 占优势（Shiraiwa et al.，1993）。BG11 培养基在接种藻后的初始 pH 达到 8.0，此时，DIC 主要以 HCO_3^- 形式存在，藻生长所需的碳源首先由培养基中的碳酸氢钠提供，同时，蓝藻作为一种水生光合自养生物，可以主动吸收水体中溶解的无机碳，并在体内积累多达 1000 倍的 DIC，然后以 CO_2 的形式供给 Rubisco 蛋白进行高效的光合作用，这个系统被称为蓝藻的 CO_2 浓缩机制（CO_2 concentrating mechanism，CCM）（Aizawa and Miyachi，1986）。蓝藻的这种特有 CO_2 浓缩机制也使其能够很好地利用培养基中自然溶解的 CO_2，但随着藻密度的急剧增加，同时培养基中碳酸氢钠的耗尽，自然溶解的 CO_2 就成为限制藻生长的因素之一。

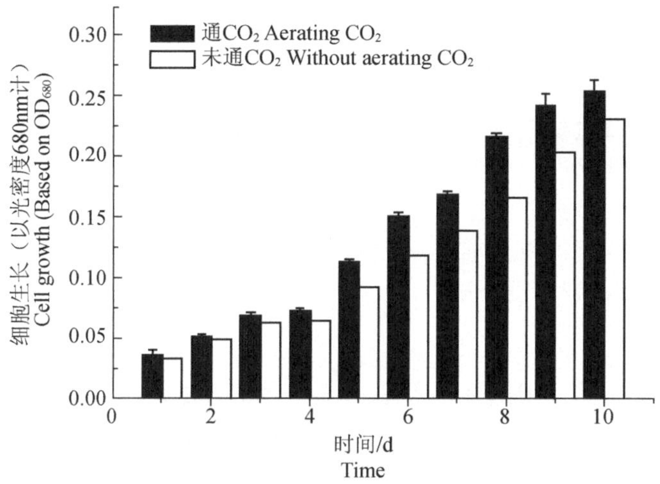

图 8.15　通入 CO_2 对铜绿微囊藻生长的影响

Fig. 8.15　The growth changes of *M.aeruginosa* with and without aerating CO_2 into culture medium

但是，研究发现通 CO_2 的条件下与不通 CO_2 时培养液中的 pH 变化规律相似，无显著差异。如图 8.16 所示，接种前培养基的 pH 为 6.5，加入藻种后，pH 上升至 8.0。培养液的 pH 由开始的 8 变为结束时的 10。金相灿等（2004）研究了铜绿微囊藻生长过程中 pH 的变化规律，发现铜绿微囊藻生长的最适 pH 为 8.5～9.5，由于培养液中含有 HCO_3^-，这也可能是通与不通 CO_2 对藻生长过程中 pH 的影响没有显著差异的原因。因此，在室内抑藻实验中，可根据实际要求选择是否通入气态 CO_2。

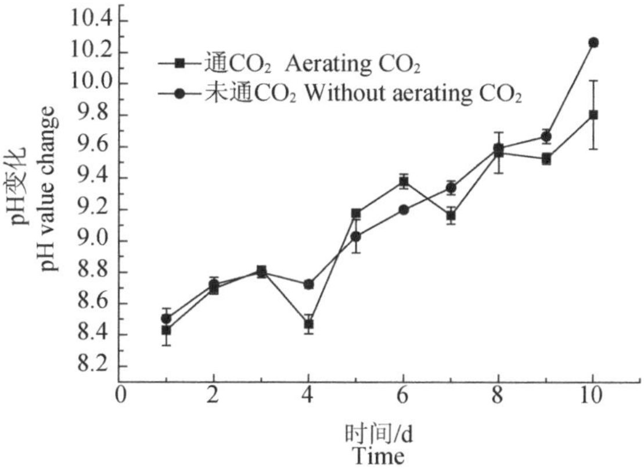

图 8.16　CO_2 通入对铜绿微囊藻培养液 pH 的影响

Fig.8.16　The pH changes in culture medium of *M.aeruginosa* with and without aerating CO_2

8.1.3 常规抑藻效果测试方法

抑藻效果测试主要依据一定暴露体系下的藻细胞生长速率，用于水生植物及其提取物化感活性筛选、未知化感物质分离鉴定时活性跟踪和已知化感物质活性比较等。除了生长参数的测定存在差异外，不同抑藻测试方法最大的区别在于培养体系的不同。据此可将目前应用较为广泛的藻类生长抑制测定方法分为抑藻圈法、瓶养法、试管法和孔板法。

1. 抑藻圈法

抑藻圈法是一种采用固体培养基的藻类测试方法，一般只用于定性筛选测试物对受试藻是否具有抑制作用。该方法在国内由孙文浩等（1990）应用于凤眼莲对藻类的化感作用研究，所选用的受试藻为雷氏衣藻（孙文浩等，1991，1993；杨善元等，1992）。具体方法是：将琼脂凝胶培养基切成 12mm 直径的小圆块，滤纸切成 11mm 的圆形小片，将含抑藻物质的溶液均匀滴加在滤纸上，放在琼脂块上。再往滤纸上滴加微量藻种液，置于培养皿内光照培养。一定时间后，对滤纸片上的叶绿素 a 进行检测，以叶绿素 a 的增加量表示藻的生长量。该方法的应用在国外也有报道（Flores and Wolk，1986；Erhard and Gross，2006），方法总体和上文所述类似，在结果的表征上，一般直接观察或测量无藻生长区域的半径，再与对照比较，从而确定受试物是否对目标藻类产生抑制作用。该方法具有设备小而简单、待测物用量少、灵敏度较高、用时短等优点，一般两天即可得出结果。该方法的缺点在于操作过程烦琐并对有些藻类不适用。

2. 瓶养法

锥形瓶瓶养法是最为经典的藻类毒性测试方法（ISO，1997；OECD，1984；US Environmental Protection Agency，1989）。在锥形瓶中加入对数生长期藻液和一定浓度的待测样品（溶液总体积一般占锥形瓶容量的 1/5～1/4），透气膜封口后，在最适于藻类生长的条件下培养。培养过程中每天手工摇动 2 次或 3 次，或摇床连续摇动。藻细胞的增长情况可以通过显微镜计数或吸光度法测定。根据待测物种类和量的不同，可选择 50mL～1L 的各种锥形瓶来测定各种待测物对藻类生长的抑制效果，具体可包括草-藻共培养、植物种植水、植物体和分泌物的提取组分或分离的物质。该方法不仅可以用于急性毒性的测试，也可用于慢性抑藻作用的测试，而且几乎适用于所有能够在实验室条件下培养的藻类。因此，瓶养法具有适用性广、可操作性强、成本低、结果准确等优点，是应用最为广泛的化感作用活性测试方法。瓶养法唯一不适用的方面就是化感物质分离过程中微量样品的活性跟踪测试，因为其样品耗用量相对较大。另外，瓶养法需要较大的培养空间。

采用瓶养法进行抑藻测试，除了要保证健康均一的指数期接种藻外，保持稳定的培养条件也非常重要。这不仅包括单次实验中各处理、各平行试验之间，还包括多次实验中测试结果的可重复性。因此，培养瓶的摆放、光照强度的定期测定、老化灯管的更换和培养温度的监控等均是瓶养法抑藻测试中不可忽视的环节。除此以外，添加样品时一定要保证样品完全溶解，并在培养过程中定期或持续振摇培养瓶，以保证检测物质与藻细胞的悬浮状态和接触频率。结果测定时，也必须充分摇匀后取样品测定吸光度值或细胞计数。瓶养法中的培养器皿可以重复使用，因此清洗的是否彻底也是决定实验结果是否可靠的一个重要因素。一般来讲，每次实验结束后先用无磷洗衣粉或洗涤剂刷洗锥形瓶，自来水冲洗后浸泡于 10% 盐酸中，48h 后或下次实验开始前取出，自来水冲洗掉盐酸后，双蒸水或超纯水润洗 2 遍或 3 遍，105℃烘干，冷却至室温后封口膜密封，实验前湿热灭菌。新锥形瓶的有机物质较多，通常将其在重铬酸钾洗液中浸泡 24h，再按上述方法清洗后使用。

3. 试管法

试管法是小型化抑藻测试方法中的一种。采用特制的可用于光密度测定的聚苯乙烯试管培养藻，培养体积大都为 2.5～15mL，试管盖可允许空气通过（Rojíčková et al.，1998）。培养过程中持续摇动，生长情况则通过配套的光度计测定。该方法在国外的应用较为广泛，并已商业化，有公司专门生产以羊角月牙藻为受试藻的试剂盒 Algaltoxikit F™。该方法样品用量少，可以多频次测样，避免了常规瓶养法取样引起样品污染的风险，同时试管是一次性的，不会因为重复使用导致样品污染。各个处理间完全独立，即使待测物质具有挥发性也不会影响对照或其他样品。因此该方法应该是少量挥发样品抑藻测试的首选方法。该方法需要配备专门的光密度测定仪，且试管成本也很高，目前在国内的应用还很少见。

4. 孔板法

孔板法是目前为止样品需要量最少的一种抑藻测试方法，采用最多的是 24 孔板（Erhard and Gross，2006）和 96 孔板。受试藻一般选取绿藻门的羊角月牙藻，也有报道选用小球藻或栅藻（Slabbert，1990；葛会林等，2008；严航贞等，2009）的。相对而言，96 孔板的应用更为广泛，Gross 等（1996）、Waridel 等（2003，2004a，2004b）、DellaGreca 等（2000，2001）、Cangiano 等（2001）从沉水植物中分离、纯化的活性物质都采用该方法来测定其抑藻效果。该方法也是加拿大国家环保局（Environment Canada，1992）推荐的藻类毒性检测标准方法。其测试流程如图 8.17 所示，与传统瓶养法最大的区别就在于 96 孔板的培养体系，材质一般为聚苯乙烯。样品设置如图 8.18 所示，在 96 孔板的外围孔中加入 220μL 蒸馏水，以避免边缘效应。取 13.75 倍的 SE 培养液 10μL，加入 B2-G11 的各孔内。取上述浓度为 2.2×10^4ind/mL 指数生长期的羊角月牙藻，在 B2-G11 每孔内加入 10μL，使每孔内藻液的起始浓度为 10^4ind/mL。在标准对照组的 1 行 10 个孔（D2～D10）内加入 200μL 无菌水，在空白对照组的 1 行 10 个孔（E2-E10）内加入 200μL 空白溶剂，在剩余的 4 行各孔内加入各待测化合物。盖上盖子，置于光照培养箱内光照培养，温度为 25±1℃，光暗比为 12h∶12h。72h 后取出，酶标仪检测 450nm 处光密度值。根据处理组与空白对照组的差值，计算抑制率。每板重复 3 次，取平均值分析结果。样品用 DMSO 助溶，添加的 DMSO 量以不影响藻细胞正常生长为原则。选取苯酚为标准参照物（standard toxicant）进行方法的校正。

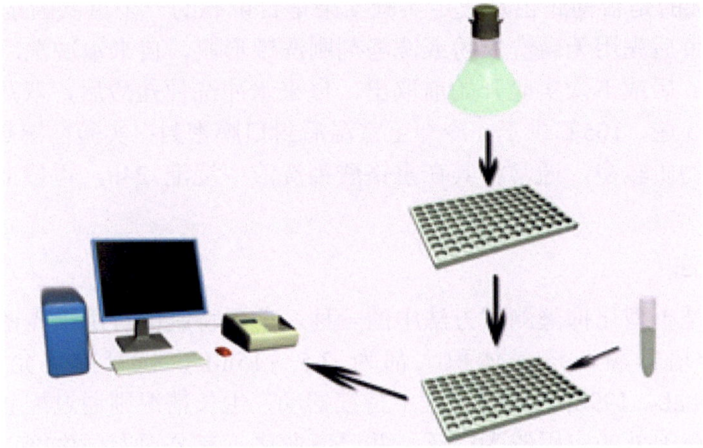

图 8.17　96 孔板藻类测试流程图

Fig. 8.17　Microplate toxicity test method for algal bioassay

	1	2	3	4	5	6	7	8	9	10	11	12
A	蒸馏水											
B	蒸馏水	T1	T2	T3	T4	T5	T6	T7	T8	T9	T10	蒸馏水
C		T1	T2	T3	T4	T5	T6	T7	T8	T9	T10	
D		S	S	S	S	S	S	S	S	S	S	
E		C	C	C	C	C	C	C	C	C	C	
F		T1	T2	T3	T4	T5	T6	T7	T8	T9	T10	
G		T1	T2	T3	T4	T5	T6	T7	T8	T9	T10	
H	蒸馏水											

图 8.18　96 孔板样品及对照排列形式。S. 标准蒸馏水对照；C. 样品空白对照；T. 不同的测试样品

Fig. 8.18　The rank of samples and the controls in standard 96-well microtiter plate.S indicates the comtrol of distilled water；C indicates the control of blank；T indicates different samples

该方法最大的优点就是样品需要量小，便于大量平行数据的获得，非常适用于化感物质分离纯化过程中的藻类跟踪测试。同试管法一样，该方法的培养板也是一次性的，用完即弃，不会因为样品残留影响下一批次的实验。但是 96 孔板的生产厂家众多，生产平板的材料和处理情况不一致，有些 96 孔板可能本身会对藻

类产生毒害作用，还有可能吸附待测物，从而使实验结果的准确度不够。因此开展实验前最好比较一下潜在供货商的孔板质量，选择对藻类生长毒害最小的，并尽可能在所有实验中使用相同厂家的同一批孔板。96 孔板最大的不足就是挥发性样品容易污染同块板子上的其他样品和对照，影响测定结果，因此只能单独做一块板子并用封口膜封口。另外，选用该方法进行抑藻测试还必须从以下方面来确保测试结果的可靠性。

1）接种藻状态

根据前面的实验结果，在 CM 培养基、光强 4000lx、光暗周期 12h：12h 条件下，一般 4～8 天为对数生长期，选用在对数生长期连续转接两次再至对数生长期的藻细胞连续光照培养，其他培养条件不变，3 天后取连续光照培养的藻液作为藻类毒性试验的受试藻种。一定要确保藻种的纯度和生长阶段的一致性。

2）测试样品

测试前要对样品进行检查，尽量保证样品是澄清透明的，如果有沉淀则要过滤，如果样品颜色较深则要单独做对照扣除颜色产生的差异。测试样品必须能溶于水，如果测试物质水溶性比较差，可以选择合适浓度的助溶剂，但在测试前要检验确定这一浓度的助溶剂对藻细胞生长没有显著性影响。配好的溶液可经过无菌的 0.22μm 滤膜过滤排除微生物影响后再测试。

3）培养条件

因为测试培养藻类的孔比较小、比较密，所以培养过程中必须确保每块板子都能均匀受光。最好放在微量摇床上培养，如果没有条件，那就静止培养 3 天，3 天后将孔内藻液混匀后测定结果。

5. 操作细节

（1）每次测样时，要单独做一块不含样品的板子（质量控制板），并测定结果，如果各板中标准孔与该板中藻类的测定结果没有显著性差异，则表明藻细胞本身生长正常。

（2）对受试藻液计数前要离心浓缩，离心时，转速不能太高，以免对藻的生理或生长产生影响。一般选择转速为 2000r/min 离心 15min 左右。

（3）操作过程中，添加藻液、营养盐、测试样品和水时要确保藻液、营养盐和测试样品混合均匀以充分接触。

（4）向孔中添加藻液和测试样品时，要混匀，以免产生差异。用多孔移液枪取样时，要均匀缓慢吸取，并且缓慢推出避免溅出，尽量保证取样量一致。

（5）3 天后、测样前，将孔内藻液用排枪或专用摇床混合均匀，要尽量避免测试藻液溅出，影响测定结果。

（6）保持培养箱内的空气湿度，以免 96 孔板里液体挥发损失。

（7）所测量的化感物质若有颜色，可能会影响测试结果，一定要做不加藻的空白化感物质组，以扣除其带来的影响。

8.2 藻细胞光合色素

由于叶绿素和类胡萝卜素等光合色素广泛存在于浮游藻类细胞中；光合色素分子不稳定，细胞死亡后会迅速分解；不同的光合色素对可见光的吸收光谱特征不同。因此，光合色素的测定不仅可以用于指示浮游藻类的总生物量，还可作为生物标志物，用于指示浮游藻类的生理状况及浮游藻类原位生长速率等，现已经被国内外生态学家广泛接受。光合色素的测定也被广泛应用于沉水植物对浮游藻类化感作用的研究中。

8.2.1 叶绿素含量的测定

Wintermans 和 de Mots（1965）最早提出利用比色法定量溶解于乙醇的叶绿素 a 和叶绿素 b。之后，美国公共卫生协会等将该方法作为测定浮游藻类叶绿素的标准方法写入水和废水标准检验法（美国公共卫生协会等，1985）。近年来，研究者一直沿用该方法，运用于水生植物释放的化感物质对浮游藻类抑制效应的研究中（孙文浩等，1988；何池全和叶居新，1999；李小路等，2008）。

1. 基本原理

根据朗伯-比尔（Lambert-Beer）定律，某有色溶液的光密度 A 与其中溶质浓度 C 和液层厚度 L 成正比，即 $A=a\times C\times L$。式中，a 为比例常数。当溶液浓度以百分浓度为单位，液层厚度为 1cm 时，a 为该物质的吸光系数。各种有色物质溶液在不同波长下的吸光系数可通过测定已知浓度的纯物质在不同波长下的光密度而求得。如果溶液中有数种吸光物质，则此混合液在某一波长下的总光密度等于各组分在相应波长下光密度的总和。叶绿素 a、叶绿素 b 在波长方面的最大吸收峰分别位于 665nm 和 649nm。根据叶绿体色素对可见光谱具有吸收的特性，利用分光光度计在某一特定波长测定其光密度，即可用公式计算出提取液中各色素的含量。

2. 主要操作步骤

（1）叶绿素提取。离心收集藻细胞，将有机溶剂（乙醇或丙酮）研磨的细胞定容到一定体积。避光过滤去除细胞碎片或静置一定时间使碎片沉淀。上清液即为叶绿素提取溶液。

（2）叶绿素含量的测定。将叶绿素提取溶液放入比色皿中，利用可见光分光光度计测定 665nm、649nm 波长处光密值，以有机溶剂作为空白对照。

3. 结果计算

在 665nm、649nm 波长时叶绿素 a、b 的比吸收系数 K 为已知，即可以根据

Lambert Beer 定律列出浓度 C 与光密度 A 之间的关系式：

$$A_{665}=83.31C_a+18.60C_b \tag{8.1}$$

$$A_{649}=24.54C_a+44.24\ C_b \tag{8.2}$$

式（8.1）、式（8.2）中的 A_{665}、A_{649} 为叶绿素溶液在波长 665nm 和 649nm 时的光密度。

C_a、C_b 分别为叶绿素 a、叶绿素 b 的含量、单位为 g/L。

解式（8.1）、式（8.2），则得

$$C_A=13.7\ A_{665}-5.76\ A_{649} \tag{8.3}$$

$$C_B=25.8\ A_{649}-7.6\ A_{665} \tag{8.4}$$

总叶绿素含量

$$G=C_A+C_B=6.10\ A_{665}+20.04\ A_{649} \tag{8.5}$$

式中，G 为总叶绿素含量；C_A、C_B 分别为叶绿素 a、叶绿素 b 含量，g/L。利用式（8.3）～式（8.5），即可以计算叶绿素 a、叶绿素 b 及总叶绿素的含量。

8.2.2 光合色素的定性定量分析

随着科学技术的进步，新的、更灵敏的检测仪器为研究光合作用带来了很大的方便。目前，反相高效液相色谱法是国内外光合色素分离、分析的主要方法（Steinman et al.，1998；侯燕松等，2009；胡俊等，2011；Lashbrooke et al.，2010）。借助该方法，选择合理的流动相、洗脱程序及检测器，可以将不同类的叶绿素和类胡萝卜素进行很好的分离和定量分析（王海黎等，1999；Zapata et al.，2000；吴晓辉，2005）。

1. 基本原理

高效液相色谱法是以液体作为流动相，并采用颗粒极细的高效固定相的柱色谱分离技术。高效液相色谱仪根据各种物质之间的相互作用力来分离混合物。这种相互作用力通常是分析物及分析管柱之间的一种非共价性质。使用高效液相色谱时，液体待检测物在不同的时间被注入色谱柱，通过压力在固定相中移动，由于被测物种不同物质与固定相的相互作用不同，不同的物质顺序离开色谱柱，通过检测器得到不同的峰信号，每个峰顶都代表一个另外的化合物种类，最后通过分析比对这些信号判断待测物所含有的物质。

键合相色谱法是将类似于气相色谱中的固定液的液体，通过化学反应键合到硅胶表面，从而形成固定相。采用化学键合固定相的色谱法称为键合相色谱。若采用极性键合相、非极性流动相，则称为正相色谱；采用非极性键合相、极性流动相，则称为反相色谱。因为采用醇-水或腈-水体系作流动相，反相键合相色谱法相对其他液相色谱法应用最广。纯水易得、廉价，且紫外吸收极小。在纯水中添加各种物质可改变流动相的选择性。

2. 主要操作步骤

（1）光合色素的提取。离心收集藻细胞，加入缓冲液洗涤，加入适量90%丙酮水溶液，超声破碎藻细胞。离心后取上层提取液，即为光合色素提取液。可氮吹浓缩。用高效液相色谱仪测定类光合色素含量。

（2）高效液相色谱分析方法。采用反相色谱柱（如常见的ODS C-18或XDB C8色谱柱），配制合适比例的溶剂为流动相并优化梯度洗脱程序，设置好流量和样品进样体积。使用光度检测器（波长为450nm）或二极管阵列检测器（DAD）检测分离后的光合色素。在确定的条件下，不同光合色素的保留时间一定，通过单独进样商品化标准品（注意初始浓度和溶解体系）的保留时间，可以对实际样品中不同类型的光合色素进行定性和定量。

3. 结果计算

利用液相色谱工作站（商品化仪器自带记录与分析软件）对所得数据进行记录和初步分析。各光合色素标准品在不同稀释浓度下进行色谱分析，测得不同浓度下各色素在测定波长的峰面积。根据式（8.6）进行光合色素浓度的计算：

$$C_s=(A_p f_p v_{ext} 10^3)/(v_{inj} B) \tag{8.6}$$

式中，C_s为光合色素质量浓度，ng/L；A_p各光合色素洗脱峰的面积，mAU • s；f_p为各光合色素浓度与峰面积线性回归方程的斜率，mg/m AU；v_{ext}为进行色素抽提时所用提取液体的体积，10^{-3}L；v_{inj}为高效液相色谱分析时的进样体积，10^{-3}L；B为缓冲液的稀释因子。

8.3 藻细胞光合作用速率和呼吸作用速率

浮游藻类的光合作用，即光能合成作用，是指浮游藻细胞在可见光的照射下，经过光反应和暗反应，利用光合色素将二氧化碳和水转化为有机物，并释放出氧气的生化过程。藻细胞的光合作用是生物界赖以生存的基础，也是地球碳氧循环的重要媒介。

通过检测光合作用的速率，可以发现多种水生植物对藻类光合作用的抑制效应。五刺金鱼藻和穗花狐尾藻的分泌物均可抑制多种浮游藻类的PS II（Körner and Nicklisch，2002）。狐尾藻酚酸类化感物质特里马素II可抑制PS II中电子受体与电子供体之间的电子传递过程（Leu et al.，2002）。Zhu等（2010）通过检测光合作用速率的变化来反映在多酚类化感物质的胁迫下，蓝藻PS II的活性抑制情况。

浮游藻类的呼吸作用是浮游藻细胞将有机物氧化分解并产生能量的化学过

程，是一项重要的生命活动。浮游藻类生命活动所消耗的能量来自生物体内糖类、脂类和蛋白质等有机物的氧化分解，因此呼吸作用在浮游藻类的代谢和活动中均具有十分重要的意义。化感物质可通过影响植物呼吸作用的不同过程，一方面可能通过阻止 NADH 的氧化，抑制 ATP 酶的活性，从而抑制呼吸作用；另一方面也可刺激二氧化碳的释放，促进呼吸作用。

8.3.1 光能转化率的检测

叶绿素的荧光诱导现象也被称为 Kautsky 效应。叶绿素吸收的能量主要转化成荧光、光化学转换（驱动光合成）和热耗散三种形式，这三者之间是相互竞争的，任何一种的变化都会影响另外两种的变化，因此通过检测荧光的微小变化可以反映光合系统的作用效率，该方法一个很大的优势是，可以原位检测藻类光合作用，减少了人为的影响，而且样品用量少。监测叶绿素荧光的变化可以反映光合作用一系列的过程，不仅能反映光能吸收、激发能传递和光化学反应等光合作用的原初反应过程，而且与电子传递、质子梯度的建立及 ATP 合成和 CO_2 固定等过程有关（Genty et al.，1989；Ruban et al.，2004；Goss et al.，2006；Lavaud and Kroth，2006；Grouneva et al.，2009）。

叶绿素荧光技术越来越受关注，并且得到广泛的使用（Härtel et al.，1996；Ruban and Horton，1999；Adams et al.，2002；Reinhold et al.，2008），它不但可以反映植物和浮游藻类在环境胁迫下光合作用的生理状态，也是一个评估各种胁迫对光合生物 PSII 影响的有效工具（Horton et al.，2005；Kummerová et al.，2006；Dewez et al.，2008）。PSI 和 PSII 两个光合系统都含有叶绿素，也都能发出荧光，但 PSI 发出的荧光量很少，因此叶绿素荧光主要反映 PSII 的生理状态（Henriques，2009）。

1. 基本原理

Kautsky 效应，即暗适应的藻类细胞或叶片经连续光照射后叶绿素荧光强度出现特定的变化，表现为荧光强度先快速上升，随后缓慢下降，这种变化又被称为叶绿素荧光诱导（动力学）或叶绿素荧光瞬变。因此，叶绿素荧光诱导可以分为快相（上升相）和慢相（下降相），前者在 1s 内完成，后者可以持续几分钟。Kautsky 效应的测定可以分为调制式和非调制式两大类。非调制式测量系统中只有一个强连续激发光源，信号检测采用光电直流放大系统，常用的仪器 PEA 就属于非调制式，它的时间分辨率可以达到 1～3ms，能够准确的测量快相。另一种是调制式测量系统，至少含有一个很弱的调制测量光源和一个很强的非调制光化光源，使用的调制式叶绿素荧光仪（pulse amplitude modulation，PAM）属于调制式，由于其在上述两种光源的基础上还增加了饱和脉冲光源，因此可以根据需要很好的测量慢相的各个参数，其在世界范围内得到了广泛的应用。随着对叶绿素荧光技术的进一步研究，更新的具有更大功能的叶绿素荧光仪不断问世，促进了光合作用研究的发展。

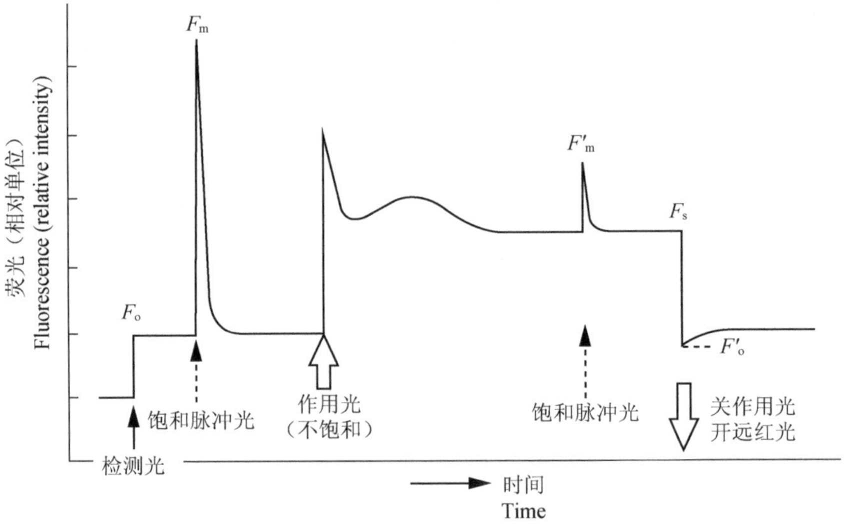

图 8.19　叶绿素荧光动力学曲线 （引自韩博平等，2003）

Fig. 8.19　Chlorophyll fluorescence kinetics (Cited from Han et al., 2003)

不同的叶绿素荧光参数反映了不同的 PSII 生理过程，叶绿素荧光参数根据其能量的最终去向可以分为三大类：①非光化学猝灭参数[如 YII、q_P、$q_{P(rel)}$和 q_L]；②光化学猝灭参数[如 NPQ、q_N、$q_{N(rel)}$和 q_{CN}]；③其他[如 F_v/F_m、F'_v/F'_m、q_{TQ}和 $UQF_{(rel)}$]。光化学猝灭参数反映 PSII 在光照下的光化学能力与其相应的 PSII 氧化状态的比例。非光化学猝灭参数反映了类囊体膜上的能量消耗，是细胞在光照过量下的一种自我保护机制，当细胞吸收的光能过量时，可以通过非光化学猝灭消耗掉过剩的能量，保护光化学反应的正常进行（Buffoni et al.，1998；Lavaud et al.，2002；Lavaud et al.，2004；Li et al.，2004；Dall'Osto et al.，2010；Goss and Jakob，2010）。不同的叶绿素荧光参数具有不同的灵敏性，这可能与其反映的不同电子传递活性和非光化学猝灭能量消耗途径有关（Juneau et al.，2005；Kotabova et al.，2008；Arnoux et al.，2009）。在化感物质抑制蓝藻生长的实验中，按灵敏度对叶绿素荧光参数进行的排序为：非光化学猝灭参数大于光化学猝灭参数或其他的叶绿素荧光参数，即 NPQ、q_N、$q_{N(rel)}$、q_{CN} 的灵敏度较高。

2. 主要操作步骤

藻液暗适应 5min，然后利用浮游藻类分析仪 Phyto-PAM 测定 F_o。打开光化光[64μmol photons/(m^2 • s)]，3min 后给予饱和光，测定 F_s 和 F'_m。加入 10mmol/L DCMU[3-(3, 4-dichlorophenyl)-1, 1-dimethylurea]，测定 F_m（Campbell et al.，1998）。

3. 结果计算

F'_0根据文献中报道的公式计算得出（Oxborough and Baker，1997），12 种叶绿素荧光参数的计算公式参考文献报道（Roháček and Barták，1999；Kramer et al.，2004；Juneau et al.，2005），具体计算公式见表 8.4。

表 8.4 叶绿素荧光参数的计算公式

Table 8.4 The equations of chlorophyll fluorescence parameter

	参数 Parameter	公式 Equation
光化学猝灭参数 Photochemical quenching parameters	YII	$(F'_m-F_s)/F'_m$
	q_P	$(F'_m-F_s)/(F'_m-F'_0)$
	$q_{P(rel)}$	$(F'_m-F_s)/(F_m-F'_0)$
	q_L	$(F'_m-F_s)/(F'_m-F'_0)(F'_0/F_s)$
非化学猝灭参数 Non-photochemical quenching parameters	NPQ	$(F_m-F'_m)/F'_m$
	q_N	$1-(F'_m-F'_0)/(F_m-F_0)$
	$q_{N(rel)}$	$(F_m-F'_m)/(F_m-F'_0)$
	q_{CN}	$(F_m-F'_m)/F_m$
其他 Others	q_{TQ}	$(F_m-F_s)/F_m$
	F_v/F_m	$(F_m-F_0)/F_m$
	F'_v/F'_m	$(F'_m-F'_0)/F'_m$
	$UQF_{(rel)}$	$(F_s-F'_0)/(F_m-F'_0)$

注：引自 Roháček and Barták, 1999; Kramer et al., 2004; Juneau et al., 2005

Note：Cited form Roháček and Barták, 1999; Kramer et al., 2004; Juneau et al., 2005

8.3.2 光合速率和呼吸速率的检测

测定光合生物光合速率和呼吸速率的方法主要有黑白瓶法、氧电极法、红外线二氧化碳分析法等。其中，薄膜氧电极法更方便测定浮游藻类的光合速率和呼吸速率。溶氧电极最早是由 Clark 于 1956 年发明的。它是由一个透气薄膜覆盖的电流型电极。迄今为止，该方法已经被广泛用于光合生物的光合放氧速率和呼吸速率研究（Padan et al.，1971；王忠和孙进东，1984；吴超元等，1996；唐萍等，2000）。在水生植物马来眼子菜和菹草与浮游藻类斜生栅藻共培养的体系中，斜生栅藻的光合速率和呼吸速率均受到影响（邓平，2007）。

1. 基本原理

薄膜氧电极法是比黑白瓶法更灵敏的方法，是利用电极来检测水样中溶解氧的变化，再通过电流放大通过记录仪等显示出来，由于溶解氧与电流之间存在线性关系，通过电流的变化可以在很小的体积内检测水样中浮游藻类光合作用和呼吸作用的效率。在极化电压及温度恒定的条件下，扩散电流的大小即可作为溶解氧定量测定的基础，电极之间产生的扩散电流信号可通过电极控制器的电路转换成电压输出，用自动记录仪进行记录。

2. 主要步骤

（1）仪器安装和测试。将测氧仪和各功能组件组装成测定溶解氧的成套设备，并测试电源的工作情况。按照仪器说明正确安装电极。

（2）材料准备。减压法去除浮游藻类培养物中的空气。

（3）呼吸速率测定。用蒸馏水洗净反应杯，浮游藻类培养物放入反应杯，并插入电极，防止空气泡滞留于反应杯。开启电磁搅拌器和恒温水浴水泵，经 3～4min，温度达到平衡，用黑布遮住反应杯，开启自动记录仪进行记录。由于浮游藻类细胞呼吸耗氧，3～5min 后，仪器记录其耗氧。

（4）光合速率测定。测定呼吸后，去掉反应杯上的黑布罩，打开光源灯。一定光强光照 3～5min 后，由于浮游藻类的光合作用，溶液中的溶解氧增加，开启自动记录仪记录其溶解氧增加。可按照呼吸-光合-呼吸-光合的顺序重复三次。无需更换样品。因 O_2 在水中的溶解度有限，测定时间不能太长。

3. 结果计算

在一定温度和大气压下，对被空气饱和的水中氧含量进行标定。

呼吸速率 [μmol $O_2/(m^2 \cdot s)$] 的计算公式为

$$V_R=(\alpha \cdot n_1 \cdot 10^6)/(A \cdot t \cdot 60) \tag{8.7}$$

光合速率 [μmol $O_2/(m^2 \cdot s)$] 的计算公式为

$$V_p=(\alpha \cdot n_2 \cdot 10^6)/(A \cdot t \cdot 60) \tag{8.8}$$

式中，α 为记录纸上每个小格代表的氧量，μmol，根据灵敏度标定求得；A 为浮游藻类培养物体积，mL；t 为测定时间，min，即走纸的距离（mm）/笔速（mm/min）；n_1 为测呼吸作用时，记录笔向左走的小格数；n_2 为测光合作用时，记录笔向右走的小格数。

8.3.3 光合作用电子传递链功能的检测

通过加入特异性的人工电子供体和电子受体抑制光合生物光合作用电子传递链的不同位点，并测定光合作用的速率，从而明确电子传递链中各组分的功能（Papageorgiou and Govindjee，1968；Oettmeier and Masson，1982；Venturoli et al.，1990）。利用该方法可以检测水生植物及其化感物质暴露情况下浮游藻细胞光合作用电子传递链受影响的情况（Zhu et al.，2010）。

1. 基本原理

能够阻断光合作用中某部位电子传递的物质称为电子传递抑制剂。利用专一性电子传递抑制剂选择性的阻断光合作用中某个电子传递步骤，再测定体系中溶解氧含量的变化情况，是研究电子传递中电子传递体顺序的一种重要方法。

通过添加人工电子供体和电子受体，进一步确定检测抑制位点到底是 PSII、PSI 还是整个电子传递链，甚至是更具体的位点。整个电子传递链的活性是以 H_2O 作为电子供体，甲基紫（methyl viologen，MV）作为电子受体，通过测量溶解氧的减少来确定的。如果经化感物质处理后溶解氧减少速率明显降低，则说明电子在传递过程中出现了抑制。再进一步检测是 PSI 还是 PSII 受到影响。PSII 是以 H_2O 作为电子供体，对苯醌（*p*-benzoquinone，*p*-BQ）作为电子受体，通过检测氧的释放速率来确定这段电子传递是否受到影响的；PSI 是以还原型 2, 6-二氯靛酚（2, 6-dichlorophenol indophenol，$DCPIPH_2$）提供电子，MV 接受电子，3-(3, 4-二氯苯基)-1, 1-二甲基脲 [3-(3, 4-dichlorophenyl)-1, 1-dimethylurea，DCMU] 作为 PSII 活性抑制剂，通过溶解氧的减少速率来确定其活性的。当然还可以添加其他更为具体的电子供体和受体来确定是哪个位点的活性受到了抑制。浮游藻细胞的光合作用电子传递链以及抑制剂、电子供体和电子受体的作用位点如图 8.20 所示。

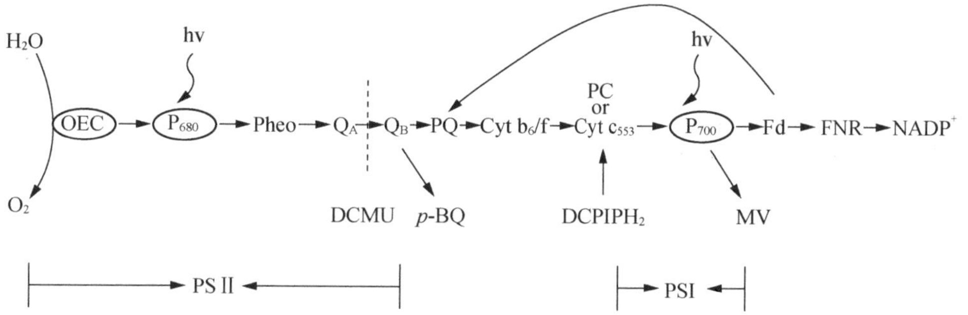

图 8.20　蓝藻和绿藻类细胞中的光合作用电子传递链图示，表明本研究应用的抑制剂、电子供体和受体的作用位点。hv.可见光量子；OEC.氧释放复合体；P_{680}.PSII 光氧化叶绿素中心体；Pheo.PSII 中脱镁叶绿素受体；Q_A.PSII 中的第二电子受体醌；Q_B.PSII 中的第三电子受体醌；PQ.质体醌；Cyt b_6/f.细胞色素复合体；PC.质蓝素；Cyt c_{553}.细胞色素 c_{553}；P_{700}.PSI 光氧化叶绿素中心体；Fd.铁氧化还原蛋白；FNR.铁氧化还原蛋白/$NADP^+$-氧化还原酶（Zhu et al., 2010）

Fig. 8.20　Schematic representation of photosynthetic electron transport in cyanobacterial and algae cells, showing the action sites of inhibitor and different artificial electron donors and acceptors employed in this study. hv.Photons of visible light; OEC.Oxygen evolving complex; P_{680}.Dimeric chlorophyll center which is photooxidized in PSII; Pheo.Pheophytin primary electron acceptor of PSII; Q_A.The quinone secondary electron acceptor of PSII; Q_B.A plastoquinone bound to PSII which accepts two electron from Q_A and equilibrates with the thylakoidal plastoquinone-plastoquinol pool; PQ.Plastoquinone; Cyt b_6/f.Cytochrome b_6/f complex; PC.Plastocyanin; Cyt c_{553}.Cytochrome c_{553}; P_{700}.The chlorophyll which is photooxidized in PSI; Fd. Ferredoxin; FNR.Ferredoxin/$NADP^+$-oxidoreductase (Zhu et al., 2010)

2. 主要步骤

（1）人工电子供体和受体的添加。整条电子链活性的测量：在藻液中加入一定浓度的 bis-tris 丙烷（bis-tris propane，BTP）、叠氮钠 NaN_3 和 MV。PS Ⅱ 活性的测量：在一定体系的藻液中加入一定浓度的 BTP 和 *p*-BQ。PS Ⅰ 活性的测量：BTP、DCPIP、抗坏血酸盐、MV、NaN_3、DCMU。

（2）利用薄膜氧电极法测定体系中溶解氧含量的变化（参照薄膜氧电极法）。整条电子链活性的测量：通过溶解氧含量的减少速率进行测定；PS Ⅰ 活性的测量：通过溶解氧含量的减少速率进行测定；PS Ⅱ 活性的测量：通过溶解氧含量的增加速率进行测定。

8.4 藻细胞可溶性蛋白质

可溶性蛋白质指可以以小分子状态溶于水或其他溶剂的蛋白质。通常在植物生理、微生物、食品加工等实验中作为重要指标。20 世纪 60 年代开始，研究者就利用藻细胞的可溶性蛋白质来进行分类鉴定、代谢活动等方面的研究（Hodson et al.，1968；Pinevich and Bers，1969；Bers and Pinevich，1969）。

8.4.1 可溶性蛋白质的定量分析

利用考马斯亮蓝将蛋白质染色，在一定蛋白质含量范围内可将可溶性蛋白质进行定量分析。利用考马斯亮蓝 G250 定量分析斜生栅藻可溶性蛋白质含量，发现沉水植物小茨藻和马来眼子菜可以促进斜生栅藻可溶性蛋白质含量的增加（邓平，2007）。

1. 基本原理

利用考马斯亮蓝 G250（Coomassie brilliant blue G250）测定蛋白质含量。考马斯亮蓝 G250 在游离状态下呈棕黑色（最大光吸收为 465nm），在稀酸溶液中当它与蛋白质的精氨酸和芳香族氨基酸结合后变为蓝色（最大光吸收为 595nm）。在一定的蛋白质浓度范围内（1～1000μg），蛋白质与染料结合物在 595nm 波长下的吸光度与蛋白质含量成正比，故可用于蛋白质的定量测定。

考马斯亮蓝 G250 与蛋白质的结合反应十分迅速，2min 左右达到平衡。其结合物在室温下 1h 内保持稳定。此法灵敏度高，操作简单，干扰物质少。其缺点是具有一定的线性范围，在蛋白质含量过高时线性偏低，且不同来源的蛋白质由于其精氨酸和芳香族氨基酸的含量不同而与染料结合状况有一定差异。

2. 基本步骤

（1）蛋白质样品的制备。藻细胞低温裂解，低温高速离心；或利用商品化的裂解液裂解藻细胞获得可溶性蛋白质样品。

（2）标准曲线的测定。以 1～1000μg 牛血清蛋白作为标准样品，与考马斯亮蓝 G250 结合后，室温静置几分钟，测定反应产物 595nm 的吸光值，并做蛋白质浓度-OD_{595}的相关曲线。

（3）样品浓度的测定。样品蛋白质与考马斯亮蓝 G250 反应，利用分光光度计测定反应产物在 595nm 的吸光值，通过标准曲线可计算得到样品蛋白质的浓度。

3. 结果计算与分析

$$样品中蛋白质含量(mg/g)=(C\cdot V_T)/(1000\cdot V_S\cdot W_F) \quad (8.9)$$

式中，C 为查的标准曲线值，μg；V_T 为提取液总体积，mL；W_F 为样品鲜重，g；V_S 为测定时的加样量，mL。

8.4.2 可溶性蛋白质的分离鉴定

利用十二烷基磺酸钠-聚丙烯酰胺凝胶电泳（SDS-PAGE）可根据蛋白质亚基分子质量的不同对蛋白质进行分离和分子质量的分析。该技术最初在 1967 年由 Shapiro 等建立，他们发现，在样品介质和丙烯酰胺凝胶中加入离子去污剂及强还原剂后，蛋白质亚基的电泳迁移率主要取决于亚基分子质量的大小（可以忽略电荷因素）（Shapiro and Viñuela，1967）。沉水植物小茨藻和马来眼子菜可以引起斜生栅藻细胞可溶性蛋白质的 SDS-PAGE 胶片上某些蛋白质条带的消失（邓平，2007）。

1. 基本原理

用聚丙烯酰胺凝胶电泳法分离鉴定蛋白质主要依赖于电荷效应和分子筛效应。它是利用丙烯酰胺单体，在催化剂 *N*，*N*，*N'*，*N'*-四甲基乙二胺（TEMED）和过硫酸铵的作用下，丙烯酰胺聚合形成长链，聚丙烯酰胺链在交联剂 *N*,*N'*-甲叉双丙烯酰胺参与下，聚丙烯酰胺链与链之间交叉联接形成凝胶。

SDS 是阴离子去污剂，作为变性剂和助溶试剂，它能断裂分子内和分子间的氢键，使分子去折叠，破坏蛋白质分子的二级、三级结构。而强还原剂，如巯基乙醇、二硫苏糖醇能使半胱氨酸残基间的二硫键断裂。在样品和凝胶中加入还原剂和 SDS 后，分子被解聚成多肽链，解聚后的氨基酸侧链和 SDS 结合成蛋白质-SDS 胶束，所带的负电荷大大超过了蛋白质原有的电荷量，这样就消除了不同分子间的电荷差异和结构差异。

2. 主要步骤

（1）蛋白质样品的制备。可溶性蛋白质样品中加入上样缓冲液，煮沸几分钟，使蛋白质变性。

（2）制胶。根据待分析蛋白质样品的分子质量配制合适浓度的分离胶，灌分离胶；待胶凝固后配制一定浓度的浓缩胶，插入梳子灌浓缩胶，待浓缩胶凝固后将梳子拔出。

（3）点样和电泳。将整个胶板没入装有电泳缓冲液的垂直电泳槽中，将蛋白质样品和标准蛋白质点入点样孔中。设置合适的电泳条件，室温电泳至标志染料（溴酚蓝）接近胶底部。

（4）染色和脱色。将凝胶小心取出，没入考马斯亮蓝 R250 溶液中染色数分钟。在脱色摇床上过夜振荡脱色。

（5）拍照。利用凝胶成像系统记录凝胶图像。

3. 结果计算与分析

当蛋白质分子质量为 15～200kDa 时，蛋白质的迁移率与分子质量的对数呈线性关系，符合公式

$$\log M_W = k - bX \tag{8.10}$$

式中，M_W 为分子质量；X 为迁移率；k、b 均为常数。

将已知分子质量的标准蛋白质的迁移率对分子质量对数作图，可获得一条标准曲线，未知蛋白质在相同条件下进行电泳，根据它的电泳迁移率即可在标准曲线上求得分子质量。

8.4.3 同工酶的测定

同工酶（isoenzyme）一般是指催化同一生化反应而分子结构及其理化性质不同的酶。虽然同工酶催化的反应相同，但由于它们彼此之间结构不同，反映到酶活性的最适 pH、温度、底物浓度及代谢调控等的差异，使这些酶在代谢生理上发挥的功能不同。分子结构不仅决定同工酶的催化作用，还决定同工酚的效率、在细胞中的部位、适应的环境、与其他有关分子特别是对它起调控作用的小分子的相互关系，以及决定同工酶与其相关代谢途径中其他酶的相互关系。同工酶是生物体内基因转录和翻译的直接产物，它反映编码酶蛋白的 DNA 序列信息，酶谱的变化反映了等位基因和位点的变化（周志刚和胡远皆，2001）。

Oka 和 Chang（1962）首先将同工酶凝胶电泳应用于高等植物天然种群研究，而该技术在藻类学领域得以应用则是自 Fredrick（1964，1967）开始的。利用凝胶电泳技术，能够得到具有较好同源性和可比较性的同工酶谱，通过对酶谱的进一步分析，可以较深入、直接地了解物种的遗传信息。吴晓辉利用同工酶凝胶电泳对抗氧化酶体系和细胞色素氧化酶同工酶的测定结果表明，沉水植物马来眼子菜对浮游藻类斜生栅藻细胞的同工酶活性和酶组成有较大影响（吴晓辉，2005）。

1. 基本原理

利用聚丙烯酰胺凝胶电泳法根据电荷效应和分子筛效应分离未变性的蛋白质。再根据酶-底物的生物化学反应，通过染色方法显示同工酶的不同区带。

2. 主要步骤

（1）藻细胞粗酶液的制备。低温离心收集藻细胞，低温破碎细胞，低温离心收集上清液即为粗酶液。

（2）缓冲液的配制。

（3）聚丙烯酰胺凝胶电泳。包括电泳槽的安装，分离胶（根据待分离蛋白质分子质量选取合适浓度）的制备与灌胶，浓缩胶的制备与灌胶，上样，电泳（垂直电泳槽）。

（4）染色。根据不同的酶-底物反应，选取适当的底物及其缓冲液进行染色，如过氧化物酶采用改良的联苯胺染色法，细胞色素氧化酶采用二甲基对苯二胺-萘酚染色法，过氧化氢酶采用负染色法，超氧化物歧化酶采用 NBT 染色法（吴晓辉，2005）。

（5）利用凝胶成像系统成像。

3. 结果分析

根据电泳图像上同工酶的条带进行对比分析。

8.4.4 蛋白质组的检测

早在 1962 年，Raymond 和 Aurell 就报道了相对成形的双向凝胶电泳，用于血清蛋白混合物的分离分析（Raymond and Aurell，1962）。该方法也被用于浮游藻细胞内可溶性蛋白质的鉴定分析（Colas des Francs-Small et al.，1993）。

研究表明，化感作用影响浮游藻类蛋白质的含量和组成。马来眼子菜与铜绿微囊藻共培养条件下，随着培养时间的推移，处理组铜绿微囊藻蛋白质斑点与对照组铜绿微囊藻蛋白质斑点的匹配率下降；蛋白质丰度分析表明，化感作用下铜绿微囊藻细胞内一些特定蛋白质的表达出现了不同程度的上调或下调（吴晓辉，2005）。因此，通过蛋白质的双向凝胶电泳，分析化感物质暴露下，浮游藻类细胞内蛋白质组的情况也是很好的研究方法之一。

1. 基本原理

双向凝胶电泳的原理是第一向基于蛋白质的等电点不同用等电聚焦分离，第二向则按分子质量的不同用 SDS-PAGE 分离，把复杂蛋白质混合物中的蛋白质在二维平面上分开。电泳后根据蛋白质的上样量对胶进行考马斯亮蓝染色、银染或荧光染色，然后用相关软件对电泳图像进行分析，近年来经过多方面改进其已成为研究蛋白质组的最有使用价值的核心方法。

2. 主要步骤

（1）蛋白质样品制备及浓度测定。藻细胞离心收集，裂解细胞，上清液即为蛋白质粗提液。可临时置于 4℃待用。用 Brandford 法定量蛋白质，然后分装置于 −80℃备用。

（2）一向电泳。取适量蛋白质溶液加到支撑物的两个电极之间。将胶条放入胶条槽，在胶条上覆盖适量的覆盖油，盖上盖子。将胶条槽平放于一向仪器上，与水平方向垂直。设置仪器的运行参数并电泳。

（3）胶条的平衡（由一向到二向）。将胶条放入平衡缓冲液（加入 DTT）中封口，在振荡仪上振荡。将胶条取出放入新的平衡缓冲液中（加入碘乙酰胺）封口，在振荡仪上振荡。用去离子水润洗胶条，去除多余的平衡缓冲液。

（4）二向电泳。将平衡好的胶条直接转移到第二向制好的 SDS 胶上，然后用琼脂糖封顶，准备第二向电泳。设置仪器的运行参数并电泳（双向凝胶电泳分析仪）。

（5）平板胶的染色。硝酸银染色，包括固定、敏化、清洗、银染、显色、终止、照相分析（凝胶成像系统）和保存制作干胶等步骤。

3. 结果分析

图像采集完成后，可以应用各种分析软件进行分析，收集、诠释、比较蛋白质组数据资料等，并对大量的数据进行归类分析。目前应用较为广泛的图像分析软件有 PDQuest、ImageMaster 2D Elite、Melanie、BioImage Investigator 等，分辨率较高，功能齐全。尽管如此，仍不可避免约有 10%的未检出点和假点，需要手工添加、删除和分割。

8.5 藻细胞活力

8.5.1 酯酶活性的检测

酯酶是一种水解酶，可在水分子的参与下，经水解作用，将酯类切割成酸类与醇类，即催化酯水解酶的总称。狭义的酯酶也有指水解低级脂肪酸酯的脂肪酶。另外，蛋白酶在催化氨基酸等的酯水解反应时，也具有酯酶作用。根据反应条件不同，酯水解反应也可逆行，但在生理上是向分解方向进行的。此外，还有进行基团转移反应的酯酶，其不易与转移酶（transferase）区别。

酯酶常被用来作为指示细胞活力的指标（Boyd et al.，2008；Saruyama et al.，2013）。通过对浮游藻细胞内酯酶活性的测定发现，化感物质作用浮游藻类细胞一段时间后，能显著降低其酯酶活性。浮游藻类细胞酯酶活性随着化感物质浓度的增加呈现降低的趋势（Li and Hu，2005；花铭等，2008；Wang et al.，2013）。

1. 基本原理

荧光探针二乙酸荧光素（fluorescein diacetate，FDA）是一种非荧光性疏水性荧光素衍生物，它可以穿透细胞膜进入细胞，通过细胞内酯酶催化水解二乙酸酯基团产生具有高强度的荧光产物荧光素。荧光分子在具有完整细胞膜的细胞内积累，因此这种绿色荧光可以作为一种细胞活力的标签。正常情况下其荧光信号的强弱与细胞内酯酶的活性成正比。但是如果细胞膜有损伤也会影响荧光信号，因为细胞膜损伤后滞留在细胞内的染料减少，所以研究中一般还需测定细胞膜通透性的变化。不具有完整细胞膜或新陈代谢活性的细胞，不能在细胞内积累荧光产物，因此不能显现绿色荧光。

FDA 可以与碘化丙啶（Propidium Iodid，PI）联合使用。PI 不能进入具有完整细胞膜的细胞，仅能进入细胞膜损伤的细胞，并与细胞内 DNA 结合。无活性的死细胞被 PI 着色，发出红色荧光；有活性的细胞 PI 无法着色，在 FDA 作用下，发出绿色荧光。这两种颜色可以很好的辨别死细胞与活细胞，与单一颜色检测相比，它提供了一种更为准确的活细胞定量检测方法。活细胞荧光示踪探针 FDA 的光谱学相关参数为 E_x=494nm/E_m=521nm，PI 的光谱学相关参数为 E_x=530nm/E_m=618nm。

流式细胞仪检测细胞的原理。将经特异性荧光染料染色后的待测单细胞悬液由气压装置送入流动室后，以一定的流速经过喷嘴进入激光聚焦区，在激光束的照射下被荧光染色的细胞产生荧光，细胞的荧光信号和散射光信号经光学系统收集，由检测系统转换成为电信号，再通过模/数转换器，转换为可被计算机识别的数字信号，各种信号经计算机采集后可用相应的应用软件进行获取与分析处理。与激光束的中心轴成小角度散射的激光，称为前向角散射光（FS），FS 的信号强度与细胞大小成正比；与激光束的中心轴成直角散射的激光，称为侧向角散射光（SS），SS 的信号强度与细胞内部粒度性成正比。在实际使用中，仪器首先对光散射信号进行测量。光散射测量可用于剔除样品中的非目标颗粒。当光散射分析与荧光探针联合使用时，可鉴别出样品中被染色和未被染色的细胞。

2. 主要步骤

（1）藻细胞收集。离心收集藻细胞，缓冲液漂洗。

（2）荧光探针的装载。合适浓度的荧光染料避光进行染色数分钟。缓冲液漂洗多余的荧光染料。

（3）细胞荧光的检测。利用流式细胞仪采集固定细胞数进行检测。按照仪器激发光和各荧光染料的发射光设置通道。

3. 结果计算与分析

（1）以 FS、SS 两参数所组成的藻细胞散点图中，圈定藻细胞群，即主群细胞，从而排除细胞碎片或其他颗粒物质等的干扰。

（2）以主细胞群为分析基础，分别设置各荧光单参数直方图，使用 FlowJo 7.6.1 软件，通过发荧光细胞数来定量计算活细胞和死细胞的比例。

8.5.2 琥珀脱氢酶活性的检测

噻唑蓝[3-(4,5-Dimethyl-2-thiazolyl)-2,5-diphenyl-2H-tetrazolium bromide，MTT]

检测法是一种检测细胞存活和生长的方法。该方法已广泛用于一些生物活性因子的活性检测、大规模的抗肿瘤药物筛选及细胞毒性试验等。它的特点是灵敏度高、成本低（Bellamy，1992；Hayon et al.，2003）。

近年来的研究表明，MTT 检测法已经成功用于检测蓝藻（主要是铜绿微囊藻）、硅藻和采集的环境样品中浮游藻类的细胞活力及存活率。与其他检测细胞活力的方法（FDA、伊文氏蓝和自发荧光法等）相比，MTT 法的检测结果更加可靠，并且具有更高的灵敏度和可重复性（Li and Song，2007）。

1. 基本原理

MTT 可透过细胞膜进入细胞内，活细胞中的琥珀脱氢酶能使外源性 MTT 还原为难溶于水的蓝紫色的甲瓒（Formazan）结晶并沉积在细胞中。而死细胞无此功能。结晶物能被 DMSO 溶解，用酶联免疫检测仪在 490nm 波长处测定其光吸收值，可间接反映细胞数量。在一定细胞数范围内，MTT 结晶形成的量与细胞数成正比。

2. 主要步骤

（1）藻细胞的收集。收集对数期藻细胞，并通过调节细胞悬液浓度来调整细胞数。

（2）化感物质暴露。96 孔板的小孔中加入藻细胞悬液、化感物质和培养基，使小孔中的被测物体积一致。置一定温度下培养一定时间。设置对照组和重复。

（3）MTT 反应和溶解反应产物。加入适当浓度的 MTT 溶液，孵育一定时间。离心弃上清液。加入一定量 DMSO 溶解细胞内的甲瓒。

（4）检测。酶标仪检测 OD_{490} 各孔的吸光值。

3. 结果计算与分析

抑制率通过式（8.11）计算。

$$抑制率=[(OD_{对照}-OD_{本底})-(OD_{处理}-OD_{本底})] / (OD_{对照}-OD_{本底})\times100\% \quad（8.11）$$

8.5.3 硝酸还原酶活性的检测

早在 20 世纪 50 年代，绿藻等光合生物就被作为模式生物研究氮素的代谢过程（Omura，1954）。硝酸还原酶（nitrate reductase，NR）是光合生物氮素同化的关键酶，与氮素吸收和利用有关。NR 是氮素同化的限速酶，可直接调节硝酸盐还原，从而调节氮代谢，并影响光合碳代谢（Solomonson and Spehar，1977）。通过测定浮游藻细胞的硝酸还原酶活性发现，小茨藻促进低起始密度斜生栅藻的 NR 活性，而抑制高起始密度斜生栅藻的 NR 活性（邓平，2007）

1. 基本原理

硝酸还原酶催化光合生物体内的硝酸盐还原为亚硝酸盐，产生的 NO_2^- 可以从组织内渗透到外界溶液中，并积累在溶液中，测定 NO_2^- 含量的增加，即表示该酶活性的大小。NO_2^- 含量的测定用磺胺比色法。在酸性溶液中产生的亚硝酸盐与对-氨基苯磺酸（或对-氨基苯磺酰胺）反应产生重氮，再与 α-萘胺（或萘基乙烯二胺）偶联形成紫红色的偶氮化合物。生成的红色偶氮化合物在 540nm 波长下有最大吸收峰，可用分光光度法测定，利用标准曲线确定溶液中的 NO_2^- 含量。一个酶活性单位定义为 20℃ 1min 产生 1μmol 亚硝酸盐的量。

2. 主要步骤

（1）藻细胞的收集与悬浮。离心收集藻细胞，加入酶反应缓冲液悬浮细胞。

（2）细胞内外体系平衡与孵育。减压法处理悬浮细胞，使细胞内外液体充分交换。一定温度下密闭孵育一段时间。

（3）酶促反应。离心去除藻细胞，吸取上清液，加入一定量的磺胺和苯基，室温反应一段时间。设置空白对照，即不加入藻细胞悬浮液的磺胺和苯基体系。

（4）比色。利用分光光度计检测 540nm 的波长下亚硝酸的 OD 值。

3. 结果计算与分析

标准曲线法测得不同浓度亚硝酸钠的吸光值，并以亚硝态氮（μmol）为横坐标，光密度值为纵坐标绘标准曲线或建立回归方程。硝酸还原酶活性根据下式计算，单位为μmol/min。

$$(C \cdot V_1 / V_2) / t \tag{8.12}$$

式中，C 为反应液催化产生的亚硝态氮总量，μmol；V_1 为提取酶液时加入的缓冲液体积（mL）；V_2 为酶反应时加入的粗酶液体积（mL）；t 为反应时间（min）。

8.5.4 抗氧化酶酶活的检测

在正常生理条件下，生物体内各种活性氧自由基（reactive oxygen species，ROS）的产生与清除处于一种动态的平衡。多种抗氧化酶，如超氧化物歧化酶（SOD）、过氧化物酶（POD）、过氧化氢酶（CAT）、谷胱甘肽还原酶等，以及一些小分子化合物，如维生素 C、维生素 E、辅酶 Q、谷胱甘肽（GSH）等组成了细胞的抗氧化防御系统，能有效清除各种代谢过程中产生的活性氧等各种自由基，防止自由基对细胞内生物大分子的毒害作用（Blokhina et al.，2003，Huang et al.，2013）。

通过抗氧化系统中抗氧化酶的活性检测，可以发现在化感物质暴露的藻细胞内抗氧化酶，如 SOD、POD 等关键酶活性的变化（聂湘平等，2002）。由于几种抗氧化酶在浮游藻细胞受不同胁迫时会相应升高，且细胞内的活性氧种类有所差异，所以藻细胞抗氧化酶体系活性变化特征常作为指示其对环境胁迫响应类型的指标（Qian et al.，2009）。水生植物小茨藻、马来眼子菜使斜生栅藻的抗氧化酶（SOD、CAT 和 POD）活性增加（邓平，2007）。

1. 基本原理

1）SOD

SOD 能催化超氧化物阴离子发生歧化作用，生成过氧化氢（H_2O_2）和氧气（O_2），是生物体内一种重要的抗氧化酶。通过黄嘌呤（xanthine）及黄嘌呤氧化酶（xanthine oxidase）反应系统产生超氧阴离子（$O_2^{\cdot -}$），将氮蓝四唑还原为蓝色的甲臜（formazan），后者在 560nm 处有强吸收。而 SOD 可清除超氧阴离子，从而抑制甲臜的形成。反应液蓝色越深，说明 SOD 活性越低，反之则 SOD 活性越高。据此通过比色分析就可以计算出 SOD 活性水平（Giannoplities and Ries，1977）。以 560nm 抑制 NBT 光化还原 50%所需的酶量作为一个 SOD 酶活性单位。

2）CAT

CAT 可以催化过氧化氢的分解，生成 H_2O 和 O_2，是一种常用的天然抗氧化酶，用于研究 ROS 在基因表达、细胞凋亡等过程中的作用。一个活力单位的 CAT 是指在 25℃、pH 7.0、过氧化氢浓度约为 10mmol/L 条件下，每分钟可以催化分解 1μmol 过氧化氢。通过测试 3min 内 H_2O_2 在 240nm 处吸光值的减少速率来反映 CAT 的活力（Rao et al.，1996）。

3）POD

POD 与 CAT 一样是清除细胞内过量 H_2O_2 的重要保护酶，可以催化过氧化氢的分解，生成 H_2O 和 O_2，从而使机体免受 H_2O_2 的毒害作用。在有过氧化氢存在下，POD 能使愈创木酚氧化，生成茶褐色物质，可用分光光度计测量生成物的含量。POD 活性则通过测试 3min 内在 470nm 处吸光值的增加速率进行表征（Dias and Costa，1983）。

2. 主要步骤

（1）藻细胞的收集和破碎。离心或过滤收集藻细胞，商品化细胞破壁缓冲液悬浮细胞并破碎（或石英砂/或液氮研磨）。低温离心收集上清液（冷冻离心机），立即测定抗氧化酶酶活，或-80℃冰箱保存待测。

（2）酶促反应。反应体系包括适当的酶反应缓冲液、反应底物和显色剂，混匀后，在一定温度下，加入酶液开始反应。分光光度计可测定特定波长下（一定时间内）显色剂的生成或消失，或底物的消耗。

3. 结果计算与分析

用 Bradford 法或 Folin 法测定藻细胞裂解上清液中的总蛋白质量。抗氧化酶酶活以 U/mg 蛋白质表示。

8.6 细胞内 ROS 水平的检测

Himmelfarb 等（1991）首先利用流式细胞术检测单核细胞和分叶核白细胞中荧光素（fluorescein，DCF）反映的 ROS 水平。随后，Giri 等首先利用二氢乙锭（dihydroethidium，DHE）检测细胞内的 ROS，用于推测 ROS 可能参与了由卟啉介导的光敏感引起的小鼠皮肤癌的发生（Giri et al.，1996）。

通过荧光探针标识浮游藻细胞内的 ROS 水平，利用流式细胞术对细胞荧光强度进行检测，发现儿茶酸、焦性没食子酸和芦苇化感物质 EMA 均能引起蓝藻铜绿微囊藻和绿藻羊角月牙藻细胞内产生大量 ROS（Hong et al.，2008；Wang et al.，2011；孙雪梅，2013）。

1. 基本原理

细胞内超氧阴离子 $O_2^{\cdot-}$ 利用荧光探针 DHE 进行标识。细胞内 H_2O_2 及 $^{\cdot}OH$ 利用荧光探针 2′, 7′-二氯双氢荧光素二乙酸盐（2′, 7′-dichlorodihydrofluorescein diacetate，DCFH-DA）进行标识。

DHE 是最常用的检测细胞内超氧化物阴离子水平的荧光探针，分子式为 $C_{21}H_{21}N_3$，相对分子质量为 315.41。DHE 可以直接用于活细胞内 $O_2^{\cdot-}$ 的标识。DHE 被活细胞摄入后，可以在细胞内的超氧化物阴离子作用下脱氢，产生乙锭（ethidium）。乙锭可以和 RNA 或 DNA 结合产生红色荧光。当细胞内的超氧化物阴离子水平较高时，产生的乙锭较多，红色荧光就较强，反之则较弱。DHE 本身为蓝色荧光，光谱学相关参数为 $E_x = 370nm / E_m = 420nm$，脱氢后与 RNA 或 DNA 结合产生红色荧光，光谱学相关参数为 $E_x = 300nm / E_m = 610nm$。

DCFH-DA 是可穿透细胞膜的非荧光探针。进入细胞内后，可以被细胞内的酯酶水解生成 DCFH。而 DCFH 不能透过细胞膜，从而使探针很容易被装载到细胞内。细胞内的 H_2O_2 及 $^{\cdot}OH$ 氧化无荧光的 DCFH 生成强荧光的荧光素（2′, 7′-dichlorofluorescein，DCF）。DCFH-DA 的分子式为 $C_{24}H_{16}Cl_2O_7$，相对分子质量为 487.29。氧化产物 DCF 产生绿色荧光，光谱学相关参数为 E_x=504nm/E_m=529nm。

2. 主要步骤

（1）藻细胞收集。离心收集藻细胞，缓冲液漂洗，并悬浮，调整藻细胞密度。

（2）荧光探针装载与漂洗。将适当浓度 DHE 和 DCFH-DA 避光一定时间，装载至藻细胞悬浮液中。缓冲液漂洗多余的荧光染料。

（3）流式细胞仪检测。每个样品采集一定量细胞数。根据流式细胞仪的激发光和各荧光染料的发射波长选择合适的荧光通道，对细胞的各荧光强度进行检测。

3. 结果计算与分析

（1）以 FS、SS 两个参数组成的藻细胞散点图中，圈定藻细胞群，即主群细胞，从而排除细胞碎片或其他颗粒物质等的干扰。

（2）以主细胞群为分析基础，分别设置各荧光单参数直方图，使用 FlowJo 7.6.1 软件，通过荧光强度平均值来定量计算 $O_2^{\cdot -}$、H_2O_2 及 $^{\cdot}OH$ 水平。

8.7 藻细胞 DNA 损伤

8.7.1 细胞培养物 DNA 双链断裂的检测

DNA 解旋荧光分析法（fluorescent assay DNA unwinding，FADU）在毒理学中主要用于检测生物细胞在毒物作用下的 DNA 双链断裂。由于该方法不会受到染色体结构的影响，并且灵敏度高，可以检测到一个断裂位点/染色体（Parodi et al., 1989），因此非常适合测定浮游生物 DNA 链断裂。研究表明，利用 DNA 解旋荧光分析法检测蓝藻铜绿微囊藻细胞的 DNA 损伤情况，发现在焦性没食子酸暴露下，蓝藻细胞 DNA 损伤显著增加（鲁志营等，未发表数据）。

1. 基本原理

DNA 解旋荧光分析法是一种经典的测定 DNA 链断裂的方法。FADU 法首先被用于红细胞 DNA 链断裂测定中，He 和 Häder（2002）将该方法进行改进后，用于蓝藻 DNA 链断裂的测定。

FADU 检测原理为：当双链 DNA 遇到适宜的碱性溶液时氢键被断裂，使双链 DNA 解链。而这种双链 DNA 在碱性溶液中的解链速率与 DNA 链断裂数成正比。当藻细胞暴露于化感物质后，部分双链 DNA 断裂形成单链，其在碱性溶液中解链的速率加快。双链 DNA 荧光染料能选择性的与双链 DNA 结合，而不与单链 DNA 结合。这样就可以通过比较在一定时间内损伤的 DNA 与荧光染料结合后的荧光强度，来反映残留双链 DNA 的变化情况，从而推断 DNA 受化感物质作用后的断裂损伤程度（Mitchelmore and Chipman 1998）。常用的双链 DNA 结合染料有 Hoechst 33342（E_x=350nm/E_m=461nm）、Hoechst 33258（E_x=352nm/E_m=461nm）、PI（E_x=536，538nm/E_m=617nm）、EB（E_x=510，523nm/E_m=595，605nm）等。

2. 主要步骤

根据该方法，需要设置两个对照：对照 1，DNA 未经过碱解旋，dsDNA 与荧光染料结合呈现最大荧光（T 样）；对照 2，DNA 全部碱解旋，加入荧光染料后不能与之结合，荧光最低（B 样）。①藻细胞的收集。离心收集一定量藻细胞，去上清液，细胞悬浮于特定缓冲液中。②细胞裂解。加入一定量溶菌酶，37℃保温一定时间；加入一定量蛋白酶 K 和 SDS，50℃保温一定时间，用于裂解藻细胞。③对照样品的设置。每个藻细胞样品设置 T 样品、B 样品和 P 样品（待测样品）。T 样品加入双蒸水，B 样品和 P 样品加入一定量的 NaOH，然后进行碱裂解过程；T 样品：立即加等物质的量 HCl 以中和 NaOH，室温放置一段时间，短时超声处理；B 样品：长时间间歇性超声处理，室温放置一段时间，加入等物质的量 HCl 以中和 NaOH，短时间超声处理； P 样品：室温放置一段时间，加入等物质的量 HCl 以中和 NaOH，短时间超声处理。④染色。T 样品、B 样品和 P 样品均加入一定量的双链 DNA 荧光染料染色一段时间。⑤荧光测定。室温离心染色样品，取上清液，根据荧光染料的激发光和发射光参数，利用酶标仪或荧光光度计对样品的荧光强度进行测定。

3. 结果计算与分析

$$残留双链 DNA 百分比\ F = (P-B)/(T-B)\times 100\% \tag{8.13}$$

$$DNA 链断裂指数\ SSF = \ln F_0 - \ln F_t \tag{8.14}$$

式中，F_0 为对照组的 F 值；F_t 为处理组的 F 值。

8.7.2 DNA 梯度性断裂的检测

琼脂糖凝胶电泳通常用于分析目标 DNA 的分子质量。也用于检测细胞凋亡早期基因组 DNA 的大片段（Brown et al.，1993）和 DNA 梯度性断裂（DNA ladder）（Herrmannm et al.，1994）。利用琼脂糖凝胶电泳已经成功检测到热处理和 H_2O_2 暴露的绿藻小星藻（*Micrasterias* sp.）（Darehshouri et al.，2008）和紫外线照射下绿藻莱茵衣藻（*Chlamydomonas reinhardtii*）的 DNA ladder（Moharikar et al.，2006）。

1. 基本原理

琼脂糖凝胶电泳是利用琼脂糖作支持介质的一种电泳方法。其分析原理与其他支持物电泳最主要的区别是：它兼有“分子筛”和“电泳”的双重作用。琼脂糖凝胶具有网状结构，而被分离的分子因分子的大小受到阻力不同，大分子物质在泳动时受到的阻力大，小分子物质受到的阻力小。同时，带电颗粒的分离取决于净电荷的性质和数量。目前该方法广泛应用于核酸的研究中。根据 DNA 的分子质量大小和所带电荷的不同，其在电场中受力大小不同，因此泳动的速率不同，根据这个原理可将其分开。

普通琼脂糖凝胶分离 DNA 的范围为 0.2～20kb；利用脉冲电泳，可分离高达 10^7bp 的 DNA 片段。注意对于只有几个 bp 差别的 DNA 应该选择聚丙烯酰胺凝胶电泳而不是琼脂糖凝胶电泳。琼脂糖凝胶的浓度通常选择 0.5%～2%，低浓度凝胶用来分析大片段 DNA，高浓度凝胶用来分析小片段 DNA。EB 的光谱学相关参数为 $E_x = 510，523nm / E_m = 595，605nm$；Gelred 与 EB 具有相同的光谱学特征。

2. 主要步骤

（1）DNA 样品的制备。收集藻细胞，利用经典程序（J. 萨姆布鲁克和 D. W. 拉塞尔，2002）或商品化的试剂盒提取其 DNA。

（2）制胶。根据分离的目标 DNA 大小选择合适的凝胶浓度。一定浓度的电泳缓冲液 TAE 或 TBE 溶胶，倒入插有梳子的制胶板。

（3）点样。选择合适大小的 DNA marker，目标 DNA 样品与上样缓冲液混合，将适当体积的该混合物点入点样孔。

（4）电泳。将带有 DNA 样品的琼脂糖胶放入装有电泳缓冲液的电泳槽，正确连接正、负极，选择适当电泳电压和时间，进行电泳。

（5）染色与观察。选用适当的 DNA 荧光染料（如 EB、Gelred 等），将凝胶放入染液中染色。根据其光谱学特征，利用凝胶成像系统选择适当的条件进行拍照观察。

3. 结果分析

根据不同处理组藻细胞的 DNA 电泳凝胶图片上的 DNA 条带进行对比分析。

8.7.3 单细胞 DNA 损伤的检测

单细胞凝胶电泳实验又称为彗星实验，是由 Ostling 等于 1987 年首次提出的一种通过检测 DNA 链损伤来判别遗传毒性的技术。它能有效地检测并定量分析细胞中 DNA 单、双链缺口损伤的程度。近年来，单细胞凝胶电泳被逐渐运用于检测绿藻细胞（如衣藻、裸藻）的 DNA 损伤（Erbes et al.，1997；Aoyama et al.，2003）。陈芝兰等已经成功将单细胞凝胶电泳实验运用于化感物质和紫外线分别暴露的铜绿微囊藻和蛋白核小球藻细胞的 DNA 损伤的检测（陈芝兰等，未发表数据）。

1. 基本原理

当各种内源性 DNA 和外源性 DNA 损伤因子诱发细胞 DNA 链断裂时，其超螺旋结构受到破坏，在细胞裂解液的作用下，细胞膜、核膜等膜结构受到破坏，细胞内的蛋白质、RNA 及其他成分均扩散到细胞裂解液中，而核 DNA 由于分子质量太大只能留在原位。在中性条件下，DNA 片段可进入凝胶发生迁移，而在碱性电解质的作用下，DNA 发生解螺旋，损伤的 DNA 断链及片段被释放出来。由于这些 DNA 的分子质量小且碱变性为单链，所以在电泳过程中带负电荷的 DNA 会离开核 DNA 向正极迁移形成“彗星”状图像，而未受损伤的 DNA 部分保持球形。DNA 受损越严重，产生的断链和断片越多、长度越小，在相同的电泳条件下迁移的 DNA 量就越多，迁移的距离就越长。

通过测定 DNA 迁移部分的光密度或迁移长度就可以测定单个细胞 DNA 损伤

程度，从而确定化感物质的作用剂量与 DNA 损伤效应的关系。该法检测低浓度遗传毒物具有高灵敏性，研究的细胞不需处于有丝分裂期。同时，这种技术只需要少量细胞。常用的 DNA 结合染料有 PI（E_x=536，538nm/E_m=617nm），EB（E_x=510，523nm/E_m=595，605nm）等。

2. 主要步骤

（1）藻细胞收集与计数。冷冻离心机离心收集化感物质暴露后的藻细胞。缓冲液漂洗细胞。血球计数板计数。

（2）琼脂糖玻片的制备。准备微型电泳槽或商品化的彗星实验载玻片。将低熔点琼脂糖凝胶和一定数量的藻细胞混合，平铺于载玻片上。

（3）细胞裂解。配制（或购买）细胞裂解液，将裂解液没过铺有藻细胞的载玻片，低温裂解一定时间。

（4）碱解旋与电泳。将载玻片置于碱性电泳液中先低温解旋一定时间。设置电泳参数，在电泳仪中低温电泳一定时间。

（5）中和与染色。加入中和液，使其没过载玻片，中和数次，弃去中和液。凝胶上加入一定量 DNA 荧光染料，避光染色一定时间。双蒸水漂洗去除多余染料。

（6）观察。根据所用 DNA 染料的激发光谱和发射光谱，选择合适的条件，利用荧光显微镜对藻细胞荧光图像进行观察与拍照记录。

3. 结果记录与分析

经 DNA 荧光染料染色，利用荧光显微镜可清楚地观察到核 DNA 和迁移的 DNA（彗星尾）。每个样品随机选择 100 个细胞，拍照后输入计算机储存，利用相关的彗星实验结果分析软件（如 CASP 软件）进行测定和分析。

8.7.4 DNA 片段化的原位检测

目前常用的 DNA 片段原位标记方法是末端脱氧核苷酸转移酶介导的 dUTP 缺口末端标记测定法[terminal dexynucleotidyl transferase（TdT）-mediated dUTP nick end labeling，TUNEL 法]，于 1993 年由 Wijsman 等（1993）提出。该方法常用于检测细胞凋亡过程中的 DNA 片段化现象（Salucci et al.，2012）。虽然如此，由于坏死细胞和自我裂解细胞也有 DNA 断裂位点形成，这两种情况也可呈 TUNEL 阳性反应，因此在没有其他证据的情况下，其不能区分细胞凋亡、细胞坏死和细胞自我裂解所引起的 DNA 片段化（Charriaut-Marlangue and Ben-Ari，1995；Grasl-Kraupp et al.，1995）。利用 TUNEL 法已经成功的检测到由温度上升、持续黑暗和 H_2O_2 引起的铜绿微囊藻细胞的 DNA 片段化现象（Bouchard and Purdie，2011）。

1. 基本原理

TUNEL 是利用末端脱氧核苷酸转移酶（terminal deoxynucleotidy1 transferase，TdT）将荧光素标记的脱氧尿三磷酸（deoxyuridinetriphate，DUTP）接到 3'-OH 端。研究证明，TUNEL 的灵敏度非常高，对早期凋亡的检出更为适用。其原因可能是凋亡发生时 DNA 大多是双链同时断裂而单链断裂少见。细胞凋亡时 DNA 断裂早于形态学改变及 DNA 含量减少。因此该法较其他各种检测细胞凋亡的方法具有更高的灵敏性。借助荧光显微镜即可对细胞 DNA 损伤的 3'-OH 端进行观察。

2. 主要步骤

（1）藻细胞收集与固定。一定量藻细胞加入适量戊二醛固定，并离心收集藻细胞。

（2）细胞通透性改变。利用含有适量表面活性剂的缓冲液悬浮藻细胞，低温维持一段时间，以改变藻细胞的膜通透性。缓冲液漂洗干净。

（3）细胞染色。阳性对照：染色前利用 DNase I 处理样品，使 DNA 链发生断裂。阴性对照：不加末端转移酶，只加入染色液。处理样品：准备末端转移酶与染料的混合试剂，与样品混匀。加盖避光染色一段时间。缓冲液漂洗。

（4）荧光显微镜观察。根据荧光素的激发与发射波长设置显微镜参数，观察并记录各样品荧光图像。

3. 结果分析

记录每个视野中细胞总数和 TUNEL 阳性细胞数。每个样品记录 20 个视野。

计算样品中 TUNEL 阳性细胞比例

=（每个视野中 TUNEL 阳性细胞数平均/每个视野中细胞总数平均）×100 （8.15）

8.8 藻细胞膜损伤

8.8.1 细胞膜脂质过氧化的检测

早在 20 世纪 70 年代，丙二醛（malondialdehyde，MDA）的含量就被用于表征细胞膜的氧化损伤的程度（Farnsworth and Dratz，1976）。该项指标也被引入到检测水生植物及其分泌的化感物质引起的浮游藻细胞细胞膜的氧化损伤水平。例如，喜旱莲子草、菱、金鱼藻、浮萍和马来眼子菜等水生植物与弯曲栅藻共培养能引起栅藻细胞内 MDA 含量显著增加，且藻细胞膜的损伤程度与藻细胞生长的抑制表现出相关性（唐萍等，2000；Wu et al.，2007）；芦苇化感物质 EMA 能够显著增加羊角月牙藻细胞内 MDA 的含量（Hong et al.，2008a）；吲哚生物碱类化感物质禾胺能引起铜绿微囊藻细胞内 MDA 含量显著增加（Hong et al.，2009）；铜绿微囊藻在化感物质焦性没食子酸的作用下细胞内 MDA 含量的显著升高（孙雪梅，2013）。

1. 基本原理

MDA 是膜脂过氧化最重要的产物之一。浮游藻类在化感作用下遭受损伤与 ROS 积累诱发的膜质过氧化作用密切相关。膜脂过氧化的产物有二烯轭合物、脂类过氧化物、MDA、乙烷等，其中 MDA 是膜脂过氧化最重要的产物之一。因此可通过测定 MDA 了解膜脂过氧化的水平，以间接测定膜系统受损程度。

MDA 在高温及酸性环境下可与 2-硫代巴比妥酸（TBA）反应产生红棕色的产物 3,5,5′-三甲基噁唑 2,4-二酮（三甲川），该物质在 532nm 处有一个吸收高峰，并且在 660nm 处有较小光吸收。根据其在 532nm 处的吸光值可计算出溶液中 MDA 的含量。醛类和可溶性糖等化合物对此反应有干扰作用，在 450nm 处有一个吸收峰，可用双组分分光光度法加以排除。

2. 主要步骤

（1）藻细胞的收集与破碎。离心收集藻细胞，机械研磨或液氮破碎细胞，悬浮于缓冲液中。离心收集上清液。

（2）反应底物的加入。在上清液中加入一定量的 TBA 溶液，并混匀。

（3）反应。将混合体系放入沸水浴中煮沸一定时间，结束时迅速降温。离心取上清液。

（4）测定吸光度。利用酶标仪或分光光度计测定样品 532nm、600nm 和 450nm 处的吸光值。以 2-硫代巴比妥酸溶液为空白对照。

3. 结果计算

（1）利用 MDA 标准液制作标准曲线，通过测定样品中的吸光值来对应计算样品中的 MDA 浓度。

（2）利用 Bradford 法测定藻细胞的总蛋白质量。

（3）MDA 表示为μmol/g 蛋白质。

8.8.2 荧光法测定细胞膜的损伤

完整的细胞膜，是细胞进行正常生长代谢活动的基本条件，细胞膜受损是细胞开始死亡的重要标志。早在 1985 年，PI 就被提出用于细胞膜完整性检测（Jone and Senft，1985）。在生态毒理学研究中，通过 PI 对浮游植物细胞染色的方法，可以快速而有效的检测有害因子，如重金属、紫外线造成的细胞膜的损伤（Franklin et al., 2001; Tao et al.，2010）。铜绿微囊藻在化感物质焦性没食子酸的作用下细胞膜的通透性发生改变，PI 染色细胞呈阳性（孙雪梅，2013；鲁志营等，未发表数据）。

1. 基本原理

PI 是一种细胞膜不透过化合物，当细胞膜完整的时候，PI 不能进入细胞，当细胞膜受损时，PI 能够进入细胞，与细胞内的 DNA 分子结合，使细胞产生荧光（Bevensee et al.，1995）。PI 的光谱学特征为 E_x=536，538nm/E_m=617nm。细胞膜受损的细胞在 PI 染色下呈红色荧光。通过流式细胞仪检测 PI 染色细胞的荧光，是一种快速而又准确的检测细胞膜损伤的方法。

2. 主要步骤

（1）离心收集藻细胞；

（2）将藻细胞悬浮于样品缓冲液中，加入 PI，避光，室温孵育一段时间；

（3）根据 PI 光谱学特征和仪器配置，选择合适的激发光和发射光条件，流式细胞仪检测藻细胞荧光，阳性细胞比率反映细胞膜受损伤的水平。

8.9 藻细胞程序性死亡

一直以来，细胞程序性死亡（programmed cell death，PCD）通常与“细胞凋亡”（apoptosis）通用，被认为是只有多细胞生物才具有的机体调节机制，在组织和器官的发育过程中发挥关键的自我调控作用（Elmore，2007）。近年来的研究证明，程序性死亡也存在于藻类细胞之中（Bidle and Falkowski，2004）。检测多细胞生物细胞凋亡的方法也可用于检测浮游藻类的细胞程序性死亡特征。

通过光学显微镜观察到氧化胁迫引起的多甲藻（*Peridinium gatunense*）细胞内的包囊形成（Vardi et al.，1999）。利用透射电子显微镜观察紫外线照射下绿藻莱茵衣藻（*Chlamydomonas reinhardtii*）细胞的细胞凋亡形态特征，发现了诸如细胞皱缩、空泡出现、染色质凝集、细胞器变致密和核体积缩小等特征（Moharikar et al.，2006）。

8.9.1 细胞程序性死亡形态的观察

1. 光学和荧光显微镜观察藻细胞程序性死亡

1）基本原理

对细胞形态的观察是研究藻细胞程序性死亡的最基本方法。多细胞生物的细胞凋亡的形态学变化是多阶段的。起始阶段，染色质固缩、分离并沿核膜分布，细胞质也发生固缩，但细胞膜依然完整未失去选择通透性；凋亡后期，核染色质断裂为大小不等的片段，与某些细胞器（如线粒体）一起聚集，为反折的细胞膜所包围，以后逐渐分离，形成凋亡小体；最后，凋亡小体被周围具有吞噬能力的细胞所吞噬、消化。浮游藻类细胞凋亡的形态学特征可参照多细胞生物的细胞凋亡特征，在具体的一些凋亡特征细节上存在一定的差异。

常用的 DNA 特异性染料有 Hoechst 33342（E_x=350nm/E_m=461nm）、Hoechst 33258（E_x=352nm/E_m=461nm）和 DAPI（E_x=358nm/E_m=461nm）。三种染料与 DNA 的结合是非嵌入式的，主要结合在 DNA 的 A-T 碱基区。紫外线激发时发射明亮的蓝色荧光。Hoechst 是与 DNA 特异结合的活性染料；DAPI 具有半通透性，用于常规固定细胞的染色。

2）主要步骤

（1）藻细胞收集与漂洗。收集一定量藻细胞，用相关缓冲液进行漂洗。

（2）藻细胞染色与漂洗。一定浓度 DNA 特异性染料与细胞避光孵育一段时间（荧光显微镜或共聚焦激光扫描显微镜观察）；利用姬姆萨染色、瑞氏染色藻细胞（光学显微镜或倒置显微镜观察）；缓冲液漂洗多余的染料。

（3）显微镜观察。

3）结果分析

（1）光学显微镜或倒置显微镜。未染色细胞：凋亡细胞的体积变小、变形，细胞膜完整但出现发泡现象，细胞凋亡晚期可见凋亡小体。染色细胞：凋亡细胞的染色质浓缩、边缘化，染色质分割成块状和凋亡小体等典型的凋亡形态。

（2）荧光显微镜或共聚焦激光扫描显微镜。一般以细胞核染色质的形态学改变为指标来评判细胞凋亡的进展情况。在真核生物细胞凋亡过程中细胞核染色质的形态学改变分为三期：I 期的细胞核呈波纹状或折缝样，部分染色质出现浓缩状态；II a 期细胞核的染色质高度凝聚、边缘化；II b 期的细胞核裂解为碎块，产生凋亡小体。原核生物微囊藻在化感物质胁迫下触发程序死亡时，可以观察到核区逐渐消失，光合片层结构解体，细胞出现空泡化并有固缩物形成。

2. 透射电子显微镜观察藻细胞程序性死亡

1）基本原理

虽然光学显微镜下可以观察到胞膜起泡现象和凋亡小体，但凋亡细胞的形态学变化大多发生在超微结构，因此用光学显微镜观察难以令人满意。而透射电子显微镜可清楚地观察到细胞结构在凋亡不同时期的变化。电子显微镜形态学观察是迄今为止判断凋亡经典、可靠的方法，被认为是确定细胞凋亡的黄金标准。

2）主要步骤

（1）藻细胞的固定。藻细胞在一定浓度的戊二醛溶液（或与多聚甲醛联合固定）中低温固定过夜。缓冲液漂洗数次。然后用一定浓度的锇酸溶液固定藻细胞一段时间。缓冲液漂洗数次。

（2）样品脱水。样品在由低到高浓度的脱水剂乙醇溶液中逐级脱水。最后用

100%乙醇处理一段时间。

（3）包埋。样品置于纯丙酮中处理一段时间，用包埋剂与丙酮等混合液处理样品，逐渐加大包埋剂比例，最后用纯包埋剂处理样品过夜。

（4）聚合。设置烘箱的聚合温度（逐渐升温）和时间，将包埋好的样品放入烘箱聚合。

（5）切片、染色与观察。超薄切片机切片，获得 nm 级的薄片。该切片经乙酸铀和柠檬酸铅溶液染色后，即可经透射电子显微镜观察。

3）结果分析

凋亡细胞体积变小，细胞质浓缩。凋亡 I 期（pro-apoptosis nuclei）的细胞核内染色质高度盘绕，出现许多称为气穴现象（cavitation）的空泡结构；IIa 期细胞核的染色质高度凝聚、边缘化；细胞凋亡的晚期，细胞核裂解为碎块，产生凋亡小体。

8.9.2 caspase-3 酶活性的检测

含半胱氨酸的天冬氨酸蛋白水解酶（cysteinyl aspartate specific proteinase，caspase）家族在介导细胞凋亡的过程中起着非常重要的作用，其中 caspase-3 为关键的执行分子，它在凋亡信号转导的多条途径中发挥着重要功能。

利用连续黑暗、高温和 H_2O_2 诱导，铜绿微囊藻细胞出现了不同水平活化的 caspase-3 酶活（Bouchard and Purdie，2011）。利用化感物质焦性没食子酸诱导铜绿微囊藻细胞，也发现了 caspase-3-like 酶活性的升高（图 4.41）。

1. 基本原理

活化的 caspase-3 能够特异切割 D1E2V3D4-X 底物，水解 D4-X 肽键。根据这一特点，设计出荧光物质偶联的短肽 Z-DEVD-Rhodamine110。在共价偶联时，罗丹明 110（Rhodamine110）不能被激发荧光，短肽被水解后释放出 Rhodamine110，自由的 Rhodamine110 才能被激发发射荧光（光谱学相关参数为 E_x =496nm/E_m=520nm）。根据释放的 Rhodamine110 荧光强度的大小，可以测定 caspase-3 的活性，从而反映 caspase-3 被活化的程度。Ac-DEVD-CHO 为 caspase 蛋白的特异抑制剂，为验证 caspase 的活性，通常向检测系统中加入 Ac-DEVD-CHO。当加入抑制剂后，如果 caspase 的活性显著下降，即可进一步证明所检测的荧光升高是 caspase 蛋白作用的结果。

2. 主要步骤

（1）细胞收集与漂洗。离心收集藻细胞，缓冲液漂洗数次。加入裂解液对藻细胞进行裂解。

（2）酶促反应。往藻细胞裂解液中加入 caspase-3 的四肽荧光底物

Z-DEVD-Rhodamine110，37°C 反应一段时间。对照组中加入 caspase 酶的专一性抑制剂。

（3）荧光的检测。根据 Rhodamine110 的激发与发射光谱，设置荧光分光光度计或酶标仪的参数，分析每个样品的荧光强度。

3. 结果分析

（1）记录 Rhodamine110 的荧光强度。

（2）利用 Bradford 法测定藻细胞总蛋白质量。

（3）caspase-3 酶的活性表示为荧光强度/g 蛋白质。

8.9.3 磷脂外翻的检测

Annexin V 染色法最早是用于动物细胞凋亡早期的磷脂酰丝氨酸（phosphatidyl serine，PS）外翻（Koopman et al.，1994）。Annexin V 联合 PI 染色法不需要固定细胞，可避免 TUNEL 法固定造成的 DNA 片段丢失。因此，Annexin V 联合 PI 染色法具有省时、结果可靠的优点，是常用的检测细胞凋亡的方法（Vermes et al.，1995；Perabo et al.，2011；Monga et al.，2013）。

高等植物的 PS 外翻主要是利用去除细胞壁的原生质体作为对象进行检测的（O'Brien et al.，1997）。在将该方法运用于杜氏盐藻（*Dunaliella tertiolecta*）细胞的 PS 外翻时，发现其与后生生物和维管植物细胞凋亡都不相同，PS 外翻显著增加发生在染色质凝聚和边缘化之后，推测 PS 外翻不是一个好的单细胞浮游藻类的细胞凋亡标志物（Segovia and Berges，2009）。尽管如此，利用紫外线处理完整的莱茵衣藻（*Chlamydomonas reinhardtii*）细胞，得到了阳性的 PS 外翻结果（Moharikar et al.，2006）。

1. 基本原理

细胞程序性死亡发生时细胞膜内侧的 PS 迁移至细胞膜外侧。磷脂酰结合蛋白 V（Annexin V）是一种钙依赖性的磷脂结合蛋白，它与 PS 具有高度的亲合力。因此，Annexin V 可以作为探针检测暴露在细胞膜表面的 PS。将 Annexin V 标记上荧光素（如异硫氰酸荧光素 FITC），通过检测荧光素的荧光即可判断细胞膜是否发生了 PS 外翻。PI 是一种核酸染料，它不能透过完整的细胞膜，但在凋亡中晚期的细胞和死细胞，PI 能够透过细胞膜而与细胞内的 DNA 结合。因此，将 Annexin V-FITC 与 PI 匹配使用，利用流式细胞仪或荧光显微镜对就可以将程序性死亡早晚期的细胞及死细胞区分开来。FITC 光谱学相关参数为 E_x =490nm / E_m=525nm，PI 光谱学相关参数为 E_x = 536，538nm / E_m= 617nm。

2. 主要步骤

（1）收集藻细胞及漂洗。离心收集藻细胞，缓冲液漂洗。

（2）荧光探针染色。一定浓度的 Annexin V-FITC 和 PI 染料低温、避光孵育藻细胞一段时间，缓冲液漂洗多余荧光染料。

（3）观察。按照荧光染料 FITC 和 PI 的光谱学参数，设定荧光显微镜或流式细胞仪的仪器参数，观察凋亡细胞。

3. 结果分析

（1）在以 FS、SS 两个参数所组成的藻细胞散点图中，圈定主群细胞，排除细胞碎片、细菌或其他颗粒物质等的干扰。

（2）以主细胞群为分析基础，借助 FlowJo 7.6.1 软件，设定 FITC 和 PI 单参数直方图中的阳性细胞区（positive gate），使阴性对照区的细胞数不超过 1%。通过 FITC 和 PI 荧光强度平均值来定量计算细胞膜的损伤水平。正常活细胞 Annexin V、PI 均低染；凋亡细胞 Annexin V 高染、PI 低染；坏死细胞 Annexin V、PI 均高染。

8.9.4 其他参数的检测

细胞凋亡引起的 DNA ladder 的检测方法参照 8.6.2。

细胞凋亡引起的 DNA 损伤的检测方法参照 8.6.4。

细胞程序性死亡引起的膜损伤的检测方法参照 8.7.2。

除了以上介绍的方法外，Shao 等（2009b）通过反转录-荧光定量 PCR 分析铜绿微囊藻相关基因的转录水平时发现，化感物质焦性没食子酸能够显著上调铜绿微囊藻光合作用基因 *psbA* 和脂肪酸合成 II 关键基因 *fabZ* 的的转录水平。从基因水平揭示化感抑藻机理也需要进一步的拓展研究。相信越来越多新的、灵敏的、操作方便的方法即将运用于揭示化感抑藻作用机理的研究中。

（作者：陈芝兰、高云霓、王静、鲁志营、葛芳杰、朱俊英、吴振斌等）

第九章　展　　望

由于水体富营养化已经成为全球性的水环境问题，通过研究水生植物对藻类的化感作用，最终应用于水体修复和水华控制的思路，成为很多学者的共识。近年有许多通过重建水生植被，成功修复城市浅水富营养湖泊，使水体转变成清澈透明状案例的报道，更吸引了各个方面对水生植物化感作用的关注。近几十年来，从自然水体中草-藻关系的观察到实验室抑藻效应的验证，从植物体中抑藻活性物质的分离鉴定到化感物质释放情况的检测，从化感物质抑藻活性的测定到抑藻生理机理的探讨，研究者针对水生植物对藻类化感作用的各个环节开展了大量研究。为了更好地阐明这一自然现象及将其应用于水华控制和水体修复，许多方面的研究工作还有待进一步开展和取得突破，尤其是以下几个方面。

探索和筛选高活性化感物质。研究表明水生植物能通过释放化感物质抑制藻类生长。因此，水生植物以及周围水环境中高效抑制水华藻类生长的化感物质的分离与鉴定，是开展水生植物化感作用研究的基础与关键环节。虽然已报道水生植物的化感物质近百种，由于水生植物次生代谢产物众多，探寻和发现水生植物是否会释放抑藻活性更高的化感物质，一直是许多研究者感兴趣的命题之一。从现有报道可知水体中化感物质的浓度很低，往往为μg/L 水平。由于化感物质易于降解，化学性质较不稳定，在进入水体后可能因环境中的生物和理化因子的作用而发生变化。而化感物质从提取、分离、纯化到化学结构鉴定，其中还伴随抑藻活性跟踪检测，流程冗长，极易在操作过程中发生如氧化、光解等化学变化。化感物质的提取分离与环境生物样品中持久性有机污染物的提取相比难度更大、要求更高。因此，今后务必充分考虑化感物质的上述特性，比较、优化分离纯化技术路线，缩短流程，在能够提供较好的实验条件和仪器设备的情况下开展新的化感物质筛选、分离、鉴定工作。此外，只有得到足够量的化感物质，才能开展下一步化感物质抑藻机制的研究。目前，进行过抑藻毒理研究并已见诸于报道的化感物质大多是可以从商业渠道购得的产品，更多已报道的化感物质无商品供应，尚待研究者创造条件，突破化感物质制备方法方面的障碍（从植物大量提取或人工合成），获得足够量的纯品，以供开展进一步实验，证明其毒理效应及生态学意义。

开展化感物质的产生、释放规律及调控机理研究。研究表明，植物化感作用是植物遗传特征和环境条件共同作用的结果。其中，环境胁迫的压力可以诱导植物改变化感物质的合成和释放，从而帮助植物本身更好地适应环境。目前为止，针对不同水生植物及不同环境条件下化感物质产生和释放的研究工作已初步说明，水生植物可以产生和释放多种类别的化感物质，不同类型的水生植物可以产生和释放相同种类的化感物质，不同的光照、温度和营养水平可以影响水生植物化感物质的产生和释放。然而，研究结果还不能深入阐明水生植物某类（种）化感物质的产生和释放规律。探明在自然水体中不同环境因子影响下，不同水生植物（及其组合）释放的化感物质种类、浓度水平和释放规律，是一项艰巨的基础研究；而这一规律的阐明将有助于科学合理地应用化感作用。研究者可以通过结合污染水体当地的自然气候条件合理选择水生植物物种组合，达到高效抑藻的效果，更好地推动水生植物化感抑藻技术对水华藻类的控制和生态修复等应用实践工作。

加强化感物质在生态条件下作用的研究。化感作用的发现源于对自然生态系统中群落演替的观察，化感现象的证实也是基于对自然生态系统不同程度的仿真模拟，因此化感作用机理的最终揭示也不能脱离其生态环境。毋庸置疑，水生植物对藻类的化感作用是由其释放的化感物质来实现的。而最可能的作用模式就是水生植物通过多种化感物质低剂量连续释放的方式，弥补其易于降解的性质，从而维持其一定的环境浓度，达到对目标藻类形成持续性胁迫的效果。用纯化感物质进行抑藻毒理试验是阐明化感作用机理的重要内容之一。但是，已有的研究多采用短期（48h、72h）一次剂量暴露的毒性试验，暴露剂量高于其实际释放水平，这与自然环境中化感物质的作用模式差别极大，尚不足以据此来直接、全面揭示和评估化感物质在自然系统中的作用机理。因此，化感物质低剂量持续作用效应方面的研究亟待加强。同时，将进一步研究水生植物与目标藻类的共存系统与原位实验结合，通过对目标藻体在细胞和分子等多个水平上的响应效果相互印证，以期达到系统、准确证明和评估低剂量化感物质持续高效抑藻的生态意义。

另外，许多研究证实水生植物可以同时释放多种类别的化感物质以加强单一化感物质的抑藻作用。但是持续低剂量水平下化感物质的联合作用效果和作用机理如何还不清楚。今后有必要结合化感物质的来源、释放特征、活性等，在优化联合作用测量和评价方法的基础上加强持续低剂量水平下化感物质的联合作用研究，以期从生态学角度全面揭示水生植物化感抑藻的作用机理。

深化化感物质抑藻机理的研究。目前用于水生植物化感抑藻机理研究的化感物质主要是化学结构较简单、通过商业手段可获得、为数不多的一部分化感物质。然而，从现有的报道已经可以看出，水生植物化感作用能够影响藻类生理生化的许多重要过程。化感物质及其可能的代谢产物的损伤靶位包括 DNA、蛋白质（酶）、细胞膜上的磷脂脂肪酸等大分子物质。影响藻细胞内相关的代谢途径及其他功能主要有细胞的物质交换、光合作用效率与呼吸作用速率、细胞增殖、胞内 ROS 产生水平的增加导致活性大分子的损伤或触发细胞程序性死亡等。同时现有资料还表明，不同化感物质对目标藻体的作用靶位不同，而一种化感物质可能同时干预目标生物的多个位点，从多方面影响目标藻体的生理生化过程。以上有关抑藻机理研究大多是在较高浓度化感物质、一次剂量暴露的急性毒性试验条件下获得的，显然这些结果在对化感物质毒理学性质、相对毒性比较和致毒靶位初步判定的研究阶段十分必要，它为进一步研究提供了重要线索和依据。然而，必须注意在实际生态环境中，水生植物是以低浓度和连续的方式将化感物质释放到水环境中的。因此，在后续研究中，有关抑藻机制研究也必须充分考虑实际生态条件下化感物质释放的特点。在研究中可借鉴近年来生物分析化学、分子生态毒理学、细胞生物学等相关学科的研究进展以及充分运用新的更为灵敏、准确的方法和技术观察藻细胞的响应，包括：致毒靶位和代谢途径的损伤；对基因表达、转录及信号转导途径的影响；藻细胞的损伤、修复和死亡之间的关系；探寻在何种条件下化感物质对藻细胞造成了不可修复的损伤导致死亡；进一步研究和确认化感物质暴露启动藻细胞程序性死亡过程及 ROS、NO 等是否作为信号分子触发这一过程以及其在浮游藻类种群调控和消亡中的生态意义等。总之，化感作用机理研究的最终目的在于揭示化感物质在自然水生态条件下导致浮游藻细胞死亡、种群消亡、更替和调控的分子基础。这也是今后亟待突破的关键问题。这是人们理解水生植物化感抑藻这种自然现象本质的需要，也为将这一成果在浮游藻类异常增殖水体的生态修复中更好的应用提供理论基础。

（作者：吴振斌、张甬元、刘碧云、周巧红、贺锋、邱东茹等）

参 考 文 献

柏连阳，罗宽．2000．水稻与杂草相互竞争和化感作用．杂草科学，1：6-8．

鲍建平，缪为民，李劫夫，等．1999．太湖水生维管束植物及其合理开发利用的调查研究．大连水产学院学报，6（1）：13-19．

边归国．2012．水生植物对藻类的化感抑制作用及机理．能源与环境，6：11-15，18．

曹子林，王晓丽，王林．2012．蓝桉枝叶不同温度水提液的化感作用．西北林学院学报，27（1）：142-146．

陈德辉，刘永定，宋立荣．2004．篦齿眼子菜对栅藻和微囊藻的他感作用及其参数．水生生物学报，28（2）：163-168．

陈纪新，叶翔，陈小鹏，等．2005．有机试剂提取浮游植物光合色素的研究．厦门大学学报（自然科学版），44（1）：102-106．

陈坚，顾林娣，章宗涉，等．1994．马来眼子菜抑制藻类增长及其抑制系数的计算．上海师范大学学报（自然科学版），23（1）：69-73．

陈学年，郭玉娟．2005．广东肇庆星湖仙女湖区水生植被的演变．湖泊科学，17（4）：334-339．

戴军，王洪新，华春雷等．1994．HPLC 分析芦苇叶中天然抗氧化成分黄酮类化合物．无锡轻工业学院学报，13（1）：34-37．

戴树桂，赵凡，金朝辉，等．1997．香蒲植物提取物的抑藻作用及其分离鉴定．环境化学，16（3）：268-271．

邓光，耿亚洪，胡鸿钧，等．2009．几种环境因子对高生物量赤潮甲藻-东海原甲藻光合作用的影响．海洋科学，33（12）：34-39．

邓平．2007．三种沉水植物对浮游植物的化感效应研究．中国科学院水生生物研究所博士学位论文．

丁惠君，张维昊，王超，等．2007．菖蒲对几种常见藻类的化感作用研究．环境科学与技术，30（6）：20-22．

丁兰，景宏伟，王涛，等．2010．甘肃产毛叶香茶菜二萜成分及其化感潜能评估．西北师范大学学报（自然科学版），46（2）：88-93，115．

高云霓．2010．三种水鳖科沉水植物分泌物对铜绿微囊藻的化感作用研究．中国科学院水生生物研究所博士学位论文．

高云霓，刘碧云，王静等．2011．苦草（*Vallisneria spiralis*）释放的酚酸类物质对铜绿微囊藻（*Micro-cystis aeruginosa*）的化感作用．湖泊科学，23（5）：761-766．

高云霓，葛芳杰，刘碧云，等．2015．不同暴露方式下水生植物化感物质抑藻效应的比较研究．生态环境学报，24（4）：544-560．

葛芳杰，刘碧云，鲁志营，等．2012a．不同氮、磷浓度对穗花狐尾藻生长及酚类物质含量的影响．环境科学学报，32（2）：472-479．
葛芳杰，刘碧云，鲁志营，等．2012b．穗花狐尾藻生长及酚类物质含量对光照强度的响应研究．环境科学与技术，35（3）：30-34．
葛会林，刘树深，朱祥伟，等．2008．微板吸光法测定 9 种农药对斜生栅藻的抑制毒性．生态毒理学报，3（6）：606-612．
葛继稳，蔡庆华，李建军，等．2004．梁子湖水生植被 1955-2001 年间的演替．北京林业大学学报，26（1）：14-20．
耿小娟，范勇，王晓青，等．2009．水葫芦化感物质 *N*-苯基-2-萘胺对铜绿微囊藻生长的影响．四川大学学报，46（5）：1493-1496．
谷孝鸿，张圣照，白秀玲，等．2005．东太湖水生植物群落结构的演变及其沼泽化．生态学报．25（7）：1541-1548．
过龙根．2006．除藻与控藻技术．中国水利，17：34-36．
韩博平，韩志国，付翔，等．2003．藻类光合作用机理与模型．北京：科学出版社．
郝飞，翟梅枝，王元，等．2012．胡桃醌对小麦种子萌发及幼苗生长的化感效应．西北植物学报，32（3）：518-524．
何池全，叶居新，陈少风．1999．石菖蒲的克藻效应．植物生态学报，23（4）：379-384．
何池全，叶居新．1999．石菖蒲（*Acorustatarinowii*）克藻效应的研究．生态学报，19（5）：754-758．
何池全，赵魁义．1999．植物的生化他感效应及其在湿地研究中的应用．生态学杂志，18（4）：46-51．
何华勤，梁义元，贾小丽，等．2004．酚酸类物质的抑草效应分析．应用生态学报，15（12）：2342-2346．
何梅，张庭廷，吴安平，等．2008．苯并烯酸对水华鱼腥藻的化感作用及相关毒理学研究．安全与环境学报，8（2）：1-4．
何杨艳，马丹炜，李群，等．2010．温度胁迫对白车轴草水浸提液化感作用的影响．植物研究，30（2）：243-247．
贺锋，吴振斌，邱东茹．2002．东湖围隔中菹草与藻类生化他感作用的初步研究．水生生物学报，26（4）：421-424．
洪喻，胡洪营，黄晶晶等．2008．芦竹抑藻物质的初步分离及抑制铜绿微囊藻的效果．环境化学，27（6）：751-755．
洪喻，胡洪营．2009．水生植物化感抑藻作用研究与应用．科学通报，54（3）：287-293．
侯建军，黄邦钦，戴相辉．2004．赤潮藻细胞计数方法比较研究．中国公共卫生，20（8）：907-908．
侯燕松，梁威，张丽萍，等．2009．基于光合色素的化学分类法在淡水藻类研究中的应用．长江流域资源与环境，18（6）：563-567．
胡陈艳，葛芳杰，张胜花，等．2010．马来眼子菜体内抑藻物质分离及常见脂肪酸抑藻效应．湖泊科学，22（4）：569-576．
胡陈艳．2010．马来眼子菜抑藻物质成分分析及脂肪酸类物质抑藻效应研究．中国科学院水生生物研究所硕士学位论文．
胡飞，孔垂华，陈雄辉，等．2003．不同水肥和光照条件对水稻化感特性的影响．应用生态学报，14（12）：2265-2268．
胡俊，柳欣，王磊，等．2011．应用反相高效液相色谱定性和定量浮游植物光合色素．海洋科学，35（11）：19-28．
胡开辉，罗庆国，汪世华，等．2006．化感水稻根际微生物类群及酶活性变化．应用生态学报，17（6）：1060-1064．
花铭，陈良燕，尹大强．2008．邻苯三酚和咖啡酸对铜绿微囊藻的化感作用及其机理．环境化学，27（3）：331-334．
季成，王崇效，余叔文．1989．凤眼莲超氧物歧化酶活性与抗寒性的关系．植物生理学报，15（2）：133-137．
简永兴，王建波，何国庆，等．2002．洞庭湖区三个湖泊水生植物多样性的比较研究．水生生物学报，26（2）：160-167．
姜建辉．2011．吲哚类生物碱的合成研究进展．广州化学，36（2）：45-50．
晋利，刘兆普，赵耕毛，等．2010．一株溶藻细菌对铜绿微囊藻生长的影响及其鉴定．中国环境科学，30（2）：222-227．
孔垂华，胡飞．2001．植物化感（相生相克）作用及其应用．北京：中国农业出版社．
孔垂华，徐效华．2005．有机物的分离和结构鉴定．北京：化学工业出版社．
李锋民，胡洪营．2004．大型水生植物浸出液对藻类的化感抑制作用．中国给水排水，20（11）：18-21．
李锋民，胡洪营，门玉洁，等．2006．化感物质对小球藻抗氧化体系酶活性的影响．环境科学，27（10）：2091-2094．
李锋民，胡洪营，种云霄，等．2007a．芦苇化感物质 EMA 对铜绿微囊藻生理特性的影响．中国环境科学，27（3）：377-381．
李锋民，胡洪营，种云霄，等．2007b．2-甲基乙酰乙酸乙酯对藻细胞膜和亚显微结构的影响．环境科学，28（7）：1534-1538．
李锋民．2005．水生植物化感物质抑制有害藻类的研究．北京：清华大学博士学位论文．
李光义，侯宪文，邓晓，等．2009．微生物对三种入侵杂草化感作用的影响．生态环境学报，18（3）：1045-1048．
李健，洪伟，吴承祯，等．2010．雷公藤水浸提液不同光照下对萝卜种子发芽的化感效应．西南林学院学报，30（3）：11-15．
李小路，潘慧云，徐洁，等．2008．金鱼藻与铜绿微囊藻共生情况下的化感作用．环境科学学报，28（11）：2243-2249．
刘碧云，周培疆，吴振斌，等．2008．焦酚对蓝藻和绿藻生长、光合色素及微量元素的作用．武汉大学学报（理学版），54（6）：719-724.
刘碧云. 2007. 焦性没食子酸对两种藻生长的抑制及其作用机制. 武汉：武汉大学博士学位论文.
刘建康，谢平. 1999. 揭开武汉东湖蓝藻水华消失之谜. 长江流域资源与环境，8（3）：312-319.
刘建康. 1999. 高级水生生物学. 北京：科学出版社.
刘义宁，易骏，陈体强. 2009. 太子参挥发油化学成分研究. 时珍国医国药，20（1）：50-51.
刘毓谷. 1987. 卫生毒理学基础. 第三版. 北京：人民卫生出版社，47-49.
刘悦，刘静，庚石山，等. 2007. 大理白前化学成分研究. 中国中药杂志，32（6）：500-503.
卢善发. 2000. 植物脂肪酸的生物合成与基因工程. 植物学通报，17（6）：481-491.
陆江海，赵玉英，乔梁，等. 2001. 醉鱼草化学成分研究. 中国中药杂志，26（1）：41-43.
马丹炜，范雪涛，葛方兰，等. 2008. 低温胁迫对辣子草水浸提液化感作用的影响. 热带亚热带植物学报，16（6）：526-530.
马剑敏，贺锋，成水平，等. 2007. 武汉莲花湖水生植被重建的实践与启示. 武汉植物学研究，25（5）：473-478.
马剑敏. 2005. 受污染城市水体水生植被重建研究与工程实践. 北京：中国科学院研究生院水生生物研究所博士论文.
马为民，孙莉，钱志萍，等. 2003. 三种高等水生植物对铜绿微囊藻生长的影响. 上海师范大学学报（自然科学版），32（1）：101-102.
美国公共卫生协会，美国自来水厂协会，水污染控制联合会，等. 1985. 浮游藻类叶绿素测定. 宋仁元，张亚杰，王维一，等译. 水和废水标准检验法. 北京：中国建筑工业出版社，901-904.
门玉洁，胡洪营，李锋民. 2006. 芦苇化感组分对斜生栅藻生长特性的影响. 生态环境，15（5）：925-929.
门玉洁，李锋民，胡洪营. 2007. 芦苇化感组分对羊角月牙藻和雷氏衣藻生长特性的影响. 湖泊科学，19（4）：473-478.
孟庆俊，肖昕. 2004. 不同方法对联合毒性作用的评价. 污染防治技术，17（1）：33-36.
孟紫强. 2000. 环境毒理学. 北京：中国环境科学出版社.
孟紫强. 2003. 环境毒理学基础. 北京：高等教育出版社，49-52.
倪利晓，任高翔，陈世金，等. 2011. 酚酸和不饱和脂肪酸对铜绿微囊藻的联合作用. 环境化学，30（8）：1428-1432.
聂湘平，蓝崇钰，林里，等. 2002. 多氯联苯对蛋白核小球藻和斜生栅藻生长影响的研究. 中山大学学报（自然科学版），41（1）：68-71.
彭映辉，简永兴，李仁东. 2003. 鄱阳湖平原湖泊水生植物群落的多样性. 中南林学院学报，23（4）：22-27.
彭映辉，简永兴，王建波，等. 2004. 湖北省五大湖泊水生植物多样性的比较研究. 水生生物学报，28（5）：464-470.
钱志萍，冯燕，孙莉，等. 2006. 金鱼藻对铜绿微囊藻生长的抑制作用研究. 植物研究，26（1）：

80-84.
邱东茹，吴振斌，况琪军，等．1998．不同生活型大型植物对浮游植物群落的影响．生态学杂志，17（6）：22-27.
孙健，陈德文，张小东，等．1998．关于 *N*-苯基-萘胺的光分解过程．波谱学杂志，15（3）：211-216.
孙文浩，余叔文，杨善元，等．1993．凤眼莲根系分泌物中的克藻化合物．植物生理学报，19（1）：92-98.
孙文浩，余叔文．1992．相生相克效应及其应用．植物生理学通讯，28（2）：81-87.
孙文浩，俞子文，郭克勤，等．1991．凤眼莲克藻化合物的生物检测．植物生理学通讯，27（6）：433-435.
孙文浩，俞子文，郃根福，等．1990．凤眼莲无菌苗培养及其克藻效应．植物生理学报，16（3）：301-305.
孙文浩，俞子文，余叔文．1988．水葫芦对藻类的克制效应．植物生理学报，14（3）：294-300.
孙文浩，俞子文，余叔文．1989．城市富营养水域的生物治理和凤眼莲抑制藻类生长的机理．环境科学学报，9：188.
孙雪梅．2013．化感物质焦性没食子酸对铜绿微囊藻的氧化胁迫效应研究．北京：中国科学院水生生物研究所硕士学位论文．
唐萍，吴国荣，陆长梅，等．2000．凤眼莲根系分泌物对栅藻结构及代谢的影响．环境科学学报，20（3）：355-359.
唐萍，吴国荣，陆长梅，等．2001．太湖水域几种高等水生植物的克藻效应．农村生态环境，1（3）：42-44.
唐萍，吴国荣．1999．凤眼莲根系分泌物对栅列藻膜系统及光合作用的影响．连云港师范高等专科学校学报，2：49-50.
陶燕铎，张宝琛．1992．中国林业生产中的化感作用．化学生态学．上海：上海科学技术出版社，125-130.
王海黎，洪华生，徐立．1999．利用反相高效液相色谱技术分离和测定海洋浮游植物叶绿素和类胡萝卜素．海洋学报，4：6-9.
王红强，成水平，张胜花，等．2010．伊乐藻生物碱的 GC-MS 分析及其对铜绿微囊藻的化感作用．水生生物学报，34（2）：361-366.
王红强，朱慧杰，张丽萍，等．2011．伊乐藻中有机酸的 GC-MS 分析及其抑藻作用研究．环境科学与技术，34（7）：23-26.
王红强．2009．伊乐藻抑藻物质的分离、鉴定及其化感作用研究．北京：中国科学院水生生物研究所博士学位论文．
王宏生．2007．利用化感物质防除杂草研究现状及应用前景．杂草科学，4：3-5.
王洁．2006．植物他感作用在林业生产中的应用．新疆林业，1：28.
王立新，吴国荣，王建安，等．2004．黑藻（*Hydrilla verticillata*）对铜绿微囊藻（*Microcystis*

aeruginosa）抑制作用．湖泊科学，16（4）：337-342．
王立新，张玲，张余霞，等．2006．黑藻（*Hydrilla verticillata*）养殖水对铜绿微囊藻（*Microcystic aeruginosa*）的抑制效应及其机制．植物生理与分子生物学学报，32（6）：672-678．
王利群，王勇，董英，等．2003．硝酸盐对硝酸还原酶活性的诱导及硝酸还原酶基因的克隆．生物工程学报，19：632-635．
王强，阮晓，李兆慧，等．2007．植物自毒作用及针叶林自毒研究进展．林业科学，43（6）：134-142．
王瑞龙，韩萌，梁笑婷，等．2011．三叶鬼针草生物量分配与化感作用对大气温度升高的响应．生态环境学报，20（6-7）：1026-1030．
王晓丽，曹子林，朱霞．2010．紫茎泽兰不同处理方法水提液对蓝桉种子发芽的化感效应．云南大学学报（自然科学版），32（3）：346-351．
王洋，尚辛亥，阎秀峰．2003．氮素营养水平对高山红景天生长和红景天苷含量的影响．植物生理与分子生物学学报，29（4）：357-359．
王永禄，王丽瑶．2006．制备型高效液相色谱法及其在中药研究中的应用．中医药通报，5（3）：60-63．
王玉枝．2008．色谱分析．中国纺织出版社．
王忠，孙进东．1984．氧电极测定水稻叶片光合放氧的技术探讨．江苏农学院学报，5（2）：61-64．
吴超元，张京浦，温宗存，等．1996．青岛三种海产红藻的光合和呼吸特性的初步研究．海洋与湖沼，27（2）：207-212．
吴程，常学秀，吴锋，等．2008．水生植物对集胞藻（*Synahocystis* sp.）的化感作用研究．云南大学学报（自然科学版），30（5）：535-540．
吴立军．2007．天然药物化学．第5版．北京：人民卫生出版社．
吴晓辉．2005．常见眼子菜科沉水植物对浮游藻类的化感作用研究．北京：中国科学院水生生物研究所博士学位论文．
吴振斌，陈德强，邱东茹，等．2003．武汉东湖水生植被现状调查及群落演替分析．重庆环境科学，25（8）：54-58．
伍献文．1962．五里湖1951年湖泊学调查．水生生物学集刊，1：63-113．
鲜啟鸣，陈海东，邹惠仙，等．2005．四种沉水植物的克藻效应．湖泊科学，17（1）：75-80．
鲜啟鸣，陈海东，邹惠仙，等．2006．沉水植物中挥发性物质对铜绿微囊藻的化感作用．生态学报，26（11）：3549-3554．
谢平．2009．翻阅巢湖的历史：蓝藻、富营养化及地质演化．北京：科学出版社，136．
修瑞琴，许永香，傅迎春，等．1994．水生毒理联合效应相加指数法．环境化学，13（3）：269-271．
徐利平，刘慧春．2008．杭州西溪国家湿地公园水生植物资源调查．浙江农业科学，5：555-557．
严航贞，张安平，林春绵．2009．96孔板法用于除草剂高通量筛选的研究．浙江工业大学学报，37（2）：119-122．

徐涛，宋立荣．2007．三株铜绿微囊藻对外源无机碳利用的研究．水生生物学报，31（2）：245-250．
阎秀峰，王洋，尚辛亥，等．2004．光强和光质对野外栽培高山红景天生物量和红景天甙含量的影响．生态学报，24（4）：674-679．
杨琳，吴伟，胡庚东，等．2008．两种沉水植物浸提液对斜生栅藻的化感效应．农业环境科学学报，27（4）：1530-1535．
杨攀，张树林，董阳．2012．生物碱类化合物对藻类生长抑制作用的研究进展．水产科学，31（12）：754-758．
杨善元，俞子文，孙文浩，等．1992．凤眼莲根系中抑藻物质分离与鉴定．植物生理学报，18（4）：399-402．
余国营，刘永定，丘昌强，等．2000．滇池水生植被演替及其与水环境变化关系．湖泊科学，12（1）：73-80．
余莉萍，尹华，彭辉，等．2004．微生物絮凝剂对含藻微污染水的除浊性能研究．环境污染与防治，26（3）：220-224．
俞子文，孙文浩，郭克勤，等．1992．几种高等水生植物的克藻效应．水生生物学报，16（1）：1-7．
袁峻峰，章宗涉．1993．金鱼藻（*Ceratophyllum demersum* Kom.）对藻类的生化干预作用．生态学报，13（1）：45-50．
曾任森，骆世明，施月红．2004．日本曲霉产生的黑麦酮酸F对玉米的化感作用．应用生态学报，15（1）：145-148．
张兵之．2007．伊乐藻对铜绿微囊藻的化感作用研究．北京：中国科学院水生生物研究所博士学位论文．
张德华，李茹，王永梅，等．2010．生物碱的分类和鉴定方法研究进展．皖西学院学报，26（5）：69-73．
张玲艳．2005．活性氧在植物信号转导中的作用．科技创业月刊，18（6）：144-145．
张曼，曾波，张怡，等．2010．温度变化对藻类光合电子传递与光合放氧关系的影响．生态学报，30（24）：7087-7091．
张胜花．2007．两种眼子菜科沉水植物与浮游藻类之间的化感作用研究．北京：中国科学院水生生物研究所博士学位论文．
张庭廷，陈传平，何梅，等．2007．几种高等水生植物的克藻效应研究．生物学杂志，24（4）：32-36．
张庭廷，吴安平，何梅，等．2007．酚酸类物质对水华藻类的化感作用及其机理．中国环境科学，27（4）：472-476．
张庭廷，郑春艳，何梅，等．2009．脂肪酸类物质的抑藻效应及其构效关系．中国环境科学，29（3）：274-279．
张维昊，周连凤，吴小刚，等．2006．菖蒲对铜绿微囊藻的化感作用．中国环境科学，26（3）：

355-358.
周凯，郭维明，徐迎春. 2004. 菊科植物化感作用研究进展. 生态学报，24（8）：1776-1784.
周志刚，胡远皆. 2001. 同工酶在藻类学领域的应用. 上海水产大学学报，10（3）：264-268.
朱俊英，刘碧云，王静，等. 2011. 穗花狐尾藻化感作用对铜绿微囊藻光合效率的影响. 环境科学，32（10）：2904-2908.
庄源益，赵凡. 1995. 高等水生植物对藻类生长的克制效应. 环境科学进展，3（6）：44-49.
宝月欣二，网西良治，营原久枚. 1960. 浮游植物与有根水生植物间的拮抗关系. 陆水学杂志，21：124-131.
Abrash H I, Shih D, Elias W, et al. 1989. A kinetic study of the air oxidation of pyrogallol and purpurogallin. International Journal of Chemical Kinettics, 21(6): 465-476.
Adams W W, Demmig-Adams B, Rosenstiel T N, et al. 2002. Photosynthesis and photoprotection in overwintering plants. Plant Biology, 4: 545-557.
Affenzeller M J, Darehshouri A, Andosch A, et al. 2009. Salt stress-induced cell death in the unicellular green alga *Micrasterias denticulata*. Journal of Experimental Botany, 60 (3): 939-954.
Aizawa K, Miyachi S. 1986. Carbonic anhydrase and CO_2 concentrating mechanisms in microalgae and cyanobacteria. FEMS Microbiology Letters, 39 (3): 215-233.
Aliotta G, DellaGreca M, Monaco P, et al. 1990. In vitro algal growth inhibition by phytotoxins of *Typha latifolia* L. Journal of Chemical Ecology, 16(9): 2637-2646.
Aliotta G, Monaco P, Pinto G, et al. 1991. Potential allelochemicals from *Pistia stratiotes* L. Journal of Chemical Ecology, 17(11): 2223-2234.
Aliotta G, Cafiero G, Defeo V, et al. 1994. Potential allelochemicals from *Ruta Graveolens* L. and their action on radish seeds. Journal of Chemical Ecology, 20(11): 2761-2775.
Anaya A L. 1999. Allelopathy as a tool in the management of biotic resources in agroecosystems. Critical Reviews in Plant Sciences, 18 (6): 697-739.
Anderson P D, Weber L J. 1975. The toxicity to aquatic populations of mixtures containing certain heavy metals. Proceedings of the International Conference on Heavy Metals in the Environment, Toronto, Ont, 2: 933-953.
Anthoni U, Christophersen C, Madsen J, et al. 1980. Biologically active sulphur compounds from the green alga *Chara globularis*. Phytochemistry, 19 (6): 1228-1229.
Anthoni U, Nielsen P H, Smith-Hansen L, et al. 1987. Charamin, a quaternary ammonium ion antibiotic from the green alga *Chara globularis*. The Journal of Organic Chemistry, 52 (4): 694-695.
Aoyama K, Iwahori K, Miyat N. 2003. Application of *Euglena gracilis* cells to comet assay: evaluation of DNA damage and repair. Mutation Research, 538: 155-162.
Arnoux P, Morosinotto T, Saga G, et al. 2009. A structural basis for the pH-dependent xanthophyll cycle in *Arabidopsis thaliana*. Plant Cell, 21: 2036-2044.

Asada K. 1999. The water–water cycle in chloroplasts: scavenging of active oxygens and dissipation of excess photons. Annual Review of Plant Physiology and Plant Molecular Biology, 50: 601-639.

Asada K. 2006. Production and scavenging of reactive oxygen species in chloroplasts and their functions. Plant Physiology, 141:391-396.

Backhaus T, Faust M, Scholze M, et al. 2004. Joint algal toxicity of phenylurea herbicides is equally predictable by concentration addition and independent action. Environmental Toxicology and Chemistry, 23 (2): 258-264.

Baier M, Karl-Jozef D. 2005. Chloroplasts as source and target of cellular redox regulation: a discussion on chloroplast redox signals in the context of plantphysiology. Journal of Experimental Botany, 56: 1449-1462.

Bais H P, Vepachedu R, Gilroy S, et al. 2003. Allelopathy and Exotic Plant Invasion: From Molecules and Genes to Species Interactions. Science, 301: 1377-1380.

Bais H P, Warker T S, Stermitz F R, et al. 2002. Enantiomeric-dependent phytotoxic and antimicrobial activity of (±)-catechin. A rhizosecreted racemic mixture from spotted knapweed. Plant Physiology, 128: 1173-1179.

Baker N R, Horton P. 1987. Chlorophyll Fluorescence Quenching During Photoinhibition. I*n*: Kyle D J, Osmond C B, Arntzen C J. Photoinhibition. The Netherlands: Elsevier, Amsterdam, 145-168.

Baziramakenga R, Leroux G, Simard R. 1997. Allelopathic effects of phenolic acids on nucleic acid and protein levels in soybean seedlings. Canadian Journal of Botany, 75: 445-450.

Bazivamakenga R R, Leroux G D, Simard R R. 1995. Effects of benzonic and cinnamic on membrane permeability of soybean roots. Journal of Chemical Ecology , 21 (9): 1271-1285.

Bazzaz F A, Nona R C, Coley P D, et al. 1987. Allocating resources to reproduction and defense. Bioscience, 37: 58-67.

Beer S, Vilenkin B, Weil A, et al. 1998. Measuring photosynthetic rates in seagrasses by pulse amplitude modulated (PAM) fluorometry. Marine Ecology Progress Series, 174 (3): 293-300.

Belden J B, Lydy M J. 2006. Joint toxicity of chlorpyrifos and esfenvalerate to fathead minnows and midge larvae. Environmental Toxicology and Chemistry, 25 (2): 623-629.

Bellamy W T. 1992. Prediction of response to drug therapy of cancer. a review of in vitro assays. Drugs, 44 (5): 690-708.

Berenbaum M C. 1985. The expected effect of a combination of agents: the general solution. Journal of Theoretical Biology, 114 (3): 413-431.

Berger J, Schagerl M. 2003. Allelopathic activity of *Chara aspera*. Hydrobiologia, 501: 109-115.

Berges J A, Falkowski P G. 1998. Physiological stress and cell death in marine phytoplankton: induction of proteases in response to nitrogen or light limitation. Limnology and Oceanography, 43: 129-135.

Berman-Frank I, Bidle K, Haramaty L, et al. 2004. The demise of the marine cyanobacterium,

Trichodesmium spp., via an autocatalyzed cell death pathway. Limnology and Oceanography, 49: 997-1005.

Berman-Frank I, Cullen J T, Shaked Y, et al. 2001. Iron availability, cellular iron quotas, and nitrogen fixation in *Trichodesmium*. Limnology and Oceanography, 46: 1249-1260.

Bers E P, Pinevich V V. 1969. Study of the proteins of lower algae within different taxonomic levels. I. Characteristics of the soluble protein complex of representatives of Chlorophyta and Cyanophyta. Vestnik Leningradskogo Universiteta Biology, 3: 114-120.

Bevensee M O, Schwiening C J, Boron W F. 1995. Use of BCECF and propidium iodide to assess membrane integrity of acutely isolated CA1 neurons from rat hippocampus. Journal of Neuroscience Methods, 58 (1-2): 61-75.

Bidle K D, Bender S J. 2008. Iron starvation and culture age activate metacaspases and programmed cell death in the marine diatom *Thalassiosira pseudonana*. Eukaryotic Cell, 7 (2): 223-236.

Bidle K D, Falkowski P G. 2004. Cell death in planktonic, photosynthetic microorganisms. Nature Reviews Microbiology, 2: 643-655.

Bidle K D, Haramaty L, Barcelos E, et al. 2007, Viral activation and recruitment of metacaspases in the unicellular coccolithophore, *Emiliania huxleyi*. Proceedings of the National Academy of Sciences, 104 (14): 6049-6054.

Birkett M A, Chamberlain K, Hooper A M, et al. 2001. Does allelopathy offer real promise for practical weed management and for explaining rhizosphere interactions involving higher plants. Plant Soil, 232: 31-39.

Blindow I, Hootsmans M J M. 1991. Allelopathic effects from *Chara* spp. on two species of unicellular green algae. Macrophytes, a key to understanding changes caused by eutrophication in shallow freshwater ecosystems. IHE Reports Series, 21: 139-144.

Blindow I. 1987. The composition and density of epiphyton on several species of submerged macrophytes-neutral substrate hypothesis tested. Aquatic Botany, 29 (2): 157-168.

Bliss C I. 1939. The toxicity of poisons applied jointly. Annals of applied biology. 26 (3): 585-615.

Blokhina O, Virolainen E, Fagerstedt K V. 2003. Antioxidants, oxidative damage and oxygen deprivation stress: a review. Annals of Botany, 91: 179-194.

Bohlmann J, Meyer-Gauen G, Croteau R. 1998. Plant terpenoid synthases: molecular biology and phylogenetic analysis. Proceedings of the National Academy of Sciences, 95 (8): 4126-4133.

Boillot C, Perrodin Y. 2008. Joint-action ecotoxicity of binary mixtures of glutaraldehyde and surfactants used in hospitals: Use of the toxicity index model and isoblogram representation. Ecotoxicology and Environmental Safety, 71: 252-259.

Booker F, Blum U, Fiscus E. 1992. Short-term effects of ferulic acid on ion uptake and water relations in cucumber seedlings. Journal of Experimental Botany, 43: 649-655.

Bouchard J N, Purdie D A. 2011. Effect of elevated temperature, darkness, and hydrogen peroxide treatment on oxidative stress and cell death in the bloom-forming toxic cyanobacterium *Microcystis aeruginosa*. Journal of Phycology, 47: 1316-1325.

Boyd V, Cholewa O M, Papas K K. 2008. Limitations in the use of fluorescein diacetate/propidium iodide (FDA/PI) and cell permeable nucleic acid stains for viability measurements of isolated islets of langerhans. Current Trends in Biotechnology and Pharmacy, 2 (2): 66-84.

Bradley K W, Hagood E S. 2002. Evaluations of selected herbicides and rates for long-term mugwort (*Artemisia vulgaris*) control. Weed Technology, 16: 164-170.

Brix H, Sorrell B K. 1996. Oxygen stress in wetland plants: comparison of de-oxygenated and reducing root environments. Functional Ecology, 10: 521-526.

Brown D G, Sun X M, Cohen G M. 1993. Dexamethasone-induced apoptosis involves cleavage of DNA to large fragments prior to internucleosomal fragmentation. Journal of Biological Chemistry, 268: 3037-3039.

Brown V M. 1968. The calculation of the acute toxicity of mixtures of poisons to rainbow trout. Water Research, 2: 723-733.

Brownlee C. 2008. Diatom signalling: deadly messages. Current Biology, 18 (12): 518-519.

Brussaard C P D, Noordeloos A A M, Riegman R. 1997. Autolysis kinetics of the marine diatom *Ditylum brightwellii* (Bacillariophyceae) under nitrogen and phosphorus limitation and starvation. Journal of Phycology, 23 (6): 980-987.

Brussaard C P D, Riegman R. 1998. Influence of bacteria on phytoplankton cell mortality with phosphorus or nitrogen as the algal-growth-limiting nutrient. Aquatic Microbial Ecology, 14: 271-280.

Brussaard C P D. 2004. Viral control of phytoplankton populations – a review. Journal of Eukaryotic Microbiology, 51 (2): 125-138.

Bryant J P, Chapin III F S, Klein D R. 1983. Carbon/nutrient balance of boreal plants in relation to vertebrate herbivory. Oikos, 40: 357-368.

Buffoni M, Testi M G, Pesaresi P, et al. 1998. A study of the relation between CP29 phosphorylation, zeaxanthin content and fluorescence quenching parameters in *Zea mays* leaves. Physiologia Plantarum, 102 (2): 318-324.

Campbell D, Hurry V, Clarke A K, et al. 1998. Chlorophyll fluorescence analysis of cyanobacterial photosynthesis and acclimation. Microbiology and Molecular Biology Reviews, 62 (3): 667-683.

Canada standards Environment Canada. 1992. Biological test method: growth inhibition test using the freshwater alga *Selenastrum capricornutum*. Environmental Protection Series Report EPS 1/RM/25, Environment Canada.

Cangiano T, DellaGreca M, Fiorentino A, et al. 2001. Lactone diterpenes from the aquatic plant *Potamogeton natans*. Phytochemistry, 56: 469-473.

Cangiano T, DellaGreca M, Fiorentino A, et al. 2002. Effect of ent-labdane diterpenes from

Potamogetonaceae on *Selenastrum capricornutum* and other aquatic organisms. Journal of Chemical Ecology, 28: 1091-1102.

Chang M, Netzly D H, Butler L G, et al. 1986. Chemical regulation of distance: characterization of the first natural host germination stimulant for *Strigaasiatica*. Journal of the American Chemical Society, 108: 7858-7860.

Chapin III F S, Arnold J B. 1987. Plant response to multiple environmental factors. Bioscience, 37: 49-77.

Charriaut-Marlangue C, Ben-Ari Y. 1995. A cautionary note on the use of the TUNEL stain to determine apoptosis. Neuroreport, 7(1): 61-64.

Chase W R, Nair M G, Putnam A R.1991. 2, 2′-oxo-1, 1′-azobenzene: selective toxicity of rye (*Secale cereale* L.) allelochemicals to weed and crop species: II. Journal Chemical Ecology, 17 (1): 9-19.

Chen K N, Bao C H, Zhou W P. 2009. Ecological restoration in eutrophic Lake Wuli: a large enclosure experiment. Ecological Engineering, 35: 1646-1655.

Cho S, Kang S, Cho J, et al. 2007. The antioxidant properties of brown seaweed (*Sargassum siliquastrum*) extracts. Journal of medicinal food, 10(3): 479-485.

Chobot V, Huber C, Trettenhahn G, et al. 2009. (±)-Catechin: chemical weapon, antioxidant, or stress regulator. Journal Chemical Ecology, 35: 980-996.

Choo K, Snoeijs P, Pedersén M. 2004. Oxidative stress tolerance in the filamentous green algae *Cladophora glomerata* and *Enteromorpha ahlneriana*. Journal of Experimental Marine Biology and Ecology, 298: 111-123.

Chou C H, Muller C H. 1972. Allelopathic mechanism of *Arctostaphylos glandulosa* var. *zacaensis*. American Midland Naturalist, 88: 324-347.

Chou C H, Waller G R. 1983. Allechemicals and Pheromones. Taiwan: Institute of Botany, Academia Sinica Monograph Series No.5, Taipei, Taiwan China.

Christensen P B, Revsbech N P, Sand-Jensen K. 1994. Microsensor analysis of oxygen in the rhizosphere of the aquatic macrophyte *Littorella uniflora* (L.) Ascherson. Plant Physiology,105: 847-852.

Cid A, Herrero C, Torres E, et al. 1995. Copper toxicity on the marine microalga *Phaeodactylum tricornutum*: effects on photosynthesis and related parameters. Aquatic Toxicology, 31 (2): 165-174.

Cleland R E, Grace S C. 1999. Voltam metric detection of super oxide production by Photosystem II. FEBS Letters, 457 (3): 348-352.

Cohen G M, Doherty M A. 1987. Free radical mediated cell toxicity by redox cycling chemicals. The British Journal of Cancer, Supplement 8: 46-52.

Cohen G. 1997. Caspases: the executioners of apoptosis. Biochemical Journal, 326: 1-16.

Colas des Francs-Small C, Ambard-Bretteville F, Small I D, et al. 1993. Identification of a major soluble protein in mitochondria from nonphotosynthetic tissues as NAD-dependent formate dehydrogenase. Plant Physiology, 102 (4): 1171-1177.

Colby S R. 1967. Calculating synergistic and antagonistic responses of herbicide combinations. Weeds, 15: 20-22.

Cole J J. 1982. Interactions between bacteria and algae in aquatic ecosystems. Annual Review of Ecology and Systematics, 13: 291-314.

Coley P D, Brant J P, Chapin F S III. 1985. Resource availability and plant antiherbivore defense. Science, 230: 895-899.

Cordi B, Donkin M E, Peloquin J, et al. 2001. The influence of UV-B radiation on the reproductive cells of the intertidal macroalga, *Enteromorpha intestinalis*. Aquatic Toxicollogy, 56: 1-11.

Crawford S A. 1979. Farm pond restoration using *Chara vulgaris* vegetation. Hydrobiologia, 62 (1): 17-31.

Cruz-Ortega R, Ayala-Cordero G, Anaya A L. 2002. Allelochemical stress produced by the aqueous leachate of *Callicarpa acuminata*: effects on roots of bean, maize and tomato. Physiology Plant, 116: 20-27.

Dai Y R, Jia C R, Liang W, Hu S H, Wu Z B. 2012. Effects of the submerged macrophyte *Ceratophyllum demersum* L. on restoration of a eutrophic waterbody and its optimal coverage. Ecological Engineering, 40: 113-116.

Dall'Osto L, Cazzaniga S, Havaux M, et al. 2010. Enhanced photoprotection by protein-bound vs free xanthophyll pools: a comparative analysis of chlorophyll b and xanthophyll biosynthesis mutants. Molecular Plant, 3: 576-593.

Darehshouri A, Affenzeller M, Lütz-Meindl U. 2008. Cell death in the unicellular green alga *Micrasterias* upon H_2O_2 induction. Plant Biology (Stuttg), 10 (6): 732-745.

Dat J, Vandenabeele S, Vranová E, et al. 2000. Dual action of the active oxygen species during plant stress responses. Cellular and Molecular Life Science, 57 (5): 779-795.

Dayan F E, Watson S B, Galindo J G G, et al. 1999. Phytotoxicity of quassinoids: physiological responses and structural requirements. Pesticide Biochemistry and Physiology, 65 (1): 15-24.

De Feo V, De Simone F, Senatore F. 2002. Potential allelochemicals from the essential oil of *Ruta graveolens*. Phytochemistry, 61(5): 573-578.

DellaGreca M, Monaco P, Previtera L, et al. 1989. Studies on aquatic plants .12. Allelochemical activity of phenylpropanes from *Acorus gramineus*. Phytochemistry, 28(9): 2319-2321.

DellaGreca M, Mangoni L, Molinaro A. 1990. (20s)-4-α-methyl-24-methylenecholest -7-en-3β-ol, an allelopathic sterol from *Typha latifolia*. Phytochemistry, 29: 1797-1798.

DellaGreca M, Molinaro A, Monaco P, et al. 1992. Dimeric phenalene metabolites from *Eichhornia crassipes*. Tetrahedron, 48(19): 3971-3976.

DellaGreca M, Fiorentino A, Monaco P. 1996. Action of antialgal compounds from *Juncus effuses* L.

on *Selenastrum capricornutum*. Journal of Chemical Ecology, 22: 587-603.

DellaGreca M, Ferrara M, Fiorentino A. 1998. Antialgal compounds from *Zantrdeschia aethiopica*. Phytochemistry, 49: 1209-1304.

DellaGreca M, Fiorentino A, Isidori M, et al. 2000. Antialgal ent-labdane diterpenes from *Ruppia maritime*. Phytochemistry, 55: 909-913.

DellaGreca M, Fiorentino A, Isidori M, et al. 2001. Antialgal furano-diterpenes from *Potamogeton natans* L. Phytochemistry, 58: 299-304.

DellaGreca M, Fiorentino A, Monaco P, et al. 2003. New dimeric phenanthrenoids from the rhizomes of Juncus acutus, stucture determination and antialgal activity. Tetrahedron, 59: 2317-2324.

DellaGreca M, Previtera L, Zarrelli A. 2008. Revised structures of phenylphenalene derivatives from *Eichhornia crassipes*. Tetrahedron Letters, 49: 3268-3272.

Deneer J W. 2000. Toxicity of mixtures of pesticides in aquatic systems. Pest Management Science, 56 (6): 516-520.

Dewez D, Didur O, Vincent-Héroux J, et al. 2008. Validation of photosynthetic-fluorescence parameters as biomarkers for isoproturon toxic effect on alga *Scenedesmus obliquus*. Environmental Pollution, 151: 93-100.

Dhiab R B, Ouada H B, Boussetta H, et al. 2007. Growth, fluorescence, photosynthetic O_2 production and pigment content of salt adapted cultures of A*rthrospira* (*Spirulina*) *platensis*. Journal of Applied Phycology, 19: 293-301.

Dias M A, Costa M M. 1983. Effect of low salt concentrations on nitrate reductase and peroxidase of sugar beet leaves. Journal of Experimental Botany, 34 (5): 537-543.

Doan N T, Rickards R W, Rotschild J M, et al. 2000. Allelopathic actions of the alkaloid 12-epi-hapalindole E isonitrile and calothrixin A from cyanobacteria of the genera Fischerella and Calothrix. Journal of applied Phycology, 12: 409-416.

Doona C J, Kustin K, 1993. Kinetics and mechanism of pyrogallol autoxidation: calibration of the dynamic response of an oxygen electrode. International Journal of Chemical Kinetics, 25: 239-247.

Duke S O, Dayan F E, Rimando A M, et al. 2002. Chemicals from nature for weed management. Weed Science, 50:138-151.

Duke S O, Lydon J. 1988. Herbicides from natural compounds. Weed Technology, 2: 122-126.

EIFAC. 1980. Report on combined effects on freshwater fish and other aquatic life of mixtures of toxicants in water, Rome, 49.

Eigemann F, Hilt S, Schmitt-Jansen M. 2013. Flow cytometry as a diagnostic tool for the effects of polyphenolic allelochemicals on phytoplankton. Aquatic Botany, 104: 5-14.

Einhellig F A. 1995. Mechanism of Action of Allelochemicals in Allelopathy. *In*: Inderjit KMM, Dakshini FA, Einhellig. Allelopathy-Organisms, Processes and Applications. ACS Syrup, 582: 96-116.

Elmore S. 2007. Apoptosis: a review of programmed cell death. Toxicologic Pathology, 35: 495-516.

Elstner E F. 1987. Metabolism of Activated Oxygen Species. *In:* Davies D D. Biochemistry of Plants. Vol.11. London: Academic Press, 253-315.

Environment Canada. 1992. Biological test method: growth inhibition test using the freshwater alga *Selenastrum capricornutum*. Environmental Protection Series Report EPS 1/RM/25, Environment Canada.

Erbes M, Weßler A, Obst U, et al. 1997. Detection of primary DNA damage in *Chlamydomonas reinhardtii* by means of modified microgel electrophoresis. Environmental and Molecular Mutagenesis, 30: 448-458.

Erhard D, Gross E M. 2005. Do environmental factors influence composition of potential allelochemicals in the submersed freshwater macrophyte *Elodea nuttallii* (Hydrocharitaceae). Verh Internat Verein Limnol, 29: 287-291.

Erhard D, Gross E M. 2006. Allelopathic activity of *Elodea canadensis* and *Elodea nuttallii* against epiphytes and phytoplankton. Aquatic Botany, 85: 203-211.

Etchegaray A, Rabello E, Dieckmann R, et al. 2004. Algicide production by the filamentous cyanobacterium *Fischerella* sp.CENA 19. Journal of Applied Phycology, 16: 237-243.

Everall N C, Lees D R. 1996. The use of barley-straw to control general and blue-green algal growth in a Derbyshire reservoir. Water Research, 30 (2): 269-276.

Farjalla V F, Anesio A M, Bertilsson S, et al. 2001. Photochemical reacivity of aquatic macrophyte leachates: abiotic transformations and bacterial response. Aquatic Microbial Ecology, 24(2): 187-195.

Farnsworth C C, Dratz E A. 1976. Oxidative damage of retinal rod outer segment membranes and the role of vitamin E. Biochimica et Biophysica Acta, 443 (3): 556-570.

Faust M, Altenburger R, Backhaus T, et al. 2001. Predicting the joint algal toxicity of multi-component s-triazine mixtures at low- effect concentrations of individual toxicants. Aquatic toxicology, 56: 13-32.

Faust M, Altenburger R, Backhaus T, et al. 2003. Joint algal toxicity of 16 dissimilarly acting chemicals is predictable by the concept of independent action. Aquatic Toxicology, 63: 43-63.

Federal Interagency Committee for Wetland Delineation (FICWD). 1989. Federal manual for identifying and delineating jurisdictional wetlands. Cooperative Technical Publication, United States Government Printing Office, Washington, DC, USA.

Flessa H. 1994. Plant-induced changes in the redox potential of the rhizospheres of the submerged vascular macrophytes *Myriophyllum verticillatum* L. and *Ranunculus circinatus* L. Aquatic Botany, 47: 119-129.

Fogg G E, Thake B. 1987. Algal Cultures and Phytoplankton Ecology. 3rd. Madison, Wis: University of Wisconsin Press.

Forsberg C, Kleiven S, Willén T. 1990. Absence of allelopathic effects of *Chara* on phytoplankton *in situ*. Aquatic Botany, 38 (2): 289-294.

Franklin D J, Brussaard C P D, Berges J A. 2006. What is the role and nature of programmed cell death in phytoplankton ecology? European Journal of Phycology, 41: 1-14.

Franklin N M, Adams M S, Stauber J L, et al. 2001. Development of an improved rapid enzyme inhibition bioassay with marine and freshwater microalgae using flow cytometry. Archives of Environmental Contamination Toxicology, 40 (4): 469-480.

Franqueira D, Orosa M, Torres E, et al. 2000. Potential use of flow cytometry in toxicity studies with microalgae. Science of the Total Environment, 247 : 119-126.

Fredrick J F. 1964. The origin of the multiple forms of phosphorylase in algae. Annals of the New York Academy of Sciences, 121: 634-639.

Fredrick J F. 1967. Glucosyltransferase isozymes in algae. Phytochemistry, 6 (8): 1041-1046.

Furukawa A, Qikawa S, Murata M, et al. 2003. (-)-Epigallocatechin gallate causes oxidative damage to isolated and cellular DNA. Biochemical Pharmacology, 66 (9): 1769-1778.

Gaber A, Yoshimura K, Tamoi M, et al. 2004. Induction and functional analysis of two reduced nicotinamide adenine dinucleotide phosphate-dependent glutathione peroxidase-like proteins in *Synechocystis* PCC 6803 during the progression of oxidative stress. Plant Physiology, 136: 2855-2861.

Gala W R, Giesy J P. 1990. Flow cytometric techniques to assess toxicity to algae. I*n*: Landis W G, Van der Schalie W H. Aquatic toxicology and risk assessment, American Society for Testing and Materials, Philadelphia, USA, 13: 237-246.

Galindo J C G, Hernandez A, Dayan F E, et al. 1999. Dehydrozaluzanin C, a natural sesquiterpenolide, causes rapid plasma membrane leakage. Phytochemistry, 52: 805-813.

Gallardo M T, Martin B B, Martin D F. 1998. Inhibition of water fern Salvinia minima by cattail (*Typha domingensis*) extracts and by 2-chlorophenol and salicylaldehyde. Journal of Chemical Ecology, 24 (9): 1483-1490.

Gallardo M T, Sawyers W G, Martin D F. 1999. Concentrations of two phytotoxic materials in cattail extracts: 2-chlorophenol and salicylaldehyde. Florida Scientist, 62 (3-4): 164-171.

Gallardo-Williams M T, Geiger C L, Pidala J A, et al. 2002. Essential fatty acids and phenolic acids from extracts and leachates of southern cattail (*Typha domingensis* P.). Phytochemistry, 59: 305-308.

Gao Y N, Liu B Y, Ge F J, Lu Z Y, Zhou Q H, Zhang Y Y, Wu Z B. 2015. Joint effects of allelochemical nonanoic acide, N-phenyl-1-naphtylamine and caffeic acid on the growth of *Microcystis aeruginosa*. Allelopathy Journal, 35(2): 249-258.

Genty B, Briantais J M, Baker N R. 1989. The relationship between the quantum yield of photosynthetic electron transport and quenching of chlorophyll fluorescence. Biochimica et

Biophysica Acta, 990: 87-92.

Giannopolitis C N, Ries S K. 1977. Superoxide Dismutases II. purification and quantitative relationship with water-soluble protein in seedlings. Plant Physiology, 59 (2): 315-318.

Gill S S, Tuteja N. 2010. Reactive oxygen species and antioxidant machinery in abiotic stress tolerance in crop plants. Plant Physiology and Biochemistry, 48 (12): 909-930.

Giri U, Iqbal M, Athar M. 1996. Porphyrin-mediated photosensitization has a weak tumor promoting activity in mouse skin: possible role of *in situ*-generated reactive oxygen species. Carcinogenesis, 17 (9): 2023-2028.

Gliessman S R. 1983. Allelopathic interactions in crop-weed mixtures: applications for weed management. Journal of Chemical Ecology, 9: 991-999.

Goncalves R, Scholze M, Ferreira A M, et al. 2008. The joint effect of polycyclic aromatic hydrocarbons on fish behavior. Environmental research, 108: 205-213.

Gonzalez-Bernardo E, Aguilar M I, Delgado G, et al. 2003. Photosynthetic electron transport interaction of xanthorrhizol isolated from Iostephane heterophylla and its derivatives. Physiologia Plantarum, 119: 598-604.

Gordeeva A V, Labas Y A, Zvyagilskaya R A. 2004. Apoptosis in unicellular organisms: mechanisms and evolution. Biochemistry (Moscow), 69 (10):1055-1066.

Goss R, Jakob T. 2010. Regulation and function of xanthophyll cycle-dependent photoprotection in algae. Photosynthesis Research, 106: 103-122.

Goss R, Pinto E A, Wilhelm C, et al. 2006. The importance of a highly active and Delta pH-regulated diatoxanthin epoxidase for the regulation of the PSII antenna function in diadinoxanthin cycle containing algae. Journal of Plant Physiology, 163: 1008-1021.

Grasl-Kraupp B, Ruttkay-Nedecky B, Koudelka H, et al. 1995. In situ detection of fragmented DNA (TUNEL assay) fails to discriminate among apoptosis, necrosis, and autolytic cell death: a cautionary note. Hepatology, 21 (5): 1465-1468.

Gries G A. 1943. Juglone, the active agent in walnut toxicity. North. Nut Growers. Association. Annual Reports, 32: 52-55.

Gross E M, Erhard D, Ivanyi E. 2003a. Allelopathic activity of *Ceratophyllum demersum* L.and *Najas marina* ssp. Intermedia (Wolfgang) Casper. Hydrobiologia, 506-509: 583-589.

Gross E M, Feldbaum C, Graf A. 2003b. Epiphyte biomass and elemental composition on submersed macrophytes in shallow eutrophic lakes. Hydrobiologia, 506 (1-3): 559-565.

Gross E M, Meyer H, Schilling G. 1996. Release and ecological impact of algicidal hydrolysable polyphenols in *Myriophyllum spicatum*. Phytochemistry, 41 (1): 133-138.

Gross E M, Sutfeld R. 1994. Polyphenols with algicidal activity in the submerged macrophyte *Myriophyllum spicatum* L. Acta Horticulturae, 381: 710-716.

Gross E M. 1999. Allelopathy in Benthic and Littoral Areas: Case Studies on Allelochemicals from

Benthic Cyanobacteria and Submerged Macrophytes. *In*: Inderjit Dakshini K M M, Foy C L. Principles and Practices in Plant Ecology: Allelochemical Interactions. Boca Raton, FL: CRC Press.

Grouneva I, Jacob T, Wilhelm C, et al. 2009. The regulation of xanthophyll cycle activity and of non-photochemical fluorescence quenching by two alternative electron flows in the diatoms *Phaeodactylum tricornutum* and *Cyclotella meneghiniana*. Biochimica et Biophysica Acta, 1787: 929-938.

Gunatilaka L A A, Bolzani V S, Dagne E, et al. 1998. Limonoids showing selective toxicity to DNA repair-deficient yeast and other constituents of *Trichilia emetica*. Journal of natural products, 61: 179-184.

Harper J L. 1975. Allelopathy. Quarterly Review of Biology, 50: 493-495.

Härtel H, Lokstein H, Grimm B, et al. 1996. Kinetic studies on the xanthophyll cycle in barley leaves. Influence of antenna size and relations to nonphotochemical chlorophyll fluorescence quenching. Plant Physiology, 110: 471-482.

Hasler A D, Jones E. 1949. Demonstration of the antagonistic action of large aquatic plants on algae and rotifers. Ecology, 30: 359-364.

Hayon T, Dvilansky A, Shpilberg O, et al. 2003. Appraisal of the MTT-based assay as a useful tool for predicting drug chemosensitivity in leukemia. Leukemia and Lymphoma, 44 (11): 1957-1962.

He F, Deng P, Wu X H, et al. 2008. Allelopathic effects on *Scenedesmus obliquus* by two submerged macrophytes Najas minor and Potamogeton malaianus. Fresenius Environmental Bulletin, 17 (1): 92-97.

He H Z, Chen G K, Yu J, et al. 2013. Individual and joint toxicity of three chloroacetanilide herbicides to freshwater cladoceran *Daphnia carinata*. Bulletin of Environmental Contamination and Toxicology, 90: 344-350.

He Y Y, Häder D P. 2002. UV-B-induced formation of reactive oxygen species and oxidative damage of the cyanobacterium *Anabaena* sp.: protective effects of ascorbic acid and *N*-acetyl-L-cysteine. Journal of Photochemistry and Photobiology B-Biology, 66 (2): 115-124.

Henriques F S. 2009. Leaf chlorophyll fluorescence: background and fundamentals for plant biologists. Botanical Reviews, 75 (3): 249-270.

Hernández-Terrones M G, Aguilar M I, King-Diaz B, et al. 2003. Inhibition of photosystem II in spinach chloroplasts by trachyloban-19-oic acid. Pesticide Biochemistry and Physiology, 77 (1): 12-17.

Herrmannm M, Lorenz H M, Voll R, et al. 1994. A Rapid and simple method for the isolation of apoptotic DNA fragments. Nucleic Acids Research, 22: 5506-5507.

Hilt S, Ghobrial M G N, Gross E M. 2006. *In situ* allelopathic potential of *Myriophyllum verticillatum*

(Haloragaceae) against selected phytoplankton species. Journal of Phycology, 42: 1189-1198.

Himmelfarb J, Lazarus J M, Hakim R. 1991. Reactive oxygen species production by monocytes and polymorphonuclear leukocytes during dialysis. American Journal of Kidney Diseases, 17 (3): 271-276.

Hippeli S, Heiser I, Elstner E F. 1999. Activated oxygen and free oxygen radicals in pathology: new insights and analogies between animals and plants. Plant Physiology and Biochemistry, 37: 167-178.

Hodson R C, Schiff J A, Scarsella A J. 1968. Studies of sulfate utilization by algae. 7. *In vivo* metabolism of thiosulfate by Chlorella. Plant Physiology, 43 (4): 570-577.

Hong Y, Hu H Y, Li F M. 2008a. Growth and physiological responses of freshwater green alga *Selenastrum capricornutum* to allelochemical ethyl 2-methyl acetoacetate (EMA) under different initial algal densities. Pesticide Biochemistry and Physiology, 90: 203-212.

Hong Y, Hu H Y, Li F M. 2008b. Physiological and biochemical effects of allelochemical ethyl 2-methyl acetoacetate (EMA) on cyanobacterium *Microcystis aeruginosa*. Ecotoxicology and Environmental Safety, 71: 527-534.

Hong Y, Hu H Y, Xie X, et al. 2008c. Responses of enzymatic antioxidants and non-enzymatic antioxidants in the cyanobacterium *Microcystis aeruginosa* to the allelochemical ethyl 2-methyl acetoacetate (EMA) isolated from reed (*Phragmites communis*). Journal of Plant Physiology, 165 (12): 1264-1273.

Hong Y, Hu H Y, Xie X, et al. 2009. Gramine-induced growth inhibition, oxidative damage and antioxidant responses in freshwater cyanobacterium *Microcystis aeruginosa*. Aquatic Toxicology, 91 (3): 262-269.

Hootsmans M J M, Blindow I. 1994. Allelopathic limitation of algal growth by macrophytes, Lake Veluwe, a Macrophyte-dominated System under Eutrophication Stress. Geobotany, 21: 175-192.

Horton P, Wentworth M, Ruban A. 2005. Control of the light harvesting function of chloroplast membranes: the LHCII-aggregation model for non-photochemical quenching. FEBS Letters, 579: 4201-4206.

Howitt C A, Cooley J W, Wiskich J T, et al. 2001. A strain of *Synechocystis* sp. PCC 6803 without photosynthetic oxygen evolution and respiratory oxygen consumption: implications for the study of cyclic photosynthetic electron transport. Planta, 214: 46-56.

Hoy P R, Stickney J S. 1881. Trans. Wisc State Horti, 11: 166-167.

Hsieh S H, Tsai K P, Chen C Y. 2006. The combined toxic effects of nonpolar narcotic chemicals to *Pseudokirchenriella subcapitata*.Water Research, 40: 1957-1964.

Huang Y, Bai Y, Wang Y, et al. 2013. Allelopathic effects of the extracts from an invasive species *Solidago canadensis* L. on *Microcystis aeruginosa*. Letters in Applied Microbiology, 57(5):

451-458.
Hutchinson G E. 1975. A treatise on Limnology VolIII Limnological Botany, New York:John Wiley & Sons.
Imai I, Ishida Y, Hata Y. 1993. Killing of marine phytoplankton by a gliding bacterium *Cytophaga* sp., isolated from the coastal sea of Japan. Marine Biology, 116(4): 527-532.
Inderjit, Dakshini K M M, Foy C L. 1999. Principles and practices in plant ecology: allelochemical interactions. Boca Raton, FL: CRC Press, 28-44.
Inderjit, Streibig J C, Olofsdotter M. 2002. Joint action of phenolic acid mixtures and its significance in allelopathy research. Physiologia Plantarum, 114: 422-428.
Inescu G H, Matei F, Duca A L. 1978. Kinetic aspects of the oxidation reactions of gallic acid using an oxygen-selective electrode. Revue Roumaine de Chimie, 23 (1112): 1611-1617.
Irzyk G P, Zorner P K A. 1997. Scythe herbicide: a new contact herbicide based on naturally-occurring pelargonic acid. Weed Science Society of America, 37: 103.
ISO International Organization for Standardization. 1997. Water quality - Fresh water algal growth test with *Scenedesmus subspicatus* and *Raphidocelis subcapitata*. ISO Standard 8692. Switzerland: International Organization for Standardization, Geneve.
Jackson M B, Armstrong W. 1999. Formation of aerenchyma and the processes of plant ventilation in relation to soil flooding and submergence. Plant Biology, 1: 274-287.
Janeiro P, Brett A M O. 2004. Catechin electrochemical oxidation mechanisms. Analytica Chimica Acta, 518: 109-115.
Jančula D, Gregorová J, Maršálek B. 2010. Algicidal and cyanocidal effects of selected isoquinoline alkaloids. Aquaculture Research, 41(4): 598-601.
Jasser I. 1995. The influence of macrophytes on a phytoplankton community in experimental conditions. Hydrobiologia, 306: 21-32.
Jelenic B. 1987. Allelopathy and allelochemicals from *Agrostema githago as* theoretical background of agrostemin production and use as a natural plant growth regulator. *In*: Welte E, Szabolis I. Agrostemin International Scientific Centre of Fertilizers. Belgarade: Goettingen, Vienna, 13-26.
Jimenez C, Capasso J M, Edelstein C L, et al. 2009. Different ways to die: cell death modes of the unicellular chlorophyte *Dunaliella viridis* exposed to various environmental stresses are mediated by the caspase-like activity DEVDase. Journal of Experimental Botany, 60 (3): 815-828.
Jin Z H, Zhuang Y Y, Dai S G, et al. 2003. Isolation and identification of extracts of *Eichhornia crassipes* and their allelopathic effects on algae. Bulletin of Environmental Contamination and Toxicology, 71 (5): 1048-1052.
Johnson M P, Davison P A, Ruban A V, et al. 2008. The xanthophyll cycle pool size controls the kinetics of non-photochemical quenching in *Arabidopsis thaliana*. FEBS Letters, 582: 259-263.
Jone K H, Senft J A. 1985. An improved method to determine cell viability by simultaneous staining

with fluorescein diacetate-propidium iodide. Journal of Histochemistry & Cytochemistry, 33 (1): 77-79.

Jose S, Gillespie A R. 1998. Allelopathy in black walnut (*Juglans nigra* L.) alley cropping. I. Spatio-temporal variation in soil juglone in a black walnut-corn (*Zea mays* L.) alley cropping system in the midwestern USA. Plant and Soil, 203 (2):191-197.

Juneau P, Green B R, Harrison P J. 2005. Simulation of pulse-amplitude-modulated (PAM) fluorescence: limitations of some PAM-parameters in studying environmental stress effects. Photosynthetica, 43: 75-83.

Kamaya Y, Kurogi Y, Suzuki K. 2003. Acute toxicity of fatty acids to the freshwater green alga *Selenastrum capricornutum*. Environmental Toxicology, 18 (5): 289-294.

Keating K I. 1977. Allelopathic influence on blue-green bloom sequence in a eutrophic lake. Science, 196: 883-887.

Kerr J F, Wyllie A H, Currie A R. 1972. Apoptosis: a basic biological phenomenon with wide-ranging implications in tissue kinetics. British Journal of Cancer, 26 (4): 239-257.

Klitiro U, Takashi O, Kazuhiko T, et al. 1987. Alkylidenation of ester carbonyl groups by means of a reagent derived from RCHBr2, Zn, TiCl4, and TMEDA. Stereoselective Preparation of (*Z*)-alkenyl Ethers, 52: 4410-4412.

Knox J P, Dodge A D. 1985. Singlet oxygen and plants. Phytochemistry, 24 (5): 889-896.

Kogan S I, Chinnova G A. 1972. Relations between *Ceratophyllum demersus* L. and some blue-green algae. Hydrobiological Journal, 8: 14-19.

Kolber Z S, Prasil O, Falkowski P G. 1998. Measurements of variable chlorophyll fluorescence using fast repetition rate techniques: defining methodology and experimental protocols. Biochimica et Biophysica Acta, 1367 (1): 88-106.

Konarev A V, An isimova I N, Gavrilova V A, et al. 2002. Serine proteinase inhibitors in the Compositae: distribution, polymorphism and properties. Phytochemistry, 59 (3): 279-291.

Kondo K, Kurihara M, Miyata N, et al. 1999. Scavenging mechanisms of (-)-epigallocatechin gallate and (-)-epicatechin gallate on peroxyl radicals and formation of superoxide during the inhibitory action. Free Radical Biology and Medicine, 27: 855-863.

Koopman G, Reutelingsperger C P, Kuijten G A, et al. 1994. Annexin V for flow cytometric detection of phosphatidylserine expression on B cells undergoing apoptosis. Blood, 84(5): 1415-1420.

Körner S, Nicklisch A. 2002. Allelopathic growth inhibition of selected phytoplankton species by submerged macrophytes. Journal of Phycology, 38: 862-871.

Kotabova E, Kana R, Kyselakova H, et al. 2008. A pronounced light-induced zeaxanthin formation accompanied by an unusually slight increase in non-photochemical quenching: a study with barley leaves treated with methyl viologen at moderate light. Journal of Plant Physiology, 165:

1563-1571.

Kramer D M, Johnson G, Kiirats O, et al. 2004. New fluorescence parameters for the determination of q(a) redox state and excitation energy fluxes. Photosynthesis Research, 79 (2): 209-218.

Kroes K W. 1972. Growth interactions between *Clamidomonas globosa* Snow and *Chlorococum ellipsoideum* Deason and Bold: the role of extracellular products. Limnology and Oceanography, 17: 423-432.

Kummerová M, Krulová J, Zezulka Š, et al. 2006. Evaluation of fluoranthene phytotoxicity in pea plants by Hill reaction and chlorophyll fluorescence. Chemosphere, 65 (3): 489-496.

Kupidlowska E, Dobrzynska K, Parys E, et al. 1994. Effect of coumarin and xanthotoxin on mitochondrial structure, oxygen uptake, and succinate dehydrogenase activity in onion root cells. Journal of Chemical, 20 (10):2471-2480.

Küpper F C, Kolareg B, Guern J, et al. 2001. Oligoguluronates elicit an oxidative burst in the brown algal kelp *Laminaria digitata*. Plant Physiology, 125: 278-291.

Lage O M, Sansonetty F, O'Connor J E, et al. 2001. Flow cytometric analysis of chronic and acute toxicity of copper (II) on the marine dinoflagellate *Amphidinium carterae*. Cytometry, 44: 226-235.

Lashbrooke J G, Young P R, Strever A E, et al. 2010. The development of a method for the extraction of carotenoids and chlorophylls from grapevine leaves and berries for HPLC profiling. Australian Journal of Grape and Wine Research, 16: 349-360.

Latifi A, Ruiz M, Zhang C C. 2009. Oxidative stress in cyanobacteria. FEMS Microbiology Reviews, 33 (2): 258-278.

Lavaud J, Kroth P G. 2006. In diatoms, the transthylakoid proton gradient regulates the photoprotective non-photochemical fluorescence quenching beyond its control on the xanthophyll cycle. Plant and Cell Physiology, 47: 1010-1016.

Lavaud J, Rousseau B, Etienne A L. 2002. In diatoms, a transthylakoid proton gradient alone is not sufficient to induce a non-photochemical fluorescence quenching. FEBS Letters, 523: 163-166.

Lavaud J, Rousseau B, Etienne A L. 2004. General features of photoprotection by energy dissipation in planktonic diatoms (Bacillariophyceae). Journal of Phycology, 40: 130-137.

Lee D L, Prisbylla M P, Cromartie T H, et al, 1997. The discovery and structural requirements of inhibitors of p-hydroxyphenylpyruvate dioxygenase. Weed Science, 45: 601-609.

Lehman M E, Blum U, Gerig T. 1994. Simultaneous effects of ferulic and p-coumaric acids on cucumber leaf expansion in split-root experiments. Journal of Chemical Ecology, 20: 1773-1782.

Lehman M, Blum U. 1999. Influence of pretreatment stress on inhibitory effects of ferulic acid, an allelopathic phenolic acid. Journal of Chemical Ecology, 25: 1517-1529.

Leitão S G, Kaplan M A C, Monache F D, et al. 1992. Sterols and sterol glucosides from two Aegiphila species. Phytochemistry, 31: 2813-2817.

Les D H, Sheridan D J. 1990. Biochemical heterophylly and flavonoid evolution in North American *Potamogeton* (Potamogetonaceae). American Journal of Botany, 77:453-465.

Leu E, Krieger-Liszkay A, Goussias C, et al. 2002. Polyphenolic allelochemicals from the aquatic angiosperm *Myriophyllum spicatum* L. inhibit photosystem II. Plant Physiology, 130 (4): 2011-2018.

Levine A, Tenhaken R, Dixon R, et al. 1994. H_2O_2 from the oxidative burst orchestrates the plant hypersensitive disease resistance response. Cell, 79: 583-593.

Li F M, Hu H Y. 2005. Isolation and characterization of a novel antialgal allelochemical from *Phragmites communis*. Applied and Environmental Microbiology, 71 (11): 6545-6553.

Li J, Song L R. 2007. Applicability of the MTT assay for measuring viability of cyanobacteria and algae, specifically for *Microcystis aeruginosa* (Chroococcales, Cyanobacteria). Phycologia, 46: 593-599.

Li X P, Gilmore A M, Caffarri S, et al. 2004. Regulation of photosynthetic light harvesting involves intrathylakoid lumen pH sensing by the PsbS protein. The Journal of Biological Chemistry, 279: 22866-22874.

Liu B Y, Zhou P J, Tian J R, et al. 2007. Effect of pyrogallol on the growth and pigment content of cyanobacteria-blooming toxic and nontoxic microcystis aeruginosa. Bulletin of Environmental Contamination and Toxicology, 78 (6): 499-502.

Liu Y, Song X X, Cao X H, et al. 2013. Responses of photosynthetic characters of *Skeletonema costatum* to different nutrient conditions. Journal of Plankton Research, 35 (1): 165-176.

Long L H, Clement M V, Halliwell B. 2000. Artifacts in cell culture: rapid generation of hydrogen peroxide on addition of (-)-epigallocatechin, (-)-epigallocatechin gallate, (+)-catechin, and quercetin to commonly used cell culture media. Biochemical and Biophysical Research Communications, 273 (1): 50-53.

Loomis W E. 1932. Growth-differentiation balance vs. carbohydrate-nitrogen ration. Journal of American Society for Horticultural Science, 29: 240-245.

Lorber P, Muller W H. 1980. Volatile growth-inhibitors produced by salvia-leucophylla: effects on cytological activity in allium-cepa. Comparative Physiology and Ecology, 5 (2):60-67.

Lu C M, Vonshak A. 1999. Characterization of PSII photochemistry in salt-adapted cells of *Cyanobacterium spirulina* platensis. New Phytologist, 141: 231-239.

Lürling M, Roessink I. 2006. On the way to cyanobacterial blooms: Impact of the herbicide metribuzin on the competition between a green alga (*Scenedesmus*) and a cyanobacterium (*Microcystis*). Chemosphere, 65: 618-626.

Marking L L. 1977. Method for assessing additive toxicity of chemical mixtures. Aquatic Toxicology and Hazard Evaluation, 634: 99-108.

Marklund S, Marklund G. 1974. Involvement of the superoxide anion radical in the autoxidation of pyrogallol and a convenient assay for superoxide dismutase. European Journal of Biochemistry, 47: 469-474.

Marwah J B, Shakila T M, Rao N S, et al. 1995. Detoxification of a local Microcystis bloom by an algicidal antibiotic from *Oscillatoria late-virens*. Indian Journal of Experimental Biology, 33 (2): 97-100.

Matsushima N, Yamada S, Zhou S, et al. 2008. Release of 5 polyphenolic allelochemicals by *Myriophyllum spicatum* and resultant growth inhibition of a cyanobacterium *Microcystis aeruginosa*. Journal of Japanese Society Water Environment, 31: 763-767.

McPherson J K, Muller C H. 1969. Allelopathic effects of *Adenostoma fasciculatum* "chamise", in the *California chaparral*. Ecological Monographs, 39: 177-198.

Mehler W T, Schuler L J, Lydy M J. 2008. Examining the joint toxicity of chlorpyrifos and atrazine in the aquatic species: *Lepomis macrochirus*, *Pimephales promelas* and *Chironomus tentans*. Environmental Pollution, 152: 217-224.

Meletiadis J, Stergiopoulou T, Shaughnessy E M O, et al. 2007. Concentration-dependent synergy and antagonism within a triple antifungal drug combination against Aspergillus species: analysis by a new response surface model. Antimicrobial Agents and Chemotherapy, 51 (6): 2053-2064.

Meot-Duros L, Magne C. 2009. Antioxidant activity and phenol content of *Crithmum maritimum* L. leaves. Plant Physiology and Biochemistry, 47(1): 37-41.

Meyer C, Lea U S, Provan F, et al. 2005. Is nitrate reductase a major player in the plant NO (nitric oxide) game? Photosynthesis Research, 83 (2):181-189.

Michelet L, Krieger-Liszkay A. 2012. Reactive oxygen intermediates produced by photosynthetic electron transport are enhanced in short-day grown plants. Biochimica et Biophysica Acta, 1817: 1306-1313.

Miloslavina Y, Wehner A, Lambrev P H, et al. 2008. Far-red fluorescence: a direct spectroscopic marker for LHCII oligomer formation in non-photochemical quenching. FEBS Letters, 582: 3625-3631.

Mitchelmore C L, Chipman J K. 1998. DNA strand breakage in aquatic organisms and the potential value of the comet assay in environmental monitoring. Mutation Research-Review, 399(2): 135-147.

Mjelde M, Faafeng B. 1997. *Ceratophyllum demersum* (L.) happers phytoplankton development in some snall Norwegian lakes over a wide range of phosphorus level and geographic latitude. Freshwater Biology, 37 (2): 355-365.

Moharikar S, D'souza J S, Kulkarni A B, et al. 2006. Apoptotic-like cell death pathway is induced in unicellular Chlorophyte Chlamydomonas Reinhardtii (Chlorophyceae) cells following UV irradiation: detection and functional analyses. Journal of Phycology, 42: 423-433.

Monga J, Pandit S, Chauhan R S, et al. 2013. Growth inhibition and apoptosis induction by (+)-cyanidan-3-ol in hepatocellular carcinoma. PLoS One, 8 (7): e68710.

Monks T J, Hanzlik R P, Cohen G M, et al. 1992. Quinone chemistry and toxicity. Toxicology and

Applied Pharmacology, 112: 2-16.

Moore R E, Cheuk C, Patterson G M. 1984. Hapalindoles: new alkaloids from the blue-green alga Hapalosiphon fontinalis. Journal of the American Chemical Society, 106(21): 6456-6457.

Moore R E, Cheuk C, Yang X Q G, et al. 1987. Hapalindoles, antibacterial and antimycotic alkaloids from the cyanophyte Hapalosiphon fontinalis. Journal of Organomentallic Chemistry, 52: 1036-1043.

Moreno M J. 2011. Analysis of the relationship between submerged aquatic vegetation (SAV) and water trophic status of lakes clustered in northwestern Hillsborough County. Florida Water Air and Soil Pollution, 214 (1-4): 539-546.

Mulderij G, Mau B, van Donk E, et al. 2007. Allelopathic activity of *Stratiotes aloides* on phytoplankton-towards identification of allelopathic substances. Hydrobiologia, 584: 89-100.

Mulderij G, Mooij W M, Smolders A J P, et al. 2005. Allelopathic inhibition of phytoplankton by exudates from *Stratiotes aloides*. Aquatic Botany, 82 (4): 284-296.

Mulderij G, Smoldes A J P, Van Donk E. 2006. Allelopathic effect of the aquatic macrophyte, *Stratiotes aloides*, on natural phytoplankton. Freshwater Biology, 51 (3): 554-561.

Mulderij G, Van Donk E, Roelofs J G M. 2003. Differential sensitivity of green algae to allelopathic substances from *Chara*. Hydrobiologia, 491: 261-271.

Muller C H. 1966. The role of chemical inhibition (*Allelopathy*) in vegetational composition. Bulletin Torrey Bot Club, 93: 332-351.

Muller C H. 1969. Allelopathy as a factor in ecological process. Vegetatio, 18: 348-357.

Nakai S, Hosomi M, Okada M, et al. 1996. Control of algal growth by macrophytes and macrophyte-extracted bioactive compounds. Water Science and Technology, 34 (7-8): 227-235.

Nakai S, Inoue Y, Hosomi M, et al. 1999. Growth inhibition of blue-green algae by allelopathic effects of macrophytes. Water Science and Technology, 39 (8): 47-53.

Nakai S, Inoue Y, Hosomi M. 2000. *Myriophyllum spicatum*-released allelopathic polyphenols inhibiting growth of blue-green algae *Microcystis aeruginosa*. Water Research, 34 (11): 3026-3032.

Nakai S, Inoue Y, Hosomi M. 2001. Algal growth inhibition effects and inducement modes by plant-producing phenols. Water Research, 35 (7): 1855-1859.

Nakai S, Yamada S, Hosomi M. 2005. Anti-cyanobacterial fatty acids released from *Myriophyllum spicatum*. Hydrobiologia, 543: 71-78.

Nakai S, Zhou S, Hosomi M, et al. 2006. Allelopathic growth inhibition of cyanobacteria by reed. Allelopathy Journal, 18 (2): 277.

Nakai S, Zou G, Okuda T, et al. 2012. Polyphenols and fatty acids responsible for anticyanobacterial allelopathic effects of submerged macrophyte *Myriophyllum spicatum*. Water science and technology, 66 (5): 993-999.

Newman J R, Barrett P R F. 1993. Control of *Microcystis aeruginosa* by decomposing barley straw.

Journal of Aquatic Plant Management, 31: 203-206.

Nicklisch, A. 1992. The interaction of irradiance and temperature on the growth rate of *Limnothrix redekei* and its mathematical description. Archiv für Hydrobiologie. Supplementband. Untersuchungen des Elbe-Aestuars, (91):1-18.

Ning S B, Guo H L, Wang L, et al. 2002. Salt stress induces programmed cell death in prokaryotic organism *Anabaena*. Journal of Applied Microbiology, 93: 15-28.

Norlin J I, Bayley S, Ross L C M. 2005. Submerged macrophytes, zooplankton and the predominance of low-over high-chlorophyll states in western boreal, shallow-water wetlands. Freshwater Biology, 50 (5): 868-881.

O'Brien I E W, Reutelingsperger C P M, Holdaway K M. 1997. Annexin-V and TUNEL use in monitoring the progression of apoptosis in plants. Cytometry, 29: 28-33.

O'Brien P J. 1991. Molecular mechanisms of quinone cytotoxicity. Chemicobiological Interactions, 80 (1): 1-41.

Oettmeier W, Masson K. 1982. Picrate as an inhibitor of photosystem II in photosynthetic electron transport. European Journal of Biochemistry, 122 (1): 163-167.

Oka H I, Chang W T. 1962. Rice varieties intermediate between wild and cultivated forms and the origin of the Japonica type. Botanical Bulletin of Academia Sinica, 3: 109-131.

Olofsdotrer M. 2001. Rice-a step toward use of allelopathy. Agronomy Journal, 93 (1): 3-8.

Olofsdotter M. 1998. Allelopathy in Rice. Manila: International Rice Research Institute.

Omura H. 1954. On the nitrate and nitrite reductase in green algae. Enzymologia, 17 (3): 127-132.

Organization for Economic Cooperation and Development(OECD). 1984. Guidelines for testing of chemicals: alga, growth inhibition test. Paris, France: Document No. 201, Organization for Economic Cooperaton and Development.

Ostling O, Johanson K J, Blomquist E, et al. 1987. DNA damage in clinical radiation therapy studied by microelectrophoresis in single tumour cells. A preliminary report. Acta Oncologica, 26 (1): 45-48.

Ostrofsky M L, Zettler E R. 1986. Chemical defenses in aquatic plants. Journal of Ecology, 74: 279-287.

Oxborough K, Baker N R. 1997. Resolving chlorophyll a fluorescence images of photosynthetic efficiency into photochemical and non-photochemical components-calculation of qP and F'_v/F'_m without measuring F'0. Photosynthesis Research, 54 (2):135-142.

Padan E, Raboy B, Shilo M. 1971. Endogenous dark respiration of the blue-green alga, *Plectonema boryanum*. Journal of Bacteriology, 106 (1): 45-50.

Papageorgiou G, Govindjee. 1968. Light-induced changes in the fluorescence yield of chlorophyll a *in vivo*. I. Anacystis nidulans. Biophysical Journal, 8 (11): 1299-1315.

Park H J, Doke N, Miura Y, et al. 1998. Induction of a sub-systemic oxidative burst by elicitor-stimulated local oxidative burst in potato plant tissue: a possible systemic signaling in systemic acquired resistance. Plant Science, 138: 197-208.

Park M H, Han M S, Ahn C Y, et al. 2006. Growth inhibition of bloom-forming cyanobacterium *Microcystis aeruginosa* by rice straw extract. Letters in applied microbiology, 43(3): 307-312.

Park W H, Han Y H, Kim S H, et al. 2007. Pyrogallol, ROS generator inhibits As4.1 juxtaglomerular cells via cell cycle arrest of G_2 phase and apoptosis. Toxicology, 235: 130-139.

Parodi S, Abelmoschi M L, Balbi C, et al. 1989. DNA damage in mouse and rat liver by caprolactam and benzoin, evaluated with three different methods. Mutation Research, 224: 379-384.

Perabo F G E, Landwehrs G, Frössler C, et al. 2011. Antiproliferative and apoptosis inducing effects of indirubin-3'-monoxime in renal cell cancer cells. Urologic Oncology: Seminars and Original Investigations. Elsevier, 29 (6): 815-820.

Pinevich V V, Bers E P. 1969. Study of the proteins of lower algae within different taxonomic levels. II. Isoenzymes of the soluble protein complex of representatives of chlorophyta and cyanophyta. Vestnik Leningradskogo Universiteta Biology, 3:121-130.

Pitzschke A, Forzani C, Hirt H. 2006. Reactive oxygen species signaling in plants. Antioxid & Redox Signaling, 8 (9-10): 1757-1764.

Plackett R L, Hewlett P S. 1948. Statistical aspects of the independent joint action of poisons, particularly insecticides. Annals of Applied Biology, 35: 347-358.

Planas D, Sarhan F, Dube L, et al. 1981. Ecological significance of phenolic compounds of *Myriophyllum spicatum*. Verhandlungen Inernationale Vereinigung Limnologie, 21: 1492-1496.

Pline W A, Hatzios K K, Hagood E S. 2000. Weed and herbicide-resistant soybean (*Glycine max*) response to glufosinate and glyphosate plus ammonium sulfate and pelargonic acid. Weed Technology, 14: 667-674.

Pöch G. 2012. Combined effects of drugs and toxic agaents: modern evaluation in theory and practice. Springer Science & Business Media.

Pollio A, Pinto G, Ligrone R, et al. 1993. Effects of the potential allelochemical α-asarone on growth, physiology and ultrastructure of two unicellular green algae. Journal of Applied Phycology, 5: 395-403.

Potin P, Bouarab K, Salaun J P, et al. 2002. Biotic interactions of marine algae. Current Opinion Plant Biology, 5 (4): 308-317.

Prado R, García Rioboo C, Herrero C, et al. 2009. Comparison of the sensitivity of different toxicity test endpoints in a microalga exposed to the herbicide paraquat. Environment International, 35 (2): 240-247.

Proctor V W. 1957. Studies of algal antibiosis using *Haematococcus* and *Chlamydomonas*. Limnology and Oceanography, 2: 125-139.

Qian H, Xu X, Chen W, et al. 2009. Allelochemical stress causes oxidative damage and inhibition of photosynthesis in *Chlorella vulgaris*. Chemosphere, 75 (3): 368-375.

Ralph P J, Polk S M, Moore K A, et al. 2002. Operation of the xanthophyll cycle in the seagrass *Zostera marina* in response to variable light. Journal of Experimental Marine Biology and Ecology, 271: 189-207.

Rao G G, Rao K N, Rao G R. 1980. Biochemical studies of Hydrilla and its leachates. Indian Journal of Environmental Biology, 18: 771-772.

Rao M V, Davis K R. 1999. Ozone-induced cell death occurs via two distinct mechanisms in *Arabidopsis*: the role of salicylic acid. The Plant Journal, 17: 603-614.

Rao M V, Paliyath G, Ormrod D P. 1996. Ultraviolet-B- and ozone-induced biochemical changes in antioxidant enzymes of *Arabidopsis thaliana*. Plant Physiology, 110 (1): 125-136.

Raymond S, Aurell B. 1962. Two-dimensional gel electrophoresis. Science, 138 (3537): 152-153.

Regel R H, Ferris J M, Ganf G G, et al. 2002. Algal esterase activity as a biomeasure of environmental degradation in a freshwater creek. Aquatic Toxicology, 59: 209-223.

Reigosa M J, González L. 2006. Forest ecosystems and allelopathy. *In*: Allelopathy, A Physiological Process With Ecological Implications. Berlin: Springer.

Reinhold C, Niczyporuk S, Beran K C, et al. 2008. Short-term down-regulation of zeaxanthin epoxidation in *Arabidopsis thaliana* in response to photo-oxidative stress conditions. Biochimica et Biophysica Acta, 1777: 462-469.

Reynolds C S. 1984. The ecology of freshwater phytoplankton. Cambridge: Cambridge University Press.

Rice E L. 1974. Allelopathy. New York: Academic Press.

Rice E L. 1984. Allelopathy. 2nd. London: Academic Press.

Richter C, Schweizer M. 1997. Oxidative Stress in Mitochondria. *In*: Scandalios J G. Oxidative Stress and the Molecular Biology of Antioxidant Defenses. Cold Spring Harbor, NY: Cold Spring Harbor Laboratory Press, 169-200.

Rippka R, Deruelles J, Waterbury J B. 1979. Generic assignment, strain histories and properties of pure cultures of cyanobacteria. Journal of General Microbiology, 111(1): 1-61.

Rochaix J D. 2007. Role of thylakoid protein kinases in photosynthetic acclimation. FEBS Letters, 581: 2768-2775.

Roháček K, Barták M. 1999. Technique of the modulated chlorophyll fluorescence: basic concepts, useful parameters, and some applications. Photosynthetica, 37 (3): 339-363.

Rojíčková R, Dvořáková D, Maršálek B. 1998. The use of miniaturized algal bioassays in comparison to the standard flask assay. Environmental Toxicology and Water Quality, 13 (3): 235-241.

Ruban A V, Horton P. 1999. The xanthophyll cycle modulates the kinetics of nonphotochemical energy dissipation in isolated light-harvesting complexes, intact chloroplasts, and leaves of spinach. Plant Physiology, 119: 531-542.

Ruban A V, Lavaud J, Rousseau B, et al. 2004. The superexcess energy dissipation in diatom algae:

comparative analysis with higher plants. Photosynthesis Research, 82: 165-175.

Ruttinger W, Dismukes G C. 1997. Synthetic water-oxidation catalysts for artificial photosynthetic water oxidation. Chemical Reviews. 97 (1): 1-24.

Saha S K, Uma L, Subramanian G. 2003. Nitrogen stress induced changes in the marine cyanobacterium *Oscillatoria willei*; BDU 130511. FEMS Microbiology Ecology, 45: 263-272.

Saito K, Morisaki N, Matsumoto M, et al. 1989. Inhibitory substances from *Myriophyllum brasiliense* on growth of blue-green algae. Journal of Natural Products, 52 (6): 1221-1226.

Salin M L. 1987. Toxic oxygen species and protective systems of the chloroplast. Physiologia Plantarum, 72: 681-689.

Salucci S, Burattini S, Battistelli M, et al. 2012. Ultraviolet B (UVB) irradiation-induced apoptosis in various cell lineages *in vitro*. International Journal of Molecular Sciences, 14 (1): 532-546.

Sambrook J, Russell DW．2002．分子克隆实验指南.第三版．黄培堂，王嘉玺，朱厚础等译．北京：科学出版社.

Samson G, Papovic R. 1988. Use of algal fluorescence for determination of phytotoxicity of heavy metals and pesticides as environmental pollutants. Ecotoxicology and Environmental Safety, 16: 272-278.

Saruyama N, Sakakura Y, Asano T, et al. 2013. Quantification of metabolic activity of cultured plant cells by vital staining with fluorescein diacetate. Analytical Biochemistry, 441 (1): 58-62.

Schrader K K, Dayan F E, Nanayakkara N P D. 2005. Generation of reactive oxygen species by a novel anthraquinone derivative in the cyanobacterium *Planktothrix perornata* (Skuja). Pesticide Biochemistry Physiology, 81: 198-207.

Schreiner O, Reed H S. 1907. The production of deleterious excretions by roots. Bulletin of Torrey Botanical Club, 34: 279-303.

Schreiner O, Reed H S. 1908. The toxic action of certain organic plant constituents. Botanical Gazette (Chicago), 45: 73-102.

Schreiter T. 1928. Untersuchungen Über den Einfluss einen Helodeawucherung auf das Netzplanktion des Hirschberger Grossteiches in Böhmer in den Jahren 1921 bis 1925 incl (V.Praze, Prague).

Segovia M, Berges J A. 2009. Inhibition of caspase-like activities prevents the appearance of reactive oxygen species and dark-induced apoptosis in the unicellular chlorophyte *Dunaliella tertiolecta.* Journal of Phycology, 45 (5): 1116-1126.

Segovia M, Haramaty L, Berges J A, et al. 2003. Cell death in the unicellular chlorophyte *Dunaliella tertiolecta*. A hypothesis on the evolution of apoptosis in higher plants and metazoans. Plant Physiology, 132 (1): 99-105.

Serôdio J, Vieira S, Cruz S, et al. 2005. Short-term variability in the photosynthetic activity of microphytobenthos as detected by measuring rapid light curves using variable fluorescence. Marine

Biology, 146 (5): 903-914.

Shao J H, Wu X Q, Li R H. 2009a. Physiological responses of *Microcystis aeruginosa* PCC7806 to nonanoic acid stress. Environmental Toxicology, 24: 609-617.

Shao J H, Wu Z X, Yu G L, et al. 2009b. Allelopathic mechanism of pyrogallol to *Microcystis aeruginosa* PCC7806 (Cyanobacteria): from views of gene expression and antioxidant system. Chemosphere, 75: 924-928.

Shapiro A L, Viñuela E. 1967. Molecular weight estimation of polypeptide chains by electrophoresis in SDS-polyacrylamide gels. Biochemical and Biophysical Research Communications, 28 (5): 815-820.

Sharma K P. 1985. Allelopathic influence of algae on the growth of *Eichihornia crassipes* Solms. Aquatic Botany, 22: 71-78.

Shigeoka S, Ishikawa T, Tamoi M, et al. 2002. Regulation and function of ascorbate peroxidase isoenzymes. Journal of Experimental Botany, 53: 1305-1319.

Shin D H, Kim K U, Sohn D S, et al. 2000. Regulation of gene expression related to allelopathy. Taegu, Korea: Rice Allelopathy. Kyungpook National University, 109-124.

Shiraiwa Y, Goyal A T, Olbert N E. 1993. Akalization of the medium by unicellular green algae during uptake of dissolved inorganic carbon. Plant and Cell Physiology, 34 (5): 649-657.

Siefermann-Harms D. 1987. The light-harvesting and protective function of carotenoids in photosynthetic membranes. Physiologia Plantarum, 69: 561-568.

Siegel S M, Siegel B Z. 1958. Autoxidation of pyrogallol: general characteristics and inhibition by catalase. Nature, 181:1153-1154.

Slabbert J L, Hilner C A. 1990. Development of an algal toxicity test f or water quality testing. Pretoria, South Africa: CSIR Report No. 67027441, Division of Water Technology.

Smirnoff N. 1993. The role of active oxygen in the response of plants to water deficit and desiccation. New Phytologist, 125: 27-58.

Solomonson L P, Spehar A M. 1977. Model for the regulation of nitrate assimilation. Nature, 265: 373-375.

Sorrell B K, Armstrong W. 1994. On the difficulties of measuring oxygen release by root systems of wetland plants. Journal of Ecology, 82: 177-183.

Sprague J B, Ramsay B A. 1965. Lethal levelsofmixed copper-zinc solutions for juvenile salmon. Journal of the Fisheries Board of Canada, 22: 425-432.

Sprague J B. 1970. Measurement of pollutant toxicity to fish. II. utilizing and applying bioassay results. Water Research, 4: 3-32.

Srivastava A, Jüttner F, Strasser R J. 1998. Action of the allelochemical, fischerellin A on photosystem II. Biochimica et Biophysica Acta, 1364: 326-336.

Steemann-Nielsen E.1973. Hydrobiologi. Lyngby: Polyteknisk Forlag.

Steinman A D, Havens K E, Louda J W, et al. 1998. Characterization of the photoautotrophic algal and bacterial communities in a large, shallow, subtropical lake using HPLC-PDA based pigment analysis. Canadian Journal of Fisheries and Aquatic Sciences, 55: 206-219.

Stevens S, Hofemyer J H S. 1993. Effects of ethanol, octanoic and decanoic acids on fermentation and the passive influx of protons through the plasma membrane of *Saccharomyces cerevisiae*. Applied Microbiology and Biotechnology, 38: 656-663.

Sun X M, Lu Z Y, Liu B Y, et al. 2014. Allelopathic effects of pyrogallic acid secreted by submerged macrophytes on *Microcystis aeruginosa*: Role of ROS generation. Allelopathy Journal, 33 (1): 121-130.

Sun X X, Choi J K, Kim E K. 2004. A preliminary study on the mechanism of harmful algal bloom mitigation by use of sophorolipid treatment. Journal of Experimental Marine Biology and Ecology, 304: 35- 49.

Sushanta K S, Lakshmanan U, Gopalakrishnan S. 2003. Nitrogen stress induced changes in the marine cyanobacterium *Oscillatoria willei* BDU 130511. FEMS Microbiology Ecology, 45 (3): 263-272.

Sutfeld R, Petereit F, Nahrstedt A. 1996. Resorcinol in exudates of *Nuphar lutea*. Journal of Chemical Ecology, 22(12): 2221-2231.

Sutherland M W. 1991. The generation of oxygen radicals during host plant responses to infection. Physiological and Molecular Plant Pathology, 39: 79-93.

Suttle C A. 2005. Viruses in the sea. Nature, 437: 356-361.

Takahashi L, Sert M A, Kelmer-Bracht A M, et al. 1998. Effects of rutin and quercetin on mitochondrial metabolism and on ATP levels in germinating tissues of *Glycine max*. Plant Physiology and Biochemistry, 36 (7): 495-501.

Takahashi M A, Asada K. 1988. Superoxide production in the aprotic interior of chloroplast thylakoids. Archives of Biochemistry and Biophysics, 267: 714-722.

Takenaka Y, Miki M, Yasuda H, et al. 1991. The effect of α-tocopherol as an antioxidant on the oxidation of membrane protein thiols induced by free radicals generated in different site. Archives Biochemistry and Biophysics, 285: 344-351.

Tao Y, Zhang X, Au D W T, et al. 2010.The effects of sub-lethal UV-C irradiation on growth and cell integrity of cyanobacteria and green algae. Chemosphere, 78(5): 541-547.

Tang C S, Young C C. 1982. Collection and identification of allelopathic compounds from the undisturbed root-system of bigalta limpograss (*Hemarthria-altissima*). Plant Physiology, 69(1): 155-160.

TillmannU, John U. 2002. Toxic effects of *Alexandrium* spp. on heterotrophic dinoflagellates: an allelochemical defense mechanism independent of PSP-toxin content. Marine Ecology Progress Series, 230: 47-58.

Truhaut R. 1977. Ecotoxicology: objectives, principles and perspectives. Ecotoxicology and Environ mental Safety, 1 (2): 151-173.

US Environmental Protection Agency. 1989. Algal (*Selenastrum capricornutum*) growth test in: short-term methods for estimating the chronic toxicity of effluents and receiving waters to freshwater organisms. Cincinnati, Ohio: Environmental Monitoring Systems Laboratory, Environmental Protection Agency, 147-174.

Van Aller R T, G F, Pessoney V A, Rogers E J, et al. 1985. Oxygenated Fatty Acids: a Class of Allelochemicals from Aquatic Plants. *In*: Thompson A C. The Chemistry of Allelopathy Biochemical Interactions among Plants. Washington DC：American Chemical Soceity, 387-400.

Van D E, Gulati R D. 1995. Transition of a lake to turbid state 6 years after biomanipulation: mechanisms and pathways. Water Science and Technology, 32 (4): 197-206.

Vardi A D, Schatz K, Beeri U, et al. 2002. Dinoflagellate-cyanobacterium communication may determine the composition of phytoplankton assemblage in a mesotrophic lake. Current Biology, 12: 1767-1772.

Vardi A, Berman-Frank I, Rozenberg T, et al. 1999. Programmed cell death of the dinoflagellate *Peridinium gatunense* is mediated by CO_2 limitation and oxidative stress. Current Biology, 9 (18): 1061-1064.

Vardi A, Formiggini F, Casotti R, et al. 2006. A stress surveillance system based on calcium and nitric oxide in marine diatoms. PLoS Biology, 4 (3): 411-419.

Vardi A, Van Mooy B A S, Fredricks H F. 2009. Viral glycosphingolipids induce lytic infection and cell death in marine phytoplankton. Science, 326(5954): 861-865.

Venturoli G, Gabellini N, Oesterhelt D. 1990. Kinetics of photosynthetic electron transfer in artificial vesicles reconstituted with purified complexes from *Rhodobacter capsulatus*. II. Direct electron transfer between the reaction center and the bc1 complex and role of cytochrome c_2. European Journal of Biochemistry, 189 (1): 95-103.

Vermes I, Haanen C, Steffens-Nakken H. 1995. A novel assay for apoptosis. flow cytometric detection of phosphatidylserine expression on early apoptotic cells using fluorescein labelled Annexin V. Journal of Immunological Methods, 184 (1): 39-51.

Villarreal L P. 2001. Persisting viruses could play a role in driving host evolution. ASM News, 67: 501-507.

Walsby A F. 1978. The properties and buoyancy providing role of gas vacuoles in *Trichodesmium Ehrenberg*. British Phycological Journal, 13: 103-116.

Wang D, Liang D L, Wang S S, et al. 2012. Individual and joint toxicity effects of Cu, Cr(III), and Cr(VI) on Pakchoi: a comparison between solution and soil cultures. Biological Trace Element Research, 146: 116-123.

Wang H Q, Cheng S P, Zhang S H, et al. 2010. Chemical composition in aqueous extracts of

Potamogeton malaianus and *Potamogeton maackianus* and their allelopathic effects on *Microcystis aeruginosa*. Polish Journal of Environmental Studies, 19 (1): 213-218.

Wang H Q, Wu Z B, Zhang S H, et al. 2008. Study on relationship between allelopathic activity and molecular structure of variouse hydroxyl derivatives of benzoic acid and their synergistic effects on *Microcystis aeruginosa*. Allelopathy Journal, 22 (1): 205-212.

Wang J, Zhu J Y, Gao Y N, et al. 2013. Study on toxicity of allelochemicals released by submerged macrophytes to phytoplankton by flow cytometry. Allelopathy Journal, 31 (1): 199-210.

Wang J, Zhu J Y, Liu S P, et al. 2011. Generation of reactive oxygen species in cyanobacteria and green algae induced by allelochemicals of submerged macrophytes. Chemosphere, 85: 977-982.

Wareing P F, Phillips I D J. 1981. Growth and different in plants.3rd. Oxford:Pergamon Press, 481-499.

Waridel P, Wolfender J L, Lachavanne J B, et al. 2003. Ent-Labdane diterpenes from the aquatic plant *Potamogeton pectinatus*. Phytochemistry, 64: 1309-1317.

Waridel P, Wolfender J L, Lachavanne J B, et al. 2004. ent-Labdane glycosides from the aquatic plant *Potamogeton lucens* and analytical evaluation of the lipophilic extract constituents of various *Potamogeton* species. Phytochemistry, 65: 945-954.

Waridel P, Wolfender J L, Lachavanne J B, et al. 2004a. Identification of the polar constituents of *Potamogeton* species by HPLC-UV with post-column derivatization, HPLC-MSn and HPLC-NMR, and isolation of a new ent-labdane diglycoside. Phytochemistry, 65: 2401-2410.

Waridel P, Wolfender J L, Lachavanne J B, et al. 2004b. Ent-Labdane glycosides from the aquatic plant *Potamogeton lucens* and analytical evaluation of the lipophilic extract constituents of various *Potamogeton* species. Phytochemistry, 65: 945-954.

Weston L A. 1996. Utilization of allelopathy for weed management in agroecosystems. Agronomy Journal, 88: 860-866.

Wetzel R G. 1983. Structure and productivity of Aquatic Ecosystems. Limnology. New York: Saunders College Publishing.

Whittaker R H, Feeny P P. 1971. Allelochemics: chemical interactions between species. Science, 171: 757-770.

Wigand C, Stevenson J C, Cornwell J C. 1997. Effects of different submersed macrophytes on sediment biogeochemistry. Aquatic Botany, 56: 233-244.

Wijsman J H, Jonker R R, Keijzer R, et al. 1993. A new method to detect apoptosis in paraffin sections: in situ end-labeling of fragmented DNA. Journal of Histochemistry and Cytochemistry, 41 (1): 7-12.

Willekens H, Chamnongpol S, Davey M, et al. 1997. Catalase is a sink for H_2O_2 and is indispensable for stress defence in C_3 plants. The EMBO Journal, 16: 4806-4816.

Willis R J. 1985. The historical bases of the concept of allelopathy. Journal of the History of Biology,

18: 71-102.

Winston G W. 1998. A rapid gaschromatographic assay for determining oxyradical scavenging capacity of antioxidants and biological fluids. Free Radical biology & Medicine, 24 (3): 480-491.

Wintermans J F, de Mots A. 1965. Spectrophotometric characteristics of chlorophylls a and b and their pheophytins in ethanol. Biochimica et Biophysica Acta, 109 (2): 448-453.

Wise R R. 1995. Chilling-enhanced photooxidation: the production, action and study of reactive oxygen species produced during chilling in the light. Photosynthesis Research, 45: 79-97.

Wium-Andersen S, Anthoni U, Christophersen C, et al. 1982. Allelopathic effects on phytoplankton by substances isolated from aquatic macrophytes (Charales). Oikos, 39: 187-190.

Wium-Andersen S, Anthoni U, Houen G. 1983. Elemental sulphur, a possible allelopathic compound from *Ceratophyllum demersum*. Phytochemistry, 22: 2613-2621.

Wium-Andersen S. 1987. Allelopathy among aquatic plants. Arch Hydrobiol Beih Ergebn Limnol, 27: 167-172.

Wu J T, Chiang Y R, Huang W Y, et al. 2006. Cytotoxic effects of free fatty acids on phytoplankton algae and cyanobacteria. Aquatic Toxicology, 80: 338-345.

Wu J T, Jiunn-Tzong L L, Lee J. 1998. Algicidal Effect of *Peridinium bipes* on *Microcystis aeruginosa*. Current Microbiology, 37: 257-261.

Wu Z B, Deng P, Wu X H, et al. 2007. Allelopathic effects of the submerged macrophyte *Potamogeton malaianus* on *Scenedesmus obliquus*. Hydrobiologia, 592: 465-474.

Wu Z B, Gao Y N, Wang J, et al. 2009. Allelopathic effects of phenolic compounds present in submerged macrophytes on *Microcystis aeruginosa*. Allelopathy Journal, 23 (2): 403-410.

Xian Q M, Chen H D, Qu L J, et al. 2005. Allelopathic potential of aqueous extracts of submerged macrophytes against algal growth. Allelopathy Journal, 15 (1): 95-104.

Xian Q M, Chen H D, Liu H L, et al. 2006. Isolation and identification of antialgal compounds from the leaves of *Vallisneria spiralis* L. by activity-guided fractionation. Environmental Science and Pollution Research, 13 (4): 233-237.

Xu C, Auger J, Govindjee. 1990. Chlorophyll a fluorescence measurements of isolated spinach thylakoids obtained by using single-laser-based flow-cytometry. Cytometry, 11 (3): 349-358.

Yordanova Z P, Iakimova E T, Cristescu S M, et al. 2009. Involvement of ethylene and nitric oxide in cell death in mastoparan-treated unicellular alga *Chlamydomonas reinhardtii*. Cell Biology International, 34 (3): 301-308.

Yu J, Matsui Y. 1997. Effects of root exudates of cucumber (*Cucumis sativus* L.) and allelochemicals on ion uptake by cucumber seedlings. Journal Chemical Ecology, 23: 817-827.

Zapata M, Rodríguez F, Garrido J L. 2000. Separation of chlorophylls and carotenoids from marine phytoplankton: a new HPLC method using a reversed phase C8 column and pyridine containing mobile phases. Marine Ecology Progress Series, 195: 29-45.

Zeng R S, Mallik A U, Luo S M. 2008. Allelopathy in Sustainable Agriculture and Forestry. New York: Springer Science, Business Media.

Zhang Y H, Liu S S, Song X Q. 2008. Prediction for the mixture toxicity of six organophosphorus pesticides to the luminescent bacterium Q67. Ecotoxicology and Environmental Safety, 71: 880-888.

Zhang T T, Zheng C Y, Hu W, et al. 2010. The allelopathy and allelopathic mechanism of phenolic acids on toxic *Microcystis aeruginosa*. Journal of Applied Phycology, 22 (1): 71-77.

Zhang S L, Zhang B, Xing K Z, et al. 2010. Inhibitory effects of golden thread (*Coptis chinensis*) and berberine on *Microcystis aeruginosa*. Water Science and Technology, 61(3): 763-769.

Zhu J Y, Liu B Y, Wang J, et al. 2010. Study on the mechanism of allelopathic influence on cyanobacteria and chlorophytes by submerged macrophyte (*Myriophyllum spicatum*) and its secretion. Aquatic Toxicology, 98: 196-203.

Zobel A M, Brown S A. 1991. Psoralens in senescing leaves of *Ruta Graveolens.* Journal of Chemical Ecology, 17(9): 1801-1810.

Zuppini A, Andreoli C, Baldan B. 2007. Heat stress: an inducer of programmed cell death in *Chlorella saccharophila*. Plant and Cell Physiology, 48: 1000-1009.

Zuppini A, Gerotto C, Baldan B. 2010. Programmed cell death and adaptation: two different types of abiotic stress response in a unicellular Chlorophyte. Plant and Cell Physiology, 51(6): 884-895.

附表　已报道水生植物各类型的化感物质一览表

编号	中文名称	英文名称	分子式	分子结构式	水生植物	参考文献
简单酚、多酚类						
1	间苯二酚；1，3-苯二酚	1,3-Dihydroxybenzene; 1,3-Benzenediol	$C_6H_6O_2$	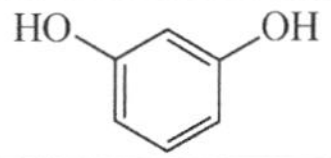	萍逢草	Sutfeld et al., 1996
2	儿茶酚；邻苯二酚	Catechol; 1,2-Benzenediol	$C_6H_6O_2$	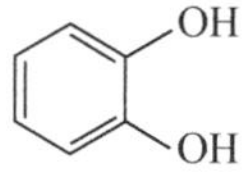	穗花狐尾藻	Nakai et al., 2000
3	焦性没食子酸；焦硝酸；邻苯三酚	Pyrogallic; 1,2,3-Benzenetriol	$C_6H_6O_3$	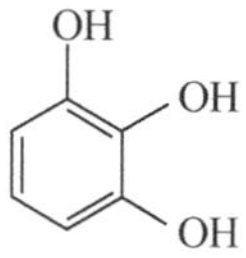	穗花狐尾藻	Nakai et al., 1996,2000
4	鞣花酸；2,3,7,8-四羟基-[1]-苯并吡喃并[5,4,3-CDE][1]苯并吡喃-5,10-二酮	Ellagic acid;2,3,7,8-tetrahydroxy(1)benzopyrano(5,4,3-cde)(1)benzopyran-5,10-dione	$C_{14}H_6O_8$	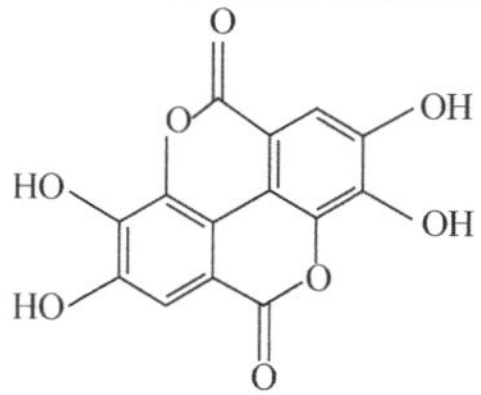	穗花狐尾藻	孙文浩和余叔文,1992; Nakai et al., 2000
苯甲酸及其衍生物						
5	苯甲酸；安息香酸	Benzoic acid;Benzenecarboxylic acid	$C_7H_6O_2$	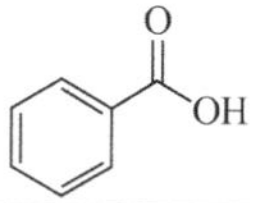	苦草	高云霓等, 2011
6	水杨酸；邻羟基苯甲酸	Salicylic acid;2-Hydroxybenzoic acid	$C_7H_6O_3$	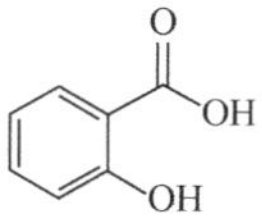	牛鞭草、水稻	Tang and Young, 1982; Park et al., 2006

续表

编号	中文名称	英文名称	分子式	分子结构式	水生植物	参考文献
7	水杨醛；2-羟基苯甲醛	Salicylaldehyde;2-Formylphenol; 2-Hydroxybenzaldehyde	$C_7H_6O_2$	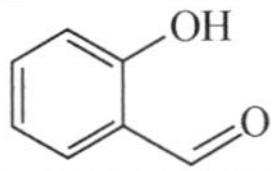	香蒲	DellaGreca et al.,1990
8	原儿茶酸；3，4-二羟基苯甲酸	3,4-Dihydroxybenzoic acid; Catechol-4-carboxylic acid	$C_7H_6O_4$	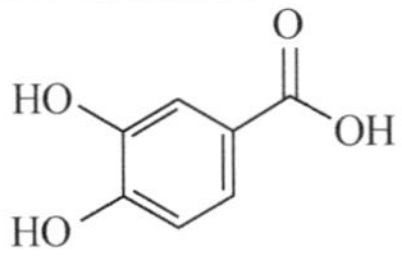	芦苇、苦草	Nakai et al., 2006；高云霓等, 2011
9	香草酸；4-羟基-3-甲氧基苯甲酸	Vanillic acid;4-Hydroxy-3-methoxybenzoic acid	$C_8H_8O_4$	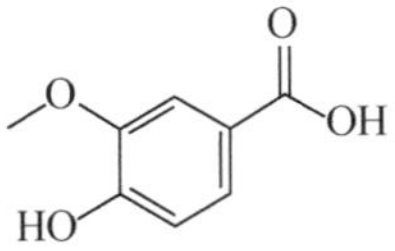	芦苇、苦草、水稻	孙文浩和余叔文，1992; 高云霓等, 2011
10	丁香酸；3，5-二甲氧基-4-羟基苯甲酸	Syringic acid;3,5-Dimethoxy-4-hydroxybenzoic acid	$C_9H_{10}O_5$	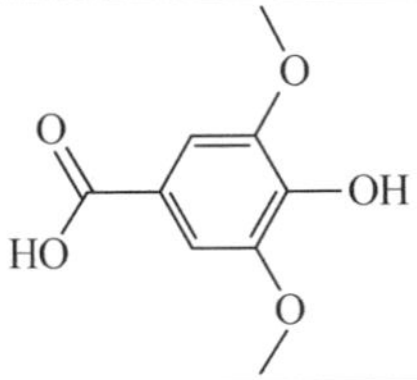	芦苇、水稻	孙文浩和余叔文,1992; Nakai et al., 2006
11	香豆酸；2-吡喃酮-5-羧酸	Coumalic acid; 2-Pyrone-5-carboxylic acid	$C_6H_4O_4$	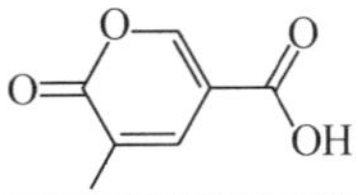	香蒲、芦苇、水稻	孙文浩和余叔文，1992; 洪喻和胡洪营， 2009
肉桂酸及其衍生物						
12	肉桂酸；苯基丙烯酸	trans-Cinnamic acid;trans-3-Phenylacrylic acid	$C_9H_8O_2$	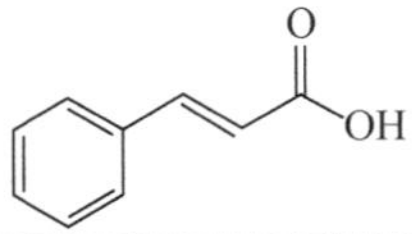	牛鞭草	Tang and Young, 1982

续表

编号	中文名称	英文名称	分子式	分子结构式	水生植物	参考文献
13	阿魏酸；3-甲氧基-4-羟基肉桂酸	Ferulic acid;3-Methoxy-4-hydroxy-cinnamic acid	$C_{10}H_{10}O_4$	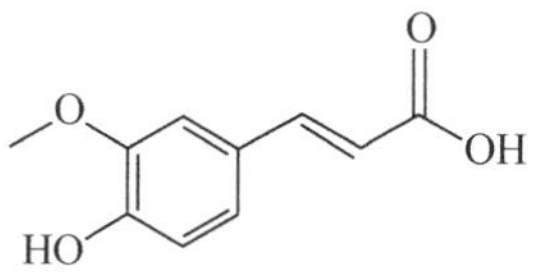	芦苇、苦草、水稻	孙文浩和余叔文，1992；高云霓等, 2011
14	芥子酸；3，5-二甲氧基-4-羟基肉桂酸	Sinapic acid;4-Hydroxy-3,5-dimethoxyc innamic acid	$C_{11}H_{12}O_5$	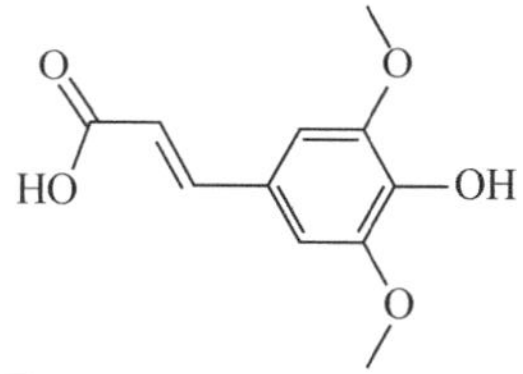	芦苇	Nakai et al., 2006
15	咖啡酸；3，4-二羟基肉桂酸	Caffeic acid;3,4-Dihydroxy cinnamic acid	$C_9H_8O_4$	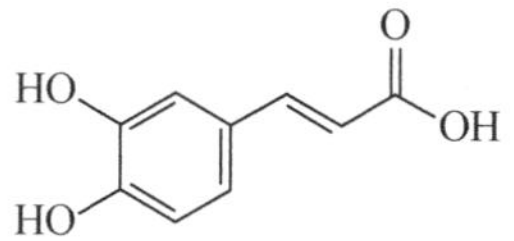	香蒲、芦苇、苦草	孙文浩和余叔文,1992; Nakai et al., 2006; 高云霓等, 2011
16	绿原酸；(1*S*，3*R*，4*R*，5*R*)-3-[[3-(3，4-二羟基苯基)-1-氧代-2-丙烯基]氧]-1，4，5-三羟基环己烷甲酸	Chlorogenic acid;(1*S*,3*R*,4*R*,5*R*)-3-[[3-(3,4-Dihydroxyphenyl)-1-oxo-2-propenyl]oxy]-1,4,5-trihydroxycyclohexanecarboxylic acid	$C_{16}H_{18}O_9$	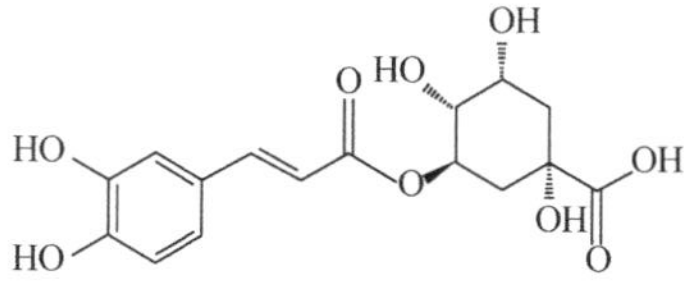	海茴香	Meot-Duros and Magné, 2009
香豆素类						
17	香豆素；2H-1-苯并吡喃-2-酮	Coumarin;2H-1-Benzopyran-2-one	$C_9H_6O_2$	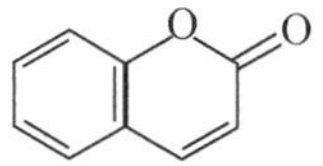	芸香	Aliotta et al., 1994
18	补骨脂素；7H-呋喃[3,2-g]苯并吡喃-7-酮	Psoralen;7H-Furo[3,2-g]benzopyran-7-one	$C_{11}H_6O_3$	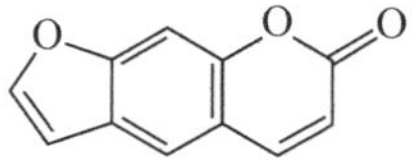	芸香	Zobel et al., 1991

续表

编号	中文名称	英文名称	分子式	分子结构式	水生植物	参考文献
黄酮类						
19	儿茶酸; (2*R*, 3*S*)-2-(3, 4-二羟基苯基)-3, 4-二氢-2H-苯并吡喃-3, 5, 7-三醇	Cianidanol;catechinic acid (2*R*, 3*S*)-2-(3,4-Dihydroxyphenyl)-3,4-dihydro-2H-chromene-3,5,7-triol	$C_{15}H_{14}O_6$	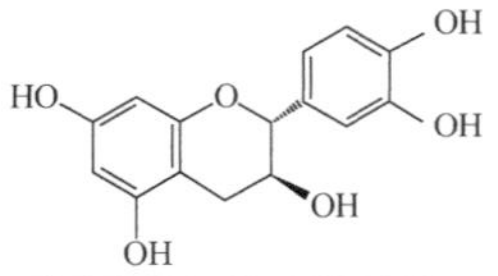	穗花狐尾藻	Nakai et al., 2000
20	芦丁; 芸香甙; 槲皮素-3-*O*-芸香糖苷	Rutin;3-[[6-*O*-(6-Deoxy-alpha-L-mannopyranosyl)-beta-D-glucopyranosyl]oxy]-2-(3,4-dihydroxyphenyl)-5,7-dihydroxy-4H-1-benzopyran-4-one	$C_{27}H_{30}O_{16}.3(H_2O)$	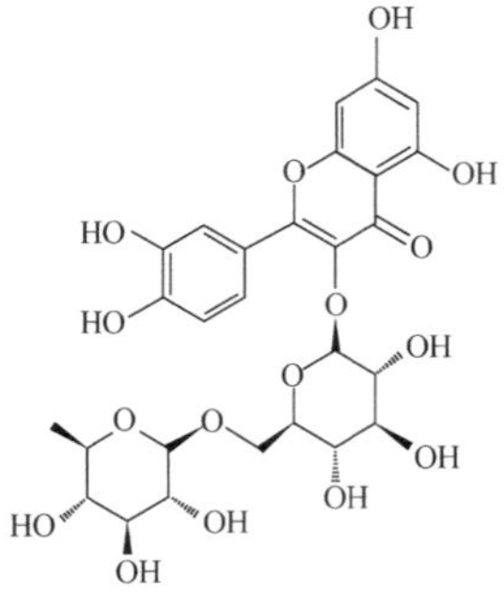	芦苇	戴军等, 1994
丹宁						
21	褐藻多酚	phlorotannins		未见具体报道	莫氏马尾藻	Cho et al., 2007
22	丹宁; 单宁酸	Glycerite;Tannic acid;GalloTannic acid;Gall-otannin;Galloylglucose; Quebracho;Tannins	$C_{76}H_{52}O_{46}$	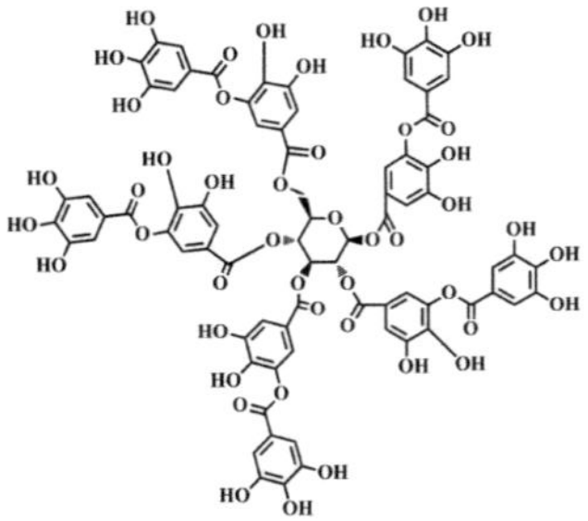	聚藻	Planas et al., 1981

续表

编号	中文名称	英文名称	分子式	分子结构式	水生植物	参考文献
23	特里马素Ⅱ	TellimagrandinⅡ;1-O,2-O,3-O-Trigalloyl-4-O,6-O-(2,2',3,3',4,4'-hexahydroxy[1,1'-biphenyl]-6,6'-diylbiscarbonyl)-β-D-glucopyranose	$C_{41}H_{30}O_{26}$	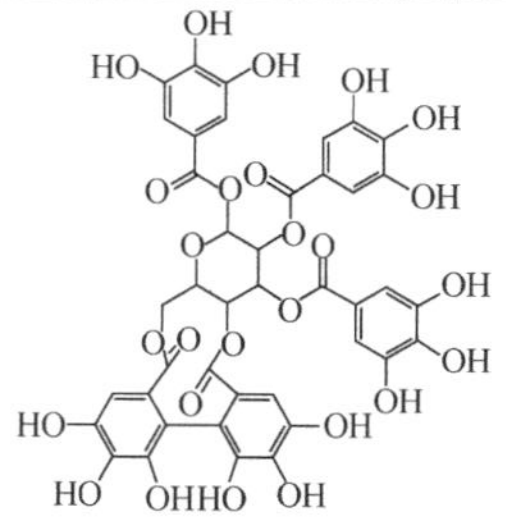	穗花狐尾藻	Gross, 1996
单萜化合物						
24	α-紫罗兰酮；4-(2，6，6-三甲基-2-环己烯基-1-基)-3-丁烯-2-酮	α-Ionone;4-(2,6,6-Trimethyl-2-cyclohexen-1-yl)-3-buten-2-one	$C_{13}H_{20}O$	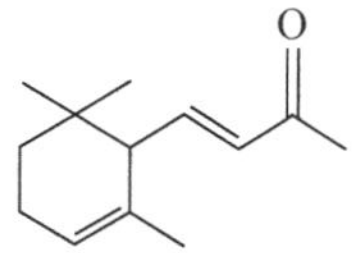	苦草、金鱼藻	鲜啟鸣等,2006
25	β-紫罗兰酮；4-(2，6，6-三甲基-1-环己烯基)-3-丁烯-2-酮	β-Ionone;4-(2,6,6-Trimethyl-1-cyclohexen-1-yl)-3-buten-2-one	$C_{13}H_{20}O$	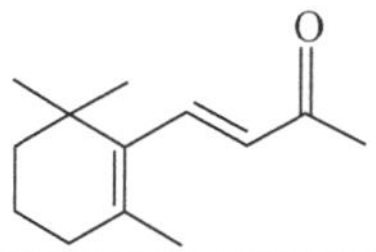	苦草、金鱼藻、伊乐藻	鲜啟鸣等,2006; 王红强, 2009
26	5，6-环氧-β-紫罗兰酮；4-[2，2，6-三甲基-7-氧杂二环(4.1.0)庚-1-基]-3-丁烯-2-酮	β-Ionone-5,6-epoxide;4-[2,2,6-trimethyl-7-oxabicyclo(4.1.0)hept-1-yl]-3-Buten-2-one	$C_{13}H_{20}O_2$	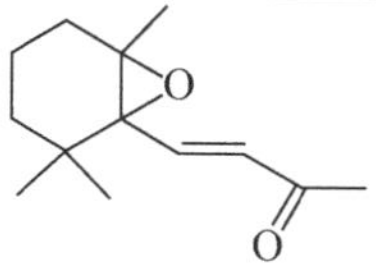	苦草、金鱼藻	鲜啟鸣等,2006
27	4-氧代-β-紫罗兰酮；2，4，4-三甲基-3-(氧代-1-丁烯基)-2-环己烯-1-酮	4-oxo-β-Ionone; 2,4,4-Trimethyl-3-(3-oxo-1-butenyl)-2-cyclohexen-1-one	$C_{13}H_{18}O_2$	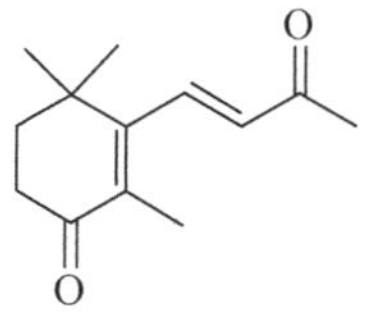	苦草	Xian et al., 2006

续表

编号	中文名称	英文名称	分子式	分子结构式	水生植物	参考文献
28	3-羟基-5，6-环氧-β-紫罗兰酮	3-hydroxy-5,6-epoxy-β-Ionone; 4-(1,2-Epoxy-4-hydroxy-2,6,6-trimethylcyclohexyl)-trans-3-buten-2-one	$C_{13}H_{20}O_3$	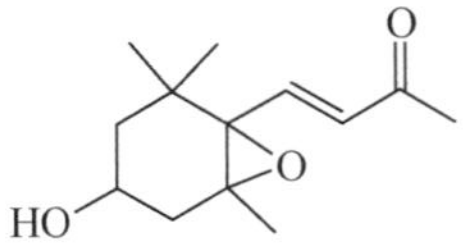	苦草	Xian et al., 2006
29	地芰普内酯；3-羟基二氢猕猴桃内酯；6-羟基-4，4，7a-三甲基-5，6，7，7a-四氢-1-苯并呋喃-2(4H)-酮	Loliolide	$C_{11}H_{16}O_3$	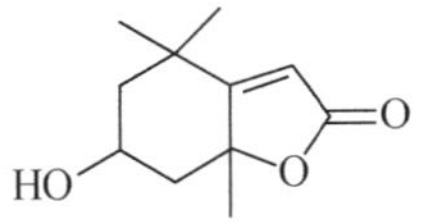	苦草	Xian et al., 2006
30	6-羟基-3-氧-α-紫罗兰酮	6-hydroxy-3-oxo-α-Ionone	$C_{13}H_{18}O_3$	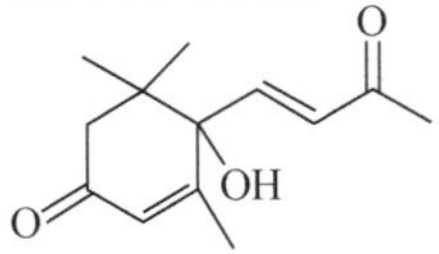	苦草	Xian et al., 2006
31	二氢猕猴桃醇酸内酯；5，6，7，7a-四氢-4，7，7a-三甲基-2-(4H)-苯并呋喃酮	Dihydroactinidiolide;(2,6,6-Trimethyl-2-hydroxycyclohexylidene) acetic acid lactone;5,6,7,7a-Tetrahydro-4,4,7a-trimethyl-2(4H)-benzofuranone	$C_{11}H_{16}O_2$	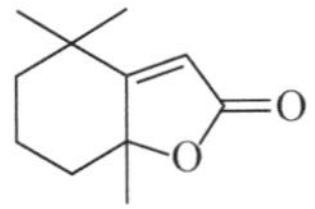	苦草、金鱼藻	Xian et al., 2006; 鲜啟鸣等,2006
32	α-细辛脑；α-细辛醚；反式-2，4，5-三甲氧基-1-丙烯苯	α-Asarone;(E)-1,2,4-Trimethoxy-5-(1-propenyl)benzene	$C_{12}H_{16}O_3$	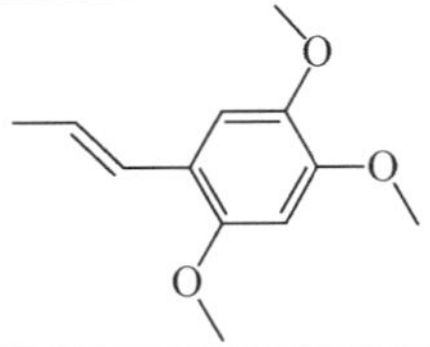	菖蒲、石菖蒲、大萍	DellaGreca et al., 1989; Aliotta et al.,1991
33	β-细辛脑；2，4，5-三甲氧基-1-丙烯基苯	β-Asarone;(Z)-1,2,4-Trimethoxy-5-(1-propenyl)benzene	$C_{12}H_{16}O_3$	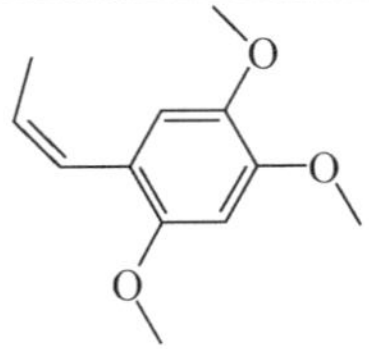	菖蒲、石菖蒲、金鱼藻	DellaGreca et al., 1989; 鲜啟鸣等, 2006

续表

编号	中文名称	英文名称	分子式	分子结构式	水生植物	参考文献
34	γ-细辛醚；欧细辛醚	γ-Asarone;Euasarone,Sekishon, Sekishone	$C_{12}H_{16}O_3$	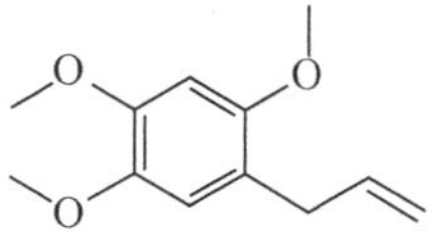	菖蒲、石菖蒲	DellaGreca et al., 1989
35	柠檬烯；(S)-1-甲基-4-(1-甲基乙烯基)环己烯	(-)-Limonene;(S)-4-Isopropenyl-1-methylcyclohexene	$C_{10}H_{16}$	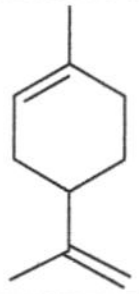	芸香	De Feo et al., 2002
36	蒎烯；α-蒎烯	Alpha-Pinene;(1s)-2,6,6-trimethylbicyclo[3.1.1]hept-2-ene	$C_{10}H_{16}$	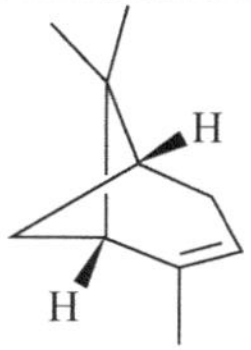	芸香	De Feo et al., 2002
倍半萜烯化合物						
37	β-固甾醇；植物甾醇；谷固醇；谷甾醇；麦固醇；(3β)-豆甾-5-烯-3-醇	Beta-Sitosterol; 5-Stigmasten-3beta-ol	$C_{29}H_{50}O$	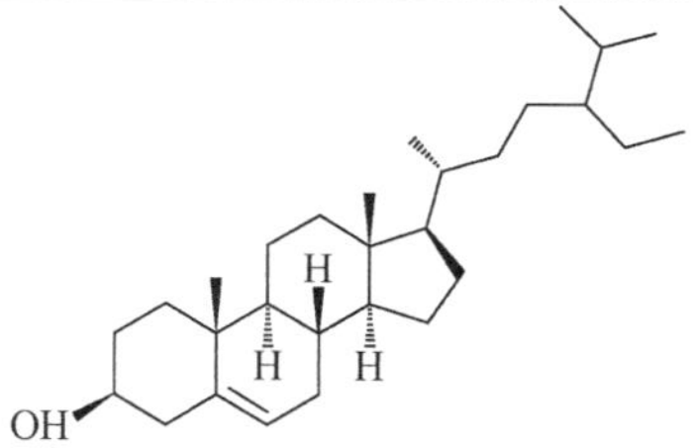	香蒲;伊乐藻	王红强, 2009

续表

编号	中文名称	英文名称	分子式	分子结构式	水生植物	参考文献
38	豆甾-4-烯-3，6-二酮	Stigmast-4-ene-3,6-dione	$C_{29}H_{46}O_2$	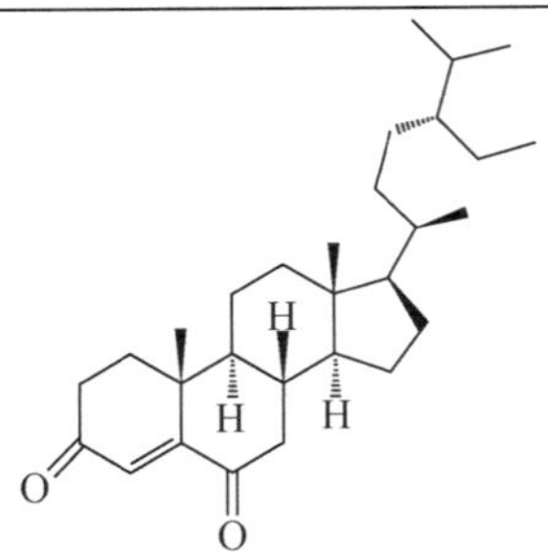	伊乐藻	张兵之, 2007
半日花烷型二萜						
39	甲基-15，16-环氧-12(R)-乙酰氧-8(17)，13(16)，14-半日花烷-19-酸酯	Methyl 15,16- epoxy-12(R)-acetoxy-8(17),13(16),14-ent-labdatrien-19-oate	$C_{23}H_{32}O_5$	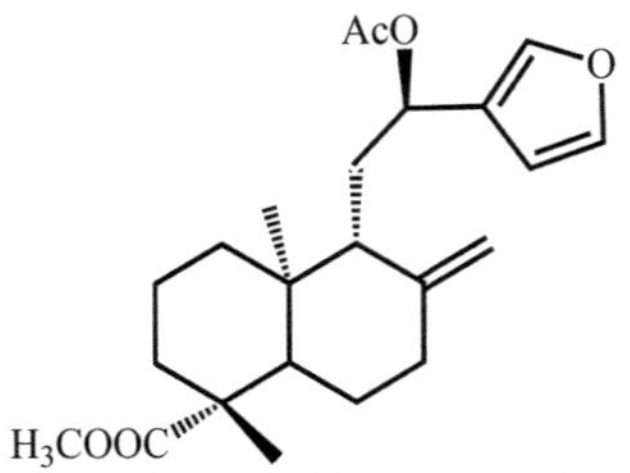	篦齿眼子菜;川蔓藻	Waridel et al., 2003
40	(1R，4AS，5R)-甲基5-((R)-2-(呋喃-3-基)-2-羟乙基)-1，4α-二甲基-6-亚甲基十氢萘基-1-羧酸叔丁酯	(1R,4aS,5R)-methyl 5-((R)-2-(furan-3-yl)-2-hydroxyethyl)-1,4a-dimethyl-6-methylenedecahydr-onaphthalene-1-carboxylate	$C_{21}H_{30}O_4$	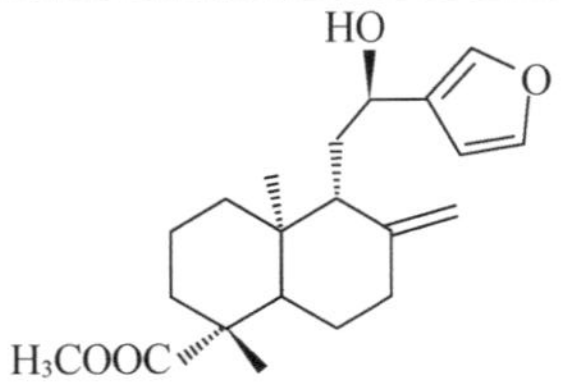	篦齿眼子菜;川蔓藻	Waridel et al., 2003

续表

编号	中文名称	英文名称	分子式	分子结构式	水生植物	参考文献
41	15，16-环氧-12(R)-乙酰氧基-8(17)，13(16)，14-半日花烷-19-乌苏酸	15,16-Epoxy-12(R)-acetoxy-8(17),13(16),14-ent-labdatrien-19-oic acid	$C_{22}H_{30}O_5$	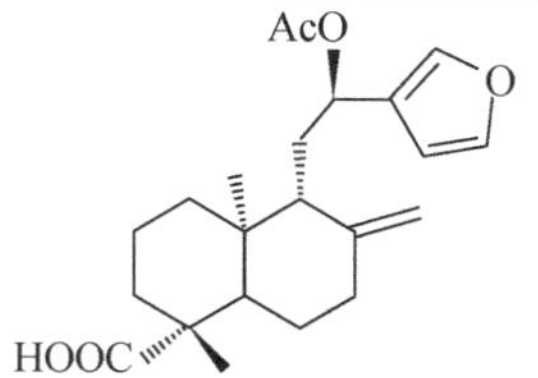	篦齿眼子菜;川蔓藻	Waridel et al., 2003
42	15，16-环氧-8(17)，13(16)，14-半日花烷-19-乌苏酸	daniellic acid, 15,16-epoxy-8(17),13(16),14-ent-labdatrien-19-oic acid;	$C_{20}H_{28}O_3$	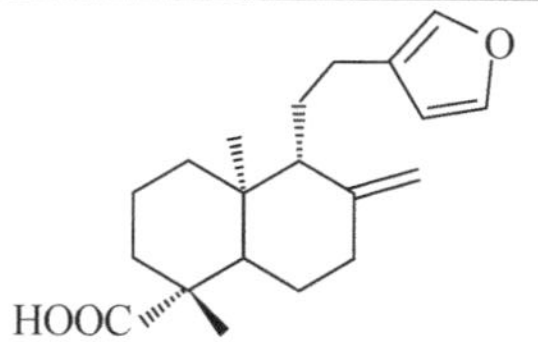	篦齿眼子菜;川蔓藻	Waridel et al., 2003
43	甲基 15，16-环氧-12-氧代-8(17)，13(16)，14-半日花烷-19-酸乙酯	Methyl 15,16-epoxy-12-oxo -8(17),13(16),14-ent-labdatrien-19-oate	$C_{21}H_{28}O_4$	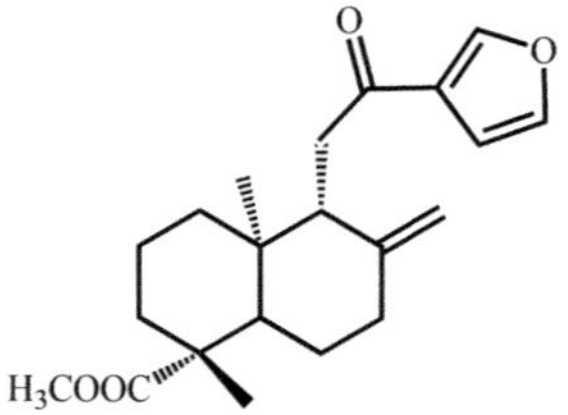	篦齿眼子菜;川蔓藻	Waridel et al., 2003
呋喃类二萜						
44	[(1R，4AR，5R)-4α-甲酰基-5-[2-(呋喃-3-基)乙基]-1-甲基-6-甲基烯十氢萘-1-基]乙酸甲酯	19-Acetoxy-15,16-epoxy-8(17),13(16),14-entlabdatrien-20-al; [(1R,4aR,5R)-4a-formyl-5-[2-(furan-3-yl)ethyl]-1-methyl-6-methylenedecahydronaphthalen-1-yl] methyl acetate	$C_{22}H_{30}O_4$	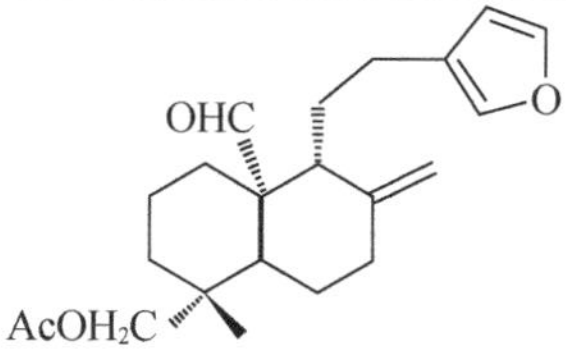	浮叶眼子菜	DellaGreca et al., 2001

续表

编号	中文名称	英文名称	分子式	分子结构式	水生植物	参考文献
45	(1R，4AR，5R)-5-(2-(呋喃-3-基)乙基)-1-(羟甲基)-1-甲基-6-甲基烯十氢萘-4α-醇	10α,19-Dihydroxy-15,16-epoxy-8(17),13(16),14-nor-ent-labdatrie-ne; (1R,4aR,5R)-5-(2-(furan-3-yl)ethyl)-1-(hydroxymethyl)-1-methyl-6-methylenedecahydronaphthalen-4a-ol	$C_{19}H_{28}O_3$	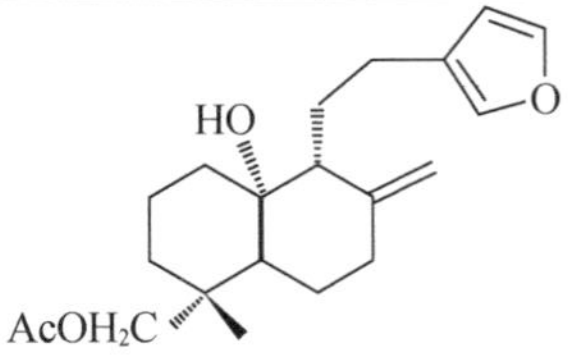	浮叶眼子菜	DellaGreca et al., 2001
46	((1*R*，4*AR*，5*R*)-5-(2-(呋喃-3-基)乙基)-1-甲基-6-甲基烯十氢萘-1，4a-二基)二甲醇	19,20-Dihydroxy-15,16-epoxy-8(17),13(16),14-ent-labdatriene; ((1R,4aR,5R)-5-(2-(furan-3-yl)ethyl)-1-methyl-6-methylenedecahydronaphthalene-1,4a-diyl)dimethanol	$C_{20}H_{30}O_3$	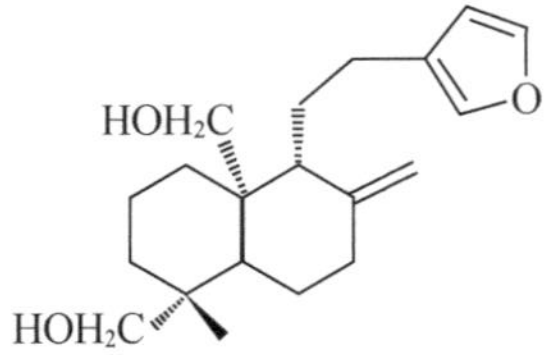	浮叶眼子菜	DellaGreca et al., 2001
饱和直链脂肪酸						
47	壬酸	Pelargonic acid; Nonanoic acid	$C_9H_{18}O_2$	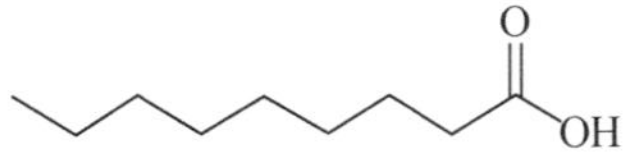	芦苇、马来眼子菜、穗花狐尾藻、普生轮藻	张庭廷等, 2009
48	癸酸	Capric acid ; Decanoic acid	$C_{10}H_{20}O_2$	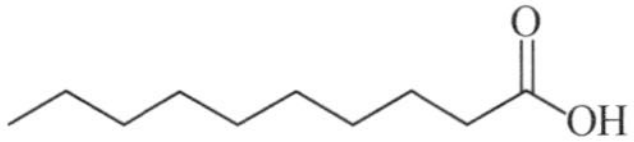	马来眼子菜、伊乐藻、苦草	高云霓, 2010;
49	月桂酸；十二酸	Lauric acid; Dodecanoic acid	$C_{12}H_{24}O_2$	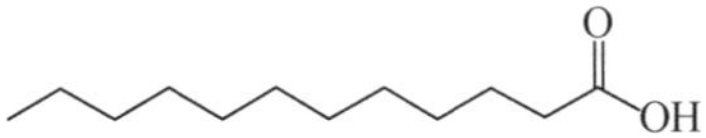	马来眼子菜、伊乐藻、苦草	高云霓, 2010
50	豆蔻酸；肉豆蔻酸；十四酸	Myristic acid; Tetradecanoic acid	$C_{14}H_{28}O_2$	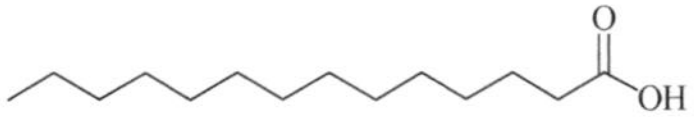	芦苇、马来眼子菜、穗花狐尾藻、普生轮藻	张庭廷等, 2009
51	棕榈酸；软脂酸；十六酸	Palmitic acid; Hexadecanoic acid	$C_{16}H_{32}O_2$	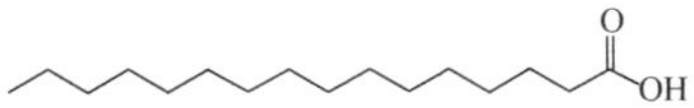	香蒲、芦苇、马来眼子菜、伊乐藻、穗花狐尾藻、普生轮藻、苦草	戴树桂, 1997; 王红强, 2009; 洪喻和胡洪营, 2009
52	硬脂酸；十八酸	Stearic acid; Octadecanoic acid	$C_{18}H_{36}O_2$	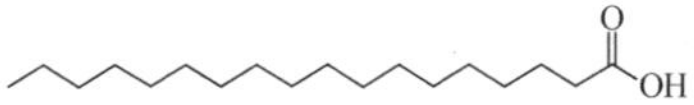	芦苇、马来眼子菜、伊乐藻、穗花狐尾藻、苦草	高云霓, 2010

续表

编号	中文名称	英文名称	分子式	分子结构式	水生植物	参考文献
不饱和脂肪酸						
53	油酸；顺 9-十八碳烯酸	Oleic acid; *cis*-9-Octadecenoic acid	18:1ω9c, $C_{18}H_{34}O_2$	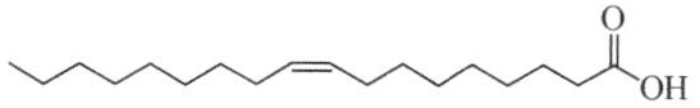	马来眼子菜、穗花狐尾藻	王红强, 2009
54	亚油酸；顺 9，顺 12-二烯十八酸	Linoleic acid; *cis*-9,*cis*-12-Octadecadienoic acid;	18:2ω9c,12c, $C_{18}H_{32}O_2$	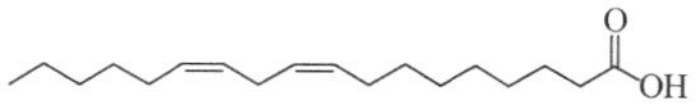	马蹄莲、马来眼子菜、普生轮藻、宽叶香蒲、凤眼莲	Aliotta and DellaGreca, 1990; DellaGreca , 1998; 孙文浩等，1993；张庭廷等, 2009
55	α-亚麻酸；顺 9，顺 12，顺 15-三烯十八酸	α-linolenic acid;9,12,15-all-*cis*-Octadecatrienoic acid	18:3ω9c,12c, 15c, $C_{18}H_{30}O_2$	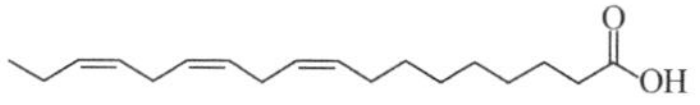	香蒲、马蹄莲、马来眼子菜	Aliotta and DellaGreca, 1990; DellaGreca, 1998; 王红强, 2009
脂肪酸酯						
56	棕榈酸乙酯；十六酸乙酯	Ethyl hexadecanoate; Palmitic acid ethyl ester	$C_{18}H_{36}O_2$	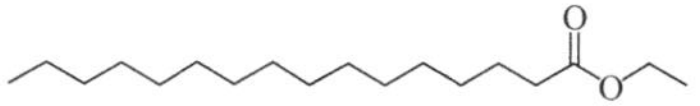	马来眼子菜	胡陈燕, 2010
57	亚油酸乙酯；十八碳-6，9-二烯酸乙酯	9,12-Octadecadienoic acid (*Z,Z*)-, ethyl ester	$C_{20}H_{36}O$	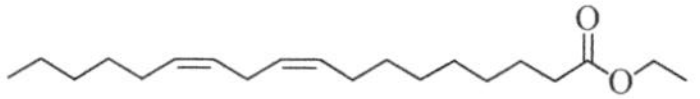	马来眼子菜	胡陈燕, 2010
58	9，12，15-亚麻酸乙酯；	(*Z,Z,Z*)-9,12,15-Octadecatrienoic acid, ethyl ester	$C_{20}H_{34}O_2$	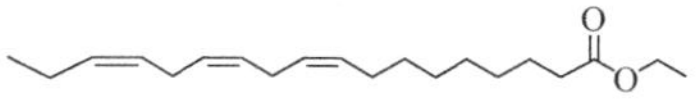	马来眼子菜	胡陈燕, 2010
59	胆固醇油酸酯	Cholesteryloleate;3beta-Hydroxy-5-cholestene 3-oleate	$C_{45}H_{78}O_2$	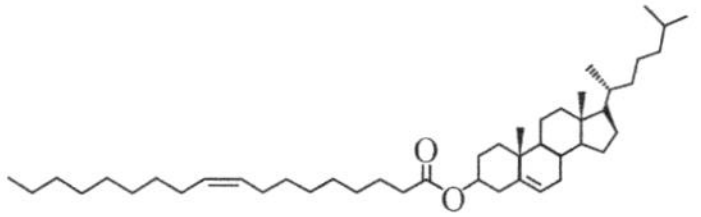	香蒲	DellaGreca et al., 1990
60	2-甲基乙酰乙酸乙酯	2-Methylacetoacetic acid ethyl ester	$C_7H_{12}O_3$	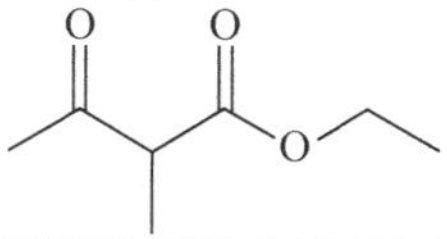	芦苇	李锋民等, 2007
酮类						
61	植酮；6，10，14-三甲基-2-十五烷酮	6,10,14-Trimethylpentadecane-2-one	$C_{18}H_{36}O$	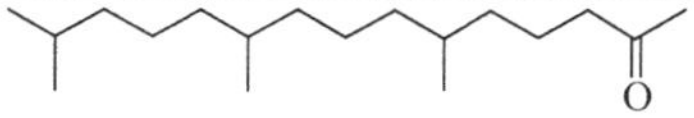	马来眼子菜	胡陈燕, 2010

续表

编号	中文名称	英文名称	分子式	分子结构式	水生植物	参考文献
62	异植物醇；3，7，11，15-四甲基-1-十六碳烯-3-醇	Isophytol;3,7,11,15-Tetramethyl-1-hexadecen-3-ol	$C_{20}H_{40}O$	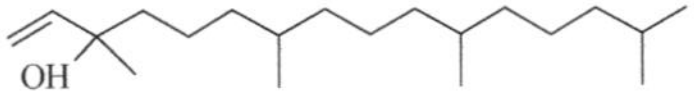	马来眼子菜	胡陈燕, 2010
醛类						
63	棕榈醛；软脂醛	Hexadecanal;Palmitaldehyde (6CI,8CI)	$C_{16}H_{32}O$		香蒲	边归国, 2012
含硫杂环类生物碱						
64	二硫环戊烷；二噻茂烷	Dithiolane;1,3-Dithiacyclopentane	$C_3H_6S_2$	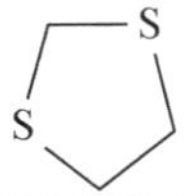	丽藻、轮藻	Wium-Andersen, 1982, 1983
65	三噻烷	1,3,5-Trithiane	$C_3H_6S_3$		轮藻	Wium-Andersen, 1982,1983
含氮杂环类生物碱						
66	2-乙基吡嗪	Ethylpyrazine;2-Ethyl-1,4-diazine	$C_6H_8N_2$	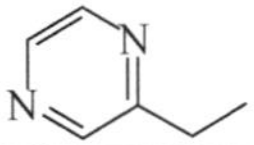	伊乐藻	边归国, 2012
67	2-乙基-5-甲基吡嗪	2-Ethyl-5-methylpyrazine	$C_7H_{10}N_2$	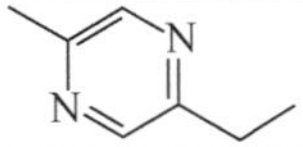	伊乐藻	边归国, 2012
68	吲哚	Indole;2,3-Benzopyrrole	C_8H_7N	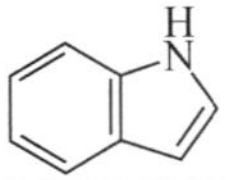	伊乐藻	边归国, 2012
69	2-乙基-3-甲基马来酰亚胺	2-ethyl-3-methylmaleimide	$C_7H_9NO_2$	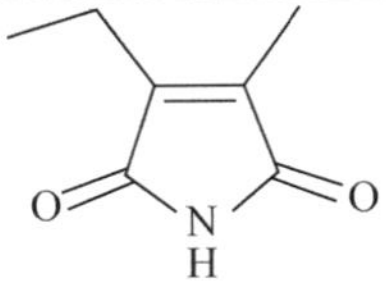	苦草	Xian et al., 2006

续表

编号	中文名称	英文名称	分子式	分子结构式	水生植物	参考文献
70	烟碱；尼古丁	L-Nicotine;3-(1-Methyl-2-pyrrolidinyl)pyridine	$C_{10}H_{14}N_2$	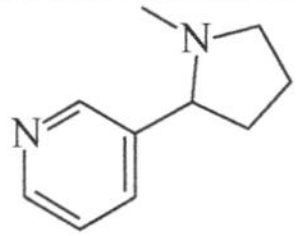	伊乐藻	边归国, 2012
71	5-甲基噻唑	5-Methylthiazole	C_4H_5NS	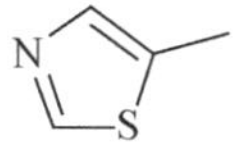	伊乐藻	边归国, 2012
72	7-甲基喹啉	7-Methylquinoline; m-Toluquinoline	$C_{10}H_9N$	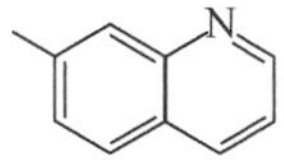	伊乐藻	边归国, 2012
73	2，4-二甲氧基嘧啶	2,4-Dimethoxypyrimidine	$C_6H_8N_2O_2$	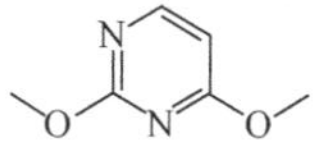	伊乐藻	边归国, 2012
74	咔唑啉；六氢咔唑；9H-吡啶(3，4-b)吲哚	9H-Pyrido(3,4-b)indole	$C_{11}H_8N_2$	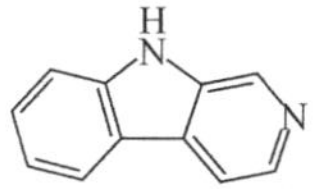	伊乐藻	边归国, 2012
异喹啉类生物碱						
75	小檗碱；黄连素碱；5，6-二氢-9，10-二甲氧基苯并[G]-1，3-二噁茂苯并[5，6α]喹嗪	9,10-dimethoxy-2,3-(methylenedioxy)-7,8,13,13a-tetrahydroberbinium;berberin;berberine	$C_{20}H_{18}NO_4$	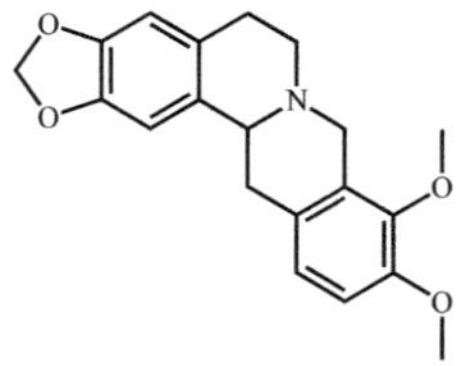	鱼腥草	Zhang et al., 2010
76	黄连碱；氯化黄连碱	Coptisinechloride;7,8,13,13a-Tetradehydro-2,3:9,10-bis(methylenedioxy)berbinium chloride	$C_{19}H_{14}ClNO_4$	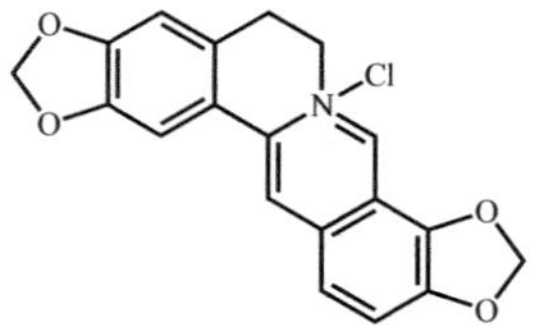	白屈菜	Jančula et al., 2010

续表

编号	中文名称	英文名称	分子式	分子结构式	水生植物	参考文献
77	白屈菜碱	Chelidonine	$C_{20}H_{19}ClNO_5$	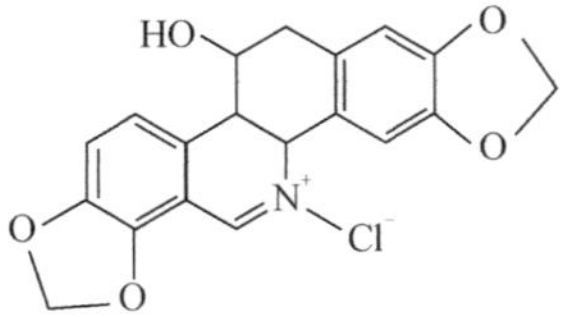	白屈菜	Jančula et al., 2010
78	血根碱	Sanguinarine chloride hydrate	$C_{20}H_{14}ClNO_4$	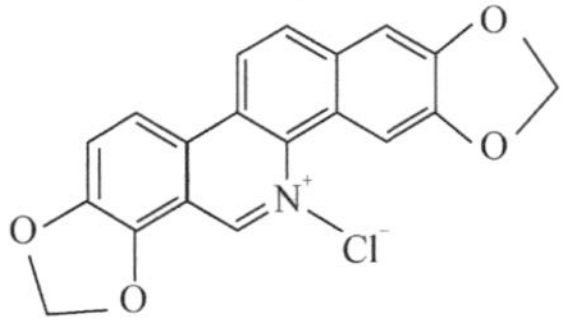	白屈菜	Jančula et al., 2010
79	白屈菜赤碱	Chelerythrine chloride;1,2-Dimethoxy-*N*-methyl-[1,3]benzodioxolo[5,6-c]phenanthridinium chloride	$C_{21}H_{18}ClNO_4$	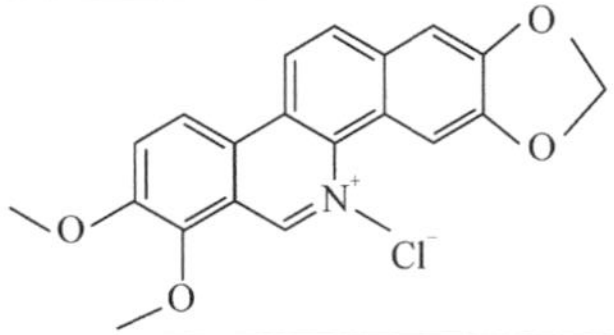	白屈菜	Jančula et al., 2010
80	芦竹碱；格胺；3-二甲氨基甲基吲哚；吲哚-3-基-*N*, *N*-二甲基甲胺	Gramine;*N*,*N*-Dimethyl-1H-indole-3-methanamine;3-(Dimethyla minomethyl)indole	$C_{11}H_{14}N_2$	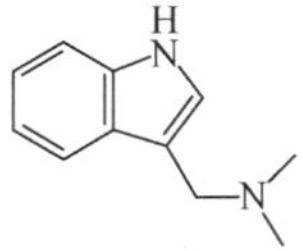	芦竹	洪喻等, 2008
吲哚类生物碱						
81	(6AS，8*R*，9*R*，10*R*，10AR)-8-氯-9-乙烯基-10-异氰基-6-3，6，9-三甲基-2，6，6a，7，8，9，10，10a-八氢萘[1，2，3-cd]吲哚	Hapalindole A, (6aS,8*R*,9*R*,10*R*, 10aR)-8-chloro-9-ethenyl-10-iso-cyano-6,6,9-trimethyl-2,6,6a,7,8,9,10,10a-octahydronaphtho[1,2, 3-cd]indole	$C_{21}H_{23}ClN_2$	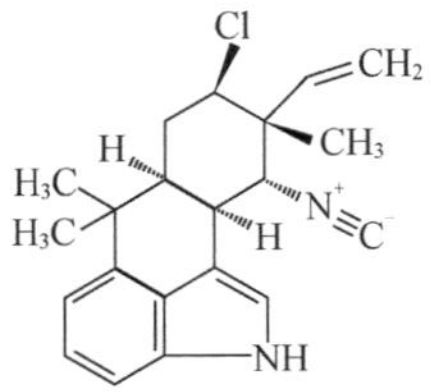	泉生软管藻	Moore et al., 1984,1987

编号	中文名称	英文名称	分子式	分子结构式	水生植物	参考文献
82	3-((1*S*，2*R*，3*S*，4*R*，6*S*)-4-氯-2-异氰基-3-甲基-6-(丙-1-烯-2-基)-3-乙烯基环己基)-1H-吲哚	12-*epi*-hapalindole E isonitrile,3-((1*S*,2*R*,3*S*,4*R*,6*S*)-4-chloro-2-isocyano-3-methyl-6-(prop-1-en-2-yl)-3-vinylcyclohexyl)-1H-indole	$C_{21}H_{23}ClN_2$	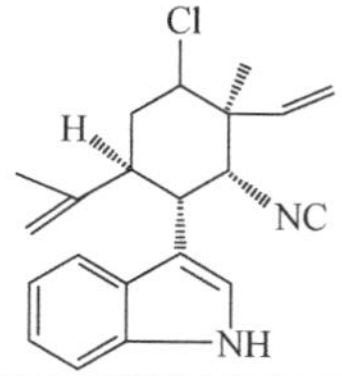	侧生藻	Doan et al., 2000
83	3-((1*S*，2*R*，3*S*，4*R*)-4-氯-2-异硫氰基-3-甲基-6-(丙-1-烯-2-基)-3-乙烯基环己基)-1H-吲哚	12-*epi*-hapalindole F isonitrile, 3-((1*S*,2*R*,3*S*,4*R*)-4-chloro-2-isothiocyanato-3-methyl-6-(prop-1-en-2-yl)-3-vinylcyclohexyl)-1H-indole	$C_{21}H_{23}ClN_2S$	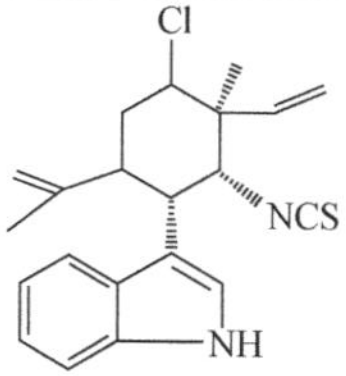	侧生藻	Etchegaray et al., 2004
胺类						
84	*N*-苯基-1-萘胺；1-萘氨基苯；	*N*-phenyl-1-naphthylamine; *N*-(1-Naphthyl)aniline	$C_{16}H_{13}N$	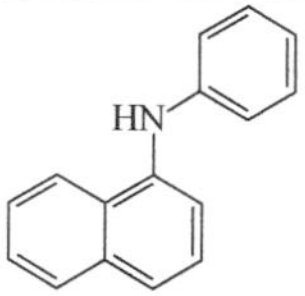	凤眼莲	孙文浩等, 1993
85	*N*-苯基-2-萘胺	*N*-phenyl-2-naphthylamine; *N*-(2-Naphthyl)aniline	$C_{16}H_{13}N$	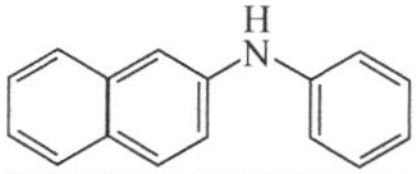	金鱼藻;凤眼莲	孙文浩等, 1993
酯类						
86	脱氢枞酸甲酯	Methyl 8,11,13-abietatrien-18-oate	$C_{21}H_{30}O_2$	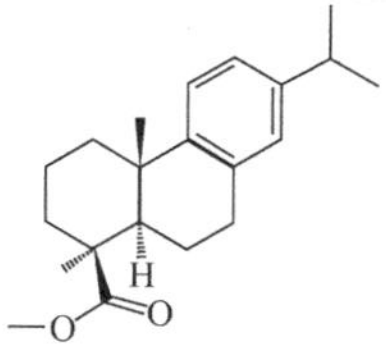	金鱼藻	边归国, 2012

续表

编号	中文名称	英文名称	分子式	分子结构式	水生植物	参考文献
87	乙酸乙基异氰；异氰乙酸乙酯	Ethyl isocyanoacetate	$C_5H_7NO_2$	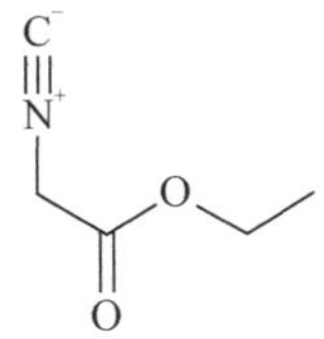	凤眼莲	杨善元等, 1992
菲类						
88	9, 10-二氢菲	Phenanthrene,9,10-dihydro-; 9,10-Dihydrophenanthrene	$C_{14}H_{12}$	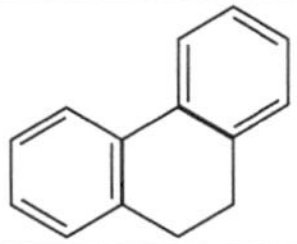	灯芯草	DellaGreca et al., 2003
芘类						
89	4, 5, 9, 10-四氢苯芘	Pyrene,4,5,9,10-tetrahydro-; 4,5,9,10-Tetrahydropyrene	$C_{16}H_{14}$	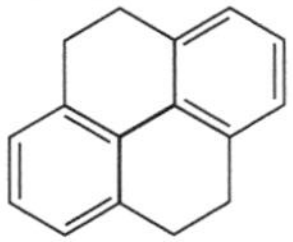	灯芯草	DellaGreca et al., 2003
非那烯类						
90	非那烯	1H-Phenalene	$C_{13}H_{10}$	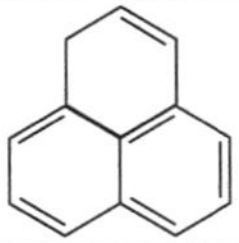	凤眼莲	DellaGreca et al., 1992
91	4，8，9-三甲氧基-1-苯基-2，3-二氢-1H-非那烯	4,8,9-trimethoxy-1-phenyl-2,3-dihydro-1*H*-phenalene	$C_{22}H_{22}O_3$	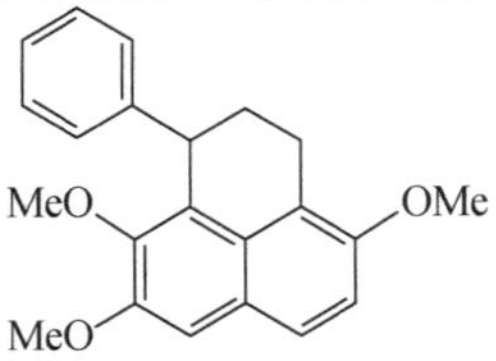	凤眼莲	DellaGreca et al., 2008

续表

编号	中文名称	英文名称	分子式	分子结构式	水生植物	参考文献
92	4, 8, 9-三甲氧基-1-(4'-甲氧基苯基)-2，3-二氢-1H-非那烯	4, 8, 9-trimethoxy-1-(4'-methoxyphenyl)-2,3-dihydro-1*H*-phenalene	$C_{23}H_{24}O_4$	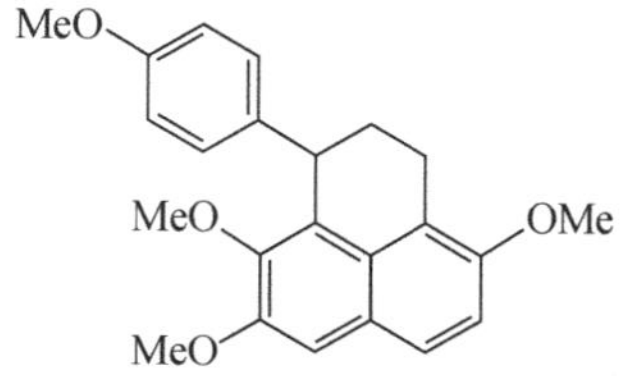	凤眼莲	DellaGreca et al., 2008
93	二聚苯基葩	dimeric phenylphenalenes, 6,6", 8,8",9,9",4',4'" -octamethoxy-1,1" -diphenyl-2,2",3,3" -tetrahydro-7,7"-bi(1*H*-phenalene)	$C_{46}H_{46}O_8$	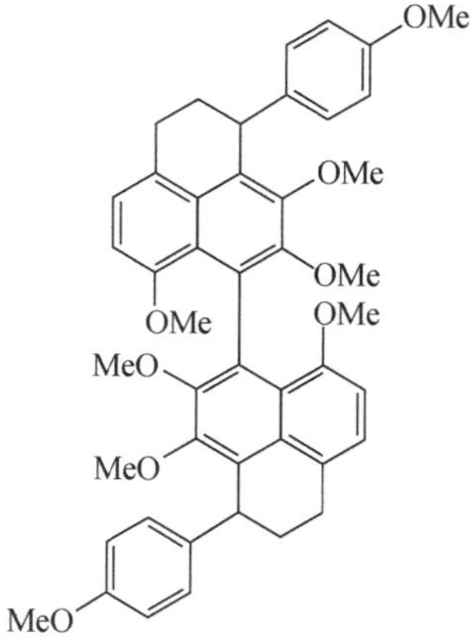	凤眼莲	DellaGreca et al., 2008

（作者：王亚芬、吴振斌等）

附　件

一、课题及基金资助清单

1．吴振斌等 国家“十二五”重大科技专项子课题“城市景观湖泊水环境改善技术研究与工程示范”，（2012ZX07101-007-005，2012-2015）；

2．吴振斌等 国家“十一五”重大科技专项课题“典型南方城市景观湖泊水质改善与水生植被构建技术”，（2009ZX07106-002，2009-2011）；

3．吴振斌等 国家自然科学基金“环境胁迫对沉水植物化感物质诱导、释放及其作用机制”，（30870221，2009-2011）；

4．吴振斌等 国家“十五”重大科技专项子课题“受污染城市水体修复技术与工程示范”，（2002AA601021，2003-2005）；

5．吴振斌等 国家杰出青年科学基金“水生植物净化生物学与水生态系重建的生物工艺学对策研究”，（39925007，2000-2003）；

6．吴振斌等 德国科隆大学国际合作项目“水生高等植物净化功能及生理生态学研究”，（2000-2001）；

7．吴振斌等 国家“八五”科技攻关子专题“湖泊水生植被恢复重建、结构优化及合理利用研究”，（85-908-01-02-01，1992-1995）；

8．吴振斌等 欧洲联盟重大国际科技合作项目“热带与亚热带区域水质改善、回用与水生态系重建的生物工艺学对策研究”，（ERBIC18CT960059，1997-2001）；

9．吴振斌等 国际科学基金（IFS）“微生物与凤眼莲生长及净化作用相互关系的研究”，（G/1579-1，1989-1991）；

10．刘碧云等 淡水生态与生物技术国家重点实验室开放课题“水生植物化感物质对有害蓝藻的氧化损伤机制研究”，（2013FB20，2013-2014）；

11．刘碧云等 湖北省自然科学基金“水生植物化感物质对藻类联合作用研究”，（2009CDB381，2009-2010）；

12．刘碧云等 中国博士后基金“环境胁迫对穗花狐尾藻化感物质诱导、释放及其机制研究”，（20080431013，2008-2009）；

13．王红强等 国家自然科学基金“四种生物碱对两种藻的联合作用研究及其生态安全性评价”，（51108447，2012-2014）；

14．王红强等 中国博士后基金特别资助“生物碱对铜绿微囊藻的联合作用及其生态安全性评价”，（201104499，2011-2012）；

15．王红强等 淡水生态与生物技术国家重点实验室开放课题“生物碱的降解特性及其降解前后对藻类光合能力的影响”，（2011FB03，2011-2011）；

16．王红强等 中国博士后基金“几种生物碱类化感物质的降解特性及其对藻类光合能力的影响”，（20100471208，2010-2011）；

17．邱东茹等 国际科学基金“中国富营养浅水湖泊中水生大型植物对浮游植物相生相克效应的研究”，（A/2712-1，1998-2000）；

18．邱东茹等 国家自然科学基金“富营养浅水湖泊中藻类与大型植物相生相克作用的研究”，（39470143，1995-1997）；

19．邱东茹等 中国科学院水生生物研究所所长基金“水生植物与藻类相生相克作用的研究”，（1994-1996）；

20．张胜花等 国家自然科学基金“水生植物活性组分用于小型水体控藻及其作用机理研究”，（51008265，2011-2013）；

21．高云霓等 淡水生态与生物技术国家重点实验室开放课题“水生植物释放的微量化感物质高效抑藻的生态作用模式探究”，（2015FB02，2015-2016）

二、著者已提交的相关研究出站报告及学位论文

博士后出站报告

1．吴晓辉，马来眼子菜化感作用对铜绿微囊藻蛋白质组的影响，2007 年

2．刘碧云，穗花狐尾藻酚酸类化感物质对不同氮磷条件响应及抑藻机制研究，2010 年

3．高云霓，基于化感物质释放特性的水生植物化感抑藻机制研究，2012 年

4．王红强，典型挺水植物中抑藻物质的分离、鉴定，2013 年

5．陈芝兰，灵敏检测浮游藻类 DNA 损伤的方法建立及其应用，2014 年

博士论文

1．吴晓辉，常见眼子菜科沉水植物对浮游藻类的化感作用研究，2005 年

2．刘碧云，焦酚对两种藻的生长抑制及其作用机制，2007 年

3．张兵之，伊乐藻对铜绿微囊藻化感作用研究，2007 年

4．邓平，三种沉水植物对浮游植物的化感效应研究，2007 年

5．张胜花，两种眼子菜科沉水植物与浮游藻类之间的化感作用研究，2008 年

6．王红强，伊乐藻抑藻物质的分离、鉴定及其化感作用研究，2009 年

7．高云霓，三种水鳖科沉水植物分泌物对铜绿微囊藻的化感作用研究，2010 年

8．王静，沉水植物释放的化感物质对浮游植物氧化胁迫的研究，2011 年

9．朱俊英，沉水植物释放的化感物质对浮游植物光合作用影响的研究，2011 年

10．鲁志营，多酚化感物质诱导铜绿微囊藻氧化损伤与程序性死亡研究，2014 年

硕士论文

1．陈辉蓉，下行-上行流人工湿地系统对磷、藻毒素去除及黄丝草化感作用研究，1999 年

2．胡陈艳，马来眼子菜体内抑藻物质成分分析及脂肪酸类物质抑藻效应研究，2010 年

3．葛芳杰，不同光强、氮、磷条件对穗花狐尾藻生长及酚类物质的影响，2011 年

4．孙雪梅，化感物质焦性没食子酸对铜绿微囊藻的氧化胁迫效应研究，2013 年

5．姚远，杭州西湖湖西沉水植物恢复对浮游植物群落结构影响研究，2015 年

三、著者已发表的水生植物化感作用相关文章

1. 吴振斌. 1983. 高等水生植物净化水质方面的研究概况. 淡水生物学科技情报, 5: 5-8.
2. Wu Z B, Xia Y C, Kuang Q J. 1991. Studies on coordination and inhibition of macrophytes and algae in wastewater treatment system. Proceedings of Waste Treatment by Algae Cultivation, Murdoch University, Australia, 27-33.
3. Wu Z B, Xia Y C, Deng J Q, Kuang Q J, Zhan F C, Chen X T. 1993. Studies on wastewater treatment by means of integrated biological pond system: Design and function of macrophytes. Water Science and Technology, 27(1): 97-105.
4. 邱东茹, 吴振斌. 1996. 富营养化浅水湖泊的退化与生态恢复. 长江流域资源与环境, 5(4): 355-361.
5. 况琪军, 夏宜琤, 吴振斌, 邱东茹. 1997. 人工模拟生态系统中水生植物与藻类的相关性研究. 水生生物学报, 21(1): 90-93.
6. Wu Z B. 1997. Studies on rehabilitation of macrophytes in a eutrophic shallow lake. I. Enclosure Experiment. International Symposium on Ecotoxicology and Water Quality Management, Institute of Hydrobiology, CAS, Wuhan, 27 April - 2 May, 1997.
7. Qiu D R, Wu Z B. Yan G A, Li Y J, Zhou Y J. 1997. Study of the ecological restoration of aquatic macrophytes in a eutrophic shallow lake. Chinese Journal of Oceanography and Limnology, 15(1): 52-60.
8. 邱东茹, 吴振斌. 1997. 富营养化浅水湖泊沉水水生植物的衰退与恢复. 湖泊科学, 9(1): 82-88.
9. 邱东茹, 吴振斌, 刘保元, 周易勇, 况琪军. 1997. 武汉东湖水生植物生态学研究 II. 后湖水生植被动态与水体性质. 武汉植物学研究, 15(2): 123-130.

10. 邱东茹，吴振斌，刘保元，严国安，周远捷. 1997. 武汉东湖水生植被的恢复试验研究. 湖泊科学, 9(2): 168-174.
11. 邱东茹，吴振斌，况琪军，邓家齐. 1998. 不同生活型大型植物对浮游植物群落的影响. 生态学杂志, 17(6): 22-27.
12. 贺锋，陈辉蓉，吴振斌. 1999. 植物间的相生相克效应. 植物学通报, 16(1): 19-27.
13. 吴振斌，邱东茹，贺锋，刘保元，邓家齐，詹发萃. 2001. 水生植物对富营养水体水质净化作用.武汉植物学研究, 19(4): 299-303.
14. Qiu D R, Wu Z B, Liu B Y, Deng J Q, Fu G P, He F. 2001. The restoration of aquatic macrophytes for improvement water quality in a hypertrophic shallow lake in Hubei Province, China. Ecological Engineering, 18:147-156.
15. 贺锋，吴振斌，邱东茹. 2002. 东湖围隔中菹草与藻类生化他感作用的初步研究. 水生生物学报, 26(4): 421-424.
16. 吴振斌，陈德强，邱东茹，刘保元. 2003. 武汉东湖水生植被现状调查及群落演替分析. 重庆环境科学, 25(8): 54-58.
17. 吴振斌，邱东茹，贺锋，付贵萍，成水平，马剑敏. 2003. 沉水植物重建对富营养水体氮磷营养水平的影响. 应用生态学报, 14(8): 1351-1353.
18. 贺锋，吴振斌. 2003. 水生植物在污水处理和水质改善中的应用. 植物学通报, 20(6): 641-647.
19. Wu Z B, Deng P, Wu X H, Luo S, Gao Y N. 2007. Allelopathic effects of the submerged macrophyte *Potamogeton malaianus* on *Scenedesmus obliquus*. Hydrobiologia, 592: 465-474.
20. Wu Z B, Zhang S H, Wu X H, Cheng S P, He F. 2007. Allelopathic interactions between *Potamogeton maackianus* and *Microcystis aeruginosa*. Allelopathy Journal, 20(2): 327-338.
21. Liu B Y, Zhou P J, Tian J R, Jiang S R. 2007. Effect of Pyrogallol on the Growth and Pigment Contents of Cyanobacteria-Blooming Toxic and Nontoxic *Microcystis Aeruginosa*. Bulletin of Environmental Contamination and Toxicology, 78: 499-502.
22. 邓平，马剑敏，吴晓辉，高云霓，成水平，贺锋，吴振斌. 2007. 武汉月湖水生植被重建过程中浮游植物的动态变化. 湖泊科学, 19(5): 552-557.
23. 吴晓辉，张兵之，邓平，张胜花，吴振斌. 2007. 马来眼子菜化感作用对斜生栅藻同工酶的影响. 武汉植物学研究, 25(5): 479-483.
24. 马剑敏，贺锋，成水平，左进城，李今，吴振斌. 2007. 武汉莲花湖水生植被重建的实践与启示. 武汉植物学研究, 25(5): 473-478.

25. He F, Deng P, Wu X H, Cheng S P, Gao Y N, Wu Z B. 2008. Allelopathic effects on *Scenedesmus obliquus* by two submerged macrophytes *Najas minor* and *Potamogeton malaianus*. Fresenius Environmental Bulletin, 17(1): 92-97.
26. Zhang B Z, Wu Z B, Cheng S P, He F, Wang Y F, Gao Y N. 2007. Primary study on phytodegradation of Bisphenol A by *Elodea nuttallii*. Wuhan University Journal of Natural Sciences, 12(6): 1118-1124.
27. Zhang S H, Wu Z B, Cheng S P, Liang W, Wu X H. 2008. Phytosterol of *Potamogeton maackianus* and Its Change under the Stress of *Microcystis aeruginosa*. Wuhan University Journal of Natural Sciences, 13(1): 113-117.
28. Wang H Q, Wu Z B, Zhang S H, Cheng S P, He F, Liang W. 2008. Relationship between the allelopathic activity and molecular structure of hydroxyl derivatives of benzoic acid and their effects on cyanobacterium *Microcystis aeruginosa*. Allelopathy Journal, 22(1): 205-212.
29. 张胜花, 葛芳杰, 王红强, 胡陈艳, 吴振斌. 2008. 不同氮磷营养条件下铜绿微囊藻对正磷酸盐的蓄积效果. 长江流域资源与环境, 17(6): 909-914.
30. 刘碧云, 周培疆, 吴振斌, 李红庆. 2008. 焦酚对蓝藻和绿藻生长、光合色素及微量元素的作用. 武汉大学学报(理学版), 54(6): 719-724.
31. Zhang S H, Cheng S P, Wang H Q, He F, Wu Z B. 2009. Allelopathic interactions between the *Potamogeton spp* and toxic cyanobacteria *(Microcystis aeruginosa)*. Allelopathy Journal, 23(2): 379-390.
32. Wu Z B, Gao Y N, Wang J, Liu B Y, Zhou Q H, Zhang Y Y. 2009. Allelopathic effects of phenolic compounds present in submerged macrophytes on *Microcystis aeruginosa*. Allelopathy Journal, 23(2): 403-410.
33. Wang H Q, Cheng S P, Zhang S H, He F, Liang W, Zhang L P, Hu C Y, Ge F J, Wu Z B. 2010. Chemical composition in aqueous extracts of *Potamogeton malaianus* and *Potamogeton maackianus* and their allelopathic effects on *microcystis aeruginosa*. Polish Journal of Environmental Studies, 19(1): 213-218.
34. 王红强, 成水平, 张胜花, 王静, 胡陈艳, 葛芳杰, 吴振斌. 2010. 伊乐藻生物碱的 GC-MS 分析及其对铜绿微囊藻的化感作用. 水生生物学报, 34(2): 361-366.
35. 胡陈艳, 葛芳杰, 张胜花, 刘碧云, 王静, 高云霓, 吴振斌. 2010.马来眼子菜体内抑藻物质分离及常见脂肪酸抑藻效应. 湖泊科学, 22(4): 569-576.
36. Zhang S H, Sun P S, Wu Z B. 2010. Allelpoathic activities of exudates from *Potamogeton pectinatus* on the growth of *Scenedesmus obliquus* and toxic *Microcystis aeruginosa* at different algal cell density. 3rd International

Conference on Environmental and Computer Science (ICECS 2010). V3-81-84.
37. Zhang S H, Sun P S, Wu Z B, Gao Y N. 2010. Antialgal compositions from *Potamogeton maackianus* by activity-guided fractionation. 2010 International Conference on E-Product E-Service and E-Entertainment. 4388-4391.
38. Zhang S H, Hu C Y, Wu Z B, Gao Y N. 2010. The antialgal activities of fractions and compounds isolated from *Potamogeton Malaianus*. Conference on Environmental Pollution and Public Health. 786-789.
39. Zhu J Y, Liu B Y, Wang J, Gao Y N, Wu Z B. 2010. Study on the mechanism of allelopathic influence on cyanobacteria and chlorophytes by submerged macrophyte *(Myriophyllum spicatum)* and its secretion. Aquatic Toxicology, 98: 196-203.
40. 高云霓，刘碧云，葛芳杰，梁威，徐栋，张丽萍，吴振斌. 2011. 三种水鳖科沉水植物释放的脂肪酸类化感物质的分离与鉴定. 水生生物学报, 35(1): 170-174
41. 王红强，朱慧杰，张丽萍，张胜花，刘碧云，胡陈艳，葛芳杰，吴振斌. 2011. 伊乐藻中有机酸的 GC-MS 分析及其抑藻作用研究. 环境科学与技术, 34(7): 23-26.
42. 高云霓，刘碧云，王静，贺锋，梁威，徐栋，张丽萍，吴振斌. 2011. 苦草(*Vallisneria spiralis*)释放的酚酸类物质对铜绿微囊藻(*Microcystis aeruginosa*)的化感作用. 湖泊科学, 23(5): 761-766.
43. Gao Y N, Liu B Y, Xu D, Zhou Q H, Hu C Y, Ge F J, Zhang L P, Wu Z B. 2011. Phenolic compounds exuded from two submerged freshwater macrophytes and their allelopathic effects on *Microcystis aeruginosa.* Polish Journal of Environmental Studies, 20(5): 1153-1159.
44. Wang J, Zhu J Y, Liu S P, Liu B Y, Gao Y N, Wu Z B. 2011. Generation of reactive oxygen species in cyanobacteria and green algae induced by allelochemicals of submerged macrophytes. Chemosphere, 85: 977-982.
45. Hu S H, Zhou Q H, Gao Y N, He F, Liang W, Xiao E R, Wu Z B. 2011. Annual variation of nitrogen, phosphorus and silica levels, and their effects on phytoplankton distribution (diatoms and cyanobacteria) and eutrophication of small shallow lakes, Fresenius Environmental Bulletin, 20(11): 2824-2833.
46. 朱俊英，刘碧云，王静，高云霓，葛芳杰，梁威，张丽萍，吴振斌. 2011. 穗花狐尾藻化感作用对铜绿微囊藻光合效率的影响.环境科学，32(10): 2904-2908.
47. 葛芳杰，刘碧云，鲁志营，高云霓，吴振斌. 2012. 穗花狐尾藻生长及酚类

物质含量对光照相应研究. 环境科学与技术, 35(3): 30-34
48. 葛芳杰, 刘碧云, 鲁志营, 高云霓, 吴振斌. 2012. 不同氮、磷浓度对穗花狐尾藻生长及酚类物质含量的影响. 环境科学学报, 32(2): 472-479.
49.王红强, 吴振斌. 2012. 化感物质的抑藻作用研究、应用及生态安全性评价. 生态环境学报, 21(7): 1375-1379.
50. Wang J , Zhu J Y, Gao Y N, Liu B Y, Liu S P, He F , Wu Z B. 2013. Study on toxicity of allelochemicals released by submerged macrophytes to phytoplankton by flow cytometry. Allelopathy Journal, 31(1): 199-210.
51. 鲁志营, 高云霓, 刘碧云, 孙雪梅, 张甬元, 吴振斌. 2013. 水生植物化感抑藻作用机制研究进展. 环境科学与技术, 36(7): 64-69.
52. 孙雪梅, 刘碧云, 鲁志营, 吴振斌. 2013. 焦性没食子酸对铜绿微囊藻的氧化胁迫效应研究. 中国环境科学, 33(10): 1835-1841.
53. Wei H, Cheng S P, Tang H B, He F, Liang W, Wu Z B. 2013. The Strategies of Morphology, Reproduction and Carbohydrate Metabolism of *Hydrilla verticillate* (Linn.f.) Royle in Fluctuating Waters. Fresenius Environmental Bulletin, 22(9): 2590-2596.
54. Wei H, Cheng S P, He F, Liang W, Wu Z B. 2013. Growth responses and adaptations of the emergent macrophyte *Acorus calamus* Linn. to different water-level fluctuations. Journal of Freshwater Ecology, 1-15.
55. 孙雪梅, 刘碧云, 周巧红, 高云霓, 葛芳杰, 鲁志营, 吴振斌. 2014. 低剂量多次暴露焦性没食子酸的抑藻效果初步研究. 环境科学与技术, 37(1): 65-69.
56. Sun X M, Lu Z Y, Liu B Y, Zhou Q H, Zhang Y Y, Wu Z B. 2014. Allelopathic effects of pyrogallic acid secreted by submerged macrophytes on *Microcystis aeruginosa*: Role of ROS generation. Allelopathy Journal, 33(1): 121-130.
57. Li Z, Xiao H P, Cheng S P, Zhang L P, Xie X L, Wu Z B. 2014. A comparison on the phytoremediation ability of triazophos by different macrophytes. Journal of Environmental Sciences, 26(2): 315–322.
58. 左进城, 贺锋, 马剑敏, 周巧红, 曾磊, 孔令为, 胡胜华, 吴振斌. 2014. 中等强度收割对菹草和伊乐藻种间竞争的影响. 生态学杂志, 33(9): 2414-2419.
59. 李柱, 郭伟杰, 成水平, 柴培宏, 梁威, 吴振斌. 2014. 南淝河叶绿素 a 时空分布特征及环境因子影响分析. 水生生物学报, 38(2): 342-350.
60. Lu Z Y, Liu B Y, He Y, Chen Z L, Zhou Q H, Wu Z B. 2014. Effects of daily exposure of Cyanobacterium and Chlorophyte to low-doses of Pyrogallol. Allelopathy Journal, 34(2): 195-206.

61. Gao Y N, Zhang L P, Liu B Y, Zhang Y Y, Wu Z B. 2014. Research on Allelochemicals with Material Properties Exuded by Submerged Freshwater Macrophyte *Elodea nuttallii*. Advanced Materials Research, 1023: 71-74.
62. Gao Y N, Liu B Y, Ge F J, He Y, Lu Z Y, Zhou Q H, Zhang Y Y, Wu Z B. 2015. Joint effects of allelochemical nonanoic acid, N-phenyl-1-naphtylamine and caffeic acid on the growth of *Microcystis aeruginosa*. Allelopathy Journal, 35 (2): 249-258.
63. Wang H Q, Mao T G, Xi B D, Zhang L Y, Zhou Q H. 2015. $KMnO_4$ pre-oxidation for *Microcystis aeruginosa* removal by a low dosage of flocculant. Ecological Engineering, 81(2015): 298-300.
64. Wang Y F, Wu Y, Wu Z B, Tam N F Y. 2015. Genotypic responses of bacterial community structure to a mixture of wastewater-borne PAHs and PBDEs in constructed mangrove microcosms, Journal of Hazardous Materials, 298: 91-101.
65. Chen Z L, Zhou Q H, Zou D D, Tian Y , Liu B Y, Zhang Y Y, Wu Z B. 2015. Chloro-benzoquinones cause oxidative DNA damage through iron-mediated ROS production in *Escherichia coli*. Chemosphere, 135: 379-386.
66. 高云霓，葛芳杰，刘碧云，鲁志营，何燕，张甬元，吴振斌. 2015. 不同暴露方式下水生植物化感物质抑藻效应的比较研究. 生态环境学报, 24(4): 544-560.